U0354044

“十四五”国家重点出版物出版规划重大工程
量子科学出版工程（第四辑）

Fundamentals and
Application Frontiers of
Quantum Materials

刘俊明　编著

量子材料基础与应用前沿

中国科学技术大学出版社

内 容 简 介

量子材料已经成为物理学和其他相关领域中非常重要的科学前沿，人类从中获取的知识已成为凝聚态物理、粒子物理、材料科学、量子信息科学等多学科交叉融合的桥梁和基础。本书在系统梳理量子材料的概念演化、前沿动态的基础上，从超导物理与材料、关联物理与材料、拓扑物理与材料、低维量子材料、能量材料中的量子现象等角度，关注相应量子材料领域的科学问题，并对其未来的发展前景及应用进行探究。

本书可供物理学与材料科学相关专业学生及研究人员阅读参考。

图书在版编目(CIP)数据

量子材料基础与应用前沿 / 刘俊明编著. -- 合肥 ：中国科学技术大学出版社，2024.9

(量子科学出版工程. 第四辑)

国家出版基金项目

“十四五”国家重点出版物出版规划重大工程

ISBN 978-7-312-05948-3

Ⅰ. 量… Ⅱ. 刘… Ⅲ. 量子—材料 Ⅳ. O4

中国国家版本馆 CIP 数据核字(2024)第 070362 号

量子材料基础与应用前沿

LIANGZI CAILIAO JICHU YU YINGYONG QIANYAN

出版 中国科学技术大学出版社
安徽省合肥市金寨路 96 号，230026
http：//press.ustc.edu.cn
https：//zgkxjsdxcbs.tmall.com

印刷 合肥华苑印刷包装有限公司

发行 中国科学技术大学出版社

开本 787 mm×1092 mm 1/16

印张 25.25

字数 508 千

版次 2024 年 9 月第 1 版

印次 2024 年 9 月第 1 次印刷

定价 98.00 元

前言

在一定意义上，本书可能是“量子材料”领域的第一本中文著述。万事开头难，要给这样一本书写一篇前言，其实也如量子材料自身一般，充满挑战。预先声明，本文既是前言，亦是序章。

所谓量子材料，乃是一个2010年前后才开始有科学内涵定义的学科领域，虽然王恩哥老师20世纪末在一篇会议摘要中就首创了这一名词。过去十多年来，量子材料一直呈现青春激越之态而恣意生长。因此，要给这一领域划定一个明确的范畴，实不可能，亦不必要。不过，基于笔者主持国际上第一本以“量子材料”为主题的学术期刊《npj Quantum Materials》的经历，在此就教于读者，也是一种尝试。

回顾近现代材料科学的演化进程，笔者有一些自己的认知，不求严谨，但求简洁直观。近现代材料科学，大致可以按照结构材料、功能材料来分类。而今天的量子材料，则是材料科学新的发展。结构材料，主要根植于固体力学、材料力学和热力学，论及宏观和介观尺度结构-机械性能关系。功能材料，主体源于电磁学、电动力学、光学、化学和热力学，论及光、电、磁、热、力等各种功能对微纳尺度微结构的依赖关系。结构材料和功能材料这两大类，各自还可以细分出很多层次，未可穷尽。量子材料，从化学组成和晶体结构角度去审视，亦可归属于这两类。之所以量子材料被专门提取出来作为一个学科领域论及，一则乃是其主体源于电磁学、量子力学和固体物理，与经典结构材料和功能材料有很大不同；二则乃是当代文明社会生活正迈向量子科技产业，亦对量子材料这一学科领域提出了迫切需求。基于此两点理由，材料科学大概想不接纳量子材料亦不成。反过来，材料科学应与凝聚态物理一起，鼎力将量子材料这一分支学科的大厦建设好。

综上，有这样一本虽然不精致但具有一定可读性的科普图书，还是有些令人期待的。

事实上，在凝聚态物理学和材料科学中，难得有一学科领域如量子材料这般开放和多维度，赋予了这一领域无尽的深度与广度，令人印象深刻。这样宣称，乃基于如下初步认知：

(1) 从能量尺度看，不同类的材料类差别巨大，铸就了它们各自的应用范畴。传统结构材料的结构-性能关系关注 100 eV 以上的能标。诸如弹塑性形变，回复与再结晶，铸造、锻压、热处理、切削加工等过程，牵涉的都是巨大的能量交换。对功能材料，构建其结构-性能关系所覆盖的能量尺度就降到了约 10 eV 范围。量子材料，既然面向当前和未来量子科技而勃发，则其功能响应覆盖的能量范围就降到了约 1.0 eV 甚至 0.1 eV 量级，在“服役”过程中会展现出完全不同的能量交换、转移和损耗过程。

(2) 从对称性看，这些不同类别的材料，其表现亦大有不同。如果只讨论最常见的时间反演对称性和空间反演对称性，可看到传统结构材料很少涉及对称性问题。晶体螺位错缺陷也许具有几何手性，而孪晶铁弹结构依然保持时空对称性。电磁功能材料开始关注电、磁场的对称性问题，并衍生出物质科学依赖的对称性基础。但是，传统功能材料本身，还较少涉及对称性破缺的应用。量子材料就表现得极为不同。能量与对称性这两个基本物理概念，在量子材料中并驾齐驱，占据核心地位，成为一对极佳伴侣。至于为何在小能量的量子材料中对称性物理变得如此重要，亦是值得斟酌的问题。笔者以为，固体晶格对称性，最多亦只能在远小于化学键合能的能量过程中得到保持。

(3) 从物理效应看，探索并利用新颖的固体量子效应，乃是量子材料的主要使命。众所周知，固体中电子相干运动过程，其能标趋近量子涨落量级，是小能标的效应与功能，与传统结构和功能材料关注的能量差距很大。正因为能标小，传统材料科学对这些效应的探索和关注严重不足，也缺乏深刻理解。例如，量子磁性、自旋相关的量子隧穿、电子库珀配对、反常霍尔效应、自旋波、量子纠缠等量子自由度集体激发，多是在量子材料范畴内得到关注。这些效应涉及的能量转换、迁移、响应过程，具有快、小、短的特点，对材料结构调控、制备方法、表征技术、质量控制和服役条件都有较高要求。

(4) 从研究范式看，量子材料也展示出令人耳目一新的模式。传统材料科学基于结构-性能关系的公理化框架，具有厚实的物理基础：因为过程的能标很大，其热力学自由能景观(energy landscape)表现为少数几个深势阱形态，材料结构-性能关系很大概率上与这些深势阱一一对应。量子材料则完全不同，以安德森提出的“more is different”为标志，其效应更多是热力学自由能景观中的群峰叠嶂共同作用所致。

当然，对量子材料的认知，未来还可以展示出更多新视角、新维度。但无论如何，量子材料是材料科学的一片新天地，横跨所有已知、未知的材料类别，只是被探索被关注的能标、对称性、物理效应不同而已。站在高处，俯瞰量子材料的山群川网，读者能看到，那些大量粒子或准粒子组成的宏观或介观尺度的凝聚态及其基本规律，展现出壮观图景：从费米子到玻色子、从基态到低能激发、从材料到器件再到量子科技之源，其面貌恢弘潇洒，其演化朝春夕秋。

然而，对如此开放包容、纵横多面的新学科，如何能写出一本看起来像书的书呢？笔者以为绝非易事，至少要顾及如下层面：

(1) 读者的认知度。大多数自然科学读者，甚至是材料科学读者，未必深刻理解什么是量子材料。写这样的一本书，必然在一定程度上要舍弃物理涵义的严谨性，以换取内容的通俗易懂。如果能从大学物理，最多是固体物理初级知识层面去呈现量子材料的方方面面，读者应该不那么反感，会在茶余饭后愿意翻阅几页、浏览几章。

(2) 物理知识的宽广度。传统材料科学分为金属、无机非金属和高分子三个材料分支,纵向并行。这也意味着,材料科学范围太过宽泛,要一人三栖,难度很大。然而,量子材料的研究模式取横跨而非纵行,要求量子材料人对三个分支都要有所了解,才能为探索其结构-性能关系做一些铺垫。量子材料关注电子结构及其响应功能,依赖的表征方法艰深、繁多,建造并熟练操控这些方法就有很多挑战。整体而言,量子材料研究需要掌握的物理知识更为宽广。量子材料人大多“大器晚成”,虽然一旦“器成”便是龙凤,其原因可能于此。要在一本书中纵横如此宽广领域,也对作者的知识宽广度提出了要求。

(3) 可读性。现代信息社会,知识传播量大面广,各类书籍繁多,对读者提出了更高要求。一本书,能否以一种独特文风和语言风格吸引读者,或者泛化说“可读性”,大约也是此书能否在读者记忆里留下雪泥鸿爪的要素之一。对量子材料书籍,可读性就显得更加重要,因为这是一门崭新的学科、一门内涵相对艰涩难懂的学科,需要更多面的写作技巧和呈现维度。

即便客观上如此困难,笔者依然来编著这本书,更多是受一些客观动力所驱。2016 年,笔者受命兼职出任如上提及的《npj Quantum Materials》期刊的执行编辑。在日常编辑工作之余,为推展期刊,亦为让更多读者理解、接受及至加入量子材料研究中来,笔者开始在知社学术团体举办的“知社学术圈”和南京大学创办的“量子材料 QuantumMaterials”微信公众号上撰写一些科普短文。从 2016 年 10 月开始,断续至今,笔者撰写了近 300 篇。读者注册人数,亦从最开始数十人渐渐增加,发展到今天的数万人。每篇文章的阅读点击量亦能达数千次,在华人物理和材料界形成一定影响。如此,学界同行便鼓动笔者集之成册、刊印发行。承蒙中国科学技术大学出版社编辑的热情鼓励、邀约,笔者诚惶诚恐以勉强应承。踌躇之余,便有了本书。

本书收集了 2016 年到 2022 年上半年笔者撰写的部分文章,按照量子材料领域的几大分支分别归类,形成 6 章:引子、超导物理与材料、关联物理与材料、拓扑物理与材料、低维量子材料、能源材料中的量子现象。6 章内涵与期刊《npj Quantum Materials》覆盖范畴基本对应,也算是笔者公私兼顾、一书二用:既传播了量子材料知识和前沿进展，亦对《npj Quantum Materials》起到宣传作用。关于此6章主题的界定，读者若阅览本书第1章，便能了解大概，在此不再重复絮说。

时光荏苒，到了今天，量子材料的内涵与外延依然在不断深化拓展，有必要在此赘述几句，以示对第1章科普"什么是量子材料"的补遗、拓展：从关联电子物理开始，量子材料强调过渡金属离子外层轨道电子在位库仑作用的重要性，覆盖的分支从非常规超导电性，到关联磁性材料，到强自旋-轨道耦合，再到量子磁性中自旋阻挫。所有这些，都是在压制周期晶格中电子波函数的动能项，提升非周期的势能项的重要性。随后，拓扑量子材料、二维材料（包括魔角材料）、铁电金属、热电材料、其他关注低能激发效应的能源材料，都逐渐被纳入量子材料范畴。泱泱以大观，纵横以高远！

本书撰写体例，并非遵循教学参考书模式，皆是因为这一领域目前尚处在万花竞妍之态，并无一完备、可资依赖的基础框架。亦因此，本书选择量子材料研究前沿受到关注的一系列科学问题，逐个进行梳理，以科普的语言展示笔者对每个问题的粗浅理解，各自成篇。因此，本书可能更适合初入此道的研究生和青年教师阅读，虽然对整个研究物质科学的年轻读者亦应有所裨益。在撰写风格上，每一篇试图从大学物理知识切入，尽可能将科学问题的梳理提炼嵌入"能量图景"和"对称性图景"中，以求可读性和逻辑清晰感。读者阅览本书，免不了有"行文恣意、严谨不足、牵强有余"之感。每篇的后半部，可能涉及专业度更高的知识，需要读者前往阅读相关文献以加深了解，虽然笔者已竭尽所能化繁为简。

笔者所学杂繁、所知浅薄，亦缺乏撰写科普文章的经历和积累。成书过程得力于中国科学技术大学出版社领导和编辑的大力帮助。他们与笔者一起，对过往札记进行取舍、分类、编辑，终成书稿。其中错失，归于笔者；其中所长，归于出版社编辑。需要提及的是，本书还收入了几篇笔者与多位同行共同撰写的文章（已分别获得他们准许），因此本书只能算是"编著"而非"专著"。这些同行包括南京大学宋凤麒团队、闻海虎团队（顾强强博士）、万贤纲团队，还包括中国科学院物理研究所龙有文、华中科技大学吴梦昊与陆成亮、东南大学董帅等，所列尚不完整。笔者对他们提供的巨大帮助致以谢意！没有他们的支持，此书是不可能完成的。

书中必定有疏漏的描述，就此，笔者谨致歉意！最后，必须提及，本书包含了一些从相关文献及网络上获得的图、表和文字资料，虽然笔者都一一标注了资料来源，但随着时间流逝，这些出处可能出现变动和失效，恕笔者未能一一查实、亦未能一一获得许可。敬请那些创作者谅解并谨致谢意！若有侵权，请版权所有者与本书责任编辑杨振宁(邮箱:yangzhn@ustc.edu.cn)联系，协商解决版权问题。

特别指出：本书部分内容已在期刊或网络平台刊发，蒙中国科学技术大学出版社邀约，笔者将这些内容重新整理成书，以作为一本介绍量子材料的科普读物。笔者承诺，本书出版所得的个人稿酬将存入专门的、可查证的账户，以作为未来某种公益形式的基金使用。

刘俊明

目录

第1章

引子

什么是量子材料

中国科学技术大学陈仙辉老师曾经诘问笔者:"什么是量子材料? 如何定义? 感觉什么都冠一个量子,就高大上了,就如几年前的纳米。"这一问题非常好,将这一问题的作业作为"量子材料 QuantumMaterials"微信公众号之开篇,当属必要而合理。

笔者以为,量子材料的标准定义可能还是一部未完待续的电视连续剧。责难的读者有之,赞同的读者有之,更多的读者将会给出好的建议与批评。如此这般,将肯定是一个好的开端。正如笔者所抒怀的那般:道不尽,风高疏烂漫;看不透,雨浓遮望眼。通过努力,为量子材料这一领域添砖加瓦,乃是我们物理人的心愿:勿争春,重戒路,事人间。

量子材料作为一个标准概念,其实诞生得很晚。2012 年,知名凝聚态物理学者 Joseph Orenstein 在《Physics Today》上发表过一篇文章,文章题目是"Ultrafast spectroscopy of quantum materials”(DOI：10.1063/PT.3.1717)。虽未仔细考证，这篇文章可能算最早正式提出这一概念并尝试给出一个定义：

量子材料作为一个标签，为凝聚态物理的重要前沿领域“强关联量子系统”提供了另一种定义。本领域所涉广泛，但其核心目标是发现与探索那些用传统的凝聚态物理教科书框架难以阐明其电子性质的材料体系。（Quantum materials is a label that has come to signify the area of condensed-matter physics formerly known as strongly correlated electronic systems. Although the field is broad, a unifying theme is the discovery and investigation of materials whose electronic properties cannot be understood with concepts from contemporary condensed-matter textbooks.）

后来有更深入的专门考证，揭示出最早提出这一名词的学者是中国物理学家王恩哥教授(《npj Quantum Materials》,2021 年第 6 卷第 68 篇，https://www.nature.com/articles/s41535-021-00366-x)，虽然王老师并未给出这一名词的具体定义。

由 Nature 出版集团与南京大学及 2011 人工微结构协同创新中心合作出版发行的学术刊物《npj Quantum Materials》筹备期是 2015 年下半年，与 Orenstein 提出这一名词相距不过三年时间。那时，历经广泛咨询和讨论的刊名是《Correlated Electron Systems》，Nature 出版集团一开始也倾向使用这一刊名。南京大学陆延青教授、王枫秋教授和笔者三人代表 2011 人工微结构协同创新中心造访上海 Nature 出版集团办事处，与 Nature 团队协商刊物筹备。在 Nature 出版集团办事处办公室会谈时，我们三人提出使用这一名称，并被否决。当时我们对这一定义的内涵还不甚明了。回到南京后，我们又开始大范围研讨斟酌，才慢慢厘清其内涵。经过多番争取，获得 Nature 出版集团首肯，使用现在这一刊物名称《npj Quantum Materials》。

维基百科上现在已经有正式的定义：

量子材料覆盖凝聚态物理之一宽广领域，以将一大类材料归于其麾下。这类材料具有一定的量子关联特征，或者具有特定的量子序，包括超导电性、磁序或铁性序。那些电子性质呈现“反常”量子效应的材料也当属此类，例如拓扑绝缘体、狄拉克电子系统。那些集体行为呈现量子特征的系统如超冷原子、冷激子、极化子等体系也可归于此类。毫无疑问，演生概念(emergence or emergent phenomena)是量子材料研究的共同特征。(Quantum materials is a broad term in condensed matter physics, to put under the same umbrella, materials that present strong electronic correlations and/or some type of electronic order (superconducting, magnetic order), or materials whose electronic properties are linked to non-generic quantum effects, such as topological insulators, Dirac electron systems such as graphene, as well as systems whose collective properties are governed by genuinely quantum behavior, such as ultra-cold atoms, cold excitons, polaritons, and so forth. A common thread in the study of quantum materials is the concept of emergence.)

2016 年,《Nature Physics》发表了一篇编辑评论文章(editorial)“The rise of quantum materials”(2016 年第 12 卷第 105 页),其中明确提出:Emergent phenomena are common in condensed matter. Their study now extends beyond strongly correlated electron systems, giving rise to the broader concept of quantum materials. 随后,日本东京大学教授 Y. Tokura 等于 2017 年在《Nature Physics》上发表热点综述文章“Emergent functions of quantum materials”(2017 年第 13 卷第 1056 页),其中总结了量子材料研究发展历程及所展现的一系列新颖现象,如图 1 所示。

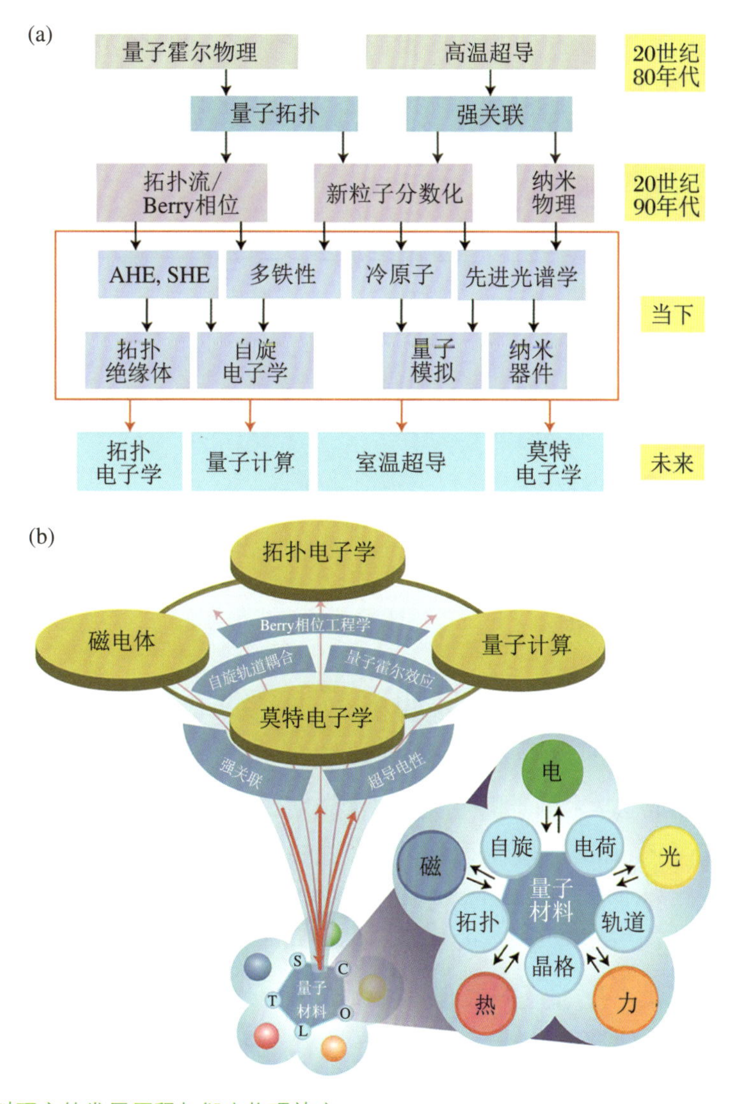

图 1　量子材料研究的发展历程与衍生物理效应

图片来源:Tokura Y, Kawasaki M, Nagaosa N. Emergent functions of quantum materials[J]. Nature Physics, 2017,13:1056.

凝聚态物理学领袖人物菲利普·安德森(Philip Warren Anderson)应该是量子材料的重要推手之一。20世纪80年代的高温超导和庞磁电阻材料、20世纪90年代的重费米子体系、21世纪初的多铁性材料、最近的拓扑量子物质等都是量子材料的典型代表。由此,若干能源材料如许多热电化合物、光能源关注的关联化合物等,也是量子材料不可或缺的研究对象。

可以看到,上述定义与《npj Quantum Materials》刊物涉及的领域非常贴合,显示出刊物定位和发展目标较为精准,表明我们对相关问题的理解已经及格(60分)。实际上,过去两年,在国际学术交流的不同场合,我们与量子凝聚态和材料的各路同行学者讨论过这一主题内涵,并咨询过那些带有"quantum materials"的研究机构。我们觉得上述定义是合适的。当然,笔者个人认为,所有基于固体电子结构的相关性和量子自由度与各种序参量耦合的效应,都属于量子材料的范畴。笔者也相信,这一内涵会继续有效,但外延应会有所扩展。目前的状态与"纳米"的发展脉络显然有所不同,展示了各个主题之间强烈的关联和内在物理逻辑特征。

量子材料研究领域

1. 引子

学术期刊《npj Quantum Materials》诞生之初(2016年),"量子材料"还是一个相对"新颖"的名词,其定义和界域也多少有些语焉不详。到了今天,量子材料俨然成为各国物质科学研究争相成立学术科研机构以实现优先发展的新分支或新领域。在这期间,刊物《npj Quantum Materials》伴随着"量子材料"这一领域的成长与夯实,见证了其初期的缓慢爬坡到近几年的快速发展。而今天,伴随着习近平总书记在重要讲话中提倡发展量子科技,量子材料作为未来量子科技的重要一环,也再次获得学人甚至平常百姓的关注与青睐。如若再乐观一些,量子科技似乎将要成为神州屹立于世的高新技术载体和品牌,其意义和价值不可谓不伟大。

前文已让读者稍微了解了什么是"量子材料"。虽然"量子材料"是一个看起来高雅独特的名词与概念,但实际上覆盖到众多凝聚态和材料科学领域,只是尚未成为一般读者的共识而已。

(1)"量子材料"这个名称很酷。但酷归酷,一提到"量子",似乎就给凝聚态物理和材料科学的人们建了个高门槛。这一门槛将很多优秀成果挡在外面，阻碍了量子材料的内涵深化和外延拓展。毕竟，学人们大多认为，从事量子相关的研究似乎总需要高大上的装备和天马行空的思维，故而多有敬而远之的心态。

(2) 很多物理和材料人，对“量子材料”有一些误解，或者说这一名称有很强的误导倾向，让人以为这是一个特定的、很小的、阳春白雪的、象牙塔上的学科方向。现在，国家都倡导将以量子科技参与富民强国的伟大进程，这种误解应该得到消除。很显然，“量子材料”这个名词也应该更普遍、更下里巴人、更贴近我们日常的文明生活。

(3) 在物理学众多课程中，“量子力学”可能是最难的一门课程。这门课程将很多迈进大学的自负一族们折磨得信心几无，包括笔者在内，给我们心灵刻下受伤的烙印。从此，我们敬畏量子力学和量子物理，顺带也牵连到敬畏“量子材料”。这可能也是众多“高品质”的物理和材料科学成果中包含“量子”及“量子材料”的比例不高的原因，虽然本不该如此。

但是，“量子材料”是否真的就那么高冷而不食人间烟火呢？当然不是！

我们知道，自然界四大相互作用中，占据固体物理核心的是电磁相互作用。碰巧，过去十年，笔者一直在南京大学物理系从事“电磁学”课程的教学工作。这一课程也给笔者一种“畸变”的印象：现代科学技术的主体是电磁效应。在最低物理层次上，绝大部分凝聚态和功能材料现象或效应，都能以电磁物理为主体来粗略描述。既然如此，不妨尝试一下用电磁学等“大学物理”的基本图像来描述什么是“量子材料”，从而给如笔者一般对量子力学和量子物理较少认知的学人一个粗略定域。

再次声明，本文只是基于大学物理的基础知识给“量子材料”范畴划定一个大致边界，不具有严谨性和足够的科学性。本文所发议论纯属个人陋见，不值得细致推敲。如果您谅解这一前提，那么将很快看到：

量子材料很普遍、平常。凝聚态和材料科学的大部分研究对象，其实都是量子材料。

2. 晶体中的电磁作用

作为预备知识，先从最简单的电荷相互作用开始。考虑由正负“离子”组成的一晶体，如图 1 所示。

(1) 相邻两个离子之间的距离大约是 0.2 nm。本文中，这一距离作为空间距离“1”的基准。同时，电子电荷也定义为电荷量“1”的基准。

(2) 每个离子除了“原子核”，核外那些轨道运行的电子如果两两结对并自旋相反填充满轨道(s、p 轨道等)。按照高中、大学化学中学习过的“洪德规则”，电子由内及外、成对填充、充满轨道，构成离子实。因此，不必再考虑它们，只考虑外层价电子轨道即可。

(3) 不失一般性，离子由离子实和外层价电子轨道构成，每个离子用于传导的“粒子”

是外层轨道的电子。只需要讨论这种最简单的情况就已足够。

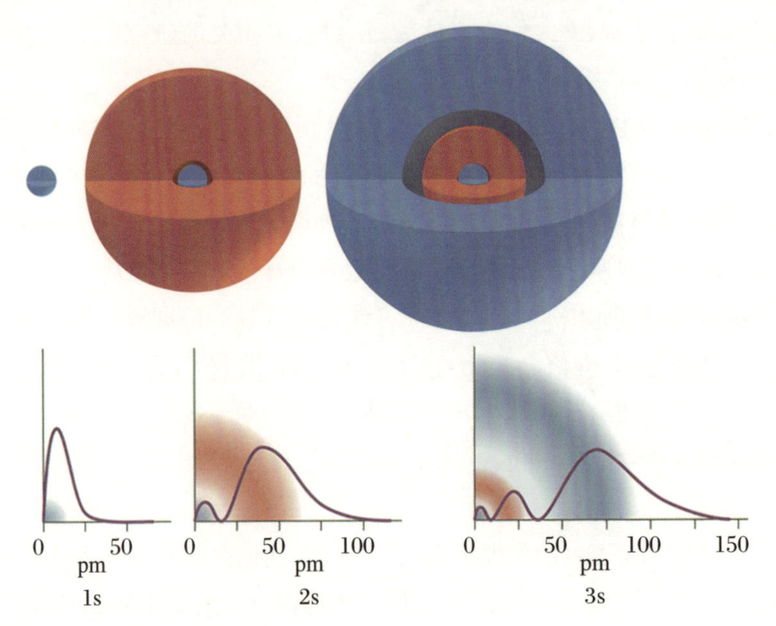

图 1　经典物理意义上估算原子核外电子轨道的大致空间尺度

注意每个轨道中电子密度集中的区域宽度大约是 20 pm，即 0.020 nm，只是晶体中离子间距的 1/10 左右。这个数据对本文的分析很重要。

图片来源：https://opentextbc.ca/chemistry/。

基于这三点大学物理和化学课程基本知识，就可以来讨论晶体中的电磁作用了。针对图 2 所示的一对离子，考虑其外层轨道上的电子，至少可以做如下两点估算：

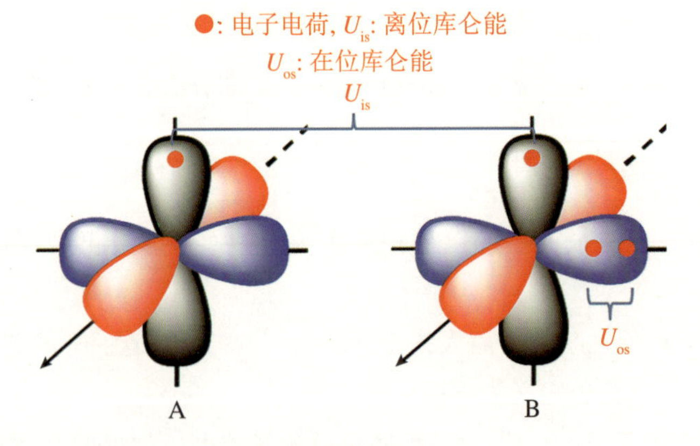

图 2　晶体中两个离子 A 和 B 之间电荷的库仑相互作用

粗红点为电子电荷（近似）。考虑离子 A 外层轨道的一个电子与离子 B 外层轨道的一个电子，它们之间的库仑能为 U_{is}。再考虑离子 B 外层轨道上的两个电子，它们之间的库仑能为 U_{os}。很显然，$U_{os} \gg U_{is}$。

首先，晶体中相邻的两个离子，假定每个离子实外轨道最多只有一个电子，则两个电子的库仑作用能大小为“1”个单位。粗略估算一下，大概是 1.0 eV 量级。

其次，考虑一个离子外层的轨道上有两个电子。因为一个轨道中电子密度高度集中的区域宽度大约为 0.020 nm，如果两个电子“拥挤”在这个有限空间区域，则它们之间的库仑作用能大致是 10.0 eV 量级或以上。

进行这种估算，是为了说明一个基本事实：如果晶体中每个离子外层轨道只有一个电子或干脆就是空轨道，则电子-电子间库仑作用能大约是 1.0 eV，可称之为离位库仑作用(inter-site U，U_{is})。如果晶体中每个离子外层轨道有多于一个电子，甚至多个电子，则这个轨道中电子-电子间库仑作用能大约是 10.0 eV，比离位库仑能大 10 倍，可称之为在位库仑作用(on-site U，U_{os})。这一差池不打紧，有可能颠覆我们的传统认知。

如上静电学角度的估算，可得如此电磁作用能量的大致尺度。请记住这组数据，以备下用。

3. 单电子近似

经典凝聚态物理的核心之一是固体能带理论。这一理论的精华乃基于周期势场中的单电子近似。这样说还稍微专业了一点，具体意思是什么呢？众所周知，能带理论乃一近似理论，针对固体中存在的大量电子，采取了最初级的近似处理：将每个电子的运动看成独立运动，不受其他电子的影响，或者将所有影响都归结为一个等效的电势场分布。由此，这一单个电子的运动就可用单电子的薛定谔方程来描述。

这是物理学惯用的“伎俩”：为了给复杂世界一个清晰简单的图像，姑且将所有复杂性都归到某个特定的平均场或者物理参数，从而营造出一个漂亮的图景。这一图景让人佩服不已，更让人忍不住诱惑、贸然而进。一旦进来，就发现此一近似可能困难重重。

不过，对很多简单晶格，单电子近似还不算糟糕。其中一个基本物理事实是：晶体中对基本电磁物理性质有主要贡献的是外层价电子。在原子结合成晶体或固体过程中，外层价电子在各离子之间有大量转移，但每个离子内层电子变化不大。因此，可将一个离子看成由离子实和外层价电子组成。一个电子在晶体中的运动就可看成单电子在其他价电子和离子实共同组成的周期势场中运动，如图 3 所示。

这一近似包括两个基本假定：① 单电子，它不与其他电子有直接作用；② 周期势场。这一周期势场理论也意味着电子-电子相互作用主要是离域的，U_{os}是一个很小量。此乃所谓“单电子”模型，用来描述一些简单晶体的电子波函数、能带特征和输运行为。固体物理对金属、半导体和绝缘体的认识，即基于这一近似理论而成。更进一步，基于单电子近似的能带理论还派生出固体电子结构的主要概念体系，在此不再一一啰嗦。

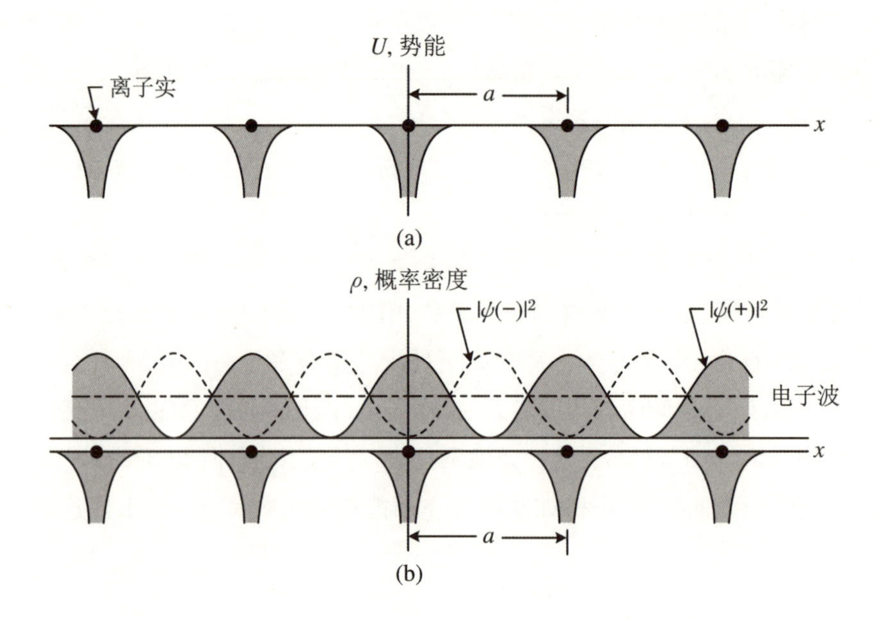

图 3　晶体中一维周期势场中的电子波函数及其平面波传播，即单电子近似理论

图片来源：https://encrypted-tbn0.gstatic.com/images?。

4. 电子关联

然而，一旦出现 U_{os}很显著的情况，比如 $U_{os}>U_{is}$，单电子近似描述马上就面临困境。从电磁相互作用角度，如果在位库仑作用 U_{os}变得很重要，则晶体中周期势场就不再成立，电子波函数和输运就将展现“单电子”物理完全没有的新特征。这就是笔者想象的所谓“电子关联”之经典初步。

所谓“电子关联”物理，就是考虑在位库仑相互作用后的新物理。这种新物理在单电子波函数体系中是不存在的，也因此给固体物理留下世纪残局，让当代凝聚态物理充满惊悚和不确定。

当然，笔者的这一经典感悟有些太过马虎和低端了。量子层次的严谨图像，也就是风行多年的关联电子物理，比之优美得多，亦复杂难懂得多。笔者借助于简单电磁学知识，只是为了浅显地表达什么是固体中的“电子关联”，实乃“粗制滥造”。但粗糙之外，表达也简单明了，相信能够洗去“关联电子物理”在很多凝聚态和材料学人心中的那种高冷印象。

具有大的 U_{os}或者说强电子关联的体系到底有什么特征？不妨再从大学物理的角度来科普化其电子结构的新特点。

(1) 对导体或半导体，电子输运行为表现为电荷在相邻离子间巡游。由于在位库仑

作用 U_{os}很大，电子 a 从离子 A 跃迁到相邻离子 B 处（电子巡游）时，会遭遇 B 离子外层轨道上已有电子 b 的排斥，电子巡游就变得困难很多。这是一种朴素的电子关联认知。假定载流子浓度不变，这一效应就对应于载流子迁移率下降、电阻增大，表现为载流子有效质量变大，如图 4(a)所示。

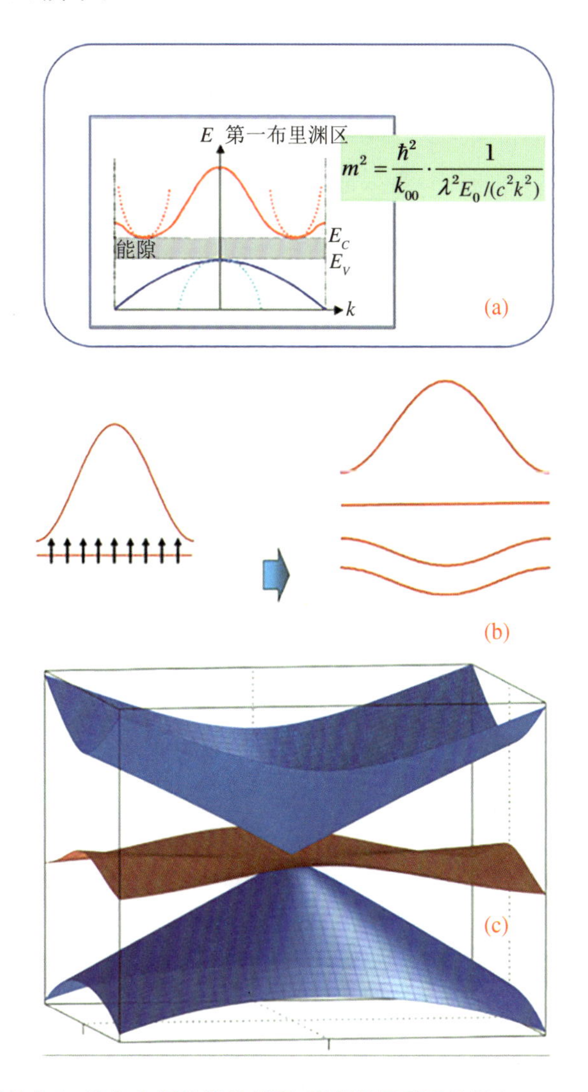

图 4　载流子有效质量的定义：波矢空间的能带越平，则载流子质量就越大

(a) 能带几何特征与载流子迁移率的关系；(b) 能带中的平带，左边是一条自旋占据的平带，右边三条中间一条平带，这条平带在费米面附近，因此对输运的贡献显著；(c) 平带的三维空间特征。

图片来源：(a) https://www.quora.com/What-is-the-relationship-between-the-band-gap-and-mobility；(b) https://www.uni-muenster.de/Physik.AP/Denz/en/Forschung/Forschungsaktivitaeten/lattice/band_structures.html；(c) https://slideplayer.com/slide/5372955/。

(2) 如果考虑能带结构,一方面是库仑作用阻碍载流子运动,表现为带隙增大。另一方面,穿越费米面处的能带二阶导数即载流子迁移率。库仑作用增大能隙、减小迁移率,意味着能带扁平化。这也是物理人将平带特征与电子关联等同起来的原因,慢慢就形成了平带即"电子关联"的共识! 如图 4(b)和图 4(c)所示即电子结构中的平台特征。很显然,能带平带特征能更本征地反映输运行为的变化。

(3) 从晶格畸变角度看,载流子在周期晶格中运动时,电荷与离子实的库仑吸引,会引起周围晶格畸变,而晶格畸变反过来又阻碍载流子运动,这一效应俗称极化子,如图 5 所示作为一例。如果是关联材料,外层价电子不止一个,极化子效应就更明显。

(4) 最后,因为外层轨道有多个价电子,晶体中自旋-轨道耦合、自旋-晶格耦合行为也将出现变化。

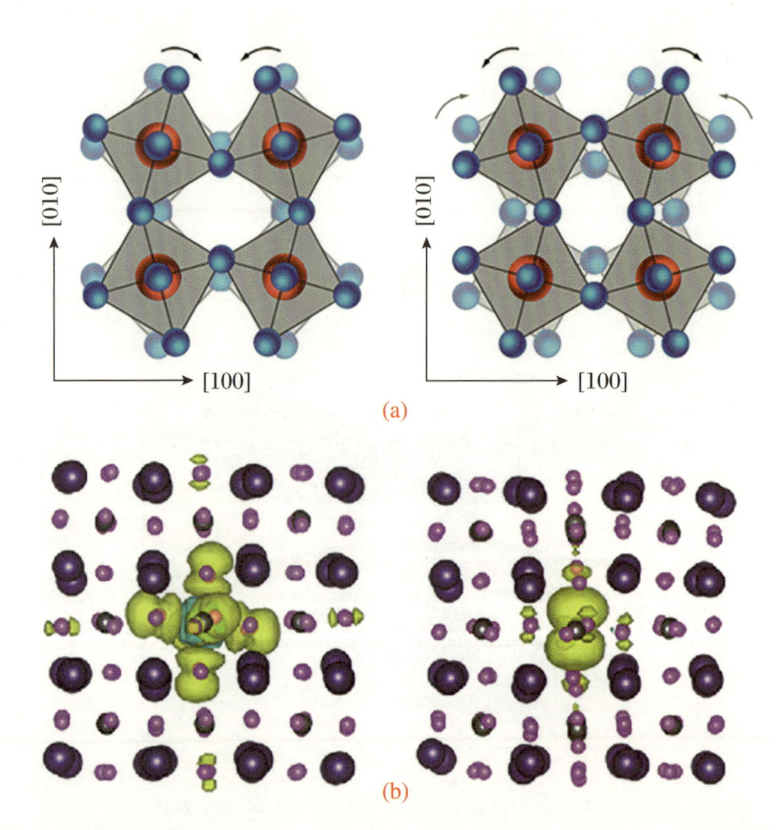

图 5 (a) 钙钛矿氧化物八面体的晶格畸变典型模式,即八面体倾斜与旋转;(b) 电荷运动对晶格局域畸变的诱发作用,可见电荷与晶格的动态吸引作用,即极化子

图片来源:(a) https://physics.aps.org/articles/v4/18;(b) https://www.semanticscholar.org/paper/Polaron-Stabilization-by-Cooperative-Lattice-and-in-Neukirch-Nie/9c685838de618bd04193d3a1f428e8e bc7448803/figure/3。

有趣的是，今天风头正盛的“量子材料”，其早期的第一波定义即针对这里的“电子关联”固体。差不多十年前，陆陆续续有一些物理人称呼“电子关联材料”为“量子材料”。这一称呼在同行小范围内颇有影响，以至于2016年笔者及同事为刊物确定刊名时即遇到波折。一开始，我们建议刊名为《量子材料》，但 Nature 出版集团认为这个名称“不合适”，转而推荐“Correlated Electron Materials”这个更加专门化和小众的名称。经过几轮讨论，甚至提交给 Nature 集团更高层斟酌，最终确定《npj Quantum Materials》这个刊名。彼时彼地，笔者和 Nature 集团的同行们免不得欢欣鼓舞。

这里遗留的问题是：为什么“电子关联”就定义了“量子材料”？下面将给予简单回答。一提到电子关联，我们脑海里出现的就是“高温超导”“庞磁电阻”“重费米子体系”等，这些研究领域就理所当然成为“量子材料”的核心。更为特别的是，没有科研平台的高举高打，一般人很难有条件开展这些材料的研究。这也给读者们留下了“量子材料”专属高冷、距离日常应用远、指不定还要多少年才能染指江山等诸般被误导的印象。

5. 遍地开花

实际情况完全不是如此！“量子材料”的的确确是萦绕于我们身边的平常之物。

这样说并非牵强附会，而是都可以追根溯源的。我们姑且围绕外层轨道“多个电子”和费米面附近“平带”这两个关键词展开，就会看到遍地都是“量子材料”。而且，这种拓展或者开放显得更有包容性和扩张意义。这里，省略那些众所周知的强关联电子材料，如 Cu 基、Fe 基、Ni-基超导体，锰氧化物，重费米子等，只关注那些可以归拢到这两个关键词“麾下”的其他材料体系。便是如此，也足够将“量子材料”扩充千百倍。

(1) 磁性材料。物理人都知道，磁性物质主要是指那些具有 d、f 轨道价电子的材料。以 Fe 为例，通常价态的 Fe 离子其 3d 轨道总是有多个电子占据。由此立刻就可认定 Fe 和 Fe 的化合物（包括氧化物）便是量子材料。依此类推，所有磁性材料自然都归属量子材料。量子材料体系，一下子就厚实了许多。

(2) 铁电材料。最为经典的位移型铁电体如 $BaTiO_3$，因为 Ti^{4+} 的外层 3d 轨道是空的，在位库仑能 U_{os} 似乎为零。乍一看，铁电不是量子材料。但是，从铁电晶格软模理论出发，铁电态正是晶格横光学模波长趋于无穷大的情况。如果从晶格动力学角度看，这一模式正对应很大的有效晶格质量，这正是一种声子模关联效应。因此，传统铁电亦可归类于量子材料。今天，看那些新型非本征铁电体和多铁性材料，更是非量子材料莫属了。

(3) 二维材料。从对称性和能带角度看，一般情况下二维材料的能带比典型的三维材料能带要平，也就是平带效应更为明显。之所以如此，是因为电子被约束在二维空间而不是三维空间运动，导致巡游动能小很多，能带带宽比之三维体系明显变窄。假定在位库仑作用 U_{os} 不变，这一效应相当于能带带隙不变、带宽变窄，也就是能带变平，等效于电子关联变强。因此，二维材料当可归属于量子材料。

(4) 魔角材料。自从将石墨烯层与层之间旋转一个夹角，形成魔角石墨烯的研究发表以来，现在只要是个物理人，都会关注各种层状材料能不能魔角一下。魔角，会导致很多新的演生物理效应。但最简单直白的后果之一便是，魔角点阵破坏了原来的晶格周期性。除了很少的几个方向，其他方向上晶格不再具有有理化周期。载流子在这样的晶格中输运，其有效质量必然增大、迁移率必然降低，等价于平带能带结构的效果。因此，所有魔角材料，都是量子材料。

(5) 拓扑材料。最初的拓扑绝缘体体系一般都是电子关联小的体系，不包含过渡金属离子。但拓扑材料最受关注的一个特征并不是能带拓扑特征，而是量子霍尔效应。到了今天，分数量子霍尔效应更为引人瞩目。要达到这一效应，能带应更多决定于自旋相互作用引入的分数电荷，而电荷本身的贡献则会变弱。实现这一效应的最佳体系就是那些平带体系，对应于电子关联很强。正因为如此，常常将拓扑材料称之为拓扑量子材料。更进一步，从下一代自旋电子学应用角度看，那些磁性拓扑材料最受关注，而磁性自然就是量子材料的属性之一。

(6) 新型热电材料。热电材料发展到今天，热电人为了追求高 ZT 值而无所不用其极，令人称道。其中一类热电材料，追求极低热导率。为了实现这一点，声子玻璃或非谐晶格结构成为关注点。这些非谐晶格无疑给载流子输运引入了额外的关联，能带结构变得更为复杂，成为量子材料的新家族。到了今天，热电化合物包含的元素越来越多，过渡金属入列，磁性离子加盟，说它们不是量子材料怎么都不合适。

(7) 其他能源材料，包括催化、光伏、电池、发光材料，如此等等，许多特性都必然与电子关联密不可分，虽然此中无数精英未必愿意与“量子材料”结交。

行文至此，笔者不应继续列举下去，因为“量子材料”家族已经很庞大，可能会引起其他类别材料的嫉妒和不满。

6. 更新、更高、更远

既然有这么多量子材料，科技界都侧目量子科技的发展现状就不再令人奇怪，因为量子科技的进程必然依赖于量子材料的进步。量子材料必然要走向更新、更高、更远，才能对量子科技有所贡献、不辱使命。

真的如此吗？不妨牵强附会来讨论几点。

量子科技的发展，核心乃依赖于量子相干性、量子纠缠(关联)等特性。能够找到量子态高度相干和良好纠缠的载体，是量子科技发展的必要前提和基础。这正是量子材料的使命和征程，虽然其他方案如冷原子和量子光学也在万里长征进程中。

(1) 电子是典型的量子。电子相互关联最生动的实例应属超导态中的库珀对。动量空间中的一对电子由晶格声子作为纽带关联在一起，形成“电子电荷相互吸引”的状态，而实空间可能对应于相隔“很远”的两个电子纠缠在一起协同导电。如果拓展到实空间，相邻的一对电子两两惺惺相惜、共同巡游，那超导自然更为容易。大量库珀对的凝聚，构成宏观超导量子现象，也算是为超导量子计算奠定了材料基础。类似的物理，在量子自旋液体中也可体现。

(2) 量子科技的一个性能要求是量子相干性，或者说退相干时间要长。在固体中，关联强或粗暴地说两个带电荷的量子距离近，这种相干性就会好很多。还是以经典的库珀对为例。从动力学上说，声子传播需要时间。此时如果一对电子通过声子关联起来，在满足电子库珀成对的前提下，电子关联强将有利于相干态的实现和稳定。这种描述过于粗暴，但能够给读者一个朴素的图像以利于理解。

(3) 量子科技的另一个性能要求是量子纠缠。在固体电子体系中，利用电子关联来实现可适用的量子纠缠也被广泛研究。电子关联也是实现可控量子纠缠的一种图景，只是会牵涉到电子的自旋态，在此不再展开。

(4) 过去若干年，物理人提出了大量基于拓扑量子态、基于量子自旋液体、基于超导结来实现量子计算和量子通信等未来技术的方案，并在致力于将这些方案付诸实验实现。这些努力，正在将量子材料与未来量子科技更紧密地嫁接联系起来。

同样，不能也不需要再列举下去，因为量子材料在未来量子科技中的功效已经说得太多了。

7. 结语

行文至此，笔者尝试触及这个尚未给予很好回答的问题：为什么要将电子关联体系称为量子材料？难道单电子理论处理的就不是量子问题吗？

毫无疑问，单电子近似处理的也是量子问题，因此处理的对象似乎也应归属于量子材料。不过，在这一框架下的现象最多展现半量子特征。例如，对金属，理论所给出的电子输运行为与经典 Drude 模型结果相差无几；对半导体，用半经典的玻尔兹曼动力学就可以大致描述其输运。当然，细致而精确的描述，还是需要高等量子理论和固体物理，但一般意义上这些问题可以放在“量子材料”之外。

更为重要的物理是：在单电子框架下，电子电荷相互作用（库仑势相对载流子动能）和自旋相互作用都较为微弱，磁性问题就不再重要。这也是为什么典型金属和半导体物理并不涉及自旋和磁性。但是，量子材料则完全不同，在同一价电子轨道中存在多个电子。由于在位库仑作用的出现，这些电荷和自旋相互作用都很强，它们的相互耦合变成物理的主体。再加上自旋-轨道耦合，轨道物理的作用也进入物理人的视线。鉴于电子的这三个自由度相互耦合，描述这类体系的性质时，量子物理必须作为主角登堂入室。这就是物理人常说的关联电子物理的核心。

最后，笔者承认，在下笔涂鸦本文之前有很长一段时间处于犹疑之态，因为要将量子材料写到大部分材料人不花太多时间就能明白，不是一件容易的创作。不可避免的牺牲就是“去精取粗”，而非“去粗取精”。本文有一些说辞，估计不但谈不上严谨，还可能有夸大和错误，笔者对此负完全责任。

第 2 章

超导物理与材料

量子自旋芳草在，觅寻液态惹尘埃

1. 引子

世间万物以对称为美、和谐为善，这是人性之愿望。不过，对“是非曲直”，人类还是更愿意赞美“是”与“直”，不喜“非”与“曲”。我们欣赏“大漠孤烟直，长河落日圆”，“直”和“圆”的景致总让人心旷神怡、赞美不已。自然科学也如此，我们喜欢对称，所以李政道先生和杨振宁先生提出的宇称不守恒定律对我们的观念冲击很大。发现、揭示或证明物理上“是”要比质疑“是”容易得多、常见得多。“是”常常皆大欢喜，“非”常常令人失望和沮丧。这可能也是一种物理观念上的不对称。我们说某件事“好”，受者高兴，施者也乐意。

当我们质疑某个“好”时，往往会激起很多反驳和辩论。论证“非”很多情况下需要穷举，须穷其所能而不可挂一漏万。仔细想来，其实也没有哪一条规范、哪一部法律规定了“是”与“非”、“好”与“非好”一定要不相伯仲、相若对称。其中诡异，难以述说，不知所以。

无妨以此为一种信念，多去审视物理学中一些质疑之声。这里展示笔者曾作为一个“群众演员”参与的故事，也算是对前述不对称议论的蹩脚注释。读者会看到，在历史的长河中，常见的是润物无声，跌宕起伏自是少数。此文在严谨的学者眼中可能是贻笑大方之作，无奈这是笔者的一贯风格，是为可读性而放弃了些许严谨而已。

2. 自旋液体

众所周知，自旋之间的相互作用及由此而生的自旋序（磁相变），似乎是凝聚态物理学的永恒主题之一。如果由易入难，从经典自旋系统开始，则犹太学者 Ising 所完成的、由楞次老师布置的作业——一维自旋链是否存在相变——应是固体自旋系统“格物致知”历史之开始。物理人知道，高对称点阵中，如果只考虑最近邻相互作用，则一维 Ising 自旋链不存在有序态，二维点阵存在有限的相变温度并由 Onsager 给出严格解、杨振宁给出相变点附近磁矩的严格解……三维点阵中，Ising 模型到目前还没有严格解，但也不妨碍近百年的数值模拟工作对三维模型的深刻物理认识。这些历史的黄金烙印，奠定了经典磁学的基石。当海森伯提出自旋相互作用的量子理论后，这些烙印也可以看成现代磁学和自旋电子学的基石，几十年来萋萋而优美、微澜而不腻。现在的理工科大学生都大致了解：只要维度超越一维，Ising 自旋系统就可能在某个特定温度处发生相变，形成长程序。

自然，有人会将 Ising 模型推广到空间上自由度更多的体系，如 XY 模型、Potts 模型及至海森伯模型，后者中自旋可以沿三维空间任意取向。虽然定量甚至定性上有各种阳春白雪，但 Ising 之名依然绰约。不过，物理学界众多学问之士在茶余饭后总会提出一些新的说辞，比如二维、三维甚至更高维空间的自旋系统是否就一定得有序？有无极端例外，即使温度降到零度也不会长程有序？按照“引子”所述逻辑，如果能够发现“有”这个极端，那当然是皆大欢喜，比有人断言“没有”要受欢迎得多。

事实上，我们早就知道很多人在研究这个极端。例如，二维各向同性空间中海森伯自旋系统有无相变？这种问题的答案时至今日仍然未得圆满。逻辑上，至少有两类情况可能逼近这个极端：一是空间对称性下降；一是交互作用不限于最近邻。凝聚态物理有个名词定义这种现象，叫“自旋阻挫”(spin frustration)。为描述简单，可从二维 Ising 模型开始。Ising 自旋只能取两重旋转对称的两个态（即只能上下取向或左右取向），一对最近邻自旋交互作用能为 $H=-J(S_i\times S_j)$，其中 J 为自旋交换积分（也称交换作用），S_i 和 S_j 为近邻位置对 $\langle i,j\rangle$ 坐标处的自旋算符，J 可以简单近似为 $\langle i,j\rangle$ 两个位置之间距离的衰减函数。

如图 1(a)所示，$J>0$ 促使自旋平行排列，$J<0$ 喜欢自旋反平行排列。推广到长程序中，即铁磁序和反铁磁序。如果 $J<0$ 且点阵是较低对称的三角点阵时，点阵单元的 3 个自旋排列方式必定多于一种，点阵能量最低的基态就变得不唯一，如图 1(b)、图 1(c)所示。对此三角单元本身而言，至少有图 1(c)所示的 6 种能量相同的基态。

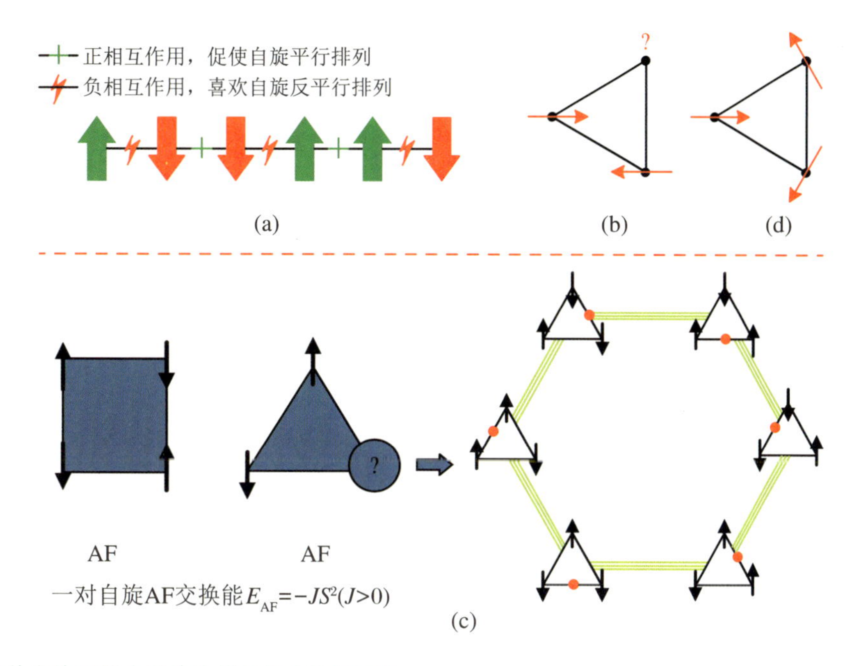

图 1　固体自旋系统中自旋失措的基本物理图像

(a) Ising 自旋链近邻自旋相互作用类型；(b) 二维三角格子的 3 个自旋反铁磁排列一定导致失措；(c) 反铁磁三角格子单元的 6 种简并态；(d) 如果三角格子是海森伯自旋，局域可能形成非共线有序排列。

图片来源：(a) http://informatik.uni-koeln.de/old-ls_juenger/projects/spinglass.html；(b)、(d) http://pubs.rsc.org/en/content/articlehtml/2010/DT/B925358K；(c) http://www.iiserpune.ac.in/～surjeet.singh/index_files/reserach_files/Geometrical%20frustration.html。

毋庸讳言，多个基态是物理学确定论之大忌，会让那些“您给我一个支点，我就可以撬动地球”的物理学家心烦意乱、不知所措。如果一个无限大的三角点阵都是如此，体系的基态数目将趋于无穷，更会使物理学家手足无措，故而将图 1(b)所示排列取名为“自旋阻挫(失措)”也算形象生动。如果这个点阵中的自旋按照海森伯自旋来排列，则有可能形成如图 1(d)所示的组态。温度降到零温时，有可能形成一种或多种非共线长程序基态。

既然如此，应该就有很多 $J<0$ 的三角点阵 Ising 自旋系统，它们即便到零温也不会有任何自旋有序相变出现，每个自旋仍然可以按照某种动力学模式随意转动一下(自旋所在格点位置不动)。这非常类似于我们常见的冰与水。如果水分子形成六角晶格长程

排列，就是冰；但如果像水那般随机排列和“流动”，就是液态。所以，物理人就将一个严格正三角点阵的、$J<0$ 为常数的系统称为自旋液体（spin liquid，SL）。

不过，毋庸长思，马上就可以断言，真正的 SL 态应该很难。至少有如下几个原因可以佐证这一断言：

(1) 对一固体系统而言，自旋交互作用能，只是整个体系能量很小的一部分。原子、离子之间的库仑结合能要大得多。从这个意义上，自旋相互作用方式从属于离子结合能。对称性破缺是固体结构的本征属性。当趋于零温基态时，晶体结构很可能出现自发对称性下降。要找到一个几何上严格的三角点阵系统，可能未必容易。如此，图 1 所示之理想状况就难以浮现，一切有关 SL 的物理可能就会烟消云散。

(2) 所谓 Ising 自旋，是物理理想化的结果，是实际固体系统施加给自旋取向高度各向异性的某种近似。实际上，自旋严格满足二重旋转对称性的系统当属“此曲只应天上有”。严格的海森伯自旋体系，也应是海市蜃楼、难得一见。因此，绝大多数体系的自旋对称总是介于中间某个位置，此时体系的基态简并数就会断崖式下跌。这种退简并，自然就为在某个温度处出现某种自旋有序提供了可能。

(3) 类似地，严格的最近邻相互作用系统，也比熊猫数少很多。当高阶近邻半路杀出，系统也极有可能高度退简并，基态数目趋于很少，自旋有序出现就不再稀奇。

至此，我们明白，对一经典自旋体系，即便有很严重的自旋阻挫，如上所列三大“退简并”根源会因为某种“多以意会、难以言传”的原因压制了真正 SL 态的诞生。为简单起见，再回到 Ising 相互作用能表达式：$H=-J(S_i \times S_j)$，从能量尺度稍作讨论，请不必较真于严谨。

对经典自旋，$S_{(i,j)}=3\sim10$ 应属常见，$J=-10\sim100$ meV 也很正常。注意到室温下的热涨落能量大概是 10 meV。当退简并出现，一个经典自旋系统的基态与低能激发态的能量差 ΔH 约为 10 meV 应属正常。此时，只要温度低于室温，不需要很低温度，体系就可能出现长程自旋有序态。此时，SL 就连昙花一现的机会都没有。

诚然，实际自旋系统要复杂得多，已经知晓的各种复杂性可能来源于：晶格对称性破缺、各向异性、最近邻、次近邻、次次近邻、次次次近邻、自旋-轨道耦合、自旋-晶格耦合、表面效应、杂质效应、缺陷效应……还可以罗列 100 个旧名词。所谓“不见新人笑、就看旧人哭”，很能描述物理人此刻的心情。这些效应全部加上，系统会变得很复杂，于是物理人自作聪明创造了一个名词——无序（disordering），来囊括这些说不清道不明的效应。这种无序有时是内禀的，无论您是否竭尽平生去提高样品质量，它就在那里。当然，这也是物理人处理复杂性的传统：先“投机取巧”一回，将复杂物理过程用一个美的、简单的表达式表达出来，但将所有不确定性和复杂性都归到表达式前面的系数中，让后人既崇拜这些优美简洁表达式的创造者，又有些哑巴吃黄连而不知这些系数定量上大小几何。

一切从简，假定系统真的只有一个基态。当温度下降到某个温区内，低能激发态与这个基态之间 ΔH 变得很小，但自旋在基态与这些激发态之间“转一转”所需跨越的能量势垒很高。或者说这个温区的热涨落能量已不足以“很快”驱动这种跨越。此时，即便自旋结构处于激发态，也会在很长时间尺度内保持在那里，回不到基态。物理人将这种状态称为自旋玻璃态（spin glass，SG）。很显然，SG“不是基态，胜似基态”，因为 SL 是“深闺无人晓”，SG 是“东施效颦多”，很多固体自旋系统之所以经常出现自旋玻璃态、团簇自旋玻璃态、赝超顺磁态等局域有序或短程或中程有序态，这就是其中的缘故。物理人将自旋玻璃看成“replica 对称破缺”所致，真是神来之笔。图 2 显示出 SG 的尊容一角，详细说明可见图题及图注，特别是图 2(d)所示内涵值得细细品味。

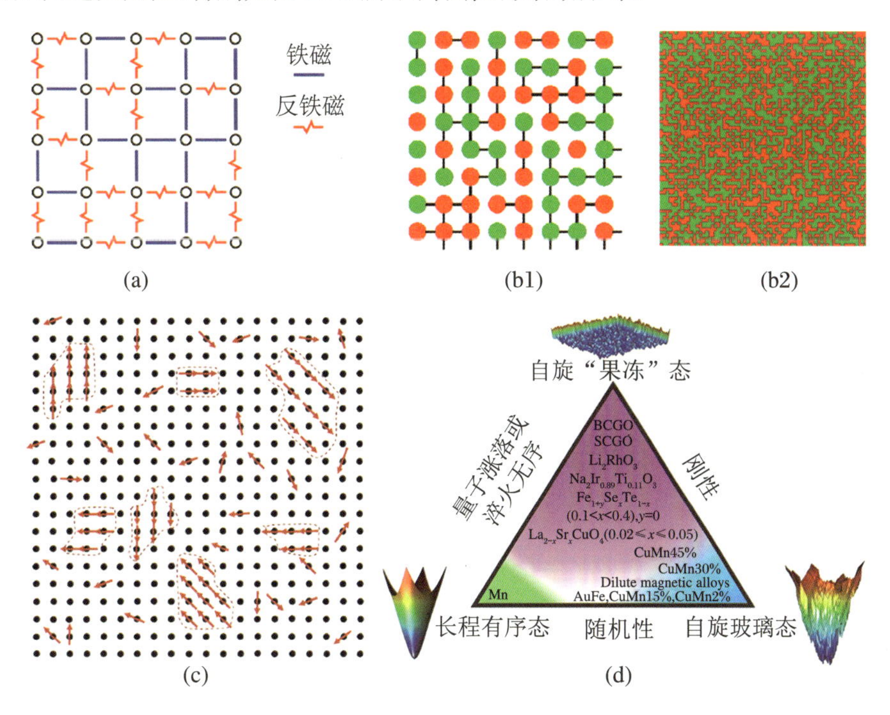

图 2　经典自旋玻璃图像

(a) 示意出自旋相互作用的复杂性，每一自旋近邻对之间的 J 都可能不同，$J>0$ 和 $J<0$ 齐飞；(b1) 显示局域自旋取向，红绿表示相反的两个取向；(b2) 显示大尺度自旋组态和形貌；(c) 所谓的团簇自旋玻璃态，其中存在一些不同尺度的铁磁或反铁磁团簇；(d) 不同自旋结构的能量大观园：长程有序态(spin solid)、自旋玻璃态(SG)、自旋“果冻”态(spin jam)。它们构成三角，借助不同内禀或外源参量调控，可以相互转化。这里，自旋“果冻”态近似可以看成物理的深闺佳人了。

图片来源：(a) http://article.sapub.org/10.5923.j.ajis.20110101.01.html；(b) http://informatik.uni-koeln.de/old-ls_juenger/projects/spinglass.html；(c) http://iopscience.iop.org/article/10.1088/0034-4885/78/5/052501；(d) http://www.nature.com/articles/s41598-017-12187-9。

几乎所有自旋玻璃态都是亚稳定的，甚至基态也是“亚稳定”的，但保持亚稳定的特征时间可能比宇宙年龄还要长，你我有生之年难以见到，故称之为自旋冻结(spin freezing)。也如我们所知，很多年来，这些自旋冻结态的学问是高校和研究机构一部分学者毕生致力于理解其中一二的题目。其情可鉴、其源可期！

行文到此，笔者打着自旋液体的旗号，兜售了很多自旋液体品牌下的赝品和山寨货。真正的 SL，近百年来仍然凤毛麟角，其真容难得一窥。诸多尝试，皆成云烟。其实，作为一个物理学问题，自旋液体也不过是一抹阳春白雪之态，并无下里巴人之用。许多年来，寻求 SL 从来就不是振臂一呼之号，也非高朋满座之所。

那么，应该怎样才能接近 SL 这个凤毛麟角呢?！毫无疑问，一个系统如果其 $S_{(i,j)}=1/2$，即量子自旋系统，则自旋相互作用能 H 就会变得很小。粗略估算一下，基态与低能激发态能量差 ΔH 约为 0.1 meV 就不再是凤毛麟角之象了。如果基态与低能激发态之间的跃迁足够快(Δt 约为 10^{-18} s 或更短，虽然对量子跃迁尚不能定义绝对时间)，则量子涨落的能量 $\Delta E > [h/(4\pi)]/\Delta t$ 约为 0.1 meV 并非天方夜谭。

也就是说，如果没有量子涨落，当温度降到约 1 K 时，一个量子自旋系统就该出现自旋有序相变了(在足够长时间尺度内)。但正因为量子涨落是天数，无处不在，相变可能就无法出现，而是被量子涨落“和谐”掉了。我们说，“柳暗花明又一村”的意境就在这里：对于一个固体量子自旋系统，可能会出现真正的 SL 态，称之为量子自旋液态(quantum spin liquid，QSL)。

3. 量子自旋液体

好吧，请怜悯笔者费尽口舌将 QSL 可能是什么样子说了个大概。现在，物理学家终于找到一个借口，来释放自己的动力、压力和梦想，成就自己的成果和荣誉。只要在量子自旋系统中细细寻觅，便可能找到一个真正的 QSL 态。

问题是，与经典系统比较，量子自旋系统寻找起来更难(少！)、测量起来更贵(超低温！)、应用起来更远(人类怕冷！)。鉴于自旋玻璃和内禀无序的存在，要找到一个真实的 QSL 实属不易。这也是物理人执着于求“是”的内在精髓。

如果 QSL 就只是如此阳春白雪，一定难以得到大众的首肯。更何况如元稹所言“曾经沧海难为水，除却巫山不是云”，那些沉迷研究 SL 多年的学者们多数有些意兴阑珊。只是，20 世纪凝聚态物理学泰斗菲利普·安德森提出了一类可能实现 QSL 的物理方案，引得无数物理人竞折腰。

QSL 态作为固体自旋系统的基态，由安德森在 1973 年提出，对象是最近邻反铁磁三角点阵。首先，既然是反铁磁基态，体系零温下不能有剩余磁矩，因此安德森使用了共价键态(valence bond state)的概念，即点阵中两个电子自旋总是两两成键，构成一个自旋为零的单态(spin-0 singlet),整个点阵为非磁,如图 3(a)所示,称为共价键固体(valence bond solid,VBS)。其次,VBS 本身并非 QSL,因为所有 spin-0 singlets 有序排列,点阵对称性必然破缺,与 QSL 的图像矛盾。再次,在基态下,这一共价键固体的自旋缺乏长程关联或纠缠。安德森眼光很高,觉得这一基态物理意义不大。由此,他放松管制,引入共价键的量子涨落,从而将实空间的共价键点阵与动量空间的纠缠关联相联系,真是天才的想法!此时,每一个共价键就不再只是最近邻两个自旋的反铁磁耦合,还要接受整个点阵中所有自旋组态配分的恩赐。

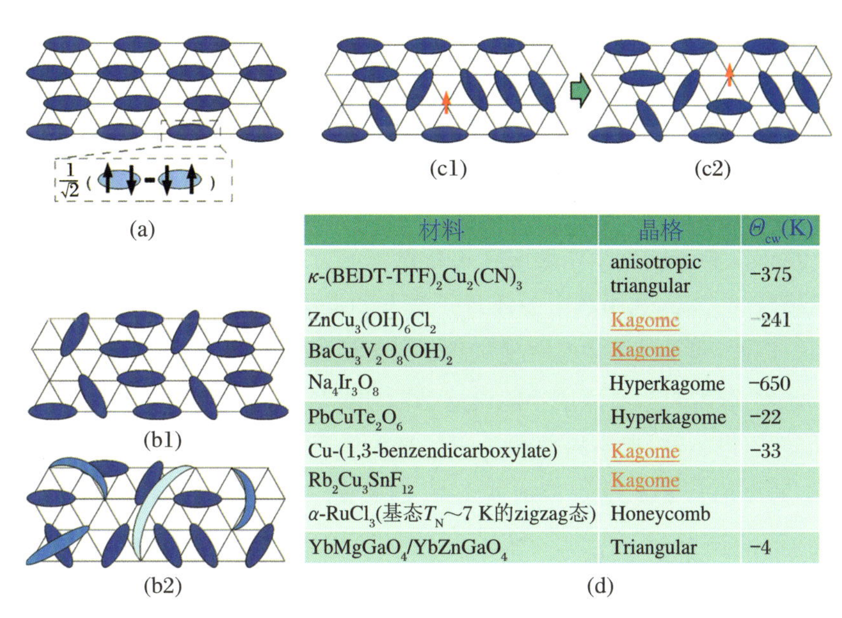

材料	晶格	Θ_{cw}(K)
κ-(BEDT-TTF)$_2$Cu$_2$(CN)$_3$	anisotropic triangular	−375
ZnCu$_3$(OH)$_6$Cl$_2$	Kagome	−241
BaCu$_3$V$_2$O$_8$(OH)$_2$	Kagome	
Na$_4$Ir$_3$O$_8$	Hyperkagome	−650
PbCuTe$_2$O$_6$	Hyperkagome	−22
Cu-(1,3-benzendicarboxylate)	Kagome	−33
Rb$_2$Cu$_3$SnF$_{12}$	Kagome	
α-RuCl$_3$(基态T_N~7 K的zigzag态)	Honeycomb	
YbMgGaO$_4$/YbZnGaO$_4$	Triangular	−4

图 3 量子自旋液体的基本物理图像

(a) 安德森定义的所谓共价键固体(VBS),其中一对最近邻自旋反平行排列成键,形成 spin-0 singlet。这些单态有序排列,形成 VBS。此时,有序单态排列导致点阵对称性破缺,因此不是 QSL 基态。(b1) 共振共价键态时短程相互作用形成的自旋对组态;(b2) 考虑了长程相互作用时自旋对的组态,即真实的共振共价键态 RVB。(c) 所谓的自旋子激发态的图像。RVB 态因为长程关联而可能出现共价键的瞬间"断裂"与"复原",产生一个不带电荷、只有 1/2 自旋到处游弋的状态,即自旋子激发态。从(c1)到(c2)图示了自旋子激发态游弋一步的想象过程。(d) 部分声称可能实现 QSL 的体系列表,每一种到底是不是 QSL 其实存在不少争议。

图片来源:https://en.wikipedia.org/wiki/Quantum_spin_liquid。

安德森进一步假定,所有自旋组态配分的效果都一样,即量子涨落幅度一样,那么任何共价键就不再只具有局域空间的特征,而是反映整个空间的叠加效果。这一假定,对熟悉量子力学的人而言非常自然,就像潘建伟老师那 1200 km 量子态叠加纠缠。此乃安德森喜欢的基态,即共振共价键(resonating valence bond,RVB)态,如图 3(b1)和

图 3(b2)所示。安德森敲定,这就是他要的量子反铁磁三角点阵的基态。

熟悉超导 BCS 理论的读者一定已经明白:超导体中电子通过动量空间的声子关联,形成库珀对(自旋相反的一对电子在动量空间成对),这个库珀对也是 spin-0 singlet。这一图像与这里的基态如出一辙。考虑到高温超导铜氧化物具有量子磁性,考虑到超导态必须抗磁或者至少无磁性,安德森大胆预言:QSL 这一基态就是高温超导母体的基态,只要加入可动载流子,就可以“超导”了!用南京大学王强华教授的话说:高温超导就是 QSL!

好了吧,全世界那些武装到牙齿的高温超导团队听说安德森写了这神来一笔,岂会善罢甘休?!他们使出浑身解数,再难再苦,掘地三尺,也要找到 QSL。如此这般,QSL 不火都不行吧?!

除此之外,安德森描述的长程量子关联图像,也很对那些借助量子纠缠来实现量子计算的物理梦想家之胃口。QSL 中存在一种任意子激发(自旋子 spinon 激发,可见下文),操作任意子以实现量子计算是大家正在设想的方案。如果能够找到一些在相对高温度下依然稳定的 QSL,利用其中的任意子激发和量子纠缠实现高效量子计算,也是物理学的大事。因此,量子计算也是驱使物理人对 QSL 趋之若鹜的推手,虽然笔者不懂这一梦想什么时候比较靠谱,所以决不能说这是白日做梦!

无论如何,可以相信,高温超导和量子计算如倚天、屠龙,双剑一出,就给了 QSL 在过去十年“金沙水拍云崖暖、大渡桥横铁索寒”的风光。

4. 判定量子自旋液体态

我们反复强调寻找 QSL 很难,因为你不可能真的去零温下探测 QSL 基态。退而求其次的方法是,在很接近 QSL 时,通过测量一些低能激发态下的物理量,由此外推到零温,来判定是否找到了一个真的 QSL。一方面,这是物理学研究的逻辑,甚至从牛顿使用微积分时就是如此逻辑、屡试不爽。另一方面,这样一个物理量必须有独有的特征,是其他自旋态如自旋玻璃等不会有的特征量。我们来看看,QSL 的低能激发态是否有这样一些特征量,虽然很难。

经过多年理论摸索发现,QSL 一个非常重要的特征是具有分数化的激发。一种典型的分数化激发是自旋为 1/2(spin-1/2)的任意子“自旋子”(spinon),对应于 RVB 模型中的 spinon 激发。自旋子不带表观电荷,但携带 1/2 自旋,图像如图 3(c)所示。由于 QSL 是长程自旋关联的叠加共价键态,这些共价键态在低能激发下很容易瞬间“断裂”与“复原”,表现为一个孤单的“1/2 自旋”游弋于点阵格点中。注意,电子是局域不动的,这里不是电子游弋,而是表观上有一个“1/2 自旋”在点阵中游荡。这种状态就是所谓的自旋子激发态。

基于前面不厌其烦的讨论,可以罗列几个特征量来测量。遗憾的是,到目前为止,任何一个单一量的测量都不足以判定 QSL，必须像治疗艾滋病那样，用鸡尾酒疗法，通过很多特征量综合诊断才可能不出差错。这其实是物理人的某种“无奈”，违反了我们追求优美和简洁的哲学。这些可测量量表述为：

（1）强烈的自旋失措特征：阻挫参数 $f=|\Theta_{cw}|/T_c>100$，这里 $|\Theta_{cw}|$ 是外推的居里-外斯温度，T_c 是测量到的磁有序温度。

（2）极低温核磁共振（NMR）或者谬子自旋共振（μSR）测量：只要系统出现磁有序，就会有内禀等效磁场，NMR 或 μSR 就可以测量到等效磁场导致的共振频率变化。

（3）极低温比热测量：与理论模型比对，判定磁涨落的贡献。

（4）极低温热导测量：判定低能激发是局域的还是巡游的，这在热导率上有灵敏表现。

（5）中子散射测量：QSL 的自旋子激发，类似于巡游电子，具有自己的色散特征。两个自旋子的束缚态，对应于自旋为 1 的磁振子激发。中子散射对这些激发都很敏感，特别是非弹性中子散射连续谱，被认为是迄今为止最为可信的量子自旋液体判据。

（6）光电导反射谱测量：这是判定自旋子是否存在的技术。如果自旋子存在，光电导应该满足幂指数律。

我们看到，上面所列每一项，都是可能“令人失措”的测量，所以 $f>100$ 合情合理、理所应当，也印证了为什么探测 QSL 是如此艰难。

啰嗦到此，该回归主题，讲述物理人的故事了。

5. 质疑之路

2003 年报道了第一个可能的 QSL 体系，即有机体 κ-(BEDT-TTF)$_2$Cu$_2$(CN)$_3$。至今声称可能是 QSL 的材料屈指可数，可见跨过蜀道之难。

最近几年，有若干很深入的工作报道三角格子系统 $YbMgGaO_4$（YMGO）可能是一个理想的 QSL，获得了很高关注度。这些工作基本覆盖上述 6 项测量数据，结果看起来毋庸置疑，也触发了后来者效仿 YMGO 去探索类似体系是不是 QSL。

不过，如果仔细斟酌这一体系，您会觉察到稍有不妙，存在一些疑点：

（1）YMGO 的 J 为 1.5 K（约 0.15 meV），实在是太小了，可靠灵敏地测量 J 变得很关键。

（2）Mg^{2+} 与 Ga^{3+} 占位完全无序，这一体系无疑存在内禀无序。这一因素很容易引起熟悉材料结构的学者警觉。即便 Mg^{2+}/Ga^{3+} 位于非磁层内，J 很小时无序的能量尺度亦不可忽略。

（3）热导测量（《Physical Review Letters》，2017 年第 117 卷第 267202 篇）没有看到来自磁激发的贡献，而其磁激发应该是无能隙的（也就是说低温区应该有磁激发的信号）。这一结果对无能隙 QSL 态提出很大质疑。

南京大学温锦生教授及合作者正是质疑者之一支队伍。他们希望理解 YMGO 到底是不是 QSL 基态；如果不是，基态是什么？他们生长了高质量 YMGO 单晶。为了慎重起见，他们又生长了一种与 YMGO 非常类似的新三角晶格单晶 $YbZnGaO_4$（YZGO），以资比对和交叉检验。随后，整个团队开始了“漫长而艰辛”之测试分析历程，包括直流磁化率、极低温磁比热、磁弹性和非弹性中子散射、极低温热导、极低温交流磁化率测量，也包括详细的理论分析与模拟比对。这里，笔者不触及他们的测量结果和数据分析细节，只是将有关 YZGO 的结论提取出来，呈现如下。对 YMGO，结果完全是类似的。看君有意，当可审阅作者发表在《Physical Review Letters》上的论文（2018 年第 120 卷第 087201 篇）。

① 在 50 mK 以上温区，未见磁有序和磁相变特征，磁相互作用 J 约为 1.73 K。

② 弹性中子散射揭示无长程自旋序；非弹性中子散射揭示沿布里渊区边界有很宽的连续激发谱，一直延续到带顶 1.4 meV，看起来似乎很 QSL。

③ 理论上，基于已有模型添加无序效应，不难获得中子散射看到的连续谱，与实验结果定量一致。

④ 热导结果没有任何巡游准粒子迹象，不支持无能隙 QSL 模型，却符合无序导致的自旋玻璃态的图像。

⑤ 极低温、高质量的交流磁化率数据揭示，存在 100 mK 以下且高度频率依赖的宽峰，这是自旋玻璃的典型特征。

⑥ 以上所有数据看起来都可以用自旋玻璃基态来完美诠释。

上述质疑的一个重要结论是：在阻挫与无序存在时，YZGO 的基态就是自旋玻璃态。特别是，确定 QSL 的最有力证据——中子散射连续谱，可以由自旋玻璃态产生。事实上，这一结论同样适用于 YMGO。

这是一项很有价值的、质疑“是”的范例，而温锦生及合作者团队为此付出了巨大努力和代价。他们反复进行的重复性、极低温测量，耗费资源，积累的数据巨大，令人印象深刻。不过，与这些测量付出的心血比较，温锦生他们发表这一质疑结果之路显得漫长而无望。在这一进程中，他们既遭遇尖锐的批评，也得到很多未置可否、似是而非的意见，虽然最后还是落脚于《Physical Review Letters》（2018 年第 120 卷第 087201 篇）上。

这些批评和遭遇其实可以理解，因为声称“是”，可能一个证据就够了，虽然严谨性、可靠性值得商榷。但如果质疑“是”，就得穷举当前之所能及。有意思的是，这一现状与数学之路似乎不同，与逻辑推论也有所相悖。数学和逻辑告诉我们：推翻一个结论，一个例外就够了；而证实一个结论，可能需要穷举。

事实上，自 YMGO 发表后，随着时光推移，陆续有不少知名团队也加入质疑之声，包括国外知名理论研究组的工作（《Physical Review Letters》，2017 年第 119 卷第 015720 篇）。这些工作的结论实际上更为大胆，不但直言基态就是自旋玻璃，还煞有介事地讨论追求 QSL 的意义。所以，笔者将本文标题取为“量子自旋芳草在，觅寻液态惹尘埃”。看起来，QSL 目前还在“海角天涯无觅处”，需要耐心和机遇。

行文到此，故事之外应该收获一些感想与启示。笔者不才，无法罗列一二，权且滥竽充数，以慰丹心。首先，寻找固体中 QSL 之路还很漫长。在这一进程中，我们明白，一种重要的物理性能，它的时间平移对称性是重要的，意味着稳定性。我们也明白，一种重要的物理功能，它的能量空间局域性也是很重要的，也意味着稳定性。图 2(d)中，我们看到 spin glass 和 QSL(spin jam)之间并无高山，两者联通起来不难，值得斟酌。其次，技术上实现的价值也需要推敲。稍微复杂一点的自旋阻挫体系，内禀无序总是存在的且与量子涨落可比拟。这对 QSL 的技术实现价值提出了很大的疑问。

作为结语和题外话，我们说凝聚态物理研究之路正在走向深入和极端，给揭示“是”与论证“非”带来了不同的时空坐标。这一状况之多面风景，看起来并不是那么顺风顺水，需要行者更加投入与付出。基础研究如此，社会生活可能将更是如此。

自旋液体，深浅自知

1. 引子

凝聚态物理和材料科学的大学生，从大二开始就不断接受再教育：利用热力学，可以判定材料的基态是什么，可以预测材料的结构特征与性能好坏。一位从事凝聚态物理研究的学生或物理人，如果很熟悉热力学，则距离好学生和好学者就不远了。热力学，很大程度上体现在自由能和熵的概念上，它们简单明了、形象生动。一个好的物理人当能将这些概念玩弄于股掌之上，小到为中小学生讲述三山六水，大到想象设计出新的材料、预言或观察到新的效应。这类研究的逻辑既不分经典与量子，亦不论微观与宏观，算是自然科学很神奇的一方水土。

具体到一种材料而言，如果去审视其整个功能参数空间(比如相空间)中的自由能形貌，有两个特征值要关注：

(1) 在相空间之局域一隅，如果某一功能对应的自由能形态是一个很深、很陡的势阱，如图 1(a)所示，这一功能将会非常稳定或顽固，对外部的刺激虽然未必充耳不闻但也算得上麻木不仁。这样的功能在动力学上顽固不化、寿命长，那些需要长时间稳定可靠的功能就应该取这样的状态。但如果自由能形态呈现很浅很宽的势阱，如图 1(b)所示，则体系功能对外界敏感，稳定性不高，容易变化。这样的状态将赋予体系众望所归的传感和驱动功能。不过，有时候动力学上这样的功能会有时间关联性，即功能随时间不断变化或者衰减。很多情况下，这种敏感变化并非值得期待，反而经常让实际应用者抓瞎。

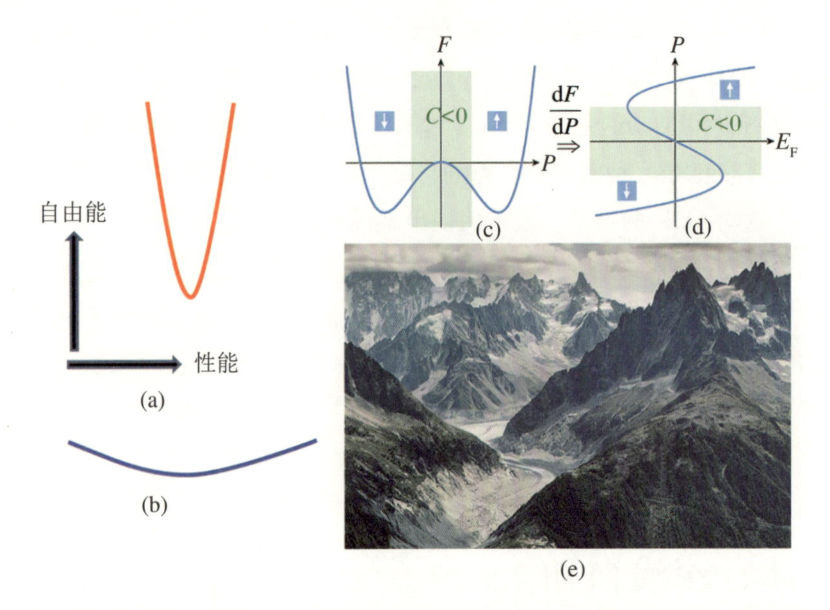

图 1　(a) 一个很深很陡的自由能势阱；(b) 一个很浅很平缓的自由能势阱；(c) 一个双势阱自由能系统中自由能 F 对物理性质 P 的关联形貌；(d) 绘出(c)中的自由能双势阱所对应的外场响应，也就是性能 P 对外场 E 的响应路径。注意：(c)中两个势阱之间势垒的高低决定了物理性质 P 的稳定性或者敏感性。势阱越浅，这一性能的稳定性就越差、对外界干扰的敏感性越高。前者多为材料人青睐，后者多为物理人钟爱。(e) 从更广域的尺度看，一个材料如果其参数空间的自由能展示出很多势阱或者势垒，则体系最终到达的结构与性能状态就存在很多变数，虽然这些结构和性能可以千差万别，却也可以差之甚微。

图片来源：(c)、(d) https://www.nature.com/articles/s41586-018-0854-z；(e) https://unsplash.com/search/photos/mountain-range。

(2) 基于上一点的讨论，可以将问题推展到铁性系统，如磁性和铁电，即我们关注的功能之一。热力学上，这类系统可用自由能与极化功能（铁电极化 P 或磁矩 M）之间的双势阱表达。这是教科书知识，如图 1(c)所示。势阱很深时，属于图 1(a)的情况；势阱很浅时，属于图 1(b)的情况。与此对应，功能 P/M 对外电场 E 或磁场 H 的响应如图 1(d)所示。这就是铁电回线或磁滞回线的来由。因此，从回线的形状和细节，可以判断其相空间中自由能的大致形貌，也能对铁性相的稳定性和动力学等问题有大致预期。此时，那些势阱很浅的体系，如果存在一些其他因素参与竞争，结果将很可能是消弭这些势阱，让体系重新回到无序状态或者不确定之态。

(3) 从广域相空间看，实际体系从高温高对称相经过相变进入低对称有序相，这一进程可能会出现更多变数和复杂性。可以用如图 1(e)所示群山来表述功能空间的自由能形貌。这些山峰并不高，山谷也不那么深邃，那些稳定的功能位于山谷之间。只是这些山谷很多，它们之间能量可能相差很小，物理上用所谓的简并度大小来表达山谷多少。这大概就是物理上多重简并态的来源。在此情况下，从高温进入到低温，体系到底进入到哪一处山谷，实际上很难控制。例如，体系很可能坠入两个深度相似的近邻山谷之一，而这些山谷的功能表现可以差别甚大，也可以高度类似。这样的过程，非崇尚因果关系的物理学所青睐。

为了更形象表达这一物理，图 2 展示了广域相空间中的自由能形貌(图 2(a))与体系在近邻几个状态之间的转变路径(图 2(b))。本文将给出一个范例，看起来正好是这种情

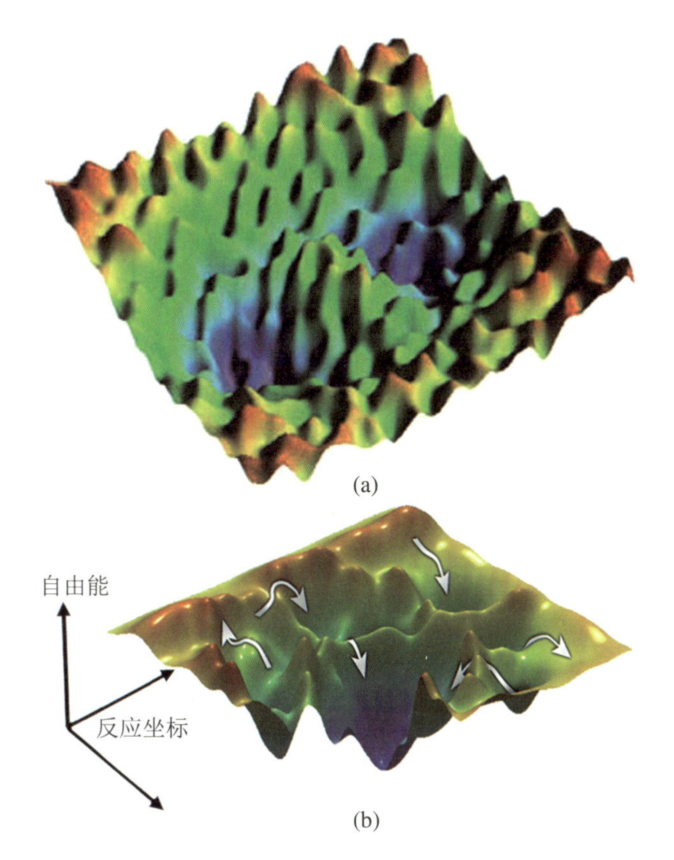

图 2 (a) 相空间中的自由能形貌，展示了诸多自由能 minima。相邻的两个 minima 对应的状态其很多物理性质可能高度相似，从而给可靠与唯一选择其中一个状态提出了挑战。(b) 为相邻状态之间的转变，箭头给出这种转变的路径，这种转变可以十分容易，亦可以很困难

图片来源：https://calculatedcontent.com/2017/07/04/what-is-free-energy-part-i-hinton-helmholtz-and-legendre/。

况：面对相空间的两态，它们的物理性质表现看起来很是接近，我们却必须从这两个相近的物相中判断体系是否达到其中一态。这一范例很好地说明了物理人在面对这些近邻山谷时有那么一点无助和绝望。

2. 自旋液体

本文要描绘的主题是自旋液体，其中一个类别即量子自旋液体。这一问题在过去几年突然变得很重要，所取得的诸多进展已经有不少推介文章描绘过。笔者也曾在2018年撰文描绘了南京大学温锦生课题组一个漂亮的研究工作。看君有意，可阅读本章上一篇《量子自旋芳草在，觅寻液态惹尘埃》去稍作了解。在温锦生这一工作前后，还出现了若干关于如何判定量子自旋液体的文章，包括讨论之前若干实验工作的文章。从这个角度看，梳理那些表征量子自旋液体的工作，给出一些原则性的判据以资实验人作为参考和依据，将是重要和前卫的。

所谓自旋液体，最通俗的含义当然是指一个基态呈现无序态的状态。百余年来，前辈们习惯于研究自旋有序状态，从铁磁、共线反铁磁到三维空间中的各种反铁磁亚铁磁有序结构。这些工作构筑了经典磁学的主体。而对所谓无序态，磁学教科书基本上是借助统计物理的知识，基于大数定理给出其整体行为。用一句话去描述，就是"无序即平庸"。当然，物理人有一个本质属性，就是不做平庸之事，或者说善于"平庸之中不平庸"。由此，才有今天的自旋玻璃和自旋液体概念。

与自旋液体关联最密切的经典物理当然是自旋阻挫(spin frustration)：由于某种特定的几何对称性或交互作用复杂性，有些磁性体系中的磁结构选择会变得"歇斯底里"。考虑一个二维三角形网格，如图3(a)所示，关注格点上的自旋排列。如果是Ising自旋，有且只有最近邻反铁磁相互作用存在，则这一网格的基态磁结构就不是唯一的。类似的"歇斯底里"图像可以拓展到更高维度、更复杂对称性、更多重交互作用的体系，从而构成了自旋阻挫这一研究领域。自旋阻挫物理(frustrated magnetism)，或者有一个更物理的名称——"量子磁性"，已经成为凝聚态物理和磁学的一个重要分支，在此不论。

实际的二维三角网格材料中，晶格自旋不可能是如此理想化的Ising自旋，其排布多少总会偏离Ising型。如此，这个体系就可能避免"歇斯底里"，达到有序基态。考虑一极端：如果晶格中自旋归属海森伯自旋特性，则已有工作证明所谓120°的长程反铁磁序是基态，如图3(b)所示。所以，如此晶格中的自旋态还是没有逃离落入有序的宿命。类似的拓展适用于更高维度、更复杂对称性、更多重交互作用的情形。

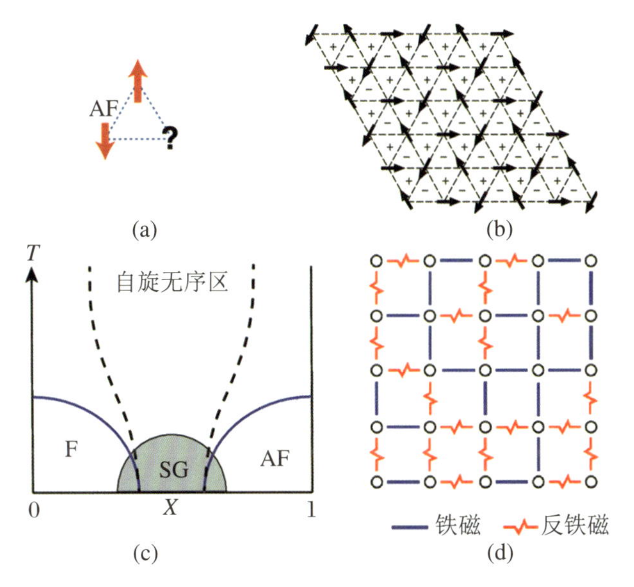

图 3　二维自旋阻挫与自旋玻璃态

(a) Ising 自旋在三角点阵中的排列阻挫；(b) 海森伯自旋在三角点阵中的 120°有序态(所谓 six-state clock model)；(c) 铁磁(F)和反铁磁(AF) 相互作用竞争的一类后果是相图中形成自旋玻璃(SG)区域，其中 X 是可变量、T 是温度；(d) 二维晶格中铁磁和反铁磁交互作用共存。

图片来源：https://www.researchgate.net/publication/280941761_Applied_Soft_Computing。

事实上，对一磁性体系，绝对零度下(如果有的话)、真正经典意义上的无序态是罕见甚至是不存在的。温度足够低时，体系总可以达到某种有序态。这一物理可以类比于人类社会：绝对的无政府主义是很难的，人类总需要一些规范和有序！这是题外话。

回到现实：一个磁性体系，总会存在一些涨落，此时就可能达到无序基态，即自旋液体基态并非完全不可能。凝聚态物理告诉我们，随着温度(或者其他类似变量)降低，至少有两种可能的无序基态归属于自旋液体这一类别：

第一种：自旋玻璃态。关于这一物态，教科书告知如下几点认知：

(1) 如果存在相互竞争的铁磁和反铁磁作用，体系就可能达到一种实空间自旋随机分布的无序状态，其根源主要是很强的阻挫效应。这种无序态应该不是各态遍历(ergodic)的理想液体态，因为温度降低到某个临界温度处，自旋液体态发生了冻结。也就是说，自旋的空间位型不再随时间改变。图 3(c)的相图和图 3(d)所示之铁磁与反铁磁作用共存的物理即表达了这一点。

(2) 自旋玻璃可以看成一种对称性破缺的结果，符合广义对称性破缺物理和相变物理，因此可以归类于传统的 Landau 理论范畴。具体到这里，自旋结构(不是指磁矩)将展现出诸如复本对称性破缺(replica-symmetry breaking)的行为，有点类似于时间反演对称破缺的时空动力学。

(3) 已经在自旋玻璃体系中陆续揭示出若干演生物理，诸如纯态(pure states)，复本对称性破缺(replica-symmetry breaking)，手征性和手性玻璃(chirality and chiral glass)，老化、记忆与复苏(aging、memory and rejuvenation)等概念应景而生，而局域团簇态、非平衡动力学演化等行为也是自旋玻璃的常见特征。

(4) 就实际材料的整体表象而言，自旋玻璃态是一种介于完全无序和长程有序之间的、一系列短程有序或涨落事件的集合，具有经典涨落下的复杂物理，已经构成一个宽广的研究范畴，成为凝聚态物理学科必须面对的长期而艰巨的议题。

当然，这类自旋玻璃态虽然不是本文的起点，却可能是本文的归属。

第二种：量子自旋液体态。

所谓量子自旋液体，是指那些自旋量子态取 1/2 的体系，其中量子涨落产生的零点位移与自旋大小相当。当然，也有一些在大自旋体系探索量子自旋液体态的研究实践。因为量子涨落的存在，这些体系即便在零温下依然无法形成任何长程有序态。这是一个理论上的热点问题，并非一个新概念，但近十年来开始受人关注。对量子自旋体系，这一涨落大概是多大呢？一对交互作用自旋的能量尺度大概在 0.1 meV，量子涨落的能量尺度比之相差不多，大约再小一个量级，约为 0.01 meV。

量子自旋液体，当然也并不是一个简单概念。从物理概念上看，用 Mott 绝缘体的语言说，自旋有序态对应晶体，自旋液体态对应量子流体。量子自旋液体可以由其激发谱是有能隙还是无能隙来分类，也可以由其拓扑序来定义。不同拓扑序即决定准粒子激发的量子统计行为。图 4 形象地给出了所谓的量子自旋液体态。

当年安德森提出这一名词，是基于二维三角格子点阵中反铁磁自旋结构和那著名的共振价键模型(resonating valence bond，RVB)。这一模型有如下特点：

(1) 晶格中自旋呈现反铁磁关联，而任意两个反平行排列的自旋组成自旋对，构成一个自旋单态(spin singlet)。很显然，这一单态的总自旋为零，不存在净磁矩。

(2) 这一三角晶格的几何阻挫，导致很强的零温量子涨落，足以抑制这些自旋单态组合而形成有序结构，整个点阵的自旋分布就像液体一般。用量子力学的语言，即这一 RVB 态的波函数是这些单态所有可能排列状态的线性叠加，不存在关联。

(3) 这一自旋点阵没有长程序，进入量子自旋液体态时，体系没有晶格或磁结构的自发对称破缺，但自旋之间存在长程关联。自旋配对形成单态，是 RVB 模型的基础，由此会出现分数自旋激发。

实话说，到了这里，很多读者会疑惑或纠结：“自旋液体”及其麾下的“自旋玻璃”和这里的新名词“量子自旋液体”到底有什么不同？如果不是深谙量子力学和统计物理，大多数读者就只认同“没有长程序”这一特征。这背后的物理，无非是某种无序涨落效应在能量上超越了自旋相互作用的能量尺度，导致自旋无法形成长程有序态。了解一些量子力学的读者可能明白其中为何会存在长程纠缠，依稀感觉到其准粒子激发所具有的特定性质。

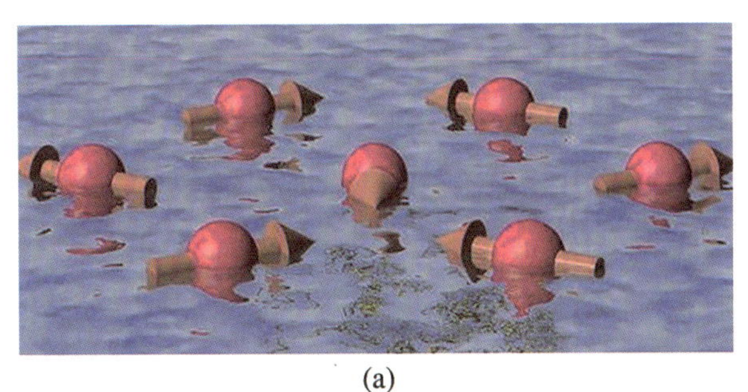

(a)

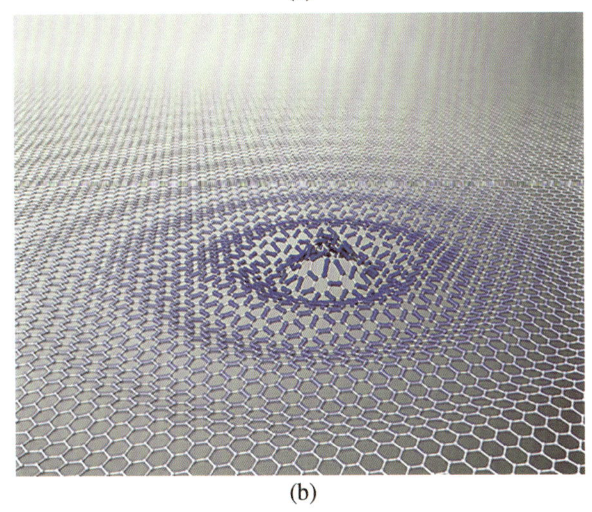

(b)

图4 所谓量子自旋液体态：图(a)乃形象表达，其中趋向于有序排列的晶格自旋在如水波一般的量子涨落中“量子无序”，此处如水波一般的量子涨落存在长程纠缠与关联，因此自旋液体态是长程纠缠的。图(b)乃石墨烯中产生的一种局域自旋液体结构，其中的量子波涨落关联一目了然

图片来源：https://3c1703fe8d.site.internapcdn.net/newman/gfx/news/hires/2011/quantummapma.jpg；https://www.uni-wuerzburg.de/en/news-and-events/news/detail/news/physics-spin-liquid-simulated-for-the-first-time/。

其实，这三个名词还是有所区别的。笔者无意定义这些区别，只是再一次从科普角度重复它们各自的特征。虽然语言可能缺乏严谨，但对读者了解其中整体模样依然有益。

(1) 自旋液体，自然是一种自旋无序态。我们熟知的顺磁态就是一种自旋液体，但顺磁态不是基态。在自旋液体中，某种能量涨落超越自旋相互作用能量，使得点阵中的自旋组态随时间而不断改变，展示所谓的时间遍历性(各态历经)。所谓时间遍历，通俗地说，就是顺磁态的自旋构型会随时间延续而将所有可能的组态方式经历一遍，虽然经历某个组态的次数多少是由热力学玻尔兹曼概率分布确定的。这正是配分函数的意义。随着能量涨落减小，比如热涨落中的温度降低，自旋结构可能会冻结于某一无序态，抑或进入长程有序态，抑或进入量子自旋液体态。

(2) 自旋玻璃，与我们印象中的顺磁态看起来并无很大不同，但实则有本质区别。自旋玻璃中的自旋构型的确是一种无序冻结态，但不具有顺磁态的时间遍历性。自旋玻璃的这种遍历性缺失，可以理解为一种热力学相变，一般是二级相变。理解这一相变的热力学、统计物理和动力学，是自旋玻璃物理的重要内容，虽历经半个世纪，却依然老树新花、不亦乐乎。

(3) 量子自旋液体中，量子涨落是相干的，也就是说实空间中很远的自旋可以是关联的，所以才有 RVB。与经典热涨落不同，量子自旋液体会展现很多经典自旋液体所没有的性质。

读者可能已感觉到，笔者之所以老学究一般啰哩啰嗦重复这些无序态的区别，是因为它们在实验表象上太过相似。不要说定量上难以区分它们，即便是定性和唯象学上也难以厘清其“细微”差别，令人气馁！它们看起来如孪生兄弟，表象高度相似，而本性上却有不同。如此一来，即便量子自旋液体有若干令人向往的新效应和新物理，基于“引子”一节的热力学缘由，要得到干净、稳定、笃定的“量子自旋液体”态并非易事。更大的可能是：稍不小心，得到的物态看起来像量子自旋液体，实际上不过是自旋玻璃或者其他自旋液体的变种。

从这个意义上，笔者妄言：从那些自旋量子态取 1/2 的高度自旋阻挫体系中找到的量子自旋液体，可能不是一类好“材料”，因为它有很多孪生兄弟，因为它们不容易制备，因为它们制备出来后也不容易用现有手段技术进行判定甄别！

3. 为什么要量子自旋液体

为了继续走下去，即便含辛茹苦，却还要坚持理想，是物理人的特质。量子自旋液体有什么吸引人之处，引发物理人前赴后继？读者可以参考《量子自旋芳草在，觅寻液态惹尘埃》一文。这里，笔者再度概述其中一二，以强化对量子自旋液体这一新物态的理解。关注量子自旋液体，的确有若干前瞻性物理意义和潜在应用前景：

(1) 量子自旋液体态无须通过自发对称性破缺而来，因此没有 Landau 相变理论所要求的局域序参量，例如，没有我们常说的物性 P 或者 M。如此，描述量子自旋液体态，可能需要借助拓扑序及拓扑相变。量子自旋液体，可能是拓扑凝聚态物理能够开枝散叶的领地。

(2) 量子自旋液体，大多是半填充的 Mott 绝缘体，电子关联效应明显。有一家之言认为，量子自旋液体就是高温超导体的母体。如此，包括 RVB 模型在内的一些量子自旋液体理论对理解高温超导电性的意义不言而喻。

(3) 量子自旋液体最主要的特征之一，即自旋在空间长程纠缠或高度相干，因此将可能是量子通信的重要媒介。而分数自旋激发，又有可能是拓扑量子计算的潜在媒介。

有鉴于此，设计、寻找与制备量子自旋液体，就成为当前量子凝聚态的一个重要方向，得到持续高度关注。从那些自旋液体或者自旋高度无序的体系中寻找潜在的量子自旋液体，成为这一方向的主要内容。

好吧，既然要从自旋液体或自旋无序体系入手，如何判定一个自旋无序体系是否是量子自旋液体就成为关键。

4. 判定之路

前人用来判定量子自旋液体态的几种常用手段，都与热力学和局域序参量(功能)相关，这也就是为何本文在一开始就触及热力学问题。这些手段与其说能够判定一个体系是量子自旋液体，还不如说能够判定一个体系不是量子自旋液体。后者才是让我们为难和绝望之处：我们也许容易怀疑“不是”，但不那么容易说“是”！

即便如此，还是姑且列出其中几种常用的判定是与不是的手段：

(1) 测量温度上界(最高值)：诚然没有一种技术能够真正达到绝对零度，那就需要尽可能接近绝对零度。多接近才算有点靠谱？一般认为测量温度的上界应该比自旋相互作用强度低两个量级。

(2) 无局域序参量：量子自旋液体态与对称性破缺无关，因此不存在 Landau 相变对应的那些序参量。测量磁化率、比热、核磁共振、μ 自旋弛豫谱、中子散射等，排除任何磁有序或自旋冻结态，是常用方法。

(3) 存在分数自旋激发：这是量子自旋液体的核心可测量特征。RVB 模拟预言自旋子(spinon)即此类分数自旋激发，而非弹性中子散射、热导或热霍尔电导、核磁共振谱(NMR)、电子自旋共振谱(ESR)、比热、拉曼和 THz 谱等都可以探测到 spinon 激发谱。因此，最近有关量子自旋液体的实验工作，都竭尽所能将这些科研重器全上马，以资昭示 spinon 激发谱的物理。

即便是将探测分数自旋激发的工具全用上，也依然有若干实例提醒我们，RVB 模型预言的 spinon 谱并不那么容易确立。要么这些手段得到的结果不能相互支撑或自洽，难以厘清体系选择的到底是量子自旋液体相，还是近邻的非量子自旋液体相。要么体系本征的无序效应在其中搅浑水，使得展示庐山真面目变得困难。从这个意义上，即便找到一个量子自旋液体，要稳定可靠地到达量子液体相也绝非易事。

5. 下一程

既然从高度自旋阻挫的量子自旋体系中去挖掘量子自旋液体态困难重重,那怎么办呢? 令人高兴的是,南京大学的温锦生教授联袂国内几位本领域的知名学者——复旦大学李世燕、中国人民大学于伟强、南京大学于顺利和李建新,深入讨论了这些问题,初步完成了这一梳理工作。另外,他们也讨论了从额外思路出发寻找量子液体材料的可能性,给这一领域的物理人一些启示和提醒。这是善事一件。

这一梳理与提炼工作,2019 年以“Experimental identification of quantum spin liquids”为题,发表在《npj Quantum Materials》(2019 年第 4 卷第 12 篇)上。若看君有意一览详细,可下载此文一睹。

在此总结性论文的展望一节,温锦生与其合作者针对量子自旋液体研究的困难与机遇,提出了三点展望与思路:

(1) 继续在具有三角、Kagome 和烧绿石结构且自旋磁矩小、几何阻挫强的材料中寻找新的量子自旋液体。沿着这一方向,要有所成效,必须深入挖掘那些交互作用强的体系以抵御无序效应的干扰,必须竭力抑制材料中的各类无序度和附加的交互作用程度。

(2) 致力于发展新的表征技术,能够相对容易地将量子自旋液体与其他基态区分开来。诸如探测分数自旋激发是一种手段,但目前这一手段依然有很大挑战。

(3) 发展调控量子自旋液体性质的物理方案及潜在应用可能性。理解量子自旋液体,终归是要落脚在其性能与应用上。作为一个物理概念,量子自旋液体已经引发足够关注,但终究还是要看其能够有何种精彩表现和应用价值。

这三点思路是否一定为正确方向,是否一定能幽中取道,倒也不是那么明确和肯定。这里的意义在于有一个思路比没有好。有,就有质疑的对象;有,就有展开研究探索的目标。这大概是温锦生等老师们点评量子自旋液体态的意义,也是他们这篇评论文章具备开卷有益、闭卷沉思功效的原因。

邻家有镍初长成——镍氧超导

1. 引子

超导电性物理,作为近现代凝聚态物理和量子材料屈指可数的、长盛不衰的前沿领域，数十年来吸引了一代又一代优秀的物理大佬们浸淫其中而殚精竭虑。作为量子材料大学科的局外者和外行，笔者和很多同道从旁见证了一波一波超导新体系、新效应、新物理的涌现。那些超导人历经“风霜雪雨”，并长期“风餐露宿”，在这一不断扩张和不断更新的领地间耕耘，令人动容。如果要问凝聚态物理及相关学科中还有谁可与超导物理媲美争艳、并驾齐驱，那估计没有答案。

对外行而言，所谓超导体，大概就是超级导体、没有电阻。与普通金属相比，超导体可无阻碍地通过很大的电流而没有能量损耗。一个形象的表达便是：在一个超导体环中引入电流，此电流便可在环内无衰减地、永不停息地流动！超导体的另外一个著名效应即完全抗磁性，外加磁场可被超导体无条件排斥或被其中磁通钉扎住而无法动弹。实验上，超导体能承受的临界电流密度可达 10^6 A/cm^2 量级。如此一来，就可设计大量实际应用来利用超导体的这一优异载流能力，也可利用磁通钉扎的性质来实现磁悬浮等应用。

于此，人类对超导体及超导电性倾注了巨大热情，寄予了巨大希望。风萧雨歇之后，一代又一代超导体诞生出来，并被制备、理解、优化及至应用演示。不过，限于超导转变温度还不够高，超导体实际应用场景却远没有想象和预言的那么广阔丰富。即便如此，还是能看到有更多聪明的大脑和更多的资助涌向超导电性这一永不枯竭的研究领地。

鉴于此，外行们不禁要问：超导电性到底有何非凡之魔力，竟然能够在应用颇为受限的情势下还依然备受青睐而青春永驻?!

2. 超导之魅力

超导体进入超导态，除了能“几乎”无损耗传输电流和抗磁外，还承载了很多新的、无可替代的物理诉求。这些诉求给了超导电性研究以夯实、顽强和富有张度的生命力，能够成为凝聚态物理研究的中流砥柱和源泉。从常规超导到非常规超导、从低温超导到高温超导、从低维超导到拓扑超导，如此等等。这一路走来，带给了凝聚态物理学不一样的风景。每一次超导新风，都给物理人带来希望和想象，使他们迸发出新的物理和新的应用愿景。

至少，在不那么严谨的前提下，可以随手罗列一堆超导物理研究的重要价值和意义。如下随机列举 10 条，以示沧海一粟：

(1) 无电阻输运和无耗散环电流，是展示超导电性神奇的最基本性质，也是超导强电应用的基础。而超导弱连接，以超导约瑟夫逊结为例，既是当前超导高精度测量的核心，更可能是未来量子计算的主要功能单元之一。

(2) 完全抗磁性和磁通钉扎，是支撑磁悬浮技术的基本效应。在高磁场下，磁力线注入超导体中，形成一个个量子化的磁通涡旋，表现为磁场在超导体内部被强力束缚而动弹不得。超导磁通甚至可以形成规则的阵列，作为一个介观物态呈现出丰富物理内容而广受关注。

(3) 超导电性与超流态，是凝聚态中极为罕见的宏观量子效应。它作为一个波函数相位相干的刚性凝聚体，存在于超导体中。对宏观量子效应的研究，很显然是实际应用的前端。

(4) 量子力学中，所有基本粒子都被分类为费米子和玻色子。能够实现从费米子到类玻色子转变，并最终实现宏观玻色子凝聚现象的物理系统，大概数不出几个，而超导电性就是。

(5) 常规超导中，电子结对可以在波矢空间展现，也可以在实空间呈现。能展示惊人的、且为人类所利用的电-声子相互作用物理，库珀对毫无疑问位居第一。也因此，库珀对是电-声子物理研究的宠儿。

(6) 实空间中的电子库珀对，似乎是展示电子-电子关联的雏形，虽然这种关联在常规超导体中可能很弱。在高温超导体中，电子关联物理(磁性)成为主要角色。而推动关联物理和量子材料从担当固体物理补充与延伸之角色，到凝聚态物理的主体和骨干，超导物理是先遣队、主力军、强攻者，也是常胜之军。

(7) 二维超导，首先从界面约束开始，到表面约束，再到本征的二维超导体，构成了异质结或外延界面处二维电子气物理的主体议题。从早期的分子束外延制备准二维薄膜，到高质量外延异质结界面，再到天然或插层制备二维材料，更进一步到场效应管结构(离子)栅极调控界面等，制备技术与二维超导物理一起构建了低维凝聚态物理的范畴。

(8) 二维魔角超导电性，更是开创了超导物理的新自由度。通过精确调控双 monolayer 之间的相对转角，形成包括 Moire 条纹在内的新对称性和自由度。很显然，至少从能带显著平带化这一“强关联”视角看，魔角超导电性将是超导研究的新地平线。

(9) 拓扑超导新物理，也是新生力量。拓扑超导可不是简单的 $1+1=2$，即不是简单的超导态加上拓扑量子态。以拓扑绝缘体为基来陈述：体系的体态内存在超导能隙，呈现超导电性；而表面态则是受拓扑保护的金属态。注意，这里的金属表面态不单纯是金属电子导电，而是集粒子与反粒子于一体的 Majorana 表面态。追求这种阴阳一体之量子态，是未来量子信息的主要目标之一。

(10) 超越凝聚态物理，也是超导研究的意义和使命。最近几十年，超导电性物理为凝聚态物理之外的物理分支提供了诸多新的概念、新的理论、新的准粒子、新的物态。电子库珀对是天才一般的物理，除了是超导电性的灵魂，有观点认为它也是弱相互作用的某种类比表现形式。这种认识，正在引起关注。

当然，还可以罗列更多，但这些已足够我们对超导物理的那帮聪明脑袋表达敬意和信任。他们不但展示了“超导”之名下那取之不尽、用之不竭的新物理，也将风霜留下的坚持、坚毅和不懈努力雕刻于这一领地之上。图 1 只是展示了其中几个最简单的物理元素。

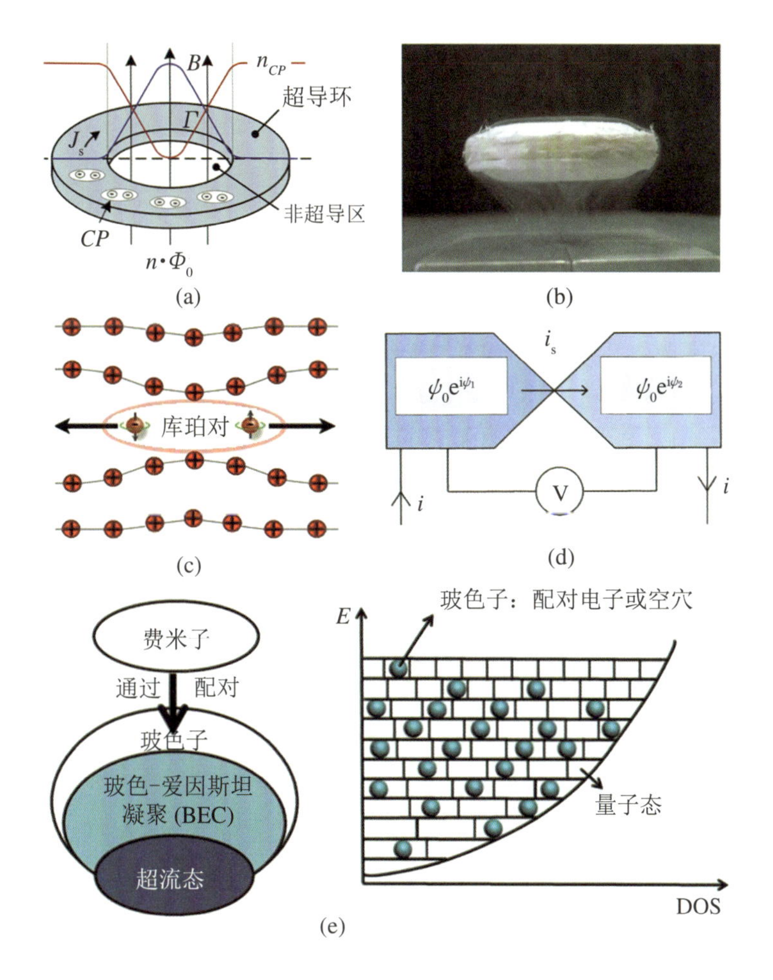

图 1　超导电性物理的基本常识

(a) 无耗散环电流产生稳恒磁场；(b) 超导磁悬浮特性；(c) 库珀对的简单图像，注意电子对自旋相反；(d) 超导弱连接和宏观量子相干现象；(e) 伴随超导电性的费米子结对向类玻色子转变的进程，实现类玻色凝聚和超流态。

图片来源：(a) https://ieeexplore.ieee.org/document/5936486；(b) https://www.yamagata-u.ac.jp/en/research/overview/y2018/engineering/；(c) https://web.pa.msu.edu/people/tessmer/s-S_TI.htm；(d) https://en.wikipedia.org/wiki/Macroscopic quantum phenomena；(e) https://arxiv.org/ftp/arxiv/papers/1306/1306.3547.pdf。

即便上述罗列主要是体现在新物理上，超导研究也还是产生了很多实际应用，虽然关注应用不是本文的重心。例如，超导态承载的大电流可以稳定、安全、低耗地产生稳恒磁场，已应用在国防、医疗、受控核聚变、高能加速器等多个方面。例如，磁通钉扎特性已应用于磁悬浮列车等。又如，已将超导体制作成特殊元器件，进行微弱磁信号探测（精度可达地磁场的一亿分之一，如SQUID），制作超导量子比特进行量子计算，等等。

3. 寻求超导之路

超导电性研究，即便是只限于常规金属或合金超导、重费米子超导、有机超导、铜基高温超导、铁基高温超导、石墨烯魔角超导等很少几类体系，也已成果丰硕、影响深远，如上所列。这一态势，必然促使更多人追求更多超导体新材料、新类别。也因此，追求新超导体系，一直是超导物理人较为优先的选题之一。笔者孤陋寡闻，姑且得看且看，在前人不厌其烦千万次梳理之后，再梳理一下超导发现的脉络，看看能否得到新的体会。

自1911年荷兰莱顿大学的Onnes发现汞超导以来，人们对单元素超导体、合金超导体展开了“地毯式”搜查与合成。那个时期，低温超导研究远没有现在如此火热，但日积月累也积累了扎实的学科基础与沉淀。在寻找新材料方面，那时候的“教科书”式经验是：① 远离氧化物、远离绝缘体；② 远离磁性体系；③ 远离理论学家。这一类单质或合金超导体被统称为常规超导体。

1957年，超导研究迎来了巴丁、库珀、施里弗创立的BCS理论。这一理论成功地解释了常规超导体的形成机制。其中最重要的思想，即超导体中电子不再是单独运动，而是两两配对、形成库珀对。电子的配对源自电子-晶格相互吸引，然后凝聚到宏观的量子相干态，其相位成为刚性整体。此时载流子流动不再受晶格振动的散射影响，进入超导态。不过，在这一很长时间段内，超导转变温度保持在很低水平（<40 K），未能实现跨越或突破。

超导研究的时间相变大概是在1986年，以至于那个年代至今依然让人流连忘返。那一年，超导物理学发生了一件众所周知的大事：对非常绝缘的铜氧化物 La_2CuO_4 适当掺杂，可观测到30 K左右的超导转变。当然，这里的异数是温度虽低却意义非凡，完全颠覆了“教科书”中的内容：超导电性恰恰就发生在氧化物中，源于绝缘相，毗邻反铁磁态。

由于这一发现，超导物理发生了翻天覆地的变化，当然也包括被授予诺贝尔物理学奖的发现者贝德诺尔茨和米勒。图2展示了超导临界温度随其后年份变化的示意图。可以看到，1986年后超导临界温度出现质的提高，很快突破液氮瓶颈。由于临界温度相对较高，超导人将这一类铜氧化物超导体称为高温超导体。更进一步，它们展示了很多奇异的物理现象，也被泛称为非常规超导体。

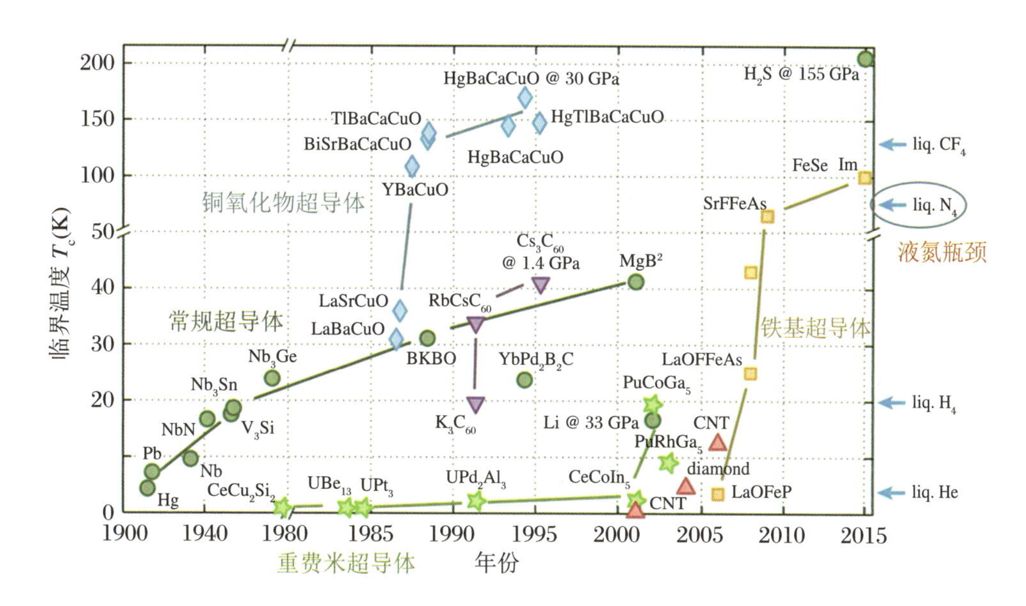

图 2　超导体临界温度随年份的变化

图片来源：https://en.jinzhao.wiki/wiki/Superconductivity。

虽然存在很多争论，但超导物理界主流的声音很洪亮：BCS 理论不再适用于此类超导现象，电子配对的图像不大可能再是简单的电-声子相互作用，且真正的成因或机制总是让人捉摸不透。直到 2008 年，铁基超导体家族随之被发现和壮大，为超导机理的研究注入了新的活力和复杂性。当这两类体系被认为是迄今为止主要的两大类非常规高温超导体时，实际上超导物理的理解已变得更加扑朔迷离。

于此，超导人当然需百尺竿头，继续超导机理和已有材料的深入研究。但更吸引人或者让超导人更迫切的，还是寻找新的超导体体系，看看能否找到能解开超导机理面纱的新招数。事实上，随着研究的深入，拘泥于仅有的两大非常规超导家族已很难得到普遍的规律和共识。超导人于是奢望能否再兵行奇招，试图再找到一个铜基、铁基之外的第三家族，以图能够改善当下超导物理纷繁复杂的局面。

4. 邻家有镍初长成

其实，超导物理人很早就有疑问：大千世界，为何独有铜、铁能形成高温超导？那么多聪慧之人，万水千山，搜索取得的成效其实并不大。如果去看看门捷列夫的元素周期表，铜和铁的邻居难道就不能超导吗？很可气的是，铜(Cu)和铁(Fe)中间像三明治一般有一个镍(Ni)。铜和铁都超导了，它们中间的镍就毫无动静，这没有道理！

这个疑问很早就存在，并历经多年尝试，不得其果。即便如此，超导人一直没有放弃镍基超导的梦。问题是，镍原本就不超导？还是因为“邻家有女未长成”？似乎大量尝试都只得到一帘美梦，制备的镍基样品都不是超导体。到了 2019 年，镍基终于长成了，也成就了超导物理界的一段轶事。依然是美国斯坦福大学那个颇有名气的 Harold Hwang 小组，他们在介于铁、铜之间的镍基氧化物 $Nd_{1-x}Sr_xNiO_2$ 薄膜中，观测到了 9～15 K 的超导电性。注意到，早些年，也正是这个 Harold Hwang，观察到 $SrTiO_3/LaAlO_3$ 外延异质结界面的二维电子气和界面超导电性，他可是一位材料制备的行家里手。

镍基氧化物之所以显得那么重要，还有一个物理动机是：铜氧化物的超导电性发生在 CuO_2 层，镍基超导也发生在 NiO_2 层。两者的超导平面结构完全一致，差别仅是 Cu 和 Ni 的替换。此外，Ni 似乎具有与铜氧化物超导体中 Cu 类似的 $3d^9$ 最外层电子轨道。这一特性是十分诱人的，为非常规超导机理的研究开辟了一个新的方向，并且可提供更多参考。

最近一段时间，超导人都在努力地了解这一新生儿。然而天底下没有两片完全一样的树叶。相比铜氧化物，镍基体系有许多类似之处，但更有其自身独特的性质，需要超导人沉下心来仔细琢磨和探索。自然，超导界非常关心它的超导形成机制，更关心它能否对当前尚未厘清的超导物理图像有所贡献。因此，镍基超导作为第三种力量，获得关注合情合理。今天的事实也显示，镍基氧化物超导确非等闲之辈，包括最近的高压下 $La_3Ni_2O_7$ 超导体！

本文姑且结合笔者自身的一些工作和理解，对这一问题点评一二，以就教于同行。

（1）超导能隙

首先，超导体内部是库珀对的凝聚，是一个刚性的整体，更是一个“吝啬的家伙”。一般情况下，休想轻易地从它那儿捞点什么。也就是说，如果想拿一个电子出来，就必须给它一定的能量。这一能量即超导能隙，也是超导态能够在一定温度下稳定存在的根本原因。更深层次地讲，两个电子形成库珀对，内在因素直接决定了超导能隙函数的表现形式。因此，探测非常规超导体的机理问题的首要任务，是获得超导能隙的函数形式。

就镍基超导体实验而言，得到高质量的 $Nd_{1-x}Sr_xNiO_2$ 超导薄膜似乎比较困难。这是当前国际上有关 $Nd_{1-x}Sr_xNiO_2$ 薄膜相关实验还不多的原因。事实上，许多实验并不能直接反映超导的能隙函数，其背后可能的原因在于样品的质量。2020 年前后，南京大学闻海虎教授团队与聂越峰教授团队合作，在 $Nd_{1-x}Sr_xNiO_2$ 超导薄膜样品中测量到高质量的扫描隧道谱，证明其中存在两类超导能隙：一类是 V 形隧道谱，即典型的 d 波超导能隙，能隙最大值为 3.9 meV，与铜氧化物超导体极其类似。另一类是完全能隙形式(full gap)的隧道谱，能隙值为 2.35 meV，与铜氧化物不一致，反而与铁基超导体相似。

这里，高质量的薄膜样品先由聂越峰团队利用分子束外延(MBE)技术制备出，包括高质量的 $Nd_{1-x}Sr_xNiO_3$(113)薄膜和具有初步超导转变的 $Nd_{1-x}Sr_xNiO_2$(112)薄膜。随后，闻海虎他们对 $Nd_{1-x}Sr_xNiO_2$(112)镍基薄膜进行了后续氢化处理，进一步提升了超导转变温度及表面平整度。这是实验能够获得成功的关键因素之一。结果揭示了 $Nd_{1-x}Sr_xNiO_2$ 超导体的能隙函数，展示其与铜氧化物之间既有相似之点，也有不同之处，为接下来继续对镍基超导体开展深入研究奠定了坚实的实验基础。这里对这一代表性工作稍作描述，以为科普。

(2) 配对机制

超导态都是电子形成库珀对后凝聚的产物。超导机理的核心问题就是理解电子库珀对的成因。铜氧化物超导体的母体是莫特绝缘体，镍基超导体的母体 $NdNiO_2$ 也属于电子关联性较强的系统。$NdNiO_2$ 中 Ni 的最外层电子轨道占据与铜氧化物一致，均为 $3d^9$，掺杂空穴后形成超导。先前的理论推测，$Nd_{1-x}Sr_xNiO_2$ 主要的配对形式也许与铜氧化物类似，具有 d 波超导能隙，即具有 V 形隧道谱。

在此，以一张简单图片阐述扫描隧道显微镜以及隧道谱测量的工作原理，以便读者理解。如图 3 所示，给针尖和样品之间加一偏压 V，测量隧道电流 I。X，Y 方向控制针尖在样品表面扫描。扫描的过程中，Z 方向受反馈控制，可以改变针尖离远或离近样品，从而可以调节隧道电流大小。核心测量是 I-V 曲线的一阶导数 $\mathrm{d}I/\mathrm{d}V$，称之为隧道谱。固体物理告诉我们，$\mathrm{d}I/\mathrm{d}V$ 正比于针尖所处位置样品的局域态密度，直接反映样品本身的能带电子的信息，可用来判定超导体的能隙函数形式。这是揭开库珀对电子神秘面纱十分强有力的工具。

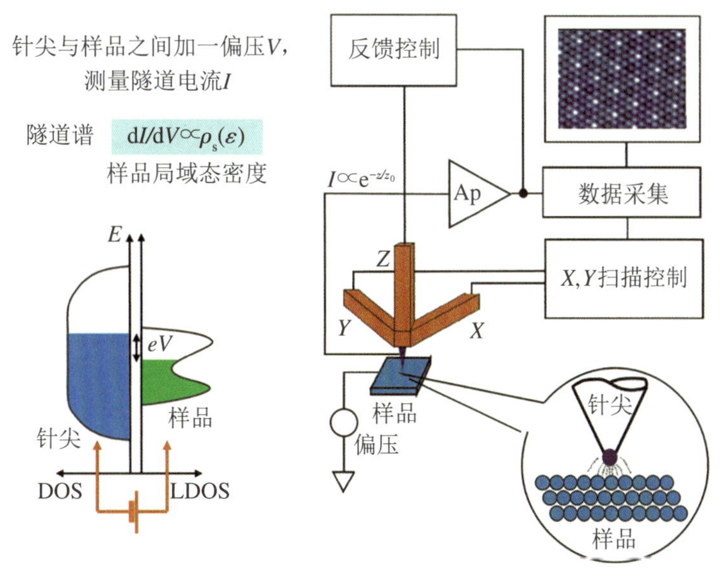

图 3 扫描隧道显微镜以及隧道谱测量的工作原理

X，Y 方向负责扫描，Z 方向受反馈控制，通过针尖离远或离近调节隧道电流大小。$\mathrm{d}I/\mathrm{d}V$ 正比于样品的局域态密度，直接反映样品本身的能带电子的信息，可用来判定超导体的能隙函数形式。

接下来，即在超导 $Nd_{1-x}Sr_xNiO_2$ 薄膜中测量隧道谱。测量温度为 0.35 K，是一个十分低的温度。图 4(a)显示实验测得的典型 V 形隧道谱(空心圈)，外加用 BCS 理论 d 波能隙函数拟合结果(红色曲线)。实验和理论非常好地吻合。图 4(b)显示的是在一条线上 5 个位置测得的 V 形隧道谱。图 4(c)显示的是实验测得的完全能隙的隧道谱(空心圈)以及 BCS 理论 s 波能隙函数拟合结果(红色曲线)。实验和理论吻合得也较好。图 4(d)显示的是在一条线上 5 个位置点测得的完全能隙隧道谱。

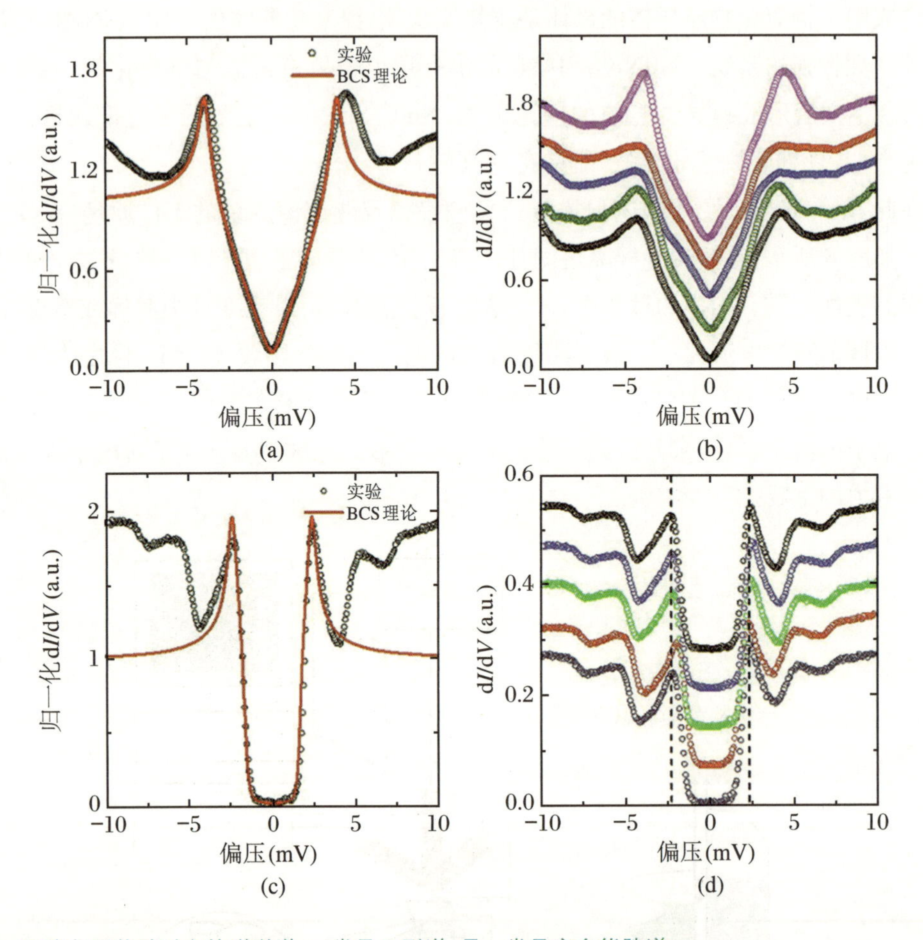

图 4　两类超导能隙对应的隧道谱：一类是 V 形谱，另一类是完全能隙谱

理解这些测量其实并不困难，请读者保持宽容和耐心。这些数据表明，$Nd_{1-x}Sr_xNiO_2$ 中主要超导配对形式是 d 波超导能隙。事实上，有一些理论预测 $Nd_{1-x}Sr_xNiO_2$ 是一个多带系统：除了主要的 d 波能隙，还有其他形式的能隙函数。根据能带计算，$Nd_{1-x}Sr_xNiO_2$ 存在一个较大的费米面，主要由 Ni 的 $3d_{x_2-y_2}$ 轨道贡献，表现为从布里渊区 M 点为中心的空穴型口袋一直演变到 Z 点为中心的电子型口袋，d 波超导能隙被认为主要分布于此。

在 Γ 点(0,0,0)和 A 点(π,π,π)处存在两个较小的电子型费米口袋,由 Nd 的 5d 轨道和 Ni 的 3d 轨道杂化形成。轨道间相互作用导致电子配对类似于铁基超导体中的电子配对形式。具体的超导能隙分布如图 5 所示。

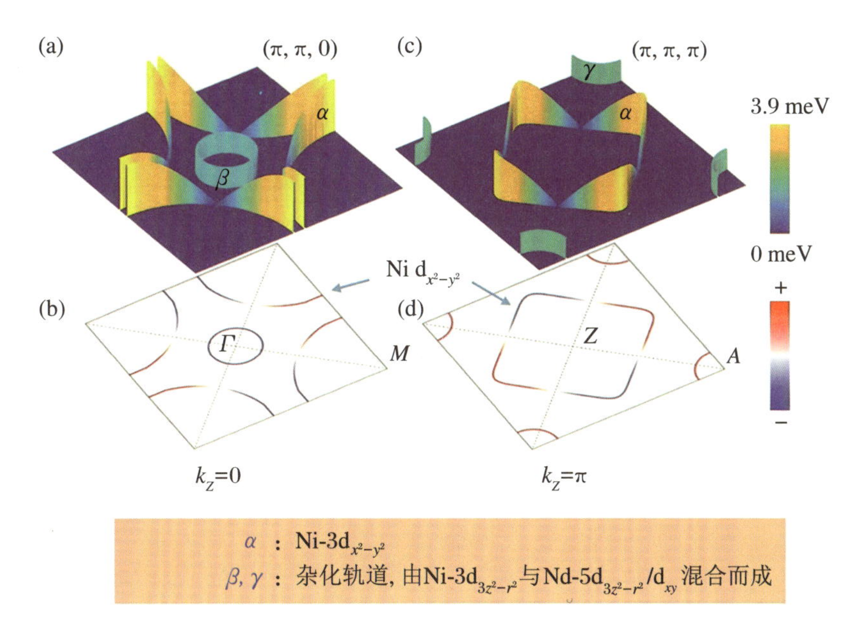

图 5　$Nd_{1-x}Sr_xNiO_2$ 费米面和超导能隙函数形式

(a)和(c)分别是布里渊区 $k_z=0$ 和 $k_z=\pi$ 处费米面上对应的能隙大小。(b)和(d)分别是布里渊区 $k_z=0$ 和 $k_z=\pi$ 处费米面上能隙函数相位分布示意图。红蓝颜色代表费米面上超导能隙相位的正负。

但是,对于这个较小的完全能隙(full gap)之来源,也有另外的理论解释。实验细节和理论讨论的细节在这里似乎不必赘述,笔者想传达的意思在于:这一工作从微观上清晰地看到了镍基超导体中库珀对的信息,也就是超导能隙函数的具体形式。当然,古人云“盲人摸象”,这里的工作也处于摸索的过程。到底是摸到了鼻子还是象牙,还得继续进行,以获得整体图像。

5. 未完的话

诚然,“千呼万唤始出来”的镍基超导体正式登台亮相,进入人们的眼帘,不过是最近几年的事情。虽然目前的认识还不过是冰山一角,但镍基超导研究历经多年尝试终得兴起,无疑也为超导机理研究注入新的活力。至此,高温超导体两大家族“铜基”和“铁基”之外,出现了第三股力量。这股力量有没有值得渲染的新意和特色,值得关注。

随着进一步研究,超导人越来越期待镍基超导体系可以发展壮大成为新一类的超导体家族。本文所科普的这一工作,其意义在于从实验上测得 $Nd_{1-x}Sr_xNiO_2$ 超导薄膜中超导能隙的主要物理信息，反映出强关联效应和可能的交换反铁磁涨落是超导配对的主因。很显然，相关佐证和夯实工作也期待后期角动量分辨的谱学测量结果。无论如何，$Nd_{1-x}Sr_xNiO_2$ 与铜氧化物之间既有相似之点，也有不同之处，从而对继续开展 $Nd_{1-x}Sr_xNiO_2$ 的深入研究提出了问题和可能的目标。感兴趣的读者可以阅览闻老师他们发表的论文“Single particle tunneling spectrum of superconducting $Nd_{1-x}Sr_xNiO_2$ thin films”(《Nature Communications》，2020 年第 11 卷第 6027 篇，https://www.nature.com/articles/s41467-020-19908-1)。

最后，与读者共勉：高温超导机理的研究依旧任重道远！毫无疑问，超导人前行之路依旧有荆棘和挑战。也许，前面又会分叉出更多的新路来。不过，这对超导人来说是困难，更是机会。事实上，能够有重要的科学问题出现在眼前，是物理人的幸福。也特别指出，本文初稿由顾强强博士完成，笔者在其初稿基础上稍作改写。因此，本文著作权首先归于顾博士，其次才归于笔者。

CDW 与超导

1. 引子

作为物理学的最大二级学科，凝聚态物理囊括了众多与文明生活紧密相关的分支学科，也因此凝聚了体量最大的研究群体。其中，关联量子系统(也即量子材料)研究这一群体最为特别，亦很出类拔萃。笔者作为旁观者和仰慕者，虽然不熟悉国外量子材料研究的情形，但认识几位国内量子材料领域、特别是高温超导领域的活跃人物，也曾就近而请教之，相谈甚欢。

在国内学术界“你追我赶”的这些年，量子材料研究似乎更彰显“润物无声”的风格。长期以来，他们没有过多渲染诸如“室温超导”的远大目标，而是怀着多加质疑和谨慎批判的态度，相对安静而深入细致地耕耘和劳作，以推动学科发展和技术进步。从传统科研观念来审视，这样的学术风格或模式，是我国当代科学技术研究的一道难得风景，值得细细品察观摩。

笔者以为，这道风景有如下几抹色彩：

(1) 百花齐放、百家争鸣。几十年来，即便是针对高温超导，物理人依托于多种材料类别与结构模式，提出了众多观点与理论模型。看起来，它们各有所长、各有所短。到目前为止，尚无其一能俯瞰众生、一骑绝尘。这种传统，促使超导人既居中受益而不断精进，又很早认识到超导问题无法一蹴而就。图 1 所示的调侃，就很形象地说明了高温超导物理研究的现状，更是形象地说明了学问之真谛和格物致知的心态。

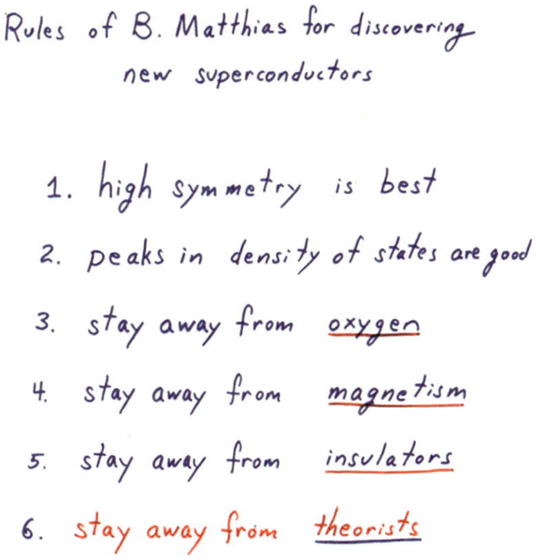

图 1　超导物理研究的信条

这里的第 6 条很显然是调侃，读者不必介意。

图片来源：英国剑桥大学 Michael Norman（摘自 Steve Girvin 的讲座，由 Matthew Fisher 提供）。

（2）不抛弃、不放弃。考虑到物理人大多有“朝秦暮楚、喜新猎奇”的“习惯”，让一位物理人长期拘泥于一个领域或一个方向，其实是很困难的，能做到者就十分难得。不过，量子材料人似乎不是这样，他们很多人很多年一直耕耘于此，不抛弃、不放弃，乃成物理学界令人不解而着迷的一抹景象。也因此，量子材料研究在国内外维持了很高的学术水平和创新力。

（3）高水准和高活力的研究队伍。与其他学科领域此起彼伏的状况稍有不同，量子材料、特别是超导物理研究的队伍可能代表了国际上凝聚态物理界最有活力的一群人。整个队伍人才储备充盈，不断有新人进来，维持了动态与活力。

（4）高效的交流与合作传统，崇尚君子竞争的态势。国内超导与关联系统研究有坚持了十数年、维持着高水准的高端论坛，重视理论与实验结合，支持多方齐头并进、相互竞争。学问亦不骄不躁、脚踏实地、厚积薄发。在各种人会小坛，如果稍加留意，就会看到超导会场里提问与争论是常态，拖堂和没完没了是常态，甚至你说你的我说我的也是常态。这种态势在其他会场较为少见。

（5）注重发展方法、理论、实验技术。量子材料界有一批学者潜心于发展新理论、新方法、新技术，甚至有很多人“毕其十年于一事，求其所有于一是”。这也是其他分支学科相对少见的风格，令人激赏。在当前国内风风火火的科研踊跃时代，这种风格显得别致，但并非不值得提倡。

笔者所感所叹，也许有一些源于自身介入量子材料的偏见，但形成如此印象还有其客观根源。强关联物理及至更广泛一些的量子材料，实在是凝聚态物理复杂和宽广之集大成。要推动其发展，似乎不如此就难以成就、不如此就难以进步，其中高温超导研究似乎更是如此。图 1 似乎也显示了超导研究的复杂性与百口莫辩之态。很显然，这一风格和传统也是我国科学研究所需要的。

这里，笔者作为外行姑且写一些读书笔记，以向超导物理和量子材料人致敬。既然是外行，说外行话就不为错、不为过。

2. 相图与详图

从事凝聚态物理和材料科学的人们，很早就被教育要学会看相图、依相图行事，及至自己作出一幅相图，是以为骄傲。对超导材料，应该也是如此。所以，不妨先展示几幅典型的高温超导相图给读者，以显示超导问题的复杂性。这里，铜基超导的相图一般是在温度 T-调控参量 p（压力、载流子掺杂浓度等）组成的相空间中展示。

最开始，所认识到的相图大意示例于图 2(a)：从母体反铁磁 AFM 基态开始，以 Neel 临界点 T_N 标记，随着载流子掺杂浓度 p（或其他调控参量大小）增加，长程反铁磁态被渐渐抑制，T_N 不断降低到接近绝对零度，逼近量子临界点处（quantum critical point，QCP）。T_N 以上区域即顺磁金属态，超导 SC 态在量子临界点附近出现，显示出超导与磁性不相容的基本特征，也显示超导与反铁磁性的内在关联，更显示 QCP 对超导电性的重要性。这个相图的整个物理图像简洁、直接，物理机制也清晰完美，虽然我们早就心中有数：如此简单，必有蹊跷！

随后，被更新的相图大意示例于图 2(b)：除了 AFM 母相被掺杂载流子抑制而出现 T_N 不断下降之势外，原来的 AFM 区域实际上包含了很大一片、并非本源的长程 AFM 序区域。一条新的、随掺杂浓度增加急剧下降的 T_N 边界线出现了。此边界以下区域，才是正常的长程 AFM 区域。在 T_N 上方，存在远非典型的金属态或绝缘态区域，展示反常的输运特征和结构特征。于是，大家认为存在另外一条临界温度线 T^*。在 T^* 以上区域，是正常金属态（现在也不是很确定到底是否是正常金属态，或者说是与否关系也不大）。T^* 和 T_N 之间，则出现一宽广的相区，现在称之为赝能隙相区（pseudo-gap phase），其义语焉不详。这一区域内呈现复杂的结构和物理特征，输运行为和磁性呈现出高度复杂性，或者说这一区域实际上包含更多还不是很清楚的亚区域。这一区域的重要性再一次由区域下界毗邻超导相区而体现出来，分界点 T_c 即超导临界温度点。也因为赝能隙区与超导区域为邻，其中物理再复杂，也得硬着头皮去搞清楚。

再随后，关于这一相图又更新了认知，再次修正的相图大意示例于图 2(c)。这次的变动更为明显和难以捉摸：① T^* 以上、原本认为是顺磁金属的区域，被分为两块。超导区域上方是所谓的奇异金属(strange metal)区域，而右侧区域才是一般的费米液体(Fermi liquid)区域。② 原来的赝能隙相区进一步分化，超导转变点 T_c上方变成与某种电荷有序相(charge-order，CO)或电荷密度波(charge-density wave，CDW)相毗邻，原来反铁磁(AFM)与超导区域交叠处也出现了新的相区或者量子临界区。

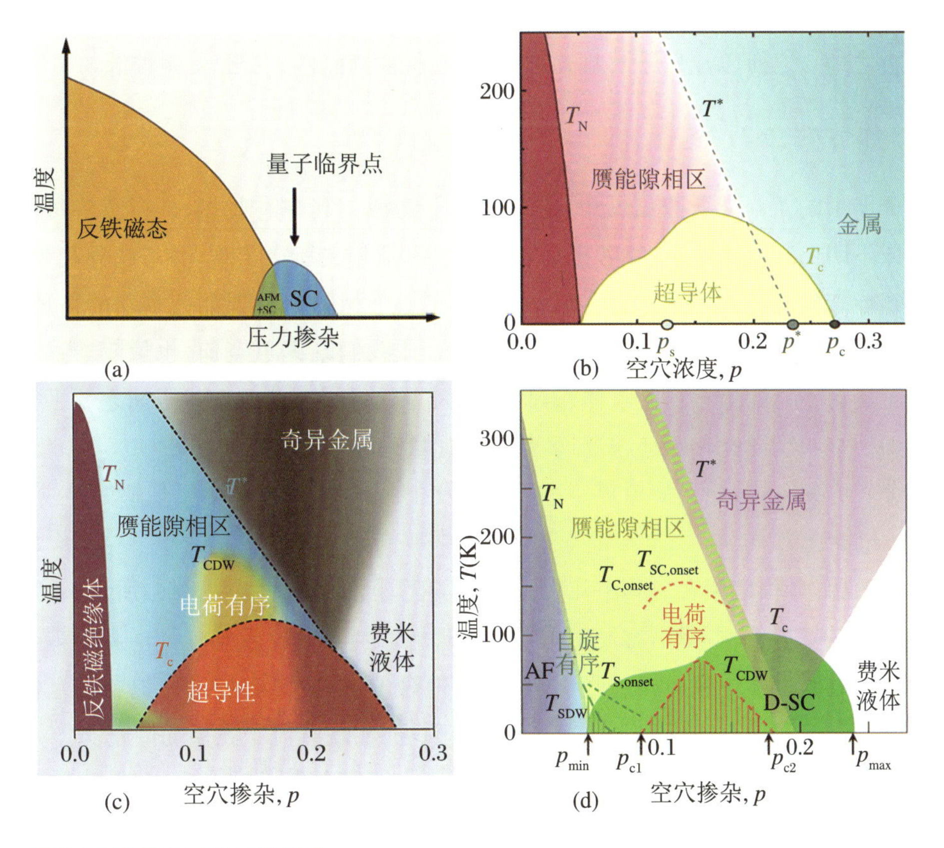

图 2　铜基高温超导相图的几种形式

从(a)到(d)可看到相图内涵越来越复杂！详细描述参见正文。

图片来源：(a) https://www.manep.ch/unconventional-superconductivity-forty-years-of-exciting-developments/；(b) https://www.annualreviews.org/doi/10.1146/annurev-conmatphys-070909-104117；(c) https://cerncourier.com/a/taming-high-temperature-superconductivity/；(d) https://www.nature.com/articles/nature14165。

遗憾的是，故事并没有结束。到了今天，更为复杂的相图出现了，大意示例于图 2(d)。即便是与图 2(c)比较，图 2(d)也要复杂得多，以至于细致的描述只会让行文变得拗口、艰涩和难以言传。姑且点出两处与本文后续叙事有关联的特征：

(1) 下标“onset”标注序参量开始出现涨落的起始温度，T_S、T_c和 T_{SC}分别表示自旋有序涨落、电荷有序涨落和超导序涨落临界温度(注意 T_{SC}与 T_c定义之不同)。

(2) 绿色区域表示 d 波超导区域，而红色阴影区域则是电荷密度波 CDW 区域，位于超导区左侧是欠掺杂区域。可见超导与 CDW 之间密不可分的共存与竞争关系。

(3) 图 2(a)中的一个量子临界点现在演变为三个，如箭头所指 p_{min}、p_{c1}、p_{c2}。

这样的趋势，如果再来几个轮回，继续复杂下去，世界将变得过于复杂而趣味索然。这种复杂性，一方面是关联物理的本征属性，如挥之不去的阴霾；另一方面，却是招之即来的机会之地。之所以让量子材料人难舍难分，这种两面性大概是其中根源。

3. 你方唱罢我登场

图 2 展示的 4 幅大意性相图中，出现了若干物相。其中有些相，外行读者可能还未曾听说或不明白其中大意，对笔者也是如此。这些新相之所以出现，并与超导相为邻，就一定与超导态有某些关联和渊源。另一方面，在一个相图中涌现如此多新的物理，似乎也正是超导物理甚至整个量子材料研究的常态，让我们既无可奈何，也惊叹着迷。就比如当前正热得不行的量子自旋液体态，其实就因为其可能存在的动量空间之反平行自旋关联。即便它与超导态相距还很遥远，却已经让量子材料人茶饭不思。

为读者方便，本节姑且简单提及这些物相及相关意义，虽然免不了理解偏差或错误。

(1) 超导态

实现超导态，相信读者对其中几个基本特征已耳熟能详。如图 3(a)所示，一对电子形成库珀对是基本条件，库珀对发生凝聚是物理核心：① 常规超导中，电-声子耦合让一对反平行电子通过声子模而相互吸引，形成库珀对，这是凝聚态物理比拟弱相互作用的伟大物理。众多库珀对实现宏观凝聚后即抵抗磁场，实现载流子无损耗传输。② 非常规超导态如高温超导中，将一对电子结合成库珀对的除了电声子耦合吸引外，也许还有空间反铁磁涨落关联，虽然这一观点还未最终坐实。

由此看到，“库珀对”“抗磁性”“反铁磁自旋涨落关联”等基本物理要素存在于超导中。要实现超导，其毗邻相或者母相(先驱体相)中，应该有这些物理元素的影子或前驱体，至少要有其一。这是我们的物理信念。

需要说明一点：库珀对，原则上是动量空间中的电子配对。实空间中，存在某种相干关联距离。大于这一距离的一对电子，其配对的机会或寿命就可能有限。但无论如何，从很粗略的角度看，实空间的电子配对更让外行人放心。

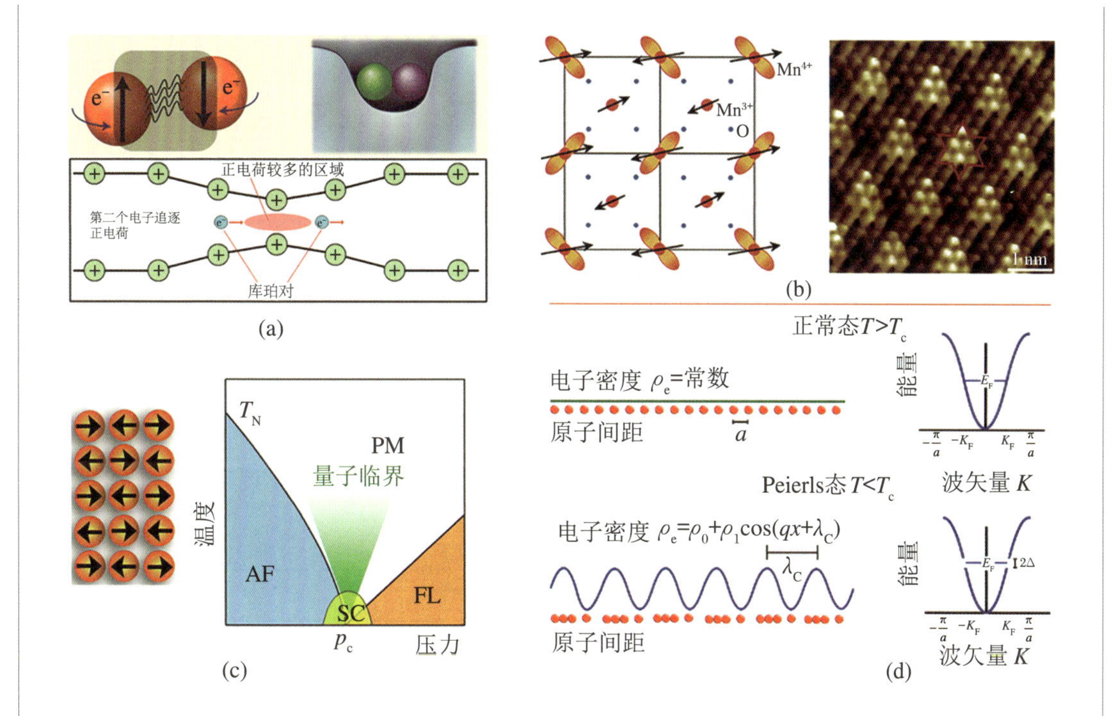

图 3　铜基高温超导相图中的几个物相

(a) 超导态；(b) 反铁磁(AFM)相；(c) 锰氧化物电荷有序相(CO，左侧)与电荷密度波相(CDW，右侧)；(d) 一维原子链中电荷密度波的 Peierls 模型。

图片来源：(a) https://science.sciencemag.org/content/332/6026/200/tab-figures-data；(b) https://www.quora.com/How-is-antiferromagnetism-related-to-superconductivity；(c) LaSrMnO 中的电荷有序相和 VTe_2 的 4×4 电荷密度波相：https://arxiv.org/ftp/arxiv/papers/1912/1912.01336.pdf；(d) 电荷密度波的一种解释：https://pubs.acs.org/doi/10.1021/nl303365x。

(2) 反铁磁 AFM

这个概念比较简单，如图 3(b)所示：自旋在空间形成长程有序排列(近邻自旋未必反平行)，不表现出宏观磁矩，一般而言是绝缘体。表面上看，这里的自旋反平行排列，除了与超导态中库珀对电子也是反平行关联有点瓜葛外，并无其他联系。因此，指望从简单的长程反铁磁态中诞生超导态，大概不容易。也因此，图 3(b)所示相图中 AFM 与超导态(SC)大致上乃属楚河汉界、互不往来。

有意思的是，铜基甚至铁基超导体等基本都是反铁磁母体基态，而相图中 AFM 与超导态(SC)毗邻。这里需要指出，要长程 AFM 与超导相毗邻，其实有些痴心妄想，因为它们之间差得很远。这也意味着这个毗邻区 AFM 一侧一定不是真正意义上的长程反铁磁。这样说，是因为热力学上两个毗邻的物相，不仅仅满足热力学条件就行，一定还有更多基于对称性和关联的相生关系存在！

(3) 电荷有序(CO)与电荷密度波(CDW)

电荷有序相在量子材料中很常见，在 Fe_3O_4 和 Ti_2O_3 中，更不要说在稀土掺杂的锰氧化物中。催动 CO 态形成的机制，主要是体系中存在两种或以上的过渡金属离子价态，如 Fe_3O_4 中的 Fe^{2+}/Fe^{3+} 共存、锰氧化物中的 Mn^{3+}/Mn^{4+} 共存。粗略地理解，因为 Fe^{2+} 的 3d 轨道比 Fe^{3+} 的 3d 轨道多一个电子，这多出的电子导致电子-电子之间强库仑排斥。如果两个 Fe^{2+} 离子最近邻，那这两个多出的电子导致的库仑排斥势就太高了。如果 Fe^{2+}/Fe^{3+} 离子在空间上有序交替排列，就能显著降低库仑势，形成 Fe^{2+}-Fe^{3+} 电荷有序相。这种 CO 态，毫无疑问会阻碍载流子迁移，因此具有 CO 态的体系一般呈现绝缘体和反铁磁基态。如图 3(c)左侧所示的碱土掺杂稀土锰氧化物，Mn^{3+}/Mn^{4+} 交替排列就成 CO 态，也有类似的物理。

CO 态之下，存在一类特殊的电荷有序态，称为电荷密度波(charge density wave, CDW)态，值得多费几句口舌。CDW 与超导态之间存在一些相似性，也存在相互竞争关系。图 3(c)右侧所示，即 TEM 观测到的 VTe_2 电荷密度波相，在电子束成像下态密度周期分布衬度清晰可辨。真实材料中，CDW 形态不那么容易看明白，但一维体系理解要容易，如图 3(d)所示：原子均匀排列的一维链，电子波函数呈现原子晶格周期 a 分布，平均电子态密度 ρ_e 可以视为均匀常数。但是，如果链中原子局域聚集，形成周期大约为 λ_C 的超原子链排列，自然就有了叠加在原来均匀的电荷密度之上、周期也为 λ_C 的电荷密度分布。这种分布区域，称为电荷密度波相。

这种局域电荷起伏，有点像电子结对成电荷团簇。如果这种结对是两两结对，就给人以实空间库珀对的想象。不知道是否因为这个意向，超导人在图 2(c)和图 2(d)所示相图中一看到 CDW 与超导区毗邻，就莫名兴奋起来。

(4) 自旋密度波

类似于电荷密度波，很自然的，当超导人在实验中看到自旋密度波(spin density wave, SDW)之踪迹时，马上就兴趣盎然，因为自旋密度波关联的自旋涨落也可能是超导电子配对的渊源。事实上，图 2(d)所示相图中，就存在 SC 相与 AFM 相之间的过渡区域。

最简单的 SDW 图像，也用一维自旋链说明，如图 4(a)所示。沿空间特定方向定义磁矩分量，就能看到有很多磁结构沿波矢方向形成了磁矩周期分布。图 4(b)中，波矢 k 沿水平方向，由此可知沿波矢 k 方向或者垂直 k 方向定义的磁矩分量呈现周期分布，即 SDW，其周期为 λ_s。

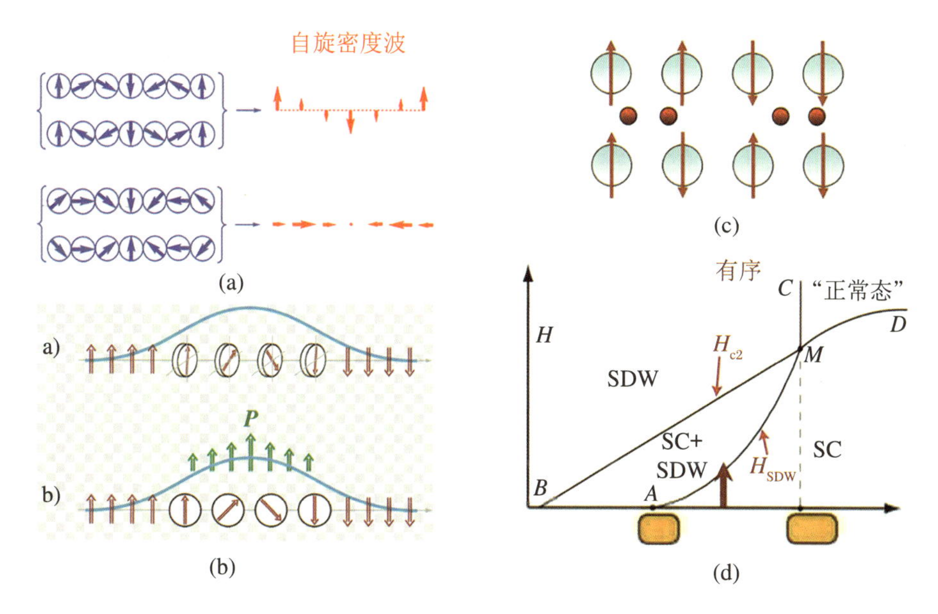

图 4　自旋密度波(SDW)的简化物理图像

(a) 横向和纵向自旋密度波的结构;(b) 铁磁畴壁处的自旋密度波区域可能产生铁电性;(c) 自旋密度波与库珀对的类比;(d) 高温超导相图中 SDW 与 SC 毗邻和共存,显示出它们之间的内在联系。

图片来源:(a) https://www.x-mol.com/paper/764731;(b) https://favpng.com/png_view/spin-density-wave-multiferroics-magnon-domain-wall-png/1RQeRzWw;(c) http://www-llb.cea.fr/en/Phocea/Vie_des_labos/Ast/ast.php?t=fait_marquant&id_ast=1522;(d) https://slidetodoc.com/quantum-criticality-in-the-cuprate-superconductors-sachdev-physics/。

既然是周期分布,就有半波长 $\lambda_C/2$ 尺度的磁矩反平行排列。如此,就又跟电子库珀对的自旋反平行排列特征联系起来。当然,SDW 还可以贡献其他新颖功能,如产生铁电极化,成为多铁性物理研究的重要对象,如图 4(b)所示。图 4(c)中展示库珀对电子自旋排列,而图 4(d)则显示了超导相图中 SDW 与超导相之间的密切联系。对这种联系的细节,在此不论,且留待其他章节展示。

限于笔者是外行,行文至此,超导相图中还有很多结构细节未能展示。如果只是从凝聚态物理角度,这一相图还有很长的研究寿命可期。只要相图中某个区域存在某种结构或能带特征可与超导电性的某种特征联系起来,超导人就绝不会放过。而诸如"不均匀性""多相共存""多相竞争"等名词又形象地描述了其特征,成为量子材料人早餐的咸菜、晚餐的红酒,笔者就不再对此望梅止渴了。

4. 简单与复杂

这里，物理人需要警觉的是：这个超导相图如此复杂，且越来越复杂，总归是一个问题！复杂并不可怕，可怕的是物理人对其理解也愈加复杂。若如此，科学的味道就淡了，物理的魅力也就弱了。其实，物理的魅力，就是将复杂的世界用简单的几笔几画勾勒出来，这才有简单与复杂的对应关系。遗憾的是，“几叶春风几缕波”的水墨画，还难以画出高温超导的韵致。

即便如此，当高温超导人将相图不断向“复杂”推进时，扣住“简单”就成为关键点。这里要问的问题是：关键点在哪里？从超导的首要动机看，如何实现超导是追求，绝不是为了搞清楚超导区域周边的细节而追求复杂化。实现超导的核心，自然是强化电子库珀对形成机制，实现高温超导！这一思路，在上一节简介各个物相时已有所提及。这样的思路的确“简单”而直接，虽然缺乏夯实的证据。

记住这一点，再回到相图中 AFM 与超导态毗邻的例子，外行人已能看出超导电子配对与 AFM 之间关联（负相关）不显著。如果一定要硬扯在一起，有两个基本元素可圈可点：① 一对库珀对电子，在实空间上与反铁磁序有一点瓜葛。因为超导态出现在 AFM 被完全压制的量子临界点（quantum critical point，QCP）附近，但此时电子对反平行相互作用的倾向可能依然存在，从而有利于超导态出现。② AFM 消失，伴随量子临界区出现，其中的量子涨落在反铁磁相互作用的背景中可能倾向支持电子配对，也或者支持上一节提及的 CDW、SDW 等非超导物相。

从这个意义上，图 2(a)所示的相图，已粗略笃定了物理框架。果不其然，虽然看到 AFM 区域的内部存在各种复杂性，但这一基本框架或者思路依然存在。细看图 2(a)中的 AFM 相区，一探究竟，就发现真正的长程 AFM 区其实只是一个很窄的区，Neel 温度 T_N随掺杂而快速下降，就如瀑布一般直下三千尺！原来认定的相区出现了赝能隙区，出现了更细致的 CDW 区，出现了 SDW 区。特别地，CDW 区应该还存在比 AFM 长程序更接近超导态的电荷或（和）自旋序。如果加以适当调教，CDW 也许就可以退出竞争而使超导态衍生出来。

这是“简单”物理之要求，应该能被自然界所青睐。因此，超导人便开始关注 CDW 与超导态的毗邻关系。先盘点一下 CDW，后展示物理人的一项工作。

5. CDW 之粗略

其实，自 20 世纪 30 年代派尔斯（Peierls）提出一维原子链失稳问题开始，凝聚态物理很早就关注 CDW 及其物理效应，且很多研究本来也与超导电性有关。20 世纪 50 年代，Frohlich 研究 CDW 并给予正式命名时，就是为了理解超导电性。Frohlich 认为，电子在晶格中运动，库仑势必定引起周围晶格畸变，即晶格畸变与电荷运动是关联的。这其实已经非常接近 BCS 超导理论的粗略思路，虽然 BCS 理论根本没有触及 CDW。反过来，非常规超导中 CDW 却与超导为邻，就如历史轮回。

如果将图 3(d)中的模型重新阐释，则相关物理可以简略显示于图 5。现在物理人对一维电荷链的派尔斯物理是这么回顾的：

(1) 高温下，一维带电粒子链周期性排列，晶格常数为 a，其电荷态密度分布呈现周期性，如图 5(a)所示，其中 $q=2k_F$，$k=2\pi/a$。这一周期结构的能带色散关系(能量 E-波矢 k 关系)如图 5(c)所示，k_F 为费米面处的波矢，费米面能量为 E_F。高温下，这个一维晶格的声子谱(声子频率 ω-波矢 q) 显示如图 5(e)所示。声子谱显示出晶格是稳定的。

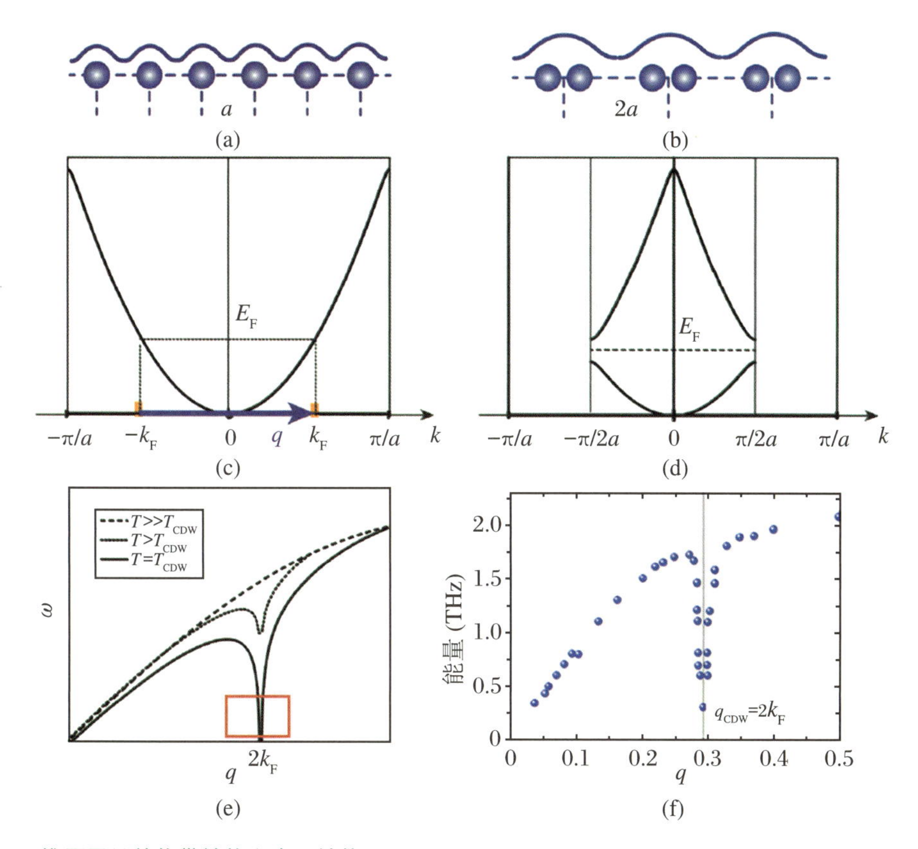

图 5　一维原子链的能带结构和声子结构

图片来源：Zhu X T, et al. Misconceptions associated with the origin of charge density waves[J]. Adv. Phys. X, 2017, 2: 622.

(2) 当温度 T 下降到特征临界温度 T_{CDW} 甚至是 $T<T_{CDW}$ 时，声子谱出现了异常。并且在 $q=2k_F$ 处，即晶格周期为 $2a$ 处出现声子频率接近于零，呈现清晰的声子模软化特征，即晶格对称性破缺而趋于失稳，如图 5(e)所示。形成的稳态晶格如图 5(b)所示，即带电粒子两两结对，电荷分布也变成周期为 $2a$，其能带由图 5(a)的一支分为两支，在费米面处出现能隙。一些非弹性中子散射实验也显示晶格声子软模的出现，如图 5(f)所示。

(3) 图 5(b)所示即本文谈及的 CDW，表示出电荷密度的超晶格调制，即超越晶格本身的电荷密度波。如果这样的电荷密度波相能够传输载流子，那么测量得到的电流将不是一个恒定的常数，乃是像滴水的水龙头那样一滴一滴的电荷流形态，显示为有特定频率的噪声。

(4) 事实上，CDW 相基本上都是绝缘体。这意味着，一个高温金属系统在 T_{CDW} 处会发生金属-绝缘体转变，成为判断金属体系 CDW 形成的判据之一。

直观上理解，CDW 能够形成，决定于电荷粒子两两聚集所带来的静电能下降超越了其他晶格能量如晶格畸变能的上升。因此，CDW 的出现，并不一定是普适现象。图 5 所示的一维 CDW 模型，如果推广到 2D 或者 3D 体系，CDW 就未必会发生。事实上，大多数 2D 和 3D 体系并没有常见到 CDW 相。不过，从晶格对称性破缺角度看，高温下的高对称晶格在降温到临界温度时发生对称性破缺，引起晶格畸变，也可理解为是这种 CDW 趋势的某种体现。此时，畸变晶格内电荷分布或多或少会偏离几何上严格的周期性分布。因此，结构相变(对称性破缺导致的相变)也成为 CDW 出现的特征之一。

图 5(b)所示的电荷两两相聚结对，与我们理解中的电子库珀对有相像之处。即便如此，CDW 与超导库珀对凝聚却是完全不同的，因此相图中如果出现 CDW，就意味着超导不是基态。此时，如前所述，只有通过调控手段如掺杂，抑制 CDW 形成，让体系选择库珀对凝聚态为基态，即超导态！

实验上，对 CDW 存在一些众所周知的探测方法，包括利用角分辨光电子能谱(ARPES)探测能带中是否存在费米面附近的嵌套结构，利用输运探测降温过程中的金属-绝缘体转变，利用散射和光谱探测结构相变和声子谱软化如 Kohn 奇异性(在 $2k_F$ 处)等。从探测表征角度，有很多与超导电性研究类似和重叠的地方，从而给高温超导物理研究带来复杂性和挑战。

6. CDW 与超导

基于上述对 CDW 粗浅和外行理解与描述，相信即便是超导研究领域之外的读者也已能感应一二。现在就可以来宣示 CDW 与铜基超导电性之间的联系与竞争，因为铜基超导是最典型的非常规高超导体系。

首先，铜基超导体一般具有准二维的 CuO 面，载流子主要在这一准二维面上传输，因此可能展现丰富的电荷有序相。典型的 3D 结构中，CDW 出现就要困难很多。对铜基超导体，已经知道有条纹相（stripe phase）、棋盘网格相（checker-board phase）、短程电荷有序态（short-range charge order）和电荷密度波（CDW）相等电荷有序相。虽然很多文献都提及 CDW 与超导态之间可能的联系，但到目前为止，铜基超导体系中 CDW 形成机制的理解依然模糊，甚至还不能确定相图中 CDW 与超导毗邻的区域和边界形态到底是何模样。

到目前为止，一些结果大概能显示在铜基超导体中：

(1) 费米面附近的能带嵌套（Fermi surface nesting，FSN），类比于图 5(d)处的能隙，应该不是电荷有序相的主要驱动力。

(2) 铜基超导体中的电-声子耦合强度较弱，似乎不足以驱动 CDW 形成。

基于此两点认识，深入理解铜基超导体中 CDW 到底如何形成、如何与超导相互竞争的物理，就变得更为重要，也许还是突破超导瓶颈的钥匙。从当前结果看，超导相图中位于 CDW 周围的反铁磁涨落及库仑关联的作用还未被充分认识，必须开展更为深入的研究工作，也因此成为超导物理人孜孜以求的前沿课题。

来自美国布鲁克海文国家实验室的 M. P. M. Dean 团队，一直都关注于这一课题。他们与欧洲、美国、日本 4 家研究机构的超导团队合作，立足多种表征手段联动，对 $La_{2-x}Sr_xCuO_4$ 体系宽掺杂区域的相图细节进行表征和分析。这一工作的主要结果，就是揭示出 CDW 存在于整个欠掺杂、最优掺杂和过掺杂区域，覆盖于整个超导相区上方，暗示 CDW 与超导态内在的全域关联和竞争，而不仅仅是在超导区域左侧的那一小块欠掺杂区。这一工作发表于《npj Quantum Materials》上（2021 年第 6 卷第 31 篇），被罗列于图 6。

(1) 图 6(a)展示了迄今为止所认知的相图。可以看到，超导涨落区域（SC fluctuations）横跨整个掺杂区域，将赝能隙区域（pseudo-gap）和奇异金属（strange metal）区域与 SC 区域隔开。这一特征成为这一工作的主要动机。

(2) 图 6(b)所示为作者通过细致分析而浓缩起来的新相图区域。可以看到，在所谓的超导涨落区域，CDW 相经历了渐变的结构演化和形态特征，而且 CDW 结构的稳定性与库珀对之间的强烈竞争覆盖整个掺杂区域，终止于最右端过掺杂区域的费米液体区临界点处，颠覆了我们的认知。

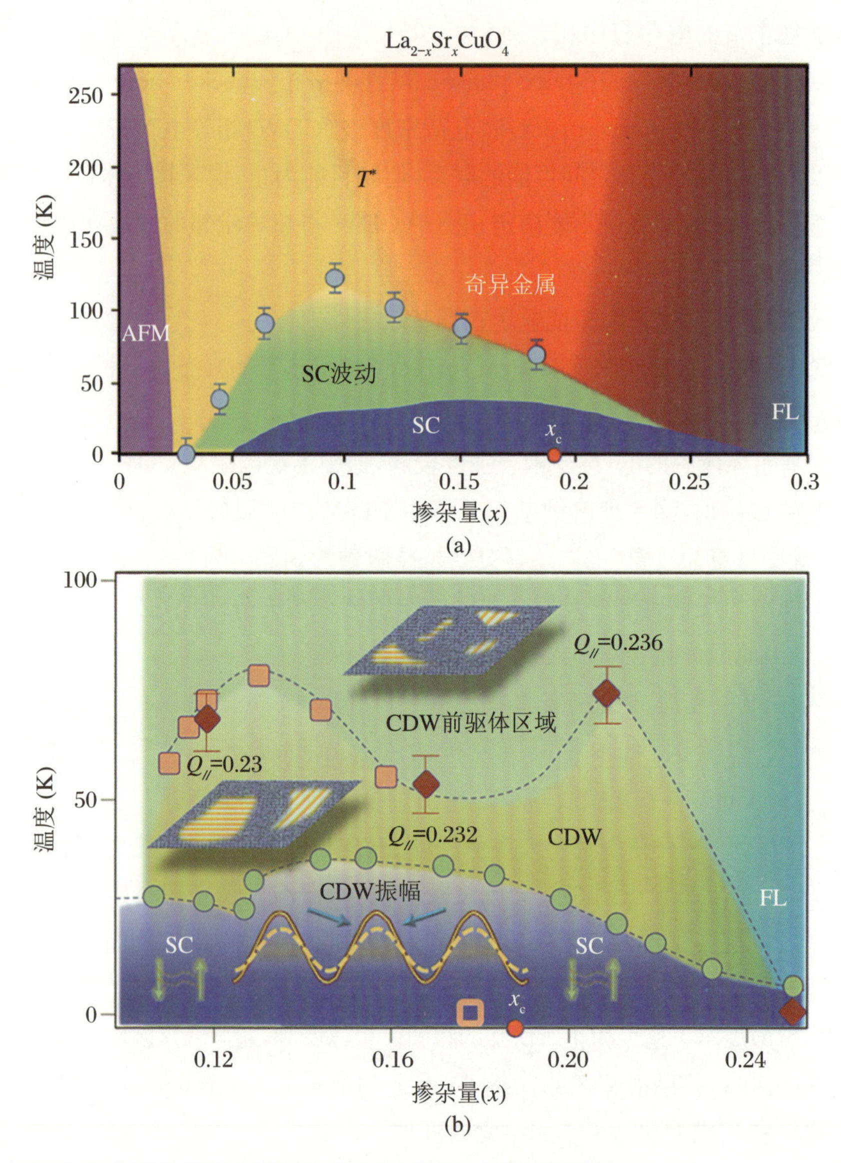

图 6 $La_{2-x}Sr_xCuO_4$体系中 CDW 与超导态的竞争、共存与关联之新结果

对详细结果感兴趣的读者可参阅论文原文：Miao H，et al. Charge density waves in cuprate superconductors beyond the critical doping[J]. npj Quantum Materials，2021，6.（https://www.nature.com/articles/s41535-021-00327-4）。

7. 尾语

需要重复的是，笔者完全是超导外行，此文乃为科普而写，自然是囫囵吞枣、消化不良。本文主要针对超导物理之外的读者，对其中行文错误和班门弄斧之处笔者深表歉意。这种歉意，也可能反映出关联物理和量子材料这一前沿领域与大众的距离还不小。如何将其中的挑战与问题呈现给大众，是量子材料人需要关注的任务。如此，方能从大众处获得支持并回馈之。这种说辞，当然也是为笔者自己开脱。

即便如此，读者能够感受到，超导物理，特别是高温超导物理，的确是凝聚态物理这一座金字塔的峰巅。站在上海的世贸大厦或者广州的小蛮腰上，能极目千里却有些眩晕，所以不敢看也难以看清大厦地基周围的风景。在飞机上翱翔，也许可以看到天边和日出日落，但舷窗视角狭小，亦看不清细节。而站在金字塔尖，就似乎能看到视力范围内远近的一切。金字塔的结构与几何给我们的启示就是：感觉很踏实，视觉很完整，远近尽入目！

于此，向超导人、向关联人、向量子材料人致意！

三重态中的磁花样

从一个冷笑话开始："量子材料"之所以能够覆盖超导电性这个凝聚态物理大领域的领地，主要就是因为过去30年，整个超导界都在"立志"要"掀翻"BCS和电-声子耦合(electron-phonon coupling，EPC)，试图找到新的库珀对配对机制，或者至少不能就只有BCS一种机制。毕竟，大半个世纪都过去了，"江山代有才人出，各领风骚数十年"，该有新生代了！也许就是如此，"量子材料"才堂而皇之将超导电性收归其学科范畴之内。

这么说，当然有调侃之味。但调侃也要有个道理。懂一点BCS超导理论的物理人都明白，BCS的库珀对考虑的是自旋单态的准粒子"玻色子"。它相对比较简单，形成的超导能隙也差不多是各向同性的，也就是通常听到的s波超导。这种超导配对，一对电子自旋相反，库珀对总自旋为0，形成自旋单态(singlet)。这里，有一个必要的物理约束须得到满足，即超导波函数必须是反对称的，以满足电子是费米子的要求。这个要求霸道，一下子将很多物理给约束住了！

一般性的肤浅讨论，都认为超导波函数由两部分组成：① 自旋部分，比较局域一些；

② 轨道部分，比较扩展一些。波函数的自旋部分和轨道部分的对称性要相反！库珀对之所以形成自旋单态，就是因为一对电子的自旋是反对称的，顺应了超导波函数反对称的要求。由此，就反过来要求（正）对称的轨道波函数比较弱才行，否则总的超导波函数就难以反对称。自旋单态的库珀对或者玻色子及其BEC凝聚，正是如此这般，成为BCS理论简洁、直观和美妙之体现。物理人浸淫其中越久，就越觉得BCS理论那浑然天成之仪态美轮美奂。

那好，这里似乎没有电子关联什么事。一对电子是靠声子牵引在一起的，所以自旋单态优势明显。那怎么就容许关联进来了呢？

现在，假定要让库珀对电子配对成非自旋单态，最邻近的自旋互作用态就是三重态，库珀对总自旋为 $S=1$：磁性进来了！注意到，这个自旋三重态的波函数是（正）对称的。对应地，它的轨道波函数则是反对称的。由此，超导波函数必须凸显轨道波函数的主导地位，并尽可能压制自旋波函数的正对称才行，否则最终的超导波函数做不到反对称。此类图像示意于图1中。

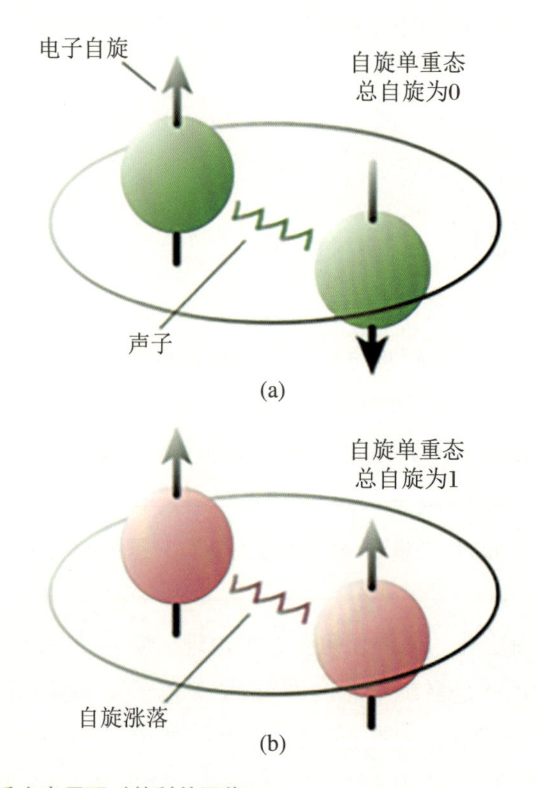

图1　自旋单重态和三重态电子配对的科普图像

图片来源：https://asrc.jaea.go.jp/soshiki/gr/MatPhysHeavyElements/EnglishSites/Highlights/Highlights.html。

怎么能做到这一点？答案之一就是引入局域电子库仑排斥，即关联 U，使得电子更多占据较为扩展的轨道（在位的多个电子相互排斥，必然相距较远，使得轨道电子分布显得较为扩展），达到轨道波函数占据主导地位的结果。最后结果是：电子关联较强的体系，有可能出现自旋三重态的电子配对！好吧，量子材料的味道就这样悄无声息地到来了，事情好像很容易。

当然，实际上事情绝对不容易。物理人寻找了很久，也没有找到几个三重态超导体系。个中原因纷纭复杂，非笔者能领略其中风景。不妨看一个简单直观的结果：图 2 所示乃基于双轨道 Hubbard 模型的轨道涨落（J/U）与电子关联（U）坐标平面中库珀对配对相图（来自日本名古屋大学物理系）。可以看到，U 太大不成，J 太大不成，J/U 太大太小也不成。物理人都知道，这样的要求很苛刻！问题也可以这么表述：那些电子关联很强或者很弱的超导电性，应该都很难实现。或者说，要引入磁性（如三重态）和超导（如反对称波函数）共存共赢，就得从量子材料中寻找对象，也就是寻找自旋三重态的超导材料。

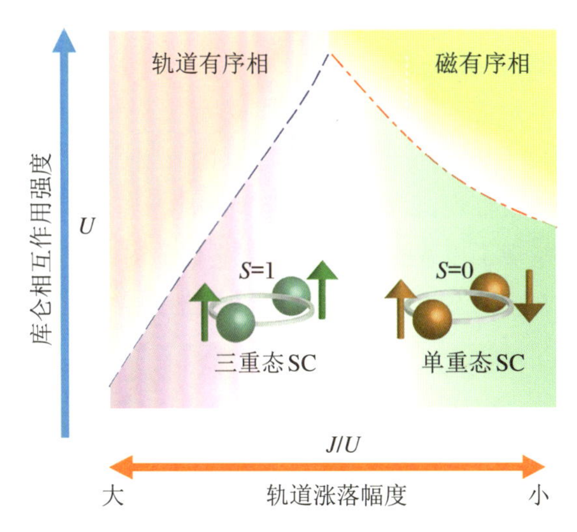

图 2　三重态超导大概位于 J/U 较大、U 又不能太大的区域

J 为自旋交换作用强度，U 为在位电子关联大小。

图片来源：http://www.s.phys.nagoya-u.ac.jp/en/research/index.html。

这种寻找如大海捞针，第一个发现并得到较高认可度的是 UTe_2。笔者孤陋寡闻，原以为这个体系即便超导，因为其温度很低，又是重费米子金属体系，能有多大作为？殊不知，这个体系似乎广受关注，也许其品味与前面推演的物理正相投，因此声名鹊起！

UTe_2 的发现者之一冉升博士，与佛罗里达州立大学的焦琳博士一起，2021 年曾经在

2

《中国科学》上发表过一篇关于自旋三重态超导的综述文章(《中国科学》2021 年第 51 卷，文章号 047406)，把相关物理和问题讲得很清楚，无须外行如我再在此班门弄斧。目前相当明确的一点是：对自旋三重态超导电性的研究才刚开始，而且覆盖了超导、关联和非平庸拓扑物理三个方面。

目前来看，只是因为体系少、转变温度低、超导转变序参量和相变过程复杂，目前对自旋涨落和关联的显著作用认识并不充分。但正因为前述的三重态超导形成之困难，也因为其被赋予的新物理，对这些问题的认识就更需要细致而精到。因此，任何相关问题的深入研究，都是有价值的。特别是低能尺度上的自旋涨落和近藤物理，对揭示三重态物理及其形成条件弥足珍贵！这，大概是物理人对此感兴趣的动机。

来自美国国家标准局、马里兰大学和华盛顿大学圣路易斯分校的一个合作团队，既包括 Johnpierre Paglione、N. P. Butch 和 Jose A. Rodriguez-Rivera 等知名学者，也包括 UTe_2 超导的发现者冉升老师(第二作者)，2022 年发表了他们用非弹性中子衍射表征 UTe_2 的最新结果(Butch N P, et al. Symmetry of magnetic correlations in spin-triplet superconductor UTe_2[J]. npj Quantum Materials, 2022, 7: 39)。鉴于非弹性中子衍射对自旋关联的独特表征效用，更考虑到冉升老师作为主要作者参与这一工作，对其意义和背景的重要性应该不需要笔者啰嗦。感兴趣的读者可以结合冉升老师的中文科普性综述论文稍作研读，对本文结论的价值和意义就一目了然了。

当然，看结论，其实也很直观：自旋涨落的空间和能量特征，与超导电性转变密切相关。它们在超导转变处呈现了显著的变化，展示了它们的内禀联系。这一工作也展示出磁关联及其对称性物理在三重态超导机制中是令人入迷的课题。

高温超导的方格子生涯

作为《npj Quantum Materials》的兼职编辑，笔者一直在试图努力去学习和理解：物理学期刊发表的每一篇文章，面对的是什么科学问题、立足的是什么科学基础、采取的是什么研究路线。我一直很清楚，自己的理解是表浅的、片面的，有一些谬误。作为一个物理研究的边缘人，试图去深入理解某篇论文的精髓，大部分尝试都是徒劳的。如此，写出来的推广文章，存在狭隘化及与读者脱节的问题。反过来，一味地唱高调，动辄宣言一篇论文有伟大意义和重要突破，也有失客观公允。在这个文明发达而创造力相对平淡的所谓“科学铁幕”时代，取得重大意义和突破不容易。

但无论如何，笔者总在尝试对读过的论文相对客观地说上几句，或科普或调侃，或心领神会或梦影未来，都是一片心意。有一些读者朋友和师长批评，我笔下文字依然艰涩、可读性不高，虽然这个数据一定是拔高了的。实话说，科普之文，能得到读者反馈，已是幸运。

不过，这里要讨论的问题，笔者完全不知道其出发点和核心是什么，因此踌躇很久而不敢落笔。但即便如李太白所言“停杯投箸不能食，拔剑四顾心茫然”，剑还是要刺出去，哪怕是空刺、刺错了。

这里要讨论的问题，是如何构建能够合理描绘超导电性的现代理论，先别说高温超导的现代理论。经过 30 余年的发展、检验、提炼和去伪存真，对这样的理论，物理人一方面有些怒其不争，另一方面又更多感其不凡。凝聚态理论中，高温超导理论大概算是其中的最难课题和桂冠理论（当然，物理学最难的方程，据说是流体的斯托克斯方程）。学术界很早就有一些关于高温超导机制的传说，例如，物理名家 Bernd Matthias 就说“远离理论物理学家”，总算给了我们这些实验物理人以些许安慰。描绘高温超导电性复杂机制的理论，据说只有超越已有的多体量子场论框架，并建立新的多体量子理论框架，方才有前途。这里的新理论之路，预期会对量子场论及其他数理理论学科产生影响，包括发展密度矩阵、张量重正化群等新的理论计算方法。

很显然，我们得到的感觉是：不要“徒劳地”在现有理论基础上，试图通过增加复杂性来构建出更好的理论。反过来，与其屡试不爽，还不如从一些基本要素出发，尝试去构建一些简单的、崭新的理论初步，看看能否另辟蹊径，往前走一步。这方面，近期有一些新的尝试。例如，中国科学院物理研究所胡江平老师曾经撰写过一篇展望文章，对超导电性机理中的材料基因组进行梳理，试图得到一些基本的物理元素，以便为构建新的理论奠定一类别样的基础。

当然，也有人尝试其他途径，花样很多。其中一类，就是从高温超导相图出发，如图 1 所示，去粗取精、去繁取简。要知道，高温超导研究历经数十年、选材数千种，但好像有点“万变不离其宗”的味道，又更有点“不变已然万般”的面貌：那些材料，尽管组成、结构和性能特征各有不同，但在温度-内禀调控物理量（如无序、压力、空穴载流子浓度）平面上构成的量子相图中，能找到很多相似性（当然更多的是相异性）。这些相似性，总是内在规律的反映，给回过头来重新梳理个中物理的超导人以一些启迪。

这样说起来容易，真的付诸实施，依然蜀道难！来自德国汉堡大学理论物理研究所的资深超导理论学者 Alexander I. Lichtenstein 教授，联合德国 Universität Bremen、瑞典 Lund University、美国 University of Michigan 和荷兰 Radboud University 的联合团队，对高温超导铜氧化物 d 波超导机制做了一些前期探索。他们试图将出发点定得相对简单，其实已经很复杂：

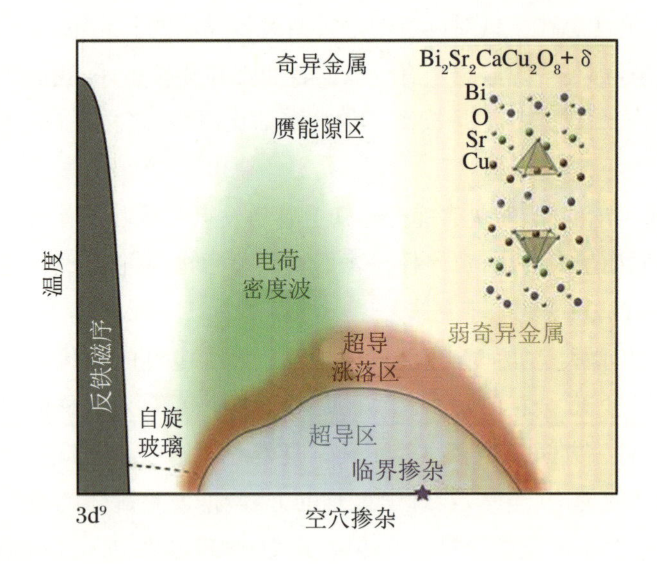

图 1　铜基超导相图

半导体硫化物 $Bi_2Sr_2CaCu_2O_8+\delta$ 的剖析。

图片来源：取自斯坦福大学沈志勋老师课题组主页，https://arpes.stanford.edu/research/quantum-materials/cuprate-superconductors。

(1) 最简单的 Hubbard 模型，只考虑包含次近邻跃迁、单带、紧束缚近似、在位库仑作用。

(2) 高温超导相图中，伴随超导区域附近的空穴载流子浓度，总是对应一量子临界点(quantum critical point，QCP)。QCP 周围是精细区分的奇异金属态、费米弧、赝能隙和费米液体行为。

依此而行，他们考虑到高温超导中 d 波物理的重要性，选择了四格点的简并共振方框组成的点阵，即所谓的简并方框模型(degenerate plaquette physics)，如图 2 所示，以求最低限度处理自旋单态(singlet 共振态)物理。为了解决问题，他们使用了诸多先进的计算物理工具，包括严格对角化和团簇双费米子(cluster dual fermion)计算方法，针对如上构造的 Hubbard 模型进行了近似严格的处理，坐实了简并共振物理的意义和价值。他们的主要结果包括：

(1) 揭示出次近邻跃迁对双极子束缚态(strongly bound electronic bipolarons)形成的重要性，并显示这是诱发超导电性库珀对配对的重要物理。

(2) 揭示出短程涨落很重要，是导致 d 波物理的必要机制之一。这种短程结构涨落和自旋涨落，包括短程 magnon，似乎成为高温铜基超导机制研究的关注点。

(3) 能够复现赝能隙相的形成。

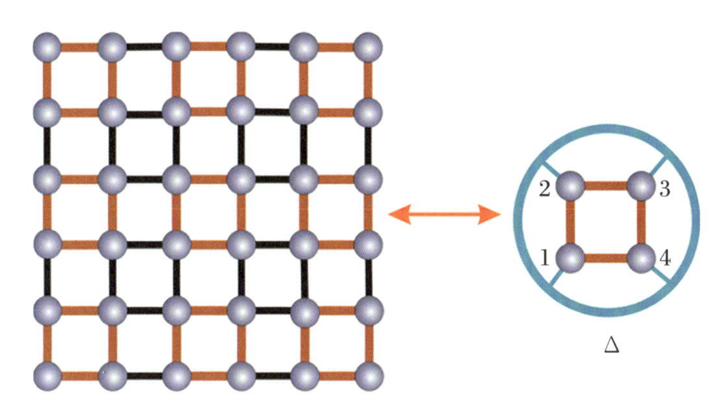

图 2　方形格的模板参考系统示意图

图 3 所示是他们关注自旋涨落的一个结果。当然，这样的简化理论模型(degenerate plaquette physics)，除了能够定性复现高温超导相图的一些主要相区外，还无法复现这些年来积累的诸多超导物理细节和定量结果，或者说个中差距还很远。如此，一方面表明问题的多面性和复杂性，另一方面也宣示能够走出这一步依然是值得肯定的结果。毕竟，这一“简单”模型，为后来者奠定了一个好的基础。

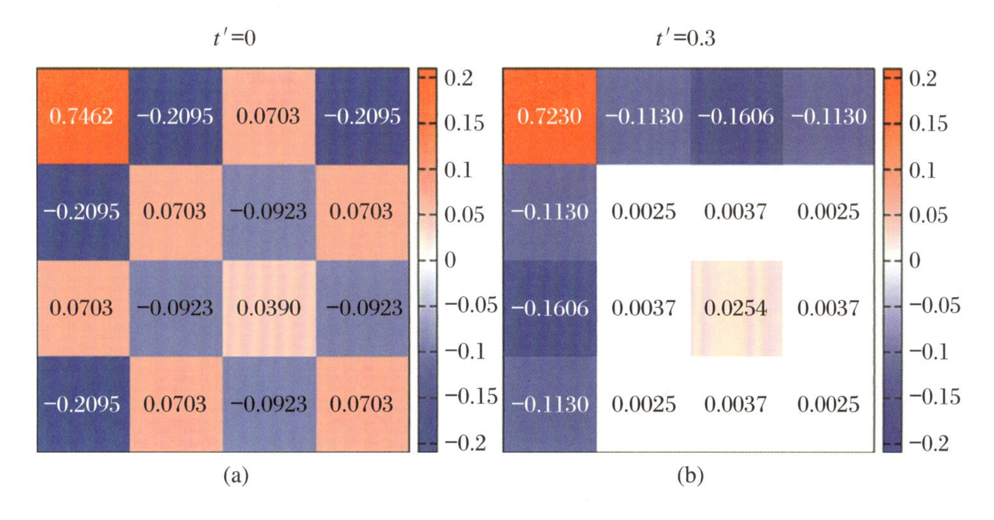

图 3　Lichtenstein 教授等计算得到的自旋关联函数：(a) 显示反铁磁交替，(b) 形成铁磁条带畴

到这里，笔者得到的外行印象是，高温超导理论发展至今，似乎夯实了那些重要的物理基因。但是，如何推动基因组往前走，就如北京城的那些方方正正的十字路口：前后左右看起来大差不差，十里之外却是千差万别。北京六环长度是 200 km；只多一环到七环，长度就是 1000 km。诸如胡江平老师他们，大概早已看到了千百千米外迥然不同的风景。

超导量子相变

这些年，笔者给南京大学物理低年级大学生讲授“电磁学”课程。授课期间，总想看看有无一些不大常见的、“出位”的问题能够被提出来，交给学生研讨。其中一个问题是：请构建一种情况，使得两个同号电荷会相互吸引。这里的电荷，不要求是点电荷。很多读者肯定都知道，这样的情形还真存在，曾经出现于不少教科书中。例如，两个带同号电荷的金属球，的确可能相互吸引。

事实上，从唯象角度去看凝聚态理论，很多问题都可以在大学物理中找到对应。当初我们向学生提出这个问题时，脑海里的动机之源就是电子库珀对：携带相同电荷的一对电子，竟然可以相互吸引，自然是最令人诧异的。静电相互作用，是各种相互作用中最强者之一，因此库珀对的意义就愈加非比寻常。如此意义，也赋予了“电子库珀对”这一概念伟大的名分。对此反对者，相信大概不会很多。

因为电子库珀对的存在，同号电荷的费米子电子，可以通过晶格声子作为纽带而反向（指自旋取向）结对，即所谓电-声子耦合（electron-phonon coupling，EPC），形成自旋单态的玻色子。一个形象的示意如图 1 所示。库珀对实现玻色-爱因斯坦凝聚，即超导。EPC 也成为 BCS 理论最精华的部分，造就了 BCS 成为量子凝聚态最知名的理论之一。即便是到了高温超导当道、BCS 已变成经典的今天，库珀对及其凝聚的图像依然如影随形，尽管高温超导人都在尝试寻找超越 EPC 之外的电子配对机制。的确，高温超导物理的研究，主流是构建超越 BCS 的新理论和新范式，虽然库珀对的概念依然被保留。

图 1　一对声子海中的库珀对（此图像惟妙惟肖、妙不可言）

图片来源：http://www.supraconductivite.fr/en/index.php?p=supra-explication-cooper。

说 EPC 如影随形的背后意涵，实际上是想表达 BCS 理论有可能还是高温超导的重要机制之一。只不过，在量子关联体系中，这一理论可能表现得复杂很多。具体是什么样的形式，到今天依然没有定论。或者说，得到 BCS 那样优美而直观的形式已然不大可能了。潜台词是，不应期待高温超导领域的理论还能有漂亮的解析形式。

尽管如此，的确还是有很多量子材料人在为此而付出努力。其中一批高人一直在问：是否有可能通过精巧实验或者对 BCS 理论进行适当改造和补充，以建立革新改良式的新理论，以便描述高温超导或非常规超导电性。这样的努力，很可能包括如下几项尝试：

（1）借助高端实验技术，实现对高温超导全方位体检。这一过程，有点像毕加索绘画那般，先构建全图，然后摒弃那些旁枝末节，只留下最主要的枝干。这种努力，最近有不少漂亮的尝试，包括薛其坤老师他们将 FeSe 单层生长在氧化物 $SrTiO_3$ 衬底上的工作：削减复杂性，到最后就剩下一层载流子仓库层、一层电-声子耦合层，即可实现超导转变。这似乎坐实了，在量子关联体系中，BCS 依然可以定性说明物理。二维超导材料中的物理，也有类似性。

（2）改造 BCS 理论，或者引入关联，或者引入对电子配对物理的改进，以便能够从经典超导物理的角度，去重新审视非常规超导物理。从事这些工作的很多物理人，都是这一领域的知名学者。他们对超导物理的洞察力非比常人，有可能走出一条不大主流的道路。

来自美国明尼苏达大学物理系的凝聚态理论名家 Andrey V. Chubukov 教授（目前担纲理论物理学 William I. 和 Bianca M. Fine 讲席教授职位），和他的博士后 Dimitri Pimenov 一起，在致力于这类研究工作。他们曾经在学术期刊《npj Quantum Materials》上发表一篇理论文章，对具有排斥作用的纯净超导体中可能存在的量子相变进行了深入的理论探索。笔者作为半路出家的物理人，对如何能够读懂这种理论文章一筹莫展，虽然这一理论本身未必那么高深。这里，笔者不再徒劳尝试去触及文章内容本身。有兴趣的读者自然可以去免费下载全文，仔细斟酌推敲其中的数学深浅、物理对错和学术水平高低。

这一理论，构建了包括强电子-电子排斥作用、弱电子-声子吸引作用在内的一个模型。熟悉之人一眼看去就知道，这是将强关联和电-声子囊括于一体的尝试。前者在高能区占主导，后者则在低能区变得重要。因此，这一模型就有可能将电子关联（电子-电子排斥）考虑进去。通过深入分析库仑相互作用和德拜能谱，他们可以构建出从超导态向正常态演化的量子相变，从而拓展了 BCS 理论的范畴。

很显然，这个理论工作的一个重要结论，是揭示了关联作用下的 BCS 超导走向正常态时会经历一个量子相变。这一相变，在低温经典超导中是不存在和不大被关注的。而这里的结果，让我们联想起高温超导相图中那个超导边缘的临界区域：那里不就有个量子相变吗？这一理论之个中意涵，不显自明！

超导理论的“殊途同归”

量子材料，在国内学术界很可能被归类到材料科学范畴，甚至归类到工程技术类，形成了其“内在”和“外表”之间极高的衬度差别，显示出我国自然科学出版评估行业的高度。“量子材料”这个称呼在物质科学领域风生水起，让材料科学的“生机勃勃”又多了一些增量。事实上，“量子材料”是一个典型的量子凝聚态物理概念，比凝聚态物理还要物理。

这么说是有据可查的。“量子材料”的经典核心之一是超导电性及材料，特别是高温超导电性。按照笔者从外行视角去仰望，高温超导电性的理论研究局面，可以用“花开两朵、各有风姿”来表述：一方面，超导人一直致力于超越 BCS 理论，重建新的超导电性理论范式，特别是基于量子自旋涨落的理论范式。另一方面，有一批在超导理论领域久负盛名的物理人，则似乎依然在致力于将 BCS 理论进行大尺度推广和改进，从而实现 BCS 理论的大一统。

基于后者的尝试，在笔者看来，既有学科的内在逻辑，也有超导人的深切情怀。超导理论的世界，特别是 BCS 理论的世界，是凝聚态物理的高峰。站在高处，有这样的情怀是可以理解的。

也因此，量子材料的期刊，例如《npj Quantum Materials》，每年都会刊登多篇纯粹的超导理论雄文。一方面，这是“量子材料”领域的灵魂之一。另一方面，这也是展示“量子材料”为何很物理且带有理论物理痕迹的证据。这种证据，具有时间反演对称性，会一直持续下去、永不停歇。量子材料人的态度是，管它是“材料科学”还是“工程技术”，抓住量子材料的前沿，包括抓住超导电性的大一统灵魂，就行。

其实，笔者这般“出言反常”，发出如上议论的背后动机，更多是因为这里要提及的一个问题实在是太过理论了。此间外行，要完全看懂这一问题的内涵到底是什么，不是一件容易的事情。这有点像田刚老师去解读佩尔曼那几页天书一般，解读本身就是一篇雄文。

来自德国卡尔斯鲁厄理工学院量子材料研究所（Institute for Quantum Materials and Technologies，Karlsruhe Institute of Technology）的 Jörg Schmalian 博士小组，与荷兰 Universiteit Leiden 洛伦兹研究所的 Koenraad Schalm 博士等一起，曾经在《npj

Quantum Materials》发表过一篇超导电性的“纯”理论文章。注意到，Jörg Schmalian 和 Koenraad Schalm 都是早已成名的理论物理教授。除了凝聚态，他们的足迹还延伸到高能物理和场论领域。在这篇文章中，他们先回顾了将 BCS 理论应用于高温超导相图中那经常见到的、毗邻超导相区的量子临界点(QCP)处失效的原因，然后深入评估了早年苏联理论物理学家 G. M. Eliashberg 提出的 Eliashberg 理论(1960 年)和 Sean A. Hartnoll(加州大学圣巴巴拉)在 2008 年提出的超导全息理论(未能深入考证这一超导全息理论是否由 Hartnoll 教授提出)。图 1 和图 2 是分别表达 Eliashberg 理论和超导全息理论的一个例子。

Eliashberg 谱函数 $\alpha^2F(\omega)$描述了费米面处的声子与电子之耦合

$$\lambda = 2\int \alpha^2 F(\omega)\frac{d\omega}{\omega}$$

图 1 描述超导电性的 Eliashberg 理论(1960 年)

图片来源：卡利亚里大学 Sandro Massidda 教授的演讲稿。

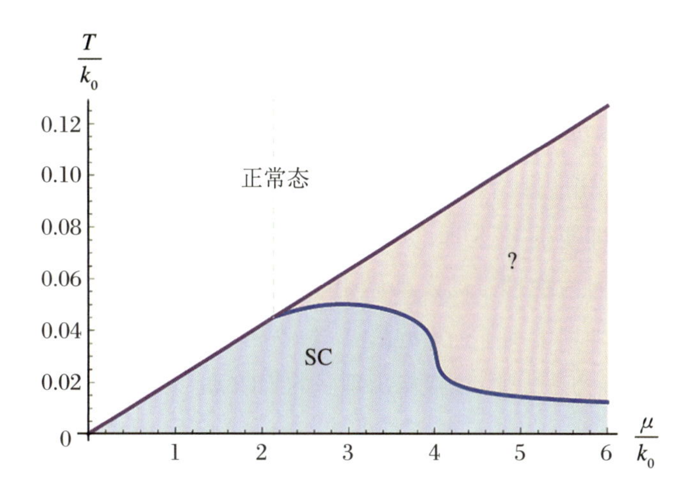

图 2 全息 d 波超导的相图

这里，μ 是电荷化学势。

图片来源：https://link.springer.com/article/10.1007/JHEP04(2014)135。

这两个成果都是超导电性的知名理论，而 Jörg Schmalian 教授他们的这一工作，就是证明了这两个理论其实是等价的。了解物理的人们都明白，物理人一个重要的品质，即醉心于“标新立异”和“殊途同归”。这里就是“殊途同归”的一个生动例子，如图 3 所示。

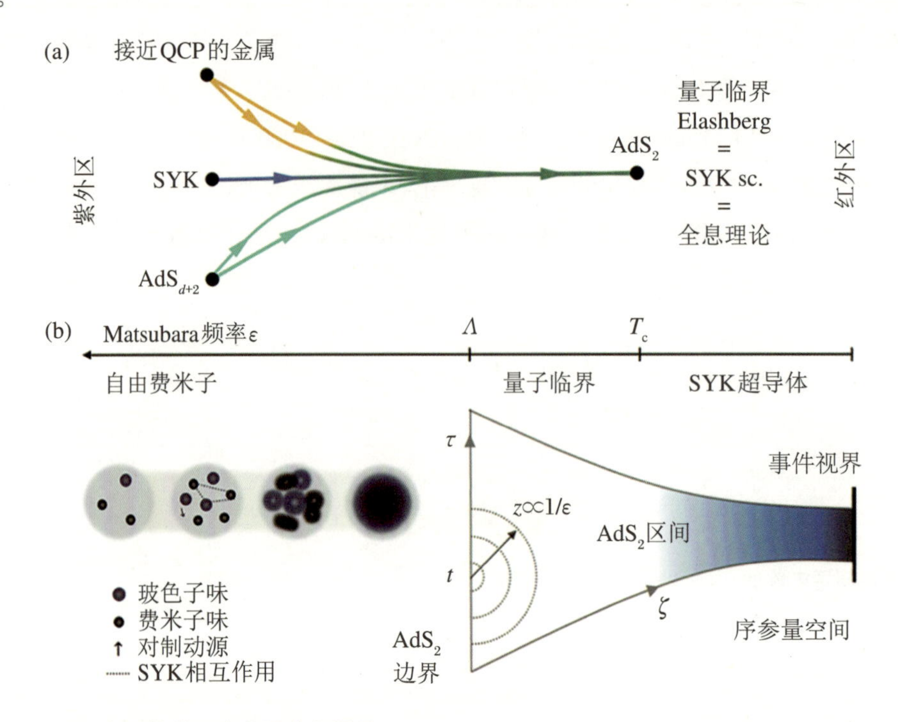

图 3　源于 SYK 超导体的双全息理论之涌现

这一揭示两个理论乃“殊途同归”的工作，还涉及重力理论、规范场论和量子场论中的一些结果（如 Yang-Mills 理论），将超导理论半个多世纪的历史联系起来，是物理学的做派和风度。事实上，即便是 BCS 理论本身，它的若干“殊途”表象更是深入高能物理、粒子物理和规范场论之中，为物理学的发展做出了不可磨灭的贡献。这种历史的轨迹，让我们再一次领悟到：物理理论到了一定的高度，是超越其原生领域的、具有“普适性”的一般理论。这种理论踏步物理中原、纵横格山理水的脚印，是难以磨灭的。

Kagome 超导的时光反演依旧

固体物理最底层的基础支撑之一，便是周期结构（周期势）中的电子输运。布洛赫定理说：这样的输运“最舒服”、最轻便快捷。因此，在那些高度对称的、具有简单平移对称性的周期晶体中，沿着高对称方向，电子的“动能”达到最大，布里渊空间中电子能带展示出最显著的色散，载流子有效质量小，载流子迁移率高。反过来，如果固体缺乏平移对称的周期性，这种效应就被显著抑制，布里渊空间的能带就显得平一些，载流子有效质量就大，载流子迁移率就低。

现在有个很响亮的名词来描述这种趋势：平带化(band flattening)。顺带着，固体物理可能很快会诞生一个新章节：平带物理！

很多读者可能会质疑笔者渲染这种教科书知识。是的，在学习固体物理时，这些都是基础级别的常识。但曾几何时，平带物理一下子变得如此重要起来，谁又能预料到呢？那些经常出现的涌现现象(emergent phenomena)，并不是从教科书知识就可以马上推演出来的。事实是，量子凝聚态物理，总是不定在什么时候诞生出几个“出乎意外”来。此乃“正常”现象，物理人对此见怪不怪。下面的一些事件，可能就是这些出乎意外的征兆和推手：

(1) 在位库仑关联。这是关联物理的老一辈，是最核心的电磁学效应。但粗略看去，不就是离子实外电子轨道上有多个电子共存吗？因为这共存，在位库仑排斥能堪比晶格周期势能，破坏了晶格周期性条件。这一破坏，电子运动就不畅快、就拖拖拉拉、就负重而匐、就蹒跚而步！

(2) 魔角二维材料。这是关联物理的新生代，是活力四射的青少年。但粗略看去，不就是因为魔角给出了一个大周期的、六角对称的莫尔条纹形态吗？这么大的周期，电子输运作为波动，自然远没有小晶格周期结构输运那般畅快淋漓。因此，电子有效质量大、迁移率小。这些反常的固体，以前并没有被高度关注过，但道理也就是如此而已了。

(3) Kagome 晶格结构如图 1 所示。这是关联物理正在孕育的新生命，目前还不能断言它是否能成长为未来的接班人。但粗略看去，不就是平面内 Kagome 晶格比平面等边三角或等边六角晶格更缺少“周期性”吗？更不要去和平面正方形或矩形晶格比较了。如果从二维平面看，除了无序体系，这个 Kagome 晶格大概是周期性“最差”的晶格了。如此，电子于其中运动，当然很沉重、很臃肿、很蹒跚。

如上三条“吗?”，让笔者找到一个偷懒招数，避免了去学习那些高深的量子物理的恐惧，很好地阐释了成语“滥竽充数”的意涵！即便是滥竽充数，粗糙的物理就是如此，其好处是通俗易懂。

既然电子运动的能力，即动能、动量，都被严重抑制，能带都变成了平带，则那些量子关联物理麾下的、原本很不起眼的相互作用、耦合、高阶功能、渺小信号就都出来显摆了，纷纷表示要成为物理丛林中坐大的飞禽走兽。图 2 提供了一个能带平带化的视觉。

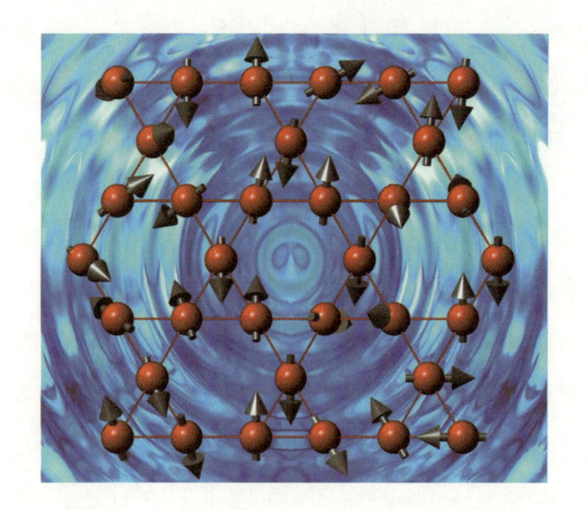

图 1　Kagome 结构及其量子物理

图片来源：https://physicstoday.scitation.org/doi/10.1063/PT.3.3266。

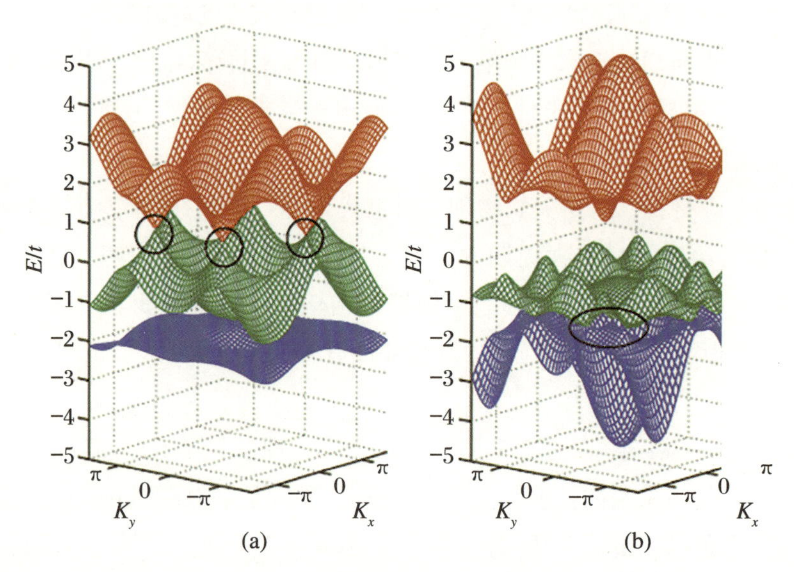

图 2　具有不同相互作用 t_2 的 Kagome-lattice 模型：(a) $t_2=0.064$，(b) $t_2=0.59$

图片来源：https://iopscience.iop.org/article/10.1088/0953-8984/24/30/305602。

这就是笔者所理解的、原本躲藏于很多量子材料背后的残酷现实。残酷，意味着原有秩序被打破，意味着不破不立、破而后立。于是，新的物理就出来了，其中之一类，就是这里要“渲染”的 Kagome 笼目材料中不断涌现(emergent)的效应！具体而言，要展现的是那些带隙不大的半导体体系。因为带隙不大，能带又很平，在费米面附近就很容易形成新的物理：Dirac 半金属、Weyl 半金属、非常规超导、拓扑超导、自旋轨道物理等。

有个 Kagome 化合物家族，化学组成通式是 AV_3Sb_5 (A = K，Rb，Cs)，即所谓钒系笼目化合物，其中物理就是如此。读者可能在很多相关文献中了解过这个家族，这里又重新“下锅这道菜”，以反复学习，做到熟能生巧。目前已触及的现象不限于此：① 巨大的反常霍尔电导，这是拓扑态的表象之一；② 多种磁性量子振荡行为；③ 拓扑非平庸的电荷序；④ 轨道序；⑤ 超导电性；等等。

最近，这个家族中有些超导体系，于正常态下展示出奇异的电荷密度波（charge density wave，CDW）物理。鉴于物理人耳熟能详的高温超导相图中就有超导与 CDW“相好相杀、比邻而居”的模样（本章最后一篇即涉及超导与 CDW），大家去追逐其中的非常规超导现象，就不奇怪了。其中，拓扑非平庸的手性电荷序，意味着 CDW 中也会有磁性，或者说有时间反演对称破缺的物理。这更使得超导人浮想联翩：磁性与超导组队，乃高温超导的不二道行！

果不其然，就在很短时间内，便有不少关于 CDW 和超导电性的研究工作。果不其然，还就是纷繁复杂、潮起潮落的景致，引得众人围观、批评和议论。

既然其中可能蕴含非常规超导配对机制，物理人很急切地想了解微观水平上超导序参量的结构和性质，特别是超导性质的空间各向异性，其中物理示意于图 3。来自瑞士著

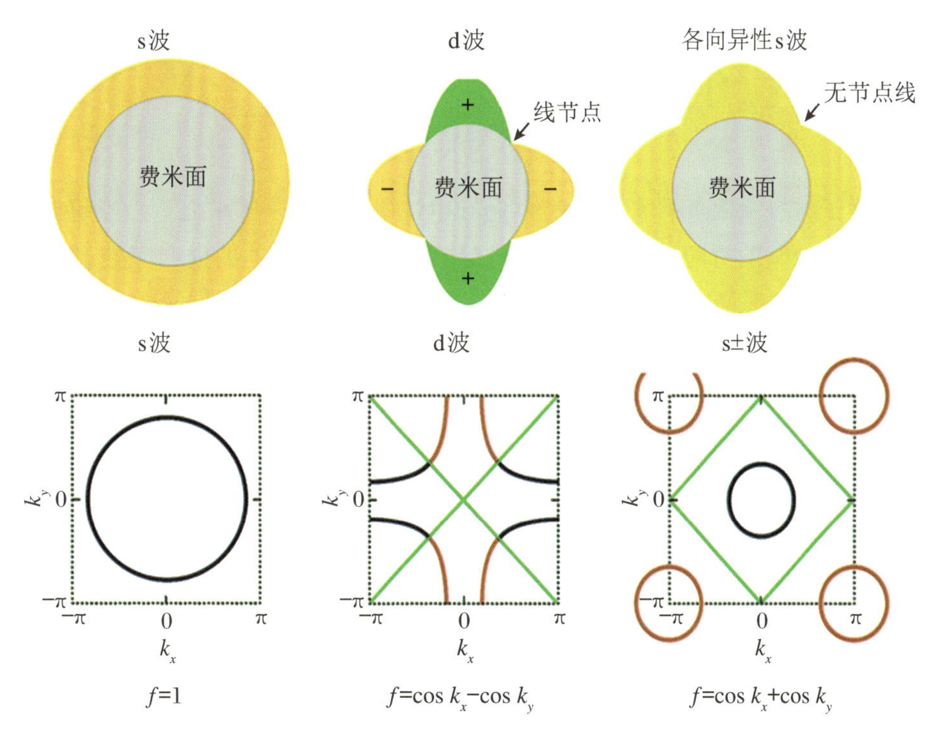

图 3　常规与非常规超导的能带结构，用 μSR 探测很有效

图片来源：https://link.springer.com/article/10.1007/s11433-018-9292-0。

名的 Paul Scherrer Institute 之一团队，包括 Ritu Gupta、Zurab Guguchia、Toni Shiroka、Rustem Khasanov 等领域内活跃人物，与中国人民大学量子材料方向的先锋人物之一雷和畅老师团队密切合作，利用那独一无二、别致的 transverse-field muon spin rotation (TF-μSR)测量技术，对 Kagome 化合物 CsV_3Sb_5 的磁穿透深度(magnetic penetration depth)进行了全方位(in-plane/out-of-plane)表征。不用说太多，CDW 和超导，对磁穿透过程的响应是完全不同的。

重要结论就两条：① 超导序参量展示出较为典型的两能隙(s+s)波对称性；② 超导电性没有打破时间反演对称。特别是后一条，看起来是在跟很多人唱反调的?！正是因为此处的反调，这一工作就是一味别致的食粮，让不少超导物理人咸淡自知、甘苦萦怀。这样的工作，样品出自雷和畅老师之手，质量自然无出其右。这样的技术，独特而清晰，数据扎实。这样的结论，如“卷起千堆雪”。所有这些加起来，就能引起领域内同行仰目，就是好的量子材料研究和《npj Quantum Materials》的贵客！

迈向 QCP 拉升超导之新路

作为量子材料领域当下最大的家族，超导电性研究一向是重中之重。当超导物理人醉心于梳理各种库珀对配对机制和它们的凝聚物理根源时，他们内心深处最柔软的一块，依然还是留给超导转变温度 T_c的。无论是运气好还是理性高，抑或融会贯通，只要能提高 T_c，那就是超导研究的王者。其中，特别是非常规超导，任何时候，只要发现了一个新体系或异常，总是各路神仙聚而论之的境况。而最拥挤的出口，依然是 T_c。

大家拥挤于出口处，可能是应用期许所驱动的结果，也可能是物理人天生就追求更高、更快、更强的品性所致。其实，更不言自明的潜台词是：需要强调基础研究的重要性，但物质科学的发展终究是要为社会物质生活的丰富和方便提供可用的材料与技术。如此景况，在过去几十年不断上演，显示了 T_c一览众山小的不二地位。

当然，科学研究的意义，有时是尝试或撞运气。但尝试和撞运气也要理性地去进行，而不是完全天女散花一般。非常规超导电性的研究，几十年来携带有冒险探索的元素，也充盈了理性的梳理与思考，给我们积累了一些重要的、定性的、只可意会难以言传的规则和经验。其中知名的经验之一，便是超导电性与量子相变的不期而遇：那些超导电性可能出现在其他关联量子相的量子临界点处 QCP；或者那些超导温度最高点，可能出现在其他关联量子相的量子临界点 QCP 处，如图 1 所示。

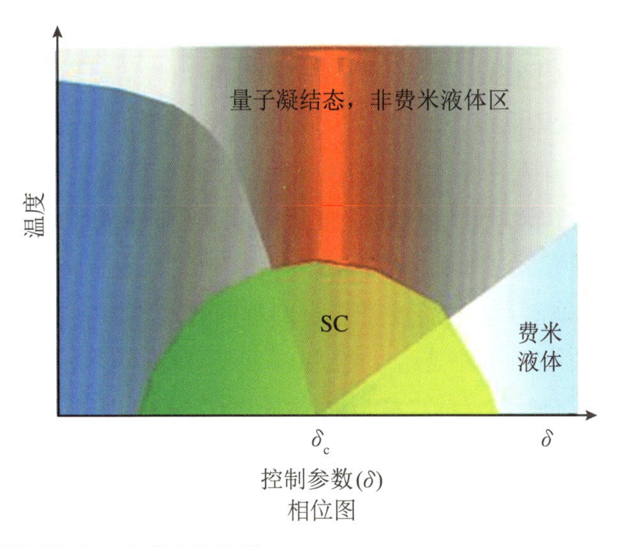

图 1　非常规超导的相图和 QCP 中蕴含的物理

图片来源：http://image1.slideserve.com/3532658/slide6-n.jpg。

这样的所谓关联量子相，似乎要满足一些基本条件。例如，它可以是：① 反铁磁相；② 赝能隙相；③ 电荷密度波（CDW）相；④ 费米液体相；⑤ 关联到声子谱显著变化的晶体结构相变；等等。笔者毕竟是外行，不能穷举，也可能列举错了。大概意义上，只要这个相与电子库珀对配对背后的微观机制有联系，这个相的 QCP 处就可能有超导电性出现。

还真的别小看这些似是而非、模棱两可的联系。如果去看非常规超导电性的相图，很多情况下都是如此这般，虽然也可以找到反例。例如，CDW 相就与电-声子耦合有密切关系：电声子耦合强，有利于 CDW 的出现，当然也有利于库珀对的形成甚至凝聚（即超导）。因此，一个化合物，相图中如果有 CDW 相，则可以通过调控各种内禀或外部参量，去抑制 CDW 相。这种调控的后果并不那么容易预测，但如果在完全抑制之处有一个 QCP，那里就可能出现超导。

这种高级的经验主义规则，未必可以将每一个规则背后的物理说清楚，但还真是屡试不爽！也因此，物理人变得对量子材料相图中的 QCP 极为敏感。这种敏感，已经拓展到所有量子演生效应，不独美于超导电性。即便是超导电性，特别是非常规超导电性，哪怕最终也只是得到很低的超导转变 T_c，只要有 QCP 相关的物理进来，物理人就有冲动和机会重蹈这一经验规则。

笔者猜测，西湖大学物理系任之教授的梦想也不例外。他领导的课题组，联合浙江大学物理系曹光旱教授及复旦大学的合作者们一起，曾经在《npj Quantum Materials》上发表过一篇文章，对锕系钍铑锗化合物如 β-ThRhGe 的超导电性进行了细致研究。笔者将他们的大作反复研读，感觉他们遵循的就是这样的物理思路。

实验工作揭示，β-ThRhGe 这一化合物有超导电性，但转变温度较低，T_c约为 3 K。这个化合物在 244 K 以下存在一个不完全的（incomplete）结构相变，从 244 K 以上的正交相经过一级相变转变为低温下的（正交相 + 单斜相）共存的晶体结构。这种结构共存的体系竟然可以超导，意味着通过压制结构相变而提高超导转变温度的可能性不低。这里需要指出，前人已经知道，与 β-ThRhGe 的正交相同型的化合物，有较高的超导转变温度。也就是说，如果能够通过某种手段，压制 244 K 处的结构相变，使得其能够一直保持正交相，则这一体系的超导转变温度就可得到提高。这种压制，实际上就是一个迈向 QCP 的进程，对应的位置就可能是超导温度最高的量子态。

很多超导人可能会觉得奇怪：这样迈向 QCP 的尝试，在过往研究中已有很多了。如此，任之团队这一工作新意在哪里呢？这一点，笔者不敢越俎代庖。不过，注意到，β-ThRhGe 是一个非磁性体系，它不像铜基或者铁基高温超导那般都是与反铁磁和量子自旋液体等关联的物理，其中磁涨落被赋予重要的物理地位。这里，没有磁性，只是一种基于晶格结构的 QCP 尝试。他们利用同价的 Ir 替代 Rh，一种非常直接的、走向 QCP 的调控手段，而 Ir 这个 5d 元素也不具有很强的磁性。

个中道理，如上所言，纯粹是笔者的读后感。这一思路，虽然看起来比较简单，但任之团队可是付出了巨大努力去实现这一物理图像，并取得进展。他们的确真的是在 QCP 处将超导转变温度 T_c从 3 K 提升到 8 K。这一差别的绝对值也许远不算光鲜亮眼，也就是区区 5 K 而已。但如果去看相对效果，依然显著，算得上是一个彰显 QCP 与超导转变关系的新例证，如图 2 所示。

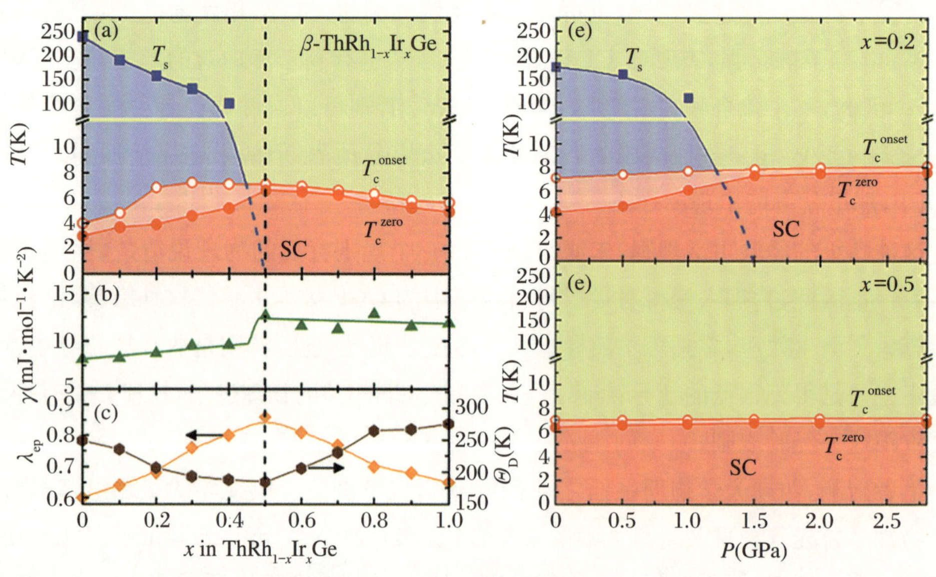

图 2　西湖大学任之教授他们得到的 $\beta\text{-ThRh}_{1-x}\text{Ir}_x\text{Ge}$ 超导相图

好吧，特别注意到，这是一个新的、非磁性的、非常规的超导体系。更重要的是，这是一类结构(structural)QCP，是否一下子就有了足够的新意？按照任之他们的说法，此乃“interplay between superconductivity and structural quantum criticality”，是超导与QCP之间一座新的桥梁。

赝能隙之电荷对称

物理学中，对称性是一个很神奇的概念、观念、信念。它可以让物理人因为一生与其为伴而自豪满满，也可以偶尔让物理人哑口无言、百口莫辩，“无奈”而只好接受之。举个例子，我们给学生讲库仑定律，说：在静态欧几里得几何空间中，一对点电荷之间的库仑力，其方向必定沿着连接电荷的直线方向。学生会问：为什么呢？为何一定是这个方向？我们通常就拿对称性来“搪塞”：如果库仑力偏离这一方向，就破坏了库仑力围绕电荷连线的旋转对称性。或者说，库仑力没理由只向左或者只向右偏离直线，只好就不左不右。其词灼灼、其意凿凿，说是搪塞，其实是很高级的物理和思辨！

诚然，我们知道宇称不守恒的事实，也知道正物质和反物质是本应该对称的一对但实际上千差万别的事实。这是我们理解的广义对称性破缺。我们更知道，这个世界不是完美无缺的，反而到处都破缺不堪。物理人便将这个对称性破缺推广到更广泛的意义上。比如，电子和正电子，作为基本粒子，它们的很多特性就不对称。凝聚态物理人喜欢去高能和基本粒子物理那里学习和借鉴，然后说，固体中也有粒子-反粒子的对称性概念(particle-hole symmetry)。只是，我们更多以波的形式、以准粒子的形式来表述。例如，固体中很少讨论电子-正电子对称性，如果将空穴(hole)当成正电子(荷)，也可以堂而皇之地讨论“电子-空穴对称性”的问题。这种问题，在固体中倒是比比皆是，主要彰显的都是对称性破缺的特征。不妨信手拈来几例：

(1) 半导体物理中，电子掺杂和空穴掺杂的效果完全是两码事，反而很难找出两者等价的例子来。ZnO半导体p型和n型掺杂的高度不对称性，就是很好的实例。如何实现这种对称，已经成为这一领域的硬骨头。事实上，对于半导体掺杂，我们的经验是：对称是个别的，不对称才是普遍的。而且，物理人还可以从能带结构和费米面位置的相对关系之类的角度，找到说服自己“不对称才是普遍的”的理由。

(2) 高温超导物理中，电子作为载流子掺杂，与空穴作为载流子掺杂也完全是两码事。对铜氧化物，好的物理永远是在空穴掺杂那一边，如图1所示是一个例子。这一点，

2

只要看看熟知的高温超导相图即可知晓。个中缘由，笔者曾经傻乎乎地请教了诸多超导人，得到的回复一般都是：此乃常识！于是我也将此作为常识囫囵吞枣下去。更疯狂的白痴问题是：电-声子耦合，能否在 hole-phonon 机制下冠名？

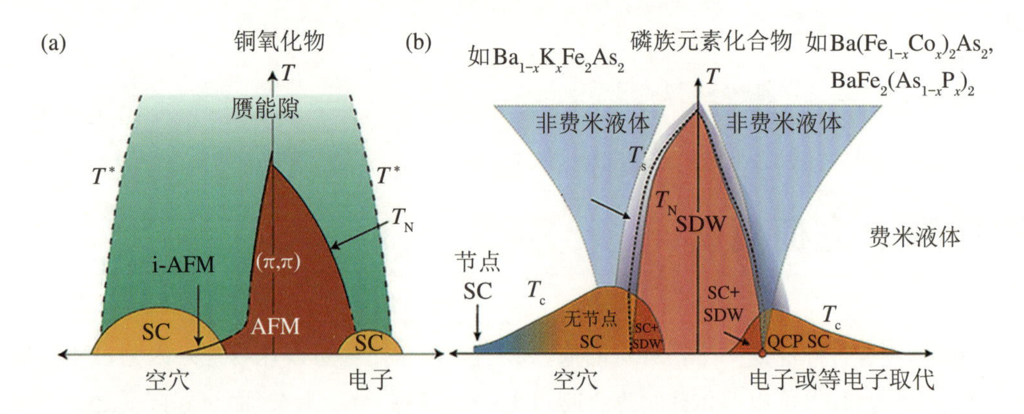

图 1　铜基和铁基超导材料的空穴和电子掺杂相图，显示了左右不对称性

图片来源：Charnukha A. Optical conductivity of iron-based superconductors[J]. J. Phys.: Condens. Matter, 2014, 26:253203. https://iopscience.iop.org/article/10.1088/0953-8984/26/25/253203.

(3) 庞磁电阻锰氧化物物理中，能够对磁电阻和关联物理添砖加瓦的，基本都是空穴掺杂，以求得到双交换物理。如果对 $SrMnO_3$ 的 A(Sr^{2+})位进行 3+ 离子替代，结果却迥然不同，其中有各种七门八路的物理解释和道理。

推广而上，对几乎所有量子材料，如果去比对 electron-hole 对称性，几乎全是高度破缺的。那么，有没有什么体系，或者有没有什么重要的科学问题，与这种粒子-反粒子的对称性概念有深刻关联，并且还未很好认识呢？当然，这样的问题很多，虽然不是遍地都是。正因为如此，才有物理人对此耿耿于怀而茶饭不思！

举个例子：问题的起源，依然是高温超导研究的丰硕宝库——铜氧化物。我们知道，铜氧化物高温超导相图一个重要的特点，就是在超导相区上方，存在一个载流子掺杂范围很宽、上临界温度很高、面积巨大的赝能隙区域。在这个区域中，存在很强的电-声子耦合 EPC，也可以存在较高密度的库珀对，展示出一个电子配对的能隙（即所谓赝能隙的来源）。遗憾的是，这个区域中，库珀对没有形成类似于玻色-爱因斯坦凝聚这样的相干性，因此无法实现宏观超导电性。如果哪一天，能够深入揭示赝能隙区域内的电荷配对机制，并寻找到调控手段，也许高温超导转变温度走向室温，就未必是一个乌托邦了。图 2 是一个很好的示意图（图片来自斯坦福大学和 SLAC 国家加速器实验室），显示了这一区域周围的物理。

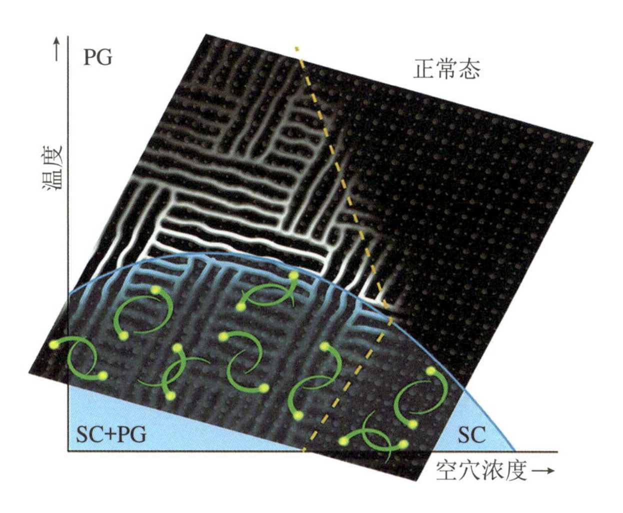

图 2　SLAC 的科学家 Makoto Hashimoto 博士说：现在我们有明确的证据表明，赝能隙与超导体竞争并抑制了超导体（PG：赝能隙，SC：超导体）

图片来源：https://www.sciencealert.com/a-mysterious-phase-of-matter-stands-in-the-way-of-high-temperature-superconductivity-new-evidence-shows。

笔者作为外行看热闹之辈，以为这是无数物理人热衷于相图中空穴掺杂区域之赝能隙物理的动机之一。

好吧，事实上，这些年下来，对铜氧化物赝能隙区域的认识在不断深化和拓展，虽然并没有真正解决问题。其中一个认识，即赝能隙区域内的 electron-hole symmetry（EHS）是被保持的。这似乎提出了一个问题：即这种对称性与库珀对形成及超导电性之间的关系是什么？或者说与不同载流子掺杂的对称性破缺有无联系？

既然有这个问题，那就去试试看。怎么试试看呢？在铜氧化物空穴掺杂相图中，赝能隙早就被挖掘得“千疮百孔”几近透明了。现在要从 electron-hole symmetry 角度去看铜氧化物电子掺杂区中的赝能隙物理，对吧？但已有无数实验证明：电子掺杂那一侧不成，那里没有那么好的物理，甚至都没有“足够好”的赝能隙区域。看起来，物理人需要寻找一个能与铜氧化物空穴掺杂赝能隙区域类似的电子掺杂区域。这，不大好找到！

来自中国科学技术大学物理系的何俊峰教授课题组与陈仙辉老师等名家合作，联合洛斯阿拉莫斯国家实验室的 Christopher Lane、加州大学圣巴巴拉分校 Stephen D. Wilson、斯坦福同步辐光源的 Donghui Lu、斯坦福大学的沈志勋、美国东北大学的 Arun Bansil 和克莱姆森大学的 Yao Wang 等组成了一个大团队，开始了对电子掺杂 Sr_2IrO_4 的 ARPES 观测研究。图 3 所示是其中一些结果。

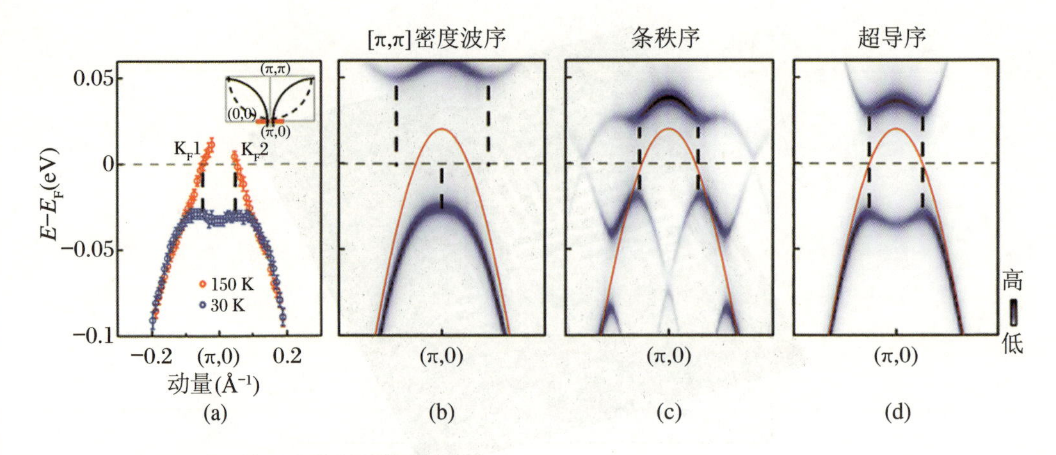

图 3 Sr_2IrO_4 中能带结构的实验与模拟结果

图片来源：https://www.nature.com/articles/s41535-022-00467-1。

笔者猜测，选择 Sr_2IrO_4 这一体系的可能动机如下：

（1）Sr_2CuO_4 是高温超导铜氧化物的重要母体，Sr_2IrO_4 却是 Sr_2CuO_4 的一个 5d 同构体。

（2）Sr_2IrO_4 的能级结构具有 $S_{eff}=1/2$ 的赝自旋 Mott 绝缘体特性，与 Cu 的 1/2 自旋有一定可比性。

（3）电子掺杂 Sr_2IrO_4 后，也可以有赝能隙，且受到广泛关注。

实话说，在超导量子材料中，能够找到这么多相似的空穴-电子类比体系，已经是绝对幸运的了。似乎要恭喜何俊峰教授！

更进一步，Sr_2CuO_4 的空穴掺杂导致赝能隙，其中的 electron-hole 对称性是破缺的。Sr_2IrO_4 的电子掺杂导致赝能隙，其中的 electron-hole 对称性是保持的还是破缺的？如果是保持的，有没有可能诱发超导？这样的问题和物理人对此的关切与期待，怎么着也要下手去探索一番。

何俊峰老师他们基于深厚的 ARPES 探测技术基础，也基于对关联体系电子结构的深刻认识，似乎证实电子掺杂的 Sr_2IrO_4 存在与铜氧化物对称性稍有不同的赝能隙：在 Sr_2IrO_4 的赝能隙区间内，electron-hole symmetry 得以保持，也没有能谱展宽现象。很显然，其中深度物理和细节，请前去观赏何俊峰老师他们的作品。

超导的遥远近邻

1. 引子

泰戈尔曾说:世界上最遥远的距离不是生与死,而是我就站在你面前,你却不知道我爱你(The furthest distance in the world, is not between life and death. But when I stand in front of you, yet you don't know that I love you.)。

这是一幅美丽伤感的图画,每个人都会默默吟诵。不过,按照自然科学的逻辑,世上相隔最远的两个个体,应该没有什么关系,哪里还谈得上是否相互爱恋?!笔者狂妄,其中的底气来自对西方的逻辑思维及其框架的信心。这一逻辑范式讲究黑白分明、因果对应,也就是我们口头禅的"一是一、二是二",从而促进了严谨而规范的自然科学诞生。由此,一切现象都可由严格的逻辑演绎出来,及至大脑思维、人类智慧与情感表达。另一方面,这一范式也催生了二元论,有了"0、1"这样的二元制来表达时空的一切过程,成效显赫。到了后期,更有了还原论这样的哲学思辨,认为万物都可按照科学逻辑而追根溯源。虽然西方哲学也有黑格尔的辩证法,也有"胡搅蛮缠"思辨的分支,但黑格尔在西方并非那么广受欢迎,并未征服绝大多数。物理学也有菲利普·安德森关于"emergent phenomena"的学说,但还在发展阶段。数百年来,自然科学遵循的"一是一、二是二"逻辑所取得的成功,夯实了自然科学在人类心目中崇高的地位。

来看具体实例。在凝聚态物理中,对物质的输运行为规范了导体和绝缘体的定义,虽然半导体作为中间态犹可存在。学过凝聚态物理课程之后,自然就有了物质世界非金属即绝缘体之二元论,最多还有因为热激发参与而形成半导体之后的三元论。看起来,这些理论近百年似乎战无不胜、所向披靡。

此类成功让物理人跃跃欲试去处理一些复杂的对象。这些尝试是否成功不说,因此诞生很多新的观念,从而丰富凝聚态物理的内涵和外延,为了避免言之无物,为了避免将科学与文学混淆在一起的指责,笔者从两个还算前沿热门的学科实例开始。

2. 两个例子

第一个实例是超导电性。这一主题，属于老生常谈，至少本书中是如此！姑且当成温故而知新吧！

所谓超导电性，首先是指某一温度以下体系的电输运没有损耗，即零电阻。在非专业人士来看，超导电性是金属性的一个极端，是最好的金属。实际上，自然界并不存在这样的最好金属，因为即便是极低温度下，晶格声子对电子的散射依然存在，金属的电阻不可能真的为零。由此，可以看到超导电性跟金属的关系并不那么密切，而是需要新的机制才能实现。其中一种机制是：晶格中的费米子电子通过晶格声子一对一对地相互吸引，成为库珀对，构成一个一个的玻色子。这些玻色子凝聚下来，形成宏观的量子凝聚现象，实现无损耗输运，即零电阻。这一机制通俗称为 BCS 理论。这一对电子在自旋方向相反时能量较低，因此库珀对凝聚就会形成抗磁态，即迈斯纳效应。

因为电子带负电荷，一对电子要相互吸引成为库珀对，违反电磁学规律，故需要新的媒介。BCS 理论将晶格声子作为媒介，将一对一对相互排斥的电子结合起来。这一图景凸显了声子的核心作用。在传统认知中，晶格声子总会阻碍电子输运，是反面角色。而在 BCS 理论中，声子作为正面角色登堂入室，扮演了关键作用，也改变了物理人对声子功效的看法。这是一个很好的范例，将原本一对死对头做成了亲家，很好地阐释了古来“我就站在你面前，你却不知道我爱你”的凄美画面。

第二个例子是铁电体。

现在去看另一个极端：绝缘体。自然界中绝缘体的数量比金属要多得多，我们脚下的泥巴就是绝缘体。但我们对绝缘体的认识比对金属少得多、浅得多，因为绝缘体对电和热刺激油盐不进。即便如此，按照自然科学的逻辑，很轻易即可断言：绝缘体与超导体挨不上边、风马牛不相及！事实也正是如此。超导电性被发现以来，很少有物理人会去大带隙的绝缘体堆中挖掘超导电性，主要的注意力都放在金属材料中，直到高温超导材料的出现。这也是“我就站在你面前，你却不知道我爱你”的图像。

绝缘体中，对现代生活大有裨益的体系之一是铁电体。凝聚态物理中有一个“很卑微”的分支，乃铁电体物理学。众所周知，因为空间反转对称性破缺这一王道，很多绝缘体的晶格对称性都比较低。如果晶格存在极性对称性破缺，则绝缘体的每个晶胞在电磁学意义上可等价为一个电偶极子。在某一温度之下，这些电偶极子平行有序排列，即形成铁电体，也就赋予了铁电极化这一核心功能而广被应用。如果电偶极子们反平行排列，那就形成反铁电体。如果不能形成有序排列，即顺电体。

形成铁电体，需要两个物理条件：

(1) 为了保证铁电极化这一功能的应用稳定性，其能带带隙应尽可能大，以避免极化束缚电荷被载流子屏蔽。一般铁电体的带隙都在 3.0 eV 以上。在这个意义上，电子结构的导带空空如也，基本没有什么可以把玩的东西。因此，铁电体物理与输运、磁性和量子能带结构等没有多少关联。这大概也是量子力学很少青睐铁电体物理的原因，也使得笔者这等狂妄之徒误打误撞进入铁电体物理领域后，有很多年都够不着量子凝聚态物理的边。

(2) 仅仅从电磁学角度去看，点阵如果是一系列的电偶极子组成，则这些电偶极子排列在一起，不可能是平行排列的结构，更多的应该是反平行排列，因为此时电偶极子头尾相顾而静电能最低。因此，需要一种机制，还得是足够强大以克服库仑力的机制，使得电偶极子能够相互平行排列。

如果看君耐住性子读到了这里，可能不再那么觉得莫名其妙：本文到底要讲些什么？由此就有了起因。“姑且听来尘埃道，一微两处有相违”，我们稍微详细一些描画这一问题。

3. 最遥远的距离

在凝聚态物理的诸多分支学科中，说超导物理与铁电物理相距最遥远，大概没有人会质疑。这就是自然科学逻辑给我们的印记：超导电性追求超级导电，而铁电体追求超级绝缘，两者渐行渐远。不过，下面的一段物理知识，可能会让我们觉得此番逻辑认知还是稍显浅薄。铁电与超导可能很快就有第一次近距离接触：它们天生都违反静电学规律，都需要某种新机制才能生存下来。

首先来看 BCS 超导电性。如图 1(a)所示，电子库珀对的形成图像大概是这样：当一个电子在晶格势中行走时，会引起某种特定的晶格畸变，对应于某一晶格声子模式。这种畸变在某一时刻形成一个带正电的区域，从而吸引另外一个电子。如果电子的行走能够以某种步伐与晶格声子协同起来，则这些电子就像是在声子海洋中冲浪一般，呈现出一对自旋相反的电子看起来可以相互吸引的状态。此乃一个库珀对，是波矢动量空间的图画。

这种冲浪要求较高的声子频率，看起来主要是光学声子(optical phonon)参与形成库珀对的过程，如图 1(b)所示。光学声子因为频率过低，参与度较低，但也不尽然。

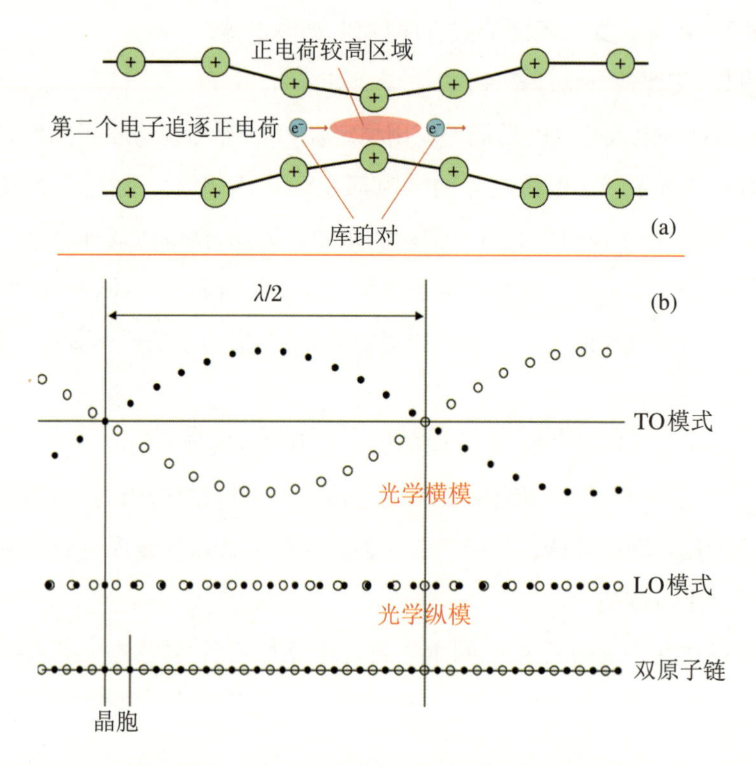

图 1 (a) 超导电性 BCS 理论的简单表述。(b) 晶格声子模中的光学声子模

在 BCS 理论中，载流子电子向右输运。当右侧的电子移动时，会因为库仑作用引起周围晶格正离子靠近它，形成额外的晶格畸变(声子)。随后，这一晶格畸变会吸引后续的电子(左侧的那个电子)。这一过程，客观上造成了这两个电子相互吸引，形成库珀对。这里，特别值得注意的是，这里的晶格畸变振动与晶格动力学中的光学声子横模有些类似。

图片来源：https://dc.edu.au/hsc-physics-ideas-to-implementation/。

注意到，这里的关键词是：光学声子！

再来看铁电性。为了简单起见，基于极性对称性破缺，晶格可以看成由电偶极子的集合。如前所述，不妨从电磁学基本概念入手，考虑由电偶极子组成的点阵。一个实际的电偶极子如图 2(a)所示，其中位于中心的正离子(绿色)和位于八面体顶点的负离子(红色)上下有了相对静态位移，这一晶胞就等价于一个电偶极子，其极矩用粗大箭头表示(图 2(c))。假定这些电偶极子沿 y 方向有序排列，很显然，静电能最低的电偶极子空间排列结构是：沿 y 方向电偶极子平行排列，而沿着 x 方向电偶极子则反平行排列，如图 2(c)所示。因此，静电学上，电偶极子倾向于沿着 y 方向的条纹状反铁电态，不大可能形成所有电偶极子都平行排列的铁电点阵。

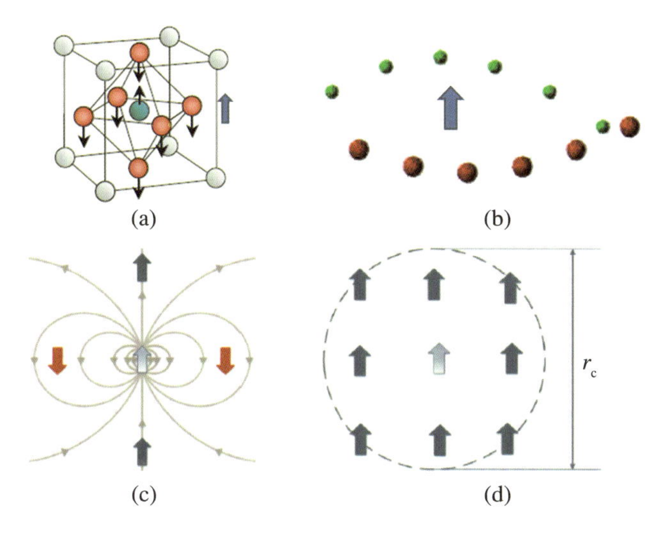

图 2　铁电性及其声子模机制

(a) 一个典型的 ABO_3结构晶胞单元因为对称性破缺形成一个电偶极矩，其中红色的氧离子与中间绿色的阳离子反向静态位移，形成静态偶极矩（指向上方的粗箭头）。(b) 从静电学角度看，一系列电偶极子组成的点阵，沿偶极矩方向呈现平行排列，垂直方向呈现反平行排列。(c) 考虑双离子组成的链，在长波光学横声子模的情况下，正负离子发生整体位移，形成平行排列和指向上方的电偶极矩。如果图(c)中的静态电偶极矩不大，这一静态的静电学排列与图(b)的长波声子模叠加，就可形成如图(d)所示的区域，其中所有电偶极子都平行排列。图(c)、图(d)取自林效博士发表在《npj Quantum Materials》上的论文(2019 年第 4 卷第 61 篇)。

要形成铁电态，怎么办呢？还是来看晶格声子。这里的前提是：声子是晶格振动波，而晶格热振动的能量却是可能媲美库仑能的！在此前提下，声子才能抵抗电偶极子反平行排列的低能态，才能有所作为，才能扭转偶极子反平行为平行排列，即铁电！

作为基本概念，晶格声子有光学支和声学支，声学支在此不再考虑。光学支又分为光学横模和光学纵模，如图 1(b)所示。很显然，如果是长波的横向光学支，其振动方向沿 y 轴，那么晶格的正负离子在半波范围内就会形成动态的、整体向上或者整体向下的排列，如图 2(b)所示（红色点为负离子，绿色点为正离子）。当横波波长足够长，就会在有限区域内形成一个电偶极子阵列，这个阵列中所有电偶极子沿一个方向排列，构成如图 2(d)所示的有限区域内之铁电有序结构，虽然它是动态的。

一般情况下，图 2(a)所示的静态电偶极矩不大（正负电荷中心位移大约为 10^{-3} nm），却十分重要。这一电偶极矩本质上是能够形成长波光学声子横模的前提。有了这一非零偶极矩，晶格振动才趋向于长波、长波、再长波的光学声子模，即声子模软化。可以想象，将图 2(a)的电偶极子与图 2(b)的横模叠加，这样就可能形成如图 2(d)所示的一个区域:这个区域的偶极子都是平行排列的,即铁电区域。

由此可见,晶格振动的光学横模声子成为形成铁电性的一个重要来源。如果在某一温度下这一长波声子模走向无限长极限,并且被冻结下来而变成静态结构,一个宏观的铁电基态就得以形成。这一机制,俗称软模冻结,即菲利普·安德森于20世纪60年代所提出的铁电相变之声子软模机制。这可是铁电体物理中少有的能够与量子力学沾上边的现代理论图像。因此,这里致敬一下安德森!

插一句:有了铁电软模机制,是否说图2(c)所示的静电能反铁电条纹排列就完全不起作用了?其实也未必。铁电体物理中,对铁电畴和退极化场的讨论就是基于这一静电能图像。由此也可以看到:图2(c)所示的静电能贡献比声子软模贡献要微弱得多。

当然,这里的卖点不是铁电畴,而是更重要的关键词——光学声子!

笔者费尽周折,用一套从学术严谨性角度看很不着调的方式,展示了超导电性与铁电性相距遥远的两个领域,竟然也有了共同的物理:光学声子,或者干脆就说声子!

此时再说这是典型的"世上最遥远的距离,是我就站在你面前,你却不知道我爱你",是否有了那么一点点味道?!

4. 遐想铁电超导

当然,这里的故事至多不过是拾人牙慧而已。将铁电与超导两个概念糅合在一起,并不是什么新创造。20多年前就有了这一提法,虽然那时候不可能引起人们的关注,因为看起来就像痴人说梦一般。还是从两个极端来点出这一问题。

一个极端:将铁电性与金属性联系在一起。这一思路除了稍许疯狂之外,实现起来至少没有铁电超导那么不可理喻。总是可以从一个铁电体出发,往其带隙中掺杂杂质能级,或通过化学替代压制其能隙,以牺牲铁电极化稳定性为代价追求导电性。这一思路在20世纪60年代也是由菲利普·安德森等提出的:考虑一个极性对称性破缺的体系,存在先天的极性对称性破缺,形成电偶极矩。如果这一体系不存在带隙,则处于导带的载流子就将会屏蔽电偶极矩所携带的电荷,体系无法展示铁电性。从另一方面看,导带存在大量载流子的体系,因为电磁相互作用,很难容忍极性对称性破缺结构,不利于极性对称性破缺存在。总之,铁电金属也是稀罕之物,不可多得。而具有这些特征的体系,假定是存在的,那就是最早的所谓铁电金属。

不过,最近有一些实验结果,特别是关于$LiOsO_3$的结果,证实了极性晶体结构可以与金属性共存。也就是说,如果不考虑电荷屏蔽效应,这一体系的确存在铁电极化,是看起来正宗的铁电体(其实,因为极化不能被外电场翻转,狭义上也不能叫铁电体)。这些结果,重新触发了对铁电金属的探索,同时不可避免会引起物理人对铁电超导的憧憬。

图 3(a)乃复旦大学向红军对 $LiOsO_3$ 的计算结果,显示出清晰的铁电相变特征(例如比热峰值,这一比热是晶格熵的贡献,与 Os^{5+} 离子可能的磁性没有关系)。这一计算结果的实验验证,会因为体系导电性太好而难以探测,宏观的铁电极化估计基本被屏蔽了。图 3(b)则显示了不久前发布的 2D 范德华体系 WTe_2 中金属性与铁电畴(clusters)共存之实验图像。结果显示,在一些方向上,载流子无法完全将极化电荷屏蔽干净,从而留下了铁电畴的蛛丝马迹或雪泥鸿爪。

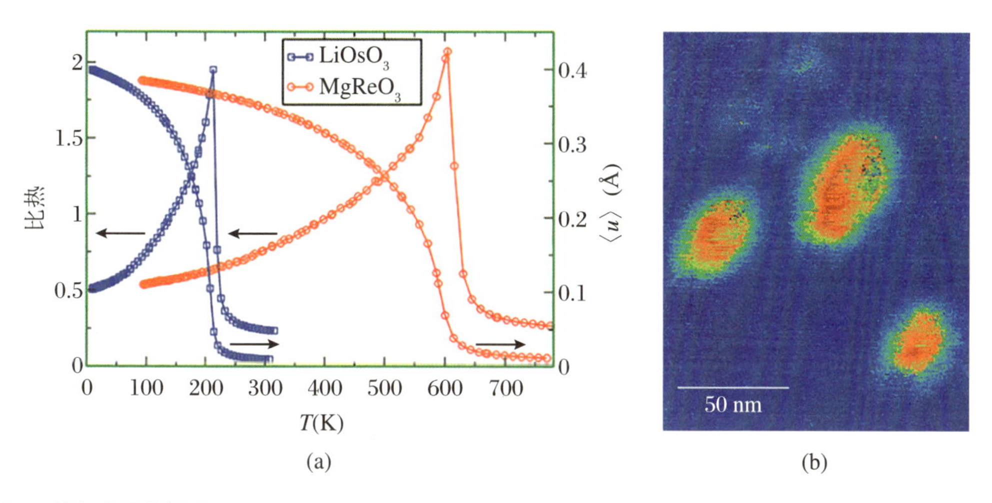

图 3 铁电金属的探索

(a) $LiOsO_3$ 的铁电金属性计算结果。其中,随温度下降,体系的比热在 200 K 附近出现显著的峰值,对应的声子模位移(与离子电偶极矩对应)也迅速由零增加,呈现显著的铁电相变特征。(b) 实验上,第一次在二维范德华力材料 WTe_2 中用 PFM 在室温观测到铁电畴的存在(红色团簇区域),虽然 WTe_2 是一导电的坏金属体系。

图片来源:(a) H. J. Xiang, Phys. Rev. B 90, 094108(2014);(b) https://phys.org/news/2019-07-native-ferroelectric-metal.html。

另一个极端:寻找新的超导体。这是量子凝聚态物理最令人牵肠挂肚的领域。自从高温超导出现后,每一次扰动都能够激发巨大的热情。基于铜氧化物和铁基超导母体的研究历程,使得物理人勾画出图 4(a)这样的相图:从一个母体(一般是反铁磁基态)开始进行载流子掺杂,如果这一基态慢慢被压制到一个量子临界点(quantum critical point,QCP)处,则 QCP 附近很可能伴随超导态的出现。超导物理人在过去 30 多年积累了无数的超导母体体系,几乎所有的相图都呈现诸如此类的特征,也算是科学魅力之所在。到了后来,超导人对图 4(a)之类的相图形态特别敏感,只要看到此类苗头,即刻“小米步枪”和“一炮二炮”全上马!

这一类比暗示:看起来也可从一个反铁电或干脆就是铁电态出发,进行载流子掺杂，到达某个 QCP。这一尝试在铁电体物理学中的量子顺电研究中早就有了，如图4(b)所示。图4(b)和图4(a)的形态相似性，再加上本文着力渲染的“光学声子”，就有了图4(c)所示的遐想：其中的超导区域 SC 原本是量子临界点 QCP 附近区域，最近才用 SC 代替。

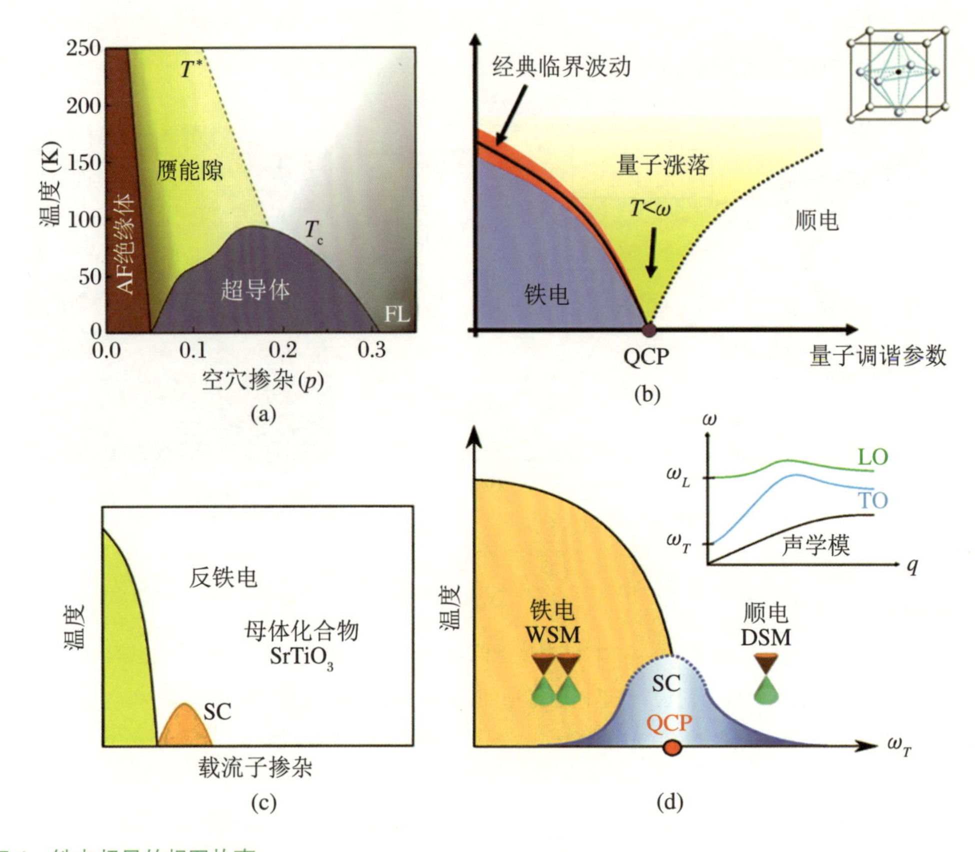

图4　铁电超导的相图故事

(a) 高温超导相图的示意，其中 AF 表示反铁磁态。(b) 铁电体的量子顺电相图。(c) 勾画的 $SrTiO_3$ 中铁电与超导电性共存的相图。这里，在最左端的区域，实验给出的应该是铁电态，学术界存在争论。(d) 最近提出的铁电 Weyl 半金属与超导电性共存的相图，其中也展示了光学声子模的色散关系。

图片来源：(a) https://qph.fs.quoracdn.net/main-qimg-a08285842f0767d28356b579de29f1c1.webp；(b) https://www.phy.cam.ac.uk/research/research-groups-images/qm/images/qfe1.png；(c) https://www.phy.cam.ac.uk/research/research-groups/qm/ferroelectrics；(d) https://journals.aps.org/prx/abstract/10.1103/PhysRevX.9.031046。

说不好，这个 QCP 附近也会出现超导态呢?!

事实上，很早就有此类尝试：以 $SrTiO_3$(STO) 为母体，适当在 Sr^{2+} 位进行小离子 Ca^{2+} 替代 ($Sr_{1-x}Ca_xTiO_{3-\delta}$，SCTO)，体系即刻变成反铁电体系 (anti-ferroelectric,

AFE)，如图 4(c)所示。这里，需要指出，也有很多实验表明：在 Ca 掺杂浓度较低时，应该是铁电态。只有在 Ca 替代量超过 10%时，才出现反铁电态。如果此时进行载流子掺杂，则反铁电基态很快就被抑制。果不其然，一个类 QCP 出现了：更为奇妙的是，这个 QCP 附近还真的出现了超导电性(SC)，虽然超导转变温度太低，只是 1.0 K 以下，远不成气候。当然，物理人依然是很兴奋的，因为这是难得的一个从高度绝缘的铁电 STO 体系诱导出来的超导电性，其象征意义不可小觑。由此，铁电超导这个名称就不再那么受轻视了！

不仅如此，近来有报道揭示，在铁电体中通过调控声子和载流子，可以得到所谓的铁电半金属，甚至铁电外尔半金属(Ferroelectric WSM)，如图 4(d)所示。由此，同样在 QCP 附近，激发出了超导电性，并且在超越 QCP 后形成一些新的铁电量子态。

诚然，这种基于 QCP 的类比，似乎缺乏物理，不够吸引人，至少超导物理人现在不那么热衷和青睐了。但也有一批学者，屡败屡战、锲而不舍。事实上，剑桥大学物理系有一个研究组一直痴迷于铁电体系中的 QCP 研究。虽然这个研究组发表论文之路非常坎坷，但偶尔也能够登上《Nature》《Science》，让我等铁电人目瞪口呆。笔者猜测，其中的味道大概就在铁电超导那里。

好吧，怎么能够更物理一点呢？重新回到光学声子模上来：BCS 超导电性依赖于光学声子，而铁电软模依赖于横向光学声子。这一共同特征赋予了从铁电中寻找超导电性新物理的可能性。这是否也就是长期以来国际上那么几个研究组孜孜以求于这一课题的动力呢？

我们不清楚，因为他们在发布的报告中语焉不详，但这种企图是显而易见的。

毋庸讳言，这是一条艰巨而漫长之路。在行进途中，可以看到许多与这一目标有相通性的风景，其中一幕风景就是极性金属态及承载这一物态的材料。这一风景同样立足于图 4 所示的相图：无论如何，从铁电基态出发，通过载流子掺杂，向 QCP 和可能的超导电性行进。我们首先到达的，一定是铁电金属态(或称 polar metal state)，对吧?！早期的研究工作很清晰地揭示了这一点。而以 STO 和 SCTO 为例，简略回顾这一历程，乃下一节的内容。之所以选 STO 为对象，而不去讨论 $LiOsO_3$，一定程度上与 $LiOsO_3$ 在实验方面的困难有关，毕竟 Os 的放射性和材料昂贵是主要的原因。

5. 铁电金属态

众所周知，STO 是一种金牌电介质绝缘体、金牌衬底、金牌功能氧化物、金牌……它与半导体中的 Si，金属中的 Fe、Cu、Al 等类似，是电介质中万金油之不二体系。从 STO 出发，通过不同的调控手段，可获得导体(如 Nb:STO)、铁电体(如 SCTO)、半导体(如含氧空位缺陷体系)、催化材料(如表面嫁接)、光能源材料(如光电流)、电解质(如固态电池)、热电(如薄膜)等功能。

过去几十年,STO的新功能还在不断涌现,就像Si一般,有一统功能范畴之势。当然,其中就有基于STO的铁电金属态、铁电超导态等新的功能报道。STO在完美化学配比时,笃定是优异的绝缘体,所以它留下的印象是:电介质中没有比STO更稳定、更好用、更单纯的体系!室温下,STO呈现正经的立方晶格对称性;随着温度降低,在150 K附近会出现微弱的反扭曲晶格畸变;温度降到大约100 K时,其介电常数开始单调上升,到10 K左右会达到一个很大的值(2000～20000之间)。有趣的是,温度继续降低,这一介电常数不再变化,形成一个极为典型的介电平台,即进入铁电相变前之量子顺电态,对应于一量子临界点(QCP)。这是铁电物理人对STO的通常认识。

不寻常的认识是:当STO的Sr位部分替代为同价的Ca或Ba,体系均会进入铁电或反铁电态。O空位引入,可使载流子浓度达到10^{16} cm^{-3}甚至更高,体系可进入稀薄金属态(dilute metal)。这一dilute metal在0.3 K以下可能出现超导电性。因此,调控STO的金属性与超导电性,氧空位调制载流子浓度是非常有效的手段。

最令人称奇的结果是:在n型SCTO中出现了超导相与铁电相的共存,从而印证了本文标题"遥远近邻"不是故弄玄虚!这种共存现象有两重意义:一则重现了电子相分离的图像,是为关联电子体系的本征物理;一则暗示了超导电性与铁电性的内在联系,极为震撼。这种内在联系,是否就是"光学声子模",尚在探索。从这个意义上,讨论软模机制主导的铁电体是否是BCS机制主导的超导电性之一类母体,就像高温超导的那些反铁磁母体一般,很显然是有意义的。

毫无疑问,关注这一共存及其内在关联,蕴含着令人兴奋的可能性。西湖大学物理系的林效(Xiao Lin)博士,过去数年一直与位于法国巴黎的Laboratoire Physique et Etude de Matériaux(CNRS-UPMC)、PSL Research University团队合作,开展Ca掺杂的STO体系($Sr_{1-x}Ca_xTiO_{3-\delta}$,SCTO)金属性和超导电性的研究,成效卓著。在早期的工作中,他们不但看到了SCTO中铁电与超导的共存,最近更是通过系统的测量,揭示了铁电金属态的输运物理,并对其微观机制进行了细致的讨论。特别是,类比于磁性的RKKY物理,林效他们提出电偶极子的RKKY图像,为反铁电金属和铁电金属的存在打下了一些基础,着实不易。更进一步,如图5所展示的基于STO的晶格结构畸变和量子物理的相图特征,已经足够令人向往。

林效他们这一工作(https://doi.org/10.1038/s41535-019-0200-1),以丰富的数据和物理内涵讨论,令人印象深刻。读者有意,自可免费阅览全文。

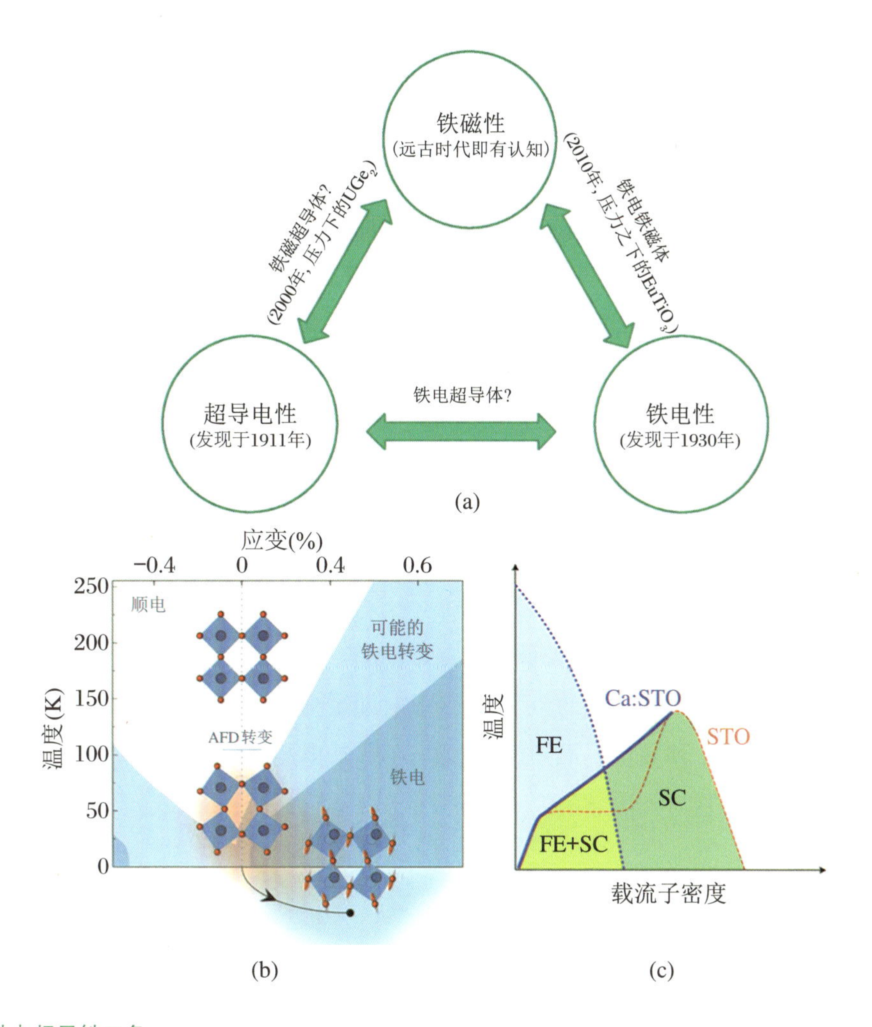

图5　铁电超导铁三角

以STO为例(a),其结构畸变相图(b)和SCTO中铁电超导相图(c)给了铁电超导很多理由。

图片来源:http://online.kitp.ucsb.edu/online/intertwined_c17/behnia/oh/13.html;https://pbs.twimg.com/media/D89j6rwXYAApsrJ.jpg?format=jpg&name=small;https://www.nature.com/articles/nphys4085。

6. 痴人说梦

到了今天,凝聚态物理的发展多有异动,新奇不断涌现。即便是铁电与超导这样的疯狂问题,也能有 席之地以供讨论,的确是让人高兴的事情。以超导电性为龙头,引导凝聚态物理的其他分支领域拓展与深化,呈现了良好态势。

例如,对量子自旋液体的追求就是如此,因为安德森说:量子自旋液体态对应一类自旋单态,正是超导电性的母体。找到这个母体,再进行载流子掺杂,就可能得到新的超导材料。因此，寻找量子自旋液体就成为众矢之的，有兴趣的读者可以翻阅本章前面的《自旋液体，深浅自知》一文。

本文讨论的铁电超导与铁电金属，在形式上看，与这一进程有些许类似。由此，超导物理的研究，可能诱发我们重新去审视铁电物理和铁电材料，从中寻找铁电与超导（金属）之间万水千山的那些风景。至少，下面几个层面已经不再是什么白日做梦了：

（1）多铁性。多铁性的预言，原本也违反电磁学的若干规范，因此不大可能实现。由于自旋-轨道耦合等物理元素的介入，现在谈论多铁性就像谈论铁电性一般顺畅。不过，由于磁性的介入，铁电体带隙显著减小，走向铁电金属的目的地就变得不那么遥远了。

（2）铁电半导体。撼动铁电金属、铁电超导难，但撼动铁电半导体就没有那么难。所以，遵从先易后难，铁电半导体材料的探索和应用就进行得较快。铁电半导体在一系列光电能源领域找到潜在的应用驱动，就是最近的事情。

（3）将STO或铁电体与一些其他绝缘体组成异质结，由于界面的静电不平衡，可以在界面形成二维电子气甚至二维超导电性。这一发现以STO/$LaAlO_3$组成的异质结界面为代表，甚嚣尘上，是电介质深入量子物理难得的一抹色彩。

既然如此，站在铁电体物理的角度，隔一段时间就痴人说梦一回，应该不再是稀奇的事情，也就可以看成一种展望。谁知道呢？哪一天，铁电超导就在那里！

第3章

关联物理与材料

电荷、自旋与轨道

古代对“人”有讲究，今人则拜“物”而专长。人有男女而阴阳，由性格而自我，也因人生轨迹不同而沉浮。由此我们可以说一个社会意义上的人生有三重属性：性别、性格和轨迹。治心者研究和把玩这三重属性，是成功的必备：以性别为基础而治最简单、最容易，也最成功；以性格为目标而治就比较难，并无一定之规，虽然也有很多“正统”“邪说”；以设计轨迹而治，这是现代教育的“魔道”，所谓“不能输在起跑线上”的哲学大行其道、蔚为壮观。电子也有三重属性：电荷、自旋和轨道。如果对照电子与人的三重属性，会发现其中的表面相似性很高，虽然也有差异。当然，凝聚态物理人擅长的不是治人治心，而是自以为是地去治理凝聚态中的电子。比较这种物理世界与人类社会之间的如此表面对应，只是一种文字表达而已，读者不必介意。

众所周知，在固体中，电子的三重属性总是与晶格密切关联。在此前提下，电子的电荷和自旋属性被广泛研究。电荷与晶格耦合，构建了固体物理能带理论的基石。自旋与晶格耦合构建了包括磁学在内的大量（不可数）学问，也是量子力学的主角。图1所示为固体中电子自由度各种表象的卡通，显示了电子物理在固态、液态和气态三种物态空间中的各态历经，每一态都是量子凝聚态的前沿和热点。如果一定要排序的话，人类对电荷的理解和运用最为广泛和得心应手，对自旋（包括磁性）的理解和运用则次之，却也是轻盈于股掌。其中一个缘由在于：我们已经拥有探测与表征电荷和自旋的很多方法。如果需要，可以对电荷与自旋各自的细微变化洞若观火。

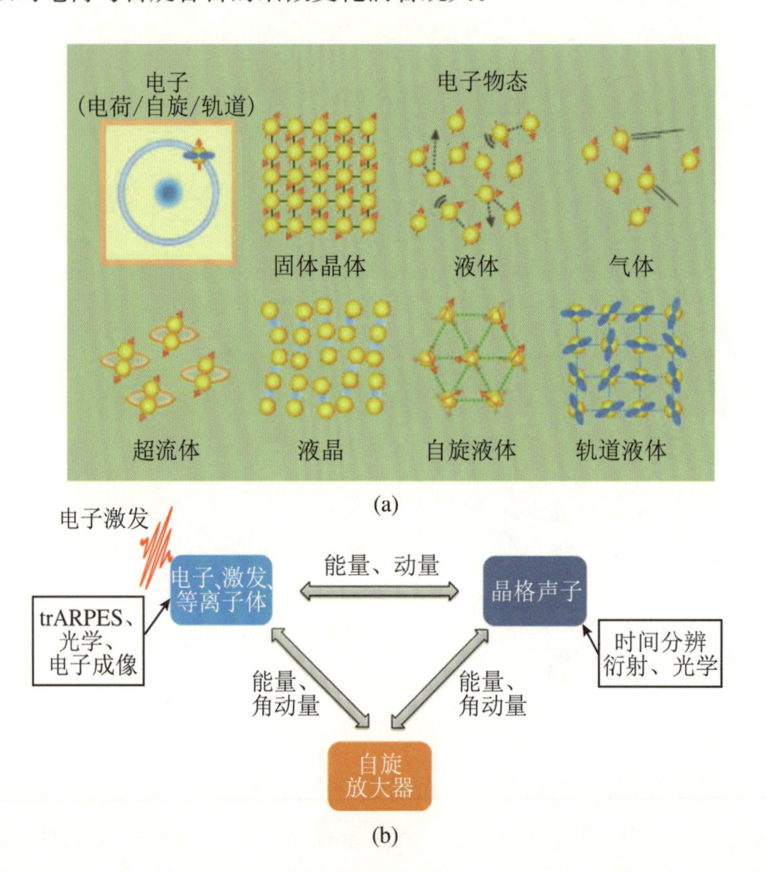

图1 (a) 固体中电子属性及其在固体中的若干表现形态，这些形态的研究居于量子材料研究的前沿；(b) 固体中电子的电荷与自旋特性及几种典型探测方法，其中关联了晶格声子的作用

图片来源：(a) http://www.fmq.uni-stuttgart.de/images/images_FMQ3/fig1_en2.jpg；(b) http://w0.rz-berlin.mpg.de/pc/ernstorfer/wp-content/uploads/2015/06/subsystems_probing.png。

不过，看君如果稍微深入一点，就会注意到有些遗憾之处：时至今日，凝聚态物理和材料科学对固体中电子轨道自由度的探测与表征，并非如电荷和自旋探测那般行云流水，至少没有如对电荷和自旋自由度那般信心满满而自我膨胀。对轨道序的茶余饭后在关联量子物理之前还不多见，让人在表达和操控不同固体的轨道序和相互作用时有些犹豫不决，抑或如鲠在喉、吞吐两难。这种情况的大规模改观直到高温超导、庞磁电阻和拓扑量子效应的关注才出现。图2所示是轨道物理与电荷、自旋终于平起平坐并形成三足鼎立之势的一种表象。我们看到，左侧的自旋-轨道耦合(SOC)图像特别刺眼。

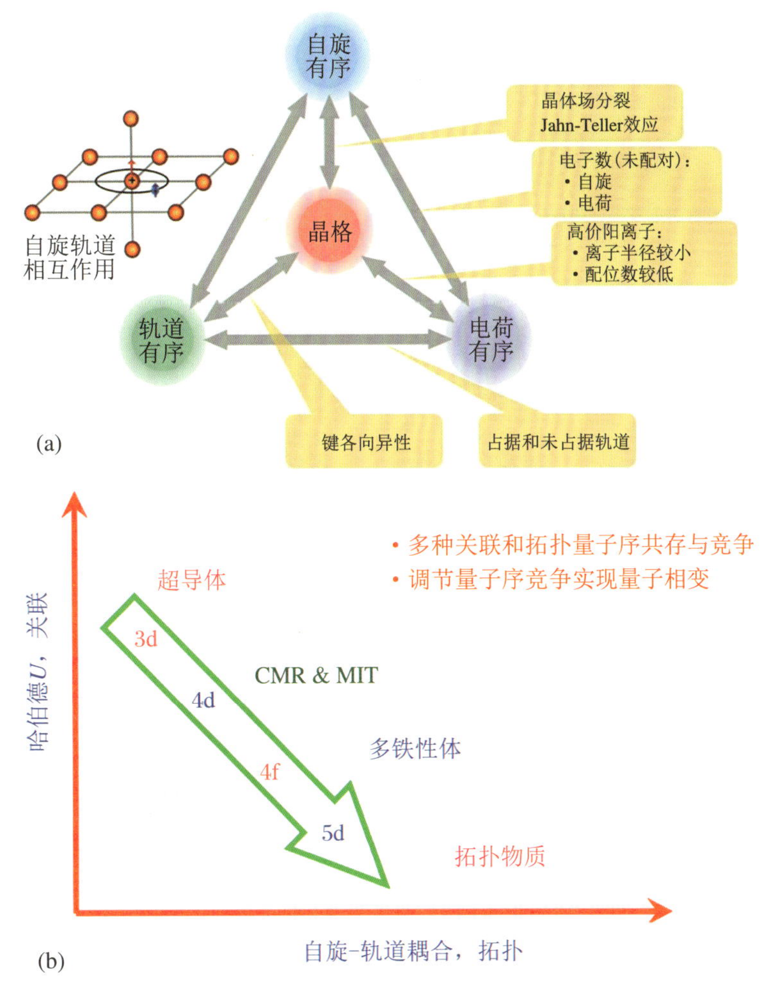

图2 (a) 强关联电子系统中的三杰。其中自旋-轨道耦合(spin-orbit interaction)占据了特别的地位，是反常量子效应和拓扑量子态的基元之一。(b) 关联量子系统中的相图，其中关联 U 和 SOC 构建了当前量子拓扑物理的坐标轴

图片来源：(a) http://images.slideplayer.com/15/4771418/slides/slide_3.jpg；(b) 笔者创作。

当然,处于离子实外不同轨道的电子分布形貌是截然不同的,如图 3(a)所示。过渡金属离子的电子轨道尤其复杂。这些形貌在晶格中因为各种关联相互作用而形变与耦合,导致实际轨道态较为丰富和变幻多端,在不同固体中的形形色色还远未获得实验认知。有意思的倒是轨道自由度与自旋自由度的耦合(SOC)因为物理学对自旋探测的强大能力而备受关注,其物理效果也很显著,在反常量子霍尔效应和拓扑绝缘体等物理中起着四两拨千斤的作用。也正因为如此,对轨道物理的掌控变得越来越重要和关键。图 3(b)就展示了一类拓扑绝缘体能带结构中表面态最为简单的轨道特征,美轮美奂。图 3(c)展示了在 Rashba 效应(表面处平移对称性破缺导致的退简并)之外的物理,导致表面态出现巨大的自旋分裂,显示出能带中的轨道分布可能是很不均匀的,存在很强的杂化。

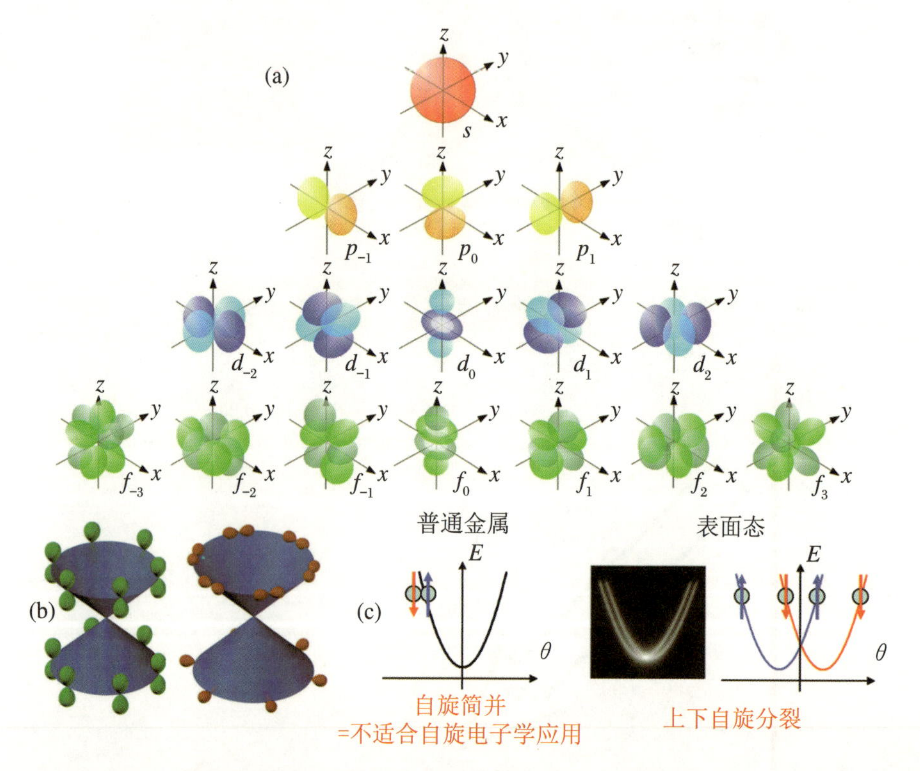

图 3 (a) 原子轨道的空间形态组合,这些形态在实际固体中不可避免会发生形变,使得轨道物理变得"虚幻莫测";(b) 拓扑绝缘体表面态的自旋构型与轨道构型举例;(c) Rashba 效应导致的自旋态退简并

图片来源:(a) https://ka-perseus-images.s3.amazonaws.com/05cb54e6ff5c2289b76027bb3d74ae8db 658f41f.jpg; (b) http://www.colorado.edu/zunger-materials-by-design; (c) https://qs.spip.espci.fr/sites/qs.spip.espci.fr/IMG/png/rso.png。

前面提及，迄今为止，对固体特别是对关联电子系统中轨道形态和轨道序，我们的认识其实很零散。这种困难存在于几个方面：其一，对轨道的直接测量手段很少，目前大概也就是基于高强度同步辐射的共振 X 射线发射谱(resonant X-ray emission spectroscopy，包括 REXS 和 RIXS 等弹性和非弹性散射谱)，或者核磁共振(NMR)技术等。它们主要基于对电荷分布“空间形貌”的鉴定，从而推演出轨道自由度行为。其二，一般的输运测量，也可间接反映轨道自由度的影响，但这些影响主要来自轨道序对能带结构的“微扰”，属于高阶效应，定量敲定轨道信息就变得很困难。正是这些问题使得对轨道物理的认识不够深刻。与电荷和自旋比较，轨道的面目隐藏得很深。

怎么办呢？目前的策略，无非是基于量子固体理论的模型描述，包括基于第一性原理计算的图像和基于哈密顿的建模，以嫁接实验测量结果与问题本质之间的差距。这种嫁接，可能源于对轨道物理“万物行明轨，格知道隐形”的无可奈何，有诗为证：“两滩破缺流，辗转拓扑外。相问恩仇对称知，何妨相青睐？且映日西升，反演摹元代。聊复青春究往昔，已是音容改。”

以其中一个具体问题为例，来分享这种“无可奈何”。一般而言，一个固体量子系统，引人关注的主要是电子能量、动量和自旋态，也就是能带结构。但是，一旦有电子关联，或者 SOC 很强，轨道波函数、对称性、相位及与自旋的耦合细节将不可再被忽视。在三维(3D)拓扑绝缘体中，最简单的物理说：奇数条能带的反演(inversion)会导致 Dirac cone，动量守恒调制的螺旋自旋态在 Dirac 点之上是左旋的，在 Dirac 点之下则右旋。不过，有意思的是，这类 SOC 系统的本征态竟然不是自旋特征态，而是交互作用态，因此轨道的作用应该很强烈，但被这一图像选择性遗忘。对于 Rashba 效应，也有类似的选择性忽略。如果这种忽略属实，那么到目前为止，可能还缺乏足够好的“基于量子固体理论的模型描述”，更不要说实验证据和发现了。

对于这一困难，美国科罗拉多大学物理系的 D. S. Dessau 教授课题组，曾经提出一个新的模型来处理这一选择性遗忘。图 4(a)所示即新的模型计算得到的能带色散关系，其中的颜色代表 p 轨道不同方向的分量，以示其分布的不均匀性，或者说轨道杂化(hybridization)。而图 4(b)所示，即新模型计算得到的 Rashba 带和拓扑绝缘体表面 Dirac 带的自旋与轨道分解图像。一个重要特征是，Rashba 带含有内带(inner band)和外带(outer band)。如果将其内带简单映射(mapping)为 Dirac 点上部的 Dirac 锥，可看到 Rashba 带与 Dirac 带是非常相似的。这一映射，寓意一种轨道结构(orbital-texture)的翻转行为，具有很强的理论意义，虽然实验验证远非易事。有专家评论指出：This model not only shows the orbital texture switch, but predicts that this feature is ubiquitous and present in many systems with strong SOC and broken inversion symmetry. The orbital hybridization holds the key to understanding the unique wavefunction properties, and this model serves to establish the quantum perturbations that drive these hybridizations.

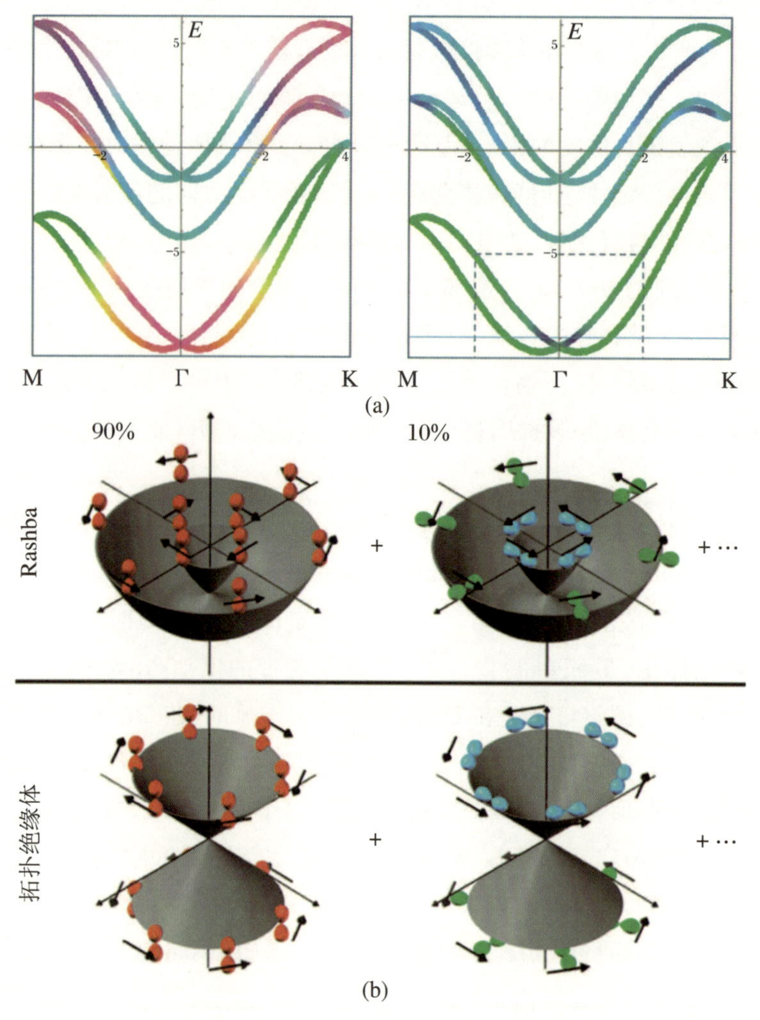

图 4 (a) 模型计算给出的能带色散关系，红色、绿色和蓝色分别表示 p_z，p_{rad}和 p_{tan}轨道的贡献；(b) 模型计算给出的 Rashba 带和拓扑绝缘体表面态 Dirac 锥的轨道与自旋结构

Dessau 教授课题组的这一工作，以"Minimal ingredients for orbital-texture switches at Dirac points in strong spin-orbit coupled materials"为题，发表在《npj Quantum Materials》（2016 年第 1 卷，文章号 16025，http://www.nature.com/articles/npjquantmats201625）上。

量子材料亦隐形

笔者经常提出一些过后会觉得很傻的问题。其中一个长久以来萦绕于心的迷惑：凝聚态中，量子物理过程到底有多快意？或者说有多短暂？

这其实是一个不那么清晰的问题。我们常说，光子“进入”固体、激发载流子，这个激发过程是多长？电子作为波的动力学过程，在这里有多快？我们的感觉是，答案乃是由激发某个探测过程本身所需时间来定义的。笔者的一个学生悄悄地指点我，说这一时间尺度应该与量子力学的测不准原理有关：能量尺度与时间尺度的乘积，大致与普朗克常数相当（$\hbar$约为 6×10^{-34} J·s）。当我们能够探测的最短时间是微秒、纳秒、皮秒到飞秒，再到现在接近阿秒时，所探测的过程，应该长于这个时间尺度才是有意义的！如图 1 所示，为核物理中的一个例子，展示质子和中子于原子核中的一些短暂状态（states）的模样。

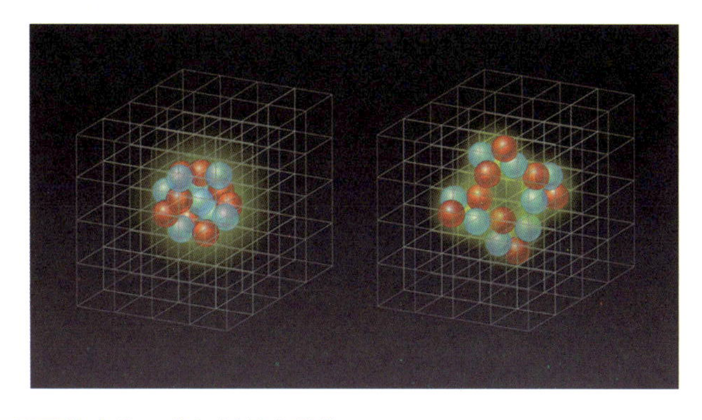

图 1　质子和中子于原子核中的一些短暂状态模拟图

图片来源：https://physics.aps.org/articles/v9/106。

如果不去讨论相对论或更哲学的思辨，当前量子过程能够想象的最短事件就是阿秒（10^{-18} s）。

怎么去更科普地理解、估计一个物理过程的特征时间？答案或做法可能有很多。笔者所知不多，干脆不去那些高深书本中追逐，而是尝试从大学物理角度去理解。一个物理过程，姑且用波的动力学（弛豫）来表达。如果弛豫始末能量差为 ΔE，可以估算波的频率为 $f \sim f_0 \exp(-\Delta E/kT)$。因此，那些能量差别很大的进程，频率就很高、用时就很短，反之亦然。回头再用测不准原理来看，这个进程的用时就是 $\Delta t \sim 10^{-34}\ \mathrm{J \cdot s}/\Delta E$。

像光子激发和强声子过程，能量大概是 eV 量级。可以预期，时间会短到 10～100 阿秒，甚至更短。如果这个激发过程还有一些中间态（暂态、hidden state），则这个暂态的特征时间还会更短，甚至短到阿秒量级。

有了这些铺垫，现在可以开始讨论话题的核心了。量子凝聚态物理，现在越来越重视那些超快、超短过程。原因很简单：我们关注的电磁转换、信息转换和能量转换过程，需要提高效率、降低损耗、拓展功能，因此就需要更高、更快、更强。做到这些，既需要遵从当前的研究范式，就像常规凝聚态物理研究大纲那样，也需要推陈出新，要去追究那些超快、超短过程，以达到目的。

这，也许是一条新的道路。因此，有那么一批物理人，醉心于去发展各种激发、表征与利用超快、超短过程的技术，以实现对那些物理过程的认识。其中，针对量子材料的努力占据了很大一部分。笔者猜测，这一现状的形成可能存在如下动机：

（1）目前的探测技术，从时间或频率参数去看，还没有阿秒甚至更短的激发源。而能跟得上这些短快过程的各种探测用长枪短炮，就跑得更慢和耗时更长一些。因此，从可靠和充分角度看，还只能追踪那些纳秒、皮秒的物理过程。

（2）量子材料，绝大多数都关注其中电子的各个自由度与晶格各个自由度之间的耦合与竞争，其典型能量尺度是 1～100 meV 量级。估算一下就能知道，绝大部分过程的时间尺度，很可能正在飞秒和亚皮秒这个区间。

（3）量子材料所涉及的物理过程，似乎真的是百媚丛生、风采绰约。有很多过程，蕴含着好的机制、效应和性能提升空间，真的是那些追逐超快、超短过程探测的物理人之所好。由此，也难怪量子材料人致力于一路攻城略地。

不过，量子材料的这些过程真的是这般快慢吗？或者说，这些进程的时间尺度真的是在这个区间？简单回答之：还不知道。

现状或客观事实是，基于传统凝聚态物理和热力学的知识范式，过往的研究多是对量子材料基态、平衡态和低能激发态的追求。对那些超快、超短、但非基态或者非平衡的过程，我们的认识不足或基本没有认识。鉴于上述第（2）点，深入开展超快超短尺度的探索，以明晰、深化这种认识，是必然的历程。现在有一个名称来专门描述这方面的物理：physics of hidden phase，中文姑且叫“暂态过程物理”，或者文艺一点叫“无影物理”。应该向那些致力于探索“无影无踪”的量子材料人致敬！

来自中国科学技术大学和上海科技大学的翟晓芳老师所领导的团队，就是一支醉心于此的队伍。最近，他们联合上海交大（向导老师）、美国布鲁克海文国家实验室（朱溢眉老师）和加州州立大学北岭分校的合作者，利用超短脉冲激光激发，配合 MeV 超快电子衍射技术（时间尺度在亚皮秒和飞秒），对典型量子关联钙钛矿锰氧化物 $LaMnO_3$ 的非平衡晶格动力学，开展了表征探索，取得了一些进展。

众所周知，$LaMnO_3$是一个 A-AFM 反铁磁钙钛矿氧化物，Jahn-Teller 晶格畸变动力学和共价键特征显著。因为庞磁电阻效应，物理人曾经高度关注过这个母体化合物。更因为关联和多重自由度耦合竞争于其中，$LaMnO_3$也许还是一个靠近 A-AFM 莫特绝缘体向铁磁（FM）金属态转变的体系（实际上，距离这个转变可能也不是那么近）。但，无论如何，这一“靠近”给了我们梦想的空间：这个体系的超快暂态过程，是不是存在铁磁 FM 态？是不是有金属-绝缘体转变 MIT 的过程？这样的探索，过往还未能充分展开过，其中的问题包括：特征时间是多少？晶格畸变和对称性如何？有没有 MIT 和 AFM-FM 的踪影？

这样的问题，总能够将物理人弄得心神不宁而抚今惋惜。好吧，翟老师他们一次性就将这些问题都覆盖到了。图 2 所示乃他们的一些创意表达！笔者只是简单复述一二，感兴趣的读者可移步阅览他们发表在《npj Quantum Materials》（2022 年第 7 卷第 47 篇）上的文章和细节：① 成功制备了自支撑的（freestanding）的 $LaMnO_3$ 薄膜（membrane），让基于透射式电子衍射的暂态过程探测能够更纯粹与易于获取；② 超短激光激发，显著压制了晶格畸变，压制了 Jahn-Teller 畸变模式，使得原本正交的晶格结构更靠近高对称性，即立方结构；③ 铁磁性 FM 和金属性特征更为明显。

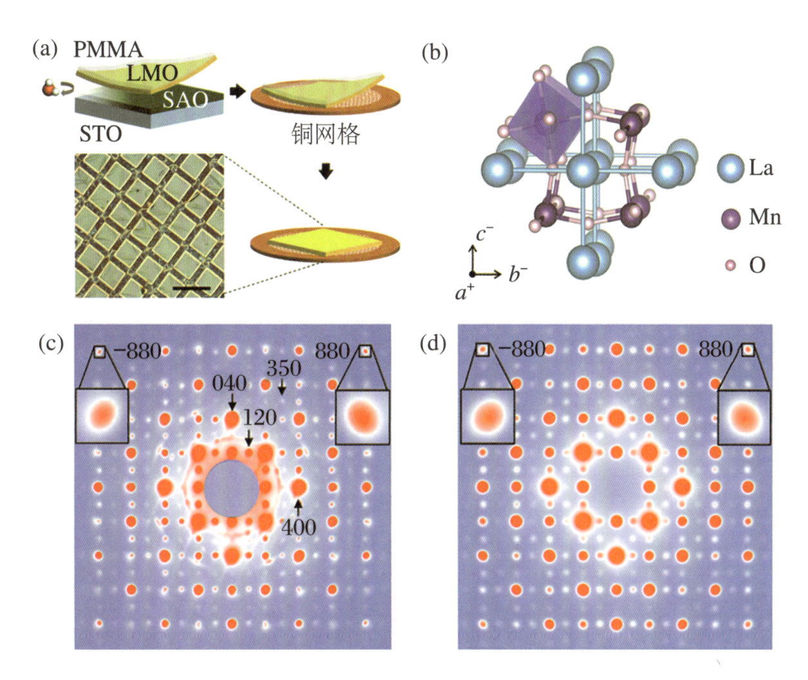

图 2　来自中国科学技术大学、上海科技大学的翟晓芳老师团队的创意

这些与量子材料人梦想中的走向 $LaMnO_3$ 基态的物理过程倒有些贴合。但是，动机与结果也有若干出乎意料，从而给我们以信心和支持，也展现了这一工作的意义和价值。

既然与基于当下知识的想象接近，那量子材料人为何要如此费心竭力地去探索这些暂态过程？笔者愚钝，无法体会他们的心中所想。一种可能，是为了对现有材料进行改性调控提供指导。那些于体系达到平衡过程中所经历的超短、超快暂态，很有可能：

(1) 蕴含了始料未及的一些涌现现象。

(2) 包含了我们期待的更深刻一些的现象。

这很像高压物理那般：压一压，就可能出现很多新的物态和行为。它们之中，有些是出乎意外的，有些是我们期待的。追踪那些暂态过程，也许会指导我们对量子材料施加一些修饰、改性、激励甚至根本革新，从而得其所得。这，就是量子材料人追求卓越的价值之一吧?!

爱磁左手还是磁右手

在 20 世纪凝聚态物理最重要的概念中，“对称性及其破缺”应算一个。这一说法虽然霸道，但应无人质疑。冯端先生还很推崇安德森先生，说他是与朗道齐名的凝聚态物理学家。如果只是从表面看、从大众是否知晓的角度看，“对称性及其破缺”应比“安德森局域化”和“演生现象”的影响更为广泛和深远。对称性的知识，是凝聚态物理人的看家本领，更别提量子材料人对对称性的偏爱了。笔者在量子材料领域行走，属于滥竽充数者。只是因为在参与运行学术期刊《npj Quantum Materials》，笔者不得不硬着头皮学习量子材料、学习对称性的概念，及至自己成为“量子材料人”“对称性及其破缺”的喜爱者。

不过，我们都承认，对称性是一门深刻的学问，全面掌握起来不容易。我们可以好好学习《群论》，但《群论》学好了，未必就能很好理解对称性及其破缺的物理。如笔者就只了解一点对称性操作的皮毛，对其背后的破缺物理总有些诚惶诚恐。到了 21 世纪，凝聚态开始向拓扑量子材料进军。如此，本以为可以避开对称性探索的艰难困苦，却不曾想到：随着拓扑凝聚态向深度和广度拓展，对称性也正在变得越来越重要，甚至正在比肩拓扑本身。

这是共识吧？因此，坐下来，好好学习对称性及其破缺物理，同样很重要。

其中，凝聚态和量子材料领域用得最多，也最通俗易懂的对称操作，可能就是“时间反演对称”和“空间反转对称”了。原因很简单，前者对应磁性，后者对应电极性，都是凝聚态最接地气的大类。笔者先前以为，弄懂“时间反演对称”和“空间反转对称”操作就差不多了，就可对很多铁性问题有一定的理解。这一偷懒的做法，在短期内颇为有效。但在 2000 年前后，当介入磁致铁电物理时，这些偷懒的手法就有些山穷水尽。如果回过头来检讨一二，并瞭望那些它山之玉，就有了一些教训可以分享。

最初，如果从对称性角度去看，铁磁和铁电是没有关系的。量子材料中做磁性和铁电物理的两拨人，各行其道、互不干扰。倒是因为朗道学派将描述它们的两套唯象理论弄得很相似，所以铁电人经常去学习磁学的一些唯象物理和方法。但本质上，铁电人很少讨论“时间反演对称破缺”。到了多铁性，磁电耦合要求关注“时间反演对称”和“空间反转对称”同时破缺，并关注它们的相互关联，此中学人才不得不回头反省：原来各自安于“时间反演对称破缺”和“空间反转对称破缺”的做派，已经不行了。

有如下几点感触：

(1) 到目前为止，虽经诸多努力，磁性的微观起源与静态电偶极子(铁电)还是扯不上，只好暂时搁下，看看以后有无神思妙想。反过来，单纯的铁磁和共线反铁磁，的确是“时间反演对称破缺”的，但从对称性上也很难跟“空间反转对称破缺”联系起来。当时的状况，难住了朗道学派的一批物理强人。历经半个世纪的摸索，才促使非共线的反铁磁序，如螺旋序、涡旋序，走到前台。由此，描述此类非共线涡旋、螺旋之类的“手性对称及其破缺”的物理，就走入我们的视野。

(2) 虽然笔者并非其中一员，但磁学和自旋电子学的发展脉络有类似的推演，并且比多铁性更早。所谓自旋矩、涡旋、SOC、界面磁性等，及至今天正在勃勃兴起的反铁磁、磁能谷、轨道电子学、畴壁电子学等新分支出现，都跟非共线自旋序有关。至此，凝聚态中，“手性”(chirality)的概念开始变得重要起来，如图 1 所示。当然，也可以提一提当年的法拉第效应，因为那是磁手性的第一个重大物理效应！

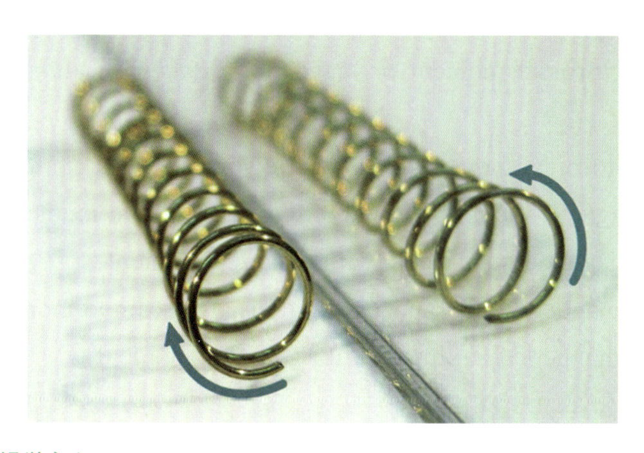

图 1　手性、手征的视觉意义

图片来源：https://www.scienсation.org/hands-on_experiments/e5011c_chirality.html。

(3) 从涡旋-反涡旋的 KT 相变，再到当下的拓扑磁性物理，包括反常量子霍尔、自旋霍尔、斯格明子这些效应，手性的概念变成了“对称性物理”的核心之一。

这个粗暴的感慨一抒，我们的视野似乎一下子就开阔起来。凝聚态和量子材料人对手性对称问题的重视度正在提高，产生了很多新的结果。不久前，笔者注意到有一篇短评和展望文章刊登在《npj Quantum Materials》上，对“磁手性”这一主题进行了梳理和评点(perspective)。主要作者，乃此刊物两位主编之一的 Sang-Wook Cheong。他供职于美国 Rutgers University，担纲校董杰出物理教授。Cheong 算得上是凝聚态物理领域的名家之一，对磁性、铁电和多铁性物理颇有贡献，特别熟悉对称性物理。这使得他和他的合作者能够流连于领域内外，去审视不同量子材料效应中那些对称性问题及其伴生的效应，从而写就了这篇“Magnetic Chirality”的文章。

所谓磁手性，Cheong 他们用“镜面对称破缺 + 时间反演对称破缺”的复合语意来定义。这种定义，使得对称性表述变得复杂，但好处在于表观地引入了多个基本的对称性操作元素：镜面对称、时间反演等。多个对称操作元素，就有多个维度，也方便提醒物理人可以将它们任意组合，从而囊括更多物理效应进来。

由此，他们进行了一些初步的列举，一不小心就列举了 18 种。为了读者准确理解，笔者不打算弄巧成拙将它们翻译成中文，姑且原文照抄：

(1) Linearly polarized light.

(2) The topological surface state of topological insulator.

(3) Cycloidal spins, Neel-type ferromagnetic walls.

(4) Helical spins, Bloch-type ferromagnetic walls.

(5) Magnetic toroidal moment or magnetic vortex.

(6) Type-I magnetic quadrupole or magnetic antivortex.

(7) Magnetic toroidal moment or magnetic vortex with alternating canted moments.

(8) Magnetic toroidal moment or magnetic vortex with a canted moment.

(9) Type-I magnetic quadrupole with alternating canted moments.

(10) Type-I magnetic quadrupole with a canted moment.

(11) Type-II magnetic quadrupole with alternating canted moments.

(12) Type-II magnetic quadrupole with a canted moment.

(13) Bloch-type skyrmion.

(14) Anti-skyrmion.

(15) Magnetic monopole.

(16) Magnetic monopole with alternating canted moments.

(17) Magnetic monopole with a canted moment.

(18) Neel-type skyrmion.

这些列举，引导我们去联想很多熟悉、较熟悉的物理效应，去惊叹它们原来都是"镜面对称破缺＋时间反演对称破缺"的表现！这应该就是"对称性及其破缺"概念的魔力：唯物理独有，非物理不可以显摆！

这里的列举，应该不是穷举，但至少展示了"磁手性"(magnetic chirality)作为对称性概念的重要意义。由此，可以展开整个量子物理的画卷，看看各自有哪些量子材料归属各类手性，看看它们可能引发的涌现现象。实话说，不读此文，笔者还真的没有想象到"磁手性"原来可以引发出这么多效应。图 2 作为一个例子，显示了这种手性的意涵。

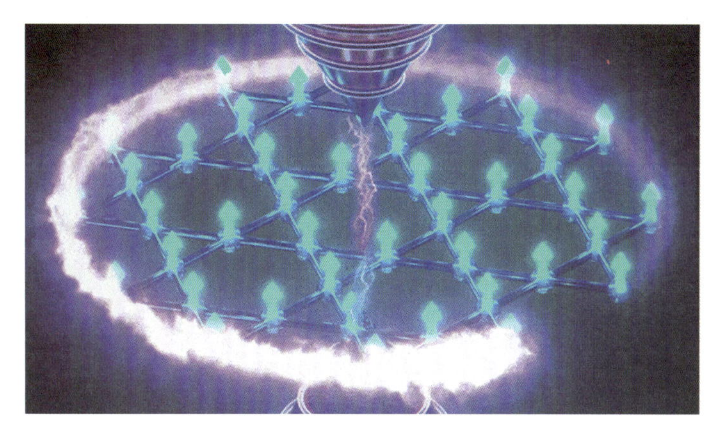

图 2　箭头表示 Kagome 笼目晶格中向上指向的电子自旋，手性用逆时针方向的火圈来表示。磁体的体态包含一个有能隙的狄拉克费米子，因此体态是拓扑非平庸的

图片来源：M. Zahid Hasan group, Princeton University. https://scitechdaily.com/scientists-discover-a-topological-magnet-that-exhibits-exotic-quantum-effects/。

Cheong 他们自己大概也不是为了穷举，或者不能做到穷举。他们只是基于自己的专业知识和涉足的领域，做一些点评和展望。如图 3 所示，是其中的四类新效应(有些已经有了初步实验验证，其余的都值得实验物理人去探索一二)。

当然，笔者不好再继续越俎代庖，否则就将 Cheong 他们的展望给翻译完啦。事实上，这样的物理，是难以穷尽的。也因此，量子材料人可以在其中长久地"让我们荡起双桨"！

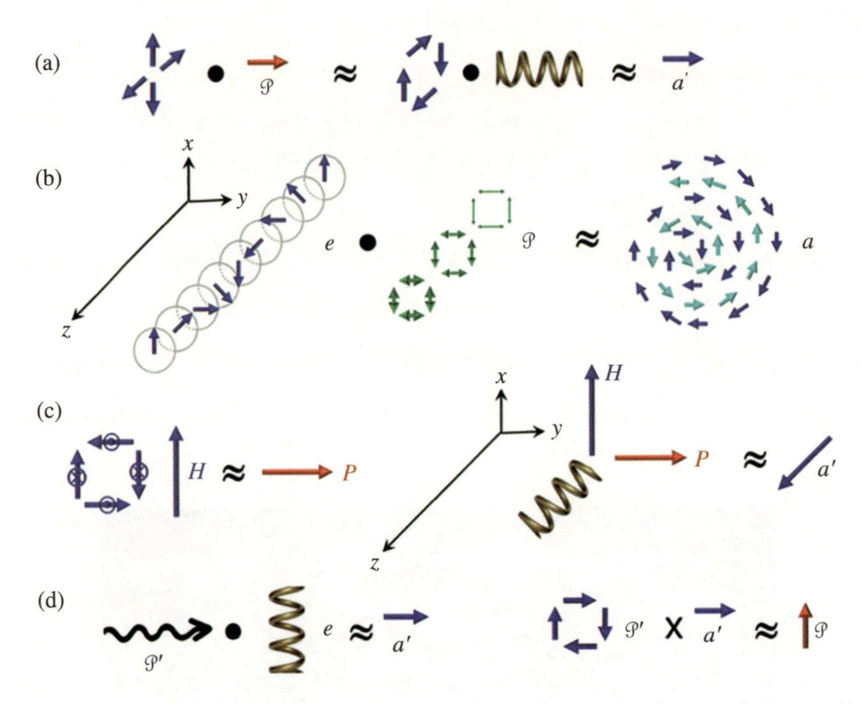

图 3 (a) 磁单极子如果与电极化和环矩组合起来就能产生磁矩;(b) 在沿 z 轴方向的应变梯度作用下,xy 面的螺旋自旋序可以导致自旋螺旋超结构;(c) 新型磁电效应;(d) 导体中的拓扑反常霍尔效应

图片来源:Cheong S W,Xu X. Magnetic chirality[J]. npj Quantum Materials,2022,7:40. https://doi.org/10.1038/s41535-022-00447-5.

无可奈何"栅"落去,似曾相识"赝"归来

现代信息社会高度发达,已经到了 AI 时代。信息的衍生战胜人类好像指日可待了。每每如此,人类就会得意忘形,往往会淡忘掉一些最基本的小东西。物理学最近有一个词非常拉风:emergent,不同人有不同翻译,但"层展""演生"的翻译比较到位,意思是在一个特定时空层次上出现了"3C"(collective、coherent 和 coupling)新现象。其内在傲娇的潜台词是:物理哲学的因果还原论可以休矣。物理世界是分层的,我这一层我做主,轮不到您更深一层的老子或更浅一层的孙子对我指手画脚。

如果我说现代信息技术的最深层基本单元是场效应晶体管 FET,应该没有多少人反

对，虽然很多人已经模糊这个过时的尤物。图1(a)是一张标准的FET示意图：一半导体沟道上有一绝缘的栅极层，施加栅极电场就可以控制沟道的开关，从而实现0或1开关态。开关态的判别由漏电流(drain current，沟道电流)这个参数 $I_{D,Sat}$ 来表达。这是所有电子信息功能实现的基础元件，虽然一块集成电路板中此类FET数目可能比宇宙的人口还多。慢慢地，“世人莫不欢风景，尚有谁留问根深?”现在，集成电子模块就像南京的龙虾一般论斤买卖，而FET就慢慢地从学术视线中消亡，只有我等凝聚态物理人还在关注，不忍完全放手。

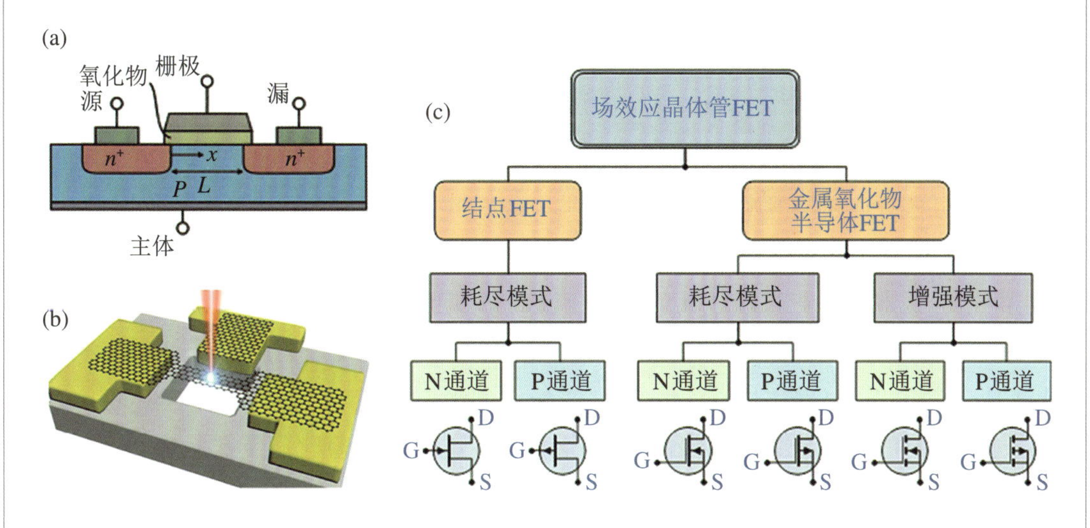

图1　场效应晶体管FET

(a) 标准的FET侧面结构示意图，源与漏之间是半导体沟道层，栅极电极与沟道之间是电介质栅极层；(b) 一些新生代FET，其中沟道层变成了石墨烯；(c) FET的各种变种和不同的逻辑功能。

图片来源：(a) https://en.wikipedia.org/wiki/Field-effect_transistor；(b) https://penncurrent.upenn.edu/features/；(c) http://www.electronics-tutorials.ws/transistor/tran_8.html。

物理人对FET的关注体现在几个层面，但基本上是各人自扫门前雪。首先，将各种新发现的材料做成沟道，看看其FET行为。这些新材料包括过渡金属化合物、有机半导体、碳材料(球、管、烯)、各类低维材料等，甚至有人将纳米线和纳米点也当作沟道材料来演示研究其FET行为。这是一个博大的领域，覆盖很多技术和工程学科。其次，在栅极本身下功夫。这是本文将要兜售的主题，此处暂且不表。再次，多功能介入与耦合，即在单纯电荷主导的FET中加入其他量子自由度，以实现人类那经常有点“一团糨糊”的梦想。典型的自由度：包括自旋，以引入磁性调控实现自旋电子学新功能；包括拓扑量子自由度，如拓扑绝缘体或外尔半金属等，以实现新一代拓扑量子新功能和器件；包括声子自由度，以引入热输运FET，实现对热过程的调控；有些拓展性的奇思妙想还包括声二极管，以实现对声传输的定向开关调控。

这些基于半导体 FET 概念的拓展，一直是量子凝聚态和新一代电子器件物理关注的焦点。从上游处找理由，这是凝聚态物理内涵的深化与拓展。从下游处找理由，那是“令人激动”的应用可能性与碎步轻盈的进展。这些上游的小溪和下游的河汊，一直激励或支撑着我们物理人。

闲话少说，回头说“其次”，看看 FET 中栅极这一部分在过去几十年是如何被把玩改造的。在微电子半导体发展成熟期，绝缘栅极层一直是非晶 SiO_2 独享恩宠，达半个多世纪，鲜有挑战者。其背后的历史进程也许很复杂，但于我看来却也直截了当。半导体研发早期经历了“群雄逐鹿、春秋混战”之后，半导体性能并不出色的间接带隙体系 Si 后来居上，成为霸主。很重要的原因有两点：一是自然界 Si 太多了，取之不尽，用之不竭。二是 Si 性情温和，其本征特性非常中庸，无论是 p 掺杂还是 n 掺杂，皆照单全收，左右逢源。这一点比性能全面超越但娇气得不行的 Ga、As 好，也因此更接地气。Si 作为半导体材料，还有一个非常独特的优势：它有一位青梅竹马、两小无猜的伴侣——SiO_2。事实上，无论通过什么方法制备出来的 Si 单晶、薄膜、多晶甚至是非晶态，只要暴露于空气，其表面就会极快地、自发形成一层结合紧密且非常致密的 SiO_2 非晶层。众所周知，SiO_2 无论出于什么形态，其成分结构稳定、性能坚实、绝缘性绝佳、介电常数居中。这些特性使得 SiO_2 作为 FET 的栅极层非常合适。其制备也很简单，包括热氧化和干法湿法氧化 Si 而形成 SiO_2 这种没有“科学”含量的“下里巴人”技术登上大雅之堂，不可一世，曾经让缀满一身学识的磁控溅射、分子束外延等高大上们很是叹气。由此，Si 与 SiO_2 的黄金联姻，在 FET 领域风雨无阻半个世纪，胜却人间佳人佳话无数。

当然，就算是神仙眷侣，也不可能一直风光无尽。1965 年，“风水师”摩尔先生预言了著名的摩尔定律：集成电路的集成度每 18 个月翻一番（面积减小一半）！这一定律没有任何物理基础，乃摩尔先生看风水（数据）主观臆断出来的，如图 2 所示。这一本来根植于半导体工业成熟期发展规律的大数据标度，现在已经成为一种铁律。很多国家，包括中国科学界，经常拿这一铁律作为申请项目编撰故事的开场白，就好像“此乃天意不可违逆”似的。这一定律，驱动人们去追求新的栅极材料来代替 SiO_2。在 1990—2010 年差不多 20 年形成一股热潮，许多国际著名的半导体大公司都参与其中，催生了所谓的“High-K”材料这一专门领域，至今仍然有“终南山下”的风景。

High-K 材料领域到底有何看家本领？其实了解起来很简单，以图 3 表达一个大概图像。问题的出处和历史脉络大概是：

(1) 对一个 FET 而言，图 3(a)中的沟道漏电流 $I_{D,Sat}$ 必须维持，这是铁律，是 FET 工作的基本要求。

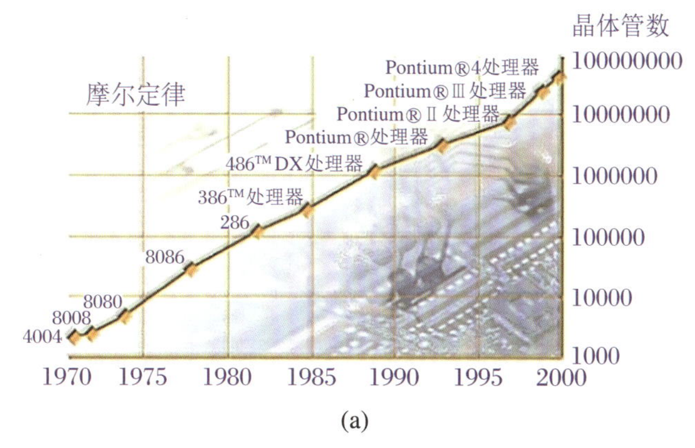

(a)

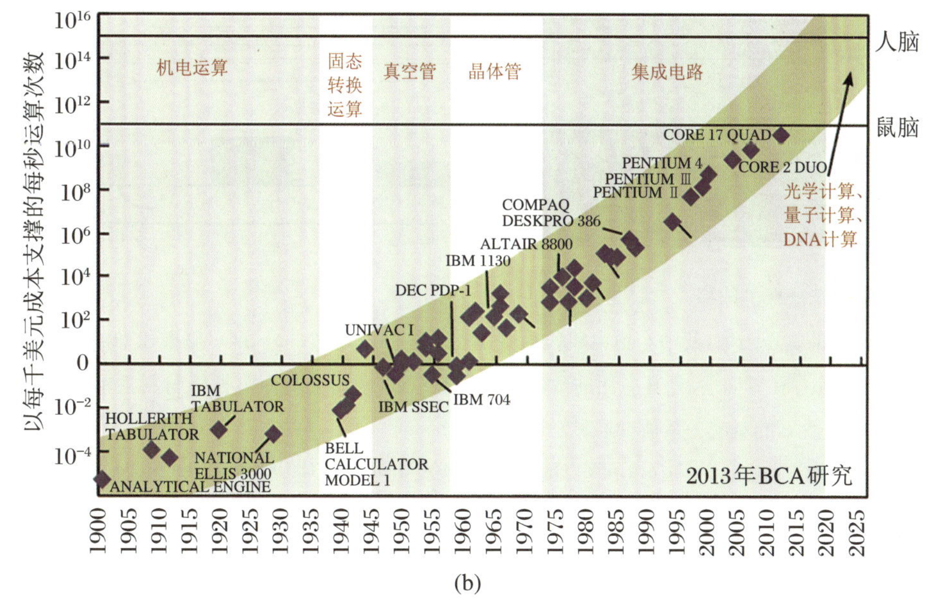

(b)

图2　摩尔预言的摩尔定律

(a) 用晶体管数目来表达；(b) 用单位美元价格衡量的计算次数来表达。一系列计算机里程碑产品在图中标注出来。

图片来源：(a) http://www.singularitysymposium.com/moores-law.html；(b) https://www.extremetech.com/extreme/210872-extremetech-explains-what-is-moores-law。

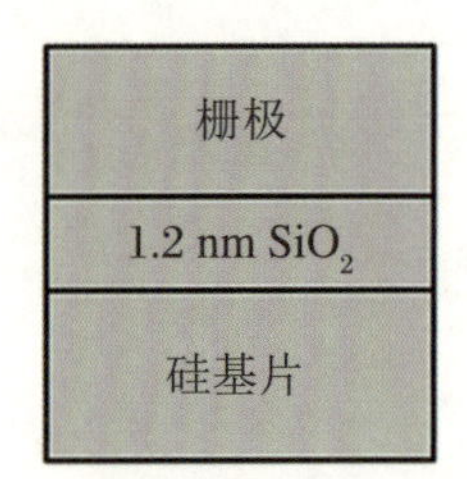

现有的90 nm工艺
电容=1x
漏电流=1x

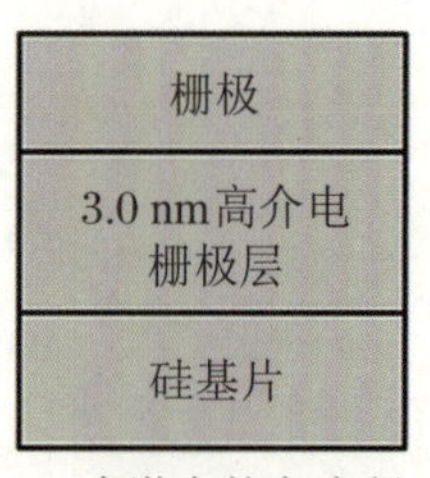

一个潜在的高流程
电容=1.6x
漏电流=0.01x

(a) MOSFET的漏极电流I_D可以(使用渐进通道近似)写为

$$I_{D,Sat}=\frac{W}{L}\mu C_{inv}\frac{(V_G-V_{th})^2}{2}$$

式中：
W为晶体管通道的宽度
L是通道长度
μ是通道载流子迁移率(此处假设为常数)
C_{inv}是通道处于倒置状态时与栅极介质相关的电容密度
V_G是施加到晶体管栅极的电压
V_D是施加到晶体管漏极的电压
V_{th}是阈值电压

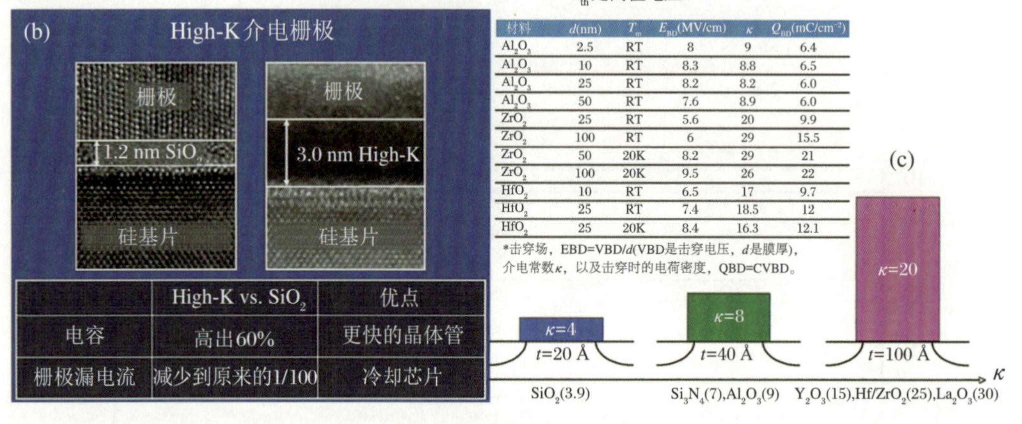

	High-K vs. SiO_2	优点
电容	高出60%	更快的晶体管
栅极漏电流	减少到原来的1/100	冷却芯片

材料	d(nm)	T_m	E_{BD}(MV/cm)	κ	Q_{BD}(mC/cm^{-2})
Al_2O_3	2.5	RT	8	9	6.4
Al_2O_3	10	RT	8.3	8.8	6.5
Al_2O_3	25	RT	8.2	8.2	6.0
Al_2O_3	50	RT	7.6	8.9	6.0
ZrO_2	25	RT	5.6	20	9.9
ZrO_2	100	RT	6	29	15.5
ZrO_2	50	20K	8.2	29	21
ZrO_2	100	20K	9.5	26	22
HfO_2	10	RT	6.5	17	9.7
HfO_2	25	RT	7.4	18.5	12
HfO_2	25	20K	8.4	16.3	12.1

*击穿场，EBD=VBD/d(VBD是击穿电压，d是膜厚)，介电常数κ，以及击穿时的电荷密度，QBD=CVBD。

图3　High-K介电栅极的故事

(a) 高介电栅极的物理图像，其中沟道电流作为基本指标被展示出来；(b) SiO_2 栅极和High-K栅极的微结构，后者界面处存在界面层，是其应用的致命问题所在；(c) 常用的高介电栅极材料性能参数，栅极层厚度与其介电常数 κ 的对应关系被卡通显示出来。

图片来源：(a) https://en.wikipedia.org/wiki/High-%CE%BA_dielectric；(b) http://intel-processors4u.blogspot.com/2009/03/；(c) https://perso.uclouvain.be/gian-marco.rignanese/research/。

(2) 按照摩尔定律，MOSFET集成度提高，单元尺寸必须减小。为维持 $I_{D,Sat}$，最好是栅极电容 C_{inv}不变，那就得减小栅极层厚度。当 SiO_2 栅极层厚度减小到1.0 nm左右时，在Gate上加电压 V_G，电子就要隧穿了。其后果就是巨大的栅极电流(不是沟道电流)和焦耳热。为了避免这一后果，无数仁人志士前赴后继，成效甚微。

(3) 解决方案之一，是用介电常数 κ 较高的栅极层代替 SiO_2。因为 κ 高，栅极厚度就可以同比例增大以维持 C_{inv}不变。要知道，隧穿电流是栅极厚度的指数衰竭函数，所以 κ 高，栅极就可以变厚，焦耳热问题就可能迎刃而解。

(4) 不过，换掉栅极 SiO_2 可不那么容易。前面提到 SiO_2 与Si是一对神仙眷侣，也许地球寿命百万年就这一对！换一种栅极材料，要看Si是不是喜欢。别看Si长得不咋地，但要求与怪癖很多，与之密切配合很是艰难。从图3(b)可以看出，Si与新的栅极层界面处存在很多缺陷和扩散层。而且，没有了超低成本的热氧化 SiO_2 技术，这些新的栅极绝缘材料都得靠昂贵的高大上设备做出来，实在是有点“赔了夫人又折兵”的味道。天下精英做了 20 年，好像也没有找到一个完全胜过 SiO_2 的替代品，即便是今天风靡行业的 HfO_2 亦有诸多问题。所以，我们常说电子产品“还是原装的好”。

(5) 如前提及，目前比较看好的 SiO_2 替代品是 HfO_2，据说已经“大”规模应用了。但成本的确高很多，一定程度上偏离了摩尔的预测趋势。

更要命的是，上述整个历史脉络看起来真的很无趣。阳春白雪的梦想太少，也就是其中的好物理太少，物理人一般不大愿意去介入此题。所以，我们说 High-K 材料的研究是“无可奈何‘栅’落去”，其中那种无可奈何的感慨有一些醋酸的味道。

怎么办呢？就学术而言，好的物理总是关注极端，所谓“高处不胜寒，寒极有晶莹”。对 FET 物理而言，C_{inv} 很小很小的物理早已进入教科书。如果 C_{inv} 很大很大，会如何？前者当然已是明日黄花、花落夕残，后者却是“一汪晓月错芙蓉”。由于物理过程限制，对后者的研究的确不多，除了十几年前利用铁电体做栅极层的、不算很成功的研究。由此，终于有了一汪芙蓉冲出水面、绽开了新世界，此乃离子导体电解质或者液体电解质作为栅极层的研究。

电解质或者液态电解质都是老话题，教科书都可以找到，但引其作为栅极介质的研究历程可能不会超过 10 年。典型的液态电解质栅极层结构，示于图 4(b)，其中的所谓液态电解质未必一定是液态，而只是针对带电离子在电场作用下是否容易移动这一特性而言。

图 4(a)所示为一般介电栅极层。要在栅极界面处形成极化束缚电荷，以对沟道载流子进行调控，就需要栅极电场 V_G。栅极层介电常数越大，极化束缚电荷越多，栅极界面电场就越强，从而对沟道层的电子结构调控力度越大。一旦栅极电场撤除，这种调控就不再存在，即所谓的挥发性开关。如果换成铁电栅极层，由于剩余极化的存在，界面束缚电荷可以一定程度得到保持，撤除栅极电压后依然可以起作用，这就是所谓的非挥发性开关。

如果栅极层换上液态电解质，那就不一样了：在栅极电场驱动下，电解质内正负离子很容易发生移动，导致电荷分离，在栅极界面处厚度 1～2 nm 范围内会形成很高的电荷积累(电荷属性决定于栅极电场的正负)，如图 4(b)、图 4(c)所示。这些高度积累的电荷如果在栅极电场撤除后能够被有效保持，即所谓冻结态(frozen state)，则栅极界面处电场巨大，对沟道的电子结构调控效应会比前面提及的电介质栅极要强千万倍。此时，等效电容 C_{inv} 变得极大，原先的半导体 FET 物理就该退出江湖了，新的物理正在脱颖而出！

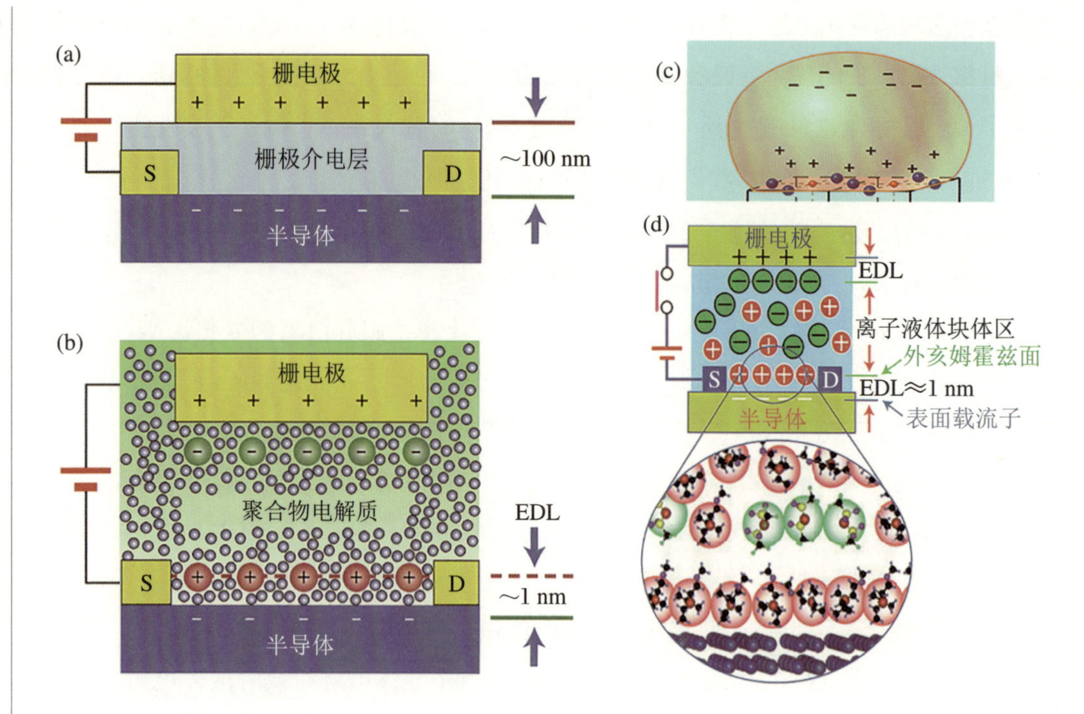

图 4　液态电解质栅极结构

(a) 传统电介质栅极及 FET 结构。这里栅极电场使得栅极-沟道界面处出现极化电荷，调控沟道层表面的电子结构。(b) 液态电解质作为栅极层，其中带电离子在栅极电场作用下迁移到栅极层-沟道界面 1 nm 厚度范围内，形成巨大的极化电场，显著影响半导体沟道层的电子结构和输运特性。(c) 液态电解质的带电离子输运卡通。(d) 高分子电解质作为栅极层的带电分子及其在栅极层中的分布。

图片来源：(a)、(b) https://www.nature.com/nmat/journal/v9/n2/pdf/nmat2616.pdf；(c) https://journals.aps.org/prl/abstract/10.1103/PhysRevLett.107.256601；(d) https://www.nature.com/nmat/journal/v9/n2/pdf/nmat2587.pdf。

好吧，有哪些可以期待和未知的极端栅极物理呢？我们想当然地认为，核心应该在于对沟道层的能带调控！例如，沟道二维(sheet)载流子浓度可以被提升到 10^{15} cm^{-2}，这是以前难以企及的高度。这个载流子浓度，已经占了沟道材料布里渊区很大的一部分。由此，一系列新的物理，包括沟道层内金属-半导体转变、二维电子气、超导转变等现象衍生出来。对此，很多漂亮的研究工作正在不断涌现。对栅极材料而言，应该算是“似曾相识‘赝’归来”，这里“赝”不是贬义的赝品之意，而是表达一种对传统定义的拓展和丰富。毕竟，液态电解质栅极已经偏离传统 FET 栅极的物理，却是新的物理，就像关联量子系统中的“赝能隙”一般，给能隙物理带来了一片新天地。

这里，需要指出的是，很多实验实际上是在原有 FET 实验基础上加一支滴管，往沟道上面滴了一滴液态电解质而已，但物理世界已迥然不同。由此可见，此法事然、此法亦师然。我国有不少知名学者正师法其中，收获斐然，不亦说乎！

然而，世间之事未可是，物理之识更难期。愿望是好的，但万事有其二元性。既然是电解质，在如此强大的电场作用下，栅极界面和沟道难以避免电化学反应过程，也就是说带电离子可能会通过电化学反应进入到沟道层内，如图5所示。因为沟道载流子调控和电化学反应，完全不在同一个时间和空间尺度上，原先对栅极极端物理的美好设想出现了变形。由此，界面和沟道层会出现晶格缺陷、电荷缺陷、异种离子价态、离子空位、间隙离子等一系列电化学后果，可以捣鼓的东西有很多。比如中国科学技术大学陈仙辉老师的工作、复旦大学张远波老师的工作、清华大学于浦老师的工作、华中科技大学陆成亮老师的工作，如此等等，只不过是沧海一粟、冰山一角。

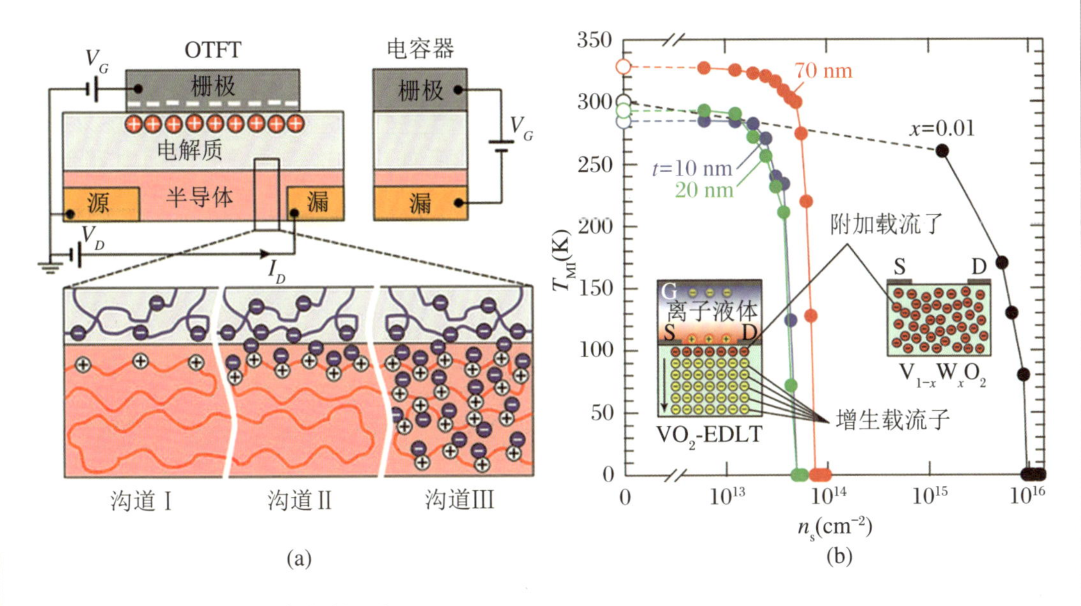

图5　栅极界面和沟道的电化学反应

(a) 液态电解质栅极调控沟道层的电子结构，也诱发沟道层中的电化学反应。(b) 沟道层金属-绝缘体转变温度 T_{MI} 对载流子浓度 n_s 的依赖关系。其中显示了沟道层厚度 t 不同时的转变温度曲线(红、蓝、绿实心点曲线)，也显示了电化学反应带入的带电离子，形成附加的载流子浓度，对应于黑心点曲线。注意，Stuart Parkin 证明是电场下氧离子移动(见《Science》2013年第339期第1402页)。我们不是很确定这种过程是不是属于电化学作用。由此可见，电化学反应在此类FET中的巨大作用，也给器件工作带来附加的复杂性与不确定性，显示电解质栅极未必就是只好不坏的选择。

图片来源：(a) https://www.researchgate.net/figure/；(b) http://www.nature.com/nature/journal/v487/n7408/。

正因为如此，液态电解质栅极材料的引入，给研究工作带来太多的可变因素和自由度，也给研究结果的重复性带来很大的问题。这既是凝聚态物理的福音，也是凝聚态物理的困境，尚不知是否为液态电解质栅极走向应用的陷阱。从目前的结果报道看，其有几个特点：① 结果很奇特，现象很炫目；② 物理很散乱，结论难重复；③ 弛豫是个宝，寿命很柽梏。这方面，任何有价值的系统性实验对于维系液态电解质栅极物理都是至关重要的。

美国布鲁克海文国家实验室的超导物理与材料名家 I. Bozovic，也就是那位做了3000个样品来验证铜基高温超导理论的人物，与新加坡南洋理工大学、斯洛文尼亚的斯蒂芬研究所、耶鲁大学和哈佛大学合作，系统研究了液态电解质栅极对 WO_3 沟道层超导与金属绝缘体 MIT 转变的调控。他们不但澄清了前人关于 WO_3 体系结果的一些不确定性，更重要的是，确认了电子与电化学过程的双重重要性。特别是电化学导致 H 离子而非氧空位的介入，使得此 WO_3 已非彼 WO_3，不再出现超导。而氧空位存在是 WO_3 超导的“常识”。

这是一个很好的范例，通过细致的实验与分析得出结论，而不是匆匆忙忙糊里糊涂地论证、声称、得出结论。故人云“望去天人劳作，梦回墨十萍踪。莫忘赤城挥汗雨，谨记绸缪事锦蒙。衷心应不同”，看起来是这种境界。读者如果对这一问题的详细内容有兴趣，可以参阅 X. Leng 等人以“Insulator to metal transition in WO_3 induced by electrolyte gating”为题发表于《npj Quantum Materials》(2017 年第 2 卷第 35 篇)上的文章(https://www.nature.com/articles/s41535-017-0039-2)。

互易是理想，非互易是现实

小时候，语文老师给我们讲授“大禹治水”的故事，其中说道：大禹治水之所以成功，是因为他放弃了前人沿用久远的堵截洪水做法。大禹弃堵改疏，一举解决了困扰炎黄中土年年无尽的水患。我们的大禹祖先，那时候大概就知道了“奔流到海不复回”的道理。而滔滔洪水为何不能逆流而上却只能宣泄而下？笔者狂妄，自己揣度这应该算得上是最古老的非互易性现象吧。

等到人类有了自然科学、有了能量的概念，我们知道，自发的能量过程总是能量下降的过程。除非有外界作用，否则能量上升的过程与能量下降过程的后果不可能是等价的。笔者再无知一回，这算不算是自然界最广谱的非互易性现象？

笔者更加狂妄一点，大胆胡诌。自然时空，泾渭分明。很多情况下，空间的前后左右、平移旋转、镜面映像基本上都是对等的，算得上互易。但唯独时间不成，在经典物理框架下，时间一如一江春水向东流，不能回头。在充分准备之下，我们也许能够观测、揭示未来某个时间段的一切细节，但很难回过头去对等观测、揭示过去某个时间段的一切细节。我们记忆中、梦里头对过去的记忆，一定是损失了很多原本信息的样子，一定掺杂添加了很多主观或随机的意念与噪声。所以，时间之流其实没有互易性，也可以说时间进程是非互易的、单向的。

所有上面的感叹，显然都是感性的，严谨科学意义上都不对。不过，我们也许可以感性地声称：世间百态，非互易是常态，互易是理想。也因此，我们大致可以定义什么是非互易性效应：任何一个物体或物理量，如果沿一个方向的运动行为与沿反方向的运动行为有所不同，这一过程就称为非互易性效应（non-reciprocal effect）。作为最简单的说明，我们选取一位艺术家想象的例子。图1所示为美国得州大学奥斯丁分校的学者与荷兰合作者发明的一种特定机械结构，其中机械运动的效应是非互易性的。具体而言，机械运动可以很容易地沿一个方向实现，但沿另外一个方向进程很难。这种非互易性在图1中表现得惟妙惟肖。

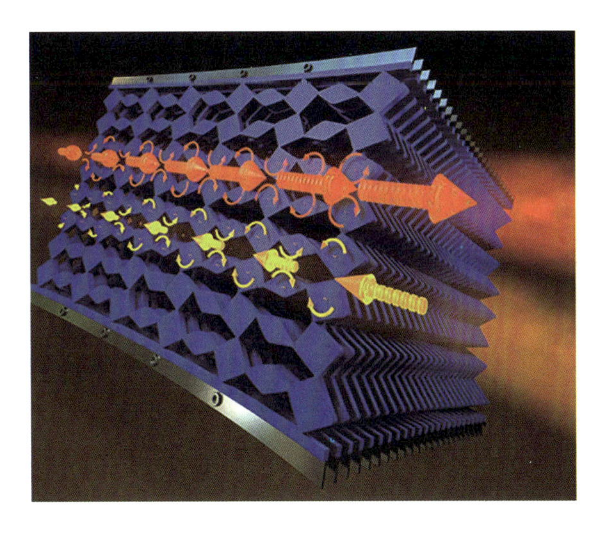

图1　一种人工设计的机械装置，可以很容易沿一个方向实现机械运动，沿反方向却难以形变。其中缘由从结构单元形变受力角度去看，的确是一目了然

图片来源：https://phys.org/news/2017-02-mechanical-metamaterials-block-symmetry-motion.html，成果由艺术家基于C. Coulais等人的论文“Static non-reciprocity in mechanical metamaterials”（《Nature》2017年第542卷第461页）想象设计而来。

非互易性，当属人类调控自然常用的技术手段之一。这一手段最基本的目标是实现诸如图2(a)所示的效果，简单地说就是“开/关”。现代自然科学中最著名的非互易性效应当属半导体二极管（diode）效应，其中p-n结处形成自发内电场，导致载流子输运过程沿一个方向与沿反方向明显不同，使得诸如二极管开关效应、光伏效应等能够稳定存在并为我所用，如图 2(b)所示。生命中基因非互易性转运过程，也是常见的非互易性效应之一，如图 2(c)所示。图 3(a)所示为一束激光通过一块晶体时，晶体的法拉第旋转效应导致光速传播的单向性。最近，人们还借助这一非互易性效应来人工制造一类超材料(meta-materials)，以实现各种“开或关”或者单向输运功能。图 3(b)所示即一类弹性超材料中弹性波传播的单向性测量结果。对比左右两图的数据，可以看到，透射波和反射波强度在入射波取正反两个方向的情况下是截然不同的。这类超材料当然就是典型的非互易性材料。

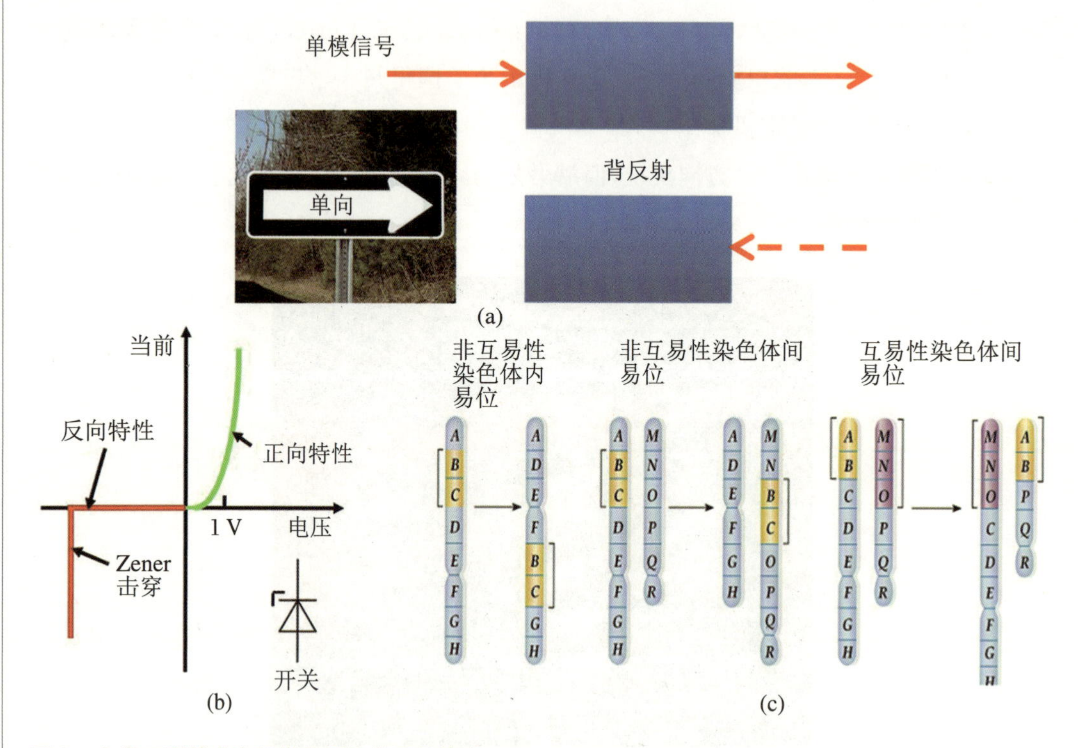

图 2　人类工程技术中经常使用的非互易效应

(a) 信号传递的单向性是非互易效应的一种最简单表达；(b) 著名的二极管效应；(c) 基因转运过程中的互易与非互易效应示意图。

图片来源：(a) Shanhui Fan，Stanford University；(b) http://www.powerguru.org/overload-behavior-of-power-semiconductor-devices/；(c) http://slideplayer.com/slide/9977913/。

物理学者对非互易性的描述，要严谨和理性很多。对凝聚态物理而言，非互易性效应常见于晶体中电子、声子、磁激子(自旋波)和光的传播。如果晶体中对应于某种物性的对称性发生破缺(例如，磁性对应于时间反演对称破缺，而铁电性对应于空间反转对称破缺)，则对应的输运过程将展现非互易性，从而为实现开关或单向可控功能提供机会。也正因如此，非互易性成为功能材料研究领域的重要方向，覆盖的学科面广、探索的现象丰富、物理机制深邃、可控稳定性高。与很多量子材料中炫目的多功能比较，非互易性是最接近实际应用的一大类物理效应。

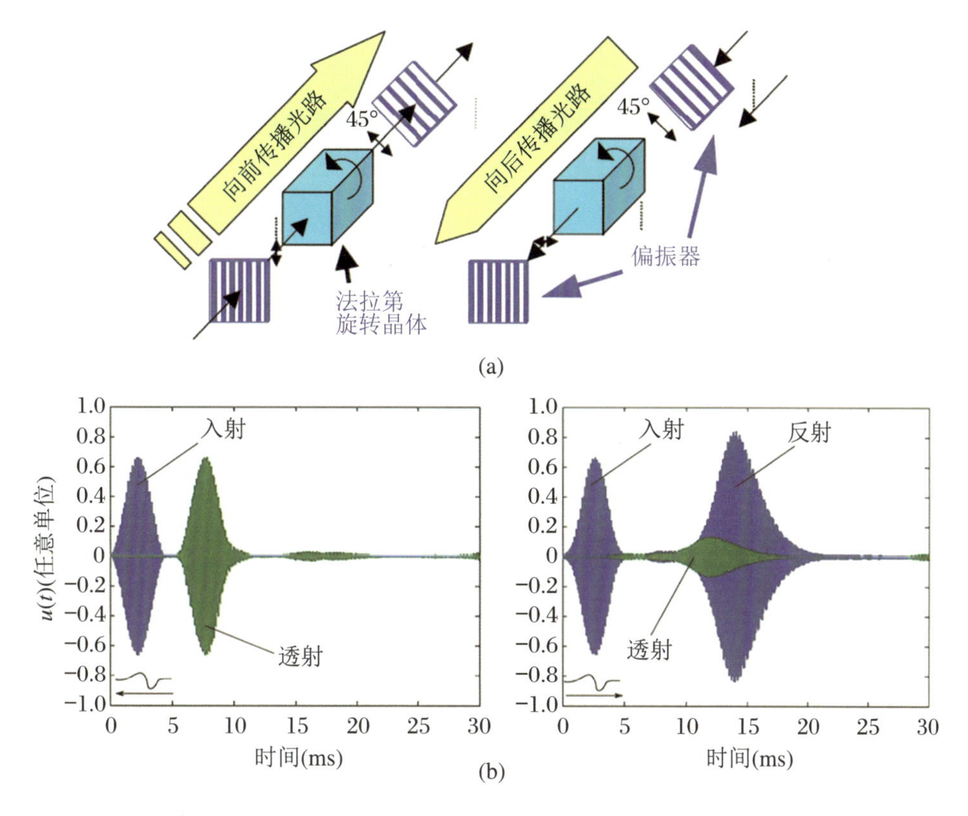

图 3　(a) 一束激光穿过一块法拉第旋转晶体时所展示的非互易性效应；(b) 一类弹性超材料中弹性波(入射波、透射波和反射波)强度的对比，图中左下角的箭头表示入射波的方向

图片来源：(a) http://www.mdpi.com/1996-1944/6/11/5094；(b) https://10.1098/rspa.2017.0188。

有鉴于非互易性在凝聚态物理中的广泛表现，物理人更愿意从时空对称性破缺角度去阐述其中的物理，也因此有了对称性破缺与非互易性之间的本构联系。非互易性是半导体物理、电子电路、光学、声学和超材料等学科分支中重要的内容，有些分支对非互易性的研究历经半个多世纪。但是，在时空对称破缺表现最为本质的铁性体系中，非互易性效应的探索和物理阐述只是最近的事情。众所周知，磁性体系中磁矩(M)与磁场(H)、铁电体系中电极化(P)与电场(E)都是矢量(或赝矢量)。它们各自或两两组合，可导致多种时间反演与空间反转对称破缺的形态，从而给铁性体系中非互易性研究提供广阔的平台和空间。图 4 所示为最简单而初级的一类总结，显示了铁性体系中非互易性的很多可能性。

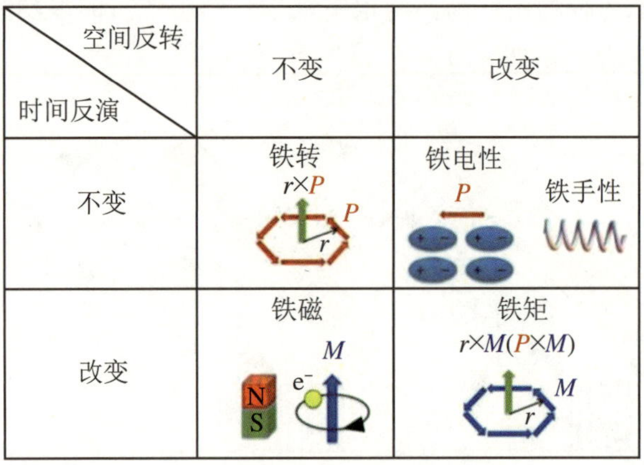

空间反转 时间反演	不变	改变
不变	铁转 $r\times P$ P r	铁电性 P 铁手性
改变	铁磁 M e^- N S	铁矩 $r\times M(P\times M)$ M r

图 4　在具有矢量序参量的铁性体中，时间反演或空间反转导致序参量符号发生改变的若干情形

注意，在铁转序（ferro-rotational order）中，这两种对称性都得以保持。在铁矩序（ferro-toroidal order）中，这两种对称性同时破缺。铁转序有时被称为铁性轴（ferro-axial order）或电性铁转序（electric ferro-toroidal order）。

图片来源：《npj Quantum Materials》2018 年第 3 卷第 19 篇。

感怀于过去十年磁性、铁电性及两者耦合在一起的多铁性物理与材料研究快速发展，美国罗格斯大学物理系知名学者 Sang-Wook Cheong 及其合作者，曾经对这一主题进行了系统总结，并为刊物《npj Quantum Materials》(2018 年第 3 卷第 19 篇）撰写了一篇洋洋洒洒的展望文章（perspective article）：“Broken symmetries, non-reciprocity, and multiferroicity”。作者在该文中落笔挥洒自如、铺展张弛有度，从对称性破缺诱发的磁矩、铁电极化、铁矩性、手性、拓扑保护性等图景出发，甚至借用自然界中阴阳八卦形态，来梳理与电、磁、电磁波等相关联的各类非互易性效应之物理基础。全文很值得细细品味和掩卷而思。无须赘述，铁性体系中的非互易性必将是未来铁性功能材料研究的重要方向。

君居宝塔里，吾伴金身栖

1. 引子

20 世纪 90 年代初，我国开始实施攀登计划，意在支持当时处于游历边缘的基础研究。

五十来岁的“青年”学者应该还依稀记得那时一个很时髦的名词——钙钛矿(perovskite)。这不是一个新名词，“钙钛矿氧化物”在矿物和材料学界存在已两百多年，只是因为铜基高温超导氧化物的出现而获得物理学高度关注。那时候，国家“攀登计划”也将钙钛矿氧化物研究列为一类支持对象。图1展示了钙钛矿氧化物结构和主要物理属性。现在来看，一类晶体结构能够具有如此丰盈的属性，的确难得，得到关注不足为奇。

不过，到了20世纪90年代后期，铜基超导研究进入平台期，承诺的应用未能尽如人意；庞磁电阻锰氧化物在火热了一阵之后，也没有找到应用出口；传统的钙钛矿铁电体因为长期不温不火而呈清水微澜之态。我国学界对钙钛矿氧化物的兴趣很快冷凝下来。有一段时间，学术界对但凡含有“钙钛矿”的一切都略带反感，常有揶揄之辞。笔者还记得，那时候要是申报与钙钛矿结构有关的大的研究计划时，经常得到诸如此类的回应：“天天钙钛矿、年年钙钛矿，可在钙钛矿中又找到了什么呢！”这里的“什么”，应该是指大的、卫星式的、顶天立地式的成果。于是，申报者们马上就收起书生意气、压住脾气、软化底气和志气。有那么十多年时光，做钙钛矿氧化物研究的同行们情绪低落，虽然偶尔也会用“燕雀安知鸿鹄之志”的感慨来聊慰匠心。

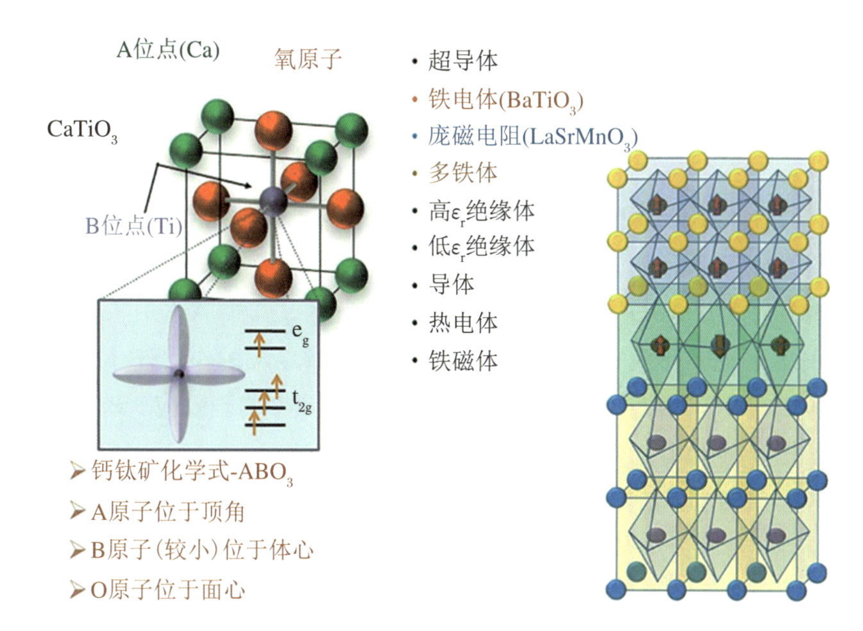

图1　钙钛矿氧化物 ABO_3 结构与备受关注的物理属性

图片来源：http://slideplayer.com/7484728/24/images/1/Define+the+Crystal+Structure+of+Perovskites.jpg。

大概到了2000年中期，有两件事，看起来慢慢地改变了这种状况。

其一是多铁性氧化物的复兴。这一事件，无非是将原本钙钛矿家族已经分家单过的那些兄弟(铁电、氧化物磁性、莫特物理、关联量子物理等)联合起来。这些兄弟原本各自都不弱，各怀绝技，只是一段时间互不往来，现在组成了一个联合体，力量大了，且相互关联起来，一些新兴物理与效应自发而生，从而有了声势。如果揣摩多铁性物理内涵，现代凝聚态物理的大多数领域就都有了钙钛矿的影子，自然让人难以再“说三道四”。

其二是2008年前后，化学家“突然”找到了一类不是氧化物的钙钛矿有机无机化合物$CH_3NH_3PbX_3$，其中X是卤素元素如碘、溴、氯，称之为钙钛矿甲胺三卤化铅化合物。$CH_3NH_3^+$基团占据ABX_3结构的A位，被PbX_6八面体环绕。关于这种钙钛矿有机无机化合物在太阳能光伏领域的神奇故事，笔者不作评论。网络和出版物上对这一神奇的各种报道铺天盖地，无须笔者这个外行在此班门弄斧。但是，这一事件的出现，看起来让氧化物之外的钙钛矿也声名鹊起，则是不争的事实。

当然，钙钛矿的这种起伏轨迹说明：自然科学的一个学科、一个领域、一类材料、一种属性，都有其起伏轮回的轨迹。潮起潮落、旭起霞沉，应该是科学的一般规律。好的研究传统和哲学，应该是有那么一批人能够冷热不计、宠辱不惊，专注而坚持，踏实工作。同样，资助研究的模式也应该以人为本、以科学问题为核心，持久弥新，而不去计较时髦、争一时之得失。

事实上，钙钛矿结构能够引领风骚数百年，自然有其内在的品质与个性。凝聚态物理关注的各种结构中，能够与钙钛矿结构争奇斗艳的并不多。

2. 钙钛矿氧化物

姑且将钙钛矿在矿物学中的角色隐去不问，只局限于凝聚态物理所关注的以ABO_3为主的钙钛矿体系。即便如此，其内容也浩如烟海。笔者粗略梳理一下：

组成结构：简立方ABO_3钙钛矿的结构如图2所示。其中A位往往由非磁性的碱土、碱金属或稀土占据，形成AO_{12}配位多面体，起到支撑结构的作用；B位通常由过渡金属离子占据，形成BO_6配位八面体，主导材料的电子性质和物理效应。B位与O形成共价键、结合紧密，八面体看起来很像硬实的宝塔，如佛金身；A位与O形成离子键，结合相对松散。A位与B位均可有多于一种离子或价态占据；它们交错叠加配合，给了钙钛矿体系很大的适应空间，为众多材料所采用。

晶格畸变：由于阳离子与阴离子之间价键结合与价态差异的组合方式很多，不同组成的钙钛矿结构会呈现不同晶格对称性，从而容纳不同结构畸变。这种结构畸变对电子能带、极化、磁性、量子相变等都有很大影响。晶格畸变以八面体宝塔为例即有诸多变种。图3所示为三个例子，体现了结构畸变之冰山一角和电子结构及磁性的丰富多彩。

磁性：B位磁性离子引起的磁相互作用与晶格组成、对称性、畸变有很强的依赖关系，Goodenough-Kanamori规则就是一个很好的例子。更多地，因为晶格畸变，多重磁相互作用导致自旋阻挫，已成为钙钛矿磁性关注的重点，其中苦乐难以言表，形成了量子

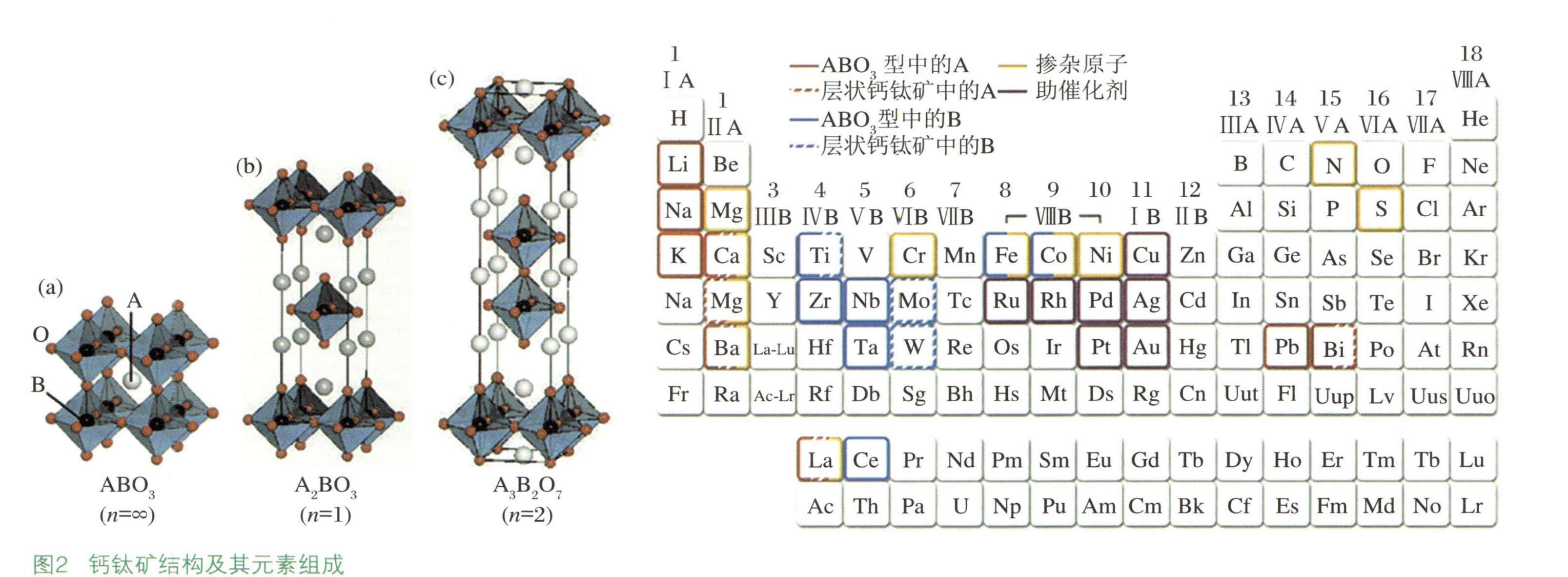

图2　钙钛矿结构及其元素组成

一般而言：B位是过渡金属，与阴离子O形成共价键，结合非常紧密；A位是碱金属或碱土金属，与O形成离子键，结合相对松散。

图片来源：http://www.mdpi.com/applsci/applsci-02-00206/article_deploy/html/images/applsci-02-00206-g001.png；https://www.researchgate.net/profile/Tierui_Zhang/publication/319796192/。

磁性的主体内涵。

关联物理：虽然很难将钙钛矿结构的主要知识点一一列举，但居于核心地位的物理当属电子关联。由于过渡金属离子居于八面体金身之中心（非严格意义上的几何中心），其电子自由度既承前启后，也相互耦合，导致这类体系有很强的库仑关联效应，成为控制钙钛矿氧化物物理的最重要环节。此处略去若干字不提，只是因为其中纠缠太多，难以述说。

简而言之，钙钛矿具有灵活多变的晶体构型和 A、B 位离子或价态组合，展示了万千意象和丰满物理及功能。至今，新颖有趣的量子衍生现象仍在钙钛矿中不断被发现。

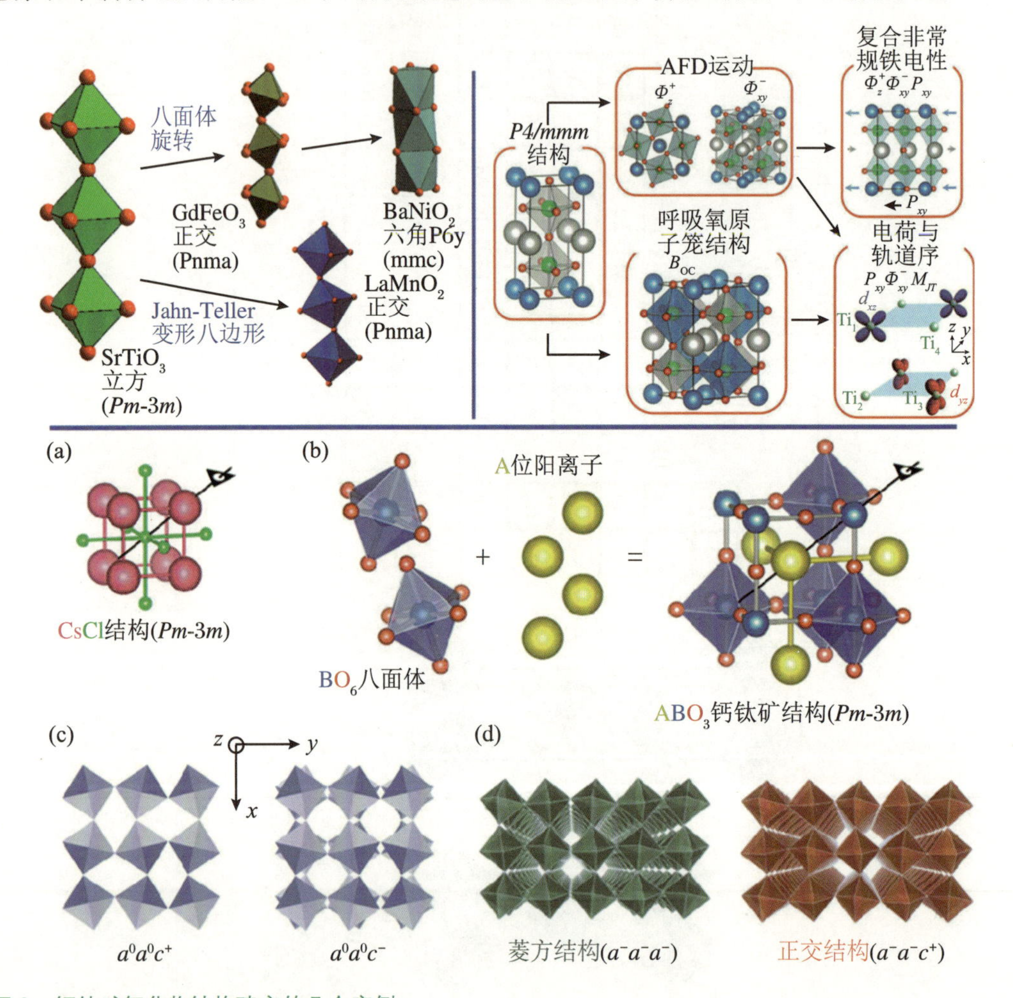

图 3 钙钛矿氧化物结构畸变的几个实例

其中物理复杂，依然是钙钛矿研究的核心与重点。

图片来源：http://cdn.iopscience.com/images/0953-8984/20/26/264001/Full/6565906.jpg；http://www.nature.com/article-assets/npg/ncomms/2015/150325/ncomms7677/；https://www.researchgate.net/profile/Steven_May/publication/230882339/figure。

3. 过渡金属占据 A 位

到目前为止，对钙钛矿氧化物的认识无形之中形成定式：各种物理渊源都告诉我们，A 位离子支撑晶体结构，B 位离子决定电子结构，BO_6 八面体的一举一动都可左右大局、决定成败。因此，人们已习惯于通过 B 位做文章，来实现物性的调控。

这里存在一个长期被忽视的问题：能否通过合理的化学替代，把过渡金属也引入钙钛矿的 A 位？实验表明，如果将正常钙钛矿（图 4(a)）四分之三的 A 位用特殊的过渡金属 A′替代，可以形成化学式为 $AA'_3B_4O_{12}$ 的 A 位有序多阶钙钛矿（图 4(b)）。典型的实例之一是多铁性氧化物 $CaMn_7O_{12} = (Ca, Mn_3)Mn_4O_{12}$。进一步地，如果对 B 位也进行掺杂，可以形成 A、B 位同时有序的 $AA'_3B_2B'_2O_{12}$ 型多阶钙钛矿（图 4(c)）。当然，也可考虑将传统 A 位离子放进宝塔八面体 B 位中去，未必就不是一种疯狂。

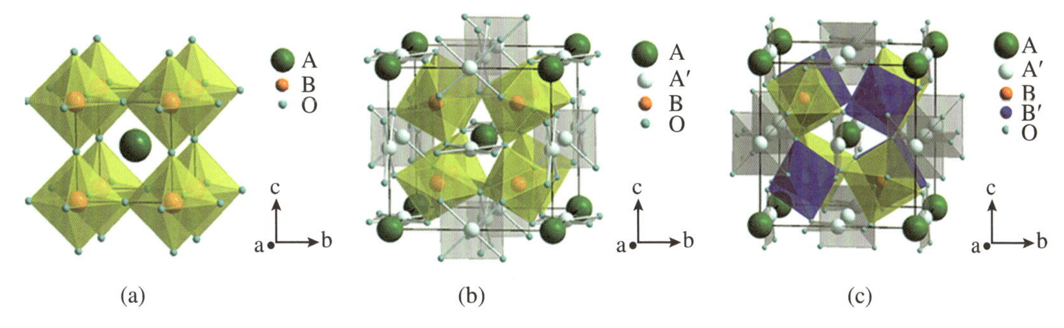

图 4　不同类型钙钛矿晶体结构示意图

(a) 简单 ABO_3 钙钛矿；(b) A 位有序多阶钙钛矿 $AA'_3B_4O_{12}$；(c) A、B 位同时有序多阶钙钛矿 $AA'_3B_2B'_2O_{12}$。

由于 A′位过渡金属离子的半径远小于传统 A 位离子半径，为（自发）维持钙钛矿结构，$B/B'O_6$ 八面体会发生严重倾斜，以至 B/B′-O-B/B′键角显著变小（如 140°左右）。这些严重倾斜的多阶钙钛矿，通常只有在高压高温条件下才能合成。另一方面，虽然 A 位仍然形成 AO_{12} 配位，但 A′位形成 $A'O_4$ 平行四边形配位，意味着强 Jahn-Teller 畸变的离子如 Cu^{2+}、Mn^{3+} 等更有利于占据 A′位。在这些多阶钙钛矿中，多个原子位置（A′、B、B′）同时容纳过渡金属离子，是很罕见的风景。除了常见的 B/B′-B/B′相互作用外，也存在 A′-A′相互作用以及 A′-B/B′位间相互作用，这也是难得的意外。因而，通过选择合适过渡金属离子组合，可设计与开发具有特殊性能的新型量子（功能）材料，发现新颖量子态，并实现多方位调控。

接下来，列举几个实例，向读者呈现多阶有序钙钛矿的有趣物性。

(1) A′-B 位间电荷转移

过渡金属具有多变化合价态，价态的改变预示着外层 d 电子数量的变化。我们的常识是，一旦 d 电子配置（包括电子数量和配位情况）发生改变，相应化合物的性质也将明显改变。通常情况下，是利用不等价态掺杂的方法调控 d 电子的配置，进而实现对物性的调控。然而，这种化学掺杂的方法，不可避免地引入化学无序甚至相分离，影响材料本征物理性质的研究。其实，除了“外部”化学掺杂外，也可利用一些“内部”的方法，譬如金属间电荷转移来实现价态的改变。并且，金属间电荷转移可以同时改变两种金属离子的外层电子分布，是一种比化学掺杂更有成效的改变材料物性的方法。

然而，不同过渡金属离子间的电荷转移在固体材料中罕见。

利用高压高温实验条件（10 GPa、1100 ℃），可获得 A 位有序多阶钙钛矿 $LaCu_3Fe_4O_{12}$。[1]因为高压可稳定反常电子态，在新型高压产物 $LaCu_3Fe_4O_{12}$ 中，室温下 Cu 离子具有异常的 +3 价，材料的电荷组合方式为 $LaCu_3^{3+}Fe_4^{3+}O_{12}$。当温度升高到 393 K 时，Cu-Fe 金属间发生电荷转移，Cu^{3+} 离子还原为 Cu^{2+}，而 Fe^{3+} 离子则氧化成反常高的 $Fe^{3.75+}$（$3Cu^{3+}+3e\rightarrow 3Cu^{2+}$；$4Fe^{3+}-3e\rightarrow 4Fe^{3.75+}$），相应的价态组合转变为 $LaCu_3^{2+}Fe_4^{3.75+}O_{12}$。该电荷转移同时引起 A′位 Cu 离子和 B 位 Fe 离子化合价态的改变，导致一级等结构相变以及负热膨胀等反常物理性质的出现，并急剧改变材料的磁性与电输运性质。

实验表明，低温端的 $LaCu_3^{3+}Fe_4^{3+}O^{12}$ 为反铁磁绝缘体，而高温端的 $LaCu_3^{2+}Fe_4^{3.75+}O_{12}$ 则为顺磁金属。这意味着材料的负热膨胀与磁、电等性质相互耦合，使其成为独特的磁-电-热多功能集成的材料体系。部分结果如图 5 所示。另外，当不改变温度，但改用压力作为外界激励手段，室温和 3 GPa 压力亦可观察到压力诱导的 Cu-Fe 金属间电荷转移以及由此引起的磁电相变与体积坍缩。[2]

(2) 立方多铁性钙钛矿 $LaMn_3Cr_4O_{12}$

多铁性，利用两种铁性有序共存和相互耦合，为设计开发新型多功能磁电器件提供空间。传统 ABO_3 钙钛矿中，电极化来源于离子位移，打破空间反演对称性。人们通常认为在具有空间反演中心的高对称性立方晶格中，将不会出现铁电有序与多铁性。事实上，此前尚未找到这些材料的真实案例。然而在 A 位有序多阶钙钛矿中，通过选择合适的 A′位与 B 位过渡金属离子组合，一方面可以维持材料晶体结构为立方晶系，另一方面亦可形成特定的自旋有序结构并诱导出多铁性，为实现立方晶格磁电多铁性提供可能。

在高压高温条件下（6～8 GPa、1100 ℃），可以获得高质量 A 位有序多阶钙钛矿 $LaMn_3Cr_4O_{12}$。[3-4]在测试温区内（2～300 K），该物质始终保持空间群为 Im-3 的立方晶体结构。磁化率测试显示这一体系在 150 K 与 50 K 经历两个反铁磁相变，中子衍射进一步确定 150 K（T_{Cr}）的反铁磁相变来自 B 位 Cr^{3+}-亚晶格的自旋有序，而 50 K（T_{Mn}）的反铁磁相变则来自于 A′位 Mn^{3+}-亚晶格的自旋有序。中子精修结果表明，这两套磁性亚晶格均具有 G-型反铁磁自旋结构，自旋取向沿晶体的[111]方向。

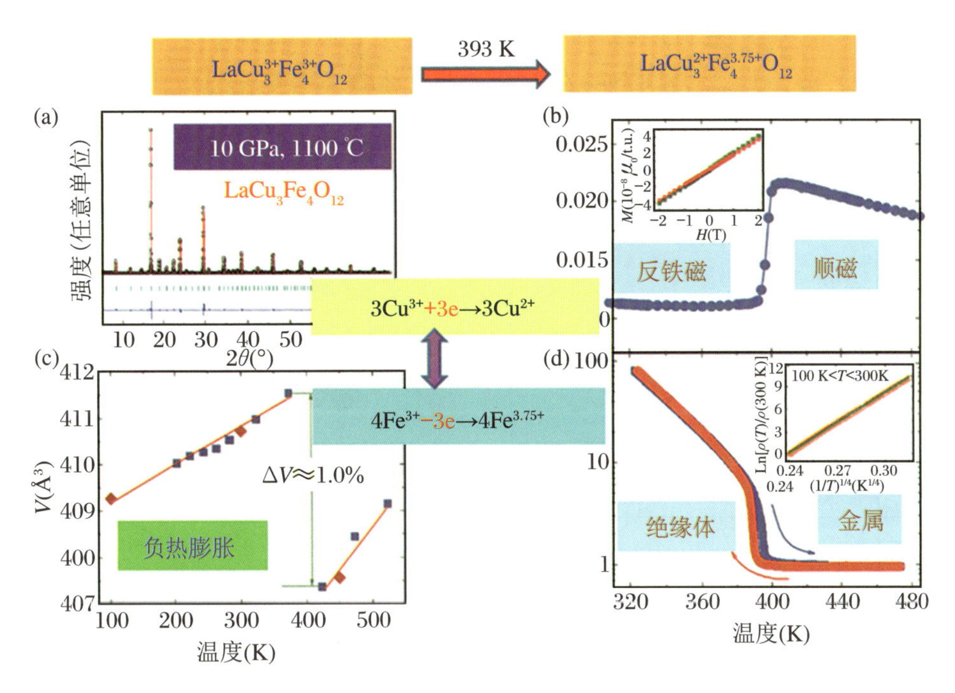

图 5 A 位有序多阶钙钛矿 $LaCu_3Fe_4O_{12}$ 的电荷转移及其诱导的多功能相变

在这个体系中，虽然单独的 Cr-亚晶格与 Mn-亚晶格具有非极化的磁空间群，但当把这两套磁性亚晶格叠加为一个整体考虑时，可获得一个极性的磁空间群。这种特殊的自旋结构可以打破空间反演对称性，从而产生电极化。进一步通过介电常数与热释电效应研究，发现在磁有序温度 T_{Mn} 处，出现介电常数、热释电与电极化的急剧改变。当外加极化电场方向反转时，热释电与电极化的符号也发生反转，表明伴随磁有序的出现产生了本征的电极化。

$LaMn_3Cr_4O_{12}$ 是实验获得的第一个具有立方钙钛矿晶格的多铁性材料体系，且其中的多铁性物理机制也很特别。[5] 部分结果如图 6 所示。

(3) 单相多铁性 $BiMn_3Cr_4O_{12}$

根据电极化起源不同，可将单相多铁性材料分为两类，即第Ⅰ类多铁和第Ⅱ类多铁。其中第Ⅰ类多铁的铁电极化与磁有序具有不同起源。尽管电极化强度可能比较大，但磁电耦合效应很小，不利于实际应用。第Ⅱ类多铁的电极化由特殊的自旋结构打破空间反演对称性引起，具有较强磁电耦合。遗憾的是，其电极化强度往往很弱。实际应用中要求材料同时具备大的电极化强度极强的磁电耦合，但这种兼容性在以往单相多铁材料中很难存在。因此，寻找兼具这两种优异性能的单相多铁性材料十分迫切但又极具挑战。

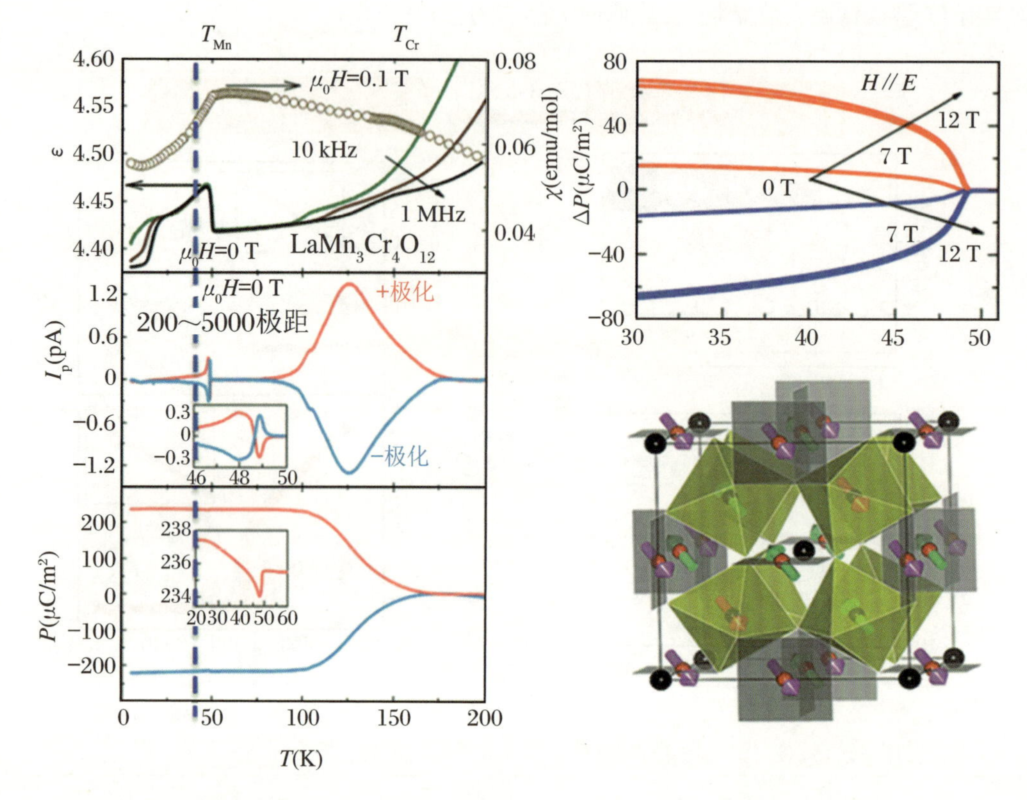

图 6　立方钙钛矿多铁性材料 $LaMn_3Cr_4O_{12}$

可以利用高压高温制备技术（8～10 GPa、1200 ℃）合成另一种新的 A 位有序多阶钙钛矿材料 $BiMn_3Cr_4O_{12}$。[6]通过磁化率、磁化强度、比热、介电常数、电极化强度、电滞回线、高分辨电镜、同步辐射 X 光衍射与吸收谱、中子衍射等一系列综合结构表征与物性测试，并结合第一性原理理论计算，可以揭示该体系详细的结构-性能关系。随着温度降低，$BiMn_3Cr_4O_{12}$ 在 135 K 经历了一个铁电相变。因相变温度附件材料尚未形成自旋有序，因此该铁电相变与磁有序无关。进一步的低温同步辐射 X 光精修结果与理论计算表明，Bi^{3+} 离子的孤对电子效应，是引起该铁电相变的原因。该铁电相变温度以下可观察到显著的电滞回线，并导致大电极化强度的出现（比经典第 Ⅱ 类多铁性材料大 2 个量级甚至更高）。

当温度降低到 125 K 时，$BiMn_3Cr_4O_{12}$ 经历了一个反铁磁相变。中子衍射证明该反铁磁转变源于 B 位 Cr^{3+} 离子的 G-型长程反铁磁有序，而 A′位的 Mn^{3+} 离子仍未形成磁有序。在 125 K 以下，长程磁有序与铁电极化共存，但该反铁磁序不能诱导铁电极化，因此材料进入具有大电极化强度的第一类多铁相。当温度继续降低至 48 K 时，A′位的 Mn^{3+} 离子也实现 G-型长程反铁磁有序，并且 A′位 Mn^{3+} 离子与 B 位 Cr^{3+} 离子一起组成的自旋有序结构导致极化磁点群的出现，满足电极化产生对材料对称性的要求。因此，48 K 时的反铁磁相变诱导另一个铁电相变，并伴随强的磁电耦合效应的出现，此时材料同时呈现第Ⅱ类多铁相。

由此可见，低温下 $BiMn_3Cr_4O_{12}$ 既包含第Ⅰ类多铁相，又包含第Ⅱ类多铁相。大的电极化强度与强的磁电耦合效应在这一单相多铁材料中同时实现，突破了以往这两种效应在单相材料中难以兼容的瓶颈。部分结果如图 7 所示。

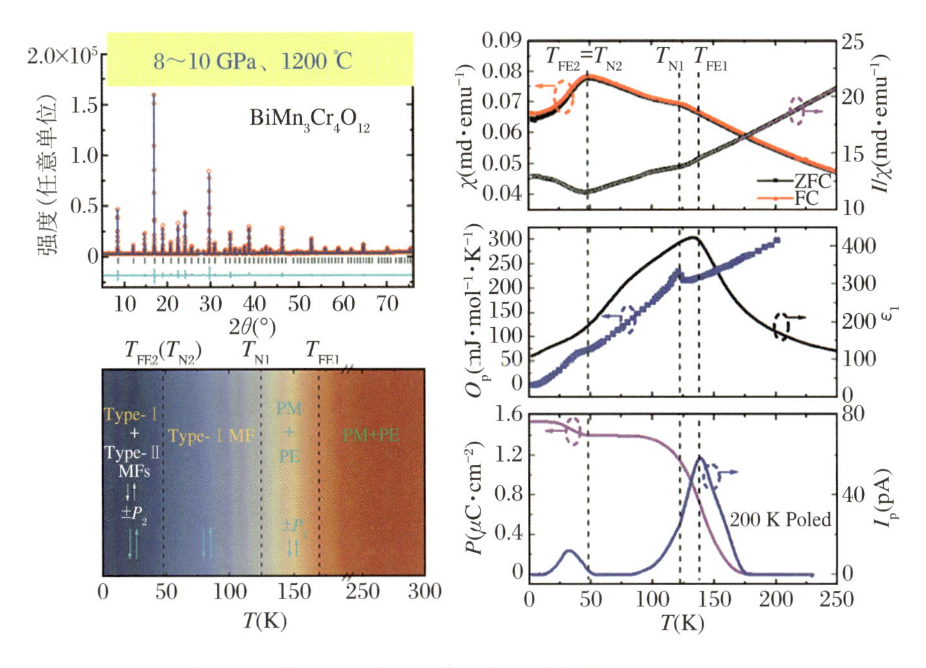

图 7　$BiMn_3Cr_4O_{12}$ 中大电极化强度和强磁电耦合效应的同时实现

(4) 高温亚铁磁半导体 $CaCu_3Fe_2Os_2O_{12}$

铁磁体与半导体是两种非常重要的功能材料体系，各有广泛应用。如果能把这两种功能属性集成到同一单相材料中，势必为多功能自旋电子学器件的发展提供契机。但由于铁磁体和半导体在晶体结构、化学键和电子结构等方面有本质差别，很难找到高于室温单相铁磁或亚铁磁半导体材料。虽然多年来在稀磁半导体研究上做出了巨大努力，但鉴于本征掺杂浓度限制，难以找到居里温度高于室温的铁磁半导体。

然而，通过对晶体结构和电子结构进行人为设计，高转变温度磁性半导体却有可能在A、B 位同时有序的多阶钙钛矿体系 $AA'_3B_2B'_2O_{12}$ 中实现。在这种特殊结构中(图 4(c))，虽然 A′位磁性离子与 B、B′位磁性离子一样可参与磁相互作用，但电输运仅由共顶点连接的 $B/B'O_6$ 八面体主导，与空间分离的 $A'O_4$ 单元关系不大。通过选取合适的 A′、B、B′位磁性离子组合，一方面可调控电学性质，另一方面可调控磁相互作用，有可能得到室温以上的单相铁磁或亚铁磁半导体。

利用高压高温手段（8～10 GPa、1200 ℃），可合成出 A、B 位同时有序的多阶钙钛矿化合物 $CaCu_3Fe_2Os_2O_{12}$（CCFOO）。[7] X 光吸收谱揭示该材料中过渡金属的电荷组态为 Cu^{2+} 或 Fe^{3+} 或 Os^{5+}，表明这三种离子均可参与自旋相互作用。磁化率测量显示该物质在 580 K 附近发生磁相变，磁化强度急剧增加，并且在磁相变温度下可观察到明显的磁滞回线，表明该磁相变应为铁磁或亚铁磁相变。进一步，根据低温下的饱和磁矩以及磁圆二色谱（XMCD）实验结果，可以揭示出 CCFOO 具有 Cu^{2+}（↑）Fe^{3+}（↑）Os^{5+}（↓）的亚铁磁自旋耦合方式。

另一方面，电输运测试显示，CCFOO 具有半导体特性。光电流测量与第一性原理计算表明该体系能隙约为 1.0 eV。因此，CCFOO 是一种少有的高温亚铁磁半导体材料。在以前报道的 B 位有序钙钛矿 Ca_2FeOsO_6 中，自旋有序温度在 280～320 K。[8] 但是，当把 Cu^{2+} 离子引入 A 位形成多阶有序钙钛矿后，磁相变温度急剧增加了近 300 K。为寻找磁相变温度急剧增加的原因，可以对 CCFOO 的磁相互作用强度进行计算。计算表明，在 Ca_2FeOsO_6 与 CCFOO 中，Fe-Os 之间的磁交换相互作用强度非常类似，不能作为 CCFOO 具有高居里温度的主导因素。然而，A′位 Cu^{2+} 离子的引入，可产生较强的 Cu-Fe 以及 Cu-Os 磁相互作用，使得 CCFOO 的亚铁磁居里温度远高于 Ca_2FeOsO_6 的磁相变温度。相关结果总结于图 8。

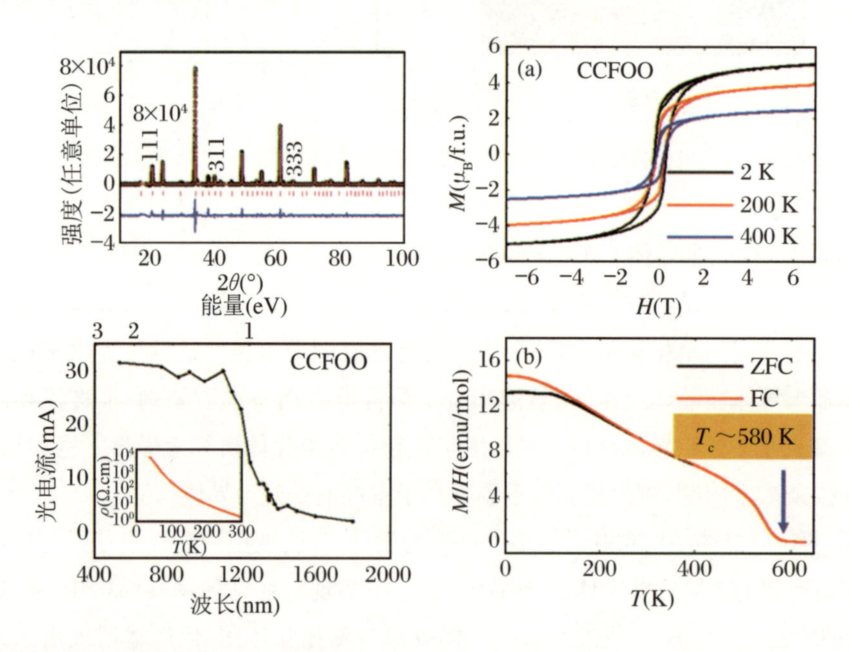

图 8　高温亚铁磁半导体材料 $CaCu_3Fe_2Os_2O_{12}$

由此可见，在A位引入额外的磁性离子，从而增加体系总的磁相互作用强度，是提高有序钙钛矿磁相变温度的有效途径。从材料制备角度而言，该方法具有一定普及性，为设计室温以上磁电多功能材料提供了一条有效途径。

4. 展望

将钙钛矿氧化物A位用过渡金属离子替代，是一种很出位的思路。读者也看到，实现这一思路大多数情况下需要高温高压合成，且很多情况下也不那么容易获得很纯的单相样品。这一现实，给精细表征新材料的物理性质造成一定困扰。不过，依然有不少机会获得高质量的单相样品。另一方面，并无特定物理要求认定常规合成就得不到A位包含过渡金属离子的体系。这一点值得读者关注。

当然，A位包含过渡金属离子，给B位进行非过渡金属离子替代提供了启示。过渡金属位于A位也给过渡金属化合物物理提出更多问题和挑战。所以，我们说这是一个新方向，有待深入探索。

无须讳言，自然界是一个大熔炉，它经历千万年优胜劣汰，不但孕育出人类，也孕育出常规环境条件下稳定存在的物质。然而，人类在制造出比自身更精确、更理智、更聪明和更疯狂的智能产品时，也应能制造出比自然界已经存在的钙钛矿物质更玄妙和难以估量的新钙钛矿。这是笔者的度量，也是笔者的梦想。至于结果如何，谁知道呢！在此，笔者不妨以“钙钛矿是宣传队，钙钛矿是播种机，钙钛矿是诗歌散文。当然，钙钛矿是笑傲江湖”几句结束本文，以显示钙钛矿可能构建下一个“胡言乱语”的世界。

致谢：笔者感谢中国科学院物理研究所龙有文研究员、重庆大学孙阳教授、重庆大学柴一晟教授、东南大学董帅教授等参与撰稿和支持，感谢科技部、国家自然科学基金委、中国科学院等项目的支持。

备注：标题中“宝塔”和“金身”都指BX_6八面体单元。

参考文献

[1] Long Y W, Hayashi N, Saito T, et al. Temperature-induced A-B intersite charge transfer in an A-site-ordered $LaCu_3Fe_4O_{12}$ perovskite[J]. Nature, 2009, 458(7234):60-63. DOI: 10.1038/nature07816.

[2] Long Y W, Takateru T, Chen W T, et al. Pressure effect on intersite charge transfer in a-site-ordered double-perovskite-structure oxide[J]. Chemistry of Materials, 2012, 24(11):2235-2239. DOI:10.1021/cm301267e.

[3] Long Y W, Saito T, Mizumaki M, et al. Various valence states of square-coordinated Mn in a-site-ordered perovskites[J]. Journal of the American Chemical Society, 2009, 131: 16244-16247.

[4] Wang X, Chai Y S, Zhou L, et al. Observation of magnetoelectric Multiferroicity in a cubic perovskite system: $LaMn_3Cr_4O_{12}$[J]. Physical Review Letters, 2015, 115(8):87601. DOI:10.1103/physrevlett.115.087601.

[5] Feng J S, Xiang H J. Anisotropic symmetric exchange as a new mechanism for multiferroicity [J]. Physical Review B, 2016, 93:174417. DOI:10.1103/PhysRevB.93.174416.

[6] Zhou L, Dai J, Chai Y, et al. Realization of large electric polarization and strong magnetoelectric coupling in $BiMn_3Cr_4O_{12}$[J]. Advanced Materials, 2017, 29:1703435. DOI:10.1002/adma.201703435.

[7] Deng H S,Liu M, Dai J H,et al. Strong enhancement of spin ordering by A-site magnetic ions in the ferrimagnet $CaCu_3Fe_2Os_2O_{12}$[J]. Physical Review B, 2016, 94:024414. DOI:10.1103/physrevb.94.024414.

[8] Feng H L, Arai M, Matsushita Y, et al. High-temperature ferrimagnetism driven by lattice distortion indouble perovskite Ca_2FeOsO_6[J]. Journal of the American Chemical Society, 2014, 136:3326-3329.

非金属金属——第四代纠缠

1. 引子

本文标题包含“纠缠”这一词语，当然是一种噱头。汉语中“纠缠”是一贬义词，表达相互缠绕或遭人烦扰不休。人生的烦恼甚至苦难，大多源于人与人之间的纠缠。从这个意义上，物理人大部分都可能是幸运者，因为在人类各个群体中，他们花在人与人纠缠关系上的时间较少。他们将毕生绝大部分精力用于理解物理世界的规律，并乐此不疲。而一般人相信，物理世界最干净、单纯、基本的那些状态当属无纠缠或无相互作用的状态，如“惯性”“真空”“低维(零维)”甚至是“基态”等，纯粹而无忧无虑!

殊不知，物理却不得不面临尴尬和窘迫，因为我们不但有那四种基本相互作用约束，那个被争论了很多年的“量子纠缠”据说也被实验证实。所以，万物纠缠本是中，家家迥异九州同。

本文并不讨论量子纠缠，但还是给出量子纠缠的定义。维基百科是这样定义的：“量子纠缠(quantum entanglement)描述的是，当一对或一组粒子产生、作用或相互为邻时，每个粒子的量子态不可能独立于其他粒子，哪怕它们相距遥远。”维基百科举例说:一对纠缠的粒子,它们的总自旋为零;如果测得其中一个粒子自旋是顺时针的,那么另一个粒子的自旋一定是逆时针的。这种状态被一些物理艺术家表现为图 1 所示的形态。

图 1　粒子间的量子纠缠

笔者以为这没有表达清楚量子纠缠的那种诗意。

图片来源:https://www.engadget.com/2018/06/14/quantum-entanglement-on-demand/。

这种话并非没有漏洞:毕竟您要去测量才能确认纠缠态,量子力学却说测量本身会改变粒子状态。因此,您要想不纠缠而实话实说,那不可能!好吧,物理人不要企图有世外桃源、物界清净,这是不可能的。既然不能逃脱,那就尽情享受!我们无妨就回到有相互作用的世界,看看那些相互作用掀起的浪花。

凝聚态物理就比较聪明,过去几十年物理人从一维开始、从线性开始、从微扰开始、从周期性开始,逐步展现物理的魅力与严谨,勾起人的胃口,然后再慢慢添砖加瓦、走向复杂。当代凝聚态将电子-电子相互作用称为关联物理,而关联已经成为凝聚态物理的主体和核心。然而,关联之外,自旋-轨道耦合和对称性的作用正在凸显,这给了我们使用"纠缠"这个词的机会,因为"关联"已经名花有主。

有趣的是,如果稍微梳理一下,就可看到凝聚态已经历了从最早的第一代纠缠(关联)到现在的第四代纠缠(关联)了,正所谓"凝聚态内是沧桑"。每一代"纠缠"的引入,都意味着凝聚态物理走向复杂性的新高度,其掌控局面的能力和成功率也不断衰退。

2. 电子关联

事实上,相互作用和对称性是凝聚态物理的本质特征,这是公认的认识。一个维度、一个相互作用,使得凝聚态物理对这种相互作用的讨论历经近百年,具有丰富的历史内涵。对相互作用认识的时间跨度如此之长,以至于可以将今天的话题调侃为所谓“第几代纠缠”。

严格而言,处理这每一代“纠缠”的概念和物理,都是数学上的大作业。我们这里就“浅尝辄止”,只触及最表面化的图像。

首先,我们都知道,固体中带正电的离子构成周期性晶体,带负电的电子作为载流子在离子周期结构中运动,这是固体物理的基本图像。这些电子因为是同号电荷,自然相互排斥,此所谓库仑相互作用。对有些固体,如常规半导体或金属,运动的电子可以看成库仑作用接近忽略的粒子,其整体输运行为由这些单一粒子运动行为的碰撞叠加,对应的理论即自由电子气理论,如图 2(a)所示。这里,体系输运行为,主要由占主导地位的电子动能项决定,这可称之为“第一代纠缠”。

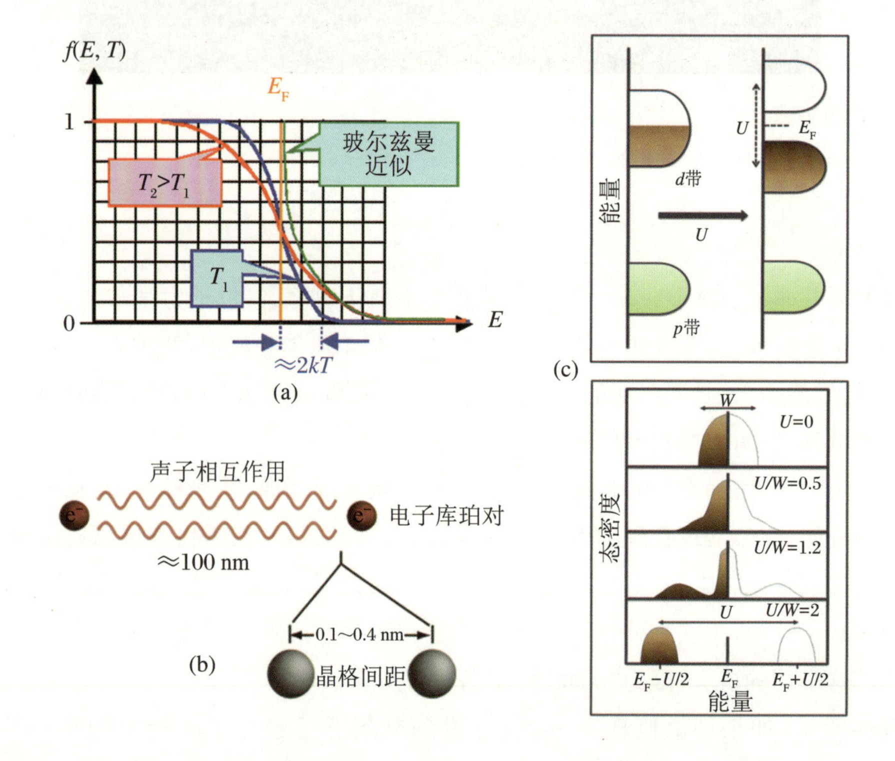

图 2 “第一代”“第二代”“第三代”纠缠的实例

(a) 自由电子气的费米分布;(b) 电子-离子(声子)作用的库珀对;(c) Mott 绝缘体的基本物理图像。

图片来源:(a) https://www.tf.uni-kiel.de/matwis/amat/semi_en/kap_2/illustr/fermi_distribution.gif;(b) http://hyperphysics.phy-astr.gsu.edu/hbase/Solids/imgsol/bcs6.png;(c) https://encrypted-tbn0.gstatic.com/。

其次，对有些体系，自由电子理论可能不再有效，理论与测量结果之间的差别在低温区域表现得特别明显。一般将这种差别归结为体系中存在明显的电子关联所致。由于关联的存在，体系作为一个系综，其整体物理性质不再能够由单个个体性质叠加，或者说库仑作用不再能被轻易忽略不计。很多情况下，体系会展现新颖的物理新现象，即 emergent phenomena。大家津津乐道的例子，毫无疑问是常规超导电性。简单而言，超导电性源于同电荷的电子之间存在吸引作用，如图 2(b)所示。这不是胡扯，这种吸引作用，源于晶格声子作为媒介、将一对电子在动量空间纠缠在一起，即著名的“库珀对”。BCS 超导电性理论，可以看成“第二代纠缠”的典范，是凝聚态物理极为漂亮的理论之一。

再次，有些体系的库仑作用会表现得更强，电子-电子相互作用的效果变得更显著。超越常规超导电性的高温超导体系和庞磁电阻锰氧化物体系，即属于此类。分数量子霍尔效应体系，也可归于此类。与常规超导比较，电子-电子相互作用，甚至超越了电子-离子相互作用(电声子耦合)。高温超导对应的正常态并不是很好的金属态，反而是很糟糕的金属模样。图 2(c)显示出 Mott 绝缘体的基本图像，库仑作用 U 起到很大作用。对应于此一划分，可以粗略将这一类体系称为强关联体系，或“第三代纠缠”体系。读者如果有意于此类物理，可关注较早前相关文章，如陈航晖老师撰写的“Hubbard 的轨道”。

3. 第四代纠缠

好吧，那什么是“第四代纠缠”体系？

先从过渡金属化合物的电子结构入手，做简单说明。图 3 所示为钙钛矿结构氧化物中过渡金属离子的能级结构，其 5 个 d 轨道因为晶体场(crystal field)效应而劈裂为 2 个 e_g轨道和 3 个 t_{2g}轨道，这是教科书中的知识。如果考虑 Jahn-Teller 效应，这些 e_g和 t_{2g}轨道也许还会进一步退简并。类似地，如果体系存在较强的自旋-轨道耦合(spin-orbit coupling，SOC)，例如 5d 过渡金属离子，d 轨道各能级可以出现退简并，也可以将 3 个 t_{2g}轨道劈裂为一个 $J_{\text{eff}} = 1/2$ 能级和一个 $J_{\text{eff}} = 3/2$ 能级。如果再考虑晶体场，还可出现更多的能级结构，从而给体系带来丰富的物理新效应和物性。

这里，我们到达了一类新的体系。其中，自旋-轨道耦合 SOC 作为一个重要的物理维度参与进来，而这一维度在“第三代纠缠”体系中很弱，本来是可以忽略不计的。到了今天，这些“第四代纠缠”的少年终于长大成人，正在凝聚态物理领域各领风骚。

作为高级科普，且无妨从图 4 所示的相图入手。这里的相图实际上包含了三个物理量的变化：电子巡游动能 t(或电子带宽 W)、电子-电子关联能(Hubbard U)、SOC 强度 λ。为了讨论方便，电子巡游动能 t 的作用被归一化后隐藏起来，在暗处起作用。

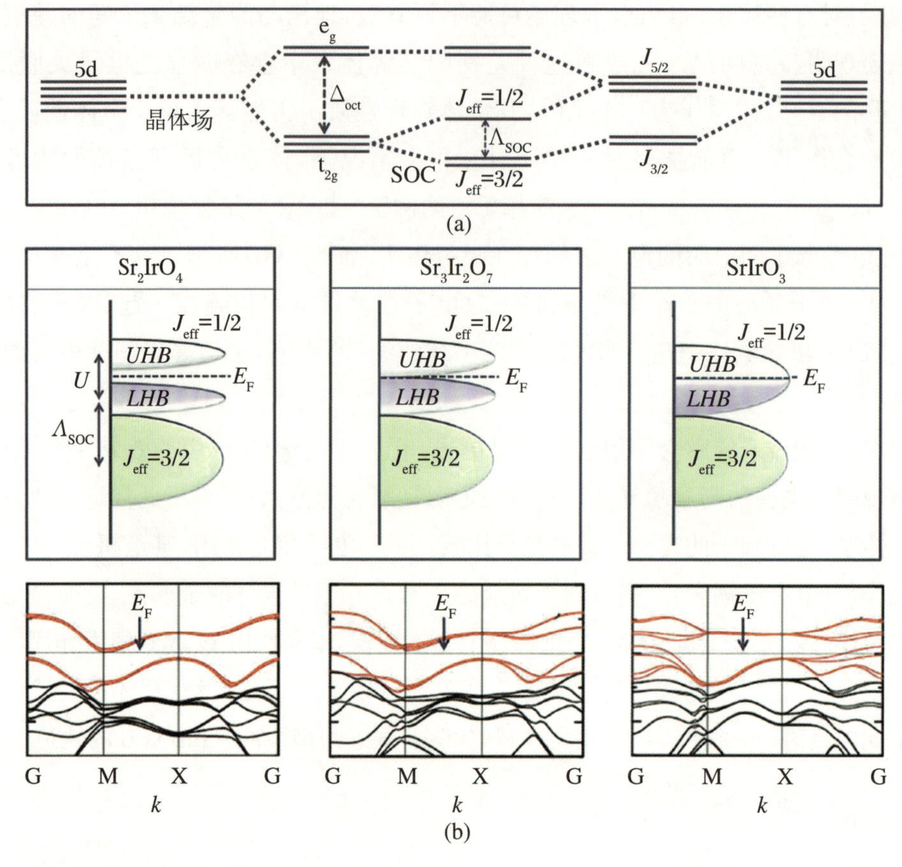

图 3　钙钛矿结构氧化物中过渡金属离子的能级结构

(a) 过渡金属离子 d 轨道能级图像；(b) 几类典型的 5d 过渡金属氧化物能级分裂结构与能带结构图。

图片来源：https://www.intechopen.com/media/chapter/49422/media/。

先看凝聚态物理中纠缠的产物：

(1) 电子关联和 SOC 都很弱时，也就是第一代和第二代纠缠，我们收获简单金属态和能带绝缘体。这是自 20 世纪 30 年代以来的轨迹。

(2) 电子关联 U 很强而 SOC 较弱时，电子关联占据显著地位，Mott 绝缘体图像应运而生，整个 20 世纪八九十年代凝聚态物理那些绝顶聪明的人，都在这里淘金洗银、不亦乐乎。

(3) SOC 很强而电子关联 U 相对较弱时，SOC 占据显著地位。拓扑结构、拓扑绝缘体、拓扑半金属等新的物态不断涌现出来，这是 21 世纪前十年的风景。拓扑量子态的出现是继对称破缺走向基态道路之外的新路，是 emergent phenomena 最有说服力的代表。

(4) 当电子关联 U 和 SOC 都比较强时，"第四代纠缠"的特征更为明显。新的物态，如外尔半金属、轴子绝缘体、拓扑 Mott 绝缘体等拓扑量子物理叠连而出，构成了 21 世纪

10年代以来拓扑量子物理的主要内涵，如图4中的粗实线框所示，其中框内还有很多山峰未显、江潮未生。

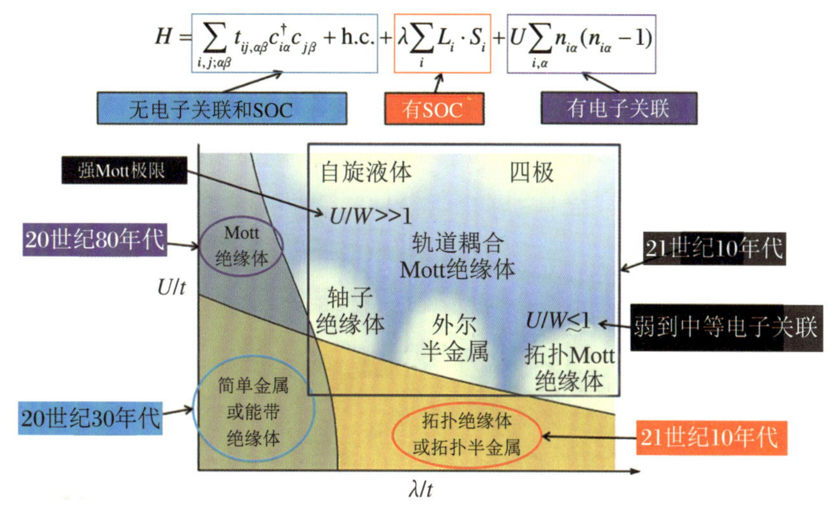

图4 “第四代纠缠”体系当前主要的物理元素

上部是体系哈密顿的建议表达，第一项是标准的周期结构之动能项，第二项是SOC项，第三项是电子-电子关联项；下部是Tejas Deshpande博士总结的电子-电子关联强度(Hubbard U)与SOC强度λ组成的相图，其中一系列新的拓扑物态栩栩如生展示出来。

图片来源：Witczak-Krempa W, Chen G, Kim Y B, Balents L. Correlated quantum phenomena in the strong spin-orbit regime[J]. Annual Review of Condensed Matter Physics, 2014, 5: 57-82. https://www.arxiv-vanity.com/papers/1305.2193/.

很显然，当前正酣的“第四代纠缠”之拓扑量子物理，将重点放在两条线上：一是各种拓扑态和拓扑结构的预言与实验表征，一是图4空间中各种新现象和新效应的显山露水。事实上，这些显山露水因为太过繁荣，最近被赋予一个新的名称——“量子材料”，既高大上，又能飞入寻常百姓家。

4. 烧绿石4d氧化物

众所周知，SOC效应的强弱，与过渡金属原子序数Z相关，大约呈现$\lambda \sim Z^4$的依赖关系。因此，“第四代纠缠”在过渡金属4d或5d化合物中将展示出更显著的效果。特别是在t、U和λ不相伯仲时，可看到的现象将更为丰富。对5d体系，SOC甚至可能超越电子关联Hubbard U。此时，U的作用就没有3d过渡金属Mott体系那么显著了，物理变成了t和λ竞相展示的舞台。作为典型的(t、U、λ)三维空间相互竞争的表达，也许更应该关注4d过渡金属化合物中的某些特定体系。

4d过渡金属氧化物体系中，最知名的当属ABO_3钙钛矿结构和$A_2B_2O_7$烧绿石结构两大类，其中大多数情况下A位是稀土，B位为过渡金属。决定于B位是3d、4d或5d离子，可以看到纷繁复杂的各类现象，从能带绝缘体到关联金属态，几乎是应有尽有。

ABO_3类体系的结构性能关系已经被广为关注，本文无须再添油加醋。与此不同，对烧绿石227体系的关注却并不多。图5所示为两种烧绿石结构的示意图，本文关注其中的227型结构（α-烧绿石），其主要结构特征是BO_6氧八面体和A_4O'四面体嵌套，也可以看成共顶角的AO_4和BO_4亚点阵交叉排列。关于烧绿石结构的详细科普介绍，看君可以访问维基百科的相关条目（https://en.wikipedia.org/wiki/Pyrochlore），一览究竟。

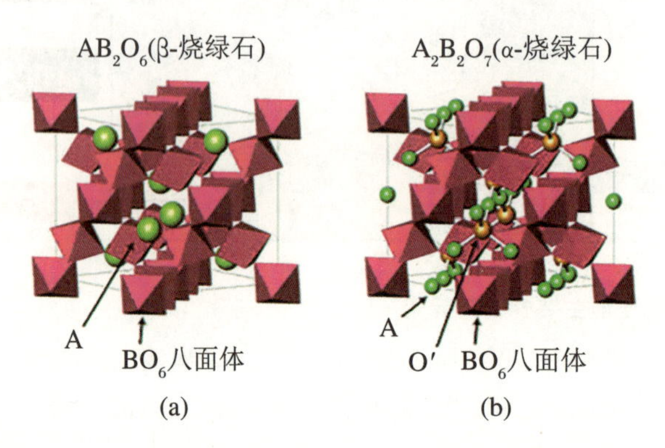

图5　两类典型的烧绿石结构

(a) 所谓的β-烧绿石AB_2O_6；(b) 常见的α-烧绿石$A_2B_2O_6O'=A_2B_2O_7$，其中O′离子与O离子所处环境不同。

图片来源：https://hiroi.issp.u-tokyo.ac.jp/yone/research/beta-pyrochlore.htm。

事实上，即便是227烧绿石结构，也有很多从输运和电子结构层面展开的研究。将其中成果大致归纳，可有如下几条：

(1) 如果A位是稀土离子，4f电子通常因为晶格占位的缘故呈现高度局域化特征，不参与电子输运过程。227体系的电子结构主要决定于B位过渡金属离子。

(2) 如果B位是那些d^0离子（Ti^{4+}，Zr^{4+}，Sn^{4+}等）占据，则基本不存在巡游电子。体系呈现高度绝缘性，能带带隙2.0 eV以上是常态。

(3) 如果B位由3d磁性离子占据，如Mn^{4+}及Cr^{4+}，因为电子关联很强，Hubbard U值很大，形成带隙不可避免。体系呈现绝缘性，只是带隙可以很小，即会呈现半导体性质。部分4d和5d体系也会如此，特别是针对Mo^{4+}、Ru^{4+}等情形。

(4) 作为例外，有很少几类体系，其中B位由轨道高度扩展的4d、5d磁性离子占据，如Os^{5+}、Ir^{4+}等。同时，因为SOC很强，三个自由度相互交叠、竞争和调控，新物态出现并不奇怪，也就出现了金属态、金属-绝缘体转变、超导态等，前面提及的拓扑量子态也常出现于这些体系中。典型的体系是 $Cd_2Re_2O_7$、$Cd_2Os_2O_7$ 等。

这里，特别要提及，如果过渡金属 B 离子是磁性的，则两套亚点阵相互嵌套，必定形成高度几何阻挫的磁结构。从这个意义上，227 烧绿石体系是研究自旋阻挫物理的最佳平台体系，过去多年引起凝聚态物理人高度关注。

对于反铁磁绝缘体，描述磁结构的阻挫效应，一般用所谓的阻挫因子 f 来描述，即居里-外斯温度绝对值与实验测得的 Neel 点温度之比值。比值越大，阻挫越强，其电子结构与输运特性就可能愈加复杂。

如前所述，并非所有 227 烧绿石氧化物都是反铁磁绝缘体。有些体系展现金属特性，电子高度巡游。这些烧绿石巡游金属的自旋阻挫就很难用上述阻挫因子来表征，因为无法定义物理上有意义的阻挫因子。

行文至此，所需要面对的物理问题终于登堂入室：对烧绿石巡游金属体系，其阻挫物理是不是也如此这般测度？

5. $Lu_2Rh_2O_7$ 的故事

要回答这类困难的问题，选择一个好的体系乃事半功倍之举。来自加拿大McMaster University 的 Christopher Wiebe 等，曾经联合美国 Rice 大学 Rice Center of Quantum Materials 等合作团队，找到了一个处置这一问题的合适体系——$Lu_2Rh_2O_7$。

这里的“合适”，是针对物理研究而言的。实话说，Rh 和 Lu 都是贵得要命的物质。特别是 Rh，将家当都卖了才能做得起大规模实验。其次，这类氧化物通常需要高压合成，获得高质量高压样品本身也是困难的任务。因为牵涉到微弱磁性，磁性杂相的存在往往是致命的。也因此，我们才看到从事这一工作的队伍足够庞大，牵涉到量子材料领域的一众工具。

如前所述，$Lu_2Rh_2O_7$ 的磁性源于 $4d^5$ 的 Rh^{4+}，而 Lu^{3+} 不展现磁性。为了配合对物理的理解，可以将 $Lu_2Rh_2O_7$ 的结构归类稍微做一点变化，如图 6 所示：晶体场效应包括八面体晶体场和三角扭曲晶体场，使得 Rh^{4+} 的 5 个 d 轨道不断劈裂和重组。从这个意义上，Rh^{4+} 虽然是 4d 离子，其行为与 5d 离子 Ir^{4+} 有相似之处，即便其 SOC 强度比 Ir^{4+} 稍微小一些。也就是说，4d 的 Rh 氧化物也具有一个 $J_{eff}=1/2$ 的自由度，从而有可能呈现 SOC 导致的 Mott 绝缘体态。

奇妙的是，$Lu_2Rh_2O_7$ 的 SOC 强度因子 $\lambda=0.19$ eV，尚不足以大到使得体系真正进入 $J_{eff}=1/2$ 的 Mott 绝缘体态。正因为如此，我们可能面临一个奇特的电子物态：所有的磁化率、比热和 μ 介子自旋弛豫（μSR）数据，都揭示 $Lu_2Rh_2O_7$ 应该是强关联的顺磁金属态，但输运测量得到清晰的反常半导体行为，其能隙大约为 37 meV！

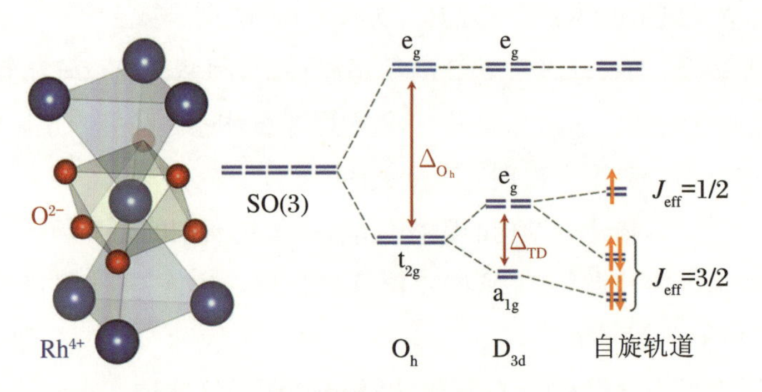

图 6　$Lu_2Rh_2O_7$ 体系中 Rh^{4+} 离子位于三角扭曲的氧八面体中心

因为晶格扭曲、强 SOC 和一定的库仑作用 U 共同作用，其电子结构出现多级退简并。这里，氧八面体晶体场劈裂 d 轨道为 2 个 e_g 和 3 个 t_{2g} 轨道，三角扭曲晶体场又将 3 个 t_{2g} 轨道劈裂为 2 个 e_g 轨道和 1 个 a_{1g} 轨道。如果 SOC 足够强，还可以将这 2 个 e_g 轨道和 1 个 a_{1g} 轨道重组为全充满的 $J_{eff}=3/2$ 态和半充满的 $J_{eff}=1/2$ 态。不过，$Lu_2Rh_2O_7$ 的 SOC 强度因子 $\lambda=0.19$ eV，可能不足以达到真正的 $J_{eff}=1/2$ 态。

这一工作的主要结果如图 7 所示，可以大致归纳如下：

(1) 测量显示比热主要来自声子贡献，与自旋涨落无关。拟合得出的 Sommerfeld 系数很大，显示了很大的载流子有效质量和电子强关联特征。这一结果看起来与 d 电子体系有所不同，高度自旋阻挫在其中可能起到很大作用。如图 7(b)所示。

(2) 磁化率测量给出了清晰的顺磁态行为，在 2 K 以上是如此。没有任何磁有序的征兆。利用居里-外斯定律拟合得到的泡利顺磁系数(Pauli paramagnetic contribution)比典型金属态高一个量级，展示了很强的电子关联特征。如图 7(c)所示。

(3) 电输运结果给出了简单的热激活特征和一个很小的能隙 37 meV。如图 7(d)所示。

(4) μ 自旋弛豫实验在整个温区未能展示显著的自发弛豫，排除了长程磁有序的踪迹。如图 7(e)所示。

这一新的电子态似乎正在展现一种“非金属的金属态”(nonmetallic metals)，就像众所周知的 FeCrAs 化合物那样。这样的性质在 4d 或 5d 过渡金属氧化物体系中罕见，要厘清其中的物理看起来尚有很大挑战。顺磁态表达了高度几何阻挫的作用显著，而非金属的金属态可能正是高度阻挫的巡游磁性体系之特征之一。这一猜测正好切合本领域的关键问题：对烧绿石巡游金属体系，其阻挫物理的测度将会显著不同！

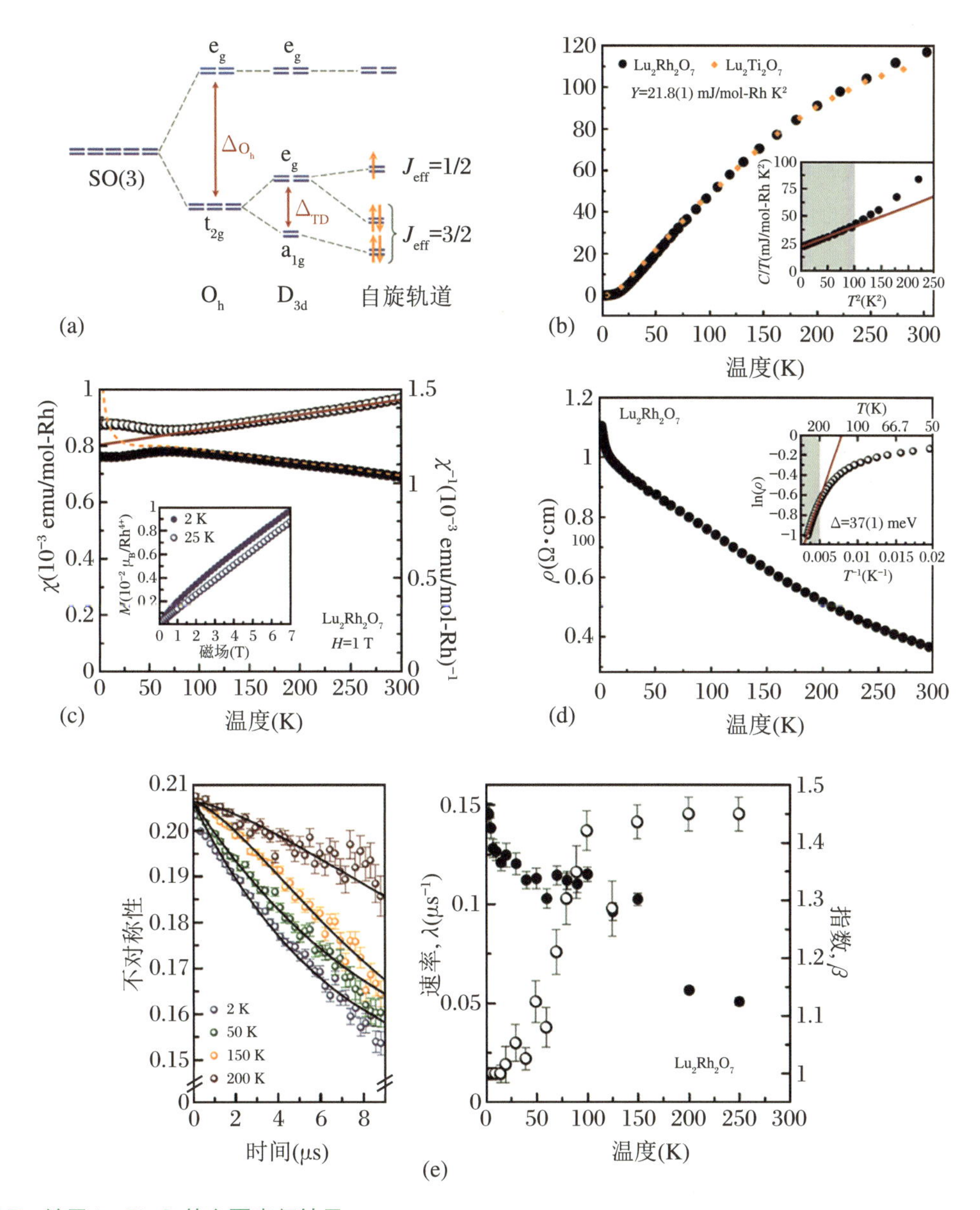

图 7　关于 $Lu_2Rh_2O_7$ 的主要表征结果

(a) 再展示一次 Rh 氧化物的能级结构，其中晶体场和 SOC 的左右非常重要；(b) 比热数据，其中包含了无磁性体系 $Lu_2Ti_2O_7$ 的数据，以资比对；(c) 直流磁化率的数据，包括两个问题下的磁性数据；(d) 电阻输运数据以及基于热激活模型的拟合结果；(e) μSR 数据，排除了长程磁有序的可能性。

即便是已经研究多时的 FeCrAs 化合物，目前也没有可靠的理解，即“非金属的金属”应该是何种物理下的坏小子。姑且列举几个理论解释的尝试，可以看到都是凝聚态物理最难啃的骨头：

(1) 具有非费米液体行为(non-Fermi liquid)的 Hund 金属态。这一图像虽然并不复杂，却与实验有太多不符。

(2) 隐藏的自旋液体态(hidden spin liquid state)。这正是高度阻挫物理的下游之一。这种自旋液体态源于 FeCrAs 中的 Fe 离子三聚态(trimer)，而位于这些 trimers 上的载流子距离金属-绝缘体转变的量子临界点很近。因此，电荷涨落会局域化载流子传输，但不会影响热力学性质。也就是说，这种电荷涨落使得输运变得局域化，但热力学行为和磁性依然如初。看起来，这一图像也许可以应用于 $Lu_2Rh_2O_7$，如果考虑图 6 中 Rh^{4+} 离子的三角扭曲结构。

无论如何，这里的实验再一次预示：在(t，U，λ)三维空间中，相互作用的“纠缠”依然会让很多新的现象若隐若现、若有若无。理解这些性质，一方面会丰富我们的认识，却也无疑会对那些简洁漂亮的电子结构物理提出质疑。这些质疑的学术意义也许很大，但没有简洁直观的物理，就会给设计好的材料和预测好的性能带来困难。而另一方面，对巡游金属行为的烧绿石体系，其阻挫物理变得更加复杂，我们很难找到磁阻挫与其电输运行为之间明确的对应关系。

“明知山有虎，偏向虎山行”的读者，可以前往阅览展现这一“纠缠”复杂性的论文。论文题为“Coexistence of metallic and nonmetallic properties in the pyrochlore $Lu_2Rh_2O_7$”，发表在《npj Quantum Materials》(2019 年第 4 卷第 9 篇)上。

隐形的翅膀

1. 引子

很小时候，老师就教给我们“眼见为实”的名句。这一朴素逻辑，对理解物理学有重要推进作用：任何物理现象或机制，都值得竭尽所能去“看”，看到才算是了。这种“看”，当然不仅仅是朴素地用眼睛看，而是基于严谨逻辑和定量推演去“看”和看到，因此是广义的“看”。从这个角度，物理学的进步，就是如此千千万万个追求“看”的故事所结成。这是物理人的精神，更是物理人的宿命！

当经典物理学克服一个又一个障碍，走向高端的时候，这种“看”的诉求却有了诸多坎坷与挣扎。到了今天，我们是不是到达了“看”的终点和极点，开始成为一个问题。宋代袁燮在《登塔二首》中说：

远望巍峨耸百寻，今朝特达快登临。

最高未是真高处，无尽应须更尽心。

虽然这首诗是豪迈和具有哲学意义的感悟，却也与物理的追求切合。只有本着“最高未是真高处，无尽应须更尽心”，才能看到更远、更深刻，大概就是这个道理。

然后，物理就到了量子世界。首先，量子让我们见识了“测不准原理”，即微观世界中的相互作用影响我们“看清”世界的能力。因为“看”是一种过程，必须要对被看的对象有某种作用，从而影响被看对象的状态，因此我们“看”不到原始。也因为“看”是一种基于场的逻辑，有时空的概念，“看”需要时间、空间的延续和强弱高低的测度。因此，“看”成为一个过程。从这个意义上说，物理学变成了“成也是‘看’、败亦是‘看’”，成为一般逻辑。

现在，“量子隐形传输”的概念开始甚嚣尘上。所谓隐形传输，意味着我们应该“看”不到传输这个过程，因为这一传输是即时的、无须现实世界“传”与“输”的时空特征（即超距、超时）。这一概念的世俗版，大概就是在日常生活中大行其道的那些“时光隧道”和“时空穿越”。对于“隐形传输”，百度百科是这样说的：

量子隐形传态（quantum teleportation），是一种利用分散量子缠结与一些物理信息（physical information）的转换来传送量子态至任意距离处的技术。它传输的不再是经典信息而是量子态携带的量子信息。在量子纠缠的帮助下，被传输的量子态经历“超时空传输”，在一个地方消失而无需任何载体携带，又在另一地方神秘出现。量子遥传并不会传送任何物质或能量，因此无法传递传统的资讯，无法使用在超光速通信上。量子遥传与一般所说的瞬间移动没有关系：量子遥传无法传递系统本身，也无法用来安排分子在另一端组成物体。

这段话很神秘、很拗口！无论如何，隐形态及其传输在量子世界中堂而皇之诞生并茁壮成长。

不过，这里的隐形传输依然太过浪漫，隐去的是一种信息。如果我们去寻找凝聚态物理中是否存在隐形的对应，至少是字面上的对应，却发现并非空手而归。最近的一些进展，也堂而皇之地提出了“隐形态（hidden phase）”的概念（图 1），虽然其踪迹可以追溯到半个世纪之前。

图 1 隐形态的艺术家概念

其中被银色帷幕遮挡住的是什么，并不那么容易从“看”到的视觉上确定下来。

图片来源：https：//www. futurity. org/quantum-hidden-state-of-matter-1791822-2/。

2. 热力学的视野

要话语所谓隐形态，可能最好从物理人描述凝聚态的基础热力学开始。对物态的描述，热力学构建了一整套完备的概念体系。由物质的基本相互作用（比如电磁相互作用）出发，热力学构造出体系自由能对各类场变量（温度、压力、电磁场等）的依赖关系。这种关系一旦确定，我们即假定，在时间上足够长和空间上足够广的区域中，组成物相的所有基本单元都会展示其遍历性（ergodicity）。而热力学上可能的所有物相也一定存在于场变量空间中，即存在于相图中。例如，改变温度，一种物质在不同温度区域会展示不同的热力学最可几物态，包括结构、对称性、可期待的物理性质等。物态之间的转变通过相变联系起来。改变压力或者其他场变量（电场、磁场、光场等），也有类似过程。因此，相变与物态成为凝聚态的核心部分。当然，最近的拓扑物理开拓了第二条道路，试图绕过相变途径。目前这一道路是阳关道抑或是独木桥，尚可观察。至少目前的态势显示，拓扑没有绕开对称性，而对称性却是相变的源泉！

凝聚态物理的内涵之一，就是借助各种工具与理论，扫描整个热力学遍历空间，以得到一系列自由能极小值（注意，不一定是最小值），就像图 2 所俯瞰之群山一般。这种扫描，通常借助于改变各类场变量来实现。每一个极小值对应于一种状态，在合适的热力学环境中可能就是某种最稳定物态。这大概就是凝聚态物理的热力学视野。它给人一种印象，或者给人设定某种范式：只要一张相图，即可览尽这一体系的全部（凝聚态）物理。因此，相图即总纲，纲举目张。这也是物理人每每看到某一体系相图的文章时，就激动不已的原因。

图 2　来自网络中的俯瞰群山，对应于自由能轮廓

其中，每一处山谷可能对应一种物态，原则上可能通过改变场变量条件，而使得每一个山谷成为最低的山谷。此时，这一物态就成为热力学上可观测态。

图片来源：https://www.alamy.com/aerial-view-of-snow-covered-mountains-western-china-east-asia-image66518116.html。

既然热力学及相图对某一凝聚态体系如此重要，何不就此泼一盆冷水呢?!

事实上，视野之外的隐形态，就是这样一盆冷水，浇到物理人炽热的心灵之上。所谓隐形态，最通俗直观的说法，就是热力学相图中不存在的那些物相(如果有的话)，较为严格的表述应该是远离热力学遍历性最可几的那些物相，或者远离平衡的那些物相。这些不“存在”的物相称为隐形态，而相图中那些存在的相则称为显形态。一个体系，晶体结构上的非晶态就是典型的隐形态，最不可思议的就是水或冰还有很多可能的隐形态，最难以捉摸的就是关联量子体系中那些看不见、摸不着、剪不断、理还乱的电子物相。

很显然，这样的定义过于学究气，不易看懂实质内容，基本上没有涉及隐形态与显形态到底是什么的问题。如果接地气一些，要去“看”到这些隐形态，至少有如下两点值得关注：

(1) 如何能将一个相图中所有的遍历物态都找到而没有遗漏？如果有遗漏，那就会给判定是隐形态或显形态带来困难。假定场变量很多，一个体系的热力学相图可能就很复杂。绝大多数情况下，可能很难将相图做得完备，很难界定是否有遗漏的显形态。其次，隐形态与非平衡态经常难以区分。例如，偏离热平衡的相算什么？如果这种非平衡是热过程引起的，那热弛豫会回归稳态，与隐形态并非完全等同。

(2) 物理上，对显形态之间相变的唯象学描述，有两个不同层面：热力学与动力学。热力学与体系始态、终态有关，而动力学强调始态、中间态和终态之间的渡越。因此，物理上有弛豫的概念，也就有特征弛豫时间的概念。到目前为止，物理人的认识是：不同体系的特征弛豫时间，可横跨20个量级以上。这一极宽的弛豫时间谱，给实验探测亚稳的显形态带来困难，更给探测所谓的隐形态带来困难。如此，怎么能够确定实验所探测到的某种物态一定是隐形态？

3. 去“看”隐形态

如此，基于热力学视野，探索隐形态就成为视野外的一种尝试。正因为是视野之外，亦因为足够新颖，才有了很多实验尝试。其中，所谓“光致相变(photo-induced phase transitions)”的出现，为寻找隐形态提供了契机，逐渐引起物理人的兴趣和关注。有兴趣者可以阅读早些年的相关书籍，如K. Nasu编撰的《Photo-induced phase transitions》(World Scientific Publishers，2004，Singapore)。

这种兴趣分为两个层面：到达与探测。

首先，当然是要能到达隐形态那里。借维基百科及网络之便，以图3之卡通所演示的原理示意来说明到达隐形态的道路：一个热力学体系，处于基态 G。如果一个电子吸收一个光子，只要光子能量合适，电子就可能被激发到高位激发态 E 处。随后，处于 E 态的电子就可能借助诸如Frank-Condon弛豫之类的机制，到达某个局域有序中间态 I。体系中许多此类局域中间态 I 借助相互作用，形成某种宏观有序的亚稳态 H。注意到，这里的局域中间态 I 和这些 I 态之间的相互作用是新产生的、原来热力学遍历之外的新物理，因此这一有序态 H 被称为隐形态。

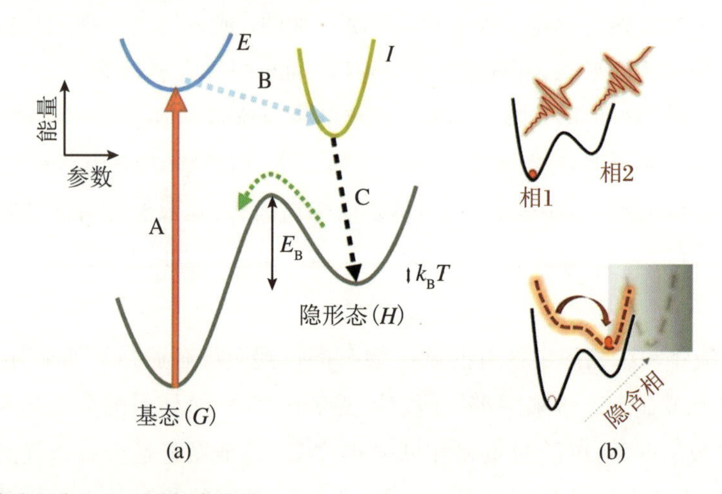

图3 如何到达隐形态那里是理想者的梦

图(a)激发原理示意图；图(b)超快光子激发(上)与探测(下)示意图。

图片来源：https://en.wikipedia.org/wiki/Hidden_states_of_matter；https://www.news.iastate.edu/news/2016/08/10/nanoscope。

无须细细思量，就能看出隐形态有两种前途：① 如果隐形态 H 与基态 G 之间的势垒 E_B 不高，隐形态很快就会油尽灯枯，回归显形基态 G。② 如果 E_B 足够高，高于热涨落能量，则这一隐形态有可能具有较长寿命，为我们去“看”其面目提供了机遇。

事实上，到目前为止，一系列研究工作揭示出很多隐形态，诸如前面提及的水与冰，诸如非晶态。通过诸如超快冷却技术，只要冷却速率足够快，或者基于液-固晶体相变过程足够慢的原理，局域原子分子排列的无序态可以扩展到宏观尺度，使得非晶态成为材料科学关注最多、最广泛的一种隐形态。当然，非晶态在晶格结构上高度无序，但带给电子结构和其他功能方面的变化并不多。因此，非晶态合金或半导体所展示的现象、效应和性能丰度有限。如果我们关注电子结构层次的隐形态，可能需要关注的多是那些寿命在 ps(10^{-12} s)量级及至 fs(10^{-15} s)或 as(10^{-18} s)量级。本文的讨论姑且局限于此类。

其次，要想办法“看”到隐形态。这里“看”成为当前的前沿。如果 E_B 很小，隐形态的寿命太短（比如<as），物理人还缺乏足够快和短的分辨技术去“看”这个过程。如果 E_B 较大，寿命超越 ps 甚至到 ns，新的问题来了：固体被光子激发，除了从 G 态激发到 E 态的过程，体系一定伴随其他晶格吸收的进程，热效应不可避免。而在常态条件下，一般固体声子特征时间在 ps 尺度。因此，声子热传导将遮盖物理人对长寿命隐形态的探测。由此，“看”清隐形态的时间窗口是如此狭窄，难以捕捉。

幸运的是，最近十多年，飞秒激光技术和 THz 光谱技术的发展，为在凝聚态量子体系中“看”到隐形态提供了诸多有效选择，从而刺激了研究工作的进程。这种刺激，自然有其必然性与物理机缘。我们可以粗略梳理如下：

(1) 再说一遍，凝聚态的相图基于热力学视野，基于时间上足够长、空间上足够广的相空间区域中之遍历行为。热力学过程或者说近平衡过程，是热力学视野的立足点。反过来说，如果是极度偏离热平衡的过程，隐形态呼之欲出并非没有可能。考虑到固体中声子的时间尺度在 ps，激发隐形态的时间尺度应该比之更短。

(2) 拥有了技术和手段，有可能在哪些体系看到隐形态呢？事实上，基于图 3 所示的机制并非理所当然。平常固体，如金属和一般半导体，如果受激光激发，电子吸收光子后激发到高能级，固体最可能的后果是热电子受激态，如等离子态。此时，除等离子激发外，并无太多新奇物理可言，其结果可归入一般基础热物理过程。然而，如果是关联固体中的电子受激激发，事情很不一样，丰富物理和可能的隐形态或者成为可能。其一，关联体系存在可调控电子带隙，很大程度上阻断了固体在电子吸收光子后激发到热电子态或等离子态。其二，关联体系中，电子各自由度与晶格自由度之间的关联耦合使得物理问题变成多体问题，易于形成丰富的隐形态，从而是发现并调控新物态的良好体系。因此，过渡金属氧化物、硫系化物(chalcogenides)，甚至一些过渡金属间化合物等，都成为探索和研究隐形态的候选对象，在 2000 年之后得到广泛关注。

(3) 基于隐形态的时空性质与承载体系，已经有了一系列基于飞秒激光或 THz 谱源诱发隐形态的实验技术。这些技术包括光的泵浦和超快探测两个环节，能够基于动量空间的散射或成像方法，将隐形态“显”像出来。一些典型技术示于图 4，而详细技术细节在此不再啰嗦。看君如有兴趣，可寻找相关文献一览为快。

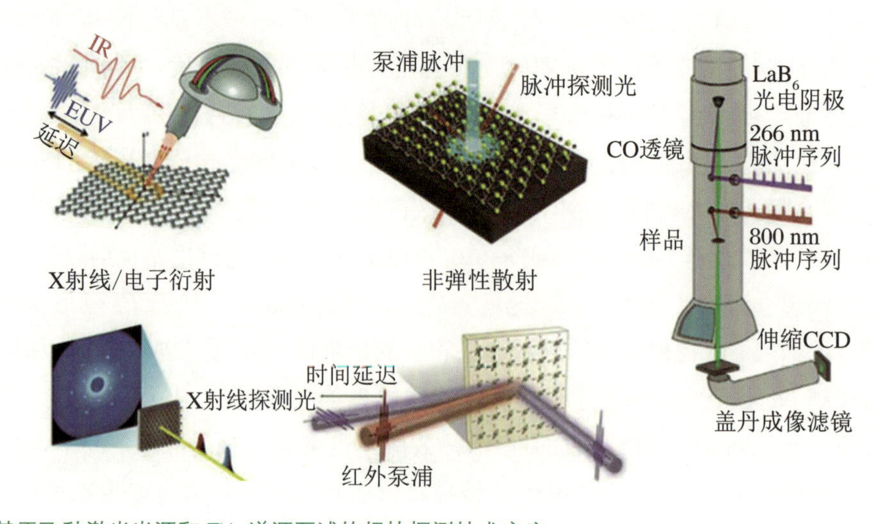

图 4　基于飞秒激光光源和 THz 谱源泵浦的超快探测技术方案

包括 X 射线、电子束、非弹性散射、电子显微术等技术已经有报道。

图片来源：https://books.google.com.hk/books?id=7KFTDwAAQBAJ&pg=PA43&lpg=PA43&dq。

4. 揭秘隐形态

行文到此，还很少触及问题的核心，即为何要费尽心思去看那些若有若无、生命短促的隐形态？

众所周知，凝聚态物理和材料科学的主体是物相。从最粗略的固、液、气等离子体的大类分类，到固体中基于化学成分、结构、对称性、电子结构不同所对应的物态，无一不是凝聚态的至高目标。这里讨论隐形态，亦是新物态，因此正好符合此主体。寻找新物态，既是凝聚态物理极为激动人心的目标之一，亦会是新生长点与新方向的载体。

对母体物相，除了变温和施加压力这些经典热力学视野之内的物相调控手段外，如前所述，视野之外最值得称道的手段便是光致相变了，可以产生相图之外丰富的光致隐形态(photo-induced hidden phase，PHP)。这是其二。

对这些 PHP，共同的兴趣在于两个关键点：

(1) 局域的有限光子注入，只是一个局域绝热激发过程。激发引起的电子跃迁到高能级，最多也就是引起局域晶格畸变和电子结构变化。但这种局域变化，能够扩展到宏观尺度，形成一个可定义的热力学上的物相。这里的问题是：为什么局域激发能达到一个宏观尺度的隐形态出现？并稳定存在一段时间？

（2）与一般热激发物态比较，如此激发到达的隐形态结构上有无不同之处？有哪些有趣与新颖的性能？发现与理解这些性能，才是寻找这些物相的驱动力。

再说一遍，熟悉关联量子物理的学者，马上就能意识到第一个关键点并非奇闻逸事。因为电子多重自由度与晶格自由度耦合在一起，关联量子系统从一个物相转变到另一个物相所需要跨过的势垒不高，各个物相几乎是简并的（degenerate）。这些特征决定了关联量子体系相图丰富、多相共存与竞争明显、对外场响应敏感。图 5 是一个简单的卡通示意图，展示一个关联量子体系中电荷、自旋、轨道、极化的耦合。同时，外来激发，如中子束、电子束、光子束、muon 束等，介入这些自由度及其耦合，会带来丰富的额外物理。这是关联量子材料的主要内涵。

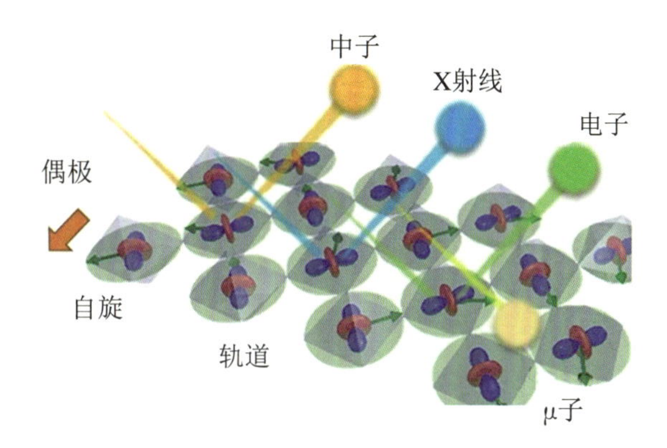

图 5　强关联电子系统的各自由度与外部激发，构建了关联物理的主要元素

图片来源：http://www.qpec.t.u-tokyo.ac.jp/research02-e.html。

毫无疑问，对这类体系，热力学视野之外的隐形态也一定比简单体系的隐形态多。一个关联体系，即便是局域吸收光子，使得局域晶体结构和电子态发生了变化，也很可能会触发这一区域迅速扩散，形成宏观畴区域，形成新的宏观物相。图 6 即这一过程的一种卡通表达。这些隐形态与原来的有序基态可以在很多方面体现出巨大差别。

正因为如此，隐形态的探索主要在高温超导、锰氧化物等过渡金属化合物中进行，最近也有很多针对硫系过渡金属化合物的探索。注意到，锰氧化物在物理人探索隐形态方面占据了重要地位。

图 6　一个关联电子系统，其基态是电荷、自旋和轨道有序态，其中蓝色箭头和红色箭头形成 zigzag 反铁磁序。外来光子束激发后，中心区域的自旋与轨道序被破坏。由于这一隐形态与基态能量相差无几，这一光激发隐形相会迅速扩张为宏观畴，即宏观新相

图片来源：http://qcmd.mpsd.mpg.de/index.php/research-science.html。

5. 更高、更快、更强

姑且看一个例子。上海交通大学物理与天文学院的陈洁教授团队和华东师范大学、德克萨斯农工大学合作，曾经在揭示锰氧化物隐形态方面完成了一项实验工作（图 7）。陈洁老师一直致力于超快激光光谱、超快 X-射线光谱和超快电子衍射的研究工作，她的团队开展锰氧化物隐形态的探索，毫不奇怪，应属驾轻就熟。

从图 6 所示的卡通机理可以推测，一束光子轰击一个高度有序的锰氧化物体系（例如 $R_{1-x}A_xMnO_3$，其中 R 为稀土离子，A 为碱土金属离子），最大可能出现的是某种比当前基态相无序的物相。如果有某个对称性不同或者对称性高一些的“隐形态”出现，那已是求之不得、欢欣不已了。事实上，早期很多研究工作，都是按照这个逻辑开展的，结果也大概如此。

除此之外，过往的实验都是在低温环境下进行的，以确保材料的初始基态是高度有序态。而陈洁老师他们却别出心裁，开展的是高温隐形态的探索。他们挑选了 $La_{0.7}Ca_{0.175}Sr_{0.125}MnO_3$（LCSMO）薄膜这一体系。LCSMO 低温下基态是铁磁金属（FM）相，高温相是顺磁绝缘（PM）相，金属-绝缘体转变（MIT）发生在室温附近，即转变温度

T_{MIT}<300 K。中子衍射结果显示,在 300 K 附近,体系呈现的实际上是非典型的顺磁态,即顺磁态中镶嵌着一些电荷-轨道有序的 CE 型反铁磁(CE-AFM)团簇,也就是电子相分离的典型结构。

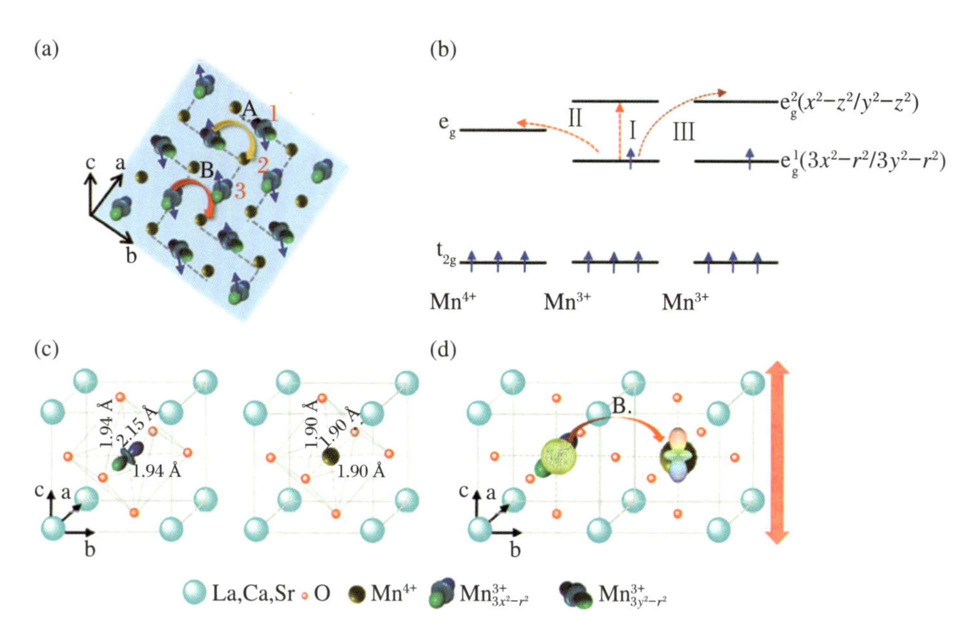

图 7　陈洁老师他们提出的锰氧化物中光致激发铁磁相微观过程

(a) 电荷-轨道有序的 CE-AFM 相的结构示意图。其中,虚线表示一维 zigzag 链,A 和 B 两个过程分别对应于光子激发的链内(intra-chain)和链间(inter-chain)电荷转移过程。(b) Mn 离子的电子能级,包括 t_{2g} 和 e_g 能级。图中展示了一个 Mn^{4+}-Mn^{3+}-Mn^{4+} 离子链单元,位于中间的 Mn^{3+} 离子其 e_g 能级电子可能的转移途径用红色虚线箭头表示。(c) LCSMO 晶体结构基元。(d) B 过程导致的晶格畸变。细节请关注论文原文。

挑选 LCSMO 这一体系,可能有几个动机:

(1) 锰氧化物具有丰富的自旋电子学新效应,但没有一个体系在室温以上具有可用的良好性能,因此能够在室温以上找到一些新的有序物相,即便是隐形态,也将是一件予人希望之举。这是更高。

(2) 在室温附近,100 飞秒的光脉冲就能激发出高度分辨的铁磁态,这预示出高温区段隐形态激发具有更短的特征时间。这是更快。

(3) 在一个无序顺磁态中,在光子能量超过阈值后,电子吸收光子,能够激发出电子有序态,而不是相反,这是较为反常的现象。毕竟,电子是先被激发到高能态,再弛豫到低能态。这是更强。

可以猜测,这一工作体现了高温区隐形态的更高、更快和更强特质,将超快激光光谱、超快 X-射线光谱和超快电子衍射组合起来一起上阵,使得这一光子激发导致的令人惊奇的 FM 相形成过程展示出来。读者如有兴趣,可以前往查看发表在《npj Quantum Materials》(2019 年第 4 卷第 31 篇)上的这一题为"Room temperature hidden state in a manganite observed by time-resolved X-ray diffraction"的文章(https://www.nature.com/articles/s41535-019-0170-3)。

作为本节结语,毫无疑问,去"看"热力学视野之外的那些"没有"的物理,一定是物理人的梦想之一,因为那里有绝望、希望、花开与梦想。不信的话,读者可与笔者一起,再吟唱一回王雅君作词作曲、张韶涵高唱的那首歌:

我知道,我一直有双隐形的翅膀

带我飞,飞过绝望

带我飞,给我希望

我终于看到所有梦想都开花

隐形的翅膀让梦恒久比天长

留一个愿望让自己想象

吟唱之后,我们会明白,歌词虽然平常,但也带了一点去"看"隐形态的意义。

多铁满是愁滋味

古人喜欢愁,也擅长说"愁","愁"从而成为我们的文化符号之一。笔者因此附庸风雅,经常自言自语"愁滋味"。我最喜欢的说"愁",是南宋大词人辛弃疾那首脍炙人口的《丑奴儿》。词是这样说的:"少年不识愁滋味,爱上层楼。爱上层楼,为赋新词强说愁。而今识尽愁滋味,欲说还休。欲说还休,却道天凉好个秋。"全词婉约而写实,勾画了人生"愁滋味"对人生时间的函数关系。

笔者牵强附会地认为,一个人的情绪中,"愁"是与"悲、欢、离、合"有所不同的状态:① "愁"是渲染情绪的多重因素相互牵制和纠缠之结果,对应于一个灰色的、黑白不明或者是非不分的状态,使得一个人难以做出轮廓清晰的判断,进而不轻易采取直接果断的行动;② 所谓"多愁善感",意味着当前的状态对内禀或外界的刺激敏感,稳定性不佳。这种敏感性正是科学研究可资善用的机会和可能性。如果我们说"愁"是华夏文化的一个重要特征(feature)似乎并不为过,也因此被广为渲染和运用。我愿意说:愁是一幅人生意境,在愁者的脑海里多是无序、纠缠、涡旋的状态。愁也呈现一种科学形态,包括对愁的感知、梳理、调控与利用。愁抑或是一窗现实世界，所谓“年少不知愁滋味，老来都是淡愁随”。

说“愁”是一幅人生意境，大意为少年不知愁，多是擅长“喜、怒、哀、乐”的显性单值函数。也因此说，少年喜怒哀乐溢于言表、无拘无束、敢于天下先。中年人阅历丰富、满腹经纶，记挂和纠结之事不少。中年多喜怒无形、少爱恨分明，多左右逢源、少左冲右突，多是非模糊、少黑白分明，因此才生出许多愁。这种文化类比于一个方程含多个未知数，年少者瞄一眼，即判定无解而另觅新欢；但人生阅历深厚者会做定性分析以求得出优化结果，愁出一个最佳图案。这里需指出，数学分析告诉我们，定性分析基本上只能拘泥于平衡或非平衡稳定点附件的那些意境，过于“出格”或“高远”的追求不在定性分析之内。这是“愁”的本征属性，决定了中年人自诩很“新意”的生活，其实不过是围绕原地很小的碎碎步履而已。如何使这种“愁”的意境出神入化，可是人生快乐抑或沉闷的大学问。

说“愁”是一种科学形态，则属笔者胡言乱语式的拓展。我们不妨大胆地将“愁”翻译为英文的“frustration”，虽有点过分，却也“信达雅”，大意如此。“frustration”的确负载了很多“愁”的特征。物理语言描述 frustration 在笔者的笔下多有出现，科学对 frustration 的认识，早已从将 frustration 作为一种负面的病症提升到将其作为一种正面的变化特征，这是一大进步。

为了继续笔者的“愁”，请允许笔者以物质科学或材料科学为例来做“表面化”说明。众所周知，每一种材料都有很多可能的结构和性能，它们之中能量最低的那个态往往就是最为人知、最典型和最稳定的性能载体，对应于相对很深的能量势阱，如图 1(a)所示的深势阱。我们所使用的大宗材料，都因为有对应于此类深势阱(图 1(b))的态而展现出独特的性能，受到器重和运用。这些材料包括半导体硅、机械工业的钢铁、化工的塑料橡胶、建筑用的硅酸盐等，不一而足。与这个态对应的主体结构与性能，大多既典型又稳定(robustness)、效果好、寿命长。深势阱也给产业化提供了宽松的支撑环境。总之，寻找性能处于深势阱的材料，是数百年来经典的科研形态。

只是到了今天，科学最鲜明的“见异思迁、朝三暮四”之性情充分展现出来。当今科学研究的对象，已转到物理空间上那些很多、很浅、很容易逾越的势阱态。一个针对关联量子材料的卡通显示于图 1(c)，其中左右两条灯火通明之路示意出技术调控途径。这些势阱一般形成于各种相互作用的竞争与妥协，它们较为脆弱、响应敏感，所展示出来的物理性质可以如鸿毛一般，微风之下既易上下翻飞，也很捉摸不定。随之而来的问题与挑战是：这些性质稳定性不高、寿命不长、制备条件苛刻、工业化控制与规模面临严峻挑战。这些与“愁”的特征惺惺相惜，正是“愁滋味”的结果！

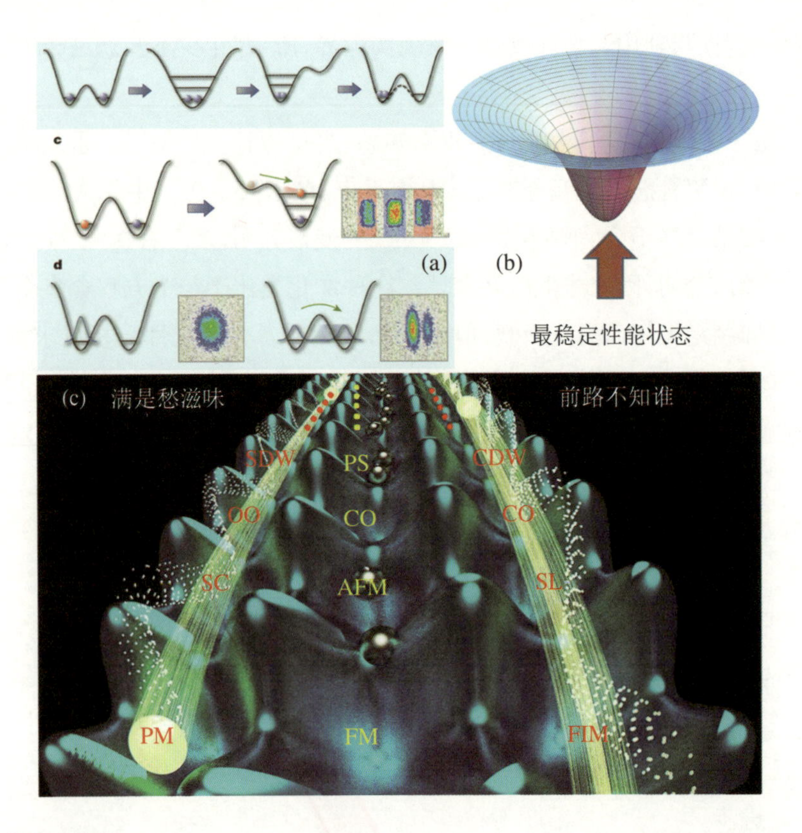

图 1 物理能有几多愁

(a) 物质能态的相图,展示了各种材料性能载体的物理根源。(b) 具有最稳定和最典型的性能一定对应于一个深势阱。(c) 以关联量子体系为例展示需要深深的"愁"绪去研究的物质能态相图,势阱数量多、势阱浅、相互转换容易,亮色条带表示技术调控如何在各个很浅的势阱之间上下翻飞;PM = paramagnetic, FM = ferromagnetic, FIM = ferromagnetic, SC = superconducting, AFM = antiferromagnetic, SL = spin liquid, OO = orbital ordering, CO = charge ordering, SDW = spin density wave, PS = phase separation, CDW = charge density wave。

图片来源:(a) http://www.nature.com/nature/journal/v448/n7157/images/nature06112-f1.2.jpg;(b) http://upload.wikimedia.org/wikipedia/commons/d/d9/GravityPotential.jpg;(c) http://jqi.umd.edu/williams/williams/sites/default/files/styles/dynamic_news_lead_image/。

令人有些遗憾的是,现代物质科学经常陷入这种"万千愁绪不染尘"的状态或过程:阳春白雪居多,下里巴人偏少。现在的物质科学研究,追求新效应、新功能、高性能、低成本和产业化。从一个很长的时间尺度看,这种追求的步履与科研投入的比值呈现时代的衰减函数,原因显然在于科学研究的"愁滋味"正在变得越来越浓,表现在两个方面:其一源于客观,即科学发现的对象主要是那些多、浅、容易逾越的势阱态,如图 1(c)所示。其结构-性能变化多端、稳定性低、成本高,所面临的问题与挑战有目共睹。其二来自主观,即科学界在报道科学发现时有好大喜功之嫌，报喜不报忧正在增多，科学“见异思迁”的双刃剑本质正在彰显出来。

这里谨以多铁性物理与材料研究为例来粗略勾画。

多重铁性共存与耦合，是凝聚态物理知名的梦想与难题。“屈指算来一甲子，也无风雨也无晴。”我们从“愁”的各个角度来罗列：

(1) 早期朗道对称性破缺理论，给出了多铁性共存的对称性破缺必要条件，即时间反演与宇称反转对称性的双重破缺。这两种破缺之下的能量尺度还得是相近的，这本身就是很稀罕而让人发愁的局面。

(2) 早期的新材料探索很少。大概只有那些甘于与愁相伴的材料学者，才会去布朗之城(Brown motion)中随机行走，比如 Cr_2O_3。不过，做这些工作很辛苦。

(3) 20 世纪 60 年代至 90 年代这 40 年的探索，可能是凝聚态物理众多领域中效率极低的领域之一。能够登堂入室的材料体系屈指可数，能进入“名人堂”《Nature》《Science》的结果好像没有，更没有多少故事可以在坊间流传。

(4) 40 年弹指一挥，物理学者提出过很多实现磁电耦合的理论途径，基本上全是磁矩与铁电极化之上的四阶耦合，其弱不禁风、冷而刺骨、难超蜀道、稀如真空，都是浮云。

(5) 偶有春光乍泄，大概算铁电活性离子与磁性活性离子混合在一起的一两个化合物材料，如 $Pb(Fe,Nb)O_3$。虽然研究工作很多，但读者如作壁上观，就会看到：为实现真正的多铁性性能而左支右绌、拆东墙补西墙、和稀泥的现象比比皆是，给了“多铁愁绪一甲子，尽是浮云风雨稀”一番真实写照。当然，由此延伸出来铁电或铁磁复合材料的偶尔霓虹，那是题外话了。

历史到了 2000 年。巾帼不让须眉，由 Spaldin 开始了一个高潮，继而有 Ramesh(王峻岭)、Kimura、Cheong、Mostovoy、Nagaosa、Dagotto、Fiebig、Tokura、朱经武等名角悉数登台，百家争艳，开创了磁致铁电的新面貌。这一光景持续了大约 15 年，发表在《Nature》《Science》上的论文有 50 篇、PRL 上的论文有 200 篇！对此，南策文老师和笔者曾经写过一篇科普散文《多铁性十年回眸》(载于《物理》2014 年第 43 卷第 2 期)，着重点评其中的“风花雪月事、落雁沉鱼情”。个中愁滋味与高温超导研究有类似之处，示于图 2。

如果换一套“愁滋味”的语言，如下：

(1) 充分利用了自旋失措 frustration 物理，构建了磁致宇称反转对称性破缺的神话。由此发现了一大批多铁性新材料、新效应、新物理，特别是实现了磁矩与铁电极化之上的二阶甚至是三阶耦合，的确是好物理、好无力。

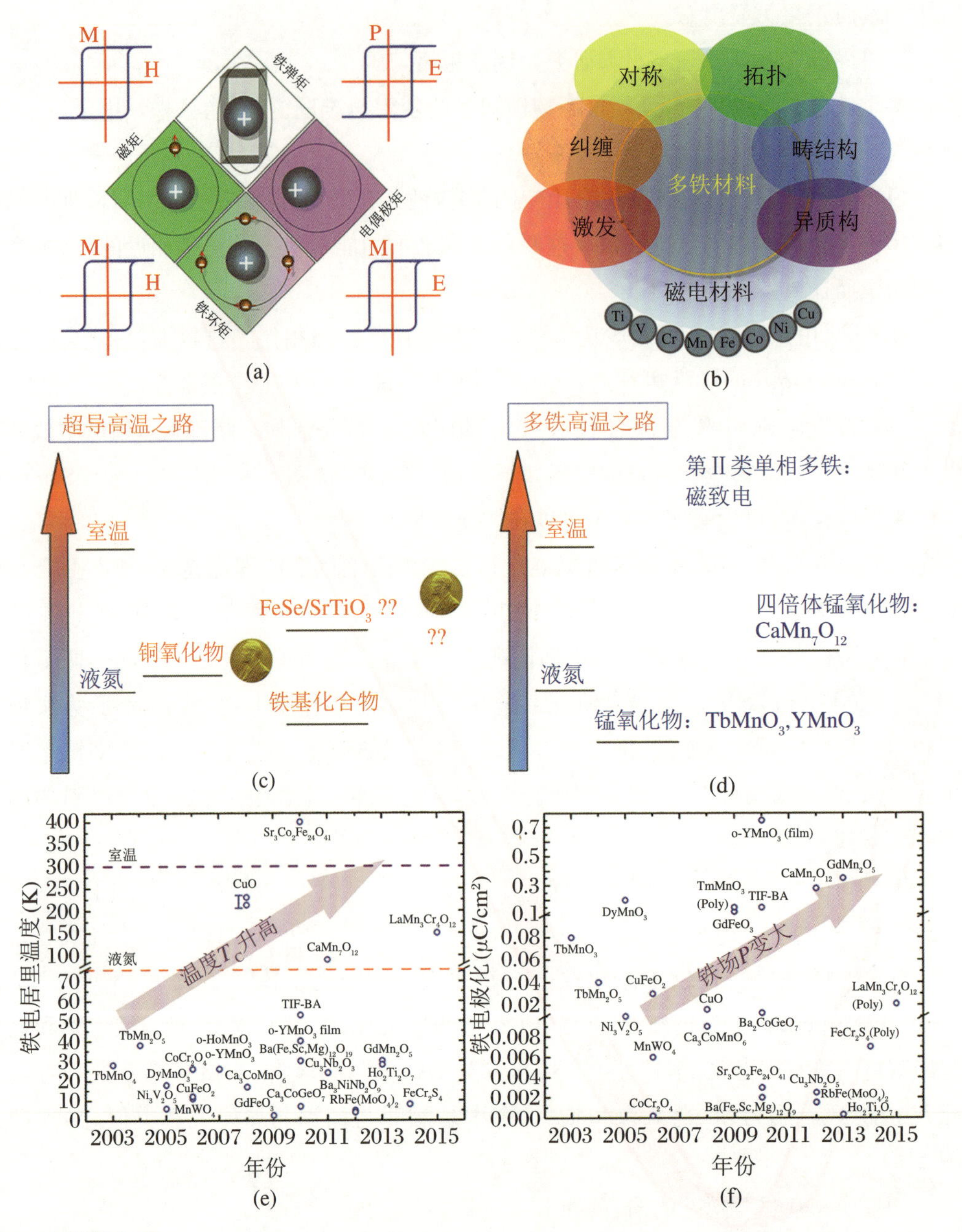

图 2　多铁性物理

(a) 多铁性的功能图；(b) 多铁性的“愁滋味”；(c)、(d) 多铁性的梦想是更高、更多、更强，高温超导的梦想也是更高、更多、更强(来自董帅)；(e) 磁致铁电材料的距离温度；(f) 磁致铁电材料的铁电极化。

(2) 实现了真正意义上的磁控铁电，虽然铁电极化小、居里温度低。这符合物理上“风花雪月简、落雁沉鱼穷”的场景。

(3) 因果轮回，宣告了这些磁致铁电体中电控磁性的梦想有些缥缈。其背景是，磁致宇称反转对称性破缺要求自旋序必须是高度 frustrated 的状态，印证了白居易的“天长地久有时尽，此恨绵绵无绝期”是个什么感觉。

当然，磁致铁电作为多铁性物理的一个重要里程碑，与其说成功在那些诸如“Mostovoy 一早醒来春暖花开”的八卦和“自旋-轨道耦合或自旋-晶格耦合”的漂亮物理，还不如说是成功地搅动了传统铁电物理的死水微澜，击碎了我们对磁致铁电材料的那些奢望，从而凸显了“愁”在多铁性研究中的重要性。由于在电控磁性这一关乎多铁研究生命力的关键问题上进展甚小，“愁滋味”的一个重要后果就是促使 Spaldin 等（如 Fennie、Triscone、Ghosez）重新拾起对混合非本征铁电体（hybrid improper ferroelectrics）的关注。

Hybrid improper ferroelectricity 的概念根源于过渡金属化合物（氧化物）中晶格的多个畸变模式共存与耦合，并关联到电子的各个自由度，如图 3(a)所示意。Spaldin 们设想：improper ferroelectrics 类别之下也有可能找到多铁体。通过不同的“愁滋味”组合设计，将这些畸变的几个模式调整到某种临界态附近，使得牵一发而动全身，如图 3(b)和图 3(c)所示。这几个模式最好是铁电活性或者铁磁活性的。例如，有些层状钙钛矿氧化物中，氧八面体面内旋转导致自旋 canting，形成净磁矩 $M>0$；氧八面体面内旋转与面外倾斜耦合，导致铁电极化 $P>0$。由此，电场或磁场改变 P 或 M，就会触发晶格畸变模式的连锁反应，M 或 P 也会响应，电控磁性甚至是磁电调控就顺理成章啦。这里的精髓就是精细的活儿，是“愁”的无计可施之外出现的有机可乘。

当然，这一美梦提出后，康奈尔大学的 C. J. Fennie 就兴冲冲预言了若干体系都有这种新功能。他们在 2011 年发布了第一个预言，震动学术界，引无数英雄奔加州淘金。不过，大概淘了好几年，几无收获。Fennie 的美好预言多未成真，虽然并不妨碍后来者不断挺进《Nature》《Science》。由于这类化合物种类繁多、合成困难，其中需要夜不能寐、日不能醒的发“愁”很多，正确的理论预言变得非常关键。

复旦大学的向红军老师少年成名，在多铁性及相关领域第一性原理计算方面颇有名声。他属于那种目光敏锐、功底深厚，其外表与其内在不很一致的才俊。过去十多年，红军老师浸淫于多铁性“愁滋味”的修炼，对 Spaldin 们提出的那一套早就心有戚戚而心领神会。最近，他独辟蹊径，发展了一套寻找和设计新型铁电体和多铁性材料的战略，有一定普适性（a general strategy）。看君可别计较，这可不是那种挥挥袖子就有神来之笔的东西，其中“愁绪”非常动人。当然，红军老师的独特之处也体现在“木秀于林，风必摧之”，似乎 Fennie 们多不苟同，也让红军老师“愁”不能歇。正所谓“多铁满是愁滋味”，就是这种意境，笔者觉得挺好。2017 年 1 月 12 日，红军老师课题组以“Designing new ferroelectrics with a general strategy”为题在《npj Quantum Materials》撰文，简述了他们“愁”设计多铁性新材料的普适方法（http://www.nature.com/articles/s41535-016-0001-8），看君如果感兴趣，可移步期刊官网查看论文。

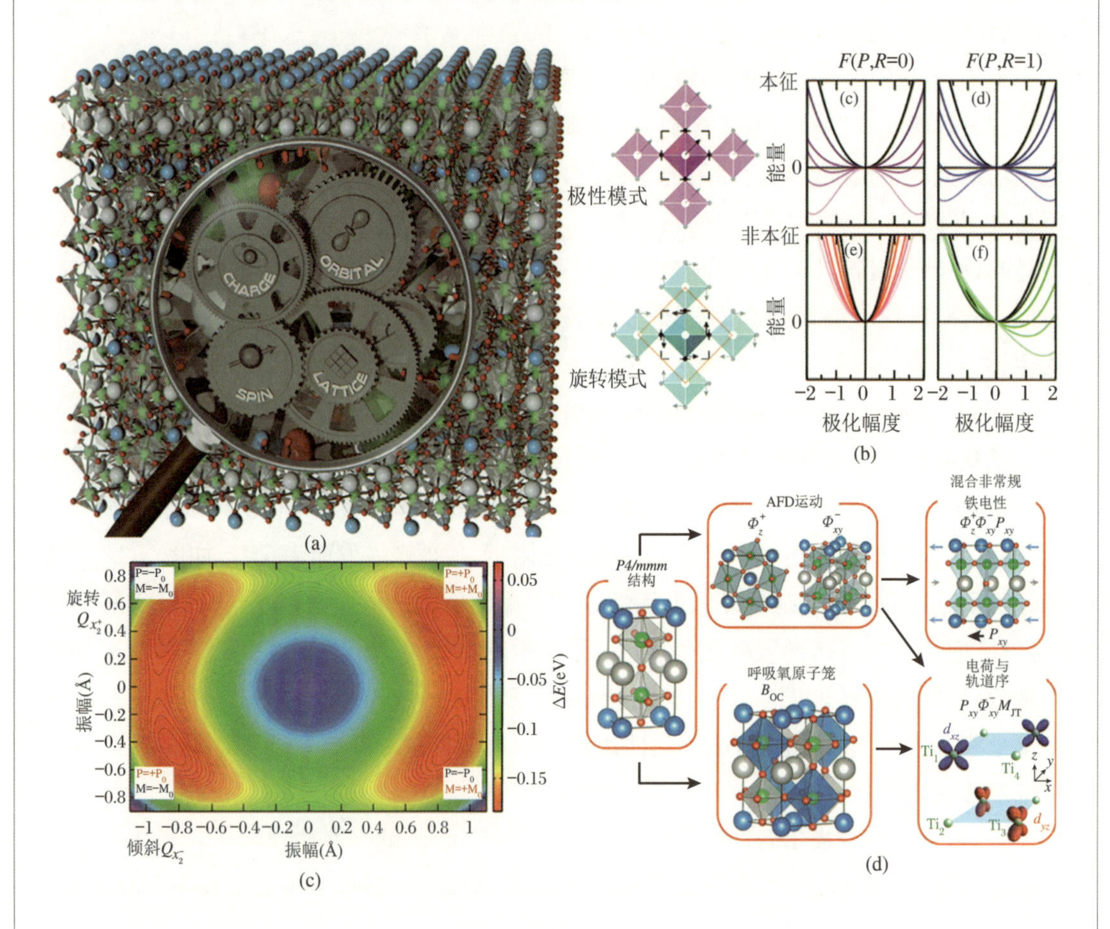

图 3　层状钙钛矿氧化物中非本征铁电体和多铁性图像

(a) 多重晶格畸变耦合的世界；(b) 非本征铁电体的能量态；(c) 氧八面体旋转（rotation）和倾斜（tilting）导致可能的晶格、自旋序和轨道畸变；(d) 氧八面体旋转与倾斜组合导致铁电极化和磁矩的翻转。

图片来源：(a) http://www.thomasyoungcentre.org//media_manager/public/37/Highlights/Bristowe%20Quantum%20mechanical.jpg；(b) Nicole A, Benedek, et al. Understanding ferroelectricity in layered perovskites: new ideas and insights from theory and experiments[J]. Dalton Transactions, 2015. DOI: 10.1039/c5dt00010；(c) http://www.nature.com/ncomms/2015/150325/ncomms7677/images_article/ncomms7677-f1.jpg；(d) Benedek N A, Fennie C J. Hybrid improper ferroelectricity: a mechanism for controllable polarization-magnetization coupling[J]. Physical Review Letters, 2011, 106(10): 107204. DOI: 10.1103/physrevlett.106.107204。

Kondo 无处不流传

好些年前,笔者开始滥竽充数,介入量子材料的第一性原理计算领域(实际上是学生们具体介入,笔者只是在后面跟着学习)。为此,笔者还购买了"专业"的商用计算软件如 VASP 和 MedeA 等。初学期间,学生们一开始就差点被 MedeA 折磨死,后来发现用原汁原味的 VASP 反而更好、更合适。不过,当我们尝试计算第Ⅱ类多铁性化合物——稀土锰氧化物的电子结构时,都会被同道告知:稀土离子核外的 4f 或 5f 轨道电子无法被计入考虑,因为这些软件都无法很好地处理 4f 或 5f 电子问题。由此,笔者别的知识没有学会,但 f 电子作用的计算与处理很难这一点,倒是一直铭记于心。

为什么基于密度泛函现代量子理论的计算,在 f 电子问题上就有些黔驴技穷呢? 后来笔者慢慢肤浅地理解了其中的缘由:① 从轨道尺度看,与 3d 轨道比较,f 电子轨道相对局域、空间分布狭窄,特别是 4f 电子轨道更为局域。密度泛函对此处理缺乏足够精度是可以预期的,处理不好还经常出现计算溢出和发散。② 因为 f 电子分布局域,库仑关联作用很强,似乎比 3d 轨道电子的库仑作用还要强。而基于 DFT 的 VASP 程序包很难处理好强关联问题,加 U 也是个权宜之计。因此,做第一性原理计算的物理人,总是想尽可能远离 f 电子。不过,就像海外很多应用都想远离中国的稀土一般,还确实离不开呢。

遗憾的是,含有 f 电子的量子材料,却又是物理最为丰富奇特之一类。例如,重费米子体系,一般都是含有 4f 或 5f 电子的材料,其中有凝聚态物理中知名的近藤物理(Kondo effect)和 RKKY 物理,展示出 4f 或 5f 费米液体态下传输电子与局域 f 电子的耦合效应,如图 1 所示。如果一定要最简单地列举近藤物理的两个特征,笔者作为外行能隐约感觉到:① 近藤杂化(Kondo hybridisation, KH),即局域 f 电子与巡游电子之间发生相互作用交叠,屏蔽局域磁矩,导致近藤单态(Kondo singlet)和独特的输运特征;② orbital-selective Mott phase(OSMP),即载流子的局域化只是选择性地出现(占据)于一些轨道,而另外一些轨道的电子依然保持良好的巡游特征。这一选择性也导致一些不那么常见的量子效应。

由此,4f 或 5f 电子体系或者说重费米子体系,成为量子材料的重要一环,并不奇怪。虽然目前来看,要走向实际应用,4f 或 5f 重费米子体系还任重道远,但那些奇特的量子材料效应,包括与重费米子密切相关的非常规超导电性,是量子材料人的不舍。除此之外,考虑到稀土作为功能材料的不可替代作用,4f 或 5f 重费米子材料一直是凝聚态物理的一帜独树或者自成体系的一支。

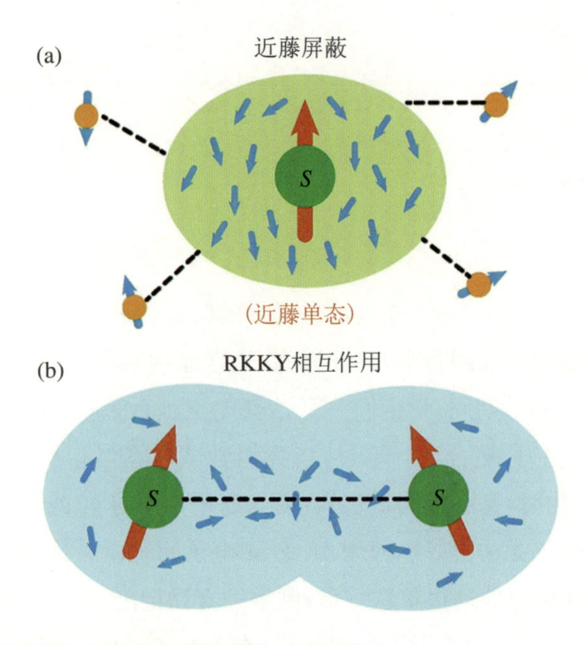

图 1　重费米子体系的两个知名效应:近藤屏蔽与 RKKY 效应

图片来源:https://wulixb.iphy.ac.cn/en/article/doi/10.7498/aps.70.20201418。

这些量子材料发展的脉络至少告诉我们,重费米子的这些物理似乎是 4f 或 5f 电子体系的专美和特色。凝聚态物理的研究历程也表明,这种认识是基本靠谱的。量子材料人更多关注的还是那些 d 电子关联体系。它们虽然也属于强关联物理,但与近藤物理之间,是那种惺惺相惜而井水不犯河水的做派。

然而,量子材料的重要特征之一就是:世间无处不流传!贬义的说法就是"哪里都有它"。毫无疑问,近藤物理在 d 电子量子材料中出现,并不是最近的事情。的确,过去一些年,有不少受关注的实验表明,3d 量子材料也展示了类似的 KH 和 OSMP 的特征,给关联物理和量子材料的扩张和深化带来额外的机会。当然,我们很适应量子材料中经常出现的这些意外和不期而至,过去几十年其实都是如此。

这里,不妨考虑一些潜在的物理意涵(图 2)。从轨道空间尺度角度看,3d 轨道虽然比 5f、4f 轨道要稍微扩展一些,但不管怎么说,3d 轨道还是很局域的,是所有 d 轨道中最局域的内层轨道。从这个意义上,某些关联很强的 3d 量子材料中出现一些重费米子特征,并不那么奇怪。

而更进一步,那些包含有轨道更扩展的 4d、5d 轨道电子的量子材料,如果也存在这些特征,那就很新奇和令人着迷了(事实上,大概是 2017 年,中国科学院物理研究所杨义峰老师他们曾经报道过 5d 体系类 Kondo 输运特征)。

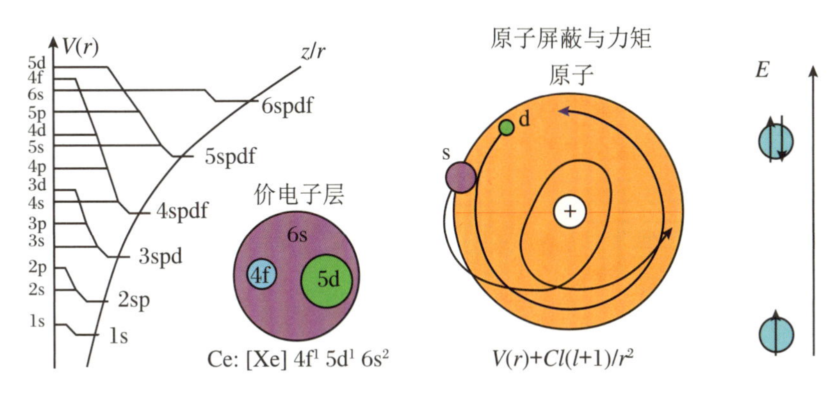

图 2　不同原子电子结构的空间尺度和关联图像

这一图像使得我们不需要局域于 4f 或 5f，我们可以拓展到 4d 或 5d。这里以 Ce 为例。

图片来源：https://www.phys.lsu.edu/~jarrell/Research/myresearch.html。

不出所料，来自韩国首尔的基础科学研究院和首尔大学的 Chang young Kim 教授团队，联合劳伦斯伯克利实验室先进光源、筑波的 AIST 研究院和早稻田大学的合作者一起，曾经利用成分与温度依赖的角分辨光电子能谱（ARPES），对 4d 体系 $Ca_{2-x}Sr_xRuO_4$ 开展了较为系统全面的观测（图 3）。说系统全面，是他们仔细探测了 $0.2 \leqslant x \leqslant 0.5$ 范围内的一组样品，清晰地揭示出近藤杂化 KH 的特征。与此同时，通过轨道分解技术，他们还找到了在 γ-带发生谱权转移的迹象，是 OSMP 物理的重要指针。

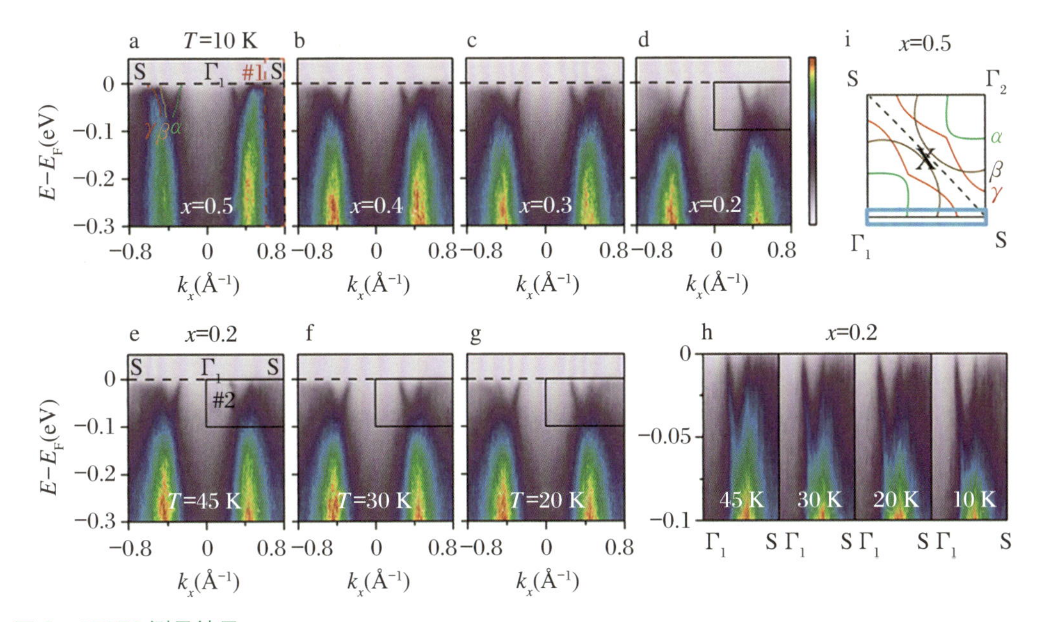

图 3　ARPES 测量结果

$Ca_{2-x}Sr_xRuO_4$ 在费米能级（E_F）处随掺杂量（x）和温度（T）变化的选择性能带压制。

这种令人意外、也令人烦心的结果，展示出近藤物理可以更为广谱和具有一般性。特别是在那些多轨道参与的量子物理中，这一效应可能更为显著（多轨道参与，意味着每个轨道都比较局域，因此 OSMP 效应必然更加显著）。诚然，笔者继续班门弄斧下去，就要出丑了，但这一工作的新意和意义已经提点出来。

电控磁性：遥远与眼前

1. 引子

宋代李之仪有诗云："我住长江头，君住长江尾。日日思君不见君，共饮长江水。"将基础探索与技术应用喻为居于江头和江尾的学科，还算贴切，虽然一定有牵强附会之感。长江源头不过是几条冰冻小溪，自下一路万里。这一过程不断有新的形态、组分、委婉弯曲、跌宕起伏。这些汇聚成流、合拢成河，到了下游即成涛涛大江。江河虽浩瀚，只是我们能够从中取之来用的当是少数，绝大部分都浩浩荡荡注入大海，在那里荡涤与沉淀。那些取之来用的，也都经过层层加工净化、去粕取精，方成功用，以造福于人类。

科学研究的成果绝大多数也如长江溪水，如发现、概念、预言与归纳总结，除了增长知识和理解外，大多并无其他用处。很多见诸高端的发现与设想，经长时间尝试与反复，能不能付诸应用，其实很难预料，或者说很容易预料却并无付诸应用的价值。这是严苛的现实，任凭那些伟大学者们使尽浑身解数也还是趋之若无。我们所宣扬的绝大部分成果，也许展示了应用前景，但多数很可能是昙花一现而已，因此我们不应该在文章中声称某某成果具有伟大意义或光明应用前景。诚然，这些成果，如果实事求是地展示其内涵与外延，当然有一些意义。

本文展示一段长江源头小溪汇入下游江涛的故事。故事的主角很希望能够灌溉大地、造福桑梓，但经过层层取舍，依然面临严峻挑战。那种欲罢不能的感受其实有些令人伤感，虽然过程也有激动与涟漪。这一技术途径能不能走向真正应用，其实还没有最终答案！

2. 磁电耦合

电和磁是物理的核心主题之一。数百年科学历程，使得电和磁各自有了自己的领地与归属。大学电磁学中，电与磁相对独立、各自成篇。直到电磁感应和电磁波章节，电与磁才彼此联系在一起。在经典电磁学中，电磁感应与电磁波都是含时的动力学过程。如果在空间上局限于介观和宏观尺度，时间上局限于（准）静态，磁电静态相互作用区域实际上是一块荒芜之地，经典物理学于其中并无任何可收获的耕种。要说明这一点，最简单的表达，是图 1 所示的麦克斯韦方程组。如果只考虑静态，电场 E 和磁感强度 B 无关，电位移 D（极化 P）与磁场 H（磁矩 M）也无关，电与磁唯一相关的是磁场 H 需要静态电流 j_0 来激发。

$$\left\{\begin{aligned} &\oint_S \boldsymbol{D}\cdot \mathrm{d}\boldsymbol{S} = \int_V \rho_0 \mathrm{d}\tau \\ &\oint_L \boldsymbol{E}\cdot \mathrm{d}\boldsymbol{l} = -\int_S \frac{\partial \boldsymbol{B}}{\partial t}\cdot \mathrm{d}\boldsymbol{S} \\ &\oint_S \boldsymbol{B}\cdot \mathrm{d}\boldsymbol{S} = 0 \\ &\oint_L \boldsymbol{H}\cdot \mathrm{d}\boldsymbol{l} = -\int_S \left(\boldsymbol{j}_0 + \frac{\partial \boldsymbol{D}}{\partial t}\right)\cdot \mathrm{d}\boldsymbol{S} \end{aligned}\right\} \Leftrightarrow \left\{\begin{aligned} &\nabla = \rho_0 \\ &\nabla\times \boldsymbol{E} = -\frac{\partial \boldsymbol{B}}{\partial t} \\ &\nabla\cdot \boldsymbol{B} = 0 \\ &\nabla\times \boldsymbol{H} = \boldsymbol{j}_0 + \frac{\partial \boldsymbol{D}}{\partial t} \end{aligned}\right\} \Leftrightarrow \left\{\begin{aligned} &\nabla\cdot \boldsymbol{D} = \rho_0 \\ &\nabla\times \boldsymbol{E} = 0 \\ &\nabla\cdot \boldsymbol{B} = 0 \\ &\nabla\times \boldsymbol{H} = \boldsymbol{j}_0 \end{aligned}\right\}$$

图 1　真空中的麦克斯韦方程组积分、微分表述式

方程组各符号的意义不言自明。其中，右首是准静态条件下的方程组表达式，电磁物理量之间并无关联。

我们都很清楚，当物理学科中两类物理并行不悖时，学科交叉作为一种失稳效应一定会波及左右，将它们耦合起来。电磁波是展示这一耦合千年一遇的范例，它将电场与磁场有机联系，构成了今天大千世界的基石之一。可以想象，在电磁学发展初期，那些伟人们一定反复尝试过静态条件下的磁电耦合，只不过于失败中淘汰、收敛与提炼，最终归于电磁感应这一动力学过程。静态条件下的磁电耦合作为一个未决之问题，免不了要经常被物理人翻出来炒一炒，从不同角度和深度来说一说。

鉴于磁电效应过于宽泛繁杂，为了描述问题简化方便，本文不失一般性，将要讨论的主题局限于：① 静态或准静态条件下；② 铁电极化 P 与自发磁矩 M 的耦合。当然，与 P 和 M 密切关联的物理量之间耦合也属于这一范畴。我们将这些耦合统称为磁电耦合。

现在知道，朗道也许很尊敬麦克斯韦，但任何让朗道循规蹈矩的企图都是无用的。尽管麦克斯韦谆谆教导，朗道和他的学生们还是另起炉灶，从对称性和唯象理论角度去猜测与理解磁电耦合问题（可参见董帅等的文章：Dong, et al. Multiferroic materials and magnetoelectric physics: symmetry, entanglement, excitation, and topology[J]. Adv. Phys., 2015,64:519）。从序参量角度看，这种耦合效应很弱，更别说付诸应用了，虽然 20 世纪 60 年代曾经有一波磁电研究的热潮，也诞生了 Cr_2O_3 这样的经典体系。21

世纪初开始，第Ⅱ类多铁性研究终于在概念上实现了提升，让我们深切理解电与磁在静态条件下可以耦合在一起(科普文章可参见：刘俊明，南策文. 多铁性十年回眸[J]. 物理，2014，43：88)。只是其中借鉴的都是高阶耦合效应，如自旋-轨道耦合(SOC)、自旋-晶格耦合(SPC)与轨道杂化等微观机制。

事实上，在物理研究的历史长河中，不少人非常擅长去古董堆中寻找一些前辈预言或尝试过的问题，用今天更为先进的方法、理念和技术演绎一遍，往往有意想不到的功效。的确，SOC 与 SPC 等微观机制介入铁电，使我们的认识更进了一步，但是磁电耦合羸弱的现状及与应用的遥远距离依然如故。

我们可以将磁电物理的图像建造于对称性和能量基石之上。众所周知，铁电极化基于空间反转对称破缺($r \rightarrow -r, P \rightarrow -P$)，而磁矩基于时间反演对称破缺($t \rightarrow -t, M \rightarrow -M$)，因此极化与磁矩之间对称性上没有交集。这一理念与麦克斯韦方程组其实是一致的。极化和磁矩分别是与散度和旋度关联的量，而散度和旋度之间亦没有交集。这都是电磁学最基本的物理，不是那么容易去违背与推翻的。半个多世纪以来，即使我们分外折腾，看起来这一铁律并没有被突破，情形令人沮丧。

无论如何，我们姑且回顾一下磁电耦合的历史。虽然有一些出入，但大致上存在一些概念节点：

20 世纪 50 年代前后，朗道提出基于对称性要求的 M^2P^2 四阶磁电耦合项。这在当时被认为是强度最大的耦合形式了。在简化条件下，这一机制既不能产生静态磁致铁电极化，也不能产生静态电致磁矩，磁电耦合只能在磁介电层面上以线性磁电响应来体现。事实上，朗道并没有从经典或量子力学高度明确提出具体微观机制来实现基于 M^2P^2 的磁电耦合。作为弥补，后人虽然提出了各种可能的机制，洋洋洒洒有五大类(参见 Schmid H. Multi-ferroic magnetoelectrics[J]. Ferroelectrics，1994，162：317)，但基本都是很弱的高阶物理效应。由此，我们明白，静态磁电耦合的窘境持续半个多世纪是可以理解与值得同情的。

2005 年前后，Mostovoy 和 Nagaosa 等人受 2003 年 Kimura 发现 $TbMnO_3$ 磁致铁电极化的实验结果启发，基于对称性要求提出了著名的($P \cdot \Delta M \cdot M$)三阶磁电耦合项，并且赋予其实实在在的量子凝聚态微观机制。这一耦合项，虽然并不具有普适价值，但是概念上的突破：不仅将磁电耦合强度降低了一阶，由四阶降低到三阶；更主要的贡献在于，它让我们摆脱了对朗道四阶磁电耦合项的膜拜。它告诉我们，躺在灰暗角落里的很多自旋失措绝缘体，可能具有不同于 M^2P^2 四阶磁电的较低阶磁电耦合项，因此强烈的磁电耦合效应和磁致铁电极化现象变得顺理成章。诚然，与朗道时代不同，Kimura 之所以能够发现 $TbMnO_3$ 中的磁致铁电极化，也源于现代微结构探测技术的长足进步。诸如精细中子散射和新的 X 射线谱学等技术，使得非常复杂的磁结构能够被解谱出来。2009

年，磁电耦合领域泰斗 Khomskii 将这一类具有磁致铁电极化和强磁电耦合的行为称为第Ⅱ类多铁性。第Ⅱ类多铁的概念由此蔓延开来。

基于第二点所述进展，过去十多年，磁电耦合领域的“解放思想运动”提出了很多磁电耦合模式，它们从不同角度满足对称性要求，涉及的体系包括单相体系、异质结界面体系、梯度功能体系和各种维度限制体系。我们已经可以按照对称性要求去刻意设计、制备不同体系，实现磁电耦合。或者说，磁电耦合研究进入主动设计阶段，成绩显著。

磁电耦合明确而严谨地确立对称性基石，应该是基于 2003 年之后多铁性物理的发展与深化。对这一场景进行归纳总结，当然是值得学习与推崇的。事实上，最近有一篇很有学术高度和价值的总结文章，由美国 Rutgers 大学 S. W. Cheong 等撰写。他们纯粹从对称性角度出发，通过对称组合，可以实现对磁电耦合及更广泛的功能进行设计、提炼，由此就可以根据需要去组合对称性，实现以前完全没有的新功能，例如电磁波传播的非互易性（non-reciprocity）、电致磁性等。Cheong 将这一原理称为 SOS 原理（对称操作相似原理）（参见 Cheong S W, et al. Broken symmetries, non-reciprocity, and multiferroicity[J]. npj Quantum Materials, 2018,3:19）。如图 1 所示即所提出的两类功能设计。

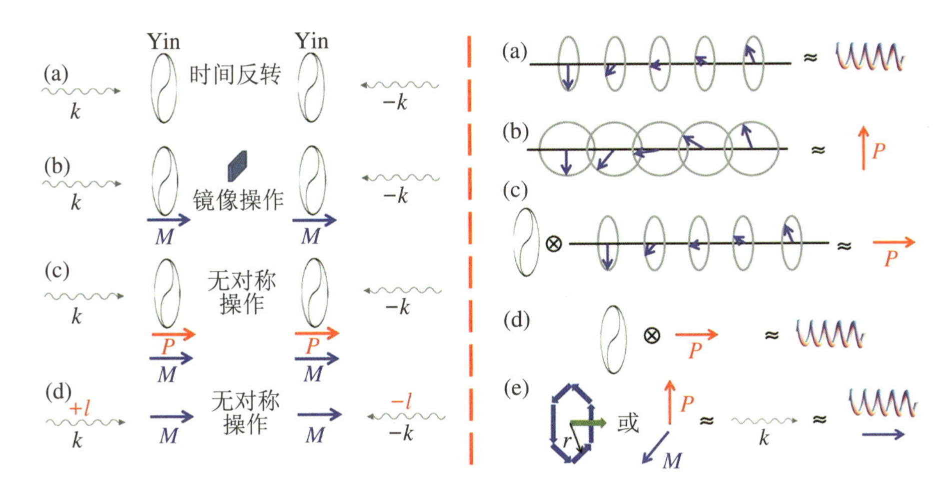

图 2　左图为基于对称性考虑设计电磁波传播的非互易性（类二极管效应）；右图为对称性操作相似原理，即等号两侧的对称性是等价的

这里，*k* 是电磁波传播波矢。

这里特别值得提出的是：在铁电体中诱发磁矩与在磁体中诱发铁电极化，一直是铁性物理与材料学者茶余饭后侃侃而谈的话题。大多数人谈及这一话题可能并无严谨思考，只是觉得这种对应尚未在物理上实现，应该是个好题目。现在，在磁性绝缘体中诱发

铁电极化已成现实，在铁电体中诱发磁矩就提上了日程。不过，要在一个不含磁性离子的铁电体系中由铁电序诱发磁性，应该是天大的发现。毕竟，极化与晶格对称性破缺有关，磁性并不排除极性对称，做到在磁体中实现铁电并不冒天下之大不韪。反过来，非磁性的铁电体中，很难找到对称组元与时间反演破缺相关联。Cheong 的所谓 SOS 原理，似乎第一次认真地关注这一问题。通过适当的结构对称性与空间翻转对称破缺，有可能预期哪些原本无磁性的铁电体中可能存在磁矩(真是疯狂的想法)。

再补充一点，这里针对的静态、准静态条件下磁电耦合，其历史发展进程还有一段插曲。20 世纪 70 年代曾经有一批材料力学学者(包括南策文老师)，他们基于铁电与磁性材料各自的本构关系，借助第三方，即铁弹效应，将铁电与磁性联系起来。因为电-力或磁-力耦合都是二阶效应，电-力-磁之间的传递最多也就是三阶效应，由此实现的磁电耦合可以很强。这是复合磁电耦合材料及其应用发展的基础，从 1980 年到 2010 年获得长足发展，一大批冠名磁电耦合的原型器件涌现出来。不过，这些原型器件本质上借用了动力学过程，即磁电效应是含时的，且很多情况下都是在共振态频率处获得最大值，静态磁电耦合输出很小。因此，这一领域的发展基石与静态磁电耦合并无切合。只是，这一领域有趣的副作用或副产品在于推动了磁电复合异质结的制备技术发展，迎来了磁电耦合异质结界面物理的探索。本文将在第五部分回到这一环节中来。

磁电耦合最核心的两个功能是磁控电性与电控磁性。虽然很多基础研究成果都声称实现了很强磁电耦合，但核心是：① 实现磁场驱动铁电极化 P 在至少两个简并态之间翻转；② 实现电场驱动磁矩 M 在至少两个简并态之间翻转。除此以外的磁电耦合都不能算是本征的。简单而言，最少限度要实现图 3 的两类铁性回线，并且要准静态、可控、长寿命、高度稳定！

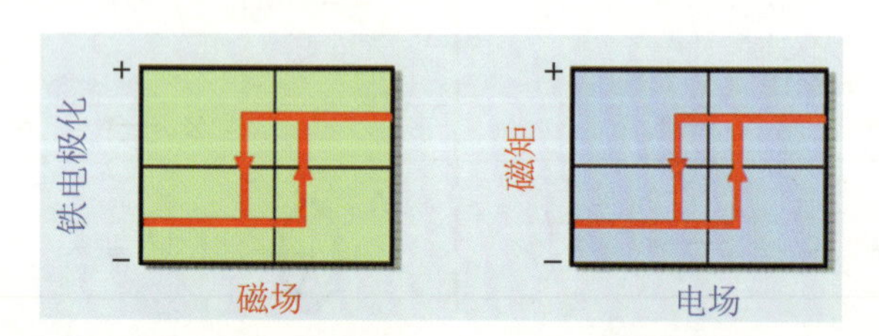

图 3　2006 年 Y. Tokura 就提出了磁电耦合的核心功能目标，且需要室温以上、准静态、可控、长寿命、高度稳定

3. 磁致铁电

花开两朵，各表一枝。先看磁致电性。

这里的“磁致”是指某种磁序能产生铁电极化，而不仅仅指磁序变化引起原本就存在

的铁电极化之变化，后者当称为“磁控”。所谓一字之差，差之千里。第Ⅱ类多铁，主要是指那些磁致铁电的单相体系。

到目前为止，单相体系中磁致电性主要是在第Ⅱ类多铁体系中实现。第Ⅱ类多铁物理研究成果非凡，给了铁电物理学从来都没有过的高风头。2003—2013 年，有关第Ⅱ类多铁性的高端论文得以与磁学及自旋电子学并驾齐驱，实属罕见。当然，磁学学者们会说这是得益于第Ⅱ类多铁含有磁性，笔者也认同此说。

有关第Ⅱ类多铁物理与材料的总结，可见董帅等撰写的文章。第Ⅱ类多铁的出现，至少有如下几点可以让人洋洋自得：

(1) 突破朗道的磁电耦合物理框架，具有解放思想的意义。这是最重要的贡献。

(2) 发现了一批磁性绝缘体可以具有铁电极化，并且铁电极化的确是由特定磁序下自旋-轨道耦合与自旋-晶格耦合等微观机制所诱发。这是本征的磁致铁电，了不起！

(3) 实现了磁场 H 翻转铁电极化 P，即磁控电性。或者说，磁控电性是磁致电性的必然结果，反之则未必。这一控制得到凝聚态人的欢呼。

(4) 多铁性物理学具有了真正意义上较为完备的量子力学内涵。

然而，前已提及，大多数第Ⅱ类多铁的极化 P 很小，小到不足以勾起走向实际应用的兴趣。而且，P 出现的温度，也即磁电居里温度很低，低到与超导体系一般。这也不足以勾起走向实际应用的兴趣。让人颓废沮丧的还不止于此：

以著名的($P \cdot \Delta M \cdot M$)三阶磁电耦合项为例，作简单讨论。磁致铁电极化需要自旋序有非零的($\Delta M \cdot M$)分量，这是典型强失措自旋体系的节奏，如非共线自旋序和复杂的共线自旋序。既然如此，就别指望这些强自旋失措体系会有高的自旋有序化温度，也就别指望由此出现的磁致铁电极化有高的温度。这是其一。

其二，($P \cdot \Delta M \cdot M$)三阶磁电耦合项作为唯象表达，其依赖的微观机制，目前已经确立有 SOC、SPC、轨道杂化等。这些机制在单相过渡金属化合物体系中都是相当微弱的(能量尺度在 10 meV 量级及以下)。即便个别体系有异数，也不会有量级上的巨大差别。由此，很难预期这些微弱的微观机制可以吹出天方夜谭，产生出 1 $\mu C/cm^2$ 以上的铁电极化。

磁致铁电以自旋序为初级序参量，以微弱的二级耦合为微观媒介，产生的铁电极化自然对磁结构言听计从，所以磁致铁电体系的磁控极化翻转理所当然。反过来，在这类体系中要实现电控磁矩翻转就变得相当困难。图 4 所示给出了一个实例估计，其结果不容乐观，需要另辟蹊径才能克服这一困难。

4. 电致磁性

我们再来看未开之花——电致磁性。

读者一定同意，利用电来实现功能控制，可能是人类感觉极为自豪的事情之一。在时空尺度上，电的变化要比磁宽广得多。人类已经可以轻易地将电流、电压引导至无处不在无所不能，而磁的时空尺度限制相对要困难。对电的探测与调控，现在很容易就可做到极其微弱的程度。因此，我们都希望尽可能用电场去控制很多功能。

- 磁势垒：eq. T=40 K
  - $\Delta E\sim$3.44 meV
- 单元晶格中一个电偶极子的电势垒：
  - $\Delta E_P\sim 7.168\times10^{-5}$ meV ($P\sim$100 μC/m², $P^2/2\pi\varepsilon_0$)
- 自旋翻转势垒：
  - $E_S\sim$2.894 meV (S=5/2 μB, H=10 T)
- 单元晶格中电偶极子翻转的势垒：
  - $E_P\sim 3.99\times10^{-4}$ meV ($P\sim$100 μC/m², E=50 kV/cm)

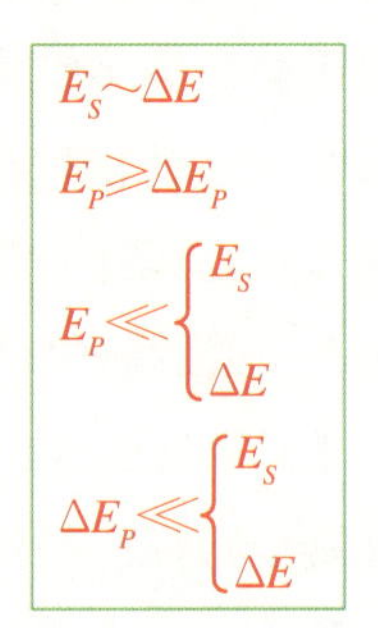

图 4 磁致铁电体(第Ⅱ类多铁体)中电控磁性的困难

以典型的 $RMnO_3$ 化合物为例，自旋翻转需要克服的势垒大约是 3 meV，而翻转一个电偶极子所需克服的势垒要小一万倍。反过来，希望通过电偶极子翻转引起的能量差去克服自旋翻转势垒，其概率微乎其微。

好吧，凝聚态物理的一个梦想，可能就是铁电极化诱发铁磁性。

我们的知识是：所有的磁性，均源于过渡金属离子 d 轨道存在未充满电子，这是必要条件。极化诱发磁性这一梦想的疯狂之处，在于要在一个不含磁性过渡金属离子的体系中做到这一点，特别是铁磁性。如果不考虑轨道磁矩，这就颇有民科的味道了。从最基本的对称性操作角度看，如果能够由不同的空间对称性操作“组合出”时间反演($t\rightarrow -t$)对称破缺，非零磁矩 M 的出现并未被禁止。遗憾的是，对笔者此等虔诚的物理人而言，目前尚无任何实际可行的物理方案，虽然借助于 SOS 原理也许可以构建一些可能的前提条件。

怎么办呢？退而求其次。考虑一个铁电和磁性共存体系，这一体系的磁性非源于铁电序，而有其自身起源。这实际上回到了第Ⅰ类多铁。沿着这一思路，目前只能考虑电控磁性，对电致磁性尚只能是梦想楼阁。值得提醒的是，已经估算出，第Ⅱ类多铁性中电控磁性很难。

好吧，那就电控磁性！两条出路：第Ⅰ类多铁中的电控磁性，多铁异质结中的电控磁性。

5. 电控磁性

首先考虑第Ⅰ类单相体系中的电控磁性，$BiFeO_3$是一个典型代表。

因为绝缘性的要求，很难看到第Ⅰ类体系中有铁电与铁磁共存。这一问题在磁电耦合领域众所周知，无须在此再费笔墨。大多数，不，几乎全部第Ⅰ类多铁体系都是铁电与反铁磁共存（或者有些非共线导致的自旋倾斜弱铁磁性）。如果这类体系存在很强的磁电耦合，铁电极化也许可以翻转局域的一对反平行磁矩，但并无宏观磁矩产生。事实上，反铁磁序的稳定性一般很高，要让反铁磁序让位于铁磁，需要支付的代价太高，铁电极化尚无此实力。当然，这并不是说铁电极化翻转反铁磁局域磁矩就没有意义。当前正在兴起的反铁磁自旋电子学，也许正切合这种效应，也将是未来一个可能的方向，虽然问题多多。特别是，如果能够将反铁磁序的稳定性调控到边缘失稳位置，也就是相变临界点附近，也许能够出现奇迹。

相变临界点处，包括量子临界点，会发生什么从来都是难以预期的！

只是，眼前最迫切的需求，是实现铁电极化翻转铁磁磁矩，即（$P \rightarrow -P, M \rightarrow -M$）。这一需求，源于当前自旋电子学器件的基本功能。事实上，现代磁学的王冠是自旋电子学，自旋电子学的王子是磁存储器，磁存储器的心脏是自旋阀，形如三明治结构，示于图5。磁存储在这里需要完成的一个核心物理是：需要一种机制，能够将三明治结构顶层的铁磁自由层面内（面外也行）磁矩从一个方向翻转到相反方向（180°翻转）。这种翻转导致三明治结构具有两种不同电组态，即存储与读写。

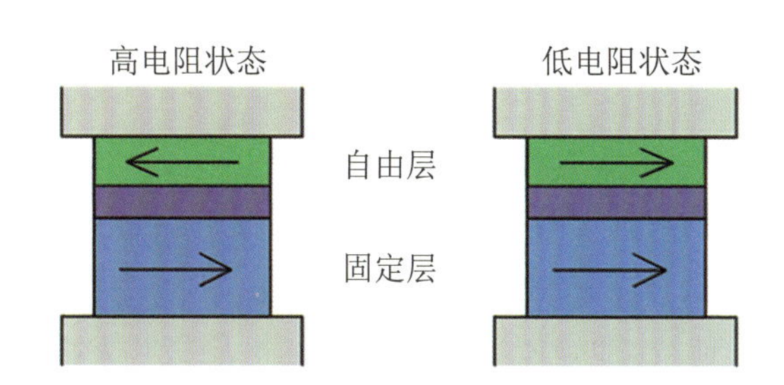

图5　最简单的三明治自旋阀结构

固定层和自由层都是铁磁（FM）层。为了实现磁存储，需要自由层的磁矩能够轻易地左右翻转，从而实现隧穿电阻的高低态开关。自由层上部的材料层可以是铁电层，以实现磁电耦合驱动自由层磁矩翻转。

那么，怎么能够实现自由层磁矩的左右翻转呢？磁学界早就春风几度、花暗花明了。磁学人用一般电流或极化电流去实施磁畴翻转，后者效果更好。至少有如下几个方案让磁学学者们如沐春风后又感到仲秋苍茫：① 自旋转矩，驱动铁磁畴壁运动实现翻转；

② 自旋轨道矩，驱动铁磁畴壁运动实现翻转；③ 赛道存储新机制；④ 斯格明子准粒子存储新机制。

上述几种方案，每一种都在磁学和凝聚态物理界引发骚动。虽则物理都很完美，只可惜使用了电流来驱动磁畴翻转的方案。所谓成也萧何，败也萧何，此处也很让人感叹。事实上，电子的两个自由度与固体相互作用强度差别很大。电荷自由度受晶格散射很强，因此电子运动的焦耳热会很大。与此对照，电子自旋之间的相互作用却要弱很多，因此运动电子的自旋矩对畴壁处电子自旋的驱动就较为困难。为此，施加的电流不得不很大，导致在畴壁运动尚未完成时材料本身可能就被焦耳热给融化了。这也是“出师未捷身先死”的一种物理诠释。

与自旋电子学的热闹形成对照，铁电人很早就开始探索不同的方案。借助铁电-磁性异质结的界面铁弹效应来实现磁电耦合，牵动极化翻转来驱动磁矩翻转，已经成为一种有效的电控磁性方案。如果这一方案可行，只需对铁电层施加电场。因为铁电层是绝缘体，施加电场只是引入很小的漏电流而已。由此引起的焦耳热自然很小，“出师未捷身先死”的感慨就可以搁下了。

不过，这一方案直观上应该无法实现电致磁性，虽然可以实现电控磁性。用简单的话来表达就是：借助界面铁弹可以传递铁电极化对磁性的作用，但不可能由铁电极化诱发产生新的磁性，因为铁弹效应既不破坏时间反演对称，也不破坏空间翻转对称。一言以蔽之，铁弹好像无法在时间反演对称破缺的磁性与空间反演对称破缺的铁电性之间引入对称性关联。

6. 各向异性临门一脚

好吧，那就退而求其次，来看看铁电-磁性异质结中的电控磁性吧。这类电控磁性有很多种，图 6 所示为已经被尝试过的几种模式。为了说明，图 6(A)显示出最简单的异质结结构，由铁电层(FE)与铁磁层(FM)叠加构成，电场 E 施加于铁电层上。我们的目标是实现图中所示的 M-E 回线，即施加电场 E 翻转铁电层极化 P，将翻转铁磁层磁矩 M。这一思路也分为两个层面。第一层面包括 3 种，示于图 6(B)之上部，直接产生 M-E 回线。第二层面包括 4 种，示于图 6(B)之下部，是间接效应，立足于电场调控铁磁层本身的 M-H 回线，也能起到电控磁性的效果。这 4 类情形在此不论。

图 6(B)画得都很完美或理想，或者说存在如此可能性，实际过程却远非如此简单。特别是图 6(B-b)中交换偏置耦合机制，要形成对称的 M-E 回线需要额外苛刻的条件，属于另类情形。图 6(B-a)由铁电压电应变调控 M 的功能是易失的，不适合磁存储。主要可依靠的就只剩下图 6(B-c)电荷耦合一种了。这里针对一实际系统加以阐述。

考虑一铁电(FE)-铁磁(FM)异质结，如图 7 所示。铁磁层因为很薄，磁矩 M 不可避免躺在面内。如果铁磁层是Co、Ni等简单立方铁磁金属体系,或者具有正交四方系结构的铁磁氧化物,一般可以考虑面内两重磁晶各向异性。图7上部显示其磁晶各向异性能之两重对称性,属于图6(B-c)机制起作用的情况。此时,铁电衬底极化电荷反号的结果一定是使得各向异性择优方向旋转90°。因此,电控磁矩180°翻转必须通过两步来实现,即先翻转90°,再继续翻转90°。

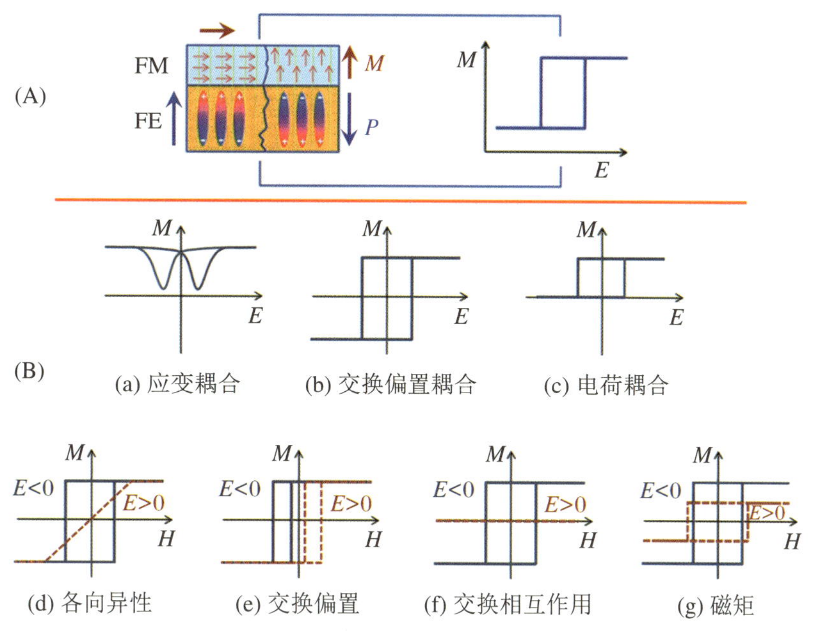

图6 (A) 铁电(FE)-磁性(FM)异质结的基本结构,由此形成一个完整的 M-E 回线。图中清楚显示了铁电畴和极化 P 及磁畴和磁矩 M。(B) 异质结中各种不同耦合效应引起的物理性质变化,一共列举了7种情形。当然还可以有更多情形

分几步来实施:

初始态是 $\theta=\pi$ 态,极化 P 由下指向上。假定各向异性轴沿 x 轴方向,则简并态是 $\theta=0$ 和 π。

施加电压,翻转 P 到由上指向下,即图7中的步骤(1)。借助图7上部所示各向异性能 ψ 的简单模型,电荷耦合将转动各向异性轴到 y 方向,简并态是 $\theta=-\pi/2$ 和 $\pi/2$。由此,面内磁矩 M 在极化 P 翻转后也面内转动90°。

再一次翻转极化 P,各向异性轴也将转回到 x 轴。此时出现了磁矩 M 转动不确定问题:可以借助步骤(2-1),M 转到 $\theta=0$ 方向;或者借助步骤(2-2),M 转到 $\theta=\pi$。这两个步骤在图7所示几何条件下是等概率的,而我们希望体系按照(2-1)步骤进行,从而完成电控磁矩 M 的180°翻转。

更进一步,从(2-1)或者(2-2)之任一步骤开始,经过步骤(3)回到初始态,依然存在翻

转概率不确定性问题。

由此可见，铁电-铁磁异质结的电控磁性，在高对称结构中存在 E 翻转 M 的循环不确定性。这一问题曾经困扰物理人相当长时间。

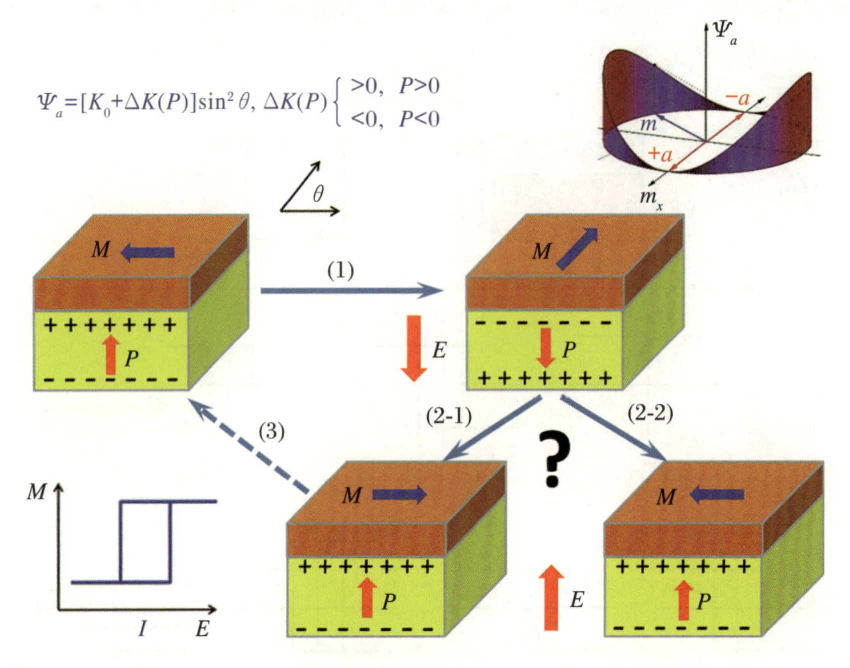

图 7　正交(四方)体系铁电(FE)-铁磁(FM)异质结构

其中磁晶各向异性 K_0 具有两重简并。极化 P 向上($P>0$)和向下($P<0$)时，电荷耦合会导致不同的附加磁晶各向异性系数 $\Delta K(P)$。如果 $\Delta K(P)$很强，大小超越 K_0 本身，则很显然，P 向上时各向异性方向为$\theta=0$ 方向，P 向下时各向异性方向为$\theta=90°$方向。图中给出了磁晶各向异性能 Ψ_a 的简化表达式及角分布示意。如果每一步可控，(1)～(3)形成一个完整的循环，构成了图中所示的 M-E 回线。

怎么克服这一 M 转动不确定性问题呢？有很多种尝试，例如，2014 年中国科学技术大学的李晓光团队曾经揭示出，铁电极化翻转引起的空间电流会诱发反向磁场来翻转铁磁层的磁矩，结果非常漂亮！曾经在清华大学和宾州州立大学学习、现在就职于美国威斯康星州立大学麦迪逊分校的胡嘉冕教授，以及多铁性材料名家南策文、陈龙庆等人，提出了一个巧妙又简单的理论设想：能否引入形状各向异性，辅助实现可控的两步翻转磁矩 M 及 M 循环翻转过程？

为说明这一点，可借助示意图 8(图 7 的俯视平面图)来描绘。在极化 P 指向外(⊙)时，铁磁(FM)层的 M 指向[－100]方向，即各向异性方向乃±[100]简并方向。如果将铁磁层的形状稍加改变，例如制备成图 8(A)所示形状，菱形尖角偏离[100]方向一个小的角度 $\Delta\theta$。这等效于施加了一个偏离[100]方向的形状各向异性，总的各向异性方向也就偏离[100]方向约 $\Delta\theta$。现在开始分析电控磁矩循环翻转的 4 个步骤：

(1) 极化由⊙方向翻转到⊕方向，此时 M 有两种翻转可能性，如图 8(A1)所示。

(2) 极化由⊕方向翻转到⊙方向，此时 M 有两种翻转可能性，如图 8(A2)所示。

(3) 极化由⊙方向翻转到⊕方向，此时 M 有两种翻转可能性，如图 8(A3)所示。

(4) 极化由⊕方向翻转到⊙方向，此时 M 有两种翻转可能性，如图 8(A4)所示。

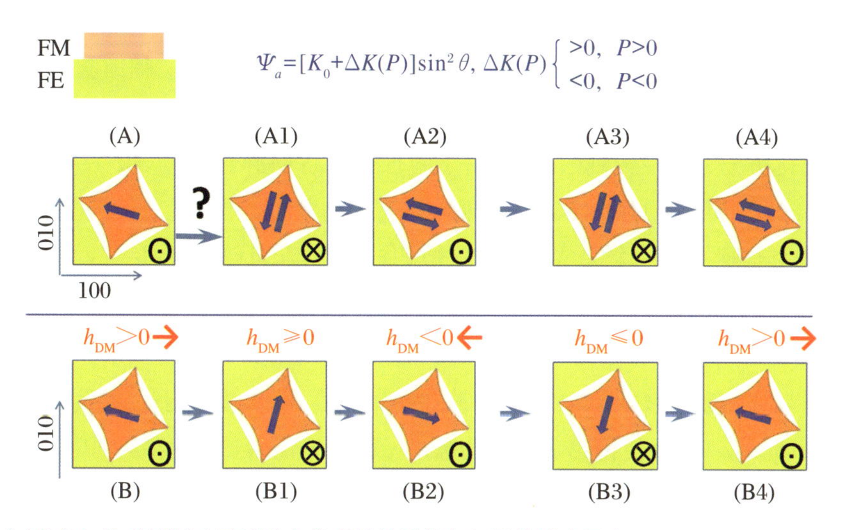

图 8　铁电(黄色)-铁磁(橙色)异质结电控磁性的形状各向异性辅助因素

俯视图，蓝色箭头代表面内磁矩 M 的取向，极化 P 的方向垂直于纸面。h_{DM}是界面处自旋轨道耦合导致的有效磁场方向，该磁场由界面 DM 耦合所致。有效场 h_{DM}的存在将保证面内磁矩 M 转动的唯一性。

上述 4 个步骤中，每一步都有两种可能性，它们是等效的，实现的概率各占 50%。从这个意义上，形状各向异性的辅助效应也无法实现唯一的 M 循环翻转。

7. 界面 DM 耦合

我们越过一个又一个门槛，希望距离最终目标也越来越近。这大概就是科研的苦难与诱惑所在：欲罢不能，欲成却半。

事实上，铁电-铁磁异质结界面耦合还有更多的潜在可能性。以铁电层为 $BiFeO_3$ 为例，这一铁电体系结构上呈现 $GaFeO_3$ 晶格畸变模式，异质结界面上存在自旋轨道 Dzyaloshiskii-Moriya(DM)耦合效应。在合适的条件下，这一 DM 耦合会在界面形成一个有效磁场 h_{DM}，施加于铁磁层上，如图 8(B)所示。这一 h_{DM}方向与极化 P 和磁矩 M 的组合一一对应(详细分析可见：Dong S, et al. Exchange bias driven by the Dzyaloshiskii-Moriya interaction and ferroelectric polarization at G-type antiferromagnetic perovskite interfaces[J]. Phys. Rev. Lett., 2009, 103:127201)。

现在我们来分析存在界面 h_{DM}时电控磁矩翻转的序列。初始态如图 8(B)所示，此时界面有效磁场 h_{DM}指向[100]方向。

(1) 极化由⊙方向翻转到⊕方向，由于指向[100]方向的 h_{DM}辅助驱动，磁矩 M 只有一种翻转可能性，如图 8(B1)所示。此时，h_{DM}消失，即变为 0。

(2) 极化由⊕方向翻转到⊙方向，由于附加形状各向异性驱动，M 只有一种翻转可能性，如图 8(B2)所示。此时，h_{DM}又出现，指向[-100]方向。

(3) 极化由⊙方向翻转到⊕方向，由于指向[-100]方向的 h_{DM}辅助驱动，磁矩 M 只有一种翻转可能性，如图 8(B3)所示。此时，h_{DM}消失，即变为 0。

(4) 极化由⊕方向翻转到⊙方向，由于附加形状各向异性驱动，M 只有一种翻转可能性，如图 8(B4)所示。此时，h_{DM}又出现，指向[100]方向。

上述 4 个步骤构成一个完整的电控磁矩翻转循环，而且路径是唯一的。

注意到，这里要稳定可靠地实现 M 的 180°翻转，有几个物理要素：① 施加第一个电场脉冲(正向)，界面电荷耦合导致磁晶各向异性的 90°转向，这是必要条件；② 适当的形状各向异性，保证磁矩 M 在翻转 90°、脉冲电场撤出后 M 能够稳定；(3) 界面附近适当的面内有效磁场 h_{DM}存在，使得第二个电场脉冲(反向)施加后，M 能够从 90°位置继续翻转到 180°位置而不是回到开始的 0°位置。

8. 实验验证

行文到此，笔者费尽笔墨，总算梳理、设计出多铁性电控磁矩翻转的一种方案。当然，这一方案是否真实可行，需要实验检验。实验检验分为两个部分。第一部分，我们检验没有附加形状各向异性的体系是否就无法实现可靠唯一的电控磁矩翻转？实验证明的确如此。第二部分，我们制备了一类具有三次对称形状各向异性的 Co 铁磁层，与铁电 $BiFeO_3$层组成异质结。实验结果表明，的确可以实现路径唯一的电控磁矩 120°循环翻转过程。这是“千金散尽才复来”的结果，付出了一个小团队几年的心血与努力。

对第一部分，我们构建了圆柱形状的铁电-磁性异质结，面内形状是高度对称即各向同性的。铁电层为 $BiFeO_3$圆片，铁磁层为 $CoFe_2O_4$圆片，结果如图 9 所示。因为圆片层面内不存在任何附加的形状各向异性，按照上述机制，对 BFO 施加电场脉冲后：一部分纳米柱中的 CFO 磁矩能够转动到 90°位置，此时如果 h_{DM}为正，则 M 继续翻转到 180°位置；如果 h_{DM}为负，则 M 无法继续翻转到 180°位置，而是返回到初始位置。实验结果表明，所有各向同性的异质结纳米柱中，的确只有稍稍多于一半的纳米柱实现了 M 的 180°翻转，与理论预言很好地一致。详细结果可见相关论文陈述(Tian G, et al. Magnetoelectric coupling in well-ordered epitaxial $BiFeO_3/CoFe_2O_4/SrRuO_3$ heterostructured nanodot array[J]. ACS Nano, 2016,10:1025)。

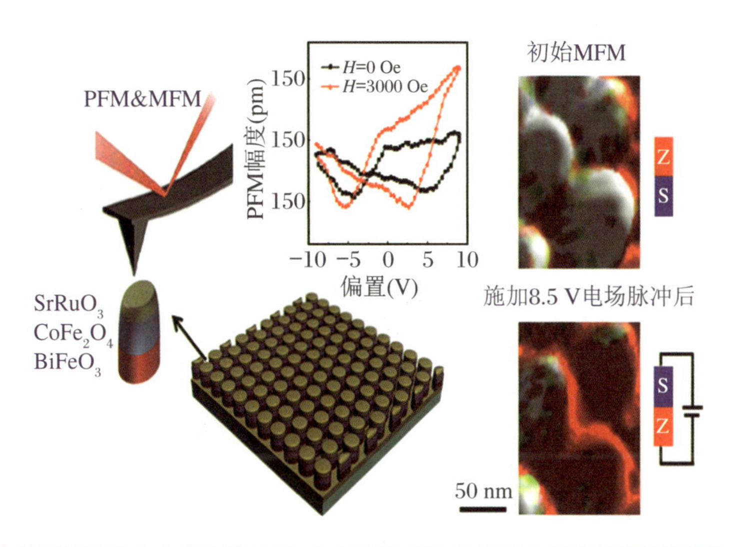

图9　人工制备的圆柱形 $SrRuO_3$(SRO)-$CoFe_2O_4$(CFO)-$BiFeO_3$(BFO)-SRO 异质结纳米柱

其中,BFO 是铁电层,SRO 是上下电极,CFO 是铁磁层。左图是纳米柱结构和 PFM 测量的方法;中间曲线显示了 BFO 的压电特性,证明 BFO 是铁电的;右图显示了纳米柱的面内铁磁性信号,白色与红色分别是 M 的两个相反取向,右图上部显示了未施加电场状态,下部显示了施加 8.5 V 电场脉冲后的状态。这里,只是显示了 3 个 M 实现了 180°翻转的纳米柱结果。

对第二部分,实验方案可以更加简洁明快,不需要胡嘉冕那般需要两次(正或反)电场脉冲去实现一次 M 的 180°翻转。我们可以采取对称性更低的铁磁 Co 的三角形纳米盘,如图 10 所示。此时,前文第 7 小节描述的两个电场脉冲实现 M 的 180°翻转,就简化为一个电场脉冲实现 M 的 120°翻转。实验结果表明,一个正向的 8 V 脉冲即可实现三角形 Co 纳米盘的面内磁矩 M 逆时针转动 120°,而一个反向的 −8 V 脉冲即可实现 M 的顺时针转动 120°。由此,由正负两个电场脉冲,我们实现了 M-E 的完整回线。实验结果详细描述可见相关论文(You J X, et al. Electrically driven reversible magneticrotation in nanoscale multiferroic heterostructures[J]. ACS Nano, 2018,12:6767)。看君如果细致审阅,会看到这一工作是如何之不易。

9. 后记

本文通过翔实和连续的描述,展示了磁电耦合其实是一件多么困难的事情。物理人:(1) 实现了单相磁致铁电,实现了单相磁控电性,却在性能的无奈中挣扎与犹疑;(2) 给电致磁性泼了冷水,虽然心有不甘;(3) 单相电控磁性屡战屡败、屡败屡战,仍然还在努力;(4) 在铁电-铁磁异质结中实现电控磁性,但依然是辗转反侧。

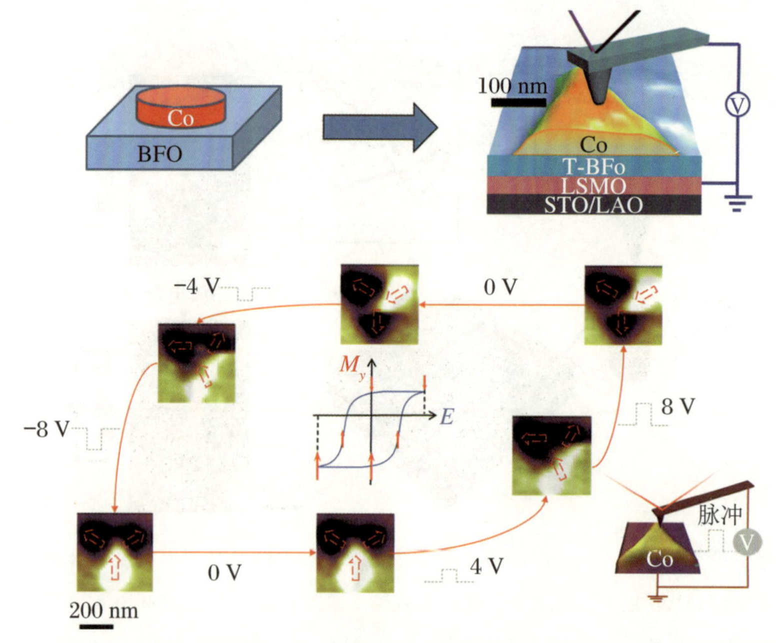

图 10　在三角形 Co-BFO-SRO 层组成的铁电-铁磁异质结中实现了电场脉冲翻转 Co 层面内磁矩

只是翻转角度为 120°而不是 180°。Co 三角形的面内磁矩分布可以用三个区域衬度来表示，显示为两进一出或者两出一进的磁矩分布。图中下部用形象的方式展示了正负两个电场脉冲是如何实现 Co 磁矩的正负 120°翻转的。

事实上，对真实的磁电存储应用，电控磁矩翻转不过是其中一步而已，虽然这一步算得上是关键的一步。接下来，如果将这一关键步骤集成到真正的器件结构中，将会有更多的问题涌现出来。科学与技术大概就是这样，我们取得了进展，但是会涌现出更多的问题。因为这些问题，我们会踌躇不前，公众也会开始对我们失去耐心。这种耐心不再，很可能让之前的努力近于白费。这就是科学的代价！

而我们相信，磁电存储应该不会如此，因为她的生命力和吸引力更加长久而弥坚！

时间只能回味：电磁互易性

1. 引子

20 世纪 70 年代，海外华人乐坛有一首歌《往事只能回味》(林煌坤词、刘家昌曲、尤雅演唱)，曾经火热传唱。当然，经典物理说时光不能倒流，所以这种传唱不能持久，风头很快就过去了。最近，我们又听到这一歌曲，更多是因为歌手金志文的重新演绎，但已经是生活中时光流逝的另一番样子。

之所以牵强附会于这首歌，乃是因为其中牵涉到一类物理效应和概念：物理过程的互易性和非互易性(reciprocity & nonreciprocity)。名词读起来有些拗口，但大概意思是说：某一物理过程与其逆过程是不是对等的，对等则为互易，不对等则为非互易。图 1 所示是最直观的非互易性表达：上图显示车子不可以倒着开！下图表达光束只能往前而不能回头！

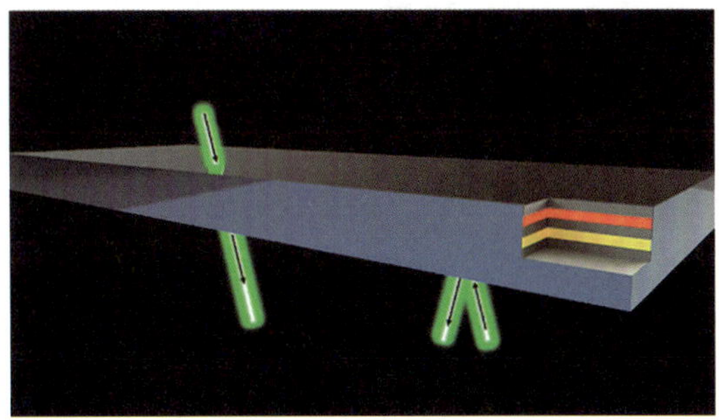

图 1　单行驾驶是最好的非互易性过程

上图显示单行道，下图展示光束只能单向穿越介质板。

图片来源：https://globaldesigningcities.org/wp-content/uploads/2017/04/nyc-01-640x478.jpg；http://dionne.stanford.edu/Research-Nanophotonics.html。

互易性概念在时间、空间坐标中均可定义。此处聊举几例，虽然这些例子可能互有交叠。

(1) 空间场。空间两点各设置场源(field source)和探测者(field observer)。互换其位置后，探测者测量到的场强强弱相同或强弱不同，表现为此场互易或非互易。

(2) 时间轴。时间反演后，如果对应的物理过程也反演重复，即这一过程对时间而言互易，否则为非互易。

(3) 场-流关系。对一个器件或结构，沿一个方向施加的场与测得的流之依赖关系(场-流关系、*I-V* 曲线)与反向测量的场-流关系如果对称，即互易，例如线性电阻的 *I-V* 曲线。如果不对称，则非互易，例如电子二极管的 *I-V* 曲线。

(4) 线性电路互易。对一线性电路网络，取任意一对两端口，一端口接恒压源，一端口接电流表，在恒压源固定情况下，测量电流表的读数。将电压源和电流表互换，如果电流表读数相同，则电路互易。互易性是线性电路的一个重要特性。

(5) 互联网络互易。对高度发达交叉的互联网络，互易性也是一个重要性能指标。一个节点流向相邻节点的信息流应与收到的信息流大致等价，这是网络动力学的重要指针。

上述 5 类效应，实际上都可以归一为时间反演的一对过程，因此，互易与时间反演总是联系在一起的。大抵也如此，互易性的概念浸入自然科学和社会生活的各个分支，可归入互易概念名下的物理现象不计其数，虽然我们平时很少注意这一"大隐隐于市"的现代文明生活之重要特性。当然，因为学科分支不同，各个分支对互易的定义和理解也有所不同，或者说目前还不应该寄希望于给出一个普适而又严格的定义。

好吧，那为什么这种互易与否的现象显得那么重要呢？笔者想当然认为有两个原因：

(1) 这是物理过程的一种属性。如果互易性成立，就如公理一般，构成我们讨论科学问题的基础。

(2) 这是一种应用价值。如果非互易性存在，就如单向开关一般，构成我们实现"开、合"的技术基础。此时，强调其重要性也是应用的需求。

不过，互易性问题涉及面太过宽广，我们只关注电磁现象中的一类互易性效应！本文作为这一问题的读书笔记和科普，呼应了最近几年量子材料研究将这一问题当作前沿的态势。

2. 两个例子

从两个实例来表明这一问题。对物理学而言，非互易性的范例定然是二极管(diode)效应。图 2 所示即一只普通电子二极管的样子。我们都知道，二极管的电输运行为(电流-电压关系，*I-V* 曲线)展现出正反两个方向严重不对称，因此成为广泛应用的电学单向"开、关"基本单元。这种不对称性的最简单机制即二极管 pn 结处的载流子非均匀分布形成单一指向的内建电场，它叠加在外加电场之上，使得施加于 pn 结上的等效电场正反两个方向不对称，对外即表现出不同的 I-V 曲线。所以，我们说二极管具有非互易的 I-V 特性。这种特性越剧烈，开关效果就越好。注意到，这是一个涉及宏观互易性的实例，其微观过程遵从的电磁学定律实际上并无破坏互易性。

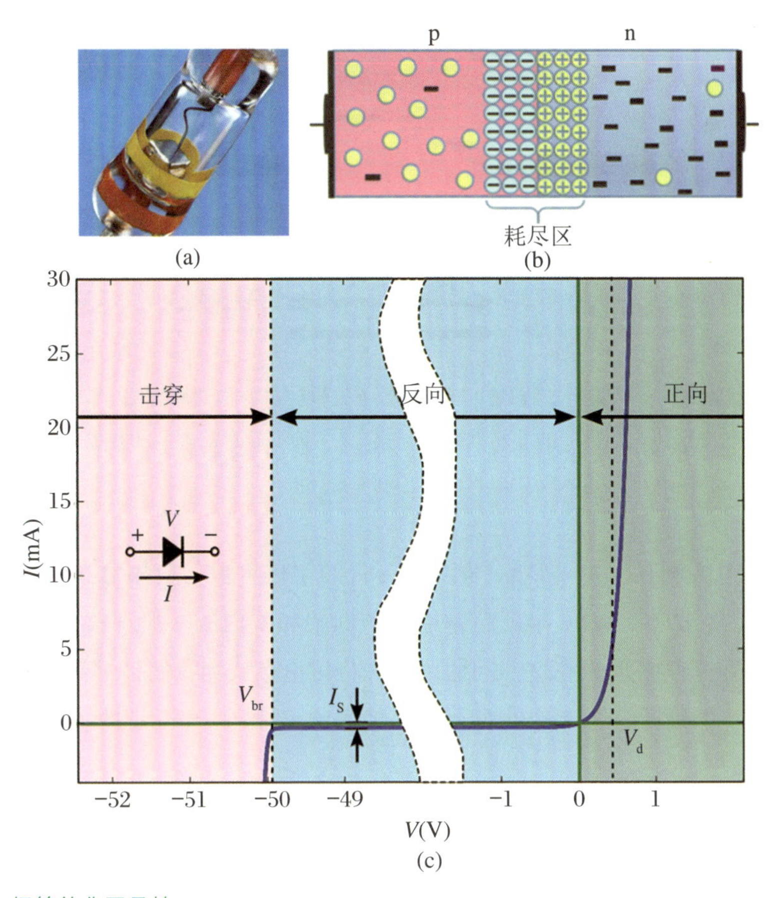

图 2　电子二极管的非互易性

(a) 一只供观赏的电子二极管。(b) 二极管的 pn 结机制：p 型半导体和 n 型半导体界面接触，形成界面两种载流子的互扩散层和内建电场。由于内建电场的存在，外加电压-电流（I-V）曲线形状即表现出不对称性，称之为二极管开关效应。(c) 显示了二极管不对称的 I-V 关系，即一类非互易性。

图片来源：https://en.wikipedia.org/wiki/Diode。

另一个实例是半导体中的光电效应，如图 3 所示。由于半导体特定的能带结构，光照会激发载流子从价带进入导带，形成光伏电压。反过来，驱动半导体中的载流子复合，会激射出光子，实现发光，这是发光二极管 LED 过程。光伏与发光过程可以互易，但大多数情况下非互易。最近若干年，光伏效率问题如日中天，自然有学者会关注光伏发电的逆过程：电致发光（external luminescence）。这一态势正印证了光伏与发光是光电效应两个广义可互易伙伴。当关注其中任一过程时，都期望存在强烈的非互易性，以使得光伏或发光的性能达到最佳而另一过程最好不要发生。从事光伏或发光的物理人，大部分的才智都倾注在如何实现巨大的非互易性！

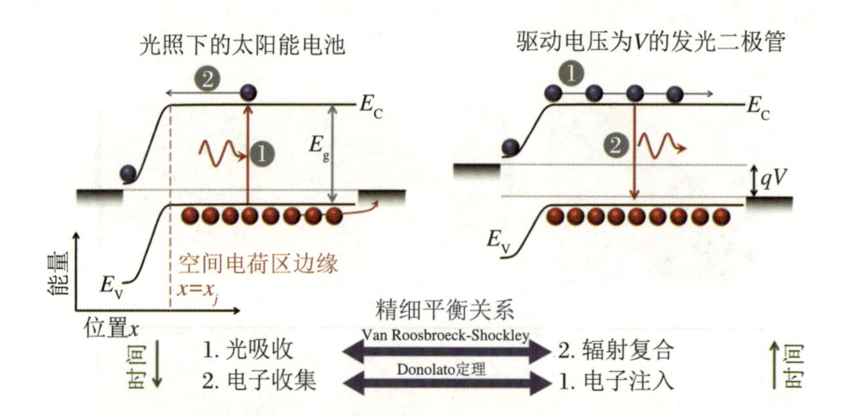

图3　光发射二极管结构光伏量子过程(左)与发光量子过程(右)的物理原理图

这两个过程可以与半导体光电过程的互易性联系起来，是一种扩展意义上的非互易性效应。

图片来源：https://en.wikipedia.org/wiki/Reciprocity_(optoelectronic)。

这样的两个实例，展示了物理过程互易与否的学科价值与应用意义，也展示了“互易性”这一概念已经被广泛运用，早就超越原来的框架和我们的一般理解。也因此，量子材料领域的人们越来越多地关注这一问题。本文将讨论点放到我们日常生活中接触最普遍的物理过程——电磁场与电磁波，由此开始去追踪量子材料中非互易性功能的新面貌。

3. 电磁过程互易性

电磁过程互易性的历史可以回溯到19世纪中叶，那时对物理过程的互易性开始有所认识。例如，Stokes和Helmholtz讨论光波的互易性是在19世纪40年代，开尔文勋爵猜想热电过程的互易性是在19世纪50年代，Kirchhoff建立热辐射的互易性原理在19世纪60年代，而瑞利到19世纪70年代才讨论声波传播的互易性，最后到19世纪90年代由洛伦兹提出其著名的电磁互易性原理。可以看到，物理学的这些分支领域纷纷触及物理过程的互易性，为后来热力学和近代物理的对称性理论提供了足够的素材，也使得互易性成为物理学的一个基本性质。

时光流逝到20世纪30年代，Onsager提出了他那著名的互易定理，以描述耗散系统中微观动力学过程的时间反演不变性。至此，物理过程互易性成为统计力学的重要支撑原理之一，也是Onsager获得诺贝尔物理学奖的成果之一。

具体到电磁过程，如果去研究一番麦克斯韦方程组，会发现一些端倪，图4所示为麦克斯韦方程组的微分和积分形式。从过程而言，麦克斯韦方程组对时空都是互易的，并无非互易的本质机制贯穿其中，因此电磁过程本质上都应该互易。不过，我们能很容易想到著名的法拉第效应，立刻就明白也还有电磁过程是可以非互易的。

(1)	$\nabla\cdot \boldsymbol{E} = \dfrac{\rho}{\varepsilon_0}$	$\oint \boldsymbol{E}\cdot \mathrm{d}\boldsymbol{a} = \dfrac{Q_{\mathrm{enc}}}{\varepsilon_0}$
(2)	$\nabla\cdot \boldsymbol{E} = \boxed{-\dfrac{\partial \boldsymbol{B}}{\partial t}}$	$\oint \boldsymbol{E}\cdot \mathrm{d}\boldsymbol{l} = \boxed{-\int \dfrac{\partial \boldsymbol{B}}{\partial t}\cdot \mathrm{d}\boldsymbol{a}}$
(3)	$\nabla\cdot \boldsymbol{B} = 0$	$\oint \boldsymbol{B}\cdot \mathrm{d}\boldsymbol{a} = 0$
(4)	$\nabla\times \boldsymbol{B} = \mu_0 \vec{J} + \boxed{\mu_0\varepsilon_0 \dfrac{\partial \boldsymbol{E}}{\partial t}}$	$\oint \boldsymbol{B}\cdot \mathrm{d}\boldsymbol{l} = \mu_0 I_{\mathrm{enc}} + \boxed{\mu_0\varepsilon_0 \dfrac{\partial \boldsymbol{E}}{\partial t}}$

图 4　麦克斯韦方程组的微分(左)与积分形式(右)

图片来源：图片取自网络。

图 5 所示乃法拉第电光效应(electro-optic effect，EO)和磁光效应(magneto-optic effect，MO)的基本原理。对一个电光晶体 EO，如果施加电场或晶体内存在内建电场，则一束线偏振入射光穿过晶体，输出的将不再是线偏振光，而是一束椭圆偏振光，其椭圆长轴方向与入射光偏振方向大致相同。很显然，这一过程非互易，至少与 EO 晶体内电场或外加电场方向相关。对一磁光晶体 MO，如果施加磁场或磁光晶体内存在内禀磁矩，则线偏振入射光经过晶体，输出的也是线偏振光，只是光轴会发生偏转。很显然，这一过程也是非互易的，与晶体内生磁矩或外加磁场方向相关。偏振光光轴旋转可以让我们想象那些具有手性的结构，特别是磁结构，大概将会有很强的类法拉第效应，正如 Y. Tokura 等 2018 年就梳理总结的那样(《Nature Communications》，2018 年第 9 卷第 3740 篇)。

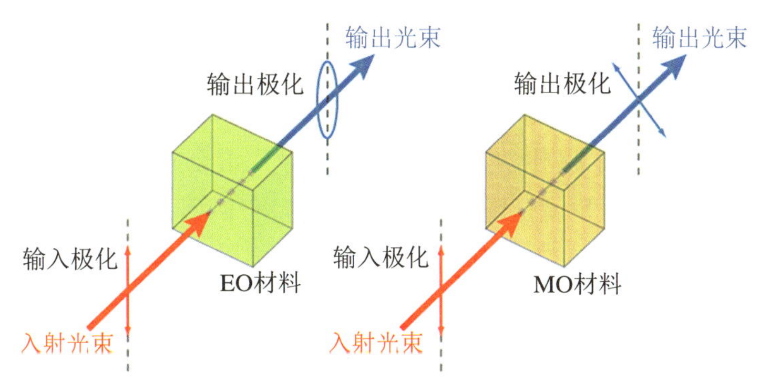

图 5　晶体电光效应的图示

图片来源：http://www.fiber-sensors.com/technologies/electro-optic-magneto-optic-detection/。

无论是电光或磁光效应，其微观量子机制都可归结为入射电磁波与晶体中的电荷或自旋发生相互作用，反过来作用于电磁波，使得输出电磁波的状态发生变化。不过，电磁波传播的非互易性强弱与其频率或波长密切相关。因为 EO、MO 晶体中(其实大多数材料都是如此)典型的电子回旋共振频率(cyclotron frequency)和自旋拉莫进动频率(Larmor precession frequency)均在微波频段，因此这个频段的电磁波穿过晶体时，非互易性才会表现得最强烈。这也是微波雷达中单向电磁波接收或发射性能最佳的原因。相反，可见光传播的非互易性效应则要弱很多，因为其频率远远高于晶体中电子回旋共振频率和自旋拉莫进动频率。当然，借助当今发展的光子晶体人工微结构，可以实现更高频率的非互易性，即所谓光二极管，如图 1 下图所示那样。作为类比，同样可以将类似概念用到弹性声波，实现声波的非互易性，即所谓声子晶体人工微结构和声二极管。这些拓展正是当前物理学研究的前沿。

既然如此，电磁场的互易性到底有哪些“芝麻可以开门”的前景呢?

(1) 时间反演对称性

对一含时的电磁物理过程，如电磁波传播，电磁互易性问题实际上反映的是时间反演对称性问题，或者说是麦克斯韦方程组的时间反演对称性问题。如果讨论一个理想无损耗系统，电磁互易与时间反演对称就是等价的。我们可以以理想系统作为讨论的起点，然后再考虑有耗散体系和不可逆物理过程，以更深刻理解问题。

时间反演对称并不是什么新概念，它是基本粒子物理 CPT 对称性之一，也常见于凝聚态物理中。特别地，当讨论磁性时，必定将时间反演对称破缺挂在嘴边。不过，时间反演并非真的存在于现实生活或物理过程中，更多是我们逻辑推理的一种方式。例如，对图 4 所示之麦克斯韦方程，假定时间变量 $t \to -t$ 演示即时间反演，此时麦克斯韦方程组之(1)和(3)无动于衷，但方程组之(2)和(4)有变化。如果回顾一下电磁学的基本现象，我们即知道磁感应强度 B、电流强度 J 和磁矩 M 在此反演下都会变号($t \to -t$ 时，有 $B \to -B, J \to -J, M \to -M$)。因此，麦克斯韦方程组在时间反演变换下形式没有变化。

诚然，以上只是逻辑推理，在现实世界的观念中，时间依然是单向的，往事只能回味。这么说的原因很简单，首先，以化学实验为例：两种单质混合在一起变成溶液，这个混合过程定义了单向时间流向，也就是熵增加，不可能将过程倒回去。其次，我们的很多生活经验也告诉我们时间的流向。不过，过程终归是由物理定律描述，起点总还是物理规律是不是满足时间反演对称的问题。这里涉及两个矛盾的层面：

① 物理学最虔诚的信条，就是“物理定律都是时间反演对称的”，即过去和未来的物理定律保持不变。科学也告诉我们，除了弱相互作用如宇称不守恒定律那般之外，我们熟知的大部分物理定律，如牛顿定律、库仑定律、麦克斯韦方程组等，都满足时间反演对称。

② 自然现象也告诉我们，这些物理定律描述的物理过程绝大多数实际上是不可逆

的，不可以时间反演回去。这种现象的背后有万能的热力学第二定律规范：任何封闭体系都不可能自发从无序到有序。

很显然，①和②之间的矛盾难以调和，曾经让先辈为难纠结很久：物理定律说时光可以回头，而热力学第二定律说往事不能回味。由此，形成了所谓的 Loschmidt 悖论。现在的物理系大学生都明白，这是所谓热力学的不可逆性掺和其中，但其中微观细节未必真的那么清晰。好吧，笔者实际上也不清楚细节，就虚心坐下来，学习了斯坦福大学 V. Asadchy 和 Shanhui Fan（应该是范汕洄教授，中国科大少年班 1992 年毕业生）及其合作者的一篇科普文章（Asadchy V, et al. Tutorial on electromagnetic nonreciprocity and its origins[C]. arXiv:2001.04848, 2020）。他们对这一问题给出了通俗易懂的展示，值得去体会揣摩。

(2) 初始条件

基于粒子的物理世界，总是可以用分子模型来述说。图 6 是我们讨论的封闭体系，

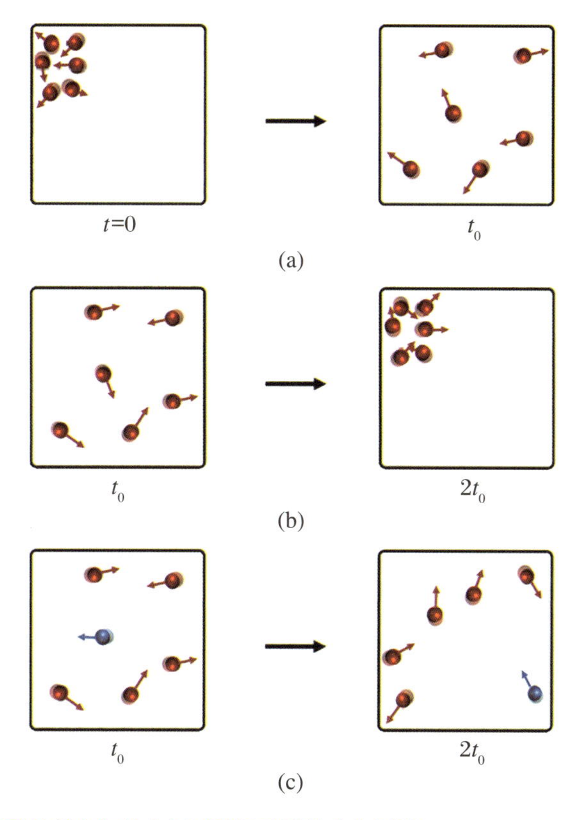

图 6　一封闭体系中粒子从某个初始态（左侧）运动到终态（右侧）

每一步的运动路径都满足物理定律并呈现时间反演对称性。

图片来源：取自文献 arXiv:2001.04848。

其中有粒子若干，各自随机运动，携带时间流逝的信息。从图 6(a)的初始态(至少包括位置和速度信息)开始，各个粒子运动到终态，其每一步均由确定的物理定律控制。此时，如果将初始态和终态反转，也就是时间反演，如图 6(b)所示，物理过程自然就回到最初态。所以，我们看到物理定律的时间反演对称性没有问题。此乃所谓微观精细初始条件图像。

当然，现实世界很难如此，我们不可能运用一种技术去一个一个地设置每个粒子的初始态，能做的一定是针对整个宏观体系实施某种控制，比如压强、温度和浓度什么的。此时，哪怕将这些参数控制到海森伯测不准原理规范的最高精度，也无法对一个宏大的粒子集合实施一个接一个的控制。这就是热力学的意义，其结果可能是压强、温度和浓度等参数都控制得超出你的满意度多少倍，但里面的各个粒子初始态也可以不同。例如图 6(c)中的状态：其中一个粒子(蓝色粒子)的速度发生了偏离，其终态变成如右侧所示，不再能够回到原定的初始态(所有粒子回到左上方的角落)：体系发生了不可逆过程，时间反演对称性破缺。

行文至此，我们已然清楚，微观系统中粒子运动过程满足时间反演对称，而在宏观系统中做不到，虽然大部分宏观物理定律依然如故、形式上满足时间反演。有了微观与宏观之间的差距，上述 Loschmidt 悖论就不再存在。下面就可以回到电磁场问题，只是要记住微观和宏观之间的差距。

(3) 电磁方程的时间反演对称

微观上，对点电荷系，麦克斯韦方程没有问题。宏观上，对带电电磁体系也是如此，麦克斯韦方程大概也呈现时间反演对称的形式。而电磁学中基本的物理量各自有其自身的时间反演对称性质，如表 1 所示。这些时间反演变换可能是电磁互易性最基本也最丰富的物理元素，令人激赏。

基于这些物理量，就可以详细地分析麦克斯韦方程组的对称性。从最基础处开始，微观点电荷 q、电荷密度 ρ、质量 m、空间坐标 r 显然都是时间反演对称的，由此知道速度 v 和电流密度 j 也一定是时间反演破缺的，再由此知道加速度 a 和牛顿力 F 一定是时间反演对称的。假定微观电场强度为 e、磁感应强度为 b，电磁学说电荷 q 在电磁场中受力为 $F = q(e + v \times b)$。注意到 q、v、F 的对称性，马上就可以推演出电场强度 e 一定是时间反演对称的，而磁感应强度 b 则时间反演破缺。

现在可以写出微观下的麦克斯韦方程组了，如图 7 所示，时间反演对称性很显然被满足。当方程组应用于宏观时，不失一般性，考虑一各向同性的电介质，电磁学告诉我们存在两个新的物理定义：电感应矢量 $D = \varepsilon_0 E + P$ 和磁矩 $M = B/\mu_0 - M$，其中 E、P、B、M 分别为宏观的电磁学物理量电场、电偶极矩、磁感应强度和磁矩。对应的宏观下的麦克斯韦方程组也如图 7 所示。由此可见,宏观的麦克斯韦方程组也满足时间反演对称。

表 1　电磁学中各物理量的时间反演对称性特征

物理量	时间反转(微观量)	时间反转(宏观量)
电荷密度	$\tilde{\rho}(t)\mapsto+\tilde{\rho}(-t)$	$\tilde{\rho}(t)\mapsto\tilde{\rho}(-t)$
电流密度	$\tilde{\boldsymbol{j}}(t)\mapsto-\tilde{\boldsymbol{j}}(-t)$	$\tilde{\boldsymbol{J}}(t)\mapsto-\tilde{\boldsymbol{J}}(-t)$
位移	—	$\tilde{\boldsymbol{D}}(t)\mapsto+\tilde{\boldsymbol{D}}(-t)$
电场	$\tilde{\boldsymbol{e}}(t)\mapsto+\tilde{\boldsymbol{e}}(-t)$	$\tilde{\boldsymbol{E}}(t)\mapsto+\tilde{\boldsymbol{E}}(-t)$
磁场	—	$\tilde{\boldsymbol{H}}(t)\mapsto-\tilde{\boldsymbol{H}}(-t)$
磁感应	$\tilde{\boldsymbol{b}}(t)\mapsto-\tilde{\boldsymbol{b}}(-t)$	$\tilde{\boldsymbol{B}}(t)\mapsto-\tilde{\boldsymbol{B}}(-t)$
磁化	—	$\tilde{\boldsymbol{M}}(t)\mapsto-\tilde{\boldsymbol{M}}(-t)$
极化密度	—	$\tilde{\boldsymbol{P}}(t)\mapsto+\tilde{\boldsymbol{P}}(-t)$
泊松矢量	$\tilde{\boldsymbol{S}}(t)\mapsto-\tilde{\boldsymbol{S}}(-t)$	$\tilde{\boldsymbol{S}}(t)\mapsto-\tilde{\boldsymbol{S}}(-t)$

注:包括微观物理量和宏观物理量。微观量满足严格的物理定律,而宏观量是大数微观量的集合,可能介入了热力学不可逆过程。

表格来源:arXiv:2001.04848。

微观:$\nabla\times e=-\dfrac{\partial b}{\partial t}$,　$\nabla\times b=\dfrac{1}{c^2}\dfrac{\partial e}{\partial t}+\mu_0 j$,　$\nabla\cdot b=0$,　$\nabla\cdot e=\rho/\varepsilon_0$

宏观:$\begin{cases} D=\varepsilon_0 E+P, \quad H=\dfrac{1}{\mu_0}B-M \\ \nabla\times E=-\dfrac{\partial B}{\partial t}, \quad \nabla\times H=\dfrac{\partial D}{\partial t}+J_{\text{ext}}, \quad \nabla\cdot B=0, \quad \nabla\cdot D=\rho_{\text{ext}} \end{cases}$

图 7　微观和宏观麦克斯韦方程组的数学形式及时间反演对称性

(4) 宏观过程的不可逆性

勉强读到这里,估计读者都有点不耐烦了:文章在颠来倒去讲麦克斯韦方程组的对称性,特别是在微观和宏观层面重写类似数学形式,到底要干什么?本文的主题是互易性,不能总是在物理定律的数学形式上纠缠。

实际上,这些铺垫非常重要。在介绍“初始条件”时已经阐明微观物理过程和宏观物理过程之间要等价,就必须满足精细初始条件。但从热力学层面,宏观物理过程必定是不可逆的,因此微观与宏观过程并不等价。也就是说,宏观物理效应的严格互易性实际上不可能实现，因为这种不可逆性已经破坏了严格的互易性。

也因为如此，我们需要深刻理解和区分这种热力学不可逆过程导致的非互易性效应到底有哪些根源、有多大。有个例子很有典型意义：有一束电磁波从左到右穿越一电介质，这一过程定义为“向右过程”，其互易过程当然是电磁波从右到左穿越电介质，光路一样、方向相反，定义为“向左过程”。毫无疑问，电磁波穿过电介质，只要是有限温度，电磁波必定将部分能量传递给晶格声子振动，也许转变成热量耗散。这一耗散在麦克斯韦方程组中是没有体现的。为了说得更清晰，我们进行如下逻辑实验：

① 考虑“向右过程”，电磁波传递能量给声子，产生损耗（热量），此乃不可逆过程。

② 考虑互易的时间反演“向左过程”，按照宏观麦克斯韦方程，电磁波传播依然如故，满足时间反演对称性。此时，“向右过程”耗散的热量必须重新注入回到晶格，以激发声子，并由声子再传递回去给电磁波。如此，互易性就完全实现。图 6(a)和图 6(b)所示的微观过程即如此。

③ 我们知道，过程②是不可能的，“向左过程”不但不能将“向右过程”耗散的热量返回去给电磁波，反而要变本加厉，再产生一份新的热量耗散。

④ 因此，“向右过程”和“向左过程”不可能严格满足时间反演对称，在一般情况下两个过程甚至相距甚远。

有鉴于此，电磁波穿过介质引起的损耗一定会在电磁波传播互易性问题上反映出来，除非两个过程的损耗完全一样。在诸如法拉第效应之类的物理过程中，正反过程电磁波与晶格间的能量或动量转移有差别，从而导致互易性可能破缺，非互易现象登堂入室。

有了上述认识，接下来就需要去表达这种非互易性。学习过电介质物理的读者一定理解，电介质中电磁波传播和损耗是有色散的，最好是在频域(frequency domain)而不是时域(time domain)中表达。因此，必须讨论频域下的麦克斯韦方程。更进一步，对电磁波，频率即表达能量，因此频谱即能够让我们更好地理解电磁波与介质的相互作用过程！

(5) 频域下的麦克斯韦方程

电磁波传播的介质其性质和相互作用可以千姿百态，颇为复杂。为简单起见，仅考虑一电介质，暂不考虑磁性（或者反铁磁及弱的亚铁磁），如此就有 $\boldsymbol{P}=\boldsymbol{P}(\boldsymbol{r},t)$ 和 $\boldsymbol{M}=0$。经过一番傅里叶变换（详细可见 arXiv:2001.04848），可以实现从时域到频域的转换（红色字体），频域下的麦克斯韦方程组如图 8 所示（蓝色字体），其中也给出了电磁波以磁场强度 $\boldsymbol{H}$ 所表述的波动方程（紫色字体）。图 8 的结果都是假定介质内没有净电荷和没有外加电流，因此图 7 中的 $J_{\text{ext}}=0$，$\rho_{\text{ext}}=0$。

$$P(t)=\varepsilon_0\int_{-\infty}^{t}\chi(t-t')E(t')\mathrm{d}t',\quad D(t)=\varepsilon_0\int_{0}^{\infty}\varepsilon_0\varepsilon(\tau)E(t-\tau)\mathrm{d}\tau$$

$$\varepsilon(\tau)=\delta(\tau)+\chi(\tau),\quad \varepsilon(\omega)=\int_{0}^{\infty}\varepsilon(\tau)\exp(-j\omega\tau)\mathrm{d}\tau$$

$$D(\omega,r)=\frac{1}{2\pi}\int_{-\infty}^{\infty}D(t,r)\exp(-j\omega t)\mathrm{d}t,\quad H(\omega,r)=\frac{1}{2\pi}\int_{-\infty}^{\infty}H(t,r)\exp(-j\omega t)\mathrm{d}t$$

$$D(\omega)=\varepsilon_0\varepsilon(\omega)E(\omega),\quad B(\omega)=\mu_0 H(\omega)$$

$$\text{频域:}\begin{cases}D(\omega)=\varepsilon_0\varepsilon(\omega)E(\omega),\quad B(\omega)=\mu_0H(\omega)\\ \nabla\times E(\omega,r)=-j\omega\mu_0H(\omega,r)\\ \nabla\times H(\omega,r)=j\omega\varepsilon_0\varepsilon(\omega)E(\omega,r)\\ \nabla\cdot[\varepsilon(\omega,r)E(\omega,r)]=0,\quad \nabla\cdot H(\omega,r)=0\end{cases}$$

$$\text{波动方程:}\nabla\times\left[\frac{1}{\varepsilon(\omega,r)}\nabla\times H(\omega,r)\right]=\frac{\omega^2}{c^2}H(\omega,r)$$

图8　时域和频域下的麦克斯韦方程组形式

这里只针对电磁波在介质中传播，不考虑外加电流和电荷。

图片来源：根据参考文献 arXiv:2001.04848 而整理。

基于图8总结的麦克斯韦方程组和关于 H 的波动方程，我们可以讨论时间反演对称性行为，以评估互易性。以 T 表示时间反演对称操作，以 $*$ 表示共轭，则有：

① $T[H(t,r)]=-H(-t,r)$，时域。

② $T[H(\omega,r)]=-H(-\omega,r)=-H^*(\omega,r)$，频域。

③ $T[E(\omega,r)]=E(-\omega,r)=H^*(\omega,r)$，频域。

④ $T[\varepsilon(\omega)]=\varepsilon^*(\omega)$，频域。

可以看到，在时域所表现的时间反演性质（对称或破缺）在频域依然保持，无非是频域时以共轭的形式展示出来。这里，特别值得关注的是第④个性质，可以写为

$$T[\varepsilon(\omega)=\varepsilon_r-j\varepsilon_j]=\varepsilon^*(\omega)=\varepsilon r-j(-\varepsilon_j)$$

其中，ε_r 是频谱中的介电实部，而 ε_j 乃虚部，即损耗。可以看到，介电虚部在时间反演操作下变了符号，即介电不但没有损耗，反而出现了自发增强。这违反物理而没有意义，反过来说明频域中测量的介电频谱在电磁波反向时不可能互易，非互易性成为本征性质。

由此，我们很容易推论：在频域中测量电介质中电磁波传播，除非介质没有损耗，否则电磁波正向传播和反向传播在频域中应有不同。这种差异，伴随不同物理过程，将展现出电磁波在不同介质中传播时丰富多彩的非互易性。

4. 结语

作为这一主题读书笔记之一，落笔暂时停止于此。需要再一次强调，电磁波在介质

中传播的互易性问题有悠久的研究历史。除了早期的法拉第效应之外，电子科学与技术则关注微波频段的非互易性，因为这个频段的法拉第效应最为显著。在整个红外到紫外频段，也是我们最感兴趣的光频段，这种非互易性效应从经典电动力学角度看较弱。最近，光频段的非互易性在若干量子材料中表现得较为显著，引起关注。特别是那些具有手性结构的体系，对电磁波的调控具有显著的非互易效应。刊物《npj Quantum Materials》对这一方向也有所关注，已经刊登了几篇这一主题下的评述和论文：

(1) Yosksuk M O, et al. Nonreciprocal directional dichroism of a chiral magnet in the visible range[J]. npj Quantum Materials, 2020, 5: 20. https://www.nature.com/articles/s41535-020-0224-6.

(2) Cheong W W, et al. Seeing is believing: visualization of antiferromagnetic domains[J]. npj Quantum Materials, 2020, 5: 3. https://www.nature.com/articles/s41535-019-0204-x.

(3) Coldea A I, et al. Evolution of the low-temperature Fermi surface of superconducting $FeSe_{1-x}S_x$ across a nematic phase transition[J]. npj Quantum Materials, 2019, 4: 2. https://www.nature.com/articles/s41535-018-0141-0.

(4) Cheong S W, et al. Broken symmetries, non-reciprocity, and multiferroicity [J]. npj Quantum Materials, 2018, 3: 19. https://www.nature.com/articles/s41535-018-0092-5.

这种非互易性不仅与量子凝聚态的对称性问题相联系，对材料科学而言亦提供了一类具有一定普适性的非互易性光谱学表征方法。当然，更重要的驱动力来自对未来的信息开关应用的期待与开拓。从这个意义上，量子材料中的非互易效应(nonreciprocity effect in quantum materials)将会是越来越重要的前沿方向。

备注：本文撰写内容诸多参考了 V. Asadchy 等人的“Tutorial on electromagnetic nonreciprocity and its origins”(arXiv: 2001.04848, 2020)一文，特此致谢。

游走于边缘：铁电金属

1. 引子

我们学习物理，除了学习基本概念和知识外，也于有意无形之间被灌输一些逻辑和模式。后者通常深入人心，成为我们赞叹科学之美和科学之严谨的信心。以笔者浅薄的感受，这种逻辑的基本要素就是离散的二元或多元论。举例而言，物质世界的导电性，我们被灌输以“导体”和“绝缘体”二元之分。好不容易有个中间元素“半导体”出现，也经常被物理人归于“绝缘体”，因为其基态的确就是绝缘体。

这种二元论之所以成为自然科学的基本特征，直观上有一些人性和主观动机。首先，二元论思维简单、直接、明了，将世界划分为区区块块，分门别类加以标签。这种方法论显而易见是对纷繁复杂世界最简洁的描述方法，别无他二。推广到世间万物，皆由少数几种粒子或基元构成，或是这种离散之元的扩展，虽然粒子多了，但不仅仅只是它们的简单集合。其次，对每一元，追求其最佳表达，是人性中最自发的品质，所以才有“更高、更快、更强”。这表现在学术上，即运用典型和极致的体例来表达和烘托一元。比如，论述到“导体”或绝缘体，我们一定选择那些导电行为最好、最典型的材料作为对象来总结归纳我们的知识，故而在我们的知识体系中形成了以典型基元或元素表述的模式，使得我们所看、所听、所触和所学的都是那些典型的概念和图像。而那些边缘化的对象，因为复杂或说不清道不明而成为过眼烟云。复旦大学的金晓峰老师曾经有个题为“人性，太人性了”的学术讲演，笔者以为包含了这种思想。

由此，我们说二元或离散的多元论是现代知识的基石，自是大众公论。

如果笔者再望文生义，去看更大尺度和更广阔层面，这种离散的二元或多元方法论也比比皆是。例如，国家自然科学基金委的学科划分也有此痕迹：工材学部将材料划分为“金属”和“无机非金属、高分子”两大块。你总是不自觉地将自己归属到其中之一，生怕被丢在三不管地带，譬如笔者这般游走于学科边缘之人并不多见。这种划分还体现在人类思维逻辑的二元论。日常生活中，万事总是被冠以“黑白”“是非”“敌我”“对错”这样的类别，虽然早就有黑格尔和中庸，但不如“黑白”“是非”来得简单明快。

遗憾的是，对事物的理解，一旦进入较深层次，就不再是如此明了直接。世间万物，更多的是那些既不怎么导体也不怎么绝缘的东西，所谓半导体只不过是其中一点点斯文的说法。我们看到更多的材料都是雨露均沾，你可以说它是坏的金属、坏的半导体或坏的绝缘体。这些“坏”的材料，比我们奉为经典的好导体或好绝缘体要多得多。从这个意义上，我们对物理的理解程度其实很浅薄和初级，那些美妙精细的规律、图像只不过是二元论中的典型。而对绝大多数物质，我们其实不甚了解，甚至可能永远也难以深切了解。事实上，到目前为止，即便是坏金属的导电性这一看起来很简单而早就应该解决的问题，尚无任何定量理论能够说清楚其中的子丑寅卯，问题本身依然使若干优秀物理人念念不忘。

这里，不妨调侃一下物理。物理所运用的，不过也是方鸿渐口中的“围城”把戏：用一些优美而简洁的概念、图像和逻辑，吸引一代一代人中龙凤投身其中、贡献聪明才智。等到他(我)们进来,却发现原来世界如此复杂、麻烦和令人沮丧,虽然很多人依然坚守那份初心、绝不离分!诚然,岂止是物理?所有科学是不是都有此共性?

言归正传,实际上,我们所学习的知识,是去尝试理解那些非典型万物的起点和初步。至少有两个层面值得我们自豪:一是我们在深入之路上不断进步,使得物理学更为丰富、为社会文明服务得更好;二是我们能够分进合击,从一个个体现物理典型的多元论出发,通过扩张和改进,去占领边缘地带。于是,就有了一类时髦的名词:学科交叉!

本文即触及凝聚态物理中一个很小的分支领域,以为这一时髦名词提供一条注解。

2. 铁电与金属

我们说好的导体,当然首先指金属。如果说铁电,当然是在谈论绝缘体。毫无疑问,铁电体和金属分属两个不同的凝聚态类别,彼此应该毫无关系,它们在凝聚态物理和材料科学的学科分类和发展目标上也大多风马牛不相及。因为凝聚态相互作用主要就是电磁力,如果硬要在电磁相互作用层次上将它们撮合在一起,当然是一种吃力不讨好的学科边缘游走。

所谓铁电体,是指稳定存在且可翻转的自发电极化的绝缘体。大学电磁学定义了电极化就是一堆有序排列的电偶极子宏观集合,宣示了电偶极子作为铁电基本物理单元的角色。图1对铁电体的基本特征从唯象层面进行了图文并茂的说明,最终落脚到与本主题关联的核心点:稳定存在的电偶极子。

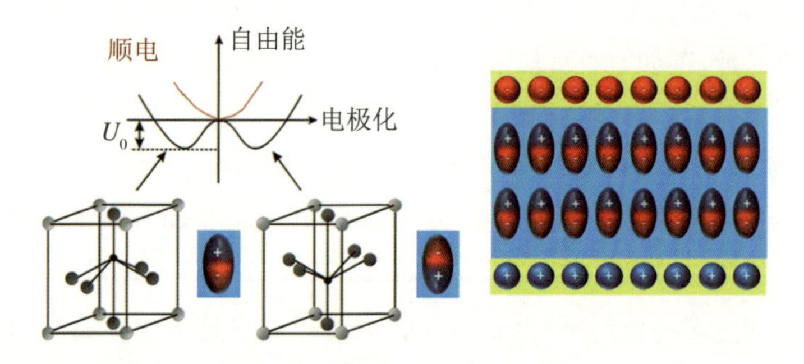

图1 铁电体的直观唯象表述(以钙钛矿 ABO_3 结构为例)

唯象上,铁电体的热力学自由能(energy)与铁电极化(atomic displacement)的函数关系呈现双势阱形状,势阱深度为 U_0,如左上图所示。体系具有两个位移不为零的简并基态。微观上,这两个简并基态对应钙钛矿结构中心阳离子与周围四个面心阴离子发生相对位移,形成一个电偶极子(红蓝色橄榄球状),如左下图所示。这些电偶极子有序排列就形成了宏观铁电体,如右图所示。这里基于经典电磁学的核心:稳定存在的电偶极子!

图片来源:http://mini.physics.sunysb.edu/~mdawber/research.htm。

要电偶极子稳定存在，在传统铁电物理意义上至少要满足两个条件：① 要能形成电偶极子；② 电偶极子的一对正负电荷各自散发的电场不能被来自其他地方游弋过来的异种电荷完全屏蔽掉。要满足条件①，就需要承载电偶极子的晶格对称性是极性的(polar)，越“极性”越好，正负电荷空间上越分开越好。这种极性点阵通常要求离子呈现共价键结合，而传统金属排斥共价键合。要满足条件②，体系中就不能有大量自由迁移的载流子(电荷)，良好导体和金属不可能承载电偶极子，更不要说如图1所示的一堆电偶极子整齐排列了。这两个条件注定铁电与金属不能共存。也因此，典型铁电体都是绝缘性能绝佳的体系，能带带隙至少3.0 eV以上。

这里有一些大学电磁学意义上的前提：① 离散的电荷粒子(点电荷或有限区域电荷)；② 存在可定义的电偶极子。我们知道，这两个前提并不是理所当然的，模拟金晓峰的话就是：太不能理所当然了！我们稍后回到这里。

(1) 往事不如烟

在那些物理翻天覆地的年代，也不是每个人都会被“理所当然”这一正理严词唬住的。总有不安分的物理人想另起炉灶，也就有了菲利普·安德森在20世纪60年代将铁电与金属“绑架”在一起，美其名为“铁电金属(ferroelectric metal)”。

安德森是当代不世出的物理大家，他玩了什么把戏能够游走于铁电和金属这两大风马牛不相及的领域边缘呢？事实上，他在此一难题面前并非提出了绝顶高招：当年应该是有一些针对金属间化合物 V_3Si 的实验，揭示出其中有立方-四方马氏体二级相变。安德森和合作者E. I. Blount将这一现象与 $BaTiO_3$ 等铁电体中的朗道相变和铁弹畴结构作类比，提出了所谓朗道铁电二级相变与金属性共存的观点。文章发表在PRL(Blount E I, et al. Ferroelectric metals[J]. Phys. Rev. Lett., 1965,14:217)上，成为铁电金属概念的始作俑篇。这一观点提出后，当时既缺乏客观研究条件，也没有主观关注驱动力，很长一段时间并无确切实验证据来提升和扩散这一提法。因此，铁电金属的概念更多是一种理论物理人的“遐想”，并未引起多大波澜。大家还是各领风骚去追求各自的“更高、更快、更强”，一直到2010年前后。

在这期间，安德森也成为一代名家，以其涌现现象(emergent phenomena)和多者异也(more is different)引领凝聚态物理研究的新范式。其中，从业余角度去审视more is different这一模式，应该是源于安德森对当时横行于世的“物理还原论”者不满而进行抗争。我们去看安德森那篇发表在《Science》上的名篇，与其说是一篇严谨的科研论文，倒不如说是一篇抗争的檄文。也可能，当时凝聚态物理人正为自己在物理学中的低端地位而憋屈，正需要一杆旗帜：more is different正是英姿飒爽，从而深入人心。

正因为如此，安德森在凝聚态物理领域的诸多建树引得芸芸众生亦步亦趋，“铁电金属”这样的小事情自然是被遮盖住，鲜有人去关注。

(2) 铁电亦量子

当然,也是在这一段时期,铁电物理和金属物理都各自攻城略地,扩展了各自的领域。铁电物理经历了朗道时代的对称性破缺和唯象理论,到 20 世纪 70 年代同样是安德森主导而发展起来的晶格软模理论,却始终未能走入以电子结构和能带论为核心的固体物理主阵地。晶格软模理论,有那么一点点波动和量子的味道。它基于晶格动力学的横向光学模冻结,但其本质依然是基于正负离子构成的电偶极子,并未进入到 k 空间能带波函数的层面。

软模理论支撑了铁电物理又一个 20 年。但很长时间以来,铁电物理更多像一个体户,在固体物理更新换代或吐故纳新的改革大潮中大多处于边缘,未能投入固体物理向凝聚态物理翻天覆地的浪潮,虽然铁电材料从应用角度其实挺争气的。大概到了 20 世纪 90 年代,以 Rutgers University 的 Karin M. Rabe 和 David Vanderbilt、意大利 University of Trieste 的 Raffaele Resta 等为代表的一批理论凝聚态学者,从传统电磁学电偶极子定义的不确定性出发,开始从量子 Berry 相位角度重新定义铁电极化(Rabe K M, et al. Physics of ferroelectrics: A modern perspective[M]. Berlin Heidelberg: Springer-Verlag, 2007)。由此,现代铁电量子理论才开始建立起来。这是铁电极化物理的重要时期,虽然整个铁电界对此敏感度并不够。

这一新理论,至少有两方面的意义值得陈述:

① 给予铁电物理以量子力学的标签,取得了堂而皇之进入电子结构和能带理论俱乐部的通行证。现在的观点是,铁电极化实际上来源于 Berry 相位差关联的极化电流,电子极化的概念替代了或者说革新了基于点电荷模型的传统离子极化图像。铁电极化能够准确地由全量子的第一性原理精确计算出来。做到这一点不容易,就像传统磁学:其原本也是唯象的,但当前的自旋电子学就基本是量子的了。从这个层面上,磁学全面领先了铁电物理!

② 明确了铁电极化包含电子极化和离子极化两种组分。这是一个概念上的飞跃,经典铁电物理一般不考虑电子极化,因此只能在那些带隙巨大的绝缘体中打圈圈,很少触及小带隙体系。而电子极化被给予充分地位之后,具有扩展一些的电子态体系,甚至在具有一定巡游特性的极性半导体中,电极化的作用就能被赋予物理意义。从这个层面上,铁电量子理论功莫大焉。

铁电量子理论当然有很多值得渲染亦需要商榷之处,本文暂且按下不表,另图他文再议。类似文献已然不少,随手从笔者熟悉的学术期刊《npj Quantum Materials》取来两篇作证:① Yoo K, et al. Magnetic field-induced ferroelectricity in $S=1/2$ kagome staircase compound $PbCu_3TeO_7$[J]. npj Quantum Materials, 2018,3:45. ② Ruff A, et al. Chirality-driven ferroelectricity in $LiCuVO_4$[J]. npj Quantum Materials, 2019,4:24.

这里，只从摒弃“点电荷电偶极子”这一概念出发来表述铁电量子理论的意义。对大带隙绝缘体，电偶极子的存在当然是以态密度分布极端局域化为前提的，电子分布局域于离子周围，构成了以离子实为中心的离散电荷排列。此时，波恩有效点电荷自然没有问题，传统电偶极子假设亦顺风顺水。

对那些带隙较小的体系，如半导体或电子态较为扩展的体系如 4d 或 5d 体系，电子态密度分布不再能与点电荷近似，其电荷分布极性变得重要起来。如图 2(a)所示，以黑心的正电荷离子实为中心，围绕离子实的电子云(淡蓝色)分布宽广，其等效电荷中心明显偏离离子实，形成红色箭头所示的电子极化 P_e。除此之外，近邻的一个负电荷离子实与此正电荷离子实一起构成一个绿色箭头，表示的是离子极化 P_i。总体上，体系局域的电偶极矩应该表示为 P 约等于 $P_i - P_e$。这里需要提及一点：局域而言，P_i 和 P_e 的方向大多数情况下是相反的，从静电学角度很容易理解。这种反号具有普适的意义，而如果同号就有些诡异了。因此，一个电偶极子，其实际偶极矩绝大多数情况下小于点电荷离子模型给出的偶极矩，也昭示了传统波恩有效点电荷存在不准确性。

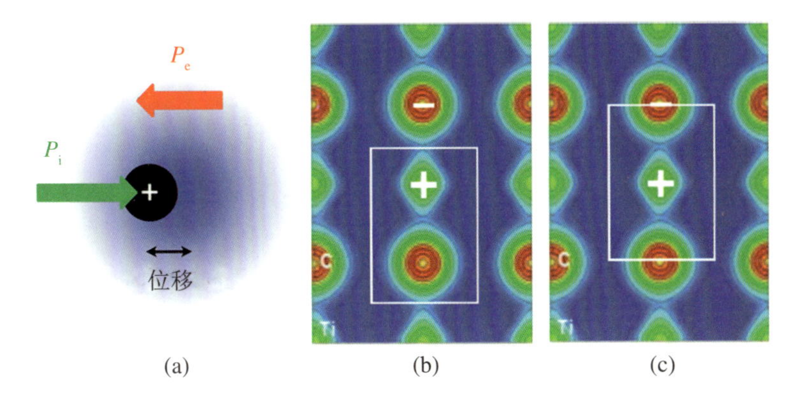

图 2 (a) 晶格中一个格点附近电子极化的示意图，其中浅蓝背底颜色表达电子态密度分布，离子实乃其中黑心区域。这里，电子分布与离子实组成的极化称为电子极化 P_e，而临近的负离子与此处离子实组成的离子极化为 P_i。(b) 周期晶格中电荷态密度分布和所谓电偶极子的选取方法(白线框区域)。(c) 同样区域所谓电偶极子的另外一种选取方法

很显然，(b)和(c)两种选择方法的电偶极子是迥然不同的，显示出传统电偶极子定义的不确定性。

图片来源：http://wien2k-algerien1970.blogspot.com/2017/12/how-to-calculate-polarization-properties.htmlRutgers。

有鉴于此，一个具体的困难就显现出来：如何定量地确定电子态密度的空间分布，从而精确计算电子极化 P_e？

另外一个困难似乎更为本征，如图 2(b)和图 2(c)所示。对于一具体晶体，周期的离

子结构即便是电极性的，要唯一定义对应于铁电极化的电偶极子其实是不可能的。图2(b)和图2(c)就是其中两种定义，得到的电偶极矩不相等，因为图2(b)中的极矩非零，而图2(c)中的极矩为零。偶极矩定义都不能唯一，那自然有问题，这样的物理不是好物理。这一不确定性，必须通过设置有限晶体大小才能部分解决：如果体系不是无限大，而存在一个表面，从表面处开始定义电偶极子，依次递归进入晶体内部，铁电极化就可唯一定义了，如图3所示。

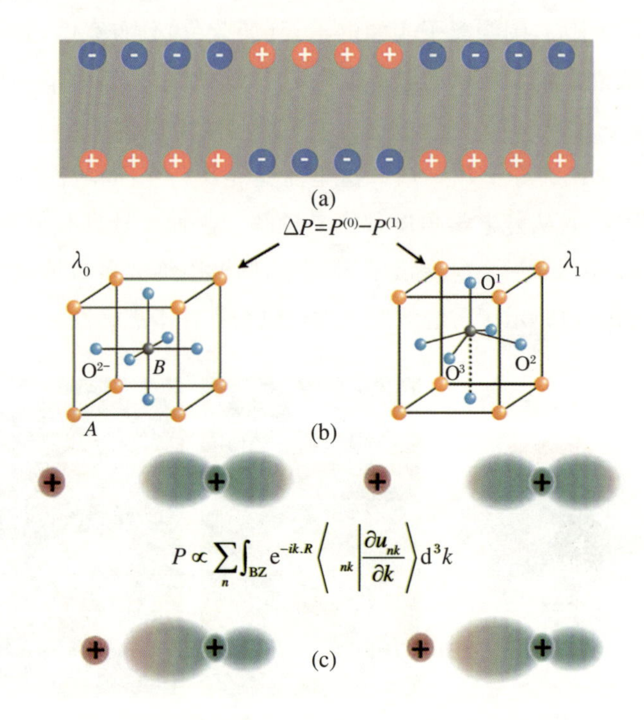

图3 (a) 对一有限铁电体系，表面出现束缚电荷，则将上下表面连接形成回路即可得到流过的极化电流。这一电流才是可以定义的铁电极化效应。(b) 铁电量子理论中从Berry相位来计算铁电极化的定义，BZ是布里渊区

图片来源：A beginner's guide to the modern theory of polarization[J]. J. Solid State Chemistry, 2012, 195: 2. https://www.sciencedirect.com/science/article/pii/S0022459612003234.

现代铁电物理人，正是从这一视角出发，决定重新考虑铁电极化定义：既然只能从带表面的有限晶体中得到唯一的铁电极化定义，那就顺其自然好了。如图3(a)所示，一有限铁电晶体，因为铁电极化存在于其上下表面，必然储存异号束缚电荷。这些电荷量的多少就定义了铁电极化的大小。只要将上下表面短路，测量释放出来的极化电流，就可以计算出铁电极化。

铁电量子理论的一个重要结果就是：物理人能捐弃传统物理用有效波恩电荷来估算

极化的做法，转而运用第一性原理计算，甚至运用 Wannier 函数程序模块，针对整个布里渊区的波函数，直接计算铁电极化。这一巨大进步虽然还不能让我们从金属态的能带结构中准确计算出铁电极化，但对那些小带隙的半导体或电子极化的体系占有重要地位。铁电极化计算已经成熟，而这种计算在之前是不可想象的。

具体计算技术上当然很有挑战，笔者只是从原理上呈现一二。以图 3(b)所示结构为例，从左边的高对称结构 λ_0 出发，计算其与 Berry 相位关联的电流，定义其极化为 $P^{(0)}$。再从右边的低对称极性结构 λ_1 出发也做类似计算，得到极化 $P^{(1)}$。按照量子铁电理论的定义，低对称结构的铁电极化就定义为 $\Delta P = P^{(0)} - P^{(1)}$。

至此，铁电量子理论宣言任何有带隙材料的铁电极化都可以精确计算出来，哪怕是那些不怎么好的绝缘体！这一结果，可以看成铁电物理开疆拓土的一步，虽然还未迈出向 cover 铁电金属的那一步。

紧接而来的问题是：不那么好的金属，或者坏金属，能容纳铁电极化吗？要回答之，先就要看什么是坏金属。

(3) 坏金属

如前所述，金属与铁电是没有交集的两个离散领域。既然是金属，当是导电性很好，这是常人脱口而出的金属之首要特征。但是，物理人说金属，实际上并不理所当然就是导电性好。从输运角度，如果材料的电导(电阻)随温度升高而下降(增大)，那就定义为金属。从能带角度，费米面存在态密度(载流子)，就是金属。这些定义并不与我们心目中的典型特征相对应，只要定性满足即可。

但是，好的导电性，首先不但要有足够高的载流子浓度，其次这些载流子有足够快的迁移率(能力)。载流子浓度与迁移率之积就是电导或电阻的倒数，因此浓度与迁移率都必须足够好才能有好的导电性。实际固体，并非两者都同时满足。那些费米面处高载流子浓度的金属，可能遭遇极强的散射；而那些迁移率极高的周期晶体结构却可能只有较低的载流子浓度。一般而言，载流子浓度可以与经典的 Drude 模型联系起来，而迁移率更易用半量子的 Sommerfeld 模型来说明。

Drude 模型将载流子看成气体分子，具有一定的平均自由程 L，超越之即相互发生碰撞而呈现载流子散射，金属即产生电阻。而 Sommerfeld 模型将载流子输运看成波长为 λ_F 的平面波无耗散地传播，除非受到其他“准粒子”散射。那什么是好导体呢？如果满足 $L \gg \lambda_F$，表示载流子可以无耗散穿越很多个 λ_F 波长，那就是好导体。作为近似，如果晶体晶胞常数为 a，则满足 $L \gg a$ 的材料就是好导体。这样的导体，其电阻率大约在 $0.01\ \mu\Omega \cdot m$，与温度 T 的关系在低温区满足 T^2 规律。因为载流子电子是费米子，朗道还给这些体系取了个很物理的名称——费米液体(Fermi liquid)。

与此不同，那些远不满足 $L \gg \lambda_F$(或 L 约为 a)或 T^2 条件的材料就是坏导体、坏金属了。一个坏金属，费米面处电子态非零。特别是在 $L<a$ 时，我们说破坏了 Ioffe-Mott-Regel 极限。锐钛矿的 VO_2 或高温下的 $LaSrCuO_4$ 都是典型例子，注意到它们都满足电阻率随温度升高而增大的定义，都是金属。更丰满一些的证据来自电阻率与温度 T 的具体关系上。铜氧化物超导体、Ru 氧化物、铁基超导体系等，低温正常态时的电阻率大约与 T 呈线性关系。这些体系也有个很无力(不是物理)的名称——非费米液体，部分原因是这些载流子不再单纯自由，而是带有“镣铐”或“沙袋”，行走变得艰难。

当前对这些坏金属的导电行为尚无好的物理描述。即便有好的描述，也会是较为复杂高深的版本，难以演绎到科普水准。但总体而言，这些坏金属的导电行为复杂敏感、乖张多变。假定那些镣铐或沙袋很是沉重，载流子运动、特别是低温下的运动，就可能被严重局域化或 frustrated。这是非常典型的电子关联体系特征，大量过渡金属氧化物大约都可归于此。比如前面提及的 VO_2 和 $LaSrCuO_4$，更不必说大量的高温超导体系和磁性氧化物体系，都是电子关联物理的熟客。因此，大致上可以说：几乎所有的坏金属都是电子关联体系；或者说，电子关联是导致坏金属的根源之一。

当局域化变得越来越严重时，这样的坏金属很显然脱离了科学人追求的“更高、更快、更强”目标，但代表了金属物理这一领域的恣意扩张。扩张到这一步，就到了与其他物态交叉融合的边缘，就有了新的机遇和前景。

行文至此，我们依稀看到，铁电和金属这两个离散无交集的领域均扩张无度，到了交叠的边缘。所以笔者取标题为：游走于边缘！

这种边缘游走，正如下文所展示的，铁电金属这一“黑幕”正在慢慢被拉开。

3. 边缘行走

事实上，自从 20 世纪 80 年代发现了铜氧化物超导体以来，物理人在过渡金属电子关联氧化物中频繁发现各种“坏金属”，并因为它们展示的量子相图有很强的相似性而触发空前高涨的研究热情。反过来，这些进展推动了一大类量子凝聚态新效应的发现与深入研究。图 4 给出了几类不同凝聚态行为的量子相图。它们的罗列当然会让这一领域的很多同行思故弥新、如沐春风。物理人与这些相图朝夕相处数十年，虽然在不同的山水、不同的天地间，但那些山形水曲依稀相识却像是故人。

笔者将这些相图的简要描述放在图 4 的图题中，避免正文连篇累牍而分散读者注意力。除了图 4(a)给出的高度概括之量子相图，铜基超导、重费米子体系、庞磁电阻锰氧化物、铁基超导等 emergent phenomena 对应的相图分别举例展示在图 4(b)～图 4(e)中。这些迥然不同的凝聚态系统所展示的相似性，加上铁电量子理论在 20 世纪 90 年代诞生与发展，给了铁电态跨越于其他领域边界的灵感与可能性。

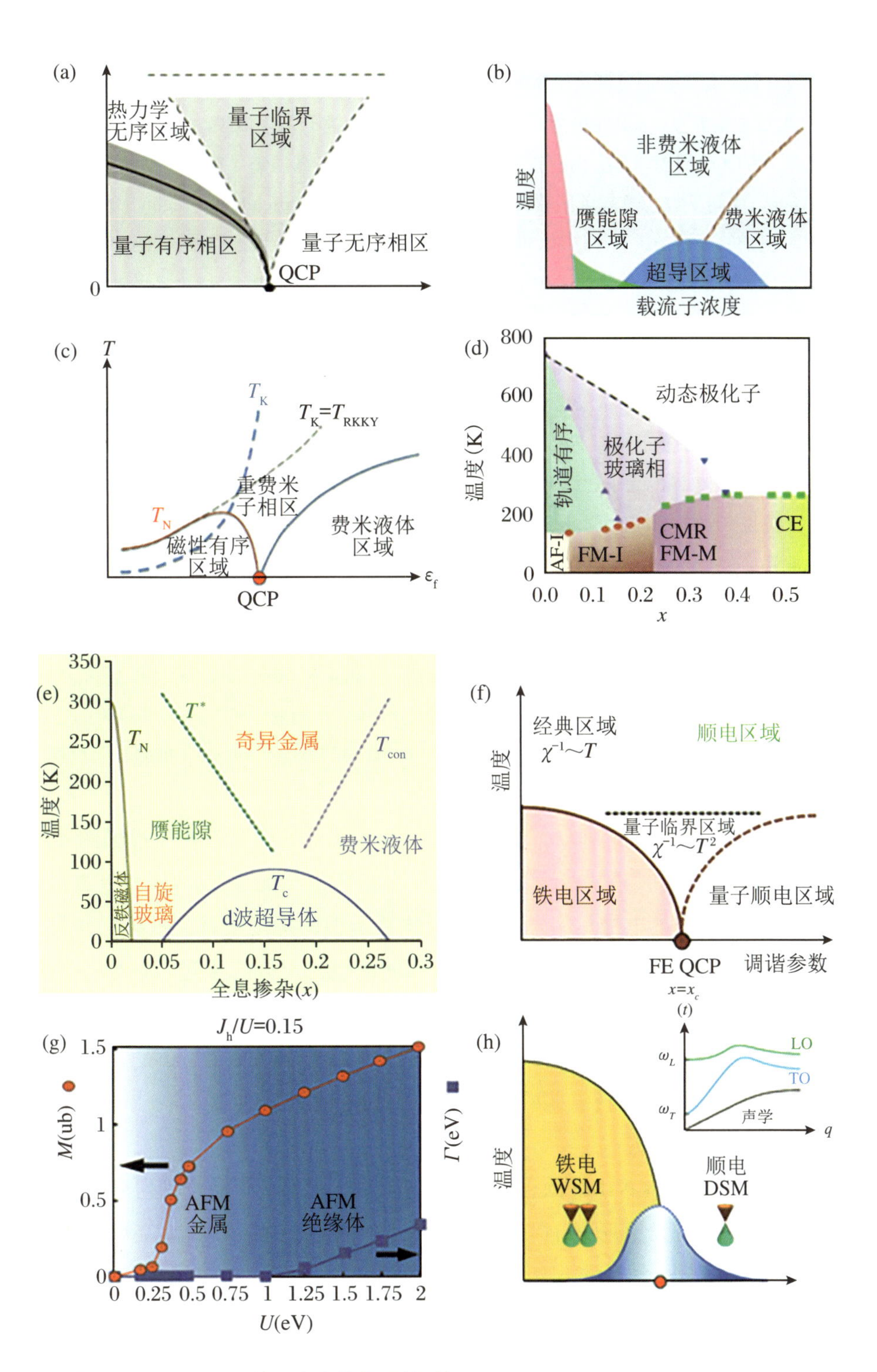

图 4　一些坏金属(bad metals)体系丰富的物理性质相图

(a) 典型的具有量子临界点的关联电子体系相图。其中横轴为调控参数,包括载流子掺杂、压力、外场等变量。QCP 为量子临界点,QCP 左侧为量子有序相区,右侧为量子无序相区,上方为量子临界区域和热力学无序区域,在 QCP 周围通常会出现新颖的量子相。(b) 铜基高温超导体的典型相图。最左侧区域为温度反铁磁区;中间下方的浅蓝色区域为超导区域;赝能隙区域(pseudogap regime)下方的淡绿色区域为结构较为复杂的欠掺杂磁有序区域,可能是反铁磁与超导共存区域;超导区右侧为费米液体区域,也可以认为正常金属区域。(c) 重费米体系的相图。其中存在 RKKY 相变,体系显得更为复杂。(d) 庞磁电阻锰氧化物的典型相图。包括反铁磁 AF 绝缘相 AF-I、极化子玻璃相、铁磁绝缘相 FM-I、铁磁金属相 FM-M、C 型和 E 型反铁磁混合相 CE 等。(e) 铁基超导相图。图中各量子相标注得很清楚,不再注解。(f) 铁电量子相图。图中各量子相标注得很清楚,其中量子顺电相类似于费米液体相。(g) 铁电金属 $LiOsO_3$ 的相图,展示了量子相与 Hubbard U 之间的依赖关系。其中反铁磁金属态磁矩与反铁磁绝缘态的能隙大小显著依赖 U 的大小。详见正文描述。(h) 铁电量子拓扑相图。其中 WSM 为外尔半金属相,DSM 为狄拉克半金属相,中间为超导 SC 相。这一相图揭示了铁电相与拓扑超导和拓扑半金属之间可能的内在联系。

图片来源:(a) https://journals.aps.org/rmp/abstract/10.1103/RevModPhys.79.1015;(b) https://science.sciencemag.org/content/288/5465/468/tab-figures-data;(c) https://journals.aps.org/rmp/abstract/10.1103/RevModPhys.90.015007;(d) https://www.ncnr.nist.gov/staff/jeff/polaron_formation.html;(e) https://www.osti.gov/servlets/purl/1116722;(f) https://www.tandfonline.com/doi/full/10.1088/1468-6996/16/3/036001;(g) https://arxiv.org/pdf/1404.7705.pdf;(h) https://old.inspirehep.net/record/1717953/files/schem_PD_v2.png。

有意思的是,早在 20 世纪 80 年代,量子顺电和铁电的研究就产生过如图 4(f)所示的相图:在量子临界点 QCP 左右侧对应铁电有序相和量子无序相。QCP 上方也存在一个量子临界区域,其中的电极化率也满足其他体系类似的标度关系。这些工作发表出来时,学术界似乎较为安静,但私下里是不是暗潮汹涌也未可知。不过,21 世纪初前后,铁电半导体和铁电金属的若干标志性成果已然显现。在这些成果中,至少有两项工作是值得称道的:一个是 $LiOsO_3$ 中观测到晶格极性相变和金属性共存,一是在外尔半金属 WTe_2 中实现铁电极化的翻转。此两项工作也因此值得简述一二。

(1) 铁电金属 $LiOsO_3$

2013 年,当时在日本 NIMS 的石友国(当前任职于中国科学院物理研究所)和郭艳峰(当前任职于上海科技大学)所在团队,与英国牛津大学几个团队合作,在《Nature Materials》上发表了那篇著名的论文(2013 年第 12 卷第 1024 页),报道了钙钛矿 Os 氧化物 $LiOsO_3$ 中的电极性晶体结构与金属态共存的实验结果,展示了铁电金属态可能存在的第一个系统而直接证据链。我们不妨将主要结果结合后续来自他人的一些数据,组合于图 5 所示。

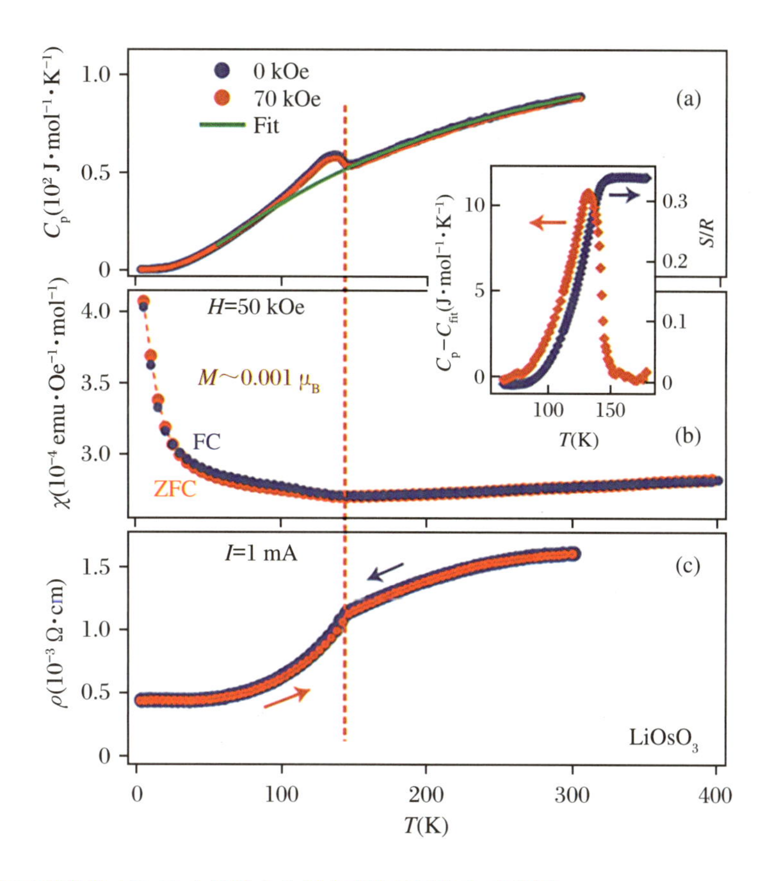

图 5　钙钛矿 5d 氧化物 $LiOsO_3$ 中的铁电金属态实验结果与初步分析

(a) 比热温度曲线，显示 140 K 左右有相变。(b) 直流磁化率的温度关系，显示磁化率极小，拟合出来的等效磁矩只有 0.001 μ_B，几乎无磁性，令人惊奇。(c) 电阻率温度曲线，注意到低温电阻率量级比好金属大很多倍，属于典型的"坏金属"体系。(d) 140 K 左右的结构相变，由非极性的 R-3c 相转变为极性的 R3c 相。按照离子实电荷模型，这一结构具有本征电偶极子，构成铁电序。(e) Os^{5+} 能级结构分析，其中八面体晶体场作用下，如果 Os 的 5d 轨道电子处于高自旋态，则 Os^{5+} 的磁矩应该为 3.0 μ_B，与实验明显不符。(f) 非磁情况下，能带结构即离子分态密度分布，显示费米面(能量为 0)处很高的态密度，即金属态。

图片来源：Shi Y G, et al. A ferroelectric-like structural transition in a metal[J]. Nature Mater., 2013, 12: 1024; Laurita N L, et al. Evidence for the weakly coupled electron mechanism in an Anderson-Blount Polarmeta[J]. Nature Communications, 2019, 10: 3217.

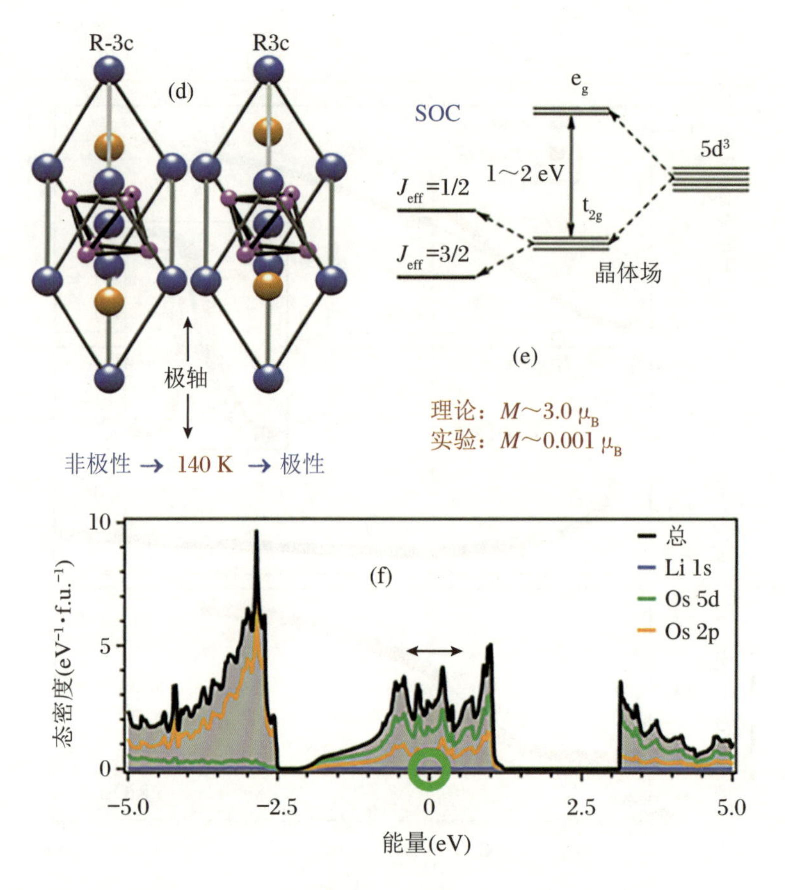

图 5　钙钛矿 5d 氧化物 $LiOsO_3$ 中的铁电金属态实验结果与初步分析(续)

这个结果当时发表出来，很是让人意外，也让人激动。我们相信安德森应该很高兴，毕竟他的手笔正在不断被世人认可与赞赏。而实话说，能够发展出一些方法合成含 Os 的材料也令人钦佩，因为这种元素据说有一定毒性，显示材料生长者有很强的技术能力来避免这种危险。

现在回头去看这些 $LiOsO_3$ 的数据，应该有一些心得体会值得记录下来：

① 在 140 K 左右有结构相变，结构可以确定是从高温区的非极性 R-3c 空间群转变为低温区的极性 R3c 空间群。这是铁电相变的必要条件。

② 整个温区没有磁相变，因为施加大磁场对比热和磁化率没有影响，没有明显的磁有序现象。

③ 磁化率数值太小，按照居里-外斯定律拟合导出的磁矩几乎为零，与 Os^{5+} 预期的磁矩大小相差很远。

④ 电输运数据展示金属特征，毫无疑义，虽然在 140 K 处有电阻率的折点。不过，电

阻率的数值在 mΩ·cm 量级，比好金属要大很多数量级，显示典型坏金属特征。

⑤ 第一性原理计算揭示费米面处很宽的态密度分布，且主要是 Os-5d 和 O-2p 轨道的贡献。看起来，Mott 物理在这一体系依然是主体。

既然是这样一个坏金属态，极性晶格导致的电极化就可能表现出弱的宏观铁电特征。但很遗憾，对 $LiOsO_3$ 常规铁电测量没有可靠数据，无法直接确认电极化的存在，更别提极化翻转的实验了。

（2）消失的磁性

石友国、郭艳峰他们的实验结果还有一个“诡异”之处，即磁性反常。一个过渡金属 Os-5d 体系，其磁矩应该较大，但实验结果显示其等效磁矩接近为零。读者可能会疑惑，这里讨论铁电金属，为何要拿 $LiOsO_3$ 的磁性说事？其背后的逻辑当然不是要追究磁性本身，而是由此去揭示电子结构的物理。特别是，现在的铁电已经是量子物理了，万事都应该从电子结构入手，由此铁电与磁性之间的关系也就自然而然进入我们眼帘。我们不妨提炼如下三点：

① 从凝聚态层次，铁电与金属不搭界，现在却游走于边缘。

② 从对称破缺层次，铁电与磁性不搭界，但在多铁性中实现了共存。

③ 从电子结构层次，$LiOsO_3$ 应该有强磁性，但看起来是有了铁电、灭了磁性，虽然还不确定两者物理上是不是一定会此起彼伏。

$LiOsO_3$ 作为一个坏金属和 5d 关联电子体系，其电子关联由 Hubbard U 来衡量。注意到 Os^{5+} 特定的半充 t_{2g} 能级结构，如图 5(e)所示，很容易认定其磁矩在 3.0 μ_B 左右，不应该出现磁矩为零的结果。事实上，紧接着石友国他们的工作，就有理论计算（Giovannetti G 等人在《Physical Review B》上发表，2014 年第 90 卷）强调了 U 的重要作用，计算预测反铁磁金属态和 0.2 μ_B 左右的等效磁矩。图 4(g)展示了第一性磁基态与 U 依赖关系的结果：$LiOsO_3$ 中反铁磁金属态（AFM metal）的磁矩 M 与 U 的关系及反铁磁绝缘态（AFM insulator）的带隙 Γ 与 U 的关系。

强调 U 在 Os 氧化物中的重要性是这个领域中物理人的共识，因为其他的所有 Os 氧化物如 $NaOsO_3$、$Cd_2Os_2O_7$、Ba_2YOsO_7 等，都有强磁性和 G 型反铁磁序（G-AFM），$LiOsO_3$ 不应该例外。那么，问题在哪里呢？通过第一性原理计算，考虑自旋-轨道耦合 SOC，即可以得到图 6 的计算结果和相图。对计算结果的说明参见图 6 之图题，而得到的相图清晰无误地说明 $LiOsO_3$ 是所有 Os 氧化物的特例，结论是：当其他 Os 氧化物都是窄带隙绝缘体和 G-AFM 磁基态时，$LiOsO_3$ 却是一无磁性、电子关联 U 极小的特别体系，令人诧异！

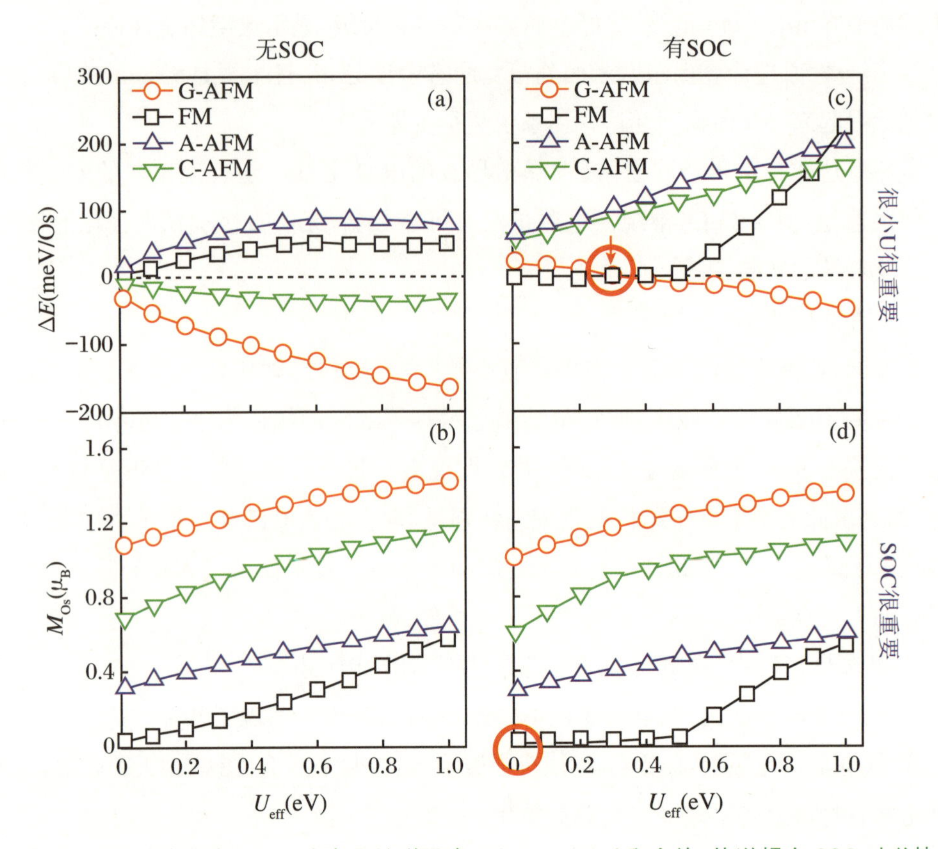

图 6　第一性原理计算解读 $LiOsO_3$ 中电子关联强度 U(0～3.0 eV)和自旋-轨道耦合 SOC 对磁基态的影响

上方：LSDA + U + SOC 计算。这里 U_{eff} = (U − J)为有效关联强度。FM 为铁磁序，AFM 为反铁磁序，G、A、C 分别表示 G 型、A 型和 C 型反铁磁结构。参考态为非磁态(NM)。SOC 为自旋-轨道耦合。(a) 不考虑 SOC 时，不同磁结构情况下体系总能量 ΔE 与 U_{eff} 的关系，可见磁基态始终是 G-AFM 序。(b) 不考虑 SOC 时，Os 离子有效磁矩 M_{Os} 与 U_{eff} 的关系，可见铁磁态的磁矩最小。(c) 考虑 SOC 时，不同磁结构情况下体系总能量 ΔE 与 U_{eff} 的关系，可见磁基态在 $U_{eff}<0.2$ eV 时是 FM 或 NM 态，在 $U_{eff}>0.2$ eV 时是 G-AFM 序。(d) 考虑 SOC 时，Os 离子有效磁矩 M_{Os} 与 U_{eff} 的关系，可见 FM 铁磁态的磁矩在 $U_{eff}<0.2$ eV 时为零(NM 态)，在 $U_{eff}>0.2$ eV 时有 0.1～0.4 μ_B 的磁矩。

下方：LDA + U + SOC 计算的 $LiOsO_3$ 磁结构相图，其中对角线为 $J/U = 1/3$ 分界线。可见，实验结果显示 $M_{Os}\sim 0$，意味着 $LiOsO_3$ 无磁性，且 $U<0.2$ eV，即电子关联非常弱。注意 LSDA + U 中的 U 和 LDA + U 中的 U 并不相等，前者更小，后者更接近 DMFT + U 中 U 的概念。

结果来自：章宇、董帅等在《Phys. Status Solidi RRL》(2018 年第 12 卷第 1800396 篇和 2019 年第 13 卷第 1900436 篇)的相关成果。

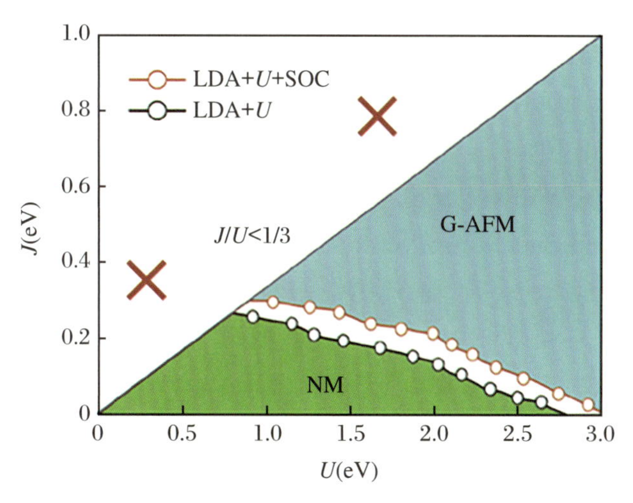

续图 6　第一性原理计算解读 $LiOsO_3$ 中电子关联强度 U(0～3.0 eV)和自旋-轨道耦合 SOC 对磁基态的影响

现在有点明白其中物理了：

① 多铁性研究告诉我们，铁电与磁性虽然可以共存，但它们之间的恩怨可不是"相逢一笑泯恩仇"就可以解决的。是不是正因为 $LiOsO_3$ 的磁性消失了，铁电极化才会"山中无老虎、猴子称霸王"？或者说，在这一回合中，铁电胜出，虽然这种胜出极为稀罕！

② 过渡金属 4d 或 5d 氧化物通常有 1.0 eV 左右的关联 U 值，所以很多体系其基态都是半导体，金属态很少。像 $SrRuO_3$ 等之所以是金属，那是有特定的电子结构或者很高的费米面态密度。而 $LiOsO_3$ 的态密度并不高，之所以为金属，乃因为 U 很小甚至是零的缘故。

③ $LiOsO_3$ 磁矩的消失主要是 U 很小，加上自旋-轨道耦合的配置，导致自旋磁矩淬灭所致。这一情形极为特殊，这是不是铁电金属在这里绝处逢生的原因？

物理世界的巧合都堆在一起，到了这一步，看起来 $LiOsO_3$ 想不是铁电金属都不行！但也昭示了其他体系想成为铁电金属必定没那么容易！

(3) 铁电半金属 WTe_2

不过，物理再怎么眷顾 $LiOsO_3$，无奈它还是有些不争气，不给物理人机会直接测量到铁电的电学性质：铁电回线、电极化翻转、铁电畴。这些特征出现，才能让人真正相信是清清白白的铁电。另一方面，2013 年之后，又陆续出现了若干铁电金属的实验工作，包括 227 的 Re 氧化物、Ru 氧化物、对传统铁电氧化物进行载流子掺杂等，还有最近的二维材料如过渡金属双卤化合物体系(transition metal dichalcogenides，TMDCs)等。例如，西湖大学的林效博士及原来所在的法国团队对先兆铁电体 $Sr_{1-x}A_xTiO_3$ 进行掺杂，就得到了包括金属和超导在内的新效应(Lin X, et al. Metallicity without quasi-particles in room-temperature strontium titanate[J]. npj Quantum Materials,2017,2:41; Wang J L, et al. Charge transport in a polar metal[J]. npj Quantum Materials,2019,4:61)。

但是,确定的铁电电学实验证据,一直到2019年才由一个澳大利亚物理人领衔的国际团队在块体 van der Walls 化合物 WTe_2 中初步实现,并且是室温下的结果(Sharma P, et al. A room-temperature ferroelectric semimetal[J]. Sci. Adv., 2019,5,eaax5080)。

WTe_2 属于TMDCs之一种,而TMDCs具有多种异构,如六角层状结构2H、单斜结构1T和正交结构 T_d。块体状 WTe_2 主要取 T_d 结构,其点群为Pmn21,乃典型的极性点群之一。因此,理论和一些初步实验工作都确信,这是一个具有潜在铁电性的 van der Waals 化合物。更有甚者,当大多数TMDCs都是窄带隙半导体时,偏偏 WTe_2 却是一个拓扑半金属。也就是说,WTe_2 可能是第一个铁电拓扑半金属体系,虽然任职于中国科学院金属研究所的陈星秋甚至在更早就预言过铁电拓扑半金属化合物的存在(未发表)。

虽然过去几年已经报道了若干金属铁电的理论和实验研究结果,但直接的PFM观测数据还很少见,因此笔者挑选了这一例子。事实上,其中的意义不止于铁电半金属,更在于铁电性与拓扑量子态的共存和可能的耦合。这一结果,如果能够在更多体系得到印证,则图4(h)所示的铁电量子拓扑相图就不再是纸上谈兵,实验室揭示铁电相与拓扑超导SC和拓扑外尔半金属WSM及狄拉克半金属DSM之间可能的内在联系就成为重要的前沿探索课题。物理人对此将拭目以待。

4. 絮语作结

笔者从铁电学科和金属学科各自的典型特征出发,通过梳理学科交叉和边缘行走的痕迹,将铁电金属的发展脉络整理出来,呈现于此。这种梳理,存在诸多牵强附会或勉为其难之处,很多观点和言辞不可细究,细究则将漏洞百出甚至极不严谨。之所以出现此番窘境,一则乃笔者学识浅薄且出言未必深思熟虑,更多则是此类学科交叉和边缘行走所面临的困境所致。如果从传统的铁电物理和金属物理各自的严格定义、知识内涵和研究方法来审视边缘交叉处的理论与实验结果,很显然捉襟见肘之处比比皆是。比如,即便是在 $LiOsO_3$ 和 WTe_2 这些物理人着力挖掘的铁电金属,得到的结果依然是金属不像金属、铁电不似铁电,有些结果令人哭笑不得。那些严谨者,会严苛指责而反对此类拓展;而那些图新求异者,面对诘问则经常面临左支右绌的局面。

之所以如此,一种可能是当年物理学还原论所面临的类似局面,虽然这里的格局要小得多。从最初的基本粒子出发,要一步一步还原到宏观系统的性能,更多是一种美好的设想而实际上不可能实现。或者说,仅仅从基本粒子物理的那些概念和内涵出发,通过叠加和集成,应该很难到达宏观层次。正因为如此,才有固体物理的范式出现,才有

"more is different"这样的宣言。

对于铁电金属和很多边缘学科，物理人也许需要另起炉灶，提出新的概念、原理和范畴，不再用原来的铁电极化、铁电畴和极化翻转的思维，不再用原来的金属态密度、迁移率、T^2 这样的规律。拘泥于在传统铁电物理和金属物理学科边缘游走，也许是没有希望和未来的。新的范式描述是什么，我们尚未可知。而这种未知，可能是我们的烦恼和痛苦之所在，亦是我们坚持下去的支撑，正如图 7 所示的"达利的鸡蛋"所表达的那样。

图 7　西班牙超现实主义者达利(Dali)绘制的一系列画作和雕塑作品，显示出人类认知之外的幻想。这种幻想，也许是科学领域交叉边缘研究所需要的

图片来源：https://partiallyexaminedlife.com/2012/12/28/a-discussion-of-pw-andersons-more-is-different/。

第 4 章

拓扑物理与材料

抽丝剥茧是为真，一片匠心落子辰

1. 引子

凝聚态物理人谈拓扑，数学家一般会捂嘴抿笑，因为很长一段时间以来拓扑只是数学和理论物理人的专属。即便是 Thouless 和 Kosterlitz 在量子自旋系统中讨论局域拓扑结构时，也没有改变这一专属的模样。到了今天，拓扑量子物理已经成为凝聚态物理的前沿与主流，很多凝聚态人也可以堂而皇之地开口拓扑、闭口拓扑了。拓扑特性已经深入量子凝聚态物理之骨髓，一系列与拓扑量子态相关的新效应和潜在应用正在被不断预言、发现和证实，虽然预言的远远比证实的要多得多。

所谓拓扑学,数学上原本是指研究几何图形或空间在连续改变形状后还能保持不变性质的一门学科。这里"连续改变"是指进行拉伸、挤压和弯曲,但不能出现撕裂、交叠或胶合。凝聚态物理中,这种几何图形在实空间中可以是某种微结构形态,在动量波矢空间可以是某种能带结构或者色散结构,变种很多、纷繁复杂。引入拓扑概念到凝聚态中,实属顺理成章。2016 年获得诺贝尔物理学奖的 Thouless 和 Kosterlitz 也以关注实空间和动量空间的拓扑结构闻名,而 Haldane 则以研究动量空间的拓扑量子态著称。这里,为了理解本文所推介的成果,读者首先需要关注动量空间中能带所具有的一些拓扑性质。

按照凝聚态物理的说辞,一般固体根据导电性可分为导体、半导体和绝缘体。导体的费米面上存在载流子,对电场有电流响应,从而导电。对半导体和绝缘体,费米面处于禁带(导带底与价带顶之间的区域)中,没有载流子存在和导电,故称为能带绝缘体,其体能隙即禁带宽度。如果从动量空间去审视能带,则布里渊区内的能带形态有一定形状,可以归于一类拓扑形态。对普通原子晶体绝缘体,绝对零度下其价带被电子完全占据,导带则保持全空。假定施加静水压改变原子间距,能带形状自然会有所畸变,禁带宽度也会发生变化,但是能带形态的拓扑性质则并未发生本质变化。所以,加压前后,能带结构是拓扑等价的,我们说其拓扑性没有变化。这种等价性使得我们可以用拓扑概念作为判据,来区分绝缘体的种类,从而为拓扑绝缘体等新概念提供几何上的图像。

2. 量子霍尔效应与拓扑绝缘体

一般原子晶体绝缘体,其能带拓扑结构是平庸的,或者说其某种拓扑不变量是零。真空据说也是一类拓扑平庸的绝缘体。空间有限的一般绝缘体必然存在表面,与真空相接。如果穿越表面,空间拓扑性质并无变化。因此,一般绝缘体的表面依然被体内性质所主导,并无太大的奇异性质。不同于拓扑平庸的普通绝缘体,所谓拓扑绝缘体,是一类具有非平庸拓扑性质的绝缘体,其拓扑性质与作为普通绝缘体的真空有本质不同。从数学上看,从这种绝缘体体内穿越表面进入真空,等价于表面处出现不同拓扑类的跨越。如前所述,这种跨越不可能是连续的,因为两类不同拓扑结构不可能通过连续形变而跨越。也就是说,当两个不同拓扑类的绝缘体之间形成界面(表面)时,界面处必然会出现非绝缘态的能带跨越。严格意义上,非绝缘体即金属,所以拓扑绝缘体边界上会出现低维金属态,它受拓扑保护并处在绝缘体块体的禁带中,连接其导带与价带(图 1)。此乃拓扑绝缘体表面为金属态而内部为绝缘态的拓扑学内涵。

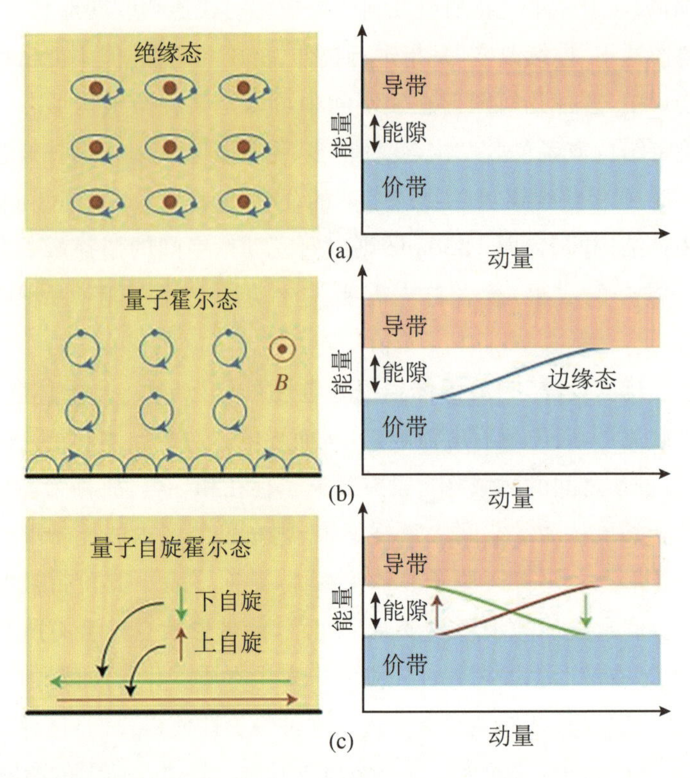

图 1　几种绝缘体的能带示意图

一般绝缘体(a)：价带与导带间存在能隙；量子霍尔绝缘体(b)：由于边缘态在能隙中出现一条导带，对应于边缘金属态；时间反演对称的拓扑绝缘体(c)：自旋向上和自旋向下的两条能带穿越能隙。

图片来源：http://scienceblogs.com/principles/2010/07/20/whats-a-topological-insulator/。

诚然，物理上将这种表面金属态与量子霍尔效应联系起来，并非一简单问题。其历史进程也较为漫长，直到最近才始露芳容。

1980 年，von Klitzing 在金属氧化物半导体场效应管中精确测量到量子霍尔效应。为了解释这一效应，1982 年，Thouless 等 4 人提出了著名的 TKNN 拓扑不变量(实际上就是拓扑陈数)，来阐释这一效应内在的拓扑性。金属氧化物半导体场效应管中的量子霍尔效应，源于沟道层二维电子气(2D gas)。而这一所谓的拓扑不变量，就是 2D gas 在布里渊区内布洛赫波函数的 Berry 相位除以 2π，刚好与实验测量得到的量子霍尔电导系数 n 相等，这里霍尔电导是 $\sigma_{xy}=n\cdot e^2/h$。物理学中能够有如此漂亮结果，一定是深邃物理和崇高美感的体现。值得注意的是，在 2D gas 中首次将拓扑(TKNN 不变量)与量子霍尔效应联系起来了。

重要的概念重复一遍：对真空或一般绝缘体，TKNN 拓扑不变量为零。量子霍尔体系的 TKNN 拓扑不变量不为零，其与真空之间存在一个导电表面态，即边缘态，表现出量子霍尔电导，如图1(b)所示。这一边缘态，将量子霍尔效应与拓扑内禀联系起来，解惑了外行感到很奇怪的问题：量子霍尔效应为何会与千里之外的拓扑有联系？

如果去看量子霍尔体系的哈密顿量，会看到这是一类时间反演对称性破缺的体系。与此不同，如果TKNN拓扑不变量不为零的绝缘体系，且具有满足时间反演对称性的哈密顿量，则很可能出现拓扑绝缘体，或者说量子霍尔绝缘态也是一种特殊的、时间反演对称性破缺的拓扑绝缘体(在此不论)。拓扑绝缘体的概念，源于2005年Kane和Mele针对加入自旋-轨道耦合(SOC)的"石墨烯"而提出的量子自旋霍尔效应模型，如图1(c)所示。

传统上，石墨烯可由质量为零的狄拉克方程描述，不考虑SOC时布里渊区边界由两条线性色散曲线形成一个无带隙的锥，即狄拉克锥(Dirac cone)，交点叫狄拉克点。当考虑SOC时，狄拉克点会分开，形成一个带隙，此时的"石墨烯"就成为半导体或者绝缘体。很遗憾，石墨烯的SOC实际上很弱，此石墨烯不是Kane和Mele梦里的"石墨烯"。这种"石墨烯"中，SOC打开带隙，却并没有消除布里渊区边界处的两条线性色散曲线，因此绝缘体边界在特定参数范围内一定会出现一对(是的，是一对而不是一个)导电通道，其中的载流子自旋相反且沿相反方向传输。此时自旋向上(spin up)和向下(spin down)的载流子，分别贡献一个单位但符号相反的霍尔电导。无磁场下，体系总的霍尔电导为零，如图1(c)所示。这里，令人诧异的是其霍尔电导 $\sigma_{xy}=0$ 但自旋霍尔电导 $\sigma_{xy}^{spin}=2$(量纲为 $e/4\pi$)。这就是量子自旋霍尔效应的来源，它具有时间反演对称性，对磁杂质散射有天然免疫力，此即二维(2D)拓扑绝缘体。

与2D拓扑绝缘体边界态类似，三维(3D)拓扑绝缘体具有受时间反演对称性保护的无带隙表面态，也就是说3D拓扑绝缘体表面导电而体内绝缘，典型材料包括金牌 Bi_2Se_3 家族。

说文解惑，啰嗦至此。接下来，故事的主角该粉墨登场了。

3. 半整数量子化？

3D拓扑绝缘体的拓扑表面态是二维的，足够大的磁场下它能展现量子霍尔效应。对2D gas，量子霍尔效应是整数化的(不考虑特殊的分数效应)，源于朗道能级物理。不同于2D gas，单个拓扑表面态的量子霍尔电导却是半整数化的，即呈现1/2、3/2量子化电导。这也可从图2的朗道能级示意图中体现出来。但是，实验测量时，一个样品总是有表面的。表面覆上电极测量时，载流子不可避免会沿所有表面的导电通道输运，即所谓No-go理论限制。或者说，3D拓扑绝缘体表面态总会成对出现，测量结果总是成对的电导叠加，两个半整数量子霍尔电导叠加就是整数化的量子霍尔电导。

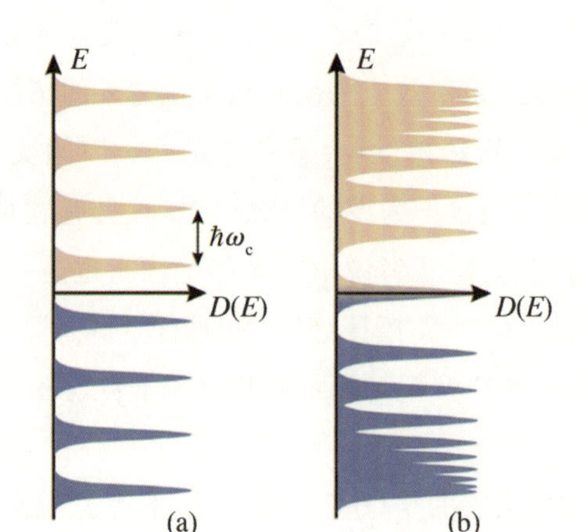

图 2　二维电子气中的朗道能级(a),是整数化的;狄拉克锥中的朗道能级(b),是半整数化的

图片来源:Katsnelson M I. Graphene: carbon in two dimensions[J]. Mater. Today, 2007,10:20-27.

这里,读者不禁要问:3D 拓扑绝缘体的表面态,真的呈现半整数量子电导吗?或者只是理论学人的传说?这个问题算得上是个天大的却又幼稚的问题吧?

要回答上述问题,再回到石墨烯。有趣的是,石墨烯也具有半整数的量子霍尔电导。但石墨烯存在四重简并(谷和自旋),它应该表现出四倍半整数值,2005 年就被预示出来。然而,即便通过各种方式(比如加压)打破简并,仍旧无法直接测量到半整数量子霍尔电导。事实上,如果只打破一种简并,仍将是偶数个半整数,霍尔电导还是整数。而一旦四重简并被完全打破,将直接失去半整数量子霍尔效应,转变为整数量子霍尔态,半整数特性就消失殆尽了。

拓扑表面态的优势,在于它本身是不简并的(除了狄拉克点处 Kramers 简并),其中物理颇为奇妙。这里注意到,石墨烯和拓扑绝缘体中的量子霍尔效应是相对论性的,与一般 2D gas 的非相对论量子霍尔效应不同,体现在对质量项的处理上。非相对论量子霍尔效应中,质量参数只是调整朗道能级间距,而相对论霍尔效应的质量项则与半金属-绝缘体相变及拓扑表面态时间反演对称性相关。打破这种对称性,就可以引入新的物理。谁都知道,引入磁性就可打破时间反演对称性。磁性掺杂就能引入质量项,带来宇称反常(parity anomaly)(Qi X L, Zhang S C. Topological insulators and superconductors [J]. Rev. Mod. Phys., 2011,83:1057-1110)。宇称反常在这里表现为质量项引起正负朗道能级不对称。从实验角度,外磁场作用下,引入宇称反常的质量项,会导致朗道正负能级间出现非对称性,使得拓扑表面态退简并、两个半整数霍尔电导态的出现就会有差别。如此,我们知道,揭露半整数量子霍尔态的思路就呼之欲出了。

行文到此,读者当体会到“千呼万唤始不出,只是未从尝露珠”。应可开始实验了!

4. 材料制备

材料选择上，可从 Bi 系家族 3D 拓扑绝缘体出发，其体带隙大、材料制备手段方便、拓扑表面态能带结构简单且只有单个狄拉克锥。然而，这类材料属硫族化物，自掺杂效应严重，导致费米能级常跑到体相带隙外。所以，未掺杂 Bi_2Se_3、Bi_2Te_3 和 Sb_2Te_3 往往呈现体金属性。为实现真正拓扑表面态输运，调控费米能级成为成败关键。

Bi_2Te_3 中，Te 反位缺陷的贡献主要是体相载流子。生长时 Te 较多会导致 Te 替代 Bi 的反位缺陷，属电子掺杂。Te 较少时 Bi 替代部分 Te 而贡献空穴掺杂。不同生长环境中，Se 掺杂总是带来空位缺陷，贡献电子。Sb 掺杂带来空位和 Sb-Te 反位缺陷，贡献空穴。以此认识为基础，人们得以在不同生长环境下设计成分，达到调控费米能级的目的，实现体相绝缘而呈现拓扑表面态。另一重要方面是拓扑表面态能带结构细节调控。Bi_2Te_3 的拓扑表面态狄拉克点埋在价带中，当费米能级靠近狄拉克点时，费米面上会出现来自价带的拓扑平庸载流子，昭示了精细调整拓扑表面态电子结构的必要性。根据图 3(a)，可找到 $Bi_{2-x}Sb_xTe_{3-y}Se_y$ 这个体系，其拓扑表面态的能带结构演化示于图 3(b)，在合适的成分区域费米能级的确可以位于体能隙内，狄拉克点也远离价带，形成理想的狄拉克锥。

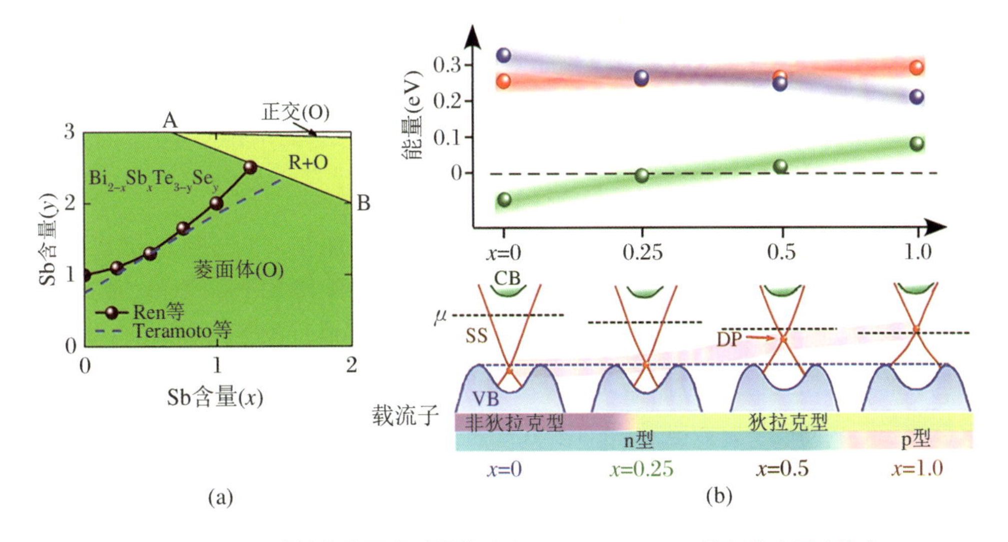

图 3 (a) $Bi_{2-x}Sb_xTe_{3-y}Se_y$ 中的载流子类型调节；(b) $Bi_{2-x}Sb_xTe_{3-y}Se_y$ 的拓扑表面态演化

图片来源：Ren Z, et al. Optimizing $Bi_{2-x}Sb_xTe_{3-y}Se_y$ solid solutions to approach the intrinsic topological insulator regime[J]. Phys. Rev. B, 2011, 84: 165311. Arakane T, et al. Tunable Dirac cone in the topological insulator $Bi_{2-x}Sb_xTe_{3-y}Se_y$[J]. Nature Commun., 2012, 3: 636.

沿此思路反复尝试，利用熔融法可以生长厘米级高质量 $BiSbTeSe_2$ 单晶。不同厚度的单晶样品的二维电阻率数据见图4。可以看到,低温与高温电阻率随厚度变化呈现完全不同的温度依赖关系,其中低温区段二维电阻率跟厚度 t 的关系明显减弱,高温下主导输运的是三维半导体态,显示出体态绝缘表面态金属的特性。特别是在很薄的两个样品(厚度80 nm和275 nm)中,高温(100 K和275 K)区段二维电阻率明显偏离厚度倒数关系,不具有三维性,更接近二维标度关系。这是因为厚度变薄后,体相电导贡献很少,即便在接近300 K时电输运依然被拓扑表面态主导,在很宽温度范围内实现了纯粹拓扑表面态输运。

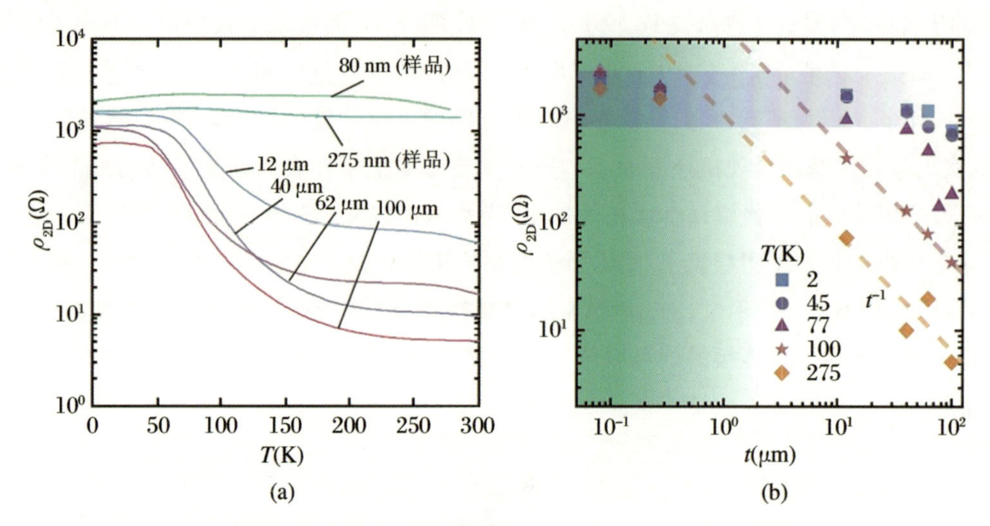

图4 $BiSbTeSe_2$ 单晶的变温二维电阻率(a)和不同温度二维电阻率与样品厚度的关系(b)

接下来就可以制作用于霍尔测量的样品和结构了。

通过机械剥离、电子束光刻、电子束沉积等成熟加工,可以制备出以很薄的 $BiSbTeSe_2$ 单晶片作为沟道的场效应管器件。样品沟道层厚度100 nm量级、长宽10 μm的量级,完全满足测量表面态量子霍尔电导的条件。测量通过固定磁场、扫描栅压来进行。类似的测量已有报道,虽然前人测量的结果依然是整数量子霍尔电导,只不过是通过双极性来间接测度半整数电导,并非直接测量到半整数电导。[1][2]

5. 磁性团簇修饰

如前论述,拓扑表面态具有时间反演对称性,磁性掺杂或磁性团簇修饰可以打破时

① Xu Y, et al. Observation of topological surface state quantum Hall effect in an intrinsic three-dimensional topological insulator[J]. Nature Phys., 2014,10:956-963.

② Yoshimi R, et al. Quantum Hall effect on top and bottom surface states of topological insulator $(Bi_{1-x}Sb_x)_2Te_3$ films[J]. Nature Commun., 2015,6:6627.

间反演对称性，在狄拉克点处打开一个能隙（图 5），导致为人熟知的量子反常霍尔效应。借助这一思路，作者利用磁性团簇对样品的一个表面进行修饰而另一个表面维持原样，由此得到了直接测量半整数量子霍尔效应的机会。

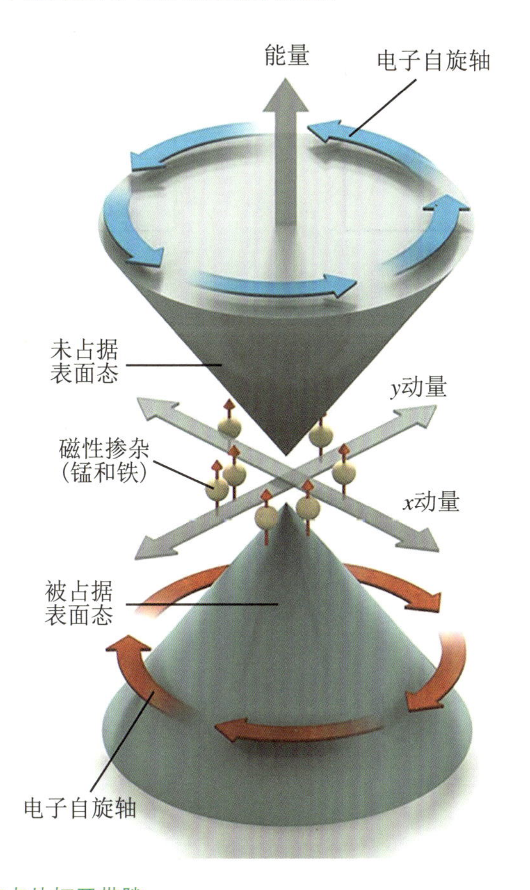

图 5　磁性掺杂在狄拉克点处打开带隙

图片来源：http://firstcontest.studentaward-middleeast.com/idea.php? id=246。

利用团簇束流仪，可在加工好的样品上表面沉积磁性 Co 团簇，这是很奇妙的技术方案。通过表征确认此表面有大量 Co 团簇颗粒，随后借助电输运测量弱磁场下弱反局域化效应，来揭示此表面态输运确实存在磁性修饰效应。其次，磁性团簇修饰，对表面态的影响可通过磁场下的电输运来体现。未修饰样品在 12 T 磁场下展现出两个量子霍尔平台，如图 6(a)所示。沉积磁性团簇后，施加 27.4 T 磁场测量到多个量子霍尔平台，如图 6(b)所示。由此展示大量磁性团簇修饰并未破坏表面态，虽然磁性团簇带来的诸如磁散射等效应难以完全避免。

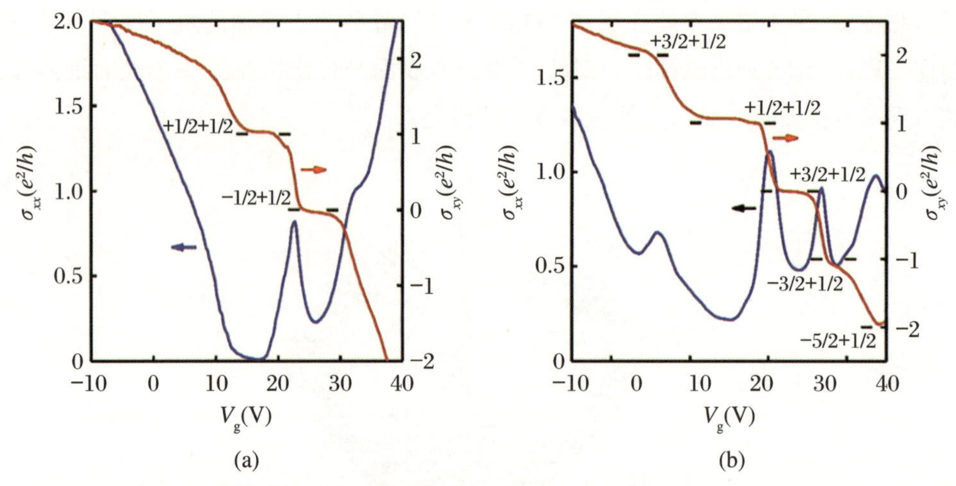

图6 样品在1.8 K温度下的量子霍尔态

(a) 无磁性修饰的样品在12 T磁场下的量子霍尔效应；(b) 沉积磁性Co团簇后样品在27.4 T磁场下的量子霍尔效应。

6. 单通道半整数量子霍尔电导

前文如此吹毛求疵、未雨绸缪之后，已经到了万事俱备之态，就看能不能实有所想、梦有所成了。首先，对样品施加太高的磁场并不能得到预期结果，数据依然表现出整数量子霍尔电导。这不难理解，因为太强的磁场等价于将样品上表面的磁团簇修饰效应淹没了，上下两个表面态几乎等同，自然只有平庸的结果。显而易见，一个合适磁场下的测量方能拨开巫山。反复尝试，12 T的磁场看起来比较合适。精心挑选一个在12 T磁场下能展现出量子霍尔效应的样品，测得一系列固定磁场下的低温栅压扫描曲线。随后，对此样品上下其手，沉积Co团簇，重复测量过程。借助重整化群流分析，提取每条曲线上的收敛点，即对应的量子态。将这些点对应的磁场与霍尔电导数据取出作图，表面态量子化轨迹便一目了然。

这些测量颇费工夫，却至为关键，结果如图7所示。无Co团簇修饰的结果示于图7(a)，其中霍尔电导为−1的平台应该是两个−1/2平台之和，它随磁场变化很小。Co团簇修饰了上表面后的测量结果如图7(b)所示，霍尔电导在低磁场区域出现明显的偏离，不再呈现整数平台值。修饰后的轨迹相比于修饰前有一个大的鼓包(低谷)，也即磁场从−12 T下降到0的过程中，电导先减小后上升。这个反常的量子化轨迹显然源于磁性团簇对上表面的修饰。在1.8 K和−7.2 T磁场下，图7(c)终于展示出清晰的−3/2霍尔电导台阶，平行电导也对应出现异常。图7(d)则更清晰地展示了Co修饰时霍尔电导极大值出现在−3/2附近。

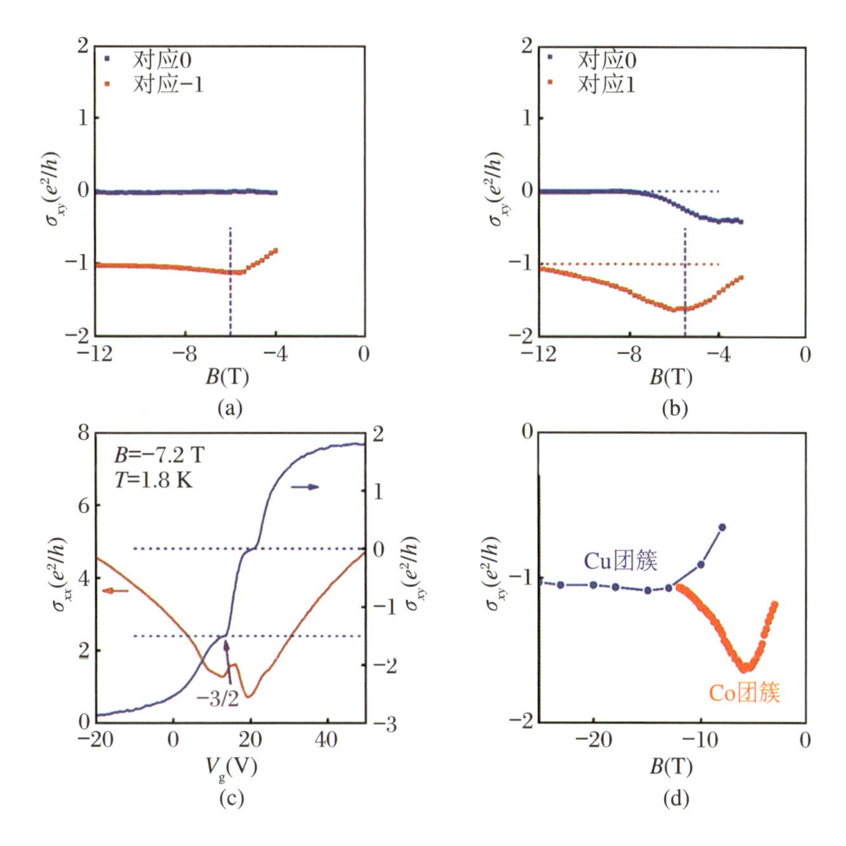

图7　无磁性团簇修饰(a)和有磁性团簇修饰(b)的量子化轨迹图;(c) 中等磁场下半整数量子霍尔平台;(d) 磁性和非磁性团簇修饰的比较

作为锦上添花之举,当然需要一个微观物理机制来解释 Co 团簇修饰导致的上下表面态之不对称性。利用所谓的推迟朗道能级杂化模型,可以解释观测结果。磁场下,磁性团簇通过与样品上表面反铁磁交换,在狄拉克点处打开一个塞曼能隙,原来的零阶朗道能级会转移到塞曼能隙顶端,如图 8(b)所示。样品下表面未加修饰,依旧保持原来属性(图 8(a))。假定实验进程从高磁场下开始,足够高的磁场下,两者没有差异(图 8(c)、图 8(d)),两者都达到 −1 的量子霍尔平台。中等磁场下,见图 8(e)和图 8(f),塞曼能隙导致上述反常量子化轨迹,因为下表面一直处于 −1/2 量子霍尔态,塞曼能隙使得 0 与 −1 之间朗道能级间距变大,推迟了朗道能级杂化过程。也因此,当下表面一直处于量子态时,上表面的费米能级反而进入了朗道能级扩展态中,出现了图 7(b)所示的鼓包(低谷)。而这条轨迹恰好反映了被修饰的上表面量子化过程。

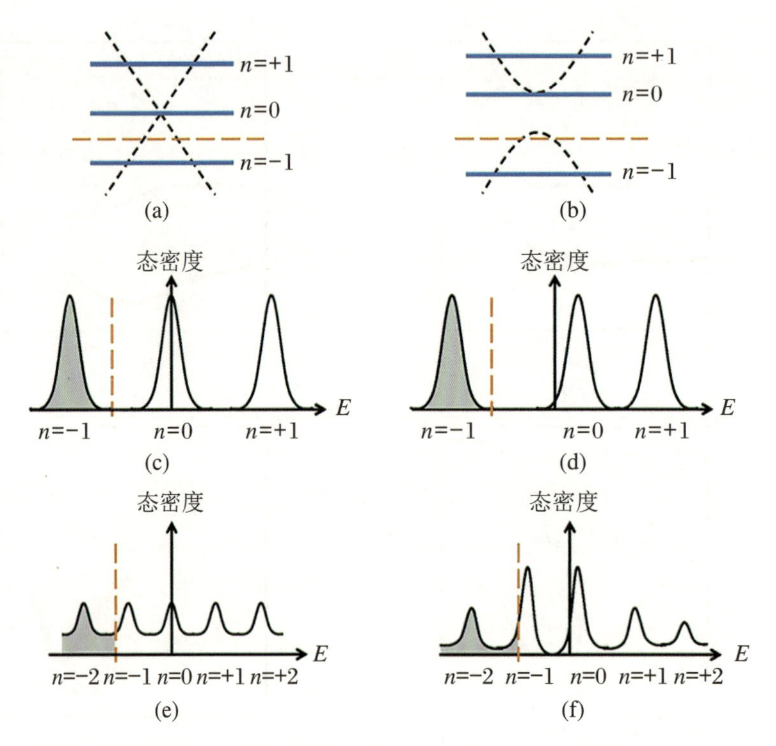

图 8　(a)、(c)、(e) 为无磁性团簇修饰的朗道能级示意图；(b)、(d)、(f) 为有磁性团簇修饰的朗道能级示意图 橘黄色虚线代表费米能级

很显然，下表面总是处于 − 1/2 量子态，修饰表面出现反常量子化轨迹，导致这个轨迹进程跨过 − 3/2 的半整数量子霍尔平台(图 7(c))。这里，下表面贡献一个 − 1/2 平台，上表面贡献一个 − 1 平台。虽说这里的 − 3/2 平台并非纯净的单个半整数量子霍尔态，但这个 − 3/2 平台是拓扑表面态半整数量子霍尔的必要体现。前人的实验中，上下表面量子化是同步的，而这里由于磁性修饰导致上表面的量子化推迟，上下表面不再同步，3/2 台阶的出现实属必然。

7. 后记

笔者认为，这一成果很好地体现了凝聚态物理人是如何为了达到一个目标而“抽丝剥茧”追求真相的。本文之所以显得冗长，也是作者为了让其篇幅与这一成果的获取保持精神上的同步与协调。实际工作中，您在头绪纷繁复杂中会显得烦躁不安，这种感受与您审阅本文不能一目了然时表现出的焦虑烦躁如出一辙。拓扑绝缘体物理所展示的量子态在几何上类比于一个二维表面，她薄如轻纱却难以通透，无比诱人却巫山未开。

这是一项由南京大学宋凤麒教授领衔多方合作完成的工作。事实上，这不是宋凤麒团队第一次以这种风格沉迷于他们的故事，另外几个有影响力的成果都是如此这般修炼而成。其情其景，与“抽丝剥茧是为真，一片匠心落子辰”的描述颇为切合。感兴趣的读者，可前往阅览以“Anomalous quantization trajectory and parity anomaly in Co cluster decorated $BiSbTeSe_2$ nanodevices”为题发表于《Nature Communications》(2017年第8卷)上的论文之原文。

（注：特别指出，本文初稿由张帅博士完成，笔者在张博士初稿基础上进行了加工润色。）

终是关联关不住，贤纲秋水做文章

笔者以为，物理学中最难的领域是凝聚态物理。基本粒子物理、核物理和高能物理等学科，也许在学术上很难，但它们距离口味不同的百姓相当远，还能够“唯心主义”地发挥猜想的空间，受外部非科学的压力较小。凝聚态物理，因为几个特征，一直以来“满是光芒尽是伤”：① 体系对象广泛，学者们素有喜新厌旧、见异思迁的本性，所以凝聚态的新东西多、新故事好。② 研究工具是文明富裕的单调增函数。过去几十年，很多研究机构装备齐全先进，所以凝聚态物理追逐的气氛很浓。③ 下盘很扎实、范式也相对固定，继续长高变得相对困难。④ 接地气，在街头跟百姓秀凝聚态的功用并不费力，但也常常因为我们口才不佳或心高气傲而受地气熏冲，受“夹板气”的风景也不少。⑤ 在凝聚态中讨生活的人多，有统计数据表明，物理学家有70%在凝聚态领域吃草产奶。也因为如此，凝聚态物理牛人辈出，上顶着物理学若干基本问题的天，下接着平民百姓生活一丁一卯的地，经常是望风得雨、洗尽铅华又一春的节奏。

这是一段发生在2011年前后的历史小故事，是凝聚态物理之沧海一粟。

量子凝聚态物理关注电子电荷、自旋和轨道自由度，更关注这些自由度因对称破缺导致的新物态和新效应。其分支繁杂、领域深邃、纵横交错，一个分支是关联量子物理。因为引入关联（哈伯德 U），这些自由度相互竞争调控，蕴含难以测度的新物理与新现象，并因此得宠至今。关联量子凝聚态物理的出发点如图1所示，其中左图是量子凝聚态物理的主要领域，右图显示关联在其中的重要作用。只是，这两个圈中任何一个名词都令人眩晕。当这么多“物理”搅和在一起时，“直教人生死相许”就变成一种日常生活。

量子凝聚态的另外一个分支，自然是量子拓扑物理了。这一领域过去几年喧嚣尘上，读者听得看得太多，自有疲劳之感，这里可略去没有写在这里的三万字不读。笔者只说其中与自旋-轨道耦合（SOC）相关的拓扑量子态。从一般 Mott 绝缘体到量子霍尔效应，再到量子自旋霍尔效应，引入 SOC 使得固体电子系统中拓扑量子相开始浮现出来。最近几年，相关领域诞生了一系列重要结果，而且成果产出目前尚未达到饱和，如图 2 所示。2011 年之前，拓扑量子态最重要的角色是拓扑绝缘体(TI)，而拓扑超导体则是展现拓扑绝缘体更加令人神往的分支，赚足了眼球，直至今日依然没有定论。拓扑绝缘体源于 SOC 较强的窄带半导体，在体系表面处因为毗邻真空(空间对称性破缺)而在体带隙中形成两条与自旋相关的能带，如图 2 右边所示。如果在动量空间求积此能带，结果是一个拓扑数(如拓扑陈数)，是为拓扑态。

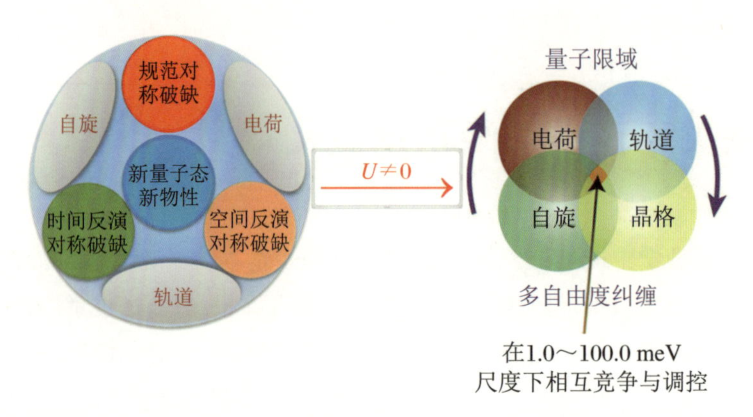

图 1　量子凝聚态物理中关联(哈伯德 U)的沙砾：一沙一世界、一圆万重天

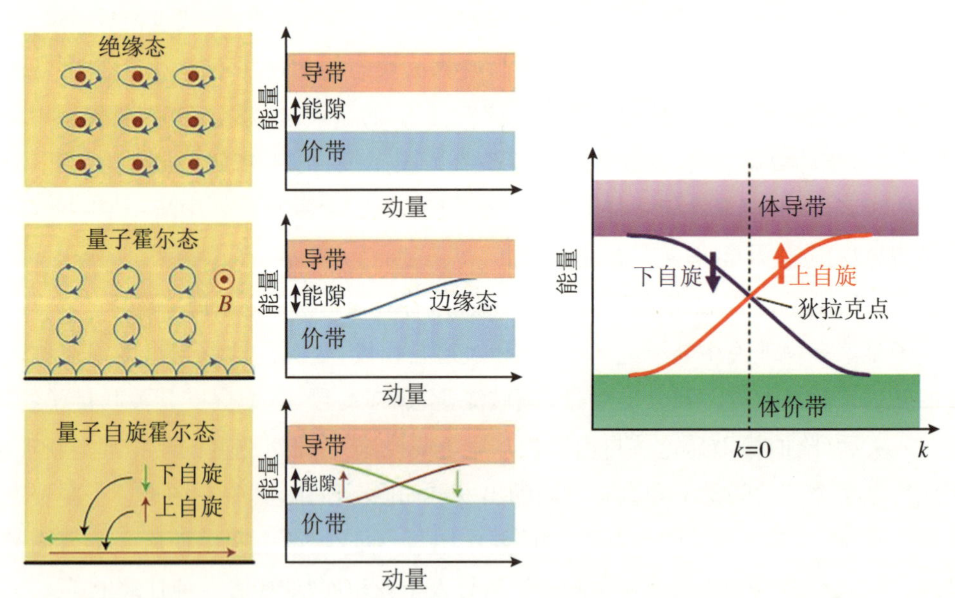

图 2　自旋-轨道耦合(SOC)触发的几种量子物态：从 Mott 绝缘体到量子霍尔态，又到量子自旋霍尔态，再到拓扑绝缘体(TI)态

本图左图即便与《抽丝剥茧是为真，一片匠心落子辰》一文图 1 相同，依然值得再放于此。

这里，一般吸引读者眼球的无非有两点：① 两条能带在带隙中交叉(红线和蓝线)，形成一个狄拉克点(Dirac point)。因为此点附近的能带色散关系是接近线性的，体系表面处载流子迁移率会很高。这个性质很有用。② 这一拓扑态满足时间反演对称性，因此对磁性不敏感，或者说对磁杂质干扰等很稳固。这个性质也很有用。这两个特性，赋予了拓扑绝缘体明确的应用优势，非常好地体现了凝聚态物理的特点：很学术(阳春白雪)，又很有潜在应用(下里巴人)！

不过，做材料的人知道，如果这个表面态必须是几何学上的二维表面，应用起来未必容易，因为实际材料表面要处理到什么程度才算是二维表面？这大概是目前基于 TI 表面态的器件还“待字闺中”的主要原因吧？

回顾总结 2011 年前后对拓扑量子态的认识，大约就是图 3 所示的样子。现状和关键科学问题今天看来一目了然，但当时未必是“竹外桃花三两枝，春江水暖鸭先知”的。只是，自从世上有了精明过人的物理学家，“蒌蒿满地芦芽短，正是河豚欲上时”就成为必然。

普遍观点：
(1) 强自旋-轨道耦合(SOC)
(2) 时间反演对称(非磁性)
(3) 绝缘体
科学问题：
(1) 引入关联 U？
(2) 时间反演破缺(磁性)？
(3) 有没有无体能隙的拓扑相？

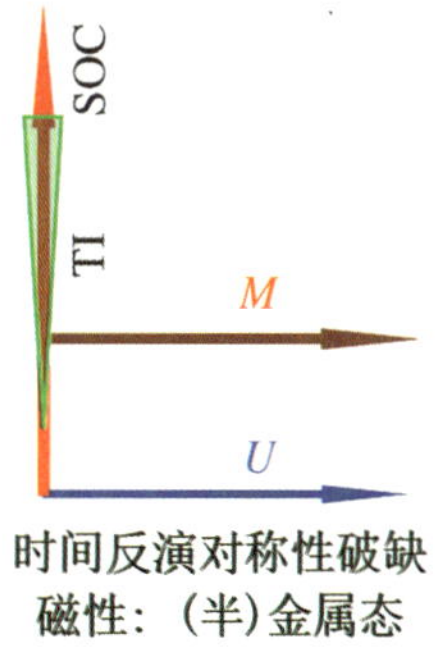

SOC
TI
M
U
时间反演对称性破缺
磁性：(半)金属态

图 3　2011 年前后拓扑量子态的框架

具有拓扑绝缘体态的体系具有：(1) 较强的 SOC；(2) 满足时间反演对称(也就是非磁性)；(3) 体态是绝缘体。那时候的物理坐标就是图中的纵轴，即 SOC 的大小。物理学家一旦确立这些观点，接下来对拓扑绝缘体作何打算，一目了然。科学问题是：(1) 如果引入哈伯德关联 U 会怎么样？(2) 如果引入磁性破坏时间反演对称会怎么样？(3) 体态能不能无能隙？即体态必须得是绝缘体吗？

2011 年南京大学李建新课题组(成员有于顺利)和北京大学谢心澄老师合作，首先在一个基于单电子作用、可描述拓扑绝缘体态的 Kane-Mele 模型中引入量子关联 U，思路和模型哈密顿显示于图 4 上部。李建新他们解析这一新的哈密顿，获得一系列准粒子激发谱，展示了 SOC 强度 λ 和关联强度 U 所在空间的量子相图，如图 4 下部所示。显而易见，U 的加入，促使拓扑绝缘体态向关联量子态的转变，预示出 U 对拓扑量子态可能不是一个好的物理。当然，如图绿色箭头所示，从 $U=0$ 走向紫色的关联量子区域，中间也经历了一些好的物理态，如 topological band insulator（TBI）态、自旋液体态。这些中间态的存在提示 U 未必就一定是拓扑态的死敌，为随后万贤纲粉墨登场埋下伏笔。

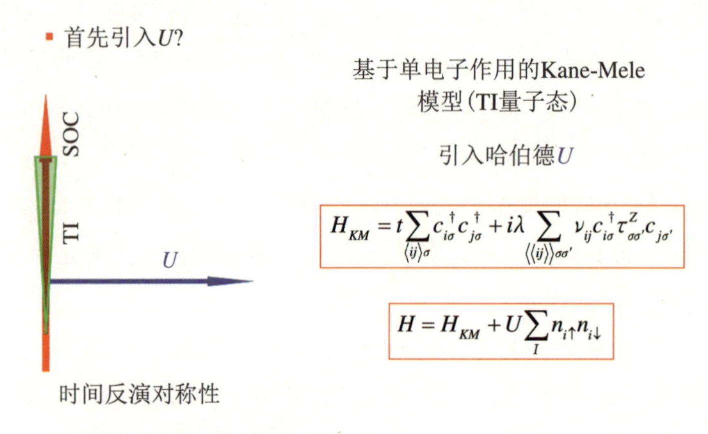

- 哈伯德U导致量子相变：

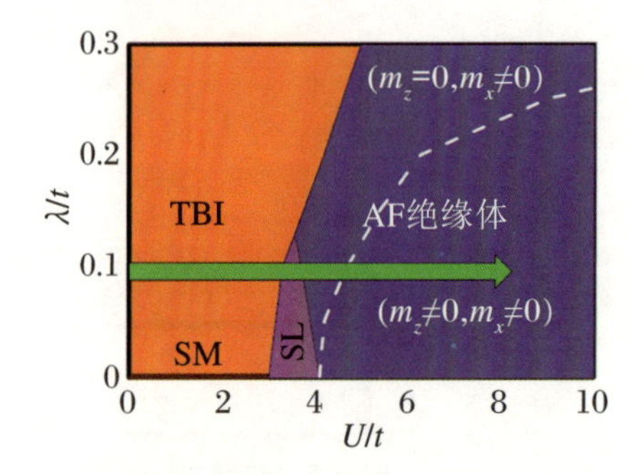

- 第一次通过准粒子激发谱呈现拓扑绝缘体中关联效应导致的拓扑量子相变，对关联物理具有重要意义。
- 引起国际同行广泛关注，促进了该前沿方向的发展。

图 4　2011 年，向拓扑量子态中加入量子关联 U 的尝试（于顺利等发表于《Physical Review Letters》2011 年第 107 卷的论文 010401）

上部显示了（SOC，U）空间的物理架构和所研究的模型哈密顿。下部所示为 SOC 强度 λ 与 U 所在空间中的一系列量子态：SM——半金属（semi-metal），SL——自旋液体（spin liquid），TBI——拓扑能带绝缘体（topological band insulator），AF——反铁磁（antiferromagnetic）。

有了李建新、谢心澄他们的第一步，再加上破坏时间反演对称的磁性，发现新物理，似乎就有些必然，如图 5 左边所示。由于拓扑绝缘体的工作，我们早前已可以构建图 5 右边的相图。不过，读者别像笔者这般不知天高地厚、得意乐观，这里的困难是难以衡量的。比如，要构建一个含有 SOC、U 和 M 的哈密顿模型并能够解析，本身就是一个很可能无解的课题，也会难住诸如李建新、谢心澄这样的凝聚态理论高手。凝聚态物理，在这个时候会很怀念量子理论和统计物理勃发时代的大师们。他们那时不拘一格，将凝聚态的下盘夯实到位，留给现在高手们的都是一些拓扑态缺陷，已经难以撼动了。

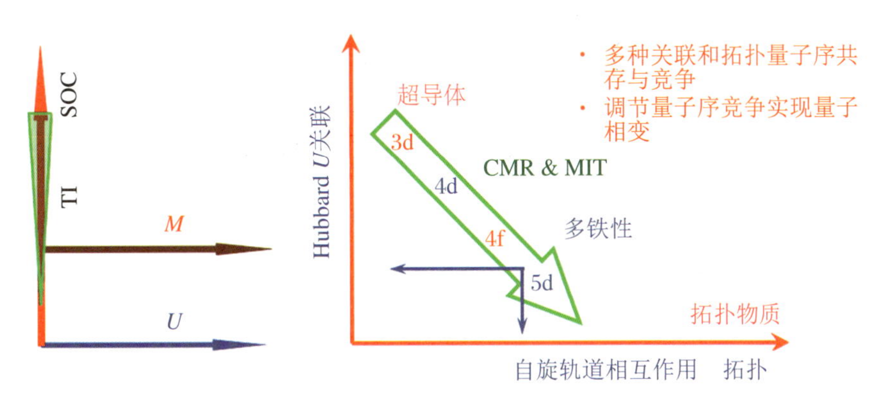

图 5 三个物理元素 SOC、U 和磁性 M 共存的体系蕴含新的物理效应
右边是 SOC 和 U 空间的拓扑量子相图。

接下来，花开两朵，各表一枝。

第一支是万贤纲。他本科学地质，研究生阶段转行学理论凝聚态物理。这种现象在南京大学是热力学自发过程。笔者知道的还有朱诗亮、高兴森等物理人，也是学地质出身。他们有那种踏实用功的品质，厚积而薄发，十年八年之后其理论功底反而比很多物理科班们更胜一筹。万贤纲外形魁伟、不修边幅，是个地质汉子的模样，但内心其实书生气浓厚、性格耿直。这种性格，大概很适合做理论。笔者认为万贤纲与其合作者一直在做的就两件事：① 发展第一性原理计算方法学，包括 DMFT 这种很难“顾名思义”的方法；② 复杂关联体系的磁有序。这是两项非常重要又损己利人的课题，但也为万贤纲打下雄厚的理论基础和培养出敏锐的物理感觉。这个过程持续了很长时间，伴随万贤纲慢慢走向 45 岁这个中国优秀学者都很恐惧的年龄。其间，他的几项工作虽然瞧不上《Physical Review Letters》，但也没有达成一展抱负的心愿。笔者用一首旧作来描绘万贤纲的心境，也许还算合适(图 6)。

第二支是图 5 这个框架。万贤纲一直对复杂过渡金属化合物的磁有序很感兴趣，并的确颇有收获。这个课题好像一直是他的保留曲目。2010 年前后，他游荡到 5d 氧化物体系，开始计算 $Y_2Ir_2O_7$ 这类强阻挫体系的磁基态。我们知道，这种烧绿石四面体堆砌体系的磁结构非常复杂。他花了很长时间确定这个体系的基态是 5d 自旋指向全进或全出(all in/all out)。万贤纲随后经过细致深入的计算，得到了诸如图 7 这样的能带结构，并清晰地意识到了其中的反常，如图题所述。这样的结构还不止一处，在三维动量空间中零零落落有一些(图 8)。值得注意的是，这里是体态，不是拓扑绝缘体那种表面态。体态的导带-价带发生了物理学上的结合，即形成了狄拉克点。

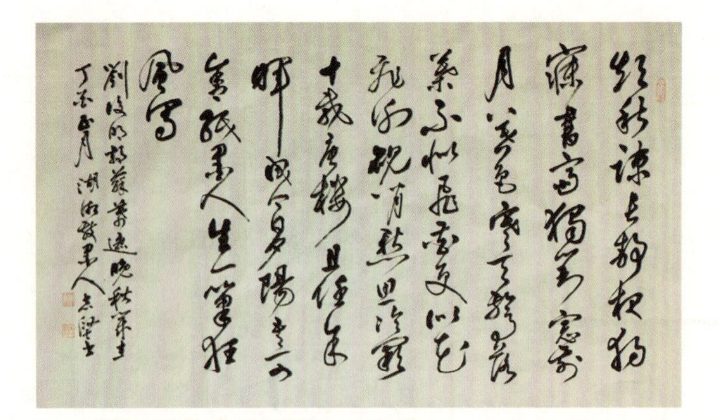

图 6 《苏幕遮 · 晚秋》(湘人陈志坚先生手书)

短秋疏，长静夜。独寐书斋，独对窗前月。暮色寒天惊落叶，不似飞花，更似花飞谢。砚闲愁，思冷阕。十载唐楼，且任余晖曳。今日夕阳吾可舍？纸墨人生，一笔狂风写！

- 引入磁性(时间反演破缺, $Y_2Ir_2O_7$)，构建拓扑量子序：

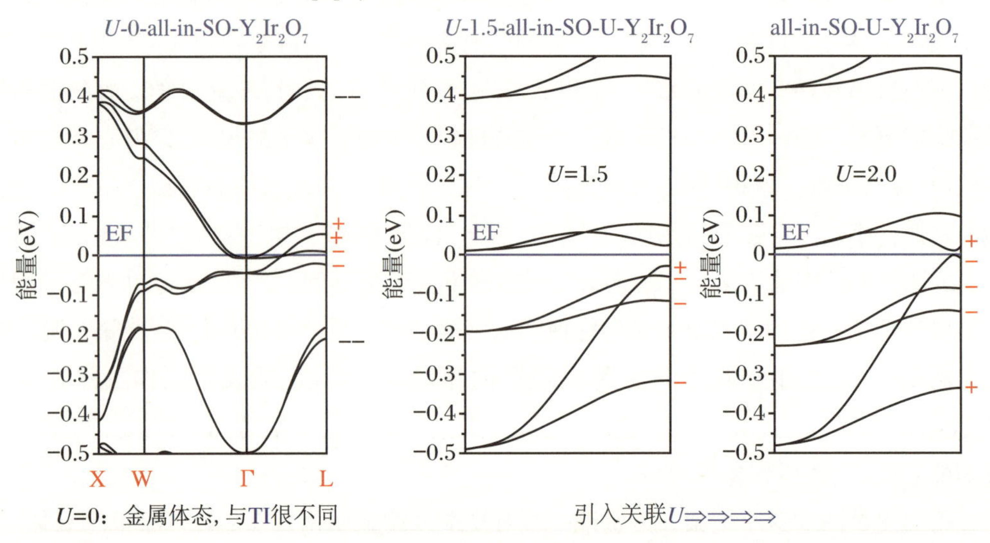

图 7 烧绿石四面体堆砌结构 $Y_2Ir_2O_7$ 化合物的电子结构

左边是 $U=0$ 的电子结构，它是一个金属态。因为这是一个关联系统，加 U 是必然的。万贤纲加 U 后的电子结构显示于右边。这个结果令人费解之处有二：(1) 加 U 后电子结构并没有如常态物理那般打开能隙，这很异常；(2) 从能带的对称性来看，加 U 不但没有打开能隙，反而使得能带的宇称(parity)出现了反转。这是又一个反常的结果，意味着反常量子态的存在。

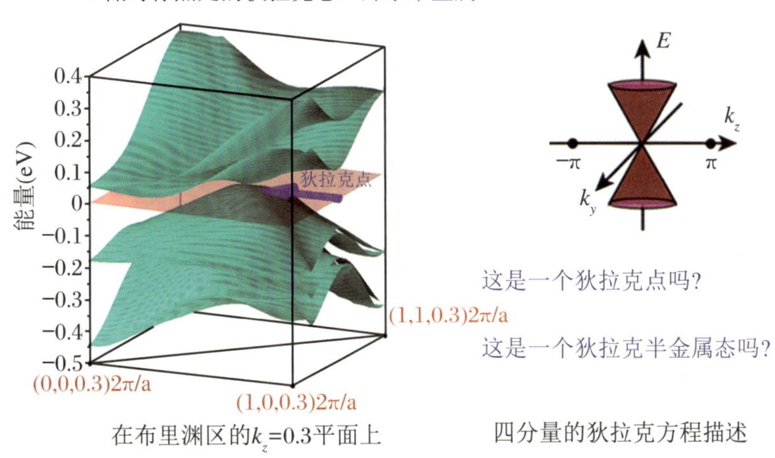

图 8　烧绿石四面体堆砌体系 $Y_2Ir_2O_7$ 化合物电子结构的三维细节

这类狄拉克点与诸如石墨烯等狄拉克半金属不同，令人极度疑惑不解。这时，一个学者的物理感觉就起到了关键作用。笔者的分析当然显得得心应手，问题是疑惑有了，答案还会远吗？

疑惑在于：① 这是一个体态狄拉克点，因此是半金属无疑。但结合不发生在高轴也不发生在常见的主轴上，令人不解。② 这是一个狄拉克半金属？这个体系是有磁性的，也就是说时间反演对称性是破坏了的，怎么可能满足时间反演对称的四分量狄拉克方程？③ 布里渊空间中这种体态有很多个，对本体系而言有 24 个之多，这是什么？

万贤纲及其合作者带着这些疑问，给出了如图 9 所示的精彩答案（万贤纲等，《Physical Review B》，2011 年第 83 卷第 205101 篇文章）。当时对此比较物理的阐述语言是：外尔半金属是一个中间有 gapless 的拓扑保护体态。一个时间 T 和宇称 P 都不破缺的体系，只能存在狄拉克形式的 gapless 态，它有四个自由度。而当 T、P 破缺的时候，就会分裂成两个外尔费米子。这时体态就成为外尔半金属。一个狄拉克费米子有四个自由度，在特定的表象下分解成各为两个自由度的正能、负能或者正手性、负手性。外尔费米子就是在手性表象下的狄拉克费米子的正手性、负手性的部分，仅含有两个自由度。一个狄拉克点可以看作两个手性相反的外尔费米子。外尔半金属的拓扑保护性来源于破坏 T 或者 P 的对称性，使外尔费米子在 k 空间分开，成为独立的外尔费米子。

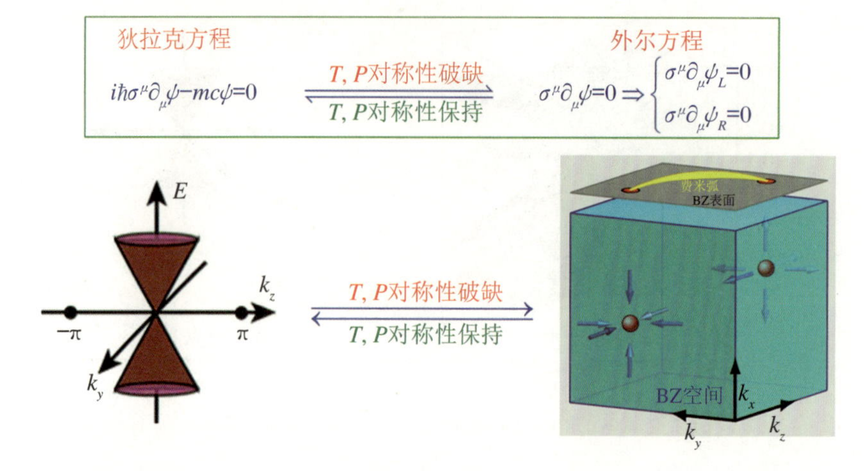

图9　外尔半金属(Weyl semi-metal)拓扑体态的物理根源

上图　对于一个1/2旋量，在时间反演和空间(宇称)反转对称性保持的前提下，半金属态用四分量狄拉克方程描述。如果存在时间反演破缺或者宇称破缺，狄拉克方程可以简化，体系会蜕变为所谓的外尔方程描述的一对半金属态。这一对外尔态具有相反的手性，一个是左手性时，另一个一定是右手性。

下图　对应地，一个狄拉克点就蜕化为布里渊空间中的一对外尔点。如果这一体系在布里渊空间存在有限边界，则这一对外尔点一定会通过所谓的表面费米弧(Fermi Arc)联系起来。这些特征首次定义出一个新的量子拓扑态——外尔半金属(Weyl Semimetal)体态，并具有有限的费米弧特征。事实上，在整个布里渊空间寻找，$Y_2Ir_2O_7$中存在12对一共24个外尔点。

读者都知道，外尔方程是德国知名数学物理学家外尔从狄拉克方程推演出来的，用于描述中微子。后来通过中微子振荡实验发现中微子有质量，外尔的预言未曾上阵就刀枪入库、马放南山。外尔半金属是凝聚态物理借鉴高能和粒子物理的又一个事例，从此成为拓扑量子凝聚态的一个新分支，至今依然如火如荼。不过，要验证万贤纲预言的$Y_2Ir_2O_7$这个体系是否存在外尔半金属态，实验上首先要获取磁基态的样品，这绝非易事。杨振宁先生声言，狄拉克的文章属“秋水文章不染尘”一类。万贤纲的外尔半金属态源于狄拉克，算是仰望狄拉克之芸芸晚辈之一。他的这一工作也有点“秋水文章”的味道，只是“不染尘”的状态。当然，这里的“不染尘”并非邓石如自题联的那般“不染尘”。不久，中国科学院物理所几位顶尖高手预言了空间反演对称破缺体系也能够实现外尔半金属态，并很快找到TaAs这样的精妙体系，最终发现外尔半金属存在于凝聚态之中。与此同时，美国一批名家学者也独立报道了类似发现。读者一定看过很多有关这一巨大进展的科普文章，笔者在此就不再枉费笔墨了。

到目前为止，除去物理上的意义，外尔半金属如何接地气好像还是一个问题，也许在量子计算和新型信息表达方面有所期待。但无论如何，继拓扑绝缘体之后，外尔半金属拓扑量子态的出现倒是给拓扑量子物理坐实了凝聚态物理排头兵的位置。2014年有人总结了拓扑量子态的新世界，如图10所示，这里的右侧和上部没有边界，显示了开放的图景，阐释了“拓扑如此多娇，引无数贤纲竞折腰”的模样。过去几年，国内外拓扑人辗转踌躇、夜不能寐，一直在寻找各种可能突破的途径。

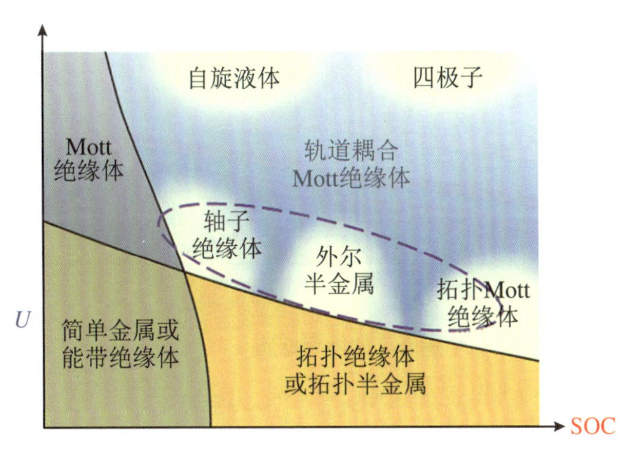

图10　2014年拓扑量子凝聚态的图景

图片来源：Witczak-Krempa W, Chen G, Kim Y B, et al. Correlated quantum phenomena in the strong spin-orbit gegime[J]. Annu. Rev. Condens. Matter Phys., 2014,5:57.

当然，万贤纲作为其中一员，也在左冲右突。最近，他和合作者开始关注新的拓扑态。2012年前后，加州大学圣芭芭拉分校的Leon Balents等人曾经提出过拓扑节线半金属(topological node-line semimetal)量子态的理论方案，其中某个高对称点处的能带形成闭合的loop和平坦(flat)的形态，应该是实现拓扑超导一个有吸引力的方案。但Balents等人可能是因为太牛而不屑于接地气，对具体哪些体系能够实现这一节线半金属拓扑态漠不关心，抑或是真的去找也很困难。现在国内外已经预言了一些材料具有这一特征。万贤纲及其合作者找到了一个更为简洁的体系CaTe，其成分和结构简单，制备合成也应该不难，应该能够引起实验者关注，其能带结构如图11所示。感兴趣的读者可以参阅万贤纲课题组的论文(Du Y P, et al. CaTe: a new topological node-line and Dirac semimetal[J]. npj Quantum Materials, 2017, 2:3. http://www.nature.com/articles/s41535-016-0005-4)。

更进一步，不久前万贤纲他们还发布了完备的非磁性和磁性拓扑量子材料的数据库(与另外两个团队各自独立发布)，成为这一领域的重要进展。

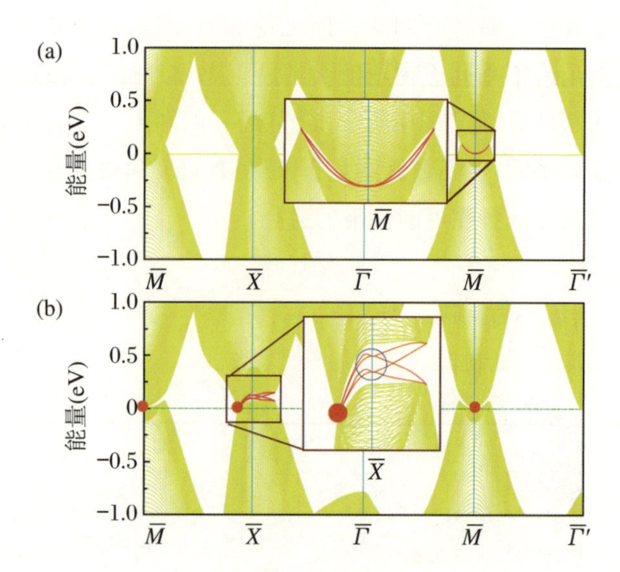

图 11　CaTe 化合物中拓扑 node-line 半金属态的能带结构

其中能带闭合 loop 和 M 点处的平坦(flat)形态一目了然。

图片来源:来自万贤纲课题组论文。

为拓扑绝缘体穿上红磁畴

在娱乐圈,一些冷角通过各种炒作模式变成明星的戏码经常上演,倒了很多人的胃口。但是,也有一些灰姑娘通过自身魅力展示而成为耀眼明星的范例,这靠的是实力和蕙质兰心。物理学中属于后者的实例正在开始多起来,比如"量子反常霍尔效应",比如"中微子",比如"铁基超导",也比如最近的"外尔半金属"。这是中国科学界甚至是百姓生活中不是很多见的正能量。在成为明星之前,大概鲜有雅贤明白什么是"量子反常霍尔效应"、什么是"中微子",但薛其坤老师他们让前者如花似玉,王贻芳老师他们让后者芳草如茵。我们不过是凝聚态凡人,当然更喜欢看如花似玉。

要理解"量子反常霍尔效应(quantum anomalous Hall effect,QAHE)",先看"量子霍尔效应(quantum Hall effects,QHE)"。所谓 QHE,主要是指在一个二维电子气系统中,电子气被限制在极薄准二维层内运动。如果电流为 I,在垂直层面方向施加强磁场 B,则层面与电流 I 相垂直的方向上出现电势差 V_H(霍尔电压),$R_H = V_H/I$ 为霍尔电阻。冯·克利青先生37岁那年横空出世，在4.2 K或更低温度下测量发现R_H与B的关系在总的直线趋势上出现一系列平台，平台处的$R_H = h/(ne^2)$，这里n是正整数，h为普朗克常数，e为电子电荷。此即整数量子霍尔效应，如图1(a)所示。读者别忘了，这个25800 Ω的电阻值，也就是世界杯对德国足球队“欧巴灵灵、欧巴灵灵”的欢呼声，与华夏大地原本没有什么关系。量子霍尔效应是否有应用前景尚不是很明确，但其中的机制已经昭然，其实质是强磁场B迫使电子运动由直线变为垂直磁场的圆周运动。由此，电子结构发生重构，准连续谱变为反映圆周运动的朗道能级，如图1(b)所示。当然，随后又发现了分数量子霍尔效应，其机制包括电子关联行为，过于复杂，在此不论。

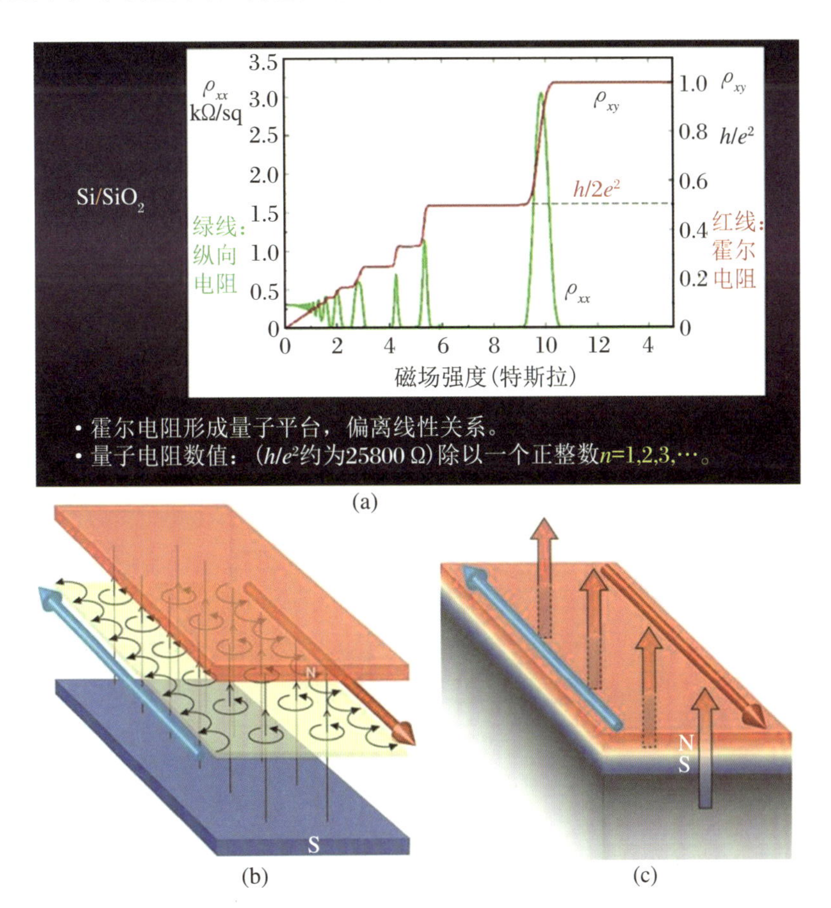

图1 (a) 整数QHE，取自薛其坤的报告；(b) 量子霍尔效应的唯象解释；(c) 量子反常霍尔效应的图像

图片来源：http://www.u-tokyo.ac.jp/content/400021206.jpg。

显然，从应用角度，要施加一个很大磁场来观赏如花似玉，都是很费力的。要知道，产生磁场比产生电场难得多，更不要说磁场这个轴矢量很难被集中到局域。因此，如果材料本身天生就有某种机制产生内磁场，QHE也许就无须粉饰而天生丽质了。事实上，这就是所谓的QAHE，如图1(c)所示，它不依赖于强磁场，而由材料本身的自发磁化(矩) *M* 产生，在零磁场中就可以实现量子霍尔态，从而更易付诸实际应用。薛其坤团队在2013年首次观测到这个效应，如图2(B)所示。从此，我国物理界也可以接受“欧巴灵灵、欧巴灵灵”的欢呼声了。

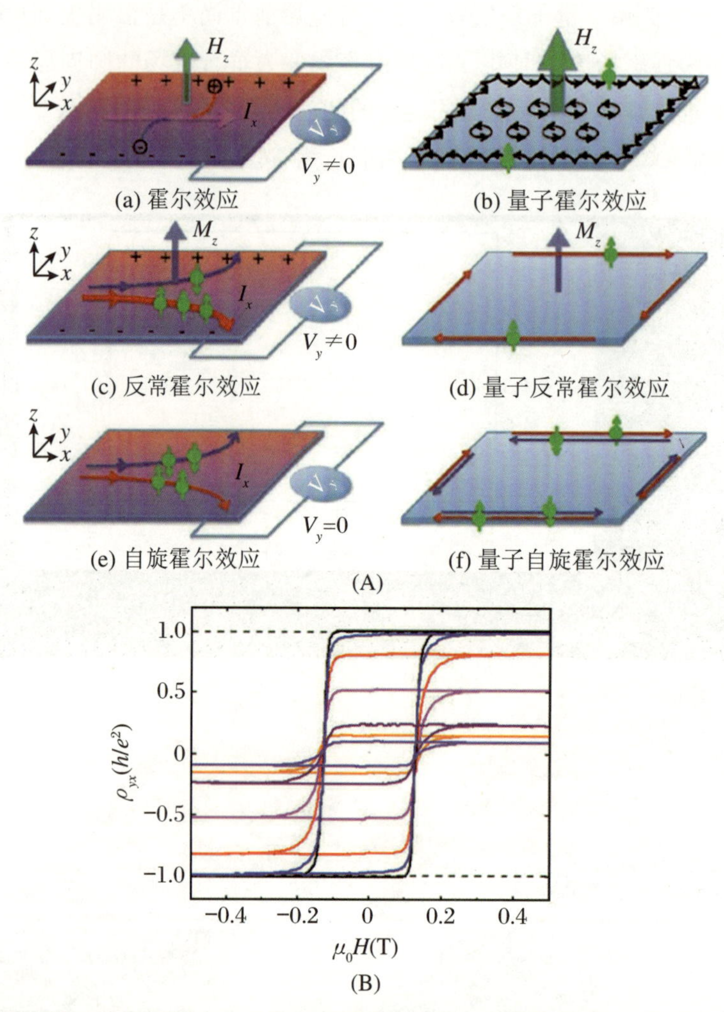

图2 (A) 几种霍尔效应的示意图(http://aappsbulletin.org/img/201306/feature_01_a.jpg)；(B) 薛其坤等在Cr掺杂$Bi_xSb_{2-x}Te_3$(BST)中看到的霍尔效应，最外面那个曲线的高度就是“欧巴灵灵”注意：这里的温度是30 mK，外加磁场0.12 T以上(对有些高密度应用这个要求也不容易)。

我们看到，薛其坤等穷其精力获得这个结果有两大看点，抑或是两大板块。其一，实现QAHE的温度太低了，一般人搞不定。其二，制备的材料必须是“天之骄子、人中龙凤”，一般材料也做不到。这大概就是QAHE一直是灰姑娘的重要原因。所幸的是，拓扑绝缘体呱呱坠地，其特殊的能带拓扑结构为材料表面带来极其有利的量子输运特性。

与一般二维电子气系统相比，拓扑表面态的特殊线性色散关系和拓扑保护性使得磁场不再是产生量子霍尔效应的必需。此时，如果能够使其内部具有一定的铁磁性而又不破坏体带隙和拓扑表面态，那么 QAHE 摇曳登台就万事俱备。中国科学院物理研究所方忠团队与张守晟合作，预言 Cr(Fe)掺杂的 Bi_2Te_3、Bi_2Se_3 和 Sb_2Te_3 等符合这些严苛条件，从而为薛其坤等在 Cr 掺杂的 $Bi_xSb_{2-x}Te_3$(BST)舞台上推出如花似玉 QAHE 提供了精神支持。

需要指出的是，要获得磁性离子掺杂的拓扑绝缘体态可不是一件易事。任何一点晶体缺陷都可能让一切脂粉散尽。所谓女为悦己者容，天之大任、为守而择。薛其坤等主攻表面物理和薄膜外延生长数十年，已经有段誉"恣意六脉"之力和阿朱"纤手易容"之术。他能够将 BST 薄膜打扮得粉黛千层、金睛不辨，从而为体态绝缘而表面态拓扑奠定了基础，如花似玉已无须洪荒之力、跃然台上。

当然，这是他话，事实上我们在这里赞扬薛其坤等人并非太多而是还不够。

好吧，这里有什么问题呢？有一点。我们说磁性离子掺杂导致 BST 中出现磁矩 M，从而产生内磁场，导致 QAHE。但是，我们"看"到薄膜内的铁磁性了吗？真真切切看到了吗？读者知道，有很多证据都表明 BST 薄膜的确有磁性，但凝聚态磁学的玩家们会说：您给我磁畴看看？看到了磁畴，我就信了！这种"顽固不化"的理念是物理学能屹立于自然科学最高端的原因之一。

既然如此，那就去看，使得大家相信倾国倾城的，的确是 QAHE。美国 Rutgers University 物理系的 Weida Wu(吴伟达)教授团队，曾经就实现了这一观测。他们利用超低温磁力显微术 MFM(magnetic force microscopy)在 V 掺杂的 BST 薄膜中实实在在"看"到了铁磁畴，如图 3 所示。

这是一个令人羡慕的结果。一者，有多少人有这个超低温 MFM？凝聚态物理进入重武器时代，这是一个证据。二者，如此低温下，与一般磁体比较，磁性拓扑绝缘体中的磁行为极其酥软，就像梅艳芳歌曲中的"女人花"。三者，拓扑绝缘体中的磁化竟然也是成核生长的模式，令人意外，也可见磁学的历久弥新并非是过眼烟云，抑或让人感叹"磁学之风，山高水长"。

若读者感兴趣，可前往阅览吴伟达他们的论文全文(http://www.nature.com/articles/npjquantmats201623)。

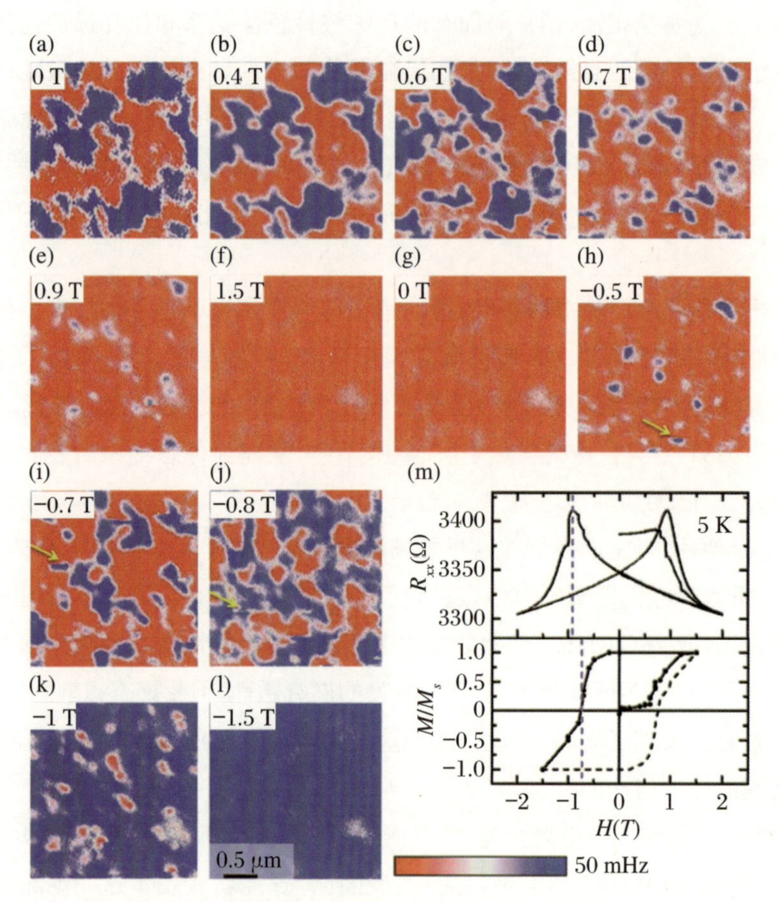

图 3　Weida Wu 等在 $Sb_{1.89}V_{0.11}Te_3$ 中看到的铁磁畴信号及其演化，测量温度为 5 K

图片来源：取自《npj Quantum Materials》，2016 年第 1 卷第 16023 篇。

取出拓扑绝缘体表面态

1. 引子

宋代姑溪居士李之仪先生说："我住长江头，君住长江尾。日日思君不见君，共饮长江水。"此一卜算子名句，经常为后人化用来表达不同的意境和场面，多为美好和怀念之事物。然而，从客观实际看，思念之外，住在江头的"我"要去约会一次住在江尾的"君"，却要来回三个月越过万水千山，企图“千里江陵一日还”那不可能。正因为如此，我们无奈之余只好去感叹“思念”的美好，赞叹“思念”的珍贵，还是做不到不顾一切下一趟江之尾。这是常态，也是正常的世界。

如果这里借用姑溪居士的话来描述上游的“基础性成果”与下游的“实际应用”间的千里之遥，也算是一种别致化用。这里，无非是要表达，在很多情况下，基础科学概念现象与实际造福社会之间的距离其实很遥远。看到了不古之象，就想当然以为马上即可鸿达世界、泽被人间，这其实是不现实的。我们说“天时地利人和”是成就一件事情的充要条件，在这里，“天时喻指发现，地利喻指需求，人和喻指有效的行动”。一个新的效应要付诸应用，其实也还要克服万水千山，缺少其中一个环节，一项有价值的基础科学效应付诸应用会变得困难。因此，读者当与笔者一般：“苟住朔江边，潇潇瀚海天。江头思江尾，一浪复无言。”

学术界让人感动的却是，总有很多人在那里孜孜不倦，以为“千里江陵一日还”并不是痴人说梦，而是可以实现的图画。也许正因为有这些人，我们才能看到“日出江花红胜火，春来江水绿如蓝”的场面在眼前一幕一幕地播放与践行。

这里，是其中一幕。

2. 拓扑绝缘体输运

毫无疑问，要说凝聚态物理过去十年重要的物理发现是什么，拓扑绝缘体（topological insulator，TI）一定排前三位。我们总是能够回忆起过去若干年张首晟老师在很多场合那激情洋溢的演讲，告诉我们 TI 在物理上是多么有趣、应用上是多么可期。从涌现现象角度看，拓扑量子物理，是对称性破缺导致相变之外到达物理基态的新路，其意义和价值自然会让物理人去慢慢回味。只是，张首晟老师和这个领域的人中龙凤们总是在不厌其烦地告诉我们：TI 在下一代自旋电子学和量子计算等新兴应用领域有巨大潜力！以至于这个领域之外的人们都以为差不多要“万事俱备，只欠东风”了。

当然，我们知道，事实不是这样！

首先，再回顾一下 TI 所拥有的一些简单性质。拓扑绝缘体，即体态是绝缘体，只是其能带结构是拓扑非平庸的。此时，其与真空接触的表面就必然呈现一种金属态，且这种表面态具有两支自旋手性相反的通道，它们各自呈现线性色散关系。因此，拓扑表面态通常具有极高的载流子迁移率，如图 1(a)所示。这一图像由图 1(b)显示的 ARPES 结果反复证实。于是，物理人很骄傲地告诉您：吾有一立方，其体不导电，其表无阻抗！大概就是这个意思吧。而且，这种表面导电是自旋分辨的，两条自旋相反的表面导电通道各行其是、互不干扰，因此让人极具应用想象力，如图 1(c)所示。读者如果有意，可以在网络上随手找到相关应用潜力的文章与介绍，虽然最主要的几类预期应用无外乎是：

① 超低损耗或无损耗自旋电子学和能源（如热电）器件应用；② 超导应用；③ 量子计算机应用。

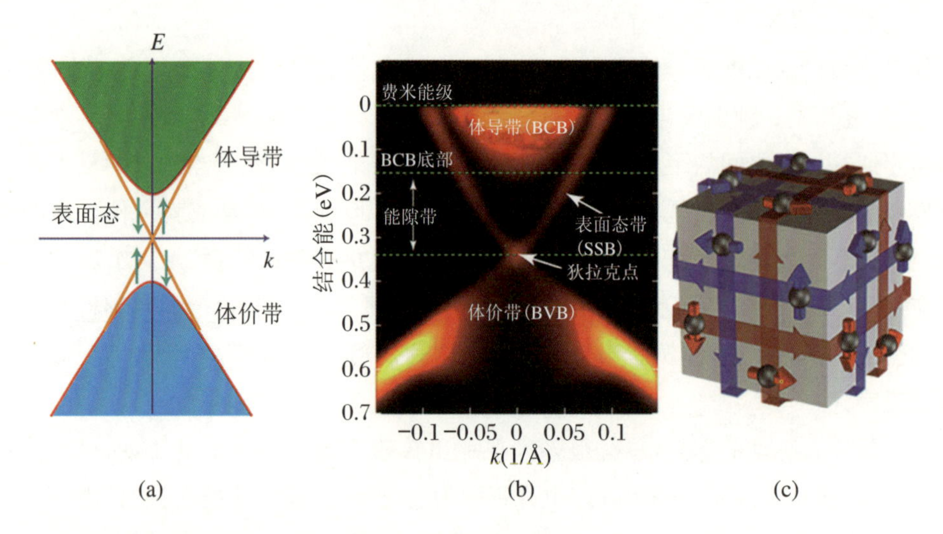

图 1　典型拓扑绝缘体的能带结构（体带（bulk band）和表面态（surface states））

（a）示意图，展示出导带和价带的自旋螺旋狄拉克锥结构。（b）ARPES 探测到的典型带结构，其中体带和表面态结构一目了然！（c）实空间中拓扑绝缘体的表面态输运。

图片来源：（a）http://hoffman.physics.harvard.edu/materials/Topological.php；（b）http://web.stanford.edu/group/fisher/research/TI.html；（c）http://research.physics.berkeley.edu/lanzara/research/ti.html。

3. 载流子输运

不过，真的要付诸应用，问题就出现了，就如江上潮头熙熙攘攘、不绝于眼前。弱水三千，只取一瓢，就拿最直观的表面态超低损耗输运来讨论，即可明白问题之所在。

在凝聚态物理框架下讨论金属、半导体和绝缘体都是相对的。一般金属因为载流子散射的缘故都有电阻，这里的拓扑保护金属表面态对诸如磁杂质等散射却视若无睹，因此电阻会很小。当然，实际材料很难做到一点缺陷或杂质也没有，加上又是在有限温度下，表面态就不可能完全没有散射，体态就不可能完全没有载流子。所以，表面态不可避免有微弱的散射中心。也就是说，这个拓扑保护的表面金属态还是有电阻的。如果载流子平均自由程很大，电阻大致上与表面自由程呈现线性依赖关系。纯粹的表面态输运，其表面电阻 R_{sur}（电导率 G_{sur}）应该随温度线性增加（减小），如图 2 的公式所示。

一般绝缘体会有很大带隙，如约为 3.0 eV，在室温下其电导几可忽略。然而，这里的 TI 体态在物理意义上是绝缘体，但带隙一般都很小，不过区区 0.3 eV，与一般绝缘体如石英、玻璃和钛酸锶等 3.0～6.0 eV 比较实在是太小了。因此，在有限温度(室温)下，体态的载流子输运并非难事，其电输运可以用诸如变域巡游机制(variable range hopping)来描述，电导率用 G_{bul}表示，电阻用 R_{bul}表示，如图 2 所示。

$$G_{\text{sur}} = \frac{e^2}{h}k_F l, \quad R_{\text{sur}}(T) = R_0 + AT$$

$$G_{\text{bul}} \sim 1/R_{bul} \sim R_{0\text{bul}}^{-1}\exp\left(-\left(-\frac{T}{T_0}\right)^{-1/4}\right)$$

图 2　拓扑绝缘体表面态输运电导率 G_{sur}和电阻 R_{sur}、体态电导率 G_{bul}和电阻 R_{bul}

这里 R_0、$R_{0\,\text{bul}}$和 A 等均为系数，k_F为费米面处的波矢。

具体而言，一般 TI 的体态其室温电阻大约为 1.0 kΩ。因为表面态需要支撑，因此 TI 的应用既要利用其表面态，却又不能去掉体态，所谓“皮之不存，毛将焉附”就是这个道理。即便是将器件做到薄若微纳级别，其体态电阻(注意不是电阻率)将不会是一个很大的数值。假定体块样品厚度为 0.1 mm(10^5 nm)，而表面态层厚度为一个晶胞，则块体厚度约是表层的 10^6倍。假定实际表面态输运电阻率是体态电阻率的 10^6倍，块体导电性也将与表面层可相比拟，即体态实际上也是导电的。在此前提下，要去测出 TI 的表面态输运应该很难，要利用表面态的优异性质而不夹带体态载流子的影响那更是不可能。由于热涨落、缺陷、杂质等因素，实际器件的输运将更多包括体态部分的贡献，这使得表面态性质如皇帝新衣，有若如无！

当然，我们可以说那就去寻找体态带隙很大、又存在拓扑表面态的新体系。如此，这里出现的问题就迎刃而解了。然而，按照目前理解的 TI 物理，拓扑表面态的存在事实上要求体态带隙不能太大。因为如果带隙太大，在表面处能带的空间反转就变得困难。另外，非平庸的拓扑能带之所以形成，一个重要物理元素是自旋-轨道耦合。如果体态带隙太大，一般材料自旋-轨道耦合的那点能量就变得可有可无，要靠自旋-轨道耦合来影响布里渊区中心点的能带结构(拓扑行为)也就变得困难。所以，从某种意义上说，拓扑绝缘体的体态带隙很小是本征性质，不是那么容易改变的。

当然，可以设想，如果将材料冷却到接近绝对零度，使得热涨落导致的体态载流子从价带跃迁到导带费米面被完全抑制，再加上将杂质和缺陷一网打尽，的确能够获得“纯粹”的表面态输运。只是，绝对零度的性质即如常规超导性质类似，怎么能造福千家万户呢？制备完全无缺陷的体系，也只有诸如薛其坤那样的高手能够偶尔为之。

我们明白，真要利用 TI，早几年不过是在青藏的三江源那里踏步，离上海的长江出海口还很远呢。经过努力，现在大概到了金沙江？

4. 三江源跋涉

要想最终从上海出海，在三江源踏步和金沙江跋涉是很重要的。这大概就是科研的纠缠。三江源踏步至少要解决一个问题：对当前已有的拓扑绝缘体进行变温输运测量，什么情况下可以将表面态输运性质与体态输运性质区分开来？这个问题的解决无疑是重要的一步。事实上，这些年已有不少作者尝试直接输运测量，也的确看到体态输运与表面态输运混杂在一起的特征，但就是没有很好地分离出如图2所示的输运规律。

走好这一步，实现几个客观要求也许会使得事情较为容易：

(1) 高质量的样品，其体态杂质和缺陷很少，不至于影响能带本征性质，表现为载流子浓度很低。

(2) 表面态的 Dirac 交叉应尽可能位于带隙中间位置，以免与体态价带交叉或过于接近。这一要求容易理解，否则体态与表面态分离就是一句空话。

(3) 找到某种调控手段，能改变体态的带隙，却又不会影响能带的拓扑及对称性等性质。这一手段用来查明体态与表面态之间有无关联，显得非常重要。

物理人尽可以斟酌来纠结去，其实也就那么几种调控手段：① 元素掺杂是经常使用的方法。但这一方案影响面太大，使得随后的物理不够光明磊落。② 应变调控也是常用手段，包括施加各向异性应变和等静压应变。前者无疑会引起能带结构和对称性出现新的变化，徒增烦恼，而后者当然要简单和直接得多。

看起来，等静压实验是一个不二选择。首先，通过高压来对材料施加各向同性的等静压形变，如果没有相变出现，这种等静压预期将主要影响体态的带隙，而体态的能带拓扑性质应该受影响较小。其次，借助体态带隙的调控，样品输运中来自于表面态和体态的占比发生改变。如图3所示，针对典型的拓扑绝缘体体系如 Bi_2Te_2Se 等，12 GPa 的等静压可使其体态带隙由 0.3 eV 下降到 0.01 eV。因此，等静压可以很好调控体态对电导的贡献，从而为有效分离体态和表面态提供参考与可能性。从这两方面看，毫无疑问，等静压下变温输运测量是三江源直下云南重要的一段。

基于以上思路，中国科学院物理研究所高压和超导物理知名学者孙力玲老师和普林斯顿大学 Cava 教授牵头的国际合作团队，包括俄罗斯科学院高压物理研究所、中国科学院高能物理研究所、上海同步辐射光源的研究人员，对两种高质量的拓扑绝缘体体系 Bi_2Te_2Se(BST)和 $Bi_{1.1}Sb_{0.9}Te_2S$(BSTS)在压力下的变温输运行为开展了系统测量。他们进一步假定表面态输运与体态输运没有相互关联和影响，在表面层与块体并联输运的几何下，样品的总电导 G_{tot} 可以简单表达为体态电导 G_{bul} 与表面态电导 G_{sur} 之和(图4)。

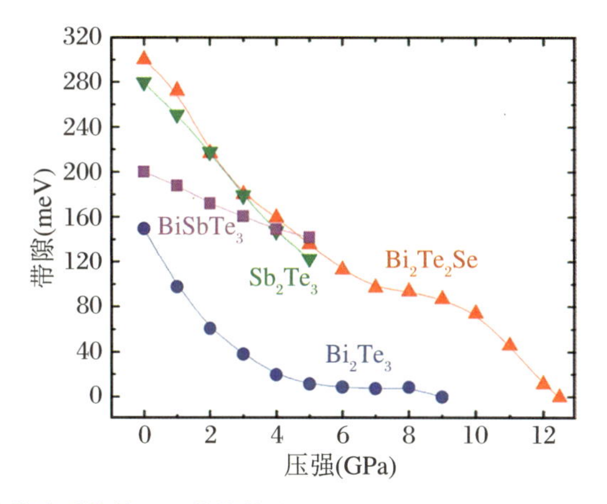

图 3　几种化合物体系的带隙对等静压强的依赖关系

图片来源:Gaul A, et al. Phys. Chem. Chem. Phys., 2017,19:12784.

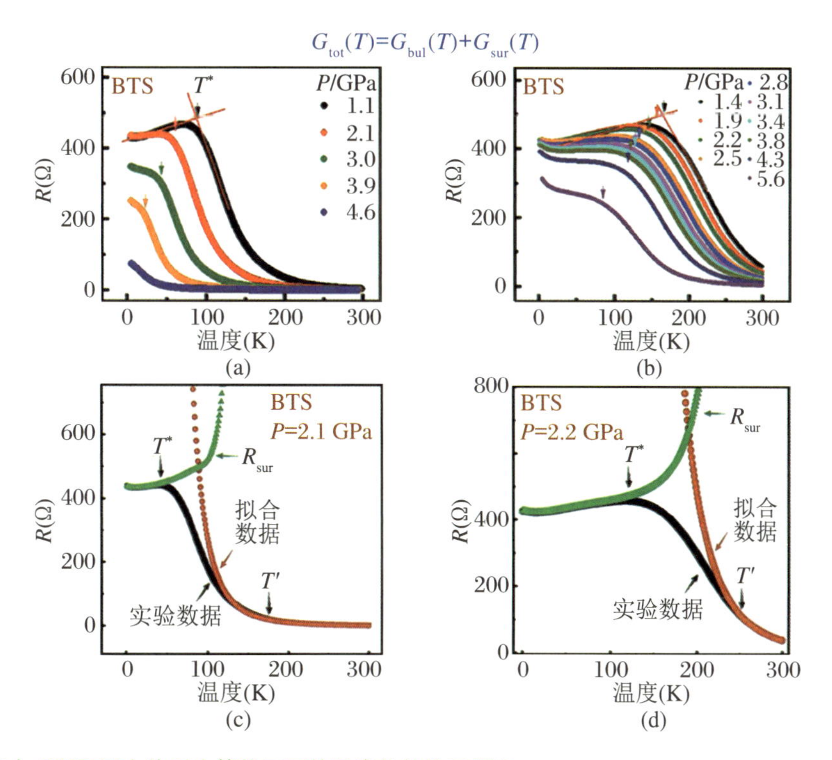

图 4　BTS 与 BSTS 两个体系在等静压下的温度依赖输运行为

(a)、(b) 不同等静压下材料电阻与温度的依赖关系,其中 T^* 标记出电阻曲线发生转折的特征温度。(c)、(d) 以某一特定等静压下的数据为例说明解耦表面态电阻 R_{sur} 与体态电阻 R_{bul},其中以本征半导体热激活输运规律来描述体态输运(实心红点),实心黑点为实验结果,实心绿点为提取出的表面态电阻。注意到,低压力下,低温区的电阻随温度线性行为在之前的输运测量中还很少被看到!

据笔者所知，这一组通过直接测量直流电导来提取拓扑绝缘体表面态输运的实验数据(图 4)，看似简单，却来之不易。这应该是为数极少的直接看到的低温区段表面态输运的数据。孙力玲老师他们的测量结果和主要结论可以归纳为如下几个方面(详细结果与讨论可参见孙力玲老师他们的论文：Cai S，Guo J，Sidorov V A，et al. Independence of topological surface state and bulk conductance in three-dimensional topological insulators[J]. npj Quantum Materials，2018，3：62)：

(1) 两种材料从常压到等静压力 8.0 GPa 区间没有结构相变特征。这一特征是合理分离体态和表面态输运行为的前提。

(2) 在较低的等静压下，两种体系的电阻随温度依赖关系均表现为高温和低温两个区域完全不同的特征：高温区域，体态的电阻(非低电阻率)低，在输运中占主导地位；低温区域，表面态的电阻低，在输运中占主导地位。这两个温度区域的分界点大约在 88 K (BTS)和 155 K(BSTS)。

(3) 低压情况下，体态输运大致上遵循变域巡游热激活输运规律(3D variable range hopping，VRH)，表面态输运在低温区域的电阻大致遵循线性温度依赖关系。表面态的线性温度依赖关系源于载流子平均自由程与温度成反比关系。

(4) 在高压下，因为两种体系的带隙显著减小，本征半导体输运规律不再适用。

(5) 在低温区域，表面态电导基本与温度无关，呈现一个近似常数值。

毫无疑问，这一组结果，通过不同等静压下电阻输运这种最直接的测量方式，展示了拓扑绝缘体表面金属态到底是不是呈现理论预言的行为，也将等静压方法引来测试表面态与体态输运的解耦。当然，这样的直接测量出现在拓扑绝缘体呼风唤雨多年之后，也算有点出人意料，说明高质量样品的获得和精细可控输运的测量对拓扑绝缘体研究是有挑战性的！

5. 水拍金沙

到了这一步，读者会明白：拓扑绝缘体表面态输运性质的表征水平，并没有很大突破；对直接应用的期望也没有乐观很多。这里，能够体现表面态占据主导行为的温区依然很低，其背后的原因无非是实现拓扑非平庸表面态的本征特性要求体能隙不能过大，必须有较强的电子自旋-轨道耦合等。这些物理要求，一定程度上制约了在器件几何限制的前提下表面态突出重围、脱颖而出的可能性。当然，在较高温度下实现纯净表面态载流子的无耗散传输更是“大渡桥横”般的艰难。

好吧，这里要问的问题是：继凝聚态物理中“如何提高超导转变温度”的难题之后，现在物理人是否又将面临“如何室温取出拓扑表面态”的难题？更一般的，“将由量子材料基态决定的宏观量子现象发扬光大到能方便应用的温度”，会不会成为一个世纪梦想？

物理人的回答自然是：不会！

反铁磁 Weyl 亦有春天

凝聚态和量子材料人，如果去欣赏薛其坤老师他们的那个反常量子霍尔效应（quantum anomalous Hall effect，QAHE 或者 AHE）的观测结果，除了赞叹霍尔回线的漂亮、规范、干净外，对其中物理本质的理解则可深可浅。深则深不可测，浅则感觉结果也"正常"。直观上可以这么看：磁性拓扑绝缘体中的磁性或者自发磁矩 M，等效于非磁性体系中量子霍尔效应的那个外加磁场 H/B。去看二维电子气（2DEG），我们知道，施加磁场后就能看到量子霍尔效应（quantum Hall effect，QHE）。对应地，这里的磁性拓扑绝缘体边缘处，就对应量子反常霍尔效应。这一被平庸化了的物理解释，图像通俗简单、直观，也清晰地告诉我们：要实现 QAHE，铁磁性或者自发磁矩 M 是一个必要元素。这也是很多量子材料人在宣讲他们的成果时，灌输给我们听众的约定俗成。图 1 是对 QHE 和 QAHE 的最简单表达。

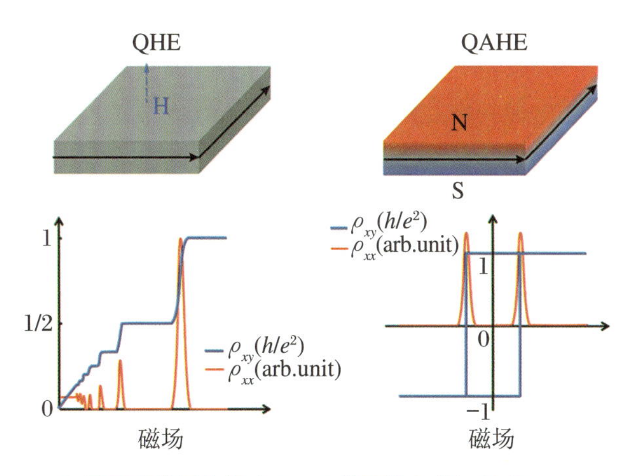

图 1　量子霍尔效应 QHE 与量子反常霍尔效应 QAHE 的图像与输运特征

图片来源：来自何珂老师评点文章，https://physics.aps.org/articles/v8/41。

好吧，那 QAHE 为什么重要？除了其本身的基础物理意义外，应用驱动应该是一个重要因素。这个驱动的主要推手就是自旋电子学。虽然拓扑量子物理的先驱们并不都是自旋电子学中人，但拓扑量子物理诞生于自旋电子学如日中天的年代，被这个学科"带货"和"绑架"也在所难免。拓扑量子态本身，并不必须是自旋极化的，或者不是必须打破时间反演对称。磁性拓扑的拓展，可能就是因为自旋电子学应用的需要。事实上，铁磁性拓扑材料，正在追随十年前的拓扑量子物理研究而变得重要，也因此 QAHE 才越来越重要。

无论如何，QAHE 的物理清晰、效应干净，但似乎也约束了物理人恣意妄想的思绪。不过，这种约束还没有持续多久，伴随着自旋电子学从铁磁调控的输运向自旋波输运和向反铁磁自旋电子学迈进，情况就发生了变化。当我们开始关注反铁磁自旋电子学时，必然有人要问：这个 QAHE 该怎么办？因为反铁磁材料的磁矩 M 为零，似乎就没有等效磁场了，难不成 QAHE 就不再存在了？

这样的问题，乍一看似乎有些道理，让诸如笔者这样只知道一点物理皮毛的人陷入迷茫。

当然，物理人天生反骨，一定有很多人在问：为什么一定要有磁矩 M？难不成只有磁矩 M 才能等效外加磁场 H 吗？这种问题对学过电动力学的人而言很幼稚，但也不是胡搅蛮缠。回忆一下“磁矢势”的概念及其在量子力学中的意义，马上就能明白磁矩 M 之上还有很多更本质和本源的物理。想到这里，我们的思路似乎又会开阔起来：QAHE 在反铁磁拓扑材料中存在，可能也是顺理成章之事。

这样的遐想，在理论物理人那里是小儿科，但在实验物理人这里就算是令人开心的事情了。毕竟，反铁磁结构丰富，包括共线、共面、非共线、非共面、手性等各式各样，而且其磁激发也极为丰富。如果这样的体系也是拓扑非平庸的，大概就不仅仅是原先认知的 QAHE 图像。许多新的物理一定在路上，至少有如下几个很直接的议题：

(1) 反铁磁没有了净磁矩 M，描述 AHE 的序参量是什么？这个问题目前实验上看起来似乎没有定论，或者说没有定规，至少实验上没有太大进展。难不成，这个序参量就是霍尔电阻平台？或者那个看不见的 Neel 矢量？

(2) 对非共面反铁磁问题，有一些讨论。非共面自旋结构意味着手性(scalar spin chirality)，对应于“拓扑霍尔效应(topological Hall effect)”。这里所谓标量 scalar，也就是左手性和右手性两种，正负号即可表达。此时，手性可能是一种序参量，用来表达 AHE。注意到，手性虽然本身不是一个显性的(也就是很好测量和可供实际应用的)物理量，但跟手性相关的可测、可用之物理量不少。

(3) 对共面、但非共线反铁磁问题，也有实验观测到很大的 AHE，似乎与自旋-轨道耦合(SOC)相关。这里表达 AHE 的序参量，可能就得是局域多极矩(cluster multipole moment)。同样，SOC 和多极矩也不是显性的物理量，但跟它们相关的可测、可用之物理量也存在。

(4) 反铁磁体系中的拓扑能带结构有何不同特征？

这些问题，都是好问题，更别说它们跟反铁磁自旋电子学应用密切相关了。理论学者好些年前就开始探索这些问题，并期待实验物理人能够及时跟进。但是，期望高，通常失望就大。既然形成了满怀期待之势，那就意味着实际上很难见到！

果不其然，这样的实验，到现在有报道，但不多，图 2 所示乃其中一个例子。其背后的道理也不难明白：要测量霍尔效应，是载流子输运过程，总不能是个绝缘体或宽禁带半导体。说得更清晰一些，那得是反铁磁金属、半金属或窄带半导体。这个条件，一下子将绝大部分反铁磁材料体系排除在外，更何况还有拓扑非平庸这个物理约束。这就是到目前为止，为什么只有很少实验报道此类效应之原因了。

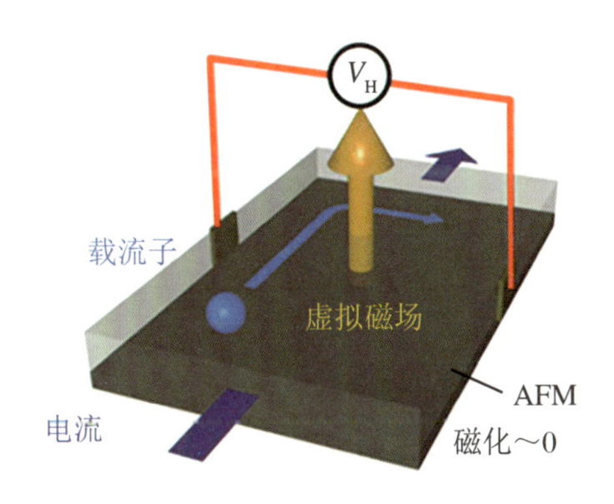

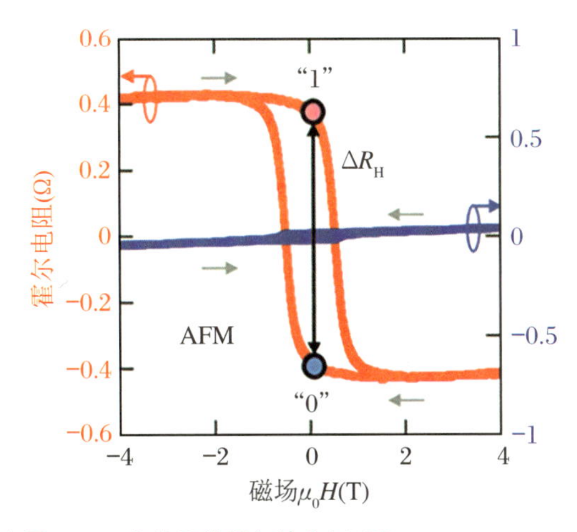

图 2　反铁磁 Weyl 半金属 Mn_3Sn 中的反常霍尔效应(AHE)

图片来源：https://www.issp.u-tokyo.ac.jp/maincontents/news2_en.html? pid=6699。

由此，寻找那些"稀少"的反铁磁金属化合物，摸索其中的 AHE，然后再筛选出具有 QAHE 的体系，就成为挺艰难而"物以稀为贵"的目标。只有通过这种摸索，获取反铁磁中 QAHE 的内在规律，我们才可能将物理拓展到那些反铁磁半导体和绝缘体中去。然后，再企图试试看能不能通过载流子引入而实现可以应用的那些涌现现象，如超导、Weyl 等。

4

这样的工作，在 2018 年开始就陆续得到国际量子材料研究团队的关注，如美国阿贡国家实验针对 $CoNb_3S_6$的工作(Ghimire N J, et al. Large anomalous Hall effect in the chiral-lattice antiferromagnet $CoNb_3S_6$[J]. Nature Communi., 2018,9:3280)，如日本东京大学针对 Mn_3Sn 的工作(图 2)，等等。笔者毕竟是外行，无能覆盖所有，谨此举例一二。量子材料人的确是找到了一些可测体系，并且的确观测到显著的 AHE 效应。这些研究给人的一个启示似乎是：在现有层状二维拓扑材料基础上，通过层间插层磁性离子，介导一些磁性进去，即可能形成具有长程反铁磁的新化合物。回过头去看，那些铁磁性体系，如 $MnBi_2Te_4$、$Co_3Sn_2S_2$，似乎也符合这种思路。这一思路，不再拘泥于传统的三维化合物，因为那样的化合物中反铁磁金属太少了。如此插层，可以大大提升合成特定材料的机会。看起来，这一策略很有创意，也很有效！

来自韩国国立汉城大学(国立首尔大学)量子材料中心的凝聚态物理名家 Je-Geun Park(JG)团队，联合韩国几家量子材料研究强势机构，也开始了探索。这个 JG 团队，擅长衍射谱学，特别是中子散射和 X-射线精细衍射技术，这些年一直很活跃。感觉他们正是因为娴熟于这些高端表征技术，从而获得启示：反铁磁体系中的 QAHE，可能与各种磁多极矩(diverse multipole magnetism)有内在联系。既然如此，通过深入分析这些矩(moments)，包括拓展到更有希望的、同时破缺了时间反演对称和空间反转对称的环形矩，去关联巨大的 AHE，可能就有机会揭示出新物理。

他们也是遵从前人的思路，从那些金属、半金属和带隙很窄的二维半导体或 vdW 层状材料入手，通过插层技术，成功合成了诸多新材料。例如，他们从 $TM_{1/3}MS_2$(TM = 3d transition metals, M = Ta, Nb)入手，找到了 $Co_{1/3}TaS_2$ 这个三角非共线反铁磁金属化合物。

到达这一步，揭示 $Co_{1/3}TaS_2$ 中令人“羡慕”的 AHE 效应，就只是时间问题。通过细致分析，他们构建了一幅物理图像：这一体系，其能带结构呈现出清晰的沙漏形 Weyl 半金属结构，具有时间反演对称破缺下的非简式对称性(non-symmorphic symmetry under broken TRS，如螺旋式对称)，展现了非零的环形矩，从而形成多极矩并诱导出巨大的 AHE！

JG 团队的这一工作，除了展示环形矩与巨大 AHE 之间的联系，还有一些值得揣摩体会之处：对体系施加内禀场和外场，会改变环形矩，从而调控 AHE。基于这些表征判断，他们以为，$Co_{1/3}TaS_2$ 是一个不错的可调控的反铁磁量子霍尔效应体系，蕴含了很大的磁性拓扑电子学基础与应用探索的潜力。

说了这么多，夸了这么久，虽然有些新意，其实不过是一篇学术论文而已(来源参见 JG 团队的论文：Park P, Kang Y G, Kim J, et al. Field-tunable toroidal moment and anomalous Hall effect in noncollinear antiferromagnetic Weyl semimetal $Co_{1/3}TaS_2$ [J]. npj Quantum Materials, 2022, 7: 42. https://www.nature.com/articles/s41535-

022-00449-3)。但这个工作，与前人的工作一起，如果能够引导量子材料人找到更多反铁磁 Weyl 半金属化合物并能实施高效调控，那已经是不错的贡献！

节线绣出三重态

拓扑量子物理的概念刚刚提出来时，很多人都有点懵。最开始是拓扑绝缘体：一个体绝缘态，其表面可以是金属的，而且是特定的半金属类金属态。这种表面金属态可不是表面原子重构所致，而是本征性质。这好像是很难以理解的样子。及至后来，我们慢慢明白：这是另一个“几何”空间中的构象，只是原来我们不了解而已。

这个绝缘体态，其能带结构有“反常”的拓扑几何性质，与“真空”的能带结构属于不同的拓扑几何类别。如果我们相信数学，就可以从空间几何角度去看：假定从这个绝缘体内部，走向表面外的真空空间，我们就有了绝缘体体态内部和绝缘体外部真空两个区域。体态内部的能带结构，与外部真空的“能带”结构（如果有的话），可以属于同一拓扑几何类别，也可以不同。如果它们的拓扑几何类别不同，那么电子越过表面时，就必须要跨越一个拓扑类别的突变。此时，绝缘体表面处的能带一定要发生交叠和交叉，才能去完成这个拓扑类别的突变。能带交叉的地方，就不可能还有能隙了，就导电了。

以上就是笔者自己理解的拓扑绝缘体图像，显得很幼稚甚至错误，但在通俗易懂方面似乎还行。读者随便寻找两个拓扑数不同的几何体比对一下，就清楚了。

不过，我们这些外行人就会疑惑起来：这个表面金属是个什么东西？它多厚？多薄？多鲁棒性？从朴素物理的角度理解，这么个“世界上最薄”的表面“金属层”，能够承载什么功能？能输运多大电流？如果说它没有电阻，那流过它的电流密度怎么定义？光照一照、锤子敲一敲行不行？

很快就有人实验发现，要“孤立”出来这个表面态加以应用，很不容易！或者实际上很难做到！也就是说，想让“命薄如纸”的表面态来承载人类对能源、信息和文明生活的需求，未必不成！但至少不易！

表面不行，那就来体态！所以，就有了 Dirac 半金属、Weyl 半金属等体态拓扑量子材料诞生出来。当然，这种诞生，并不是实际应用驱动的，而是物理人自由探索的结果。诸如笔者等后知后觉者，在这里牵强附会马后炮，无非是想将其中的道理说透。现在，我们已经有了很多各种体态拓扑的新材料，其中以节线半金属（nodal line 或 nodal ring）最为亮眼。

所谓节线半金属，是参照 Dirac 或 Weyl 半金属而言的。后者能带接触或交叉是点状几何，例如圆锥漏斗状能带，漏斗节点在费米面附近，如图 1(a)所示。如果有拓扑非平庸的奇异性质，则会出现在这个节点附近。这种零维的几何，捕捉和控制起来不容易，在材料设计和实际应用中应该不是很方便，会受到很大限制。而节线半金属，则表现为上下能带以线状或者环状接触和交叉，这样一来，在布里渊空间就有了很大自由度去捕捉和实现那些拓扑非平庸的性质。这很让人兴奋，例如 Weyl 节线半金属，在时间反演对称破缺或空间反转对称破缺的体系中就都被观测到。

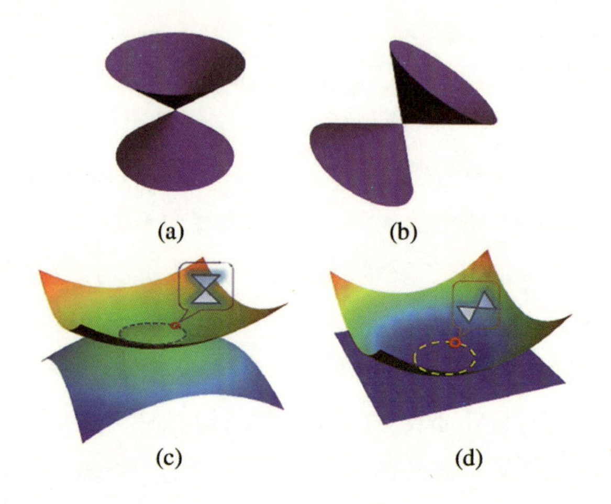

图 1　节线半金属的简单图像

(a) Ⅰ型 Weyl 半金属；(b) Ⅱ型 Weyl 半金属；(c) Ⅰ型节线半金属；(d) Ⅱ型节线半金属。

图片来源：He J，et al. Type-Ⅱ nodal line semimetal[J]. New J. Phys. 2018，20：053019. https://iopscience.iop.org/article/10.1088/1367-2630/aabdf8。

来大胆想象一下(其实笔者还是放马后炮)：如果这个体系是一个量子关联很强的体系，那么费米面附近的能带可能就很平整，即能带平带化，类似于魔角二维材料那般。此时，如果这个能带接触交叉的行为还在，哪怕是点交叉，形成的圆锥漏斗就不大可能那么尖锐，它的漏斗张角就很大，就如图 1(c)所示。此时，上下能带接触交叉处就可能从一个点退化为一条线或者一个环。不管怎样，新物理就可能诞生——那些平带体系，原本是节点半金属(如 Dirac 或 Weyl)，但可能可以将节点半金属拓展到节线半金属。

那些聪明睿智的物理人，当然不是这么简单和粗暴地考虑物理的。他们的思维逻辑和创新意识要高明很多。笔者在这里只是为了让读者浅显、方便地理解，就采取了这种投机取巧的故事铺展。物理人的确陆续发现了不少 nodalline/nodalring 之类的半金属，使得体态的拓扑物理有了新的维度：与 band crossing point(节点)比较，crossing line/ring(节线、环线)那是维度的差别！有新物理不奇怪。

当然，事情还不止如此。平带意味着关联，关联意味着非常规超导和其他的关联物理效应，那么关联和这些 nodal line 半金属态就联系起来了。只要联系起来就好，就是妥妥的量子材料，就是《npj Quantum Materials》等量子期刊的座上客和府上宾！只要联系起来就好，就是说这些节线或者环线半金属体系就可能有关联，也就有可能具有超导性质！

最近，来自华东师范大学、英国 Kent 大学、浙江大学、瑞士 Paul Scherrer 研究所、德国马普固体化学物理研究所及英国布里斯托尔大学的量子材料人，组成了一个国际合作团队，在 Toni Shiroka 教授、Jorge Quintanilla 教授和袁辉球教授领导下，针对一类 Weyl 节线半金属体系 LaNiSi、LaPtSi 和 LaPtGe 开展探索（图 2）。这类 111 体系，都是非中心

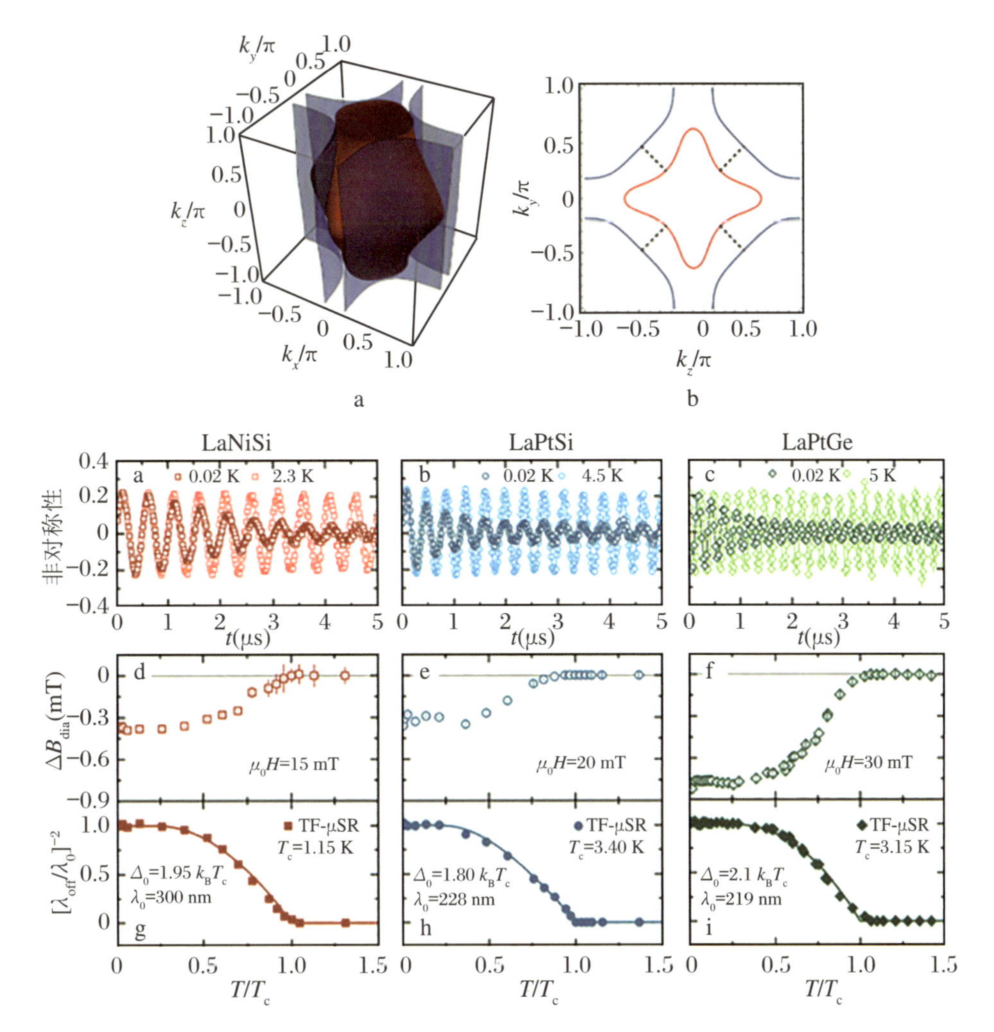

图 2　浙江大学袁辉球教授等对 Weyl 节线半金属体系 LaNiSi、LaPtSi 和 LaPtGe 的 μSR 测量结果

对称的，且可以归类于 nonsymmorphic symmetry（非简单对称性，通常容易出现节线半金属能带结构），由非简单式滑移面对称加以保护。这一对称性保护的 Weyl 节线半金属，因为如前所述的关联特征，已经被观测到具有超导转变。但这种超导转变，是不是与量子关联密切相关？也就是说，是不是与磁性涨落相关？这些问题，就很有探索的价值，至少可以归类其是否为非常规超导提供证据。

事实上，这一问题并非袁老师他们首次注意到。但袁老师他们运用强有力的 muon-spin relaxation and rotation（μSR）技术，得到了扎实的实验证据（Shang T，Ghosh S K，Smidman M，et al. Spin-triplet superconductivity in Weyl nodal-line semimetals［J］. npj Quantum Materials，2022，7：35. https：//www. nature. com/articles/s41535-022-00442-w）。他们的结果显示（图 3），这三类体系都展现了拓扑超导基态，且在超导转变后都有自发时间反演对称破缺的特征（即自发磁性进来了），似乎还是自旋三态（spin-triplet）配对机制主导，从而坐实了这三类体系都是非常规超导体！

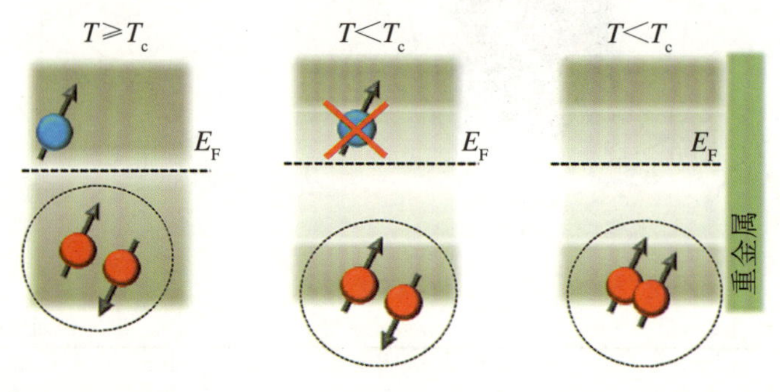

图 3　自旋三重超导

图片来源：https：//www. ciccarelli. phy. cam. ac. uk/research/superconducting-spintronics，来自剑桥大学 Ciccarelli 教授研究组。

不知道是巧合抑或好物理，原来还可以这样推演的，还可以得到这样有点“妙不可言”的结果?！考虑到万贤纲老师等人已经找到了太多的拓扑材料体系，其中半金属更是占据了很大部分。从这些体系中摸索节线半金属，然后是非常规超导，大概是那些超导量子材料人梦里呢喃不止的事情。例如，万贤纲和唐峰他们就发表了一项针对节线结构（nodal structures）的分类工作（《Physical Review B》2022 年第 105 卷），对能带交叉进行了完整分类，工作量宏大。

磁性拓扑 $MnBi_2Te_4$的光鲜之下

反常霍尔效应(anomalous Hall effect,AHE),原本与磁性拓扑绝缘体(magnetic topological insulator,MTI)并无清晰的表观联系,也无一一对应性。AHE 只不过是磁性半导体或磁性金属的一种内禀效应:内禀磁矩,等效于磁场作用(本文不涉及 QHE 的量子物理定义)。内禀磁矩 M 的存在,使得流过材料的载流子被部分磁化,表现为自旋多子和自旋少子。而这些多子与少子在两个霍尔端处积累,形成额外的霍尔电压。此即霍尔效应的反常部分,叠加在正常霍尔电压之上,构成整体的霍尔效应。这一反常部分,通常比正常霍尔效应要大很多(虽然未必总是如此),因此测量的电压或电阻信号,近似呈现对磁矩的线性依赖关系。可以看出,AHE 似乎也还算简单,虽比正常霍尔效应要复杂一二,但概念和图像相当简洁明快,从而成为经典物理的重要元素。

量子反常霍尔效应(QAHE)则稍微有些不同。我们知道,非磁性半导体中,外加磁场引入塞曼能,导致体内载流子按照规则填充于各朗道能级上,各自环绕磁力线局域"运动"。但是在样品边缘处,这些载流子环绕运动被边界反射截断、相互依次连接起来,反而在边缘(edge)处形成了一种长程定向流动之态,贡献出一份确定的霍尔电压或电阻。这就是所谓的量子霍尔效应(quantum Hall effect,QHE)。如果换成磁性半导体,同样是内禀磁矩作为等效磁场,引入塞曼能,就导致量子反常霍尔电压或者电阻。

最近十年,备受关注的磁性拓扑绝缘体(MTI),刚好满足这个物理条件:磁性打破时间反演对称,引入能隙,局域化了原来的金属表面态。只是在边缘处,基于类似的物理,载流子形成具有自旋手性的长程定向"流动"。因为这种流动和量子反常霍尔效应很相似,物理上因此成就了 MTI 与 QAHE 之间的对应关系,如图 1 所示。这一图像漂亮简洁,不再是出自通常观测量子霍尔效应的二维电子气,而是出自块体材料(虽然实际上也是表面效应)。QAHE 也因此成为一种可靠的输运表征,使得 MTI 终于从需要 ARPES 大杀器来鉴定,演化到电输运测量即可落实。这是一大进步!要知道,物理人最擅长电学测量了,能够做到比绣花女手巧千万倍。

从应用角度看,这一效应也被认为前景广阔。于是乎,量子材料人早早就为此设计了若干自旋电子学器件,驱动我们去寻找性能好、温度高的 MTI 材料。诸多微信公众号,包括笔者所在的小号"量子材料",都有一些关于 MTI 潜在应用研究的学习心得。感兴趣的读者可以翻阅,笔者在此不再啰嗦 MTI 的应用。

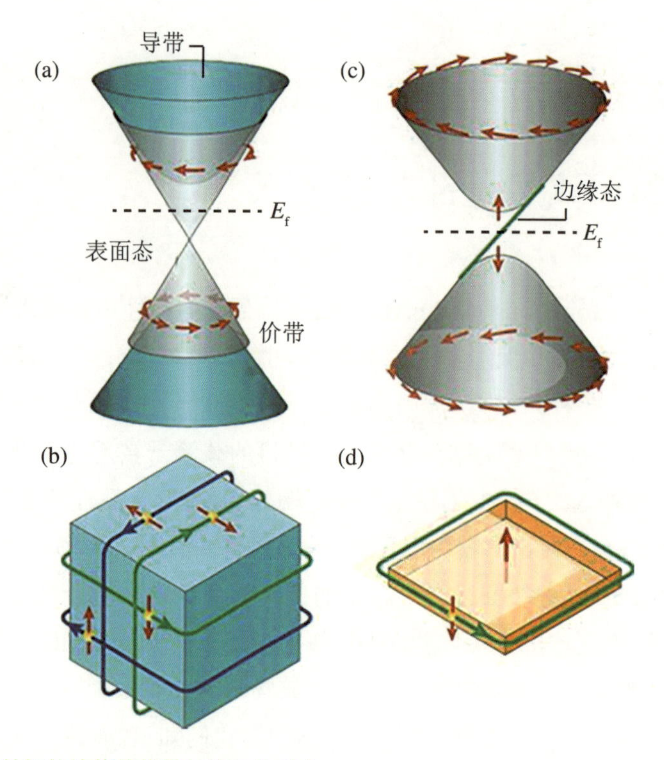

图 1　非磁性和磁性拓扑绝缘体能带与输运的对应

图片来源：Tokura Y，et al. Magnetic topological insulators[J]. Nature Reviews Physics，2019，1：126. https：//www.nature.com/articles/s42254-018-0011-5。

除掺杂磁性拓扑绝缘体外，量子材料人最大的兴趣，当然是寻找本征磁性拓扑绝缘体 MTI。诸如那个经典的 $MnBi_2Te_4$ 和 Eu 基化合物半导体，都受到关注。特别是 $MnBi_2Te_4$(MBT)这一体系，无论是理论预测还是实验发现，均为国人所首发，引得国内外同行跟踪，成为我国学者在这一领域彰显卓越贡献的一个代表。

其实，如果仔细去看 MBT 这个化合物，很容易明了它实际上呈现出层状结构，可解耦成含磁性 Mn 离子占位的离子层(Mn 离子层)与 Bi_2Te_3 晶胞层(TI 层)交替堆砌而成的结构，如图 2 所示。特别注意到，Bi_2Te_3 其实就是那个著名的拓扑绝缘体(TI)。借助前文对 TI 和 MTI 概念的科普，我们马上就能猜想：MBT 这个体系是否就是磁性层与拓扑绝缘体晶胞单元构成的天然异质结？而 QAHE 效应，是否就是磁性层以近邻效应，通过异质结界面施加等效磁场而调控拓扑绝缘体层表面态？若如此，理解 MBT 作为 MTI 的物理，就有了方向。

事实正是如此，至少这样去理解物理大致不错。不知道是好事还是坏事，现在知道，块体 MBT 的基态不是铁磁态，而是垂直取向的 A 型反铁磁结构(A-AFM)：沿叠层 c 轴看去，每一层 Mn 离子层内都是铁磁的，每层磁矩均指向 c 轴方向；近邻 Mn 离子层的磁矩取向相反。再详细一些表达，MBT 是相邻 Mn 离子层的磁矩 M 即沿 c 轴方向头对头(head-to-head)和尾对尾(tail-to-tail)排列的一反铁磁体。这一结构特征，更加坐实了 MBT 的物理：一层铁磁层与一层 Bi_2Te_3 单元构成的异质结之近邻效应。至此，MBT 和 MTI 的研究，就变得可以让普通物理人窥探一二、欣赏三四的模范对象。

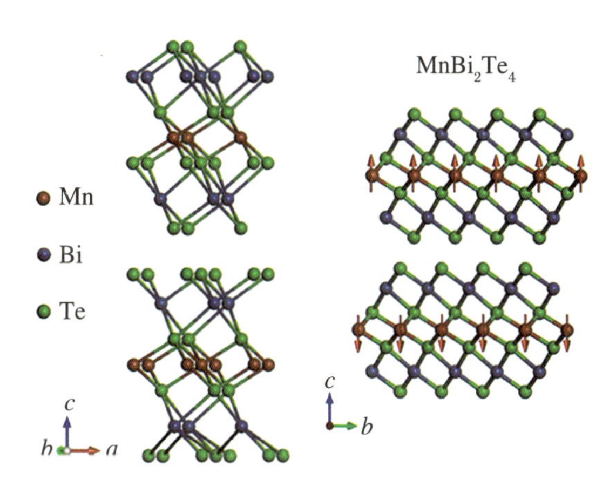

图 2　MBT 的晶体结构与磁结构

图片来源：Yang S, et al. Odd-even layer-number effect and layer-dependent magnetic phase diagrams in $MnBi_2Te_4$ [J]. PRX, 2021, 11: 011003. https://www.phy.pku.edu.cn/info/1031/6166.htm。

只是，真的是如此吗？最近，很多量子材料人都成功制备出 MBT 块体单晶、纳米片和高质量薄膜，相关报道见诸多期刊。这些成果，大概可以被笔者在低水平上“抄袭”和归纳为几点：

(1) 无论是块体单晶、纳米片(nanoflakes)还是外延薄膜，好像都观测到 QAHE。

(2) 借助高质量制备技术，量子材料人可以人工控制薄膜厚度或者纳米片厚度：如果样品含奇数 Mn 离子层，就可得到一个未补偿的铁磁磁矩，体系呈现铁磁(FM)的 MTI 态；如果含偶数 Mn 离子层，则可得到磁矩被完全补充的反铁磁(AFM)的 MTI 态(好像北京大学叶堉教授是此中高手)。

(3) 对含偶数层 Mn 离子层的体系，上表面磁矩与下表面磁矩取向相反，意味着上下表面的拓扑表面态与磁性耦合的相关性质是反对称的，此即著名的轴子绝缘体(axion insulator)态。这说起来全不费工夫，实现起来当然是很难的。

(4) 最近有理论预言，在铁磁态下，MBT 是一个不错的磁性 Weyl 半金属，即体态拓扑。这引发对 MBT 磁结构调控的研究。

好吧，仅仅是对 MBT 一个体系，拓展开去，磁有序与非平庸拓扑态之间就有如此丰富的耦合与交互调控行为。可以预期，MBT 中更多的低能激发物理行为在等待挖掘。

其中最简单的问题,应该是磁场调控的新量子态。如果回去看 MBT 的晶体结构,两个 Mn 离子层的间距其实不小,意味着层间磁耦合并不强,或者说常规条件下的外场调控就成为可能和现实:一般实验室拥有的磁场、电场、应力场等介入去调控,都能得到很好的效果。

于是,量子材料人摩拳擦掌的时候来了。例如,施加磁场,将 MBT 中全部自旋为同向排列的铁磁 MTI,不会很难。更有甚者,有些人认为还有更好的物理:将其中部分 Mn 离子层磁矩可控翻转,只要样品微结构质量足够好,不是也很容易做到?

来自美国 University of Notre Dame 物理系的 B. A. Assaf 教授课题组,联合德国 University Mainz、美国 Purdue University、德国 Juelich 国家研究中心、美国 Ames Laboratory 和 Argonne National Laboratory 的合作者(很大的一个国际团队),就有些"独辟蹊径寓平凡"的风格。他们认为(其实,物理人应该也认同这个"认为"),反铁磁态向铁磁态(AFM→FM)转变,磁矩翻转并非一步之遥。考虑磁场沿 c 轴方向施加的情况,磁场诱发磁矩翻转的进程包括:① 先发生自旋微小转动,即所谓的 spin-canting,展现非共线磁结构;② 自旋发生 90°翻转,实现与磁场垂直的 AFM 组态;③ 更高磁场导致全同铁磁态。这三个状态,足够量子材料人忙碌一阵子。

其实还没完,还可以让磁场偏离 c 轴。如此,预期还可得到更多的自旋组态,从而得到观测更多 MTI 新效应的机会。

基于这样的认识,Assaf 教授他们进行了一些探索,包括制备、表征和理论计算配合的集成研究。他们最近将结果整理发表在《npj Quantum Materials》上(Bac S K, Koller K, Lux F, et al. Topological response of the anomalous Hall effect in $MnBi_2Te_4$ due to magnetic canting[J]. npj Quantum Materials, 2022, 7: 46. https://www.nature.com/articles/s41535-022-00455-5):实验样品乃用 MBE 制备的 24 层单胞层 MBT(图 3);接着就是不同磁场下的晶体结构、磁结构和 AHE 演化的表征测量。他们的数据,展示出霍尔信号的诸多反常特征,特别是与磁场依赖关系的反常特征,包括 spin-canting 引导出的、非共线磁结构下的 MTI 演化行为。其中细节,读者可移步论文深处,笔者不再抄袭转录,以免"以讹传讹"。

最后,笔者想说,与读者一样,我们总是在深切地感受量子材料拥有的一个显著特点。那就是,从基础物理入手,但千万别轻易放手。从 AHE 需要等效磁矩这一大学物理概念入手,去理解 MBT,的确是很通俗易懂。但是,MBT 磁结构对其拓扑性质的影响,可不仅是等效磁矩 M 那么简单。此时,不同量子自由度之间的竞争耦合,就像打开了一扇窗:窗外该是何模样?!

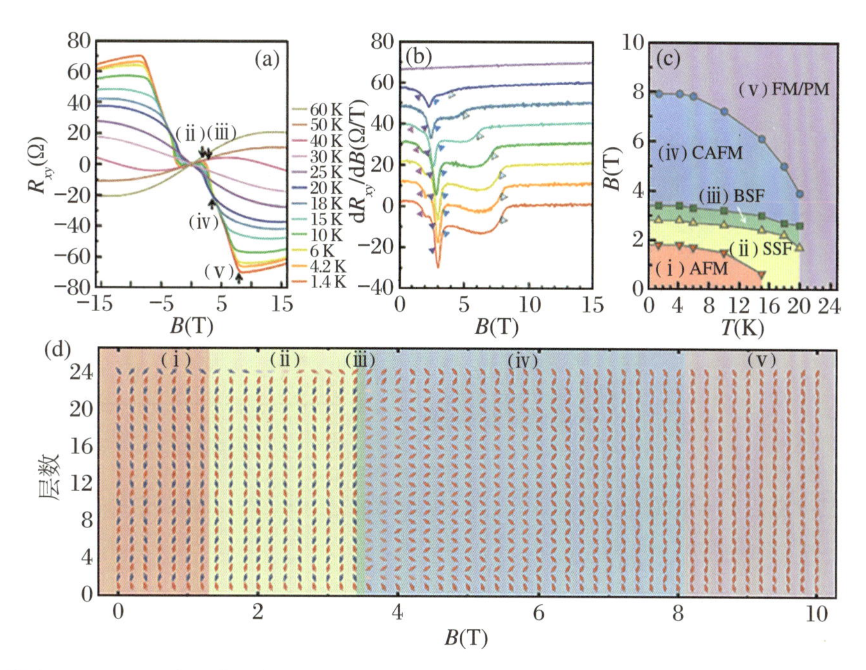

图 3　厚度为 24 层 MBT 外延薄膜中 AHE 与对应的非共线磁结构演化

这也能量子霍尔效应吗

我们学习固体物理，特别是学习量子凝聚态物理时，学得越久，对其中一系列现象的认识就越深入，对其深邃广博的体会就越深刻。其中，有两类物理效应最让人惊奇而着迷。一是超导电性：虽然芸芸众生对超导能不能普遍应用还感受不深，但被超导电性关联起来的物理已经覆盖物质科学的诸多分支。二是量子霍尔效应：自半导体异质结二维电子气中发现量子霍尔效应开始，到今天将拓扑绝缘体与 QHE 紧密联系起来，量子霍尔效应同样覆盖了量子凝聚态前沿的诸多分支。因此，触及这两类效应之一，就是令人称道的生活了，更别说两者均沾会更加了不起。

以 QHE 为例，外加磁场加持朗道能级填充，在异质结界面处形成的二维电子气中会表现出量子化的输运，表象则是边缘态展现的霍尔电导整数台阶化，如图 1(a)所示。在高磁场下，还可能出现分数化霍尔电导台阶。这些台阶化行为，背后的物理，是无数电子个体恰到好处地协调统一起来。它们步履一致、集体行动，形成宏观的量子化，令人激赏！

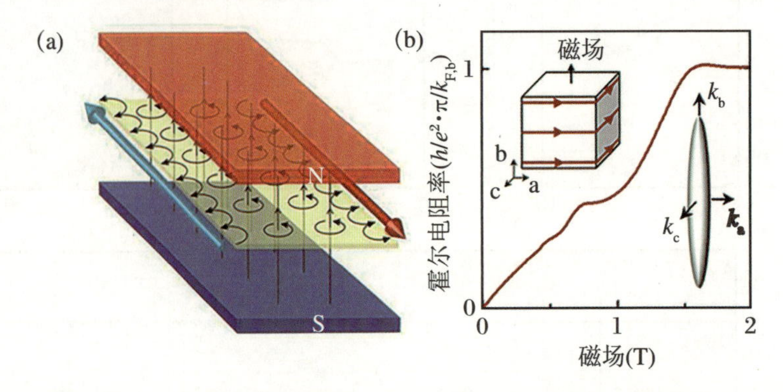

图 1　量子霍尔效应 QHE 的物理图示(a)和 $ZrTe_5$ 中观测到的类 QHE(b)，三维体系的柱状费米面形态很特别，各向异性很强

图片来源：(a) https://www.u-tokyo.ac.jp/focus/en/；(b) Galeski S, et al. Origin of the quasi-quantized Hall effect in $ZrTe_5$[EB/OL]. https://www.nature.com/articles/s41467-021-23435-y。

以前，所有关于 QHE 的实验观测，基本上都与二维体系的量子传输效应密切相关。这似乎给了我们一个思维定式：QHE，总归是二维体系中朗道能级填充导致的边缘态的表现。即便是众所周知的三维体系，如拓扑绝缘体，虽然体系是三维的，但实际的物理依然是二维的。也就是说，拓扑非平庸性质约束能带结构，在体系表面处形成新物理，磁场作用下体系形成独特的表面和边缘态，贡献了 QHE。因此，这里的三维体系展示的 QHE 更强化了我们对 QHE“只存在于二维”的思维定式。

当我们愈加渲染这种二维物理的魅力时，物理人天生的“猎奇”和“反骨”脾气就愈加显现。我们的问题是：真实的三维体系中，有没有这样的 QHE？哪怕是形似而神不似的类 QHE，也是令人遐想的。实际上，这样的行踪最近有迹可循。大约是 2019 年前后就有一些前沿报道，包括中国学者的工作，揭示出 $ZrTe_5$ 这类体系中就存在三维 QHE 效应。图 1(b) 显示的即一个结果，其中插图展示了高度各向异性的费米面特征(柱状 cylinder 费米面)。

不过，如果这样的 QHE 能在更多三维体系中被观测到，特别是在与超导电性有关的体系中被观测到，一定更有意思。众所周知，高温超导电性，无论是铜基还是铁基，其相图展示的物理有一定程度的相似性。它们都是从反铁磁母体基态出发，通过适度的载流子掺杂，诱发出赝能隙相区(铜基)或自旋密度波 SDW 区域(铁基)，如图 2 所示。

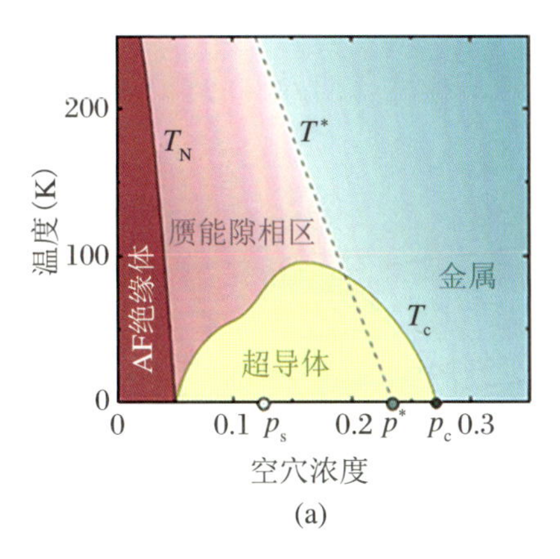

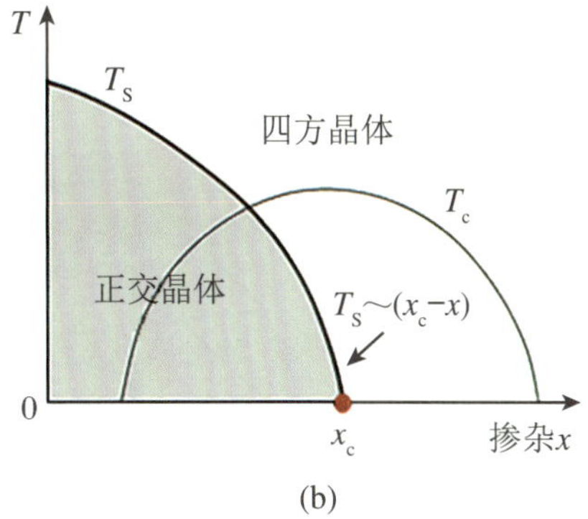

图2 铜基(a)和铁基(b)超导相图的大概模样

虽然它们有很多不同,但母体反铁磁基态是类似的。

图片来源:(a) https://www.annualreviews.org/doi/10.1146/annurev-conmatphys-070909-104117;(b) https://journals.aps.org/prl/abstract/10.1103/PhysRevLett.115.025703。

对铜基超导体,在赝能隙相区,有电子库珀对形成,似乎是超导态前期的萌生态。当这些库珀对浓度足够高并能够如宏观 BEC 一般凝聚时,就形成了明确界定的超导能隙和超导电性。这样的物理,对量子材料人而言已驾轻就熟。也因此,我们就很关注这一超导母体的反铁磁基态区有哪些有趣的物理?能不能对超导电性有推动作用?这样的单纯动机,应该是我们开始行动的无上驱动力,虽然此时未必想到其中还有 QHE。

于是乎,就有若干量子材料人开始关注铁基超导母体中的反铁磁态及其电子结构。令人有些吃惊的是,有研究揭示出,在诸多铁基超导体系的费米面附近,能带结构具有非平庸拓扑特征。这一结果如今不算什么大事情,因为物理人通过地毯式搜索,已经揭示出现在的物质世界有很高比例都是拓扑非平庸的拓扑量子物质。如此,在超导电性体系中找到拓扑量子性质,除了增加拓扑物理的魅力、增加超导电性的魅力之外,其实也并无特别令人诧异之处。

好吧,我们继续。有一些深入的分析结果似乎揭示出,在铁基超导体的反铁磁母相中,自旋波的能隙并未完全打开,而是在费米面处形成了一个或多个能隙节点(node)。这一独特结构,催生了节点处狄拉克费米子,展示出类似二维半金属之类的特征。在输运行为上,这可能对应于反铁磁半金属特性。具备如此性质的一个体系,就是著名的 1111 铁基超导母体 LaFeAsO 之变体 CaFeAsF。

来自日本 NIMS 的 Taichi Terashima 博士,是日本在铁基超导和拓扑物理领域的一位活跃学者。他领导的团队一直致力于 CaFeAsF 的相关研究。他们前期揭示出 CaFeAsF 费米面独特的形貌特征,即在节点处存在一对有对称性保护的 α-狄拉克电子柱

(a pair of α-Dirac electron cylinders),在布里渊区中心处也存在一 β-薛定谔空穴柱(β-Schrödinger hole cylinder),如图 3 所示。这一高度各向异性的费米面形态,才使得体系载流子输运呈现类二维特征。

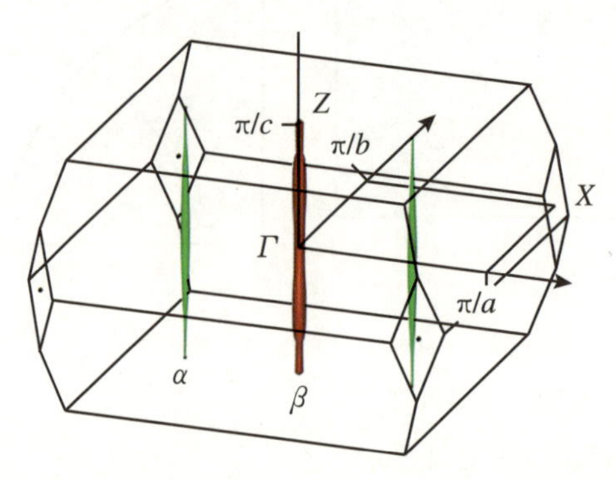

图 3　CaFeAsF 的布里渊区中费米面的形貌特征,展现了 α-狄拉克电子柱对和 β-薛定谔空穴柱
这一特征与图 1 中 $ZrTe_5$ 的能带(下部的柱体费米面示意图)有些相似性,但更丰富。

更多的联想,自然还是要基于实验观测:① 对 CaFeAsF,沿其 c 轴和 a、b 面测得的电阻率相差 200 倍以上,的确有很强的二维输运特征。这表明,外加磁场作用下出现 QHE 的必要条件已初步具备。② 测量得到的 CaFeAsF 载流子浓度,与典型的二维狄拉克半金属 $EuMnBi_2$ 和重掺杂拓扑绝缘体 Bi_2Se_3 等载流子浓度水平相当,而后两者都呈现出量子霍尔效应(QHE)。这意味着,CaFeAsF 出现 QHE 的另外一个条件也基本具备。就是说,在 1111 型铁基超导母体 CaFeAsF 中,很可能存在只有那些二维体系中才能经常看到的 QHE,虽然从晶体结构上看 CaFeAsF 的确是一个三维体系。

上面的这些肤浅、粗糙之评论,自然都是笔者在阅读一篇论文后的马后炮。这篇论文,乃出自 Terashima 博士与中国科学院上海微系统与信息技术研究所牟刚博士之手,刊登于《npj Quantum Materials》上(Terashima T, Hirose H T, Kikugawa N, et al. Anomalous high-field magnetotransport in CaFeAsF due to the quantum Hall effect [J]. npj Quantum Materials, 2022, 7: 62. https://www.nature.com/articles/s41535-022-00470-6)。论文作者包括来自佛罗里达州立大学强磁场实验室和京都大学的物理人。

在这篇文章中,他们通过系统实验和数据解构,特别是高磁场下的磁输运测量,包括纵向电阻和霍尔电阻同步测量,然后通过张量变换得到纵向电导和霍尔电导数据,如图 4 所示。实验结构展示出,CaFeAsF 在接近 40 T 强磁场、0.4 K 温度下,存在一个朗道能级填充因子 $\nu=0$ 的 QHE。更进一步,他们想表明,这个 $\nu=0$ 的 QHE,并非那种直接观测到的 QHE 量子化台阶,而是高磁场下电子填充 $\nu=2$ 之量子霍尔效应和空穴填充 $\nu=2$ 之量子霍尔效应的叠加组合,从而得到 $\nu=2$(电子) $-$ 2(空穴) $=0$ 这一复合效应,很是令人惊奇!

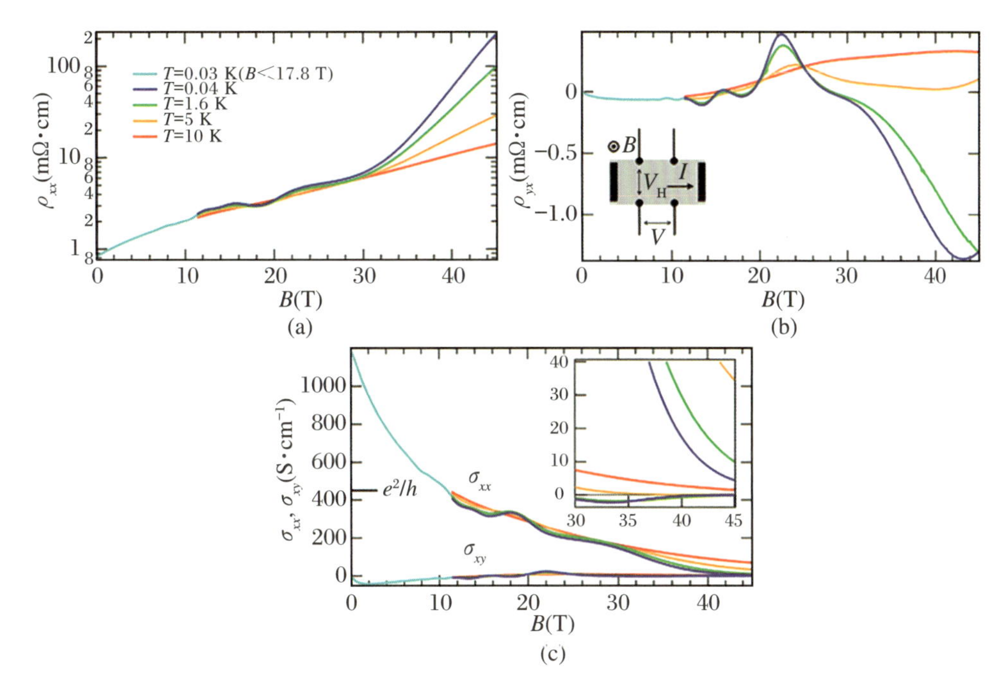

图 4　对 CaFeAsF 单晶测得的面内磁传输数据，磁场 B 沿 c 轴方向

总结学习体会，笔者以为这一工作的新颖之处无非是：三维铁基超导母体中存在 QHE 的一些特征，只是这一特征是布里渊区电子和空穴各自构成的费米面柱的组合表现，也就是 $\nu=0$ 的量子霍尔效应。这是第一次在铁基超导母体中呈现此类效应，从这个意义上看，此工作也算有一些不平常之处。谁知道呢？量子霍尔效应与超导电性“复合”，至少可以让我们梦想一下诸如拓扑超导、量子计算之类的前景。不过，三维块体倒是三维块体，这里目前还只能得到 $\nu=0$ 的量子霍尔效应，它是一个复合态吗？能不能进行直观区分、表征和各自调控？使得针对电子和空穴的纯净 QHE 能显现出来。这些都是较为重要的问题，富于挑战性。

磁控拓扑量子态之路

2022 年夏天的某个周末，与学生讨论问题时，听学生讲量子力学中的规范耦合(gauge coupling)。学生是囫囵吞枣，笔者也是外行听热闹。其间，笔者不耻上问：你说规范变换会产生一项“冗余”。这一“冗余”项乃矢量的梯度项，它是不是一种线性近似展开项？学生笑话我说：这是磁矢势，代表了量子中的 Berry 相位。因此，规范耦合本质上是电磁相互作用的表达。

当然，笔者并非昏了头，而是想表达磁性（或者电磁效应）在量子力学中的中心地位。反过来，量子材料的基本点虽然是库仑关联作用，但最终的物理效应及其应用，必然是磁性或自旋电子学占据重要地位。因此，量子凝聚态的发展与壮大，大概都很难逃脱磁性参与其中。笔者再武断一些，认为未来的量子科技应用，也可能很难逃脱自旋调控这一技术手段。这不是妄言，在量子凝聚态发展前沿的各个环节，此类证据比比皆是。

例如，拓扑量子材料诞生时，主体都是非磁性的。对拓扑绝缘体，可能是因为体态绝缘的要求，故而物理人都尽可能避免选择磁性体系。早期的拓扑绝缘体，基本都是非磁性的，很少包含过渡金属元素，以避开磁性对冲体带带隙的效应。后来出现的外尔半金属，体现的是体能带拓扑，反而要求带隙弥合、拒绝绝缘，因此有无磁性存在当属无妨。其实，当初万贤纲就是在 227 烧绿石磁性氧化物中预言外尔半金属态的。这一预言好几年都未得到实验证实，第一次观测到外尔半金属态的体系反而是非磁性的 TaAs。更有意思的是，2019 年建立的拓扑材料数据库，也都是针对非磁性无机化合物的。这些历程，似乎给人一个印象：拓扑量子材料都在有意无意地避开磁性！

事实上，正如孙悟空逃不出如来佛手掌一般，拓扑量子材料要避开磁性，似乎也是“万水千山总是难”。那些最激动人心和令人期待的进展，其实都有磁性的影子：① 反常量子霍尔效应的实验实现，乃出自磁性掺杂的拓扑绝缘体。② “真正的”磁性拓扑绝缘体化合物 $MnBi_2Te_4$，在量子材料人翘首以盼中诞生，引来基础研究和应用研发的物理人关注。③ 虽然外尔半金属的实验观测是在无磁性 TaAs 中首先完成，但引得众人“拾柴火焰高”的，同样包括后来发现的磁性外尔半金属化合物。图 1 引自北京大学王健老师课题组的一篇综述，展示的便是磁性拓扑量子材料的一些模样。

这些依然萦绕于耳的历史进程，也似乎在告诉我们：磁性乃一支“是非推手”，可以“成也萧何，败也萧何”。物理人追求科学发现时，一开始也许巴不得让磁性离得远远的，但待到基础发现“论功行赏，尘埃落定”后，又会百般曲意逢迎去拉磁性入伙。量子拓扑材料发展到今天，果然避不开这个铁律：磁性拓扑量子材料已登堂入室，正在摘取胜利的果实！个中纠葛，其实道理也简单：

(1) 依赖费米子电子的集体输运而付诸应用的那些愿望，如果舍弃那既好用、又便宜、还低廉的电子自旋属性，乃事倍功半的操作，划不来。

(2) 过去数千年，人类发展的各种磁性、自旋相关的应用，已经深入骨髓。若要替换之，不说是痴心妄想，亦是功成缥缈。这与半导体产业弃用硅材料的梦想有得一拼，乃不合潮流的理想之举。

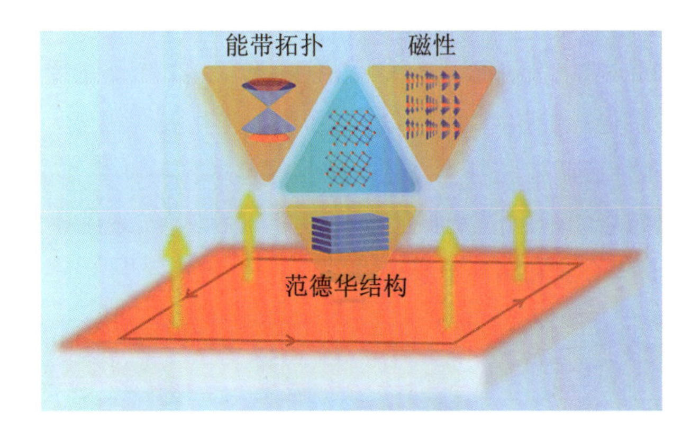

图 1　磁性拓扑绝缘体的物理示意，以层状结构为例

图片来源：引自王健教授发表于《The Innovation》上的论文(http://www.the-innovation.org/issue/20210528/S2666-6758(21)00023-0/)。

正因为如此，拓扑量子材料发展到今天，磁性调控已然成为主流任务和目标。也因为如此，磁性拓扑量子材料至少有如下几条难以规避的岔路：

(1) 众所周知，非磁性拓扑材料的能带结构，主要依赖于对称性和自旋-轨道耦合强弱。通过现有的物质科学手段去实时(in-situ)调控这些物理元素，不那么容易。例如，使用电、磁、光、热、力等手段，未必能那么容易改变晶格对称性。这一困难一定程度上削弱了应用的前景。与此不同，很多磁性拓扑材料，特别是那些交换能量尺度与拓扑态特征能量尺度相比拟的体系，其能带结构对磁性特别是磁构型的依赖关系却很显著。这给了当下众多调控磁性的技术手段以新的用武之地，可能获得对拓扑量子态的高效调控。现在有一个新名称"自旋织构(spin-texture)"，即关注此类问题，实现新材料研发。

(2) 过去几年，磁性与拓扑联合，已经演生出诸多新的量子态，如中心对称的外尔半金属(非中心对称的外尔半金属，如 TaAs，属于另一类)、磁性拓扑绝缘体、反常量子霍尔态、轴子绝缘体等。调控磁结构，去影响这些量子态，实现新的功能和应用，已经得到实践证实。

(3) 过去几十年，自旋电子学的发展历程催生了磁性调控的各种手段，如磁场、自旋电流、磁电耦合、自旋波等。可以预期，这每一种手段应用于磁性拓扑量子材料的物态调控，都可诞生出一个新的分支。这样的前景，值得量子材料人茶饭不思、昼夜无眠。

不过，磁性调控本身也是一门精深学问，充满各种诱惑与机会。磁性对能带拓扑的影响强弱，也充满各种诱惑与机会。引磁性入拓扑物理，姑且主要考虑核外有 4f 和 3d 电子的化合物。面向当下拓扑量子效应的现状，我们去审视已经发现的那些磁性材料，会看到包含 4f 电子的拓扑体系要比包含 3d 电子的体系多。这一现状可能存在有其内禀的物理根源：① 4f 电子交换作用能量尺度相对较弱，磁性居里温度较低，对其磁性进行外场调控相对容易（如磁场、电流、压力、电磁波、温度等）。② 当下主要的拓扑量子态特征能量尺度与 4f 磁性特征能量相当，而比 3d 电子交换作用要弱很多。也就是说，在 4f 电子体系中通过调控磁性而调控拓扑量子态，似乎看起来容易一些。这两点思考，完全是笔者自我瞎掰，未必符合物理。图 2 所示即一个经典的例子，表示不大的静压力即可驱动一正常绝缘体走向半金属和拓扑绝缘体态。

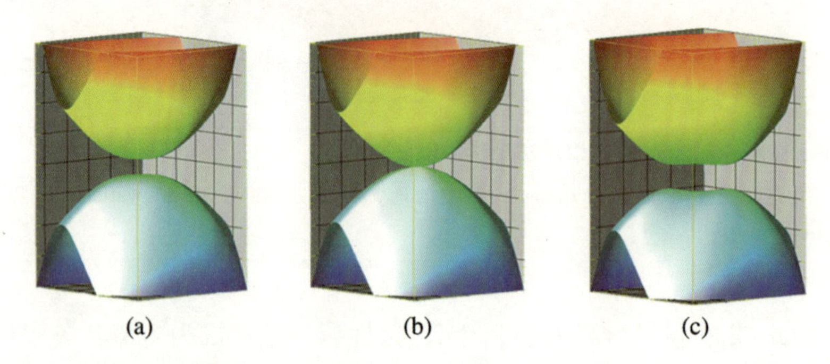

图 2　静压下拓扑绝缘体的能带演化：从绝缘体到半金属再到拓扑绝缘体

拓扑绝缘体的一般能量带图，显示了随着压力的增加，从绝缘体(a)到半金属(b)到拓扑绝缘体(c)的变化。

图片来源：2013 年美国物理学会，https://phys.org/news/2013-05-phase-quantum-materials-theoretical-aid.html。

来自浙江大学物理学院的量子材料知名学者袁辉球教授团队，包括宋宇博士、重费米子物理名家 Frank Steglich 教授等，联合杭州电子科技大学、中国科学院物理所石友国老师团队等，曾经在《npj Quantum Materials》上刊发一篇文章（Du F，Yang L Nie Z，et al. Consecutive topological phase transitions and colossal magnetoresistance in a magnetic topological semimetal[J]. npj Quantum Materials，2022，7：65. https://www.nature.com/articles/s41535-022-00468-0）。文章重点关注于 4f 磁性拓扑量子化合物 $EuCd_2As_2$ 的外场调控（图 3），取得很好效果。笔者并未与袁辉球老师交流过他们撰写这篇文章的动机，但无论如何，他们的工作至少让我有了上述心得体会。为此，笔者要表达对袁辉球老师和宋宇博士的敬意。他们对 $EuCd_2As_2$ 单晶施加压力，并系统表征了该化合物的磁输运行为对压力的依赖关系，配合第一性原理计算对拓扑态演化的预测，完成本工作。

实话说，在袁辉球老师他们的良好平台中完成这一实验，也许并非很大挑战。第一性原理计算，对他们而言也驾轻就熟。文章的新意，主要体现在那些丰富的物理效应上。他们得到的主要结果如下：

(1) 在很低压力下，体系即彰显丰富的量子态转变。压力低于 p_1（约为 1.0 GPa）时，体系处于 A-AFM 的磁性拓扑绝缘体态（magnetic topological insulator，MTI）。在 p_1 处发生拓扑绝缘体 MTI 到拓扑平庸绝缘体（trivial insulator，TrI）转变。而压力越过 p_2（约为 2.0 GPa），体系转变为外尔半金属态（Weyl semi-metal，WSM），对应于 AFM 向铁磁态（FM）的转变。特别注意，这个压力很低，意味着调控量子态不难！

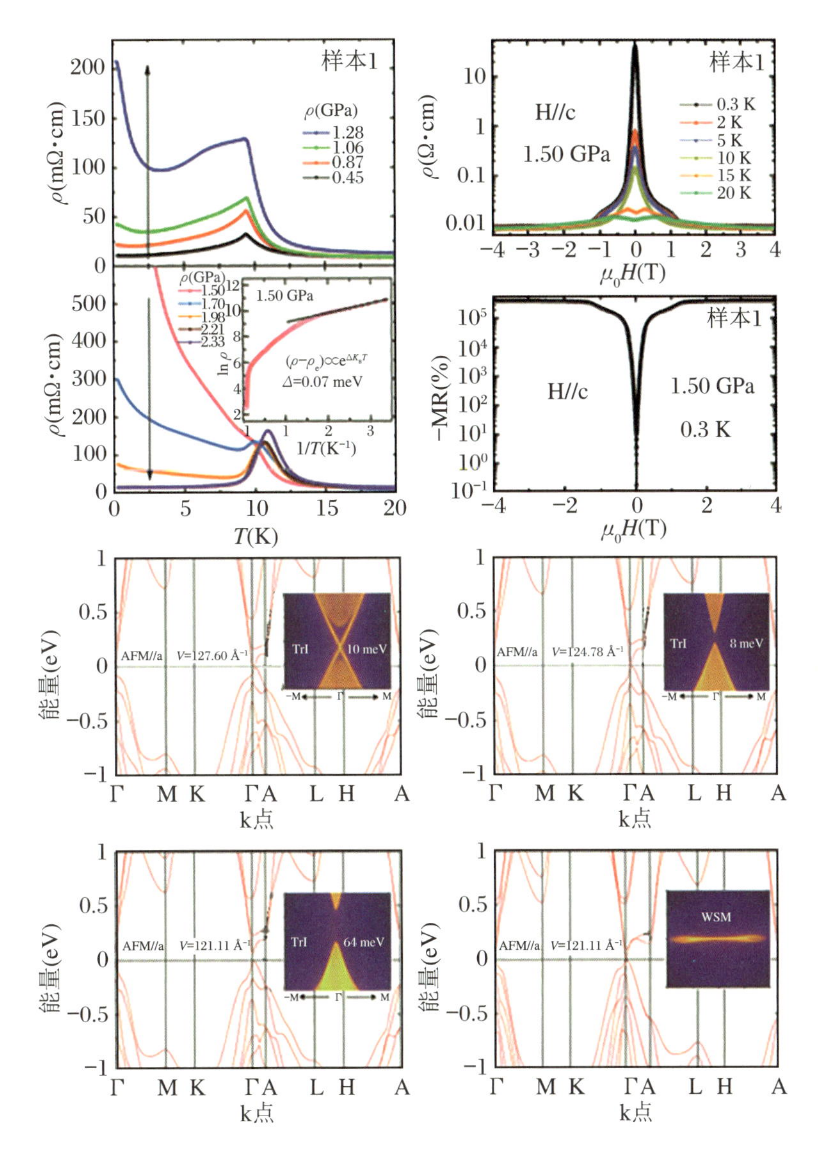

图 3　袁辉球、宋宇等关于 $EuCd_2As_2$ 单晶压力下磁输运的测量与能带计算结果

电子态输运（左上）、磁电阻（右上）、不同晶胞体积下（压力下）的能带结构。

（2）在 p_1 和 p_2 之间，出现了一个罕见的绝缘体穹顶（insulating dome）。这就像那高温超导相图中的 SC 穹顶一般，有些让人着迷。

(3) 在 p_2 处的 AFM-FM 转变,可以伴随磁矩织构的再取向,类似于我们通常说的 spin-flop。这一转变也可以借助外磁场触发,实现巨大的负磁电阻效应。特别注意,驱动磁场 0.2 T 就足够了,磁电阻 MR 可达 10^5%。这个磁场很小,而磁电阻不菲,意味着磁性调控拓扑量子态的难度不大!

如上三项实验观测结果,配合第一性计算对拓扑态鉴定的加持,赋予了这一工作一些新意和价值。具体的数据描述和物理讨论,读者可参阅文章详细内容(https://www.nature.com/articles/s41535-022-00468-0),笔者不再赘述。

不过,当笔者在这里勉力渲染磁性拓扑量子材料的各种机会时,别忘了所有的故事都是在很低温区中宣讲的:① 这些拓扑量子态都是能量尺度较小的物态。在温度高、接近室温时,这些物态就难免花容失色。② 这些 4f 磁性,也是低温下才能看得过去的角色。从这个意义上,发展室温或高温磁性拓扑量子材料及其应用,依然任重道远。我们不可太乐观,也无法太乐观。这里的物理,就像一个万花筒:好看,但目前还不能完全打开。要开启而平铺使用,还需要量子材料人继续努力。

追踪狄拉克磁振子

波在固体(晶体)周期势中传播,可能算得上是固体物理最天才的图像之一。特别是,量子力学如"神祇"一般,说世间的一切都是波的天下,然后周期势结构中物质波的传播规律就构成了对固体物理理解的核心。电子在周期晶格中传播而形成能带,就是这般体现的最深刻内涵。如果一能带穿越费米面,则费米面处这一能带上的电子传播速度与此处的色散密切相关。如果是线性色散关系,意味着此处的电子变得"没有"有效质量。而我们知道,轻于鸿毛的东西跑起来就像风儿一般飞舞、快不可言。当然,世间绝大多数晶体的能带色散都是非线性的,如图 1 所示。所谓风儿飞舞和快不可言,大多是梦中之事。一般固体教科书,也没有告诉我们什么样的物理能够导致线性色散而快不可言。

经典教科书,之所以没有告知如何能得到线性色散的固体,也还是有些道理的。抛开传统金属,就半导体和绝缘体而言,费米面处于能隙之中,附近的能带要形成连续谱,自然不可能是线性色散关系,如图 1(a)所示。一般金属中,费米面处充满载流子,难以顾及那神奇的线性色散。也正如此,线性色散关系只有在那些奇特的能带中才有可能实现。

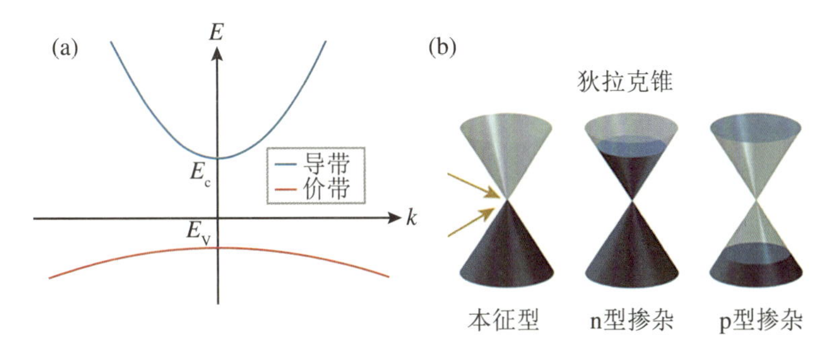

图 1 (a) 经典教科书中展示的半导体费米面附近能带结构(非线性色散、有限迁移率和有效质量);(b) 狄拉克半金属(如石墨烯)色散关系(线性色散、载流子无限大迁移率、有效质量为零)

图片来源:(a) https://solidstate.quantumtinkerer.tudelft.nl/13_semiconductors/;(b) https://www.nature.com/articles/srep18258。

好吧,这种奇特,虽然时有涨落与零星涌现,但大规模认知则直到狄拉克半金属物理之时才出现,如图 1(b)所示。现在,有几类耳熟能详的固体,的确充满了这种神奇:① 石墨烯;② 拓扑绝缘体表面态;③ 外尔半金属体态;④ 由此而演生出的各种节点、节线、甚至节面半金属体态。其中的物理核心是拓扑非平庸的物态,都是当下的前沿和热点,相关科普文章遍地都是,轮不到笔者在此班门弄斧。

这种线性色散行为,当然有很多优异的物理性质。仅仅就电输运而言,这意味着费米面附近的载流子具有极高的迁移率,意味着这是一个无能隙的半金属态。这两重性质,使得下一代半导体微电子学对此特别倚重。毕竟,这样的传输效率特高、无损耗、可控性好。现在已经有一些办法去调控基态下的无能隙态,以打开一点点能隙,从而实现诸多新的半导体器件和应用。

不过,走向量子材料研究的前沿,物理人的关注点早就超越了这些具体应用,而是登高望远,看看有什么更远的前景。其中一种登高望远的习惯,就是超越费米子电子的狄拉克半金属态,看看另外一大类粒子或者准粒子,即所谓玻色子,有没有这样的无能隙狄拉克态。量子材料人甚至给这种新视野一个新名称"Bosonic Dirac materials(玻色狄拉克材料)"。图 2 所示为一个示意性例子,显示出这样的追求当然还是很高大上的。

这种超越,在过去很多年屡战屡胜,取得了很多进展。例如,在拓扑量子的概念和物理提出后不久,光学和声学人就针对波动方程的相似性提出了光子晶体和声子晶体中类拓扑态的构想,当然也包括光学和声学的狄拉克半金属态。因此,从费米子物理中拓展出玻色子的相关物理,已是凝聚态物理的标准思路和方案。

然而,凝聚态物理讨论费米子和玻色子,一个显著不同在于费米子主要就是电子,很少涉及其他费米子家族成员。而玻色子家族就很不同,它包含的成员众多,并且还在不断增加,如光子、声子、库珀对等。特别是,电子体系的各个自由度可以形成各种有序量子态,如磁序、电荷序、轨道序、铁电序等,还包括一些新的介观手性序。这些有序态作为基态,在外场激发的情况下会形成一些新的准粒子态。有趣的是,大部分激发态准粒子都是玻色子。例如,自旋波形成的磁振子(magnon),就是所谓的玻色准粒子。

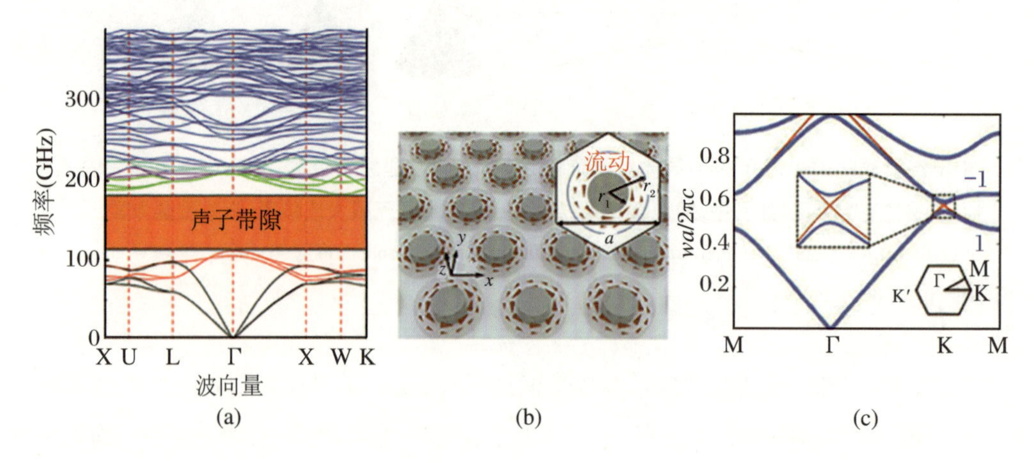

图 2 (a) 声子晶体的典型非线性色散关系,展示出声子带隙;(b)、(c) 具有狄拉克线性色散关系的声子晶体及其能带结构

图片来源:(a) https://pubs.rsc.org/en/content/articlehtml/2016/ra/c6ra03876j;(b)、(c) https://journals.aps.org/prl/abstract/10.1103/PhysRevLett.114.114301。

行文至此,读者可能就已经猜测到,针对所有这些玻色子准粒子,都可能参照光子和声子的类似进展,探索其中是否存在拓扑非平庸的"新物性",至少来个无能隙狄拉克态,应该不是大问题。与费米子类似,这些玻色家族的成员所展示的每一种新物性,都可能有一些潜在应用,因此引得量子材料人乐此不疲!

这里,笔者作为外行胡乱猜测:针对费米子电子讨论狄拉克半金属态,是在讨论基态下的基本性质。而这些准粒子,它们已经是低能激发态的模样,再讨论其中的狄拉克色散,应该就属于高一阶的物理。因此,实验发现和探测它们的难度与挑战可想而知。这方面的任何进展,哪怕是沧海一粟,依然是值得称道和赞美的。

果然,来自美国弗吉尼亚大学的 Despina Louca 教授课题组,与美国橡树岭国家实验室中子散射装置和国家标准局中子研究中心的研究小组合作,在具有二维层状蜂窝结构的 $CrCl_3$ 中探测到并解谱出无能隙狄拉克磁振子态(gapless Dirac magnons),并将相关成果发表于《npj Quantum Materials》(Schneeloch J, Tao Y, Cheng Y Q, et al. Gapless Dirac magnons in $CrCl_3$[J]. npj Quantum Materials, 2022, 7:66. https://www.nature.com/articles/s41535-022-00473-3)上。这一工作基于早先的理论预言,即在自旋波的声

学和光学模式交叉处可能存在狄拉克磁振子。这一预言的物理图像直接清楚，对材料晶体结构的选择也有明确倾向，如图 3 所示。实验实现的困难，在于效应弱；并且这些效应还与其他物理效应混杂在一起，解谱难度颇高。

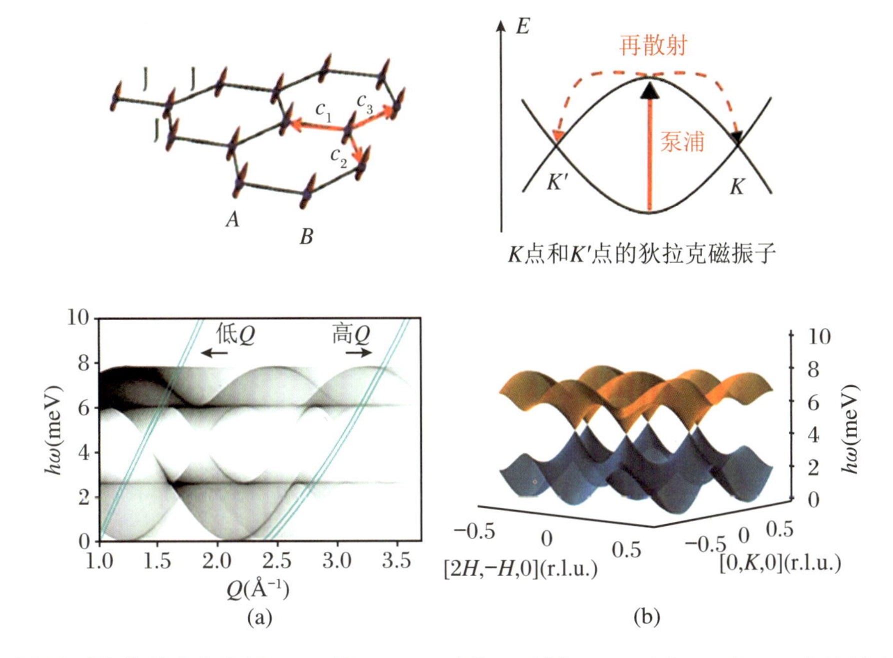

图 3　上部为玻色狄拉克物态（Bosonic Dirac matter）（http://diracmaterials.org/research-highlights/）；下部为本文的结果：$CrCl_3$ 中的狄拉克磁振子态

到目前为止，拓扑非平庸或狄拉克能带结构最常出现的体系，是层状和面内呈现六角对称性的化合物。限于篇幅，个中物理缘由在此不再啰嗦。很显然，Louca 教授他们针对的正是六角蜂窝结构的准二维 $CrCl_3$ 体系，主要依赖非弹性中子散射（inelastic neutron scattering）技术，揭示了磁振子-磁振子相互作用细节，并考虑自旋-声子耦合及铁弹效应，解出在 5 K 温度下 $CrCl_3$ 体系的确出现了无能隙狄拉克磁振子。其中实验分析和解谱之艰辛，读者可从文章中读出：艰辛明月，收获明霞！

Zintl 化合物会有什么拓扑能带

《npj Quantum Materials》刚开始创刊时，笔者在好友中寻求支持。承蒙朋友们厚爱，成效不那么差，得到好几份影响不错的稿件，从而为期刊“而今迈步从头越”打下了基础。这个过程中，有几位热电和热物理领域的好友给予了大力支持，包括任志锋、林元华、朱铁军、赵立东、朱嘉、裴艳中等。热电材料同行，大多不认为热电能够跟“量子材料”主题挂上钩。随后的若干年，《npj Quantum Materials》刊发的热电论文并不多。除了刊物的物理属性导致其影响因子不吸引人外，热电材料与量子材料的关系也的确不那么明朗。笔者为此很是纠结过一段时间。

不过，物理人很快就发现问题并非如此：热电材料与量子材料主题其实非常切合，这在刚刚列举的几位热电达人之大作中就能看到。在接下来的描述和实例中，我们同样可以感受到这一点。因此，刊物之所以依然不那么受热电人青睐，首先应该还是刊物的影响因子不高，对热电材料人缺乏足够的吸引力。其次，刊物审稿人过于严谨和刨根问底儿，也导致很多材料人不耐烦和不屑。看起来，笔者需要思考这些“缺点”，看看如何能够避免之。

事实上，2010 年之前，拓扑绝缘体在凝聚态物理中风生水起之时，我们都很好奇：为什么那么些热门的拓扑绝缘体，都是早就被热电材料人翻来覆去折腾得体无完肤的“老”材料？当然，物理人基于场论和凝聚态理论，自有更高端的物理语言去描绘其中本质的元素。笔者作为外行，凭自己的粗浅朴素感受，讨论如下：

(1) 热电体不能是好的金属，绝大多数是小带隙的半导体。这一要求与拓扑绝缘体相符。事实上，若干热电“坏”金属材料也是不错的节线或节点半金属体系。很显然，指望体带隙巨大的绝缘体表面有能带交叉反转，那不现实。

(2) 热电高性能要求体系既要是半导体，又要有好的电导。粗暴地说，这怎么能做到？也就是说在载流子浓度有限的前提下，实现高电导的唯一选择是高迁移率，即费米面附近具有陡峭的线性色散：高迁移速率。这正是狄拉克半金属的架势，无论是拓扑绝缘体，还是外尔半金属，还是那些个 nodal 半金属体系，都是如此！

(3) 热电高性能要求大的塞贝克(Seebeck)效应。这是对载流子有效质量的无上追求。有效质量大，对应于能带平缓、Seebeck 系数高，对吧？而有效质量与迁移率又是对头，那就加持线性色散。因此，靠近费米面的、平缓的、线性色散的能带，必然是性能好的热电材料。

事实上，这不过是笔者自己在放马后炮。早在 2013 年，几位凝聚态研究的名家就撰写过类似的主题综述文章，如 L. Müchler 等人的“Topological insulators and thermoelectric materials”(《PSS-RRL》2013 年第 7 卷第 91 篇，https://onlinelibrary.wiley.com/doi/full/10.1002/pssr.201206411)，其中物理如图 1 所示。

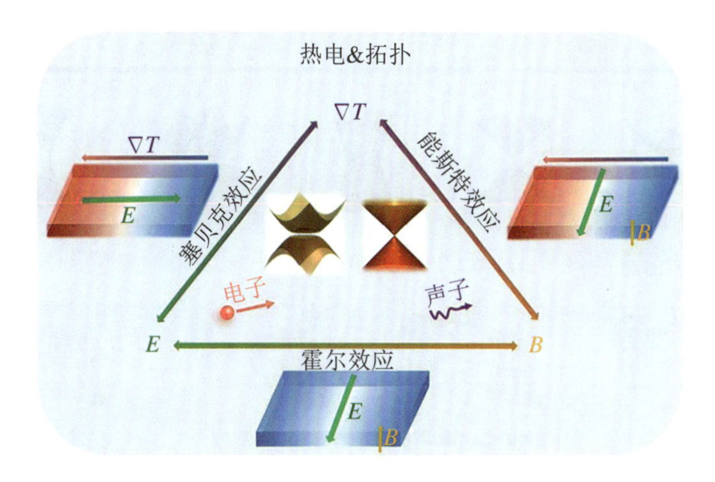

图 1　热电材料与拓扑量子材料

图片来源：https://www.cpfs.mpg.de/Thermoelectrics_Topology。

好吧，然后热电人可能会质疑这些量子材料人了：热电可不是电导和塞贝克就完事了，热导率低也是王道！话虽如此，但那些经典的也被拓扑量子材料人看中的材料，并不是热导率很低的材料。追求热电的低热导是最近若干年热电材料界提出的新举措，旨在提高热电转换效率，但会牺牲一部分转换功率。这部分努力与拓扑量子材料的追求渐行渐远，这里不再讨论。

既然热电材料与拓扑材料惺惺相惜，反过来，一方面将这两类材料联姻或统合起来；另一方面则关注它们各自的交叉融合，以实现各自良性发展。这一思路最近几年的确有新的生长点和苗头：

(1) 磁性热电材料。赵文俞老师等前几年反其道而行之，揭示出合适的磁性掺杂或引入磁矩对提升热电性能有利：局域磁矩所施加的等效磁场提供洛伦兹力（横向力），会增加散射和降低迁移率，对电导不利。但如此，却也能增大载流子有效质量，有利于塞贝克效应提升。为了消除磁性对迁移率不利的缺点，磁性掺杂最好能贡献载流子，使得载流子浓度升高一些来抵消迁移率下降。如此，电导基本不变而塞贝克效应增强，对热电依然是有利的。

(2) 拓扑量子材料。拓扑量子材料已走出最初的拓扑绝缘体很远了，诞生了很多高迁移率、巨线性磁电阻、反常霍尔效应、高性能表面态和巨大热功率因子的拓扑新材料，且对若干扰动、涨落和缺陷有超级稳定性（拓扑不变性所致）。这些性能无一不是热电材料所追求的。浙江大学付晨光等 2020 年也有一篇相关主题的综述文章，如图 2 所示（C. Fu 等人的“Topological thermoelectrics”（《APL Materials》2020 年第 8 卷））。

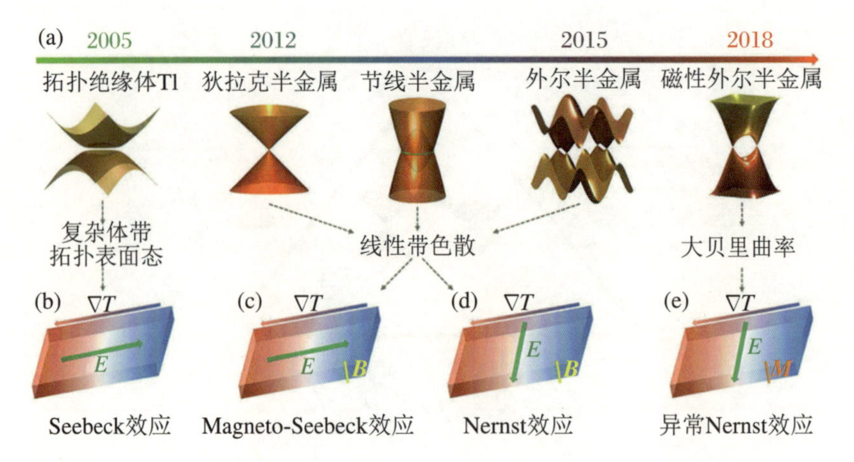

图2　拓扑量子材料与热电材料的对应性

图片来源：https://aip.scitation.org/doi/full/10.1063/5.0005481。

(3) 热电精致材料。拓扑量子材料对发展精致的热电材料也许有一些参考价值，即将热电材料从当前的多晶态推向可控单晶和人工有序结构，以获得性能更高的热电器件。这方面，热电材料向拓扑量子材料学习一二，也许不是疯活。

正因为如此，热电人和拓扑量子人就开始串联起来，慢慢就变成了一拨人。例如，热电材料有一类很有名的体系——Zintl 化合物，以纪念无机化学家 Eduard Zintl，特指一类金属间化合物。这类化合物虽然容许各种化学键存在，但主要的是金属离子之间以共价键方式构成的化合物，其中阴阳离子属性不那么清晰，共价键杂化很强，诸如 $EuIn_2As_2$、$EuSn_2As_2$、$CaAl_2Si_2$、$CaMg_2Bi_2$、$YbMg_2Bi_2$ 等。因此，一般情况下，该类化合物结构较为复杂、能带结构特别、物理性能丰富，也因此，热电性能也高，拓扑非平庸量子态也多。更因为如此，量子材料人开始介入这个“三不管”的交叉地带。他们用先进的能带表征技术，细致地勾画诸多化合物的能带拓扑特征及其与热电性能和磁电输运性能的内在联系。

来自美国布鲁克海文实验室的 Tonica Valla 博士团队（主力成员 Asish K. Kundu），联合日本东北大学、美国 Ames 实验室、爱荷华州立大学和哥伦比亚大学物理系的合作者，包括 Abhay N. Pasupathy 教授和 D. C. Johnston 教授等凝聚态物理名家，运用先进的角分辨光电子能谱 ARPES，针对典型的热电 Zintl 化合物 $YbMg_2Bi_2$（含 4f 电子）和 $CaMg_2Bi_2$（无 4f 电子）的电子结构，特别是其中的拓扑非平庸能带结构，进行了细致的表征分析，重点在 4f 电子对拓扑量子效应的影响，如图 3 所示。

很有意思的是，这一合作团队，费尽心机，做了大量漂亮的 ARPES 表征（无论如何，ARPES 都是大杀器），揭示出 $YbMg_2Bi_2$（含 4f 电子）和 $CaMg_2Bi_2$ 这两个姊妹 Zintl 化合物中 4f 电子对拓扑量子态影响不大，而且对其中受拓扑保护和不受拓扑保护的输运性能也影响不大。这一结论，很显然不是那些喜欢结果都是正面的人们所乐意看到的。这也提示我们，要对 Zintl 热电化合物中 4f 电子实施调控，利用其拓扑非平庸性质，并不那么容易。因此，需要发展更多更好的新举措！

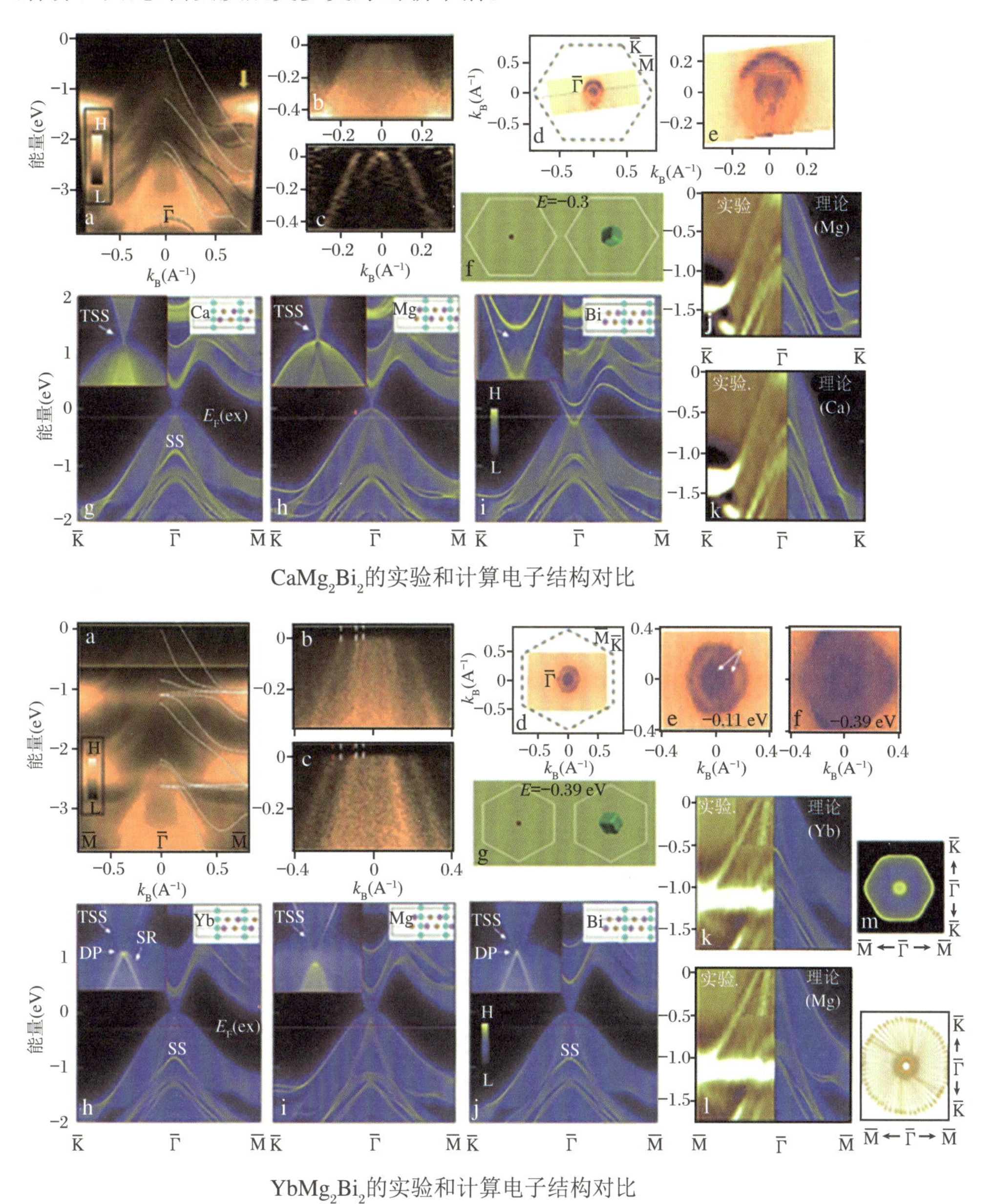

图 3　Asish K. Kundu 等揭示出的 $CaMg_2Bi_2$ 和 $YbMg_2Bi_2$ 能带结构

图片来源：Kundu A K，et al. Topological electronic structure of $YbMg_2Bi_2$ and $CaMg_2Bi_2$[J]. npj Quantum Materials，2022，7:67. https://www.nature.com/articles/s41535-022-00474-2。

当拓扑已成家常

拓扑作为一个空间几何概念，在我们脑海中不过是一个若隐若现的名词，与我们的日常生活并无多少交集。数学中，拓扑表示了实空间几何体的一种分类方法。当我们对千千万万不同几何构型的描述缺乏耐心和简明扼要的语言时，就用一种数学上虽然很严谨很高大但在日常生活中很虚无缥缈的表示来描述，如图 1 所示。这大概就是科学有时候因为力不从心而不得不让自己“阳春白雪”的原因，其实是自己遇到了窘境而无可奈何。如笔者等所谓受过长期物理熏陶的大多数人，对“拓扑”总是倍觉眩晕，这也使得拓扑学的研究只是小众，很抱歉！拓扑一个“数”，无影亦无规。千万几何体，混混一统随。均属概莫能外。

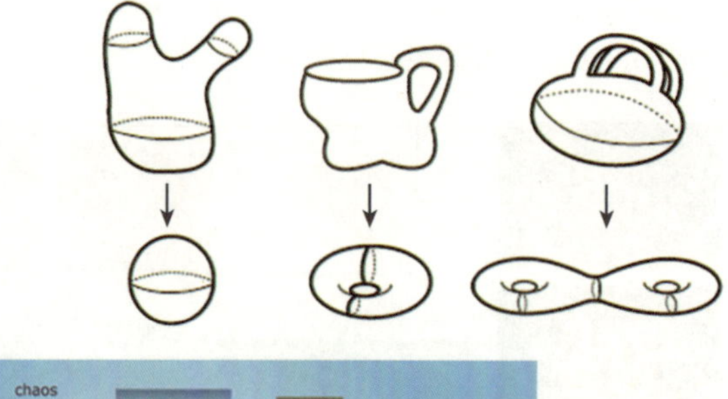

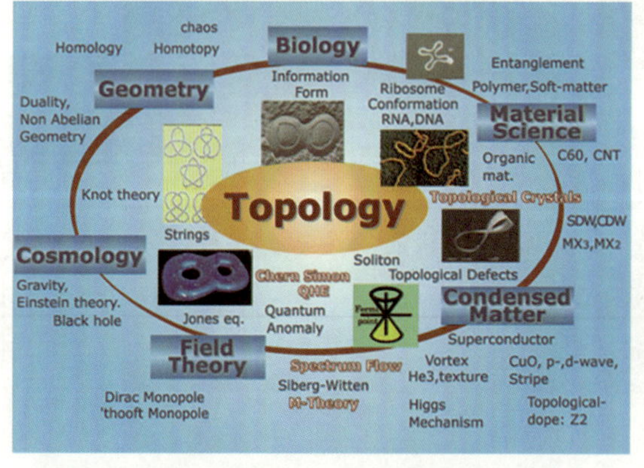

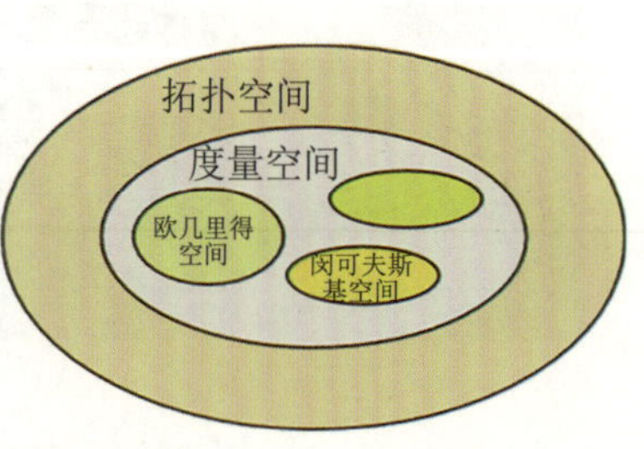

图 1　上图：具有同样拓扑性质的三类几何体（https://www.learner.org/courses/）；左下图：拓扑物理的一些分支（http://www.topo.hokudai.ac.jp/en/leader）；右下图：数学上拓扑的范畴（https://math.uc.edu/～herron/topology/）

我们熟知的欧几里得空间和闵可夫斯基空间与拓扑空间的关系一目了然。

时光荏苒，在物理学特别是凝聚态物理学中，拓扑物理的研究不过是沧海一粟，星星点点、从未燎原，一直到拓扑绝缘体物理的孕育和兴起。拓扑绝缘体等效应，终于为量子霍尔效应找到一个鲜亮的出口，使得拓扑从贵族走向大众。这无疑给“旧时王谢堂前燕，飞入寻常百姓家”做了一番与文学家截然不同的新注解，同时也催生了诺贝尔奖“花落拓扑”的步伐。2016 年的诺贝尔物理学奖审时度势，“不得不”授予了拓扑物理。对这一重大事件与拓扑物理的内在联系，一众名家从不同角度纷纷解读，真知灼见、娓娓道来，给学术百姓以精神食粮，给学术精英以咖啡茗茶。中文解读如文小刚、胡江平、施郁、戴希等学者，都有精彩文章和科普佳作，轮不到笔者说三道四。这里，笔者说一点点简单的、不是那么“拓扑”的物理，以呈现下里巴人的解读层次。

凝聚态中的拓扑物理研究，最开始是从实空间的某些拓扑结构开始的，如 TK 研究 XY 模型中的 vortex-antivortex 态及其相变。由于这类结构的局域性，相关研究成果一直未能与某种具有实用价值的物理性质联系起来。这应该是拓扑物理在凝聚态中一直寡言少语、郁郁寡欢的原因。与此不同，量子霍尔效应及其对应的拓扑量子态在动量空间中展示拓扑结构，是电子波函数形貌的拓扑结构特征，与凝聚态的光电磁等物理行为密切关联；其潜在应用价值理所当然使得动量空间中的拓扑成为明星。尽管如此，实空间的拓扑结构更加直观和容易理解，更容易“飞入寻常百姓家”。图 2 所示就是典型的二维 XY 模型中 vortex-antivortex 缺陷对和现在正备受宠爱的 skyrmion 拓扑准粒子图像。这两种结构都可以用某种拓扑示类来表达。

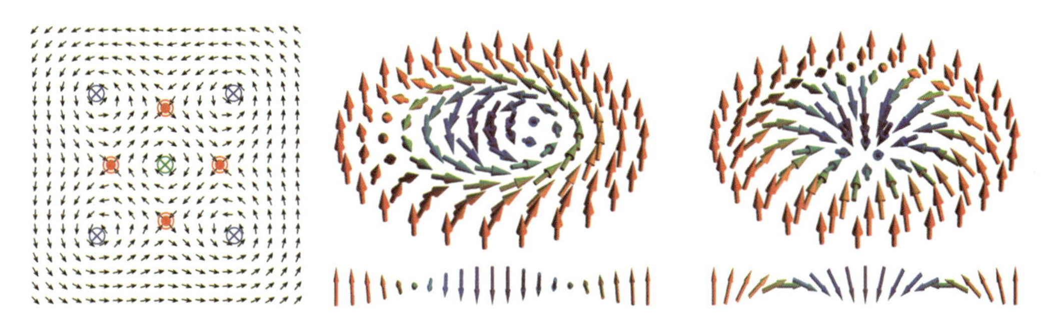

图 2　左图：vortex-antivortex 拓扑缺陷对，蓝色标记 vortex，红色心标记 antivortex；右图：实空间拓扑结构的另一个实例——skyrmion

坦率地说，凝聚态中的实空间拓扑结构，因为对应着某种形态上的对称性和美丽面貌，使得人性中那丝丝感性的欲望与理性的思维结合起来，一定程度上促进了拓扑物理的发展步履。这是一种人性中无形的视觉刺激，不妨称之为“拓扑美景”，令人欲罢不能。除了图 2 所示范例，还有一类正逐渐获得青睐并在拓扑诺贝尔奖大旗下开始“飞扬跋扈”的新拓扑结构——铁性畴结构的拓扑表象。图 3 所示是几个最近观测到的实例。毫无疑问，这些结构展示出无形魅力，使得那些于对称性与“拓扑美景”情有独钟的学者爱不释手，诠释了“衣带渐宽终不悔，为伊消得人憔悴”的精神。

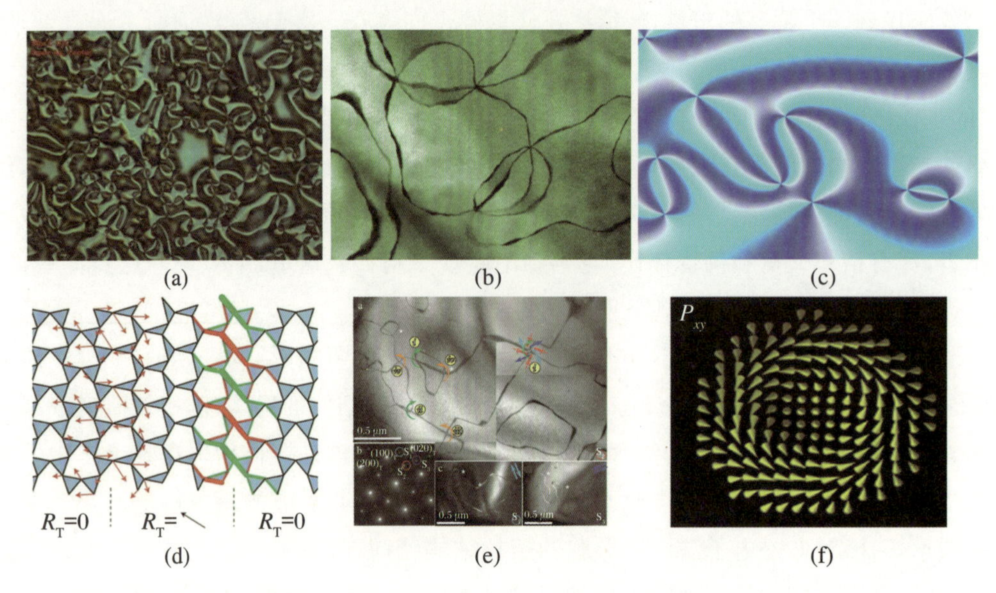

图 3　几种实空间中的拓扑美景

(a) Hexagonal $RMnO_3$ 中的铁电畴；(b) $Fe_{1/3}TaS_2$ 中的结构畴；(c) 超流中的扭结(http://physics.gmu.edu/～pnikolic/)；(d) Isostatic lattice 中的畴界拓扑模(《Nature Physics》2014 年第 10 卷第 39 页)；(e) $Ca_{3-x}Sr_xTi_2O_7$ 中的 vortex-antivortex 拓扑缺陷对(《npj Quantum Materials》)；(f) 铁电环形纳米点中的面内极化 vortex 结构(《Journal of Physics-Condenset Matter》2018 年第 20 卷第 342201 篇)。

这里，我们不妨从铁电体物理角度对铁电畴拓扑结构的图像做一点粉饰说明。这一问题最为著名的实例就是 Sang-Wook Cheong 在六角晶格锰氧化物中发现的 Z_6 拓扑缺陷态。以 $YMnO_3$ 为例，其在铁电态区间存在一种称为 *ab* 面内 trimerization(三聚化)的结构畸变，如图 4A 中的(b)所示，导致所谓的 Z_3 对称性，也就是 MnO 面内形成相互 120° 夹角的三聚体，对称排列。与此同时，这一体系的铁电极化来源于 Y 离子沿 *c* 轴方向的位移，也有 ± *c* 两个简并方向，也就是所谓的 Z_2 对称性。面内和 *c* 轴的 Z_3 与 Z_2 结合起来，构成了 $Z_3 \times Z_2$ 的六重拓扑畴形态，如图 4 所示。在三维空间，这种六重对称必然形成 vortex-antivortex 的拓扑缺陷对，也就是图中所示的六重对称畴结构，令人既击掌称赞又心存恐惧。六角结构锰氧化物中这种奇特的拓扑形貌最近几年引起了很多人关注，包括中国科学院物理研究所的李建奇和清华大学的朱静课题组。Cheong 竟然还将其牵扯到宇宙学，足见其研究院阶段的宇宙学学习没有白费。不过，让人疑惑的是，这种拓扑缺陷对的稳定性和拓展性。比如，最近朱静老师就用一对部分位错将拓扑畴钉扎住，很容易就实现了“$Z_4 \times Z_2$”对称畴结构，其中的拓扑保护性问题值得咀嚼。

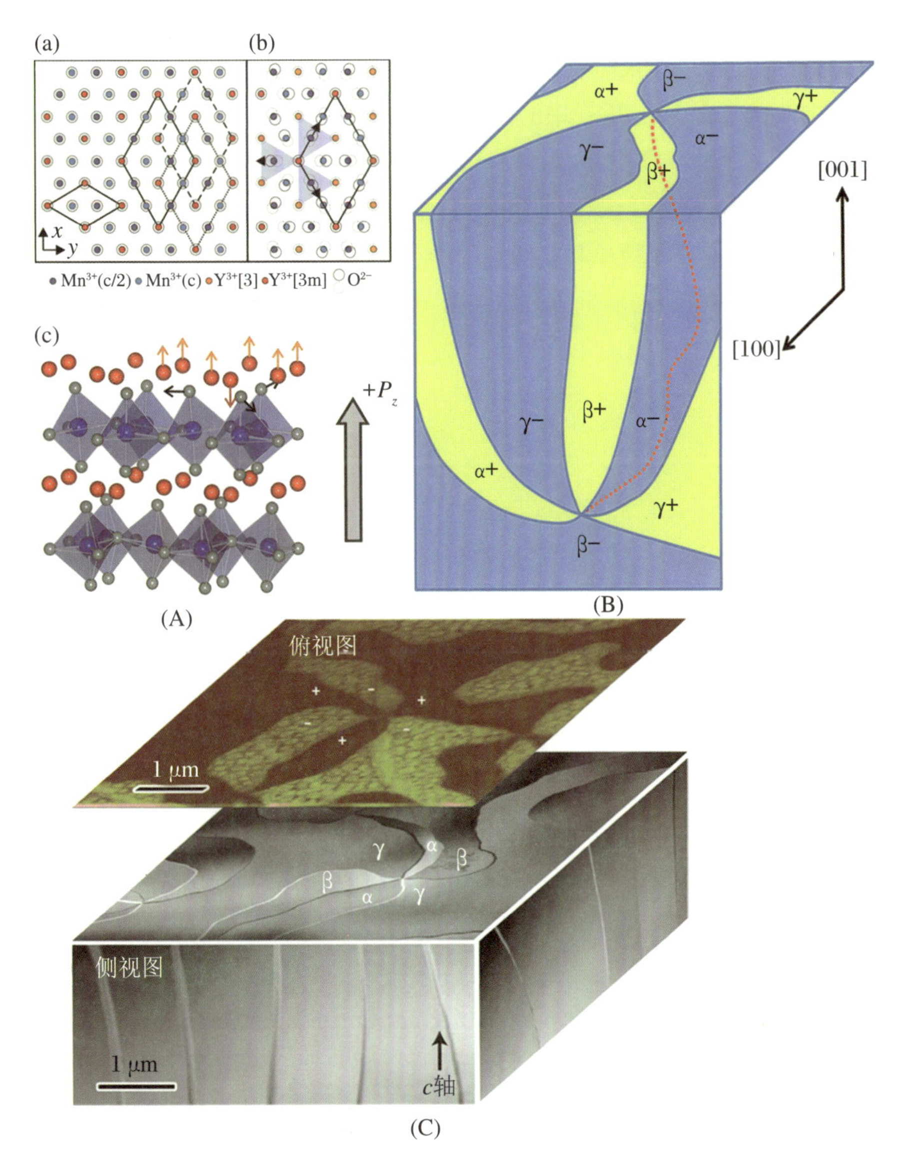

图4　六角 $YMnO_3$ 中的 $Z_3 \times Z_2$ 六重对称拓扑畴结构

图(A)：(a)是高温高对称结构，六角对称性；(b)是低温铁电晶格结构，因为结构的三聚化，形成三重对称的结构畴，即所谓的 Z_3：(α、β、γ)；(c)显示了沿 c 轴方向的 Y 离子位移，形成简并的极化方向 $\pm P_z$，即所谓的 Z_2 两重对称性。Z_3 与 Z_2 结合起来，就是 $Z_3 \times Z_2$ 六重对称拓扑畴结构，如图(B)所示。在三维空间，这样的拓扑结构必然形成 vortex-antivortex 拓扑缺陷对，如图(C)所示。

图片来源：A. https://www.researchgate.net/profile/Manfred_Fiebig/publication/234913415/；B. http://www.nature.com/article-assets/npg/srep/2013/130924/srep02741/；C. http://www.nature.com/nmat/journal/v9/n3/images_article/nmat2700-f1.jpg。

当然，像 Sang-Wook Cheong 这种擅长标新立异之家，走出了第一步并尝到了甜头，他是不会善罢甘休的。最近，他又陆陆续续在一些其他对称性的晶体中看到一系列不同 $Z_m \times Z_n$ 对称性的畴结构，如 $Fe_{1/3}TaS_2$ 中的拓扑畴（图 4B）。不久前，他又针对 $Ca_{3-x}Sr_xTi_2O_7$ 中丰富的畴结构对称性，推出了他们的观测结果“Topological defects at octahedral tilting plethora in bi-layered perovskites”，其中文笔更是令人眼花缭乱、目不暇接，也充分体现出物理学研究擅长在简单和复杂之间游移和狩猎的特性（Huang F T，Gao B，Kim J W，et al. Topological defects at octahedral tilting plethora in bi-layered perovskites [J]. npj Quantum Materials，2016，1：16017. https：//www. nature. com/articles/npjquantmats201617）。

何处不关联

1. 引子

自从王恩哥老师 1996 年首次提出“量子材料”这一名词之后，如笔者这样的行将退隐之辈都知晓，这一名词的意义早期一直处于形核前的孕育状态，直到 2010 年前后才稳定成核生长。现在看，凝聚态物理学似乎正在张开双臂欢迎“量子材料”这一新的领域，诸多新的学科拓展与深化都与这一新的领域有关联。也因为如此，笔者有幸谋得一兼职，出任国际上第一本冠名《量子材料》（《npj Quantum Materials》）期刊的编辑，或者说得好听一点是“老骥伏枥，志在这里”。

其实，正如物理人熟知，“量子材料”最原始的含义就是“电子强关联材料”，或者称为“Mott 物理”“Mott 材料”。为求甚解，笔者曾经用笔到处“走亲访友”，遇到陌生高人，总是趋前仰望、请益求教。对什么是电子关联或什么是量子材料，笔者曾经写过不严谨的科普文字，如《量子材料遍地生》。

如果读者没兴趣或没时间去阅读这种科普，笔者就在此妄言几句对电子关联材料最直观的初级认识。这些认识只具有粗略科普的意义，不适合进行严格的质疑和辨证。最常见的认识来自过渡金属磁性化合物，特别是氧化物。众所周知，每个过渡金属磁性离子的外层 d 轨道上一般有多于一个的电子。因为多个 d 电子在同一个轨道组中，相距很近，库仑相互作用 U 就比周期晶格中单电子波函数理论中的势能 V 要大很多（$U \gg V$，大一个量级?）。由此，很容易理解，这种库仑相互作用 U 背后的物理，将可能在整个物理中占据重要地位,甚至是核心地位。此 U,即所谓电子或量子关联强度,而 U 背后的物理叫关联物理。

在量子凝聚态这一宽广领域中,过去约 30 年时间内有若干主角。电子关联材料占据了其中一隅高地、长盛不衰。诸如铜基或铁基高温超导、庞磁电阻(CMR)和重费米子材料,都是强关联材料,都一直在这一高地上扮演主要角色。用所谓“风骚数十年”去形容高温超导、过渡金属氧化物和重费米子系统在凝聚态物理中的作为和表现,不算过分。

当然,讲到“风骚”,永远不变和永恒的风景,反而是“各领风骚数十年”。可能是时间太长了,那些电子关联的风骚在变化和展示上稍显乏力。抑或是审美疲劳,量子凝聚态也许需要一些新的方向提振精神。所以,大约从 20 年前开始,量子凝聚态开始有了一些新动向,好像是在向电子关联物理告知:我能不能不需要关联、不需要强关联,却依然可以很前沿、很量子?!

现在回头去看那个时代的学术风尚和脉络,还真是如此:各领风骚二十年。

(1) 二维材料:以石墨烯为代表的二维材料及其背后的能带物理,特别是诸如 Dirac 半金属这一类具有应用背景的体系,来到我们的眼前。到如今,二维材料已经覆盖从金属、半导体到绝缘体的宽广领地。早在 2004 年,单层石墨烯被制造出来时,物理人就一直认为简单能带理论足够刻画之。即便是那迷人的 Dirac 锥及其附近的线性色散,现有的能带理论也能够对其进行挺好的描述和预测,并不需要多少电子关联物理的帮衬。何况,这些体系大部分不含 d 轨道元素,引起电子关联的联想并不多见。

(2) 拓扑材料:以那些拓扑绝缘体、外尔半金属、非磁性二维和三维拓扑材料为主体。它们与电子关联物理之间的联系并不密切,最经典的几类拓扑绝缘体都是无磁性的热电类材料。虽然这些体系可能包括重元素,虽然能带计算可能因为原胞较大而复杂一些,但关联效应依然不显著。

客观而言,即便就只是这两大新家族出现,也足以预示关联物理的春秋时光似乎要过去了,似乎要代之以低维、拓扑等新生代体系。它们登堂入室、成就事业。这种发展态势当然很正常:自古以来,推陈出新、迭代古今,都同此理。因此,关联物理人并未感到失落和夕阳西下。既然低维和拓扑重要,那大家就去赶海低维、赶场拓扑、抑或进入小一些的诸如自旋-轨道(SOC)和能谷物理等时髦领域,也挺好的。

诚然,那些在关联物理领域浸淫多年的人们,其心里并非没有自己的判断与展望。就经典能带理论而言,如果完全没有电子关联,其中甘味并不那么鲜美丰厚。至少,有两味佐料,一料基础、一料应用,似乎不能缺少、不该缺少:

(1) 经典能带理论就在那里,不难由此得出金属、半导体和绝缘体的基本图像。但自然界中的各种物质,虽然都可以归于此类,但每一类之间各成员的表现却大相径庭,以至于每一类别里面的万家灯火和兴衰悲欢能够用经典能带理论描绘得很少。如果用关联物理，就可以绘声绘色讲出很多、甚至极多的新东西。

(2) 文明生活对科技发展和提升的需求，使得这些新的效应和功能潜在应用场景正在变成可能和现实。我们只需要提一下高温超导和自旋电子学，就足够佐证这一说辞，无须多言。

因为这两味佐料，关联物理似乎总是一个不能穷尽的领地。不但不能穷尽，而似乎是越做越多，因此就有了姜太公钓鱼——愿者上钩的景象。也就是说，不管是“低维”还是“拓扑”，抑或是其他非关联体系，虽然它们似乎主观上要另辟他处、开张挂匾、远离关联，但实际上，很可能还是如孙悟空较量西天如来，终究绕不开电子关联这道关口，跑不出电子关联这只大手。到头来，很可能是“为伊消得人憔悴”般地进入关联物理当中。

2. 二维也关联

事实真是如此，不禁令人唏嘘。

首先指出一点：关联电子大家族中的成员并非都是与生俱来的。仔细度量，就能明白，有很多新成员原本都是风马牛不相及者。经过物理人捯饬一番、打扮一番，它们换了面貌。虽然主体上依然是原来的东西，但内在物理一下子就丰富起来，变得有些面目全非，成为新的潮流。

最典型的例子就是石墨烯和双层石墨烯。这个现在满满地归属于“量子材料”的电子关联成员，自从2004年被制造出来，就一直被认为不需要关联。一般能带理论就足够刻画之，包括很多细节。即便是有那个迷人的Dirac锥及其附近的线性色散关系，除了迁移率高和打开一些能隙、折腾一些自旋相关的手性之外，并没有多少电子关联的物理在其中串联。

归功于那些天马行空一般将单原子层石墨烯玩得转的科学人，后来者接过那一片一片形状不规则、“似有还无”的单层石墨烯(monolayer graphene，石墨烯的原本意涵)，尝试将它们叠加起来。由此，整个石墨烯物理的人都被激发了。

其中，引人注目的便是所谓魔角石墨烯：对两层单层石墨烯，如果将它们叠堆成双层，但堆砌时将两个单层平面相对旋转一个角度，就可能在一些特定转角时(俗称魔角，magic angle)形成Moire超晶格。其结果是，Moire超晶格体系在靠近费米面的价带被明显拉平(即所谓的平带效应(band flattening)，当然，费米面附近的导带也可能被拉平)。这一平带化特征使得电子运动的动能 P 被削弱，使得原本那一丝丝几可忽略的电子关联 U 被放大，甚至可形成超导电性。随后，有一些结果似乎展示这里的超导电性和库珀对配对可能来自电子关联效应，正如对铜基、铁电高温超导电性所作的猜测那般。一个被艺术化了的图片展示于图1。

果若如此，魔角石墨烯就名正言顺地成为“量子材料”家族成员。

这是一个重要的时期，标志着那些原本远离了电子关联的二维材料，可能重新回到电子关联的大家庭。而“量子材料”人，终于可以顺理成章地将二维材料收归麾下，并且还可能有那么点自鸣得意的感觉：您看，二维唱戏亦关联！

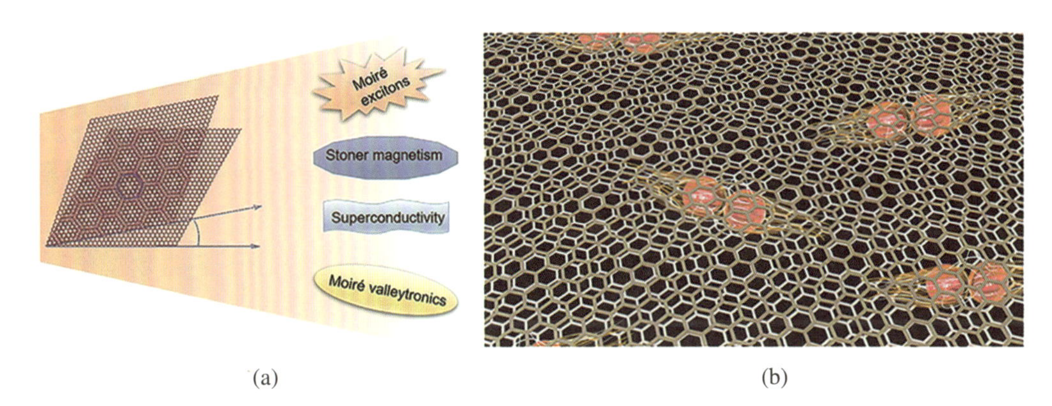

(a)　　　　(b)

图 1　(a) 魔角石墨烯中的量子材料物理：磁性、超导和能谷电子学。(b) 美国普林斯顿大学发布的新闻稿图片，展示了两层石墨烯叠加形成魔角双层结构。这一工作提供了魔角石墨烯电子关联的谱学证据，文章以“Spectroscopic signatures of many body correlations in magic-angle twisted bilayer graphene”为题，发布于《Nature》2019 年第 572 卷第 101 页 (https://www.nature.com/articles/s41586-019-1422-x)。这一插图，艺术化地插入了一对一对的电子，它们组成库珀对，实现超导电性

图片来源：(a) https://onlinelibrary.wiley.com/doi/abs/10.1002/adfm.202002672；(b) https://www.princeton.edu/news/2019/07/31/experiments-explore-mysteries-magic-angle-superconductors。

这种魔角制造，当然会吸引物理人的积极响应。很快，各种二维材料，不管是不是已经有或者根本就没有电子关联的踪影，现在都可以通过制造魔角 Moire 条纹结构，获得显著的能带平带化效应，从而给电子关联以“山中无老虎，猴子称霸王”的机会。这么说的原因，在笔者撰写的一篇同样不严谨的科普文章《平带呼唤电极化》(见本书第 5 章) 前半部分有所涉及。读者可前往第 5 章阅览一二，以了解大概是个什么物理。

这里，需要说明，魔角导致的关联，并非经典意义上 Mott 绝缘体那种在位库仑关联，也不是绝对大小上将 U 值提升到多大。这里，更多的是通过压制电子动能 P 来体现 U 是一只庞然大物。物理说起来并不复杂：也许我们总可以将一个系统的能量派分为动能 P 和势能 V。魔角效应显著破坏了晶格周期结构，导致电子输运局域化，动能 P 被压制、能带平带化。此时，势能 V 就可能凸显出其优势和主导，特别是在晶格周期结构破坏后，V 中那些非晶格周期的那部分也许就包含了电子库仑作用势能的贡献，虽然其绝对大小可能变化不大。“山中无老虎，猴子称霸王”即这个意境。因此，这里的“关联”与那些真实的“关联”应该有所不同，虽然目前还不清楚这种不同到底有多大的后果！

当然，那些二维磁性或铁电材料，它们本身就是电子关联材料，魔角制造会进一步强

化电子关联的强度。由此,魔角磁性或铁电材料很可能是“非常”关联的材料。不过,考虑到问题十分复杂,在此就不再展开什么是“强”和“弱”了。

3. 拓扑也关联

过去20年,出现向电子关联物理回归的可不仅仅是二维材料。量子拓扑材料最近也展示了类似趋势,成为本文拿来佐证相关工作的一个不那么恰当的例子。

回顾一番,最开始阶段的那些拓扑绝缘体、外尔半金属、很多二维和三维拓扑材料,它们都是与电子关联物理并不密切的材料,例如就没有包含磁性。经典的几类拓扑绝缘体,都是无磁性的热电类材料,其中电子关联几可忽略。可是,反常量子霍尔效应在薛其坤老师他们手里能生出花来,则是因为掺入了磁性。这是一个信号,昭示关联是拓扑材料不可或缺的物理。现在来看,磁性半导体、半金属、拓扑表面态等,都是应用前景广阔的自旋电子学的功能。因此,磁性拓扑材料,既是物理人的追求,更是根植于自旋电子学和未来物理的可能之所!

凝聚态物理各分支学科中,拓扑物理与材料当前的发展太过兴旺,势头盖过一切,也吸引了很多关联物理人下到拓扑之海,参与开疆破土、一泻千里!这种参与度的回弹,必然对领域本身施加影响,将这一领域向关联物理方向拉扯。最近,量子拓扑研究的确有种回归的苗头,预示量子拓扑材料正在努力回归电子强关联的大家庭。

这同样是一个重要的时刻,标志那些原本与量子材料若即若离的拓扑材料,正在将电子关联作为其长远发展的推手。“量子材料”终于也可以将拓扑材料收归麾下。

正因如此,笔者就妄为一次,将本文题目取为“何处不关联”。

在拓扑量子材料发展的那些历程中,有几个里程碑其实已经体现了电子关联不可或缺,甚至是强关联不可或缺:

(1) 首先,反常量子霍尔效应的实验验证,乃是在传统非磁性拓扑材料中掺杂磁性离子后实现的。因为磁性,电子关联有不可忽视的作用。不过,此时的磁性掺杂浓度较低,在位电子关联强度可能并不大。

(2) 其次,过去几年,量子拓扑材料的数据库建设,主要是针对非磁性体系而言的。相关介绍可通过网络查找科普文章《拓扑量子材料的万水千山》。最近的发展趋势之一,便是直接从磁性化合物中寻找量子拓扑材料,据说收获颇丰,给人以遍地都是磁性拓扑的感觉。因为磁性,这些体系自然也可以归属于关联家族。

(3) 再次,外尔半金属体拓扑态的概念,最早就是在227稀土磁性化合物中揭示出来的。这一事实预示,外尔半金属拓扑材料估计也要添加电子关联作为其物理要素。

其实,早在2014年,就有一些高瞻远瞩者总结了量子凝聚态物理的一些前沿和高地。图2所示即在电子关联 U 和 SOC 组成的平面地图(此图在前文中亦出现过)。其中，图 2(a)清晰展示出拓扑物理中电子关联 U 的不可或缺性：那些亮色区域，如雪峰高地，矗立在那里，分外醒目。更重要的是，电子关联正在催生出更多新领域，即便最底层 U 为零处的确对应于拓扑绝缘体或半金属。图 2(b)所示的局部区域，也让我们感受到“叠嶂群峰覆白雪”“不识庐山真面目”的意义：正在受到关注的量子自旋液体和 Kitaev 材料，的确是一座原先隐藏起来的山峰，而且也是白雪皑皑。

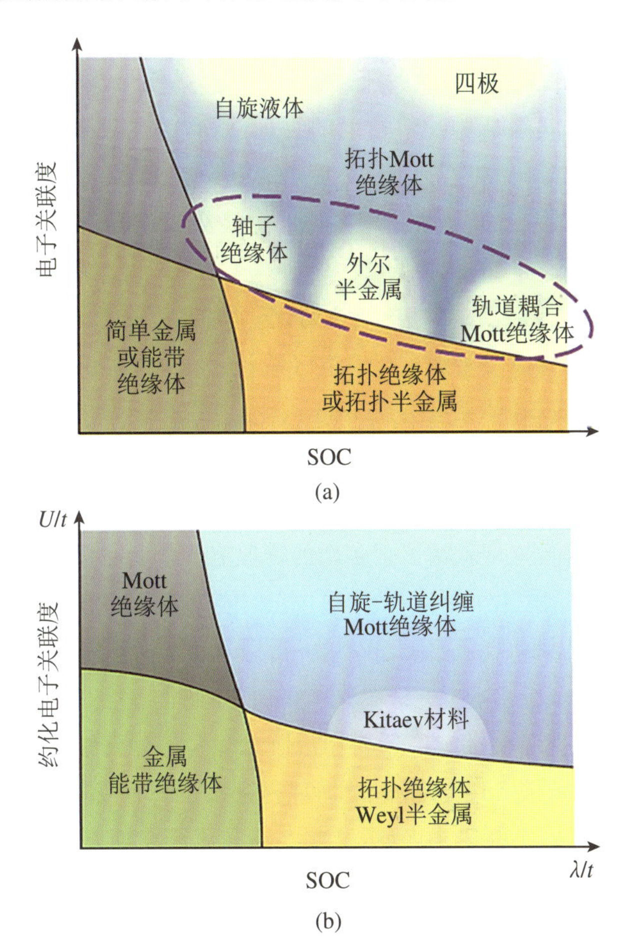

图 2　凝聚态物理知名学者 Witczak-Krempa 等(北京大学的陈钢教授也是作者之一)撰写的综述文章中展示的一幅相图：在电子关联 U 和自旋轨道耦合(SOC)组成的平面地图中蕴含的各种关联和拓扑量子相。这些年活跃的那些研究领域用白色衬度显示，似乎是图中一座座覆雪高山。这些雪峰，既是拓扑，也是关联，从而给了我们登峰踏雪的兴致和动力。感兴趣的读者，能够读懂图中“叠嶂群峰覆白雪”和“不识庐山真面目”的意涵

图片来源：(a) Witczak-Krempa W，Chen G，Kim Y B，et al. Correlated quantum phenomena in the strong spin-orbit regime[J]. Annu. Rev. Condens. Matter Phys.，2014，5：57-82；(b) https://www.researchgate.net/publication/312914837_Kitaev_Materials。

4. 经典之外

行文至此，我们能够认识到科学发展历程所展现的萦绕回环特征。事实上，针对各种拓扑非平庸物理而开展的、走向电子关联物理的研究工作还只刚刚开始。物理人不仅对其中的各种效应感兴趣，更因为电荷有序、磁性、铁电和应变等固体电子自由度基本关联属性特征的介入，正展现应用潜力。基于笔者是这一领域的门外汉，可能连看热闹都谈不上，姑且将话题在此打住，不做展开。

不过，如果故事总是给那些冲浪在前的物理，则曾经的英雄和历史也会有所不甘。其实，在关联物理大规模研究时期，关联强度 U 也并非独舞者。世间的事物，也并非都是关联唱主角。如果去看看占据关联物理主体的过渡金属化合物，特别是氧化物，下面的这一段话可能是对那段历程的某种低层次概括：

包含有库仑相互作用 U 的那些过渡金属化合物材料，电子关联强度 U 并非常数，并非都很强，个体之间也有很大差别。与轨道区域较为狭窄的 3d 过渡金属化合物特别是氧化物比较，那些 4d 或 5d 体系就有所不同。因为 4d 或 5d 轨道比 3d 轨道在空间上要宽阔得多，这些体系的关联强度 U（与空间尺度成反比）就要小很多，U 大约为 1.0 eV，与一般晶格周期势函数 V 差不多。

关联强度 U 的下降，立即就给了很多新的物理喧嚣尘上之机会，例如自旋-轨道耦合(SOC)、费米面附近的带宽 W、晶体场效应等。它们能量尺度可能依然比 U 稍小，但已经在量级上不相伯仲。考虑到(U，V，SOC，W)这一帮兄弟和对手各自都有自己的江湖和山峰，鉴于我们的经验，如果赋予 $U \sim V \sim \text{SOC} \sim W$ 的关系，它们就会相互内讧、相互倾轧，以角逐谁将成为主导和“盟主”。由此，量子材料的图上，那还不是要什么物理就有什么物理?!

的确，过去多年，4d 或 5d 体系物理之所以受到凝聚态和功能材料的关注，其原因亦在于此。只是因为 3d 强关联风头太盛，这些关注乃属小众而已。像现任职于科罗拉多大学的曹钢老师等物理人，其实在其中已浸淫多年。4d 或 5d 研究的一个成果，大概可以用图 3 所示的物理图展示（此图在前文亦出现过）。这一图，在二维和拓扑物理诞生和发展之前就有了很好的模样：同样是在关联 U 和 SOC 组成的平面中，有从 3d、4d、4f 到 5d 的完整元素信息。与此对应的，当然是那些体现强关联物理意志的高温超导、庞磁电阻、Mott 物理、多铁性和轨道物理的新效应和新功能。但到了 4d 或 5d 这一块区域，关联不再那么强，其角色和作用已经淡化或弱化。

在笔者绘制图 3 时，4d 或 5d 体系已经展现了与关联物理“无关”的一些拓扑特征。例如，在这之前，万贤纲等人对稀土磁性氧化物的能带结构开展过细致研究，提出了外尔半金属的概念。这里，关联其实不强，U 大概在 1.0 eV 之下。再例如，对这些体系的研究，深刻强化了 SOC 的重要性，特别是在拓扑物理中的重要作用，也反过来说明 U 的作用正江河日下。

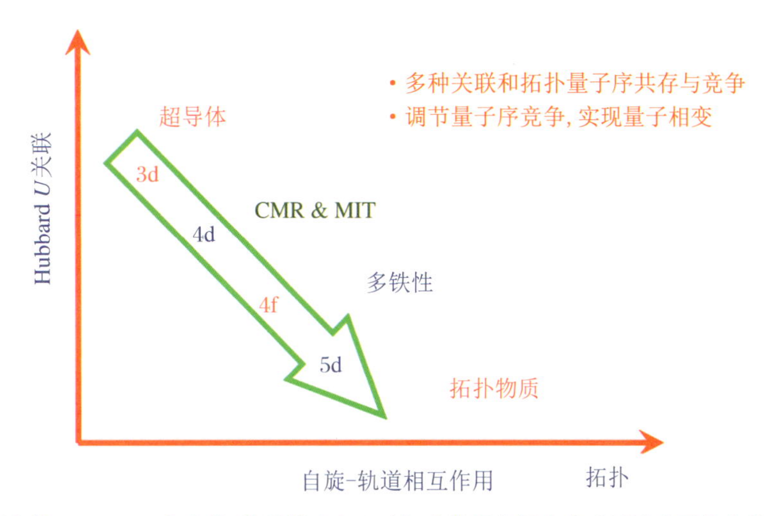

图3 在电子关联 Hubbard U 和自旋-轨道耦合(SOC)组成的相空间中表述过渡金属化合物(主要是氧化物)物理

在电子关联比较强的区域，高温超导、庞磁电阻(CMR)和 Mott 体系金属-绝缘体转变(metal-insulator transition，MIT)是最常见的物理效应。当 SOC 不断增强、电子关联 U 相对减小，例如走向 4d 或 5d 等过渡金属体系或者通过界面耦合，则拓扑态逐渐出现。注意到，这里提到了 4d 或 5d 体系，因为其外层 d 电子轨道在空间中更加扩展，使得即便是一个轨道内有多个电子，它们之间的电荷库仑相互作用也相对 3d 体系小一些。反过来，因为轨道扩展和多层轨道，SOC 等会更强。

图 3 所示的图中，之所以于 5d 附近添加了拓扑物质一名词，其驱动力即在于此：电子关联效应可能变弱，SOC 作用可能很强。

5. 关联与 SOC 之妥协

总而言之，图 2 和图 3 作为体现 U 和 SOC 平面中的全局图，展示了当前对科学问题的某种“粗暴”凝练：

(1) 纯粹的电子关联效应，即图 2 和图 3 所示的关联 U 坐标附近的物理，虽然未必被完整解构，但也得到了充分的认识。现在的物理人，为此付出的时间和心血已经不是那么多了。

(2) 纯粹的 SOC 效应，即图 2 和图 3 所示的自旋-轨道耦合(SOC)坐标附近的物理，在固体中的表现并不那么复杂。经典的拓扑绝缘体已经对此进行了深入的刻画。

(3) 图 2 和图 3 都清晰展示了关联与 SOC 之间的妥协(trade-off)关系。这不难理解，因为 SOC 强度与原子序数有很强的正依赖关系，而关联则一般在 3d 体系中最强。因此，如果 U 与 SOC 之间相互竞争，也惺惺相惜，那就会有很多新的物理。而如果一方太强，另一方被掩盖，则所能呈现的物理就只是经典，终归是碧水微澜。

基于以上三点，图 2 和图 3 所示的图中那些山山水水，大概都能被领略到。它们也已映入多数凝聚态物理人的脑海里，信手拈来。图 3 那粗大的绿色箭头，展示了 U 与 SOC 两大物理大致意义上的 trade-off。遵从这种 trade-off 是幸福的事情，打破这种 trade-off 是痛苦的事情。物理人的品质一向都是：以遵从之而立身，以打破之而立命！

的确，那些在量子凝聚态领域中跋涉多年的“驴友”们，其实内心深处还是有一丝不安和保留的：这些体系实在是太复杂了！当我们说“江山如此多娇”时，不是说眼前的风景有多么壮美，可能更多的是在说“俱往矣，还看今朝”！

这似乎就是说：有没有那么一些体系，其 SOC 很大，蕴含了拓扑物理的诸多特征，却也能表现出很强的电子关联 U，有这样的体系吗？有既是强关联也是拓扑非平庸的新物理吗？

有的，这里就是一个例子，只要我们不是简单地将 U 等同于 Hubbard 模型和 Mott 物态中的在位库仑作用，只要我们不是将 SOC 简单地归结为元素本身的本征自旋-轨道耦合。这里的物理，落脚于那些现象、那些 emergent phenomena，即可获得无尽的释放。

来自荷兰莱梅根(Nijmegen)的 Radboud University 强磁场实验室的知名学者 Nigel E. Hussey 课题组，联合俄罗斯乌拉尔联合大学、克罗地亚物理研究所、英国爱丁堡大学、德国斯图加特马普研究所、英国布里斯托尔大学、伦敦学院大学(University College London)和英国卢瑟福实验室等团队，对著名的 Dirac 半金属 $SrIrO_3$ 的电子关联行为开展了系统性的量子输运实验表征和能带结构计算。他们的主要结论便是：这个迷人的 $SrIrO_3$ 狄拉克半金属体系，其实也是一个强关联的体系！

相关工作以“Evidence for strong electron correlations in a nonsymmorphic Dirac semimetal”为题，发表在《npj Quantum Materials》(2021 年第 6 卷第 92 篇，https://www.nature.com/articles/s41535-021-00396-5)上。

拓扑声子的推陈出新

笔者还在读研究生时，“自然科学史”课程的老师给我们讲授库恩关于科学发展史的范式学说。其意是说，一门学科的发展，在建立新范式时，可能是激进和爆发式的。但如果处在两次范式变革之间的平台期，原创发现和学科更新就相对缓慢很多，堪比那量子霍尔效应的台阶构型一般(也有物理人称之为创新的铁幕时代)。在我们生存的这个时代，说物理学就位于两个范式变革期之间，应无异议。天资聪颖的物理群体，可能暂时就没有了太白先生那种“俱怀逸兴壮思飞，欲上青天揽明月”的干云豪气。毕竟，要在今天的物理学领域，做出比肩量子力学勃发年代的结果，似乎困难不少、机会不多。

那该如何生存呢？若干战略学者都在提倡一个模式：学科交叉。也因此，学科交叉融合正在成为学术界的创新模式，例如国家自然科学基金委就成立了“交叉科学部”。物理学的学科交叉融合，却是自古就有。每一个新的学科诞生，都留下了很重的学科交叉融合之痕迹，如果可以将那些二级、三级物理学科分支也称为(小)学科的话。

实话说，所谓隔行如隔山，学科交叉融合说起来容易，做起来其实很费劲，如图1所示。最简单的做法，就是两组归属不同分支的人们一合伙，您做您的，我做我的。火候到了，一集成，即成就交叉出来的新结果。最难的，当然是亲自下场，从头学起，将需要融合的学科问题钻研得比原本的专业人士还要专业、精深、宽广。物理学中，如后者这般学科交叉融合的工作，可以如数家珍、娓娓道来。笔者孤陋寡闻，对此了解不多，但也曾被告知：近现代物理学中，有诸如量子力学的矩阵力学与波动力学殊途同归、麦克斯韦方程组大融合、对称破缺催生 Higgs 子等历史浪潮。

图1　学科交叉的诗意、范式变革形成的意象

图片来源：https://willingness.com.mt/5-benefits-of-a-multidisciplinary-approach/。

物理人天生都有不服输的性格，都想特立独行，都想别出一格。因此，在学科交叉融合上，经常能看到物理人四处出击、屡有尝试。哪怕是同样的结论和目标，我们也要万水千山、走出不一样的过程。也因此，好的学科交叉融合，就有两个显著的、各有千秋、精彩纷呈的特征(图2)：

(1) 借鉴其他学科的概念和成果，使得所在学科能开拓出新外延。这一特征的标志是衍生出新的学科方向。

(2) 立足不同学科基础，殊途同归，达到同一个目标。这一特征的标志是拓宽和深化所在学科的本质内涵。

好吧，已经说了太多废话，还是回到量子材料本身。

图 2　节点链的艺术表达

图片来源：https://www.geneticlifehacks.com/medium-chain-acyl-coa-dehydrogenase-deficiency/。

首先，量子材料这一新的分支（可否允许我们称为学科？）本身就是学科交叉的结果。最早的量子材料只局限于强关联量子体系，后来便有了承载磁性、中低关联、自旋-轨道耦合、低维平带、声子关联、拓扑态等概念的成员加入。其次，拓扑量子材料的发展，很多都借鉴了场论和高能物理的概念、成果，因此在这一"学科"中寻找交叉、纠缠、融合、演生的足迹，就如形容李白的"足迹遍布万千河山、绣口一吐半个盛唐"一般，何处不风流呢？

其中"拓扑物理"的交叉融合即如此。回头看，针对费米子电子输运的能带理论，很早就被玻色子光子、声子借鉴来融合，成就了光子晶体和声子晶体等凝聚态物理新分支。诸如声子带隙、通带、禁带等概念，现在已是光学和声学的日常用语。针对拓扑，这里的融合展示了原本是电子的、量子力学的拓扑物理概念和方法，如何被玻色子体系学习、深化与拓展。事实上，针对电子能带的拓扑量子态物理，的确很快就被借鉴到光子物理和声子物理中。这些年，拓扑声学和拓扑光学等新分支的发展同样很快，不仅仅是学科发展的内在驱动力（诸如物理人天生追求学科融合和江山一统的品质），更是因为在这些分支中，拓扑结构的表征是宏观或亚宏观尺度的，物理人有更多办法和手段显现其中的细节特征。当然，最后的结果是，这些分支走向应用的步伐可能更快、更大，超越其前辈"拓扑量子"物理分支不是非平庸的事情。

不过，说物理人天生有学科融合的品质，这没错。但是，物理人也都有一个"小毛病"，乃是对原始创新的至高无上的敬意。什么意思呢？这是说，学科交叉很好，但学科融合更重要。言下之意是说，您不能仅仅拿来用之，还需要用出新意来。那种简单的拿来主义，似乎总是懦弱一些。毕竟，一个物理分支中总是流传有另一个物理分支的传说，就如滚滚红尘，风头还是被遮蔽了一些。固体中光子拓扑、声子拓扑的概念，的确是取自固体电子拓扑。但如果做出了原来电子拓扑所没有的新物理，那就是融合的无上境界，值得推崇和敬佩。这是物理人的毛病，却也是自然科学乘风破浪的动力！于是，物理人也养成了一种品格，就是古人早就道破的箴言：推陈出新！重点在于出新、在于出新而览胜。

最近，来自新加坡科技设计大学（Singapore University of Technology and Design）

的杨声远教授团队，包括吴维康博士和赵建洲博士等青年学者在内，就展示了一回物理人不服输与推陈出新的风度。其实，杨声远本人也很年轻，但已经是拓扑量子理论研究新生代之佼佼者。他们似乎不那么满足于直接将电子拓扑物理的非平庸拓扑态推广到声子体系，而是希望寻找一些根源于声子内在机制的拓扑声子态。简单一些说，就是这些拓扑声子态在电子体系中没有对应，是崭新的。这应该算是“出新而览胜”吧。

笔者于此乃外行，望文生义。肤浅的理解是，他们在理论上找到了一类拓扑声子体系，其中的非平庸拓扑态源于对称性约束（symmetry-enforced）的节链声子（nodal-chain phonons），与电子能带拓扑有些不同，虽然 nodal-chain 这个概念本身源自电子能带拓扑，如图 3 所示。他们随后预言，这种节链声子拓扑态，存在于 5 类具有“非时间反演不变的、高对称点上的小群点群为 D_{2d} 的空间群”（space groups with D_{2d} little co-group at a non-time-reversal-invariant-momentum point）体系中，乃电子体系尚未看到的新型拓扑态（感谢唐峰博士对这些“天书”句子给予指点与翻译），如图 4 所示。更进一步，他们借助第一性原理计算，预言在 K_2O 晶体中应该能看到这一拓扑态的存在。而这一效应，可能还具有一定的应用潜力（Zhu J，Wu W，Zhao J，et al. Symmetry-enforced nodal chain phonons[J]. npj Quantum Materials，2022，7：52. https://www.nature.com/articles/s41535-022-00461-7）。

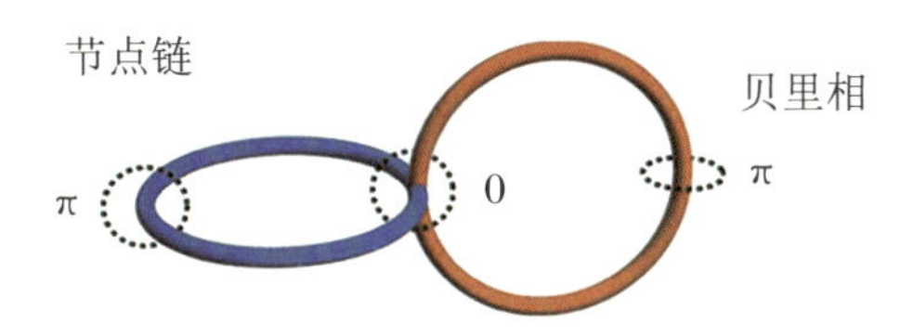

图 3　两个环之间最简单的链结构示意图

链点周围的贝里相为 0，与节点链的 π 贝里相相反。

图片来源：Yan Q H，Liu R J，Yan Z B，et al. Experimental discovery of nodal chains[J]. Nature Physics，2018，14：461-464. https://www.nature.com/articles/s41567-017-0041-4。

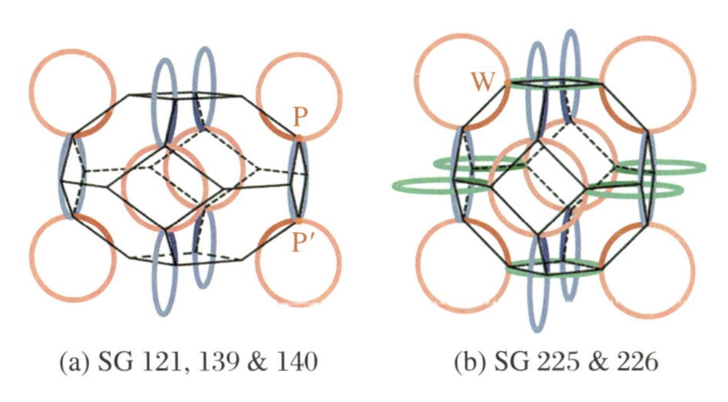

图 4　五类候选空间群的对称强迫节点链

很显然，这样一种尝试，其具体结果的学术或应用价值尚待同行评说与检验，包括实验上的验证。但是，此中所蕴含的物理精神，是值得推崇的。

维度的拓扑

凝聚态物理中，有一些最基本的参量，其效用是普适的，并规范着一些最基本的物理性质。相信读者均认可，体系的时空维度，即此中一元(本文只限于空间维度)。

凝聚态系统中，维度是理解其物理的基本要素，从而被给予格外关注。物理人都将纳米科学的起源，与费曼于 1959 年在 APS 会议上所作的《底层的丰富》演说联系起来。我们猜，那时候费曼的心目中，“底层”应该就是低维，而不会只是指普通意义上的纳米颗粒或准零维体系。现在，我们早就耳熟能详凝聚态系统中维度的作用。

笔者非此道中人，主要从书本中零存整取对维度的感受。对材料科学，也能随手举几个曾经听说过或肤浅参与过的具体例子，与维度有一些内在的联系(不追求准确，但追求“醒目”)：

(1) 晶粒长大。材料中晶粒长大或畴长大是普遍现象，但其物理未必简单。以各向同性体系中晶界能驱动的晶粒长大为例，其长大动力学就与维度密切相关。材料教科书很早就写明，20 世纪 60 年代，Lifshitz、Slyozov 和 Wagner 三位学者在前人研究基础上，提出了那著名的以其名字命名的晶粒长大 LSW 动力学理论：在等温条件下的晶粒长大后期，晶粒平均尺寸 R 与时间 t 之间满足 $1/d$ 幂指数定律，这里 d 乃空间维度。也就是说，块体材料晶粒长大满足 1/3 幂律，准二维薄膜晶粒长大满足 1/2 幂律，虽然真正的一维线晶粒长大动力学还是一个问题。

因为实验体系掺杂了各种因素，这一规律的验证曾经很有曲折，引发过 20 世纪 90 年代欧美物理学家和材料学家对此幂律的质疑。质疑之火前后延续十多年，最后还是被大规模计算模拟和精细实验验证所浇灭：$1/d$ 幂律才是正确的。笔者以为这是材料科学史上维度胜出的一段佳话。

(2) 磁性。磁学中维度的意义更被彰显，并屡屡影响其发展进程。虽然磁学更多具有量子本质，但不妨碍对经典磁学的维度讨论。从 Ising 模型开始，一维模型不存在有限温度的相变，到二维模型那著名的严格解，再到三维模型严格解依然是世纪难题，都是磁学和统计物理学知名的历史故事。然而，实际晶体中，给一维和二维磁体定义 Ising 自旋，未必合理，因为那各向异性无穷大的两重态缺乏微观物理来源：一个单层的磁性原子层，靠什么能够约束其自旋只能上下两重态？自旋轨道耦合好像不够。因此，严格满足二维 Ising 模型的体系不大可能存在。

另外一个极端，就是各向同性的海森伯二维自旋体系，成就了那个著名的 Mermin-Wagner（MW）定理：各向同性的海森伯磁性二维体系没有长程序。这一定理让多少物理人意兴阑珊、收兵回朝，不再深入探讨二维磁性问题，直到近来被接近真实的二维磁体具有长程序的实验所惊诧。今天的二维磁性方兴未艾，当然并非 MW 定理的错，而是因为真实的二维磁体未必就是单纯一层磁性原子排列而成。那些二维材料，其晶格单元依然存在面外结构，第三维特征依然存在，依然可以施加磁晶各向异性。再加上目前的实验样品在 xy 平面的尺度有限，边缘效应也可能导致磁性异常。笔者不懂二维磁性，只是借助道听途说而了解了一些磁性维度效应的复杂性。

(3) 铁电。铁电物理中维度效应也很重要，导致铁电体维度的研究比磁性材料人去关注维度的历史还要久远。从退极化这一简单图像去预言铁电尺寸效应，言之凿凿、语之戳戳，都是 20 世纪 90 年代之前的事情了。一些成果还被明明白白写在诸如钟维烈老师的《铁电物理学》著作中。铁电体的维度效应，一直是铁电物理的前沿，也与现代集成铁电技术发展密切相关。不过，过去几十年，铁电物理人将这个尺寸和维度极限不断地推向底层，包括纳米线、单个晶胞厚度的薄膜、撕扯出来的 vdW 二维材料。也不知道是该高兴还是该失望，这个铁电尺寸效应并不明显，更不要说预言的铁电维度极限正在不断被压缩。这些结果，将经典教科书中铁电尺寸效应的那几页物理戳得千疮百孔，也可见铁电维度效应的复杂性。

这些具有历史韵味的实例告诉我们，维度可以影响介观微结构、对称性、相变，及至影响一切。但这些例子也告诉我们一些简单的事实：理论预言的理想化约束条件下的维度物理，在实际材料中未必满足。个中差池，就给了低维物理突出重围、产生新效应和新应用的机会，体现了现实总是在理想化的极端之间取道“中庸”的事实。也许物理本来就是如此，只是需要我们去“知其然并知其所以然”，以此发现和利用之，并企图造福人类。

这种认识的后果，就是今天物理人对低维凝聚态和低维量子材料的广泛研究，包括那些热点实例，如碳 60、碳纳米管、石墨烯，如 vdW 二维材料、魔角二维材料，如界面二维电子气、量子阱等。其中，对当下的拓扑量子材料，维度显得更为别致和新奇，如图 1 所示。

不知道笔者的如下理解是不是算胡诌：

(1) 非磁性拓扑绝缘体，因为费米面附近的拓扑非平庸能带结构，存在体-面对应性，即三维绝缘体态对应二维表面金属态。

(2) 磁性拓扑绝缘体，因为费米面附近的拓扑非平庸能带结构和磁性，存在体-边对应性，即三维绝缘体对应二维表面能隙和一维自旋极化的边缘金属态。

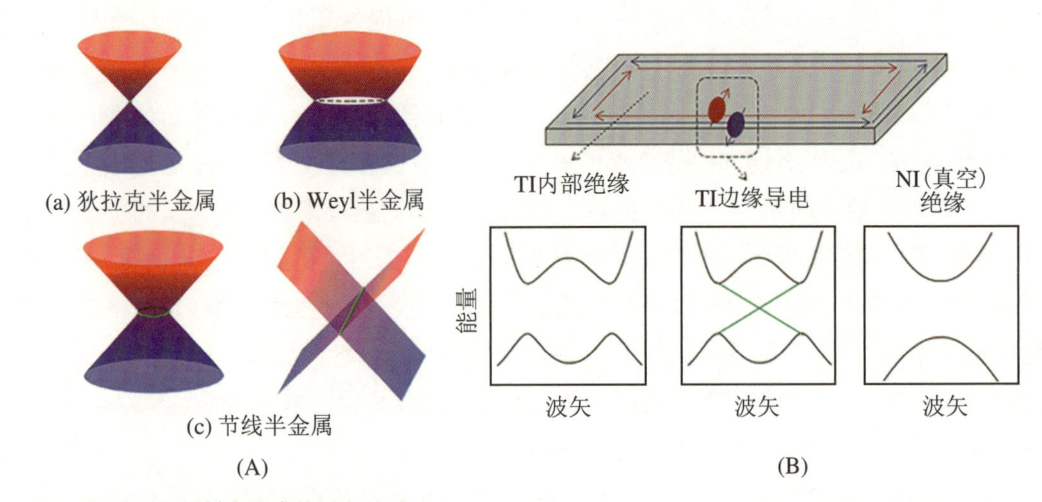

图 1　拓扑量子材料中维度的对应关系

图片来源：(A) Yang S Y, et al. Symmetry demanded topological nodal line materials[J]. Adv. Phys., 2018, X3: 1414631. https://doi.org/10.1080/23746149.2017.1414631; (B) https://www.ntt-review.jp/archive/ntttechnical.php?contents=ntr201707fa6.html。

（3）Weyl 半金属，也因为费米面附近的拓扑非平庸能带结构，存在三维半金属态、二维表面费米弧和零维的“磁单极点”。

所以，我们看到了，拓扑量子材料中那些维度的表象显得更加突出，因为动不动就是整数维度的量子材料新效应，如三维绝缘体、二维金属、二维费米弧、一维金属、零维 Weyl 点(磁单极子)。好吧，物理人说还远不止于此，当下那些前沿的问题包括费米面附近出现的那些零维的节点(nodal point)、一维的节线(nodal line)、二维的节面(nodal surface)。

维度，在这里就是一张无形而有实的大手，“掌控”着量子材料，特别是拓扑量子材料。

有意思的是，这些拓扑量子材料的低维性质，似乎绝大多数附属于三维体态。诸如碳纳米管和石墨烯这样“真正的”“独立自主的”一维和二维拓扑量子材料并不多见，至少如石墨烯这般知名的低维拓扑材料不多。不过，过去一些年，二维材料不断发展，二维量子材料家族也很兴旺。如此，必然催动物理人走向更底层：那么，有没有真实的、独立自主的一维量子材料？甚至是一维拓扑量子材料？

挺好的问题！要说凝聚态物理和量子材料中有什么重要的问题无人问津，那倒极为困难。通过各种微纳制备技术，已经获得的一维、准一维的量子材料很多，研究历史也不短。例如，在固体表面生长一些纳米线总是可以的，或者通过其他技术手段“制造”出一维、准一维结构，也不是难题。过去这些年，利用有机材料独特的分子结构设计和合成技术，制备一维有机量子材料的机会要大一些，包括电荷密度波、Peierls 相变、孤波、自旋-

电荷分离以及那个著名的 Su-Schrieffer-Heeger(SSH)理论预言的能带拓扑态等,也多有见诸报道。

但是,到目前为止,一维无机多元复杂化合物量子材料,包括一维无机拓扑材料的"制造",大概不容易。若要说容易,那必然是新颖别致和值得推崇的!

上海科技大学的柳仲楷和陈宇林老师等,曾经联合南京大学、新加坡科技设计大学、劳伦斯伯克利实验室和清华大学的同行们合作,在一维拓扑量子材料问题上迈出了一"小"步。这里的"小",是走向底层的"小"。他们将一些结果整理后,发表在《npj Quantum Materials》(Zhang J, Lv Y Y, Feng X L, et al. Observation of dimension-crossover of a tunable 1D Dirac fermion in topological semimetal $NbSi_xTe_2$[J]. npj Quantum Materials, 2022, 7: 54. https://www.nature.com/articles/s41535-022-00462-6)上,让笔者有机会学习和领会他们的工作,并写几句粗浅的学习心得。

柳仲楷和陈宇林老师他们都是 ARPES 的行家,一定是做梦都想利用这一有力工具去探测那些一维量子材料能带结构和拓扑量子新效应。不过,ARPES 的探测技术原理注定了样品不能是一根孤零零的一维链,必须是足够多的且有序排列的一维链集合体!这种情形很像中子散射实验。针对单一的二维或一维材料的中子散射,到今天依然是巨大挑战:样品要有足够的体量!

问题是,这样的机会太小了。问题更是,这样的机会他们有意地"碰"上了!

最近一些年,已经有量子材料人关注那些组成可调控的无机化合物,如 $NbSi_xTe_2$($x=0.33\sim0.5$)或 $Nb_{2n+1}Si_nTe_{4n+2}$($n=1,2,\cdots,\infty$),它们在结构上天然就能形成有序排列的准一维 $NbTe_2$ 链,如图 2 所示。通过调控组分 x 或 n,这一有序排列的链状结构间距可以变化,从而有可能获得从一维到二维连续可调的量子材料体系。

更因为,这种一维链状结构可以整齐划一地定向有序排列,堆砌于整个三维晶体中,给 ARPES 探测这些一维链提供了现实的可行性。而且,如上所述,调节组分 x,让这些一维链相互靠近,实现从一维走向二维、甚至三维链束的过渡成为可能。

柳仲楷和陈宇林老师团队,似乎就这样"轻而易举"地搞定了研究对象。接下来,这些一维链就是他们的"刀下鱼肉",听凭其"宰割"了。

这篇文章主要展示了如此精巧的准一维结构(metallic $NbTe_2$ chains)的电子结构特征,特别是其非平庸拓扑特性。得到的主要结论是:能带费米面附近的狄拉克半金属态,乃具有节线的狄拉克态(Dirac nodal line structure),受晶体与时间反演对称保护。这样一个节线狄拉克半金属体系,通过适当结构调控和磁性掺杂,有可能得到 Weyl 半金属及新颖的拓扑边缘态。通过增加 $NbTe_2$ 一维链的密度(减小其间距),ARPES 也清楚展示了能带结构及其拓扑特征从一维向二维的转变,如图 3 所示。整个文章的故事新颖、物理图像清晰明了。

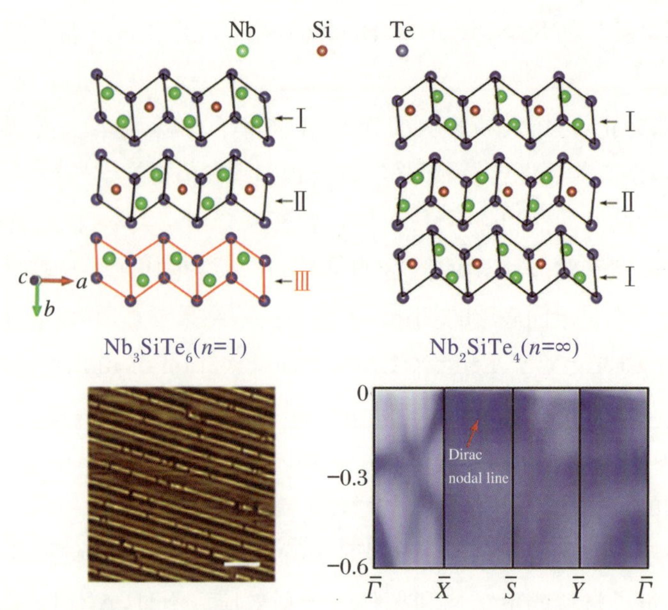

图 2　柳仲楷和陈宇林老师等关注的体系

$NbSi_xTe_2$（$x=0.33\sim0.5$）或 $Nb_{2n+1}Si_nTe_{4n+2}$（$n=1,2,\cdots,\infty$）：结构、样品表面一维链的实物形貌及能带中清晰的 Dirac nodal line。

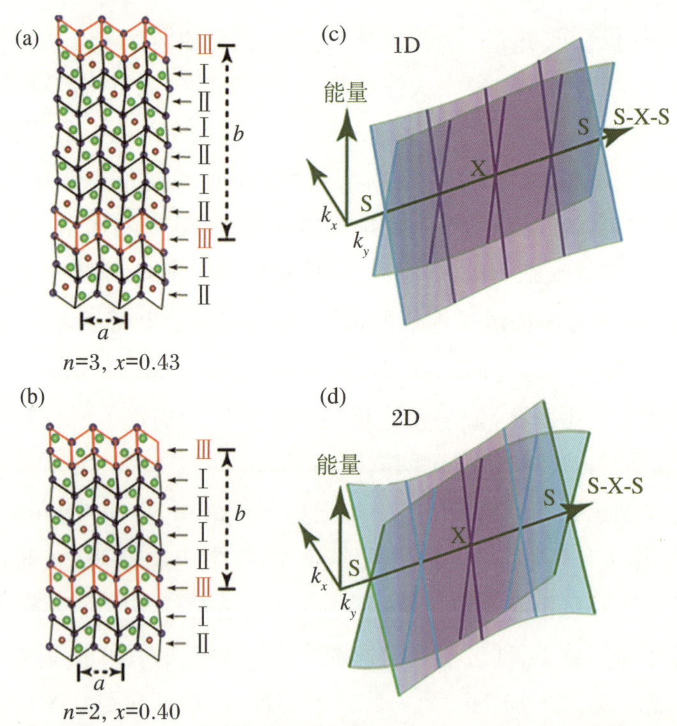

图 3　随着 x 或者 n 的变化，$Nb_{2n+1}Si_nTe_{4n+2}$ 体系从一维(1D)走向二维(2D)的过程，对应的拓扑量子态也发生演化

拓扑量子物理的关注点，主要是动量空间中能带结构的维度花样。本文所展示的拓扑量子维度效应，关注点则正走向实空间的维度花样。这是量子材料人科研生命中必然的元素及张力，也给了凝聚态物理以更丰富的维度与形态。虽然这些花样能不能最终走向为人所用尚未有答案，但可控制造实空间可组装的不同维度体系、并赋予其拓扑量子功能，是引领性的一步。

当然，柳仲楷、陈宇林团队针对的一维 $NbTe_2$ 一维链，却还是依附于 $Nb_{2n+1}Si_nTe_{4n+2}$ 晶体内部的，距离“真正的”“独立自主的”一维体系，还是差那么一点！

5

第5章

低维量子材料

世上本无材，只因人精彩

据说是在2004年之前不久，英国曼彻斯特大学的Andre Geim课题组用胶带从单晶石墨片上粘贴撕扯下来一种单层碳原子膜，由此发现了一种原本被认为不可能稳定存在的新二维物质——石墨烯(graphene)。这应该是人类正儿八经发现的第一个真正的平面碳二维材料，从而揭开了石墨烯研究的“潘多拉盒子”，触发了全世界特别是中国对各种二维、准二维和伪二维材料的探索。十多年过去了，石墨烯成为万众景仰的明星，更迅速成为一种万金油材料，其触角几乎覆盖自然科学的各大学科，甚至是数学家也从中找到乐趣和梦想。如今，石墨烯已成为科技领域最重要的流行语，2004年至今的论文应该在30万篇以上。现在，如果一位学者不能谈几句石墨烯，他可能会被划入异类或者落伍者。超越科技界之外，石墨烯也成为产业界甚至是资本投机界的目标。科学史上，应该没有一种材料能够获得如此神奇的物性，如图1所示，令人仰佩之至，甚至有些恐惧和迷茫：这个地球上还有这样一种材料，可以藐视一切同类，胜任一切功用?!

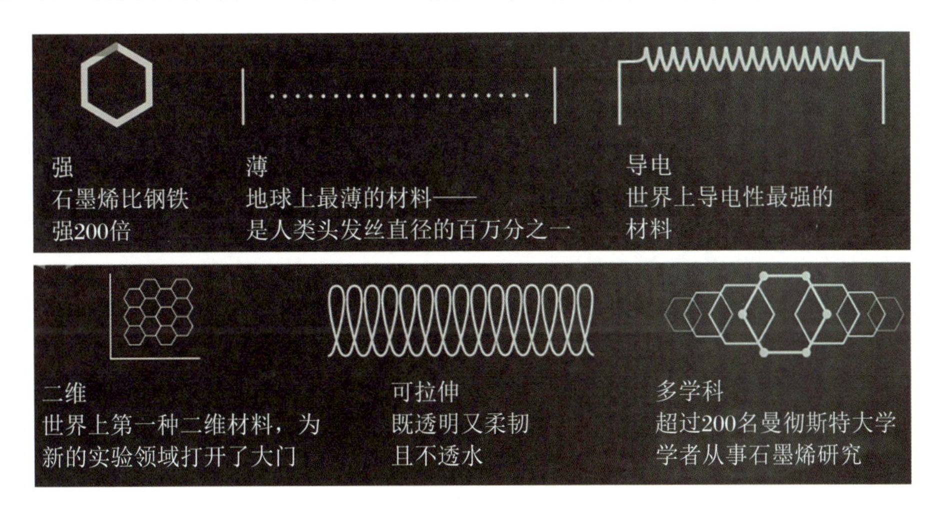

图1　石墨烯已知的六大性能特点，每一点都有横扫一切的气势

图片来源：http://www.graphene.manchester.ac.uk/explore/what-can-graphene-do/。

随着石墨烯宏量制备技术的发展，提供各种石墨烯原材料的高科技公司如雨后春笋般茁壮成长，毫无疑问给石墨烯的功能扩大化提供了肥沃的土壤。这种扩大化在我国表现得尤为明显，石墨烯是味精，是胡椒，是芡粉，似乎到了什么结构和功能材料都往其中加一点石墨烯的地步。而且，报道的相关性能一定是提升的。有时候会觉得味精放多了，享用起来有点呕吐之意；或者是芡粉放多了，有咀嚼黏稠、缺乏清脆之感。

不过，要说石墨烯只是沽名钓誉，那也大错特错。石墨烯到底有何能耐？这些年的大干、快上还是挖掘出一些令人眼睛一亮的特点，据说成为石墨烯藐视一切的资本。如图1所示：① 石墨烯力学强度高，比钢的强度高200倍。② 石墨烯很薄，作为二维材料不能再薄了(也许固体二维氢可能更薄)。③ 石墨烯导电性好，迁移率特别高，号称世上最导电物之一。④ 石墨烯是第一个稳定存在的六角点阵二维晶格。⑤ 石墨烯形变能力超强，好像也很透明，虽然石墨本身是黑体。⑥ 石墨烯还招引男女老少，据说仅仅是曼彻斯特大学就有几百人专门研究石墨烯，形成大兵团作战的态势。

石墨烯如此神奇，惠民广施。但是，上述罗列的亮眼之处缺少了现代电子功能应用最重要的两个特性：带隙与磁性。在对石墨烯和石墨烯人吹毛求疵之后，我们可以对其电子结构做一点粗浅的说明，为这些缺憾提供些许援助。

首先，石墨烯精准的二维特性可能使其成为最佳的半导体电子学体系，或者说石墨烯要是能够成为一个半导体体系那该多好！作为半导体，就要求石墨烯具有一定的能隙。通过 sp^2 杂化键合形成的 C 原子层呈现理想六角蜂窝结构，其电子结构是一类Dirac半金属，如图 2 左图所示。在一些低指数位置，存在清晰的 Dirac 点，穿过 Dirac 点的能带呈现标准的线性色散关系。一方面，这种线性色散意味着无穷大的载流子迁移率。这一特性让物理学家"阳春白雪"了很长一段时间。另一方面，Dirac 点的存在意味着没有带隙，如果作为半导体使用自然不大合适。虽然有很多人依据定式，又是进行掺杂，又是施加应变，但好像除了破坏半金属特性之外并无多少收获。这一结果让材料学家有些失望和郁闷。

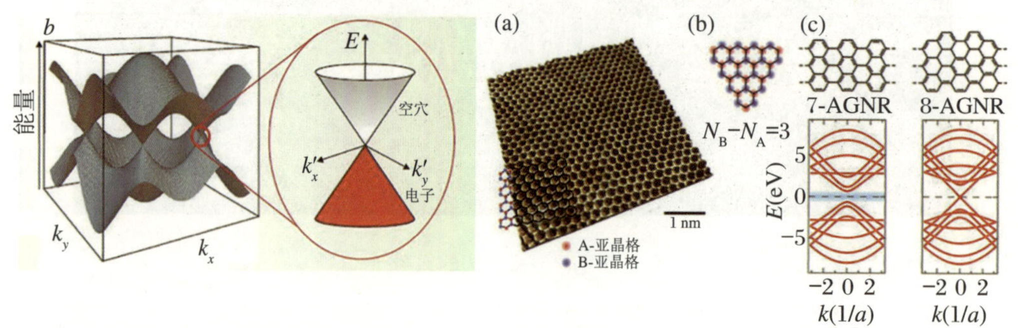

石墨烯的能带结构及Dirac点，意味着Dirac点附近能带呈现线性色散关系，其理论载流子迁移率无穷大

考虑石墨烯存在边界缺陷或特定边缘组态，可能打开能隙。如图所示的所谓7-AGNR结构就有带隙，8-AGNR就没有

图 2　石墨烯的电子能带结构(左)；具有特定边缘带结构的石墨烯电子结构(右)

图片来源：https://www.graphenea.com/blogs/graphene-news/6969324-a-bandgap-semiconductor-nanostructure-made-entirely-from-graphene；http://www.sps.ch/artikel/progresses/molecular-lego-bottom-up-fabrication-of-atomically-precise-graphene-nanostructures-37/。

当然，人类一贯相信人定胜天。随着石墨烯制备技术的发展，有些人有意无意地做出一些石墨烯纳米片、带和条，发现石墨烯边界大多呈现 armchair 和 zig-zag 结构特点。有些边界对应的能带结构在布里渊区某些点处的确能打开能隙，如图 3 右图所示。这一特性一方面让石墨烯作为二维半导体材料的可能性犹在，另一方面也促使材料学者大胆设想、小心求证，最终在实验室画出了很多半导体原型器件，包括 FET。不过，石墨烯作为半导体的梦想，好像也就基本到此为止，原因在于：请记得，这是单原子层的石墨烯。要精准调控边界结构，使得带隙稳定可控，本就不是一件容易的事情。也请记得，世上的事情没有绝对的，石墨烯再牛，也还是有对手的。果不其然，一系列二维化合物材料（MX_2）应运而生，大有"长江后浪推前浪，石墨烯兰少蕙兰"的态势。

事实上，大家都知道，石墨烯的风光依然在那些"下里巴人"的应用上，包括光催化、电化学、电池、环保处理等方面，直到进入衣服、领带和绘画等领域。我等虽然自视清高，但谁也不敢忽视这些“下里巴人”，谁知道哪一天“凤凰飞上天山，朝阳暖了西泠”呢。

其次，作为电子学的下一代应用，一个好的半导体材料如果有磁性，那也是好事情。有了磁性，特别是有了铁磁有序态，石墨烯就可能成为一种独特的二维自旋电子学材料。可惜的是，石墨烯的 sp^2 杂化 C 原子理想六角晶格没有磁性，一点都没有！其中的物理其实很简单，显示于图 3(左上)。六方晶格的磁性可以分为两个相互嵌套的三角亚晶格，每个亚晶格的自旋指向同一方向，但两个亚晶格的自旋方向相反，严格抵消了整个晶格的磁性。与石墨烯打开能隙类似，人类继续“作”自己。我们往晶格中掺杂缺陷或者异质原子、取出 C 原子形成空位、研究 armchair 或者 zig-zag 边界处的磁性，如此等等，也很热闹，如图 3(右上、下部)所示。这些尝试同样在《Nature》《Science》等一大类高档期刊上发文无数，形成了强大的压力。

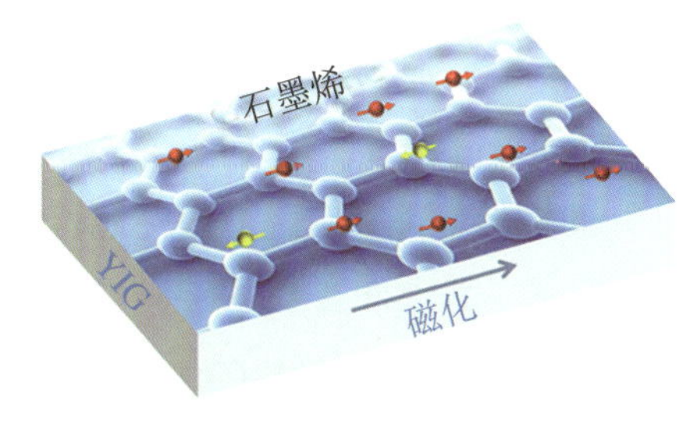

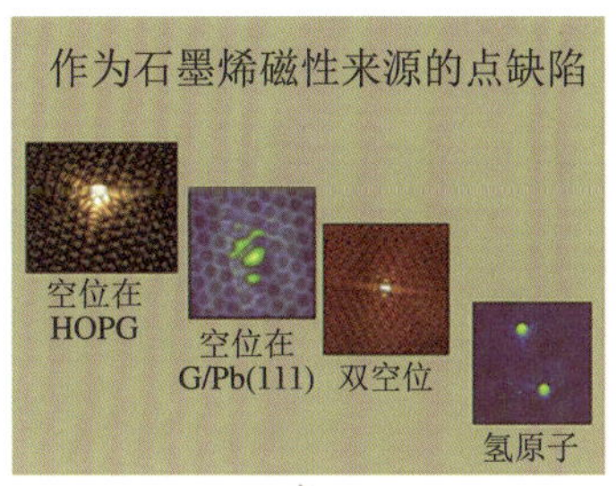

石墨烯没有磁性源于六角点阵两个亚晶格上的离子其磁性相互抵消。晶格掺杂或缺陷，引入净磁矩，形成磁云团和0/1状态。但显然没有稳定可控磁矩

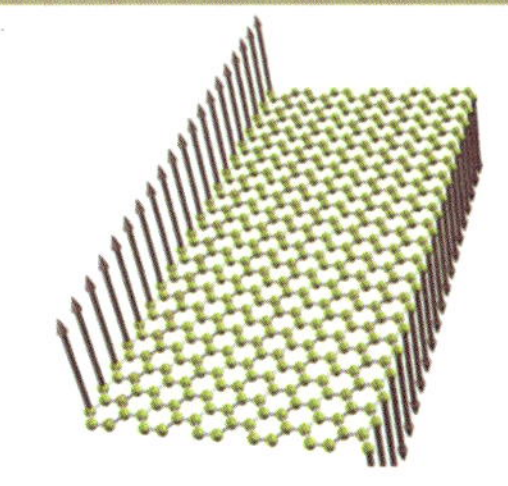

精确剪裁石墨烯边界或晶格，使得其中一类自旋突出出来，从而形成边界处或者缺陷处的磁矩。这一性质将半导体与磁性双重属性联系起来

图 3　石墨烯的磁性起源

这里，缺陷、掺杂、边缘态是根源，得到精彩纷呈的结果，散布于《Nature》《Science》的很多个年头之中。

图片来源：https://3c1703fe8d.site.internapcdn.net/newman/gfx/news/hires/2015/researchersm.png; https://image.slidesharecdn.com/ivanbrihuega2223062016215asistentes-161019134314/95/ivn-brihuegaprobing-graphene-physics-at-the-atomic-scale-25-638.jpg; https://scitechdaily.com/researchers-control-magnetic-clouds-in-graphene-switch-magnetism-on-and-off/; http://www.spinograph.org/article/magnetism-graphene。

不过，到目前为止，也许掺杂手段的确在石墨烯中引入了有限磁性，具体说就是顺磁性或者最多就是超顺磁性。

这种引入有很大限制：首先，总不能将其半金属或者半导体性质去掉，因为失掉这些特性，石墨烯就功能全废了。其次，要形成稳定可控的磁性，磁有序是首选，这不是易事。什么 Kondo、什么 RKKY，现在看来很多是水中花月。因此，一个折中的方案，就是在石墨烯纳米结构边界处做文章，是目前一个重要的方向。如果可以制备出足够小的石墨烯纳米结构单元，每个单元的边界都可以有一定净磁矩，而单元内部依然保持良好的晶体结构与电子结构纯洁性，那半导体与磁性两种功能也许能够勉强在此携手兴风作浪。那么，要做到勉强结合，就需要有实验证据。但是，要真的给出边界处 armchair 和 zig-zag 处是否有磁性的证据，还真是一个巨大挑战。现在最高空间分辨的探测技术，要探测出一个独立分子的磁性，本就很难。怎么办呢？那就宏量探测，然后看能否有另辟蹊径的机会。

先看要达到哪些条件：① 要制备出尺寸和结构一致与可控的石墨烯纳米单元，尺寸越小越好，比如石墨烯量子点；② 为了保持石墨烯本身的良好输运特性，石墨烯纳米结构的内部（基面）尽可能保持完整结构，以保证良好的输运性能；③ 因为磁性源于纳米点边界处的结构，即便是有序的结构（这可能性其实不高），其磁性在宏观层面展现也是弱到不能再弱了。所以，宏量的、高度一致的超高密度石墨烯量子点（graphene quantum dot，GQD）制备，是研究其磁性的前提。南京大学都有为先生和汤怒江课题组大概是基于这个思路开展工作，一直在尝试获得 GQD 的磁性证据。

首先，他们通过一系列尝试，找到了一种简单的石墨烯量子点宏量制备方法，如图 4 所示。其次，他们从不同微结构和键合表征层面表征，能够确定如图 4 所示制备过程得到的石墨烯量子点的磁性主要来源于纳米点边界。而且，这种边界磁性因为氢氧根离子的键合对于“固定”磁性有很好的效果，可以很好抵抗热处理带来的破坏。再次，他们证实了这些石墨烯量子点的确呈现具有较高磁矩的超顺磁性。

这是一项以工艺摸索为主的实验研究工作。虽然主题是关于石墨烯纳米量子点磁性这样的“高大上”话题，但用的实验技术都是“平常”普通的手段。从某种意义上说，这样的研究工作与追求最“直接”证据的那些极端手段比起来基本不值一提，但可能更易于上手，也因此值得那些只有普通实验手段的课题组参考与借鉴。这样的结果，也许更接近工艺实际。另外，这样的平常测量，对细节还是很有要求的。比如样品中的磁性杂质问题、量子点边界细节问题，都是实验上的很大挑战。文章详细阐述了他们如何通过可控制备宏量的石墨烯纳米量子点来确认其超顺磁性，详细内容可见以“Magnetism of graphene quantum dots”为题发表在《npj Quantum Materials》上的论文（http://www.nature.com/articles/s41535-017-0010-2）。

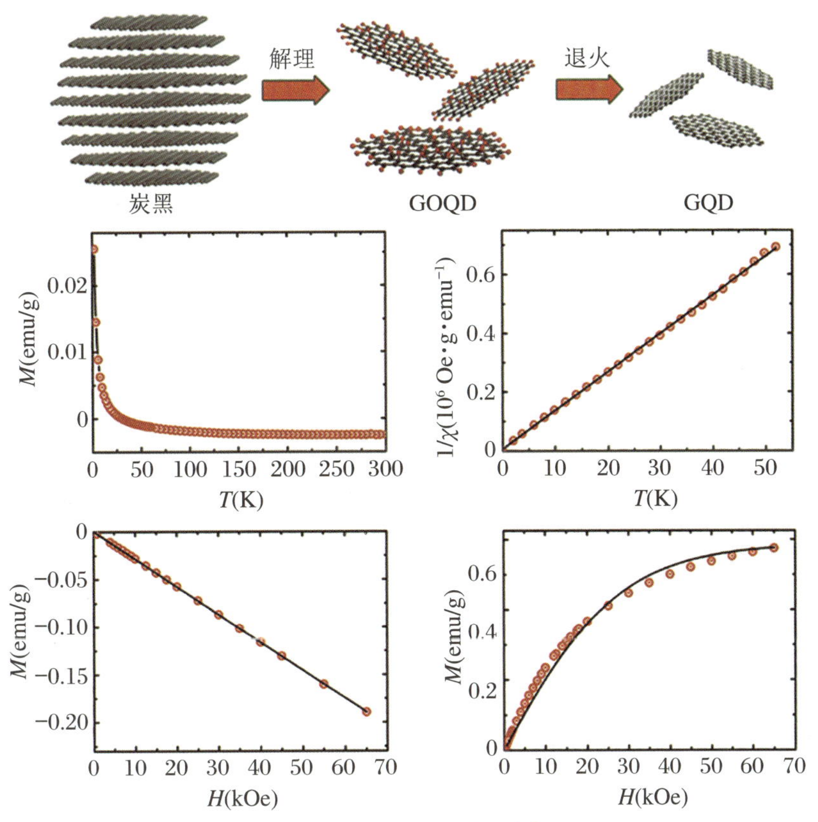

图 4　石墨烯纳米量子点的磁性,且这些磁性源于量子点边界结构
图的上方显示了石墨烯纳米量子点的制备过程。可以看到,体系显示出典型的顺磁性。

二维铁电性,一泓秋水映①

1. 引子

关注、学习和研究物理学,时间长了,心中多少会有两大神祇:能量和对称性。这是物理人引以为傲而又有些絮叨的缘由。万千世界,执此两幡神祇便可指点宏微、斗气上下。而另一方面,正因为能量和对称性的威力,物理人心中亦充满敬畏心理,对能量和对

① 本文另一位作者是吴梦昊。

称性竟然会这般主宰自然和社会的这一现实而深感诚惶诚恐。这是一种两面性，一面是先贤创造了物理，另一面是我们对先贤创造的物理服服帖帖，并从中得到灵感和指引。笔者之一在十几年前受邀观摩香港理工大学的一个查经班时，曾经自负自大，与神父和基友们长夜舌战。这是争论后的体会：基督徒们有耶稣，物理人有能量与对称性！

具体到凝聚态物理的一些分支，对称性的威力显得格外明显。此处笔者因为敬畏与无知，实不敢妄论其本源。粗略地看，对称性的表象之一应该就是维度。当我们将真实时空的维度降低（维度收缩）时，很多高维时空的行为可能就会变得不再稳定，不再理所当然。维度降低，意味着沿降低方向的涨落显著增强。当相互作用与涨落在能量上变得可比拟时，对称性就粉墨登场，扮演起四两拨千斤及渔翁得利的角色。此时，它有了那么一点“山中无老虎，猴子称霸王”的味道。也正因为如此，低维下一众凝聚态物理学问题都可以且需要重新梳理与探求一遍，并“诞生”出新的研究方向和热点。

需要引起读者关注的是：物理研究的脉络，原本是从低维和简约开始的。四大力学中，很多经典的低维问题都有漂亮的严格解，进化到高维时就举步维艰，精确解进展不大，近似解漫天飞舞。我们在三维空间和四维时空中已小心翼翼地前行百年，早就开始感到身心疲惫。此时，回归到低维又变成了一种时髦和必然，是螺旋式轮回进程的一个环节。这是物理学的宿命，萦绕而不绝。

2. 低维铁性

笔者先考虑一类自以为最熟悉的凝聚态物理问题，或者叫铁性问题。以最常见的磁性体系为例。磁学的第一个里程碑就是 Ising 求解的一维 Ising 自旋链相变问题，后来是二维 Ising 模型严格解问题，都是低维体系的丰碑。再加上海森伯的磁性量子理论，经典磁学的三分江山基本就定了。现在，我们又回过头来看低维体系中的磁性问题，即前述所谓的轮回。

对于海森伯自旋体系，薄膜体系中自旋倾向面内有序、纳米点中自旋倾向形成手性涡旋序、磁性异质结界面处可能出现斯格明子态，都是维度降低的结果。唯象上，用退磁能、各向异性能和自旋-轨道耦合效应都可以定性阐明这种结果。而对于严格意义上的二维体系，其有序行为一定程度上受到 Mermin-Wagner 定理的约束。最近，中国科学院金属研究所的韩拯和杨腾老师有一篇大作，详细科普了二维磁性半导体中的物理与材料，参见《铁磁半导体，花落两维里》一文。这一结果，看起来是对 Mermin-Wagner 定理的某种挑战或补充。磁性是铁性之一类，本文在此不能再鹦鹉学舌，姑且另起炉灶，看看低维体系的另一类铁性——铁电性的维度效应。

对一个铁电系统，20 世纪 80 年代就有物理人提问：系统维度降到二维或一维时，铁电性能否保持稳定？这是一个重大疑问，曾经是很多人追逐的热门问题。梳理一下，有几点认识：

（1）早期的唯象理论，信誓旦旦地预言铁电体的尺寸（如铁电薄膜厚度、铁电纳米点尺度）下降到某个临界值时，铁电性会消失。按照铁电体边界的镜像屏蔽图像，这一临界尺寸应该在 100 nm 范围，最小也就是 10 nm。如果不考虑自由电荷屏蔽，单纯从唯象角度考虑，这个尺度很容易估算出来。

（2）铁电临界尺寸行为，更多可从正常铁电体到弛豫铁电体再到铁电玻璃态演化进程中铁电畴形态来看，如图 1(a)所示。对于宏畴体系，可以得到很好的铁电特征——饱和而规则的铁电回线。当宏畴渐渐被微畴甚至纳米畴代替时，宏观铁电回线被严重压缩，与顺电特征并无本质差别。可以说这也是一种铁电尺寸效应。

（3）可借助各种技术，如切、掰、铣、沉积、组装、生长等各种方法，加工出一个尺度很小的铁电体点、线、面，如图 1(b)所示。如果这个尺度很小，得到的铁电特征也如顺电一般，对应的这些点、线、面内可能呈现涡旋畴、中心畴、孪晶畴等。这也是一类维度收缩效应。

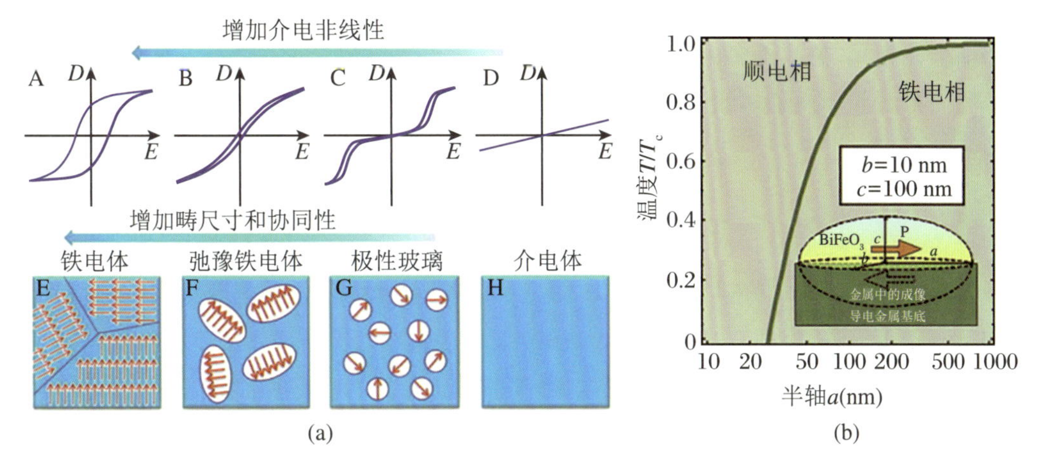

图 1 铁电尺寸效应的若干表现

(a) 不同铁电体系中本征尺寸效应导致的畴结构形态与性能。(b) $BiFeO_3$ 椭球颗粒的铁电居里温度与块体铁电居里温度比对尺寸的依赖关系，其中可以看到铁电性在尺寸为 30 nm 以下时就消失殆尽。

图片来源：(a) L. Yang 等发表于《Polymer》(2013 年第 54 卷第 1709 页)上的论文；(b) V. V. Khist 等人发表于《J. Alloys and Compounds》(2017 年第 714 卷第 202 页)上的论文。

事实上，十几年前，就已有间接实验证据证明，即便诸如 $BaTiO_3$ 和 $PbTiO_3$ 等典型铁电体系的特征尺度小到 2～3 个晶胞时，依然有铁电性存在。与此同时，诸如清华大学的王晓慧老师等也费尽周折，证明 $BaTiO_3$ 纳米颗粒小到 2 nm 以下时，铁电性依然良好。不过，上述几十年研究触及的问题还没有深入到极致。极致，应该是严格意义上的二维体系到底有没有铁电？与二维铁磁性比较，对二维铁电的关注直到最近才开始提到日程上来。这一态势,也给了笔者一个台阶,可以站立其上,对低维,至少对二维铁磁和铁电是否很“铁”来评述一番。

3. 二维铁电

从应用角度看,铁磁和铁电是一对经常被拿来做对比的老铁:两者都可用作内存材料,其存储非易失,0 和 1 两个态能量上简并。这正好克服目前硅基内存能耗散热和量子隧穿的问题,尤其是在集成度越来越高、尺寸越来越小的情况下。数据读写中铁磁是读易写难,铁电则相反。最佳组合则是依靠多铁耦合实现电写磁读。对此话题,东南大学董帅等人曾经撰写过详尽的长篇综述[1]。很显然,因为有自旋电子学这杆大旗,铁磁的研究明显多于铁电。

随着石墨烯等二维材料兴起,人们想当然地赋予它们为摩尔定律续命的重任。而在此之前,铁电和铁磁薄膜的研究也可被视作其二维化的尝试。不过,在纳米尺度下,铁磁体因为超顺磁等效应并非特别“铁”,却能够获得无上青睐;而铁电体其实可以更“铁”,至今仍端坐冷板凳、关注不多。

我们来看一下铁磁体的海森伯模型:

$$H = - J\sum_{\langle i,j\rangle} \sigma_i\sigma_j - K\sum_{j} (\sigma_{jz})^2$$

其中,σ_i 为在 i 处的自旋算符;J 为每个自旋和近邻自旋的交换耦合,通常小于几十 meV,J 越大则自旋排列越趋于一致;K 为自旋的各向异性能,其效果是让自旋和磁性的易轴方向趋于一致,但通常小于 1 meV。铁磁的居里温度,用平均场的方法粗略估计,大体和一个自旋的翻转势垒成正比。在这里,K 相较 J 通常可以忽略不计。而在低维近邻自旋数目 N 减少的情况下,其势垒 NJ 要达到远大于室温的扰动($k_BT = 26$ meV)并不容易。尤其是对半导体而言,J 通常非常小。根据 Mermin-Wagner 理论,如果 $K = 0$,二维铁磁是无法在有限温度下自发形成的,虽然韩拯老师他们说可能可以。

与此不同,如果铁电写作类似哈密顿形式,不少铁电材料的 J 和 K 可以达到几百 meV。即使在低维情况下,铁电体系依然可以非常“铁”。这应该是在二维铁磁半导体历经沧桑之后,物理人也开始关注二维铁电的主要原因之一。

可惜铁电体并没有因此在内存领域称王称霸:传统铁电体大多是迁移率糟糕的绝缘体,也因此,铁电体最多只是半导体集成器件中的 gating 施主,或者在介电层使用而已。如果外延生长到硅基电路表面,大多数铁电体也经常有各种界面的问题。铁电薄膜厚度低于几纳米到几十纳米时,垂直方向的极化会因巨大的退极化场而消失,或者极化翻转到面内。

好吧,怎么办呢? 一个思路是对具有高迁移率的二维材料进行剪裁、嫁接;另一个思路是寻找本征的二维铁电体系,以实现多功能的二维铁电。

这里的高迁移率、本征、大带隙、垂直退极化场，这些物理关键词物理上都是不搭界的！为什么非要将它们捆绑在一起呢？答案是：这样的材料新、薄、好！另外，寻找二维铁电的应用意义也凸显出来：

(1) 二维材料其原子级的厚度，使得集成度能够大大提高。

(2) 很多二维体系本身就是高迁移率半导体，其在硅基电路表面可形成范德华界面。因此，制备时并不需要晶格匹配，即可形成高质量材料。

(3) 适当的设计、剪裁、嫁接，也许可克服铁电极化不能傲立于面外的难题。

只是，到底能否在若干具有良好性能的二维体系中找到或嫁接上铁电呢？到底能否找到具有本征铁电的二维体系呢？

4. 寻找二维铁电

实话说，沿此类思路去寻找铁电性二维材料并不容易。花开两朵，先表一枝。

2013 年，吴梦昊教授还是初生牛犊，就曾大胆预测通过羟基修饰石墨烯的方法可以获得石墨烯基二维铁电(图 2(a))。之后，受曾晓成教授指点，他又将类似方法拓展到多种极性基团，将一系列无极化的二维材料铁电化。这些修饰，并未显著影响半导体本征的高迁移率和能带性质，看起来是一种不错的方案。另外，以不同基团修饰，还可设计出二维铁电隧道结等一系列器件(图 2(b))。

当然，既然是铁电性，就需要在外场作用下很便利地翻转。有趣的是，这些极性基团随电场翻转，恰似花田中向日葵一齐朝向太阳一般。因此，在设计时，极化基团既要稀疏到花盘有足够大的空间翻转，又要密植到有足够大的近邻作用 J。可惜，用基团嫁接之法得到的铁电极化，都躺在面内，而高密度存储更需面外极化。

如果在双层二维材料中插入卤素原子，由于共价键的饱和性和方向性，原理上可形成垂直方向的极化，并伴随着磁电耦合(图 2(c))。最极端情况下，可设想一种单原子铁电，完全舍弃近邻作用(J 约为 0)，只靠有限的 K 就能抵抗室温热扰动。其中，每个原子可存储 1 比特：与上层原子成键记为“0”，与下层原子成键记为“1”。与此不同，对于单分子磁体来说，舍弃近邻作用(J 约为 0)，只靠小于 1 meV 大小的 K，却是无法抵抗温度为几 K 的热扰动的。这是二维铁电的巨大优势。

这种插入层方案类似硅基电路中掺杂出 n-p 沟道，以化学功能化的办法将二维材料改造出铁电性来。这是一种普适性的理论方案，看起来简单又实用。只是，设想虽好，如何去实现呢？事实上，时至今日，实验上鲜有进展，倒是二维滑移铁电蓬勃发展了起来。这是后话，在此不表。

花开两朵，再表另一枝。我们也要将着眼点放到在二维材料中寻找本征铁电性的研究上来。

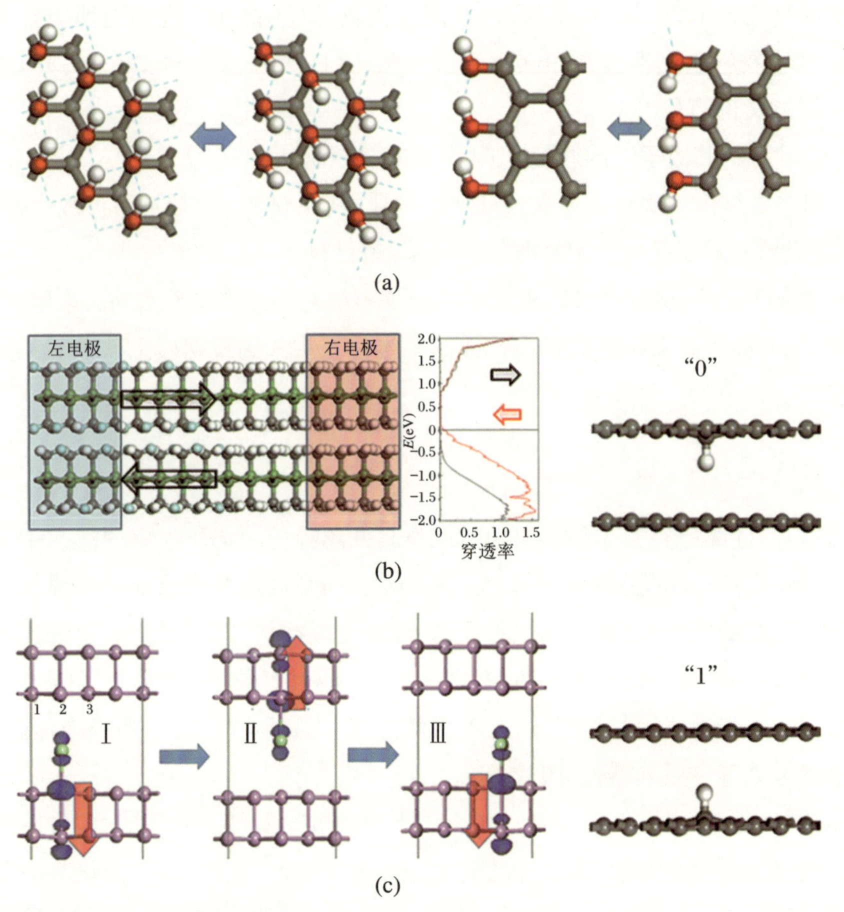

图 2　以化学功能化将二维材料改造出铁电性的几个例子

(a) 羟化石墨烯结构，可在二维甚至一维形成面内铁电。因为两个相邻羟基不同向时的能量代价非常大，即使在较高温度也能保持方向一致有序。[2] (b) 锗烯等二维材料以不同基团修饰可设计二维铁电隧穿结。[3] (c) 双层二维材料中插入卤素原子，由于共价键的饱和性和方向性可形成垂直方向的极化，并伴随着磁电耦合，极限下每个插入原子可存储 1 比特：跟上层成键为"0"，跟下层成键为"1"。[4]

2016 年之后，具有本征铁电的二维材料探索似乎一下子花开蒂落，取得了重要进展。标志性的成果包括一个理论设计和三项实验探索工作：

(1) 吴梦昊曾预测过，二维Ⅳ-Ⅵ族材料可借助孤对电子产生铁电或铁弹性。它们之间还相互耦合(图 3(A))。[5]不久，清华大学陈曦、季帅华课题组在 SnTe 薄层中实验揭示了其面内铁电性。[6]

(2) 南洋理工大学刘铮、王峻岭课题组在 $CuInP_2S_6$ 薄层中测出了垂直方向的铁电性，源于 Cu、In 离子在垂直方向的位移(图 3(B))。[7]这里，三维 $CuInP_2S_6$ 块体本身就是亚铁电或反铁电体系，其中蹊跷尚有斟酌之处。

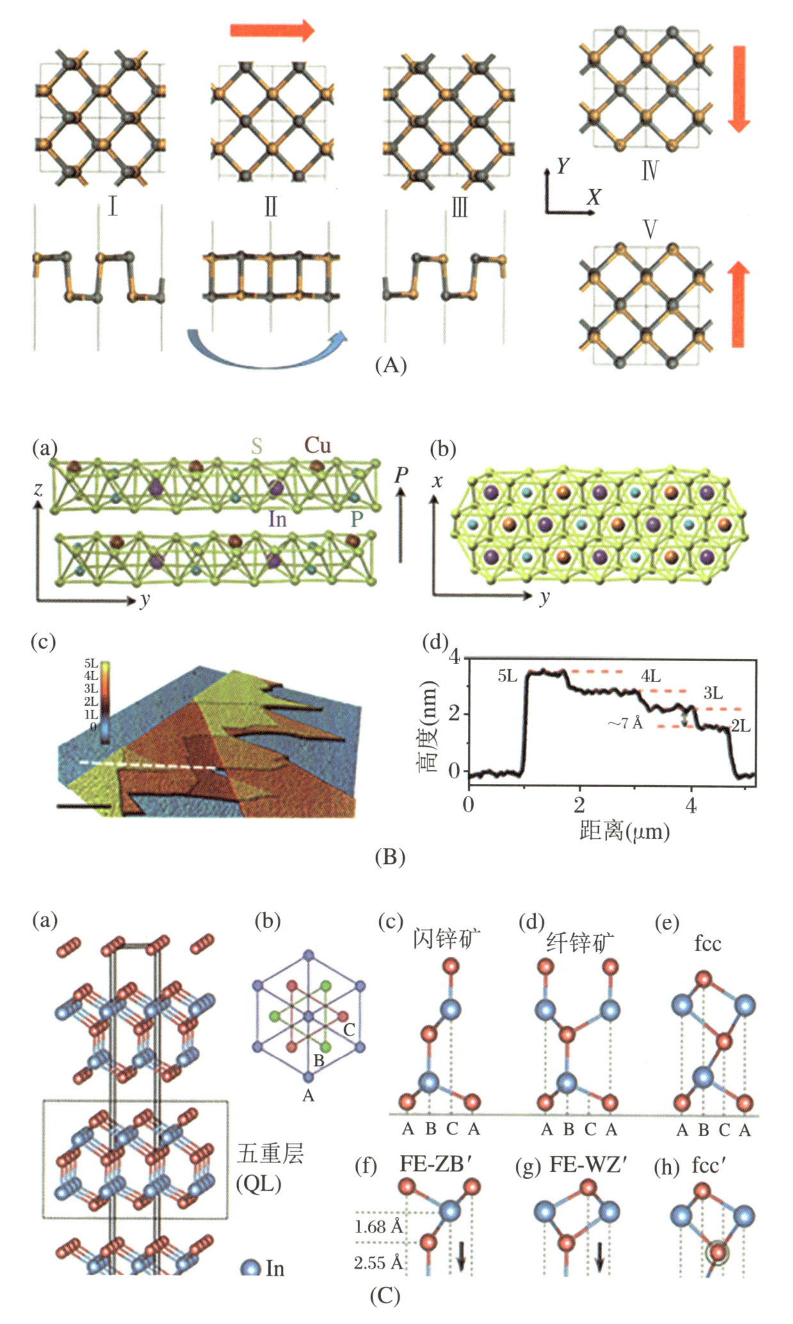

图3　三例实验证实具有本征铁电性的二维材料

(A) 二维Ⅳ-Ⅵ族材料，因Ⅳ族元素孤对电子引起的畸变，可产生四个对等的极化基态，导致铁电或铁弹性并相互耦合。[5] 此处陈曦、季帅华课题组的实验数据可见于文献[6]。(B) $CuInP_2S_6$ 中 Cu、In 离子可在垂直方向位移产生铁电。[7] (C) 单层 In_2Se_3 中一层 In 离子处于八面体中心，另一层 In 离子处于四面体中心，中间层 Se 可在垂直方向位移产生铁电。[8]

(3) 中国科学技术大学朱文光课题组预测单层 In_2Se_3 中因 Se 位移产生的垂直铁电[8]（图 3(C)）。随后由北京大学彭海琳、刘忠范课题组在薄层体系中实验证实[9]。

这三例实验证实的二维铁电，无一例外都能在室温下稳定存在。与此对照，2017 年首次实验实现的二维铁磁体系 CrI_3 和 $Cr_2Ge_2Te_6$，其居里温度只有几十 K。

需要指出，近年来还有不少理论计算的预测等待实验证实。至少有两点值得关注：

(1) 现有高迁移率半导体与铁电结合。除上述功能化二维材料外，浙江大学陆赟豪课题组预测的Ⅴ族烯和吴梦昊预测的 BOX 体系[10]，均属于此类。

(2) 二维体系中铁磁与铁电的耦合。除上述双层二维材料外，复旦大学向红军课题组预测的 CrB_2[11]、南京理工大学阚二军课题组预测的电荷掺杂 CrI_3[12]、东南大学董帅课题组和王金兰课题组预测的缺陷 CrI_3[13] 及吴梦昊预测的 C_6N_8H 体系[14]，均属此类。

有关这两方面的进展，如果看君有意，可阅览吴梦昊近期以“The rise of two-dimensional Van der Waals ferroelectrics”为题发表的二维铁电综述。[15]

5. 疑惑与挑战

前面的阐述，如果让读者兴奋了一刻的话，笔者更相信您可能也心有狐疑，内心深处会弥漫某种“不可思议、不可信、不可行”所谓“三不”的感觉。笔者其实也有类似的不相信与担忧。

首先，与磁性不同，铁电体要求二维体系具有稳定的电偶极矩，并能处于极化可翻转的有序态。众所周知，追求二维半导体的一个巨大挑战，是获得较大的能隙，比如说大于 1.0 eV。这是一项让物理人屡战屡败、屡败屡战的目标。同样，二维铁电也需要有较大的能隙，方能稳住铁电极化。在此态势之下，严格意义上的二维铁电只怕不是那么容易对物理人俯首称臣。

其次，的确已经有 CrB_2、电荷掺杂 CrI_3、缺陷掺杂 CrI_3 和 C_6N_8H 这样一些类二维铁电体系的预言，但它们未必满足严格的二维体系之定义。当然，还需要细致、可靠的实验表征。

再次，真正意义上的二维体系，要维持大小在 10 $\mu C/cm^2$ 量级的面外铁电极化，退极化场是巨大的、无与伦比的。维持其稳定所需能量与晶格相互作用能相比并不低多少。那么对称性破缺如何能够推翻能量的无上权威？

最后，但绝不是无所谓的现状是：到今天，二维铁电，无论是计算预测还是实验观测，看起来主要都是中国人或亚洲人完成的工作。欧美甚至日本人似乎对这一“重大”问题都视而不见？希望这种疑问不是崇洋媚外的表现。作为证据，吴梦昊保存有一段欧美人对一篇二维铁电论文的审稿意见：

I note that the Refs.[9-20] which the authors claim to demonstrate 2D-ferroelectricity are not widely accepted nor widely cited, and 10 out of 11 of these papers are from Asia with no verification in Europe or USA. That does not mean that they are wrong, but it does suggest that they might be artifacts if more experienced laboratories cannot reproduce them.

这段带有地域偏见的审稿意见，就像盛夏之日蓝天白云下突然降下一阵冰雹，向这一研究方向的人们泼去一波寒意。这种寒意，就像我国在“厉害了，我的国”之后一些静静的反思一般，不是毫无用处的。

笔者也就此打住，但二维铁电的路当崎岖而宽广！需要指出：华中科技大学吴梦昊教授曾经参与本文撰写，他是本文作者之一。而他关于二维材料滑移铁电的预言被一系列国内外课题组实验证实，应该算是对如上审稿意见的回应。

参考文献

[1] Dong S, Liu J M, Cheong S W, et al. Multiferroic materials and magnetoelectric physics: symmetry, entanglement, excitation and topology[J]. Adv. Phys., 2015, 64: 519-626.

[2] Wu M, Burton J D, Tsymbal E Y, et al. Hydroxyl-decorated graphene systems as candidates for organic metal-free ferroelectrics, multiferroics, and high-performance proton battery cathode materials[J]. Physical Review B, 2013, 87: 081406. DOI: 10.1103/physrevb.87.081406.

[3] Wu M H, Dong S, Yao K L, et al. Ferroelectricity in covalently functionalized two-dimensional materials: Integration of high-mobility semiconductors and non-volatile memory[J]. Nano Letters, 2016, 16: 7309. DOI: 10.1021/acs.nanolett.6b03056.

[4] Yang Q, Xiong W, Zhu L, et al. Covalent functionalization of monolayer MoS_2 by organic molecules: A first-principles study[J]. Journal of the American Chemical Society, 2017, 139: 11506. DOI: 10.1021/jacs.7b04442.

[5] Wu M, Zeng X C. Intrinsic ferroelasticity and/or multiferroicity in two-dimensional phosphorene and phosphorene analogues[J]. Nano Letters, 2016, 16: 3236. DOI: 10.1021/acs.nanolett.6b00726.

[6] Chang K, Liu J, Lin H, et al. Discovery of robust in-plane ferroelectricity in atomic-thick SnTe[J]. Science, 2016, 353: 274. DOI: 10.1126/science.aad8609.

[7] Liu F, You L, Seyler K L, et al. Room-temperature ferroelectricity in CuInP2S6 ultrathin flakes [J]. Nature Communications, 2016, 7: 12357. DOI: 10.1038/ncomms12357.

[8] Ding W, Zhu J, Wang Z, et al. High-temperature superconductivity in monolayer $Bi_2Sr_2CaCu_2O_{8+\delta}$[J]. Nature Communications, 2017, 8: 14956. DOI: 10.1038/ncomms14956.

[9] Zhou Y B, Yang X G, Cheng W R, et al. Thin-film Sb_2Se_3 photocathodes for oxygen evolution reaction[J]. Nano Letters, 2017, 17: 5508. DOI: 10.1021/acs.nanolett.7b02345.

[10] Wu M H, Zeng X C. Intrinsic ferroelasticity and/or multiferroicity in two-dimensional phosphorene and phosphorene analogues [J]. Nano Letters, 2017, 17: 6309. DOI: 10.1021/acs.

nanolett. 7b03035.

[11] Luo W, Xu K, Xiang H. Electric-field-tunable band edges in few-layer black phosphorus [J]. Physical Review B, 2017, 96: 235415. DOI: 10.1103/PhysRevB.96.235415.

[12] Huang C, Du Y, Wu H, et al. Proton-controlled molecular ionic ferroelectricity in two dimensions [J]. Physical Review Letters, 2018, 120: 147601. DOI: 10.1103/PhysRevLett.120.147601

[13] Zhao Y, Lin L, Zhou Q, et al. Gate-tunable giant piezoresistive effect in few-layer black phosphorus [J]. Nano Letters, 2018, 18: 2943. DOI: 10.1021/acs.nanolett.8b00312.

[14] Tu Z, Wu M H, Zeng X C. Two-dimensional metal coordination polymers with tunable ferroelectricity and multiferroicity [J]. The Journal of Physical Chemistry Letters, 2017, 8: 1973. DOI: 10.1021/acs.jpclett.7b00603.

[15] Wu M, Jena P. The rise of two-dimensional van der Waals ferroelectrics[J]. Wiley interdiplinary reviews: Computational Molecular ence, 2018:e1365. DOI:10.1002/wcms.1365.

平带呼唤电极化

1. 引子

我们小时候，学好数理化，特别是学好物理，是理想和追求。其中一个动机是物理很重要、很简洁、很美妙：区区几条公理、几个简单公式、几项基本定律，似乎就能上至天文、下至原子，将万千世界一网打尽。于是乎，我们那几代人中很多都有志于学物理，以理解和拯救无尽苍穹！到了大学，虽然已感受到物理正在越来越复杂和艰难，但还是挡不住杨振宁先生“物理学是美的”“狄拉克干净到秋水文章不染尘”的鼓动，继续相信“物理是美、是简洁”的信条，甚至于出现诸如笔者这般非物理出身却转行来做物理的“异类”。随便在网上浏览，都能找到一些让人激动的意象，如图 1 所示。

当然，比起笔者那个时候，现在的年轻人要成熟得多，也深思熟虑得多。在他们脑海里，学学物理也许还行，将来要从事物理职业，那脑海里就有了“艰、难、苦、涩”的标签。

好在地球人口多，从之者依然众也，可见其魅力不假！

好吧，物理学到底有何魅力，还能吸引一批批优秀之人浸淫其中？笔者不可能有独到见解，但网络上有很多真知灼见可解惑其中要义。例如，微信公众号“返朴”就整理了杨振宁先生于 2008 年在东南大学、2009 年在复旦大学的两次学术演讲，刊发出《物理学的诱惑》一文，影响很大。文首说：“电磁感应、电磁波、宇称不守恒，‘诱惑’着一代代物理学家去探索和发现。他们因对物理的好奇心而执着探索，创造了深刻影响世界的伟大发现。法拉第说：物理学工作使弱者陶醉、强者振奋。”

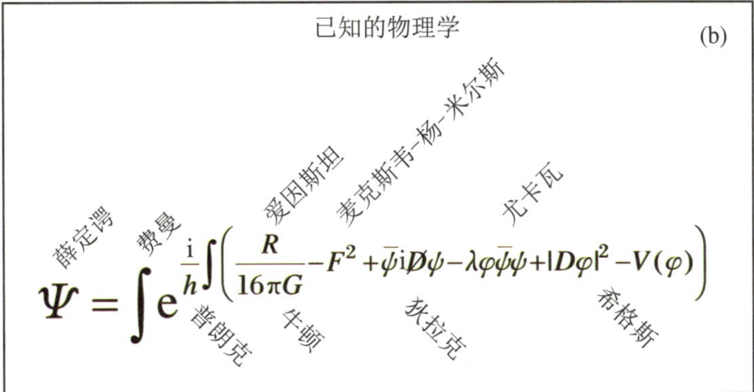

图 1　物理学锤炼出来的意象

物理中构造美的元素(a)和想象中的物理链条之梦(b)。一门偌大的科学，竟然能够如此言简意赅，是为独一份。

图片来源：https://www.quora.com/What-makes-physics-so-beautiful; https://www.physicsforums.com/threads/neil-turoks-all-known-physics-equation.417177/。

在笔者看来，物理学吸引人，可能还是因为它看起来简洁、准确。

首先说简洁。现在的物理学教科书，展示给我们的物理规律简洁、数学化。比之化学键的描述、比之生物学的功能视觉、比之大地构造板块滑移，物理学表述更直接、简洁。像麦克斯韦方程组、狭义相对论，哪怕是再复杂一些的薛定谔方程，都直观清晰。很显然，自然科学没有比物理学更简单、明晰的科学理论了。

其次是准确。且不说万有引力和牛顿力学经常是不差分毫，就是广义相对论这复杂理论描述的引力红移，就像量子力学这天书一般的理论给出的氢原子轨道半径，那都是小数点后很多位与实验测量吻合无缝的范例。即便是大统一理论那样复杂到不能再复杂的理论体系，给出的定量计算都很准确。这样的理论，其吸引力几乎是无与伦比的！

以上，都是物理学留给我们的光辉印记，从而吸引很多物理人前赴后继。图 2 用一种简洁、对称、意象上近似的几何视觉呈现这种光辉印记，无须更多解释和说明。

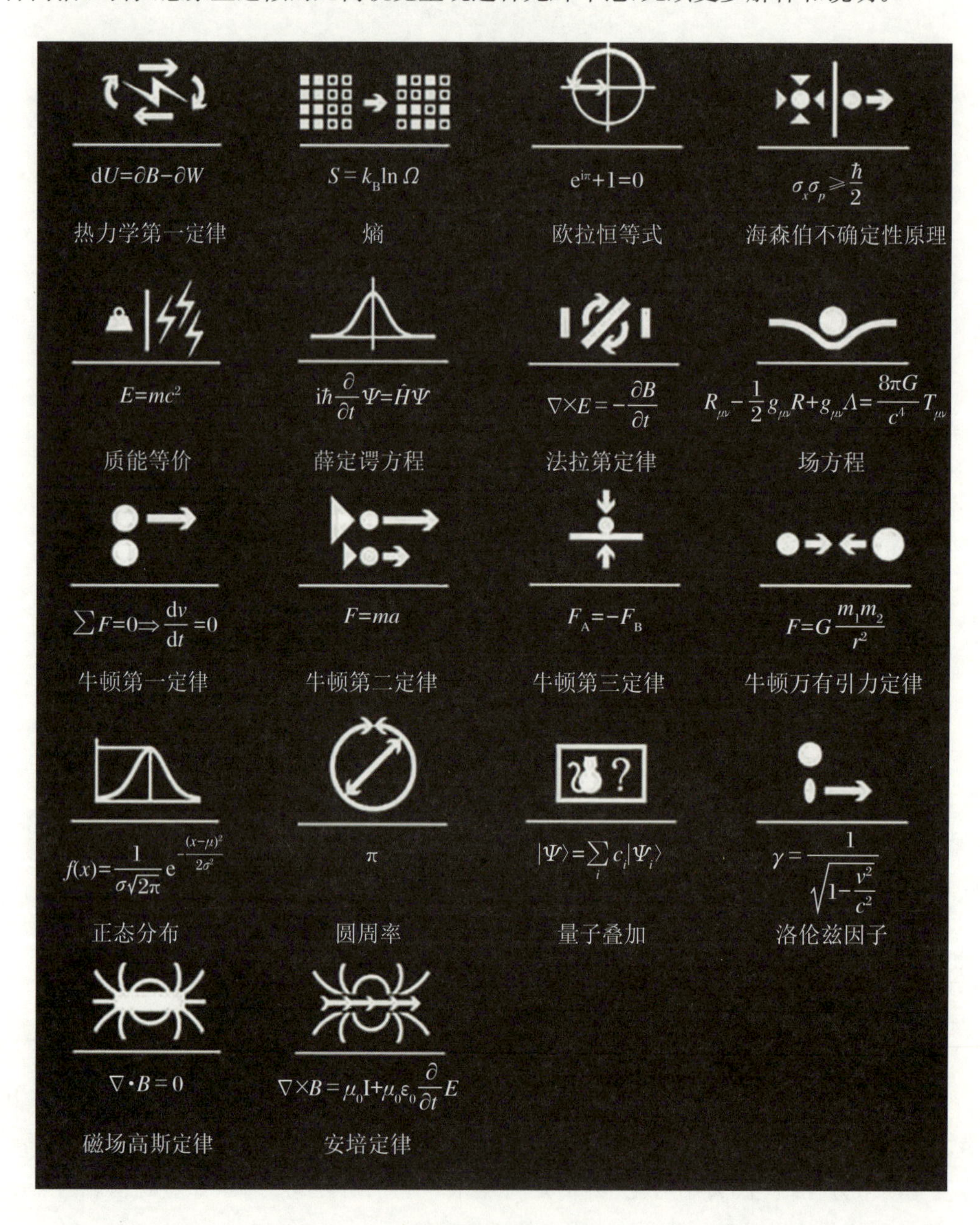

图 2　物理学留给我们的光辉印记，每一个印记都是无与伦比的

图片来源：https://www.facebook.com/AstrophysicsAwesome/photos/a.1427327690853369/25643 10667155060/。

2. 简洁之问

事实上，在物理学世界里生活多年的我们知道：

(1) 物理的确很难，那些新生代的高中生和他们的家长们没有误解和搞错！所以，他们开始远离。

(2) 大多数自然现象，不，绝大多数，并不能由简洁或准确的物理规律准确定量描述。那些纯净的逻辑、简洁的符号、对称的图像，正在成为物理人历史的记忆，虽然它们的确是对的。

(3) 现代物理学，似乎已放弃了对简洁、精确描绘所观测世界的不懈追求。对一个效应，大凡能够描述个大概就很好了。如果偶尔碰到一个效应，能很精确地描述，那就自豪得一塌糊涂，说不定有机会飞去斯德哥尔摩。如果再偶尔一回，得出一个简洁又准确的理论来，还能改善我们的生活或认识，那就更了不得！

举个例子：据说，物理人公认的最复杂、最难的物理现象，是图 3 所示的流体湍流。预测这一时空行为让诸多物理人陷入悲伤，而那个包含有 5 项势能的斯托克斯方程据说难倒了几乎所有物理人！

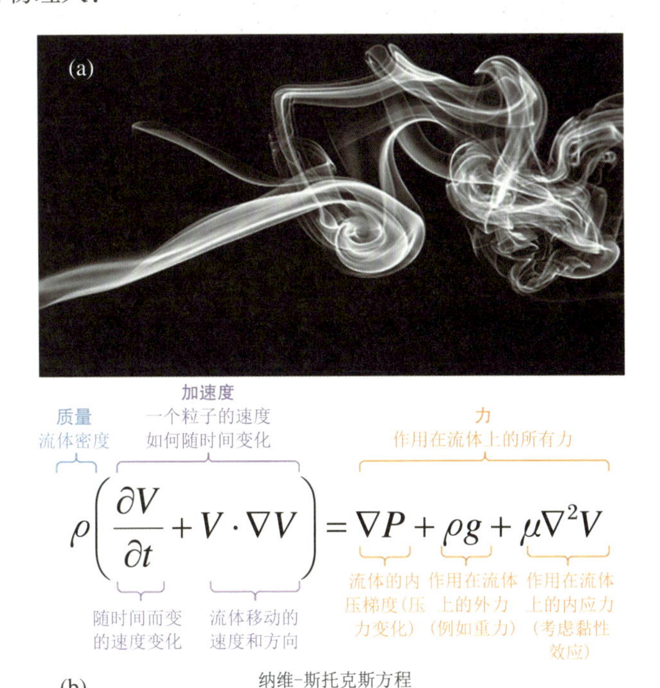

图 3　被认为是物理学最复杂的方程和最难描述的效应：湍流

图片来源：https://www.quantamagazine.org/what-makes-the-hardest-equations-in-physics-so-difficult-20180116/。

明白后面这两点和图 3 的意象，对我们这些一般、平凡的物理人而言，放下"一览众山小"的自负和"只求简洁、精确"的执念，就显得弥足珍贵。我们可以将更多精力和资源去解决实际问题，追求实际效益，从而更多地为社会服务，为黎民造福。

但是，物理研究在大模样上，似乎并不该丢掉那"简洁和美"的灵魂！虽然所观测的效应和现象越来越复杂，我们不得不放弃精确，但物理赖以生存的高贵品质不就是"简洁与美"吗？我们能否不将我们的会议报告写得那么复杂丰满？能不能不将我们的故事讲得那么小众？能不能不将我们的图表画得那么挤着一团而云里雾中？

如果都不能，那物理学就成了一门工程学？要知道，工程学也还提倡简洁和直观的物理图像呢！也就是说，物理研究做不到精确，但至少应该做到简洁和谐。这不是严格的论证结论，而是秉承学科性格的一种执念！

笔者和平常合作者们的学问做得不怎么样，做出的结果也不重要、不新奇，但我很羡慕那种简洁地展示一项工作的风格，就像看图 4 所示的"量子材料"风景一般。秉持"简洁与美"的理念，我们来看一个最近的有关"量子材料"的故事。

图 4　这是应用量子材料公司的广告图片，展示了量子材料中关联物理演生的千面观，虽然复杂但显示了简洁明快的美观和色彩

图片来源：https://ve.linkedin.com/company/applied-quantum-materials-inc。

3. 关联之难

物理学中，从者最多的是凝聚态物理。凝聚态物理中，从者最多的是关联物理（只要把稍强一些的量子关联都统计在内）。对此看君大概没有什么异议。从之者众，一方面在于凝聚态物理接地气，与我们的生活密切相关，工作需求大；另一方面，从之者众也是因为关联物理的复杂性、广泛性，牵扯最多的研究个体于其中。

所谓关联物理，所关注的凝聚态物质或材料现在也称之为"量子材料"。微信公众号"量子材料 QuantumMaterials"刊发过好几篇文章，来科普解读什么是关联物理和量子材料，如本书第 1 章《量子材料研究领域》一文。对关联物理进行严谨精确讨论，需要很大篇幅与主题拓展，在这里论述不合适。但在牺牲了部分严谨与精确之后，简洁而直观的描述，也并非不可能。例如，哥伦比亚大学的 Basov 等人，就将关联物理及当前使用的先进制备表征技术浓缩到图 5 所示的简洁表达之中。实话说，与图 2 比较，这里的图像已经有些复杂了，甚至太复杂了。但这种总结与归纳，是对复杂性进行简洁与美的抽象后之体现，也是功力之所及！

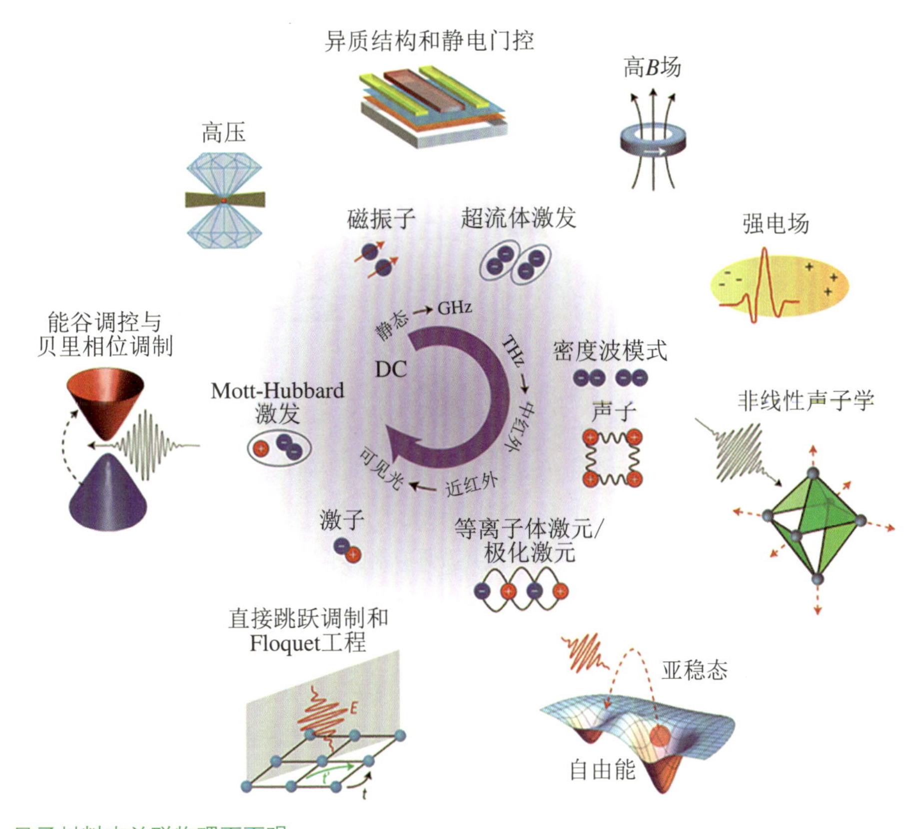

图 5　量子材料中关联物理面面观

图片来源：Basov D N，Averitt R D，and Hsieh D. Towards properties on demand in quantum materials[J]. Nature Materials，2017，16：1077-1088. https：//www. nature. com/articles/nmat5017。

所谓关联，是相对固体能带理论中单电子近似而言的，简略显示于图 6 中。对一个周期晶体结构，假定离子实之外不存在电子-电子间库仑作用，则电子的运动方程就包括一个电子动能项 T 和一个周期势能项 V_0。特别注意，这里的所谓"动能 T"，并非真正意义上薛定谔方程中的动能算符项，只是粗略对应固体中电子在格点之间迁移的运动能力！求解方程，得到电子在周期性势能 V_0 中的运动行为，成就布洛赫定理。推而广之，可从能带结构特征定义金属、绝缘体和介于其中的半导体。这些是固体物理基本知识，在此不再啰嗦。

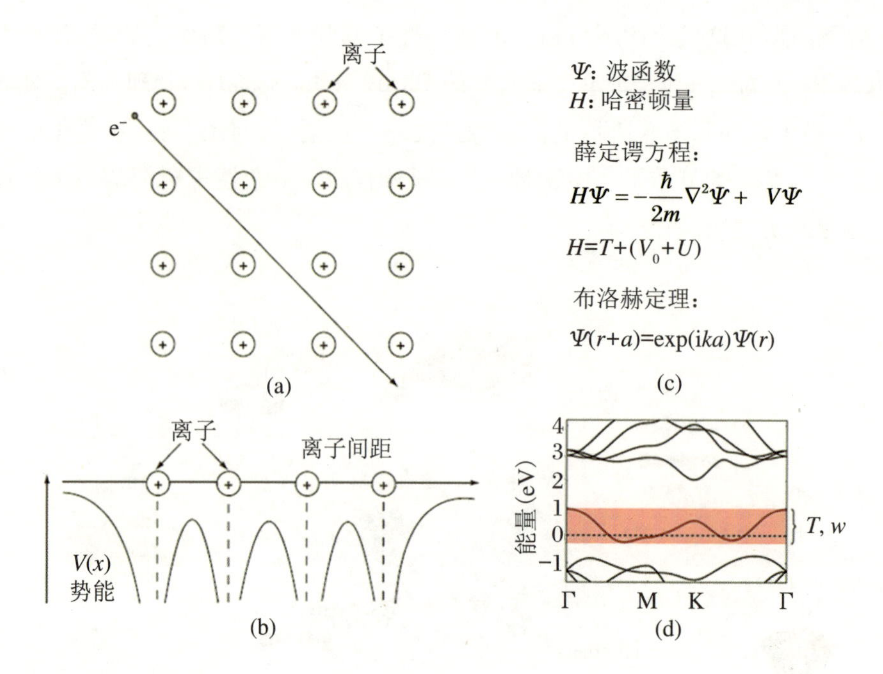

图 6　固体能带论的粗略表述

(a) 单个电子在周期平移的离子实点阵中输运。(b) 势能 V 的空间形态(这里画成周期结构)。(c) 薛定谔方程的简单表达,如果假定 $U=0$,则为经典能带理论的框架。如果施加扰动,例如叠加关联能 U,得到新的势能函数 $V=V_0+U$,这里势函数 V 未必就具有空间平移周期性,电子局域化不可避免。(d) 布里渊区中能带结构示意图,其中一条能带带宽用红色区域标识,带宽为动能 T 或用字母 w 表示。特别注意,这里的所谓动能 T,并非真正意义上薛定谔方程中的动能算符项,只是粗略对应固体中电子在格点之间迁移的运动能力。

图片来源:https://sites.google.com/site/pueggphysics/home/unit-5/kronig-penny-model。

以此为参考体系,考虑复杂一点的情况:对原来周期性的势函数 V_0 施加扰动,破坏其空间周期性。熟悉薛定谔方程的读者马上就明白两个后果:其一,物理上,薛定谔方程求解变得困难,布洛赫定理的那个周期性条件不再满足。原来基于周期势能的、单电子近似的色散关系和能带结构需要再检讨考虑。其二,后果上,电子作为波的运动在非周期势结构中就变得不那么“和谐”、散射变大,描绘电子动能 T 大小的能带带宽 w 明显压缩,称为电子局域化。

实际物理系统中,该如何对这种周期势函数进行干扰呢?最直接、简单的方法有两种:

(1) 破坏离子实晶格平移对称性,例如形成非周期甚至是无序离子实点阵。此时,势能不再是 V_0,姑且用 V 表示。它不再具有平移周期性,安德森提出的无序导致电子局域化(安德森局域化)就成为一个选项,虽然未必是唯一选项。

(2) 保持离子实晶格周期性,但离子实外电子轨道上不再只有一个电子,而是多个电子。说得更简单一些就是离子实外面有聚集的负电荷。此时,原来的晶格平移周期性似乎依然满足,但局域电子受到近邻电子的库仑作用 U,实际上破坏了原来晶格势能 V 的周期性,电子运动也会局域化。粗糙地说,这种库仑作用归属电子关联,关联不能忽略的体系就叫量子材料。

从物理图像角度理解,电子输运可以用图 6 和图 7 示意。这两种情况,求解电子波函数时,势能函数 V 都可以表示为具有平移周期性的势能函数 V_0 与电子库仑能 U 之和:$V = V_0 + U$。

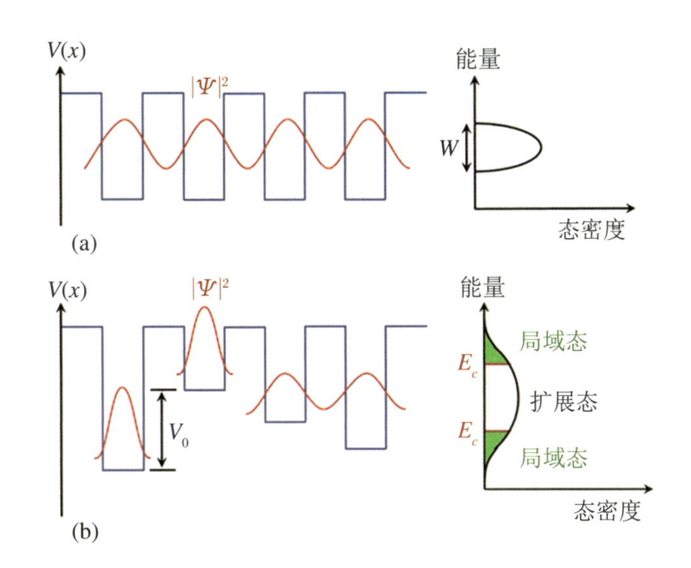

图 7 无序或者关联导致能带结构的变化

(a) 理想周期晶格中单电子波函数的形态;(b) 具有无序(晶格无序或电子关联)的体系中电子波函数的形态,形成电子局域化。

图片来源:https://doi.org/10.1080/10408436.2012.719131。

回头去看薛定谔方程,具有非周期甚至无序分布的 $V = V_0 + U$,就成为严格求解方程的噩梦。物理人都说关联难,现在就有点"难"的感觉了。不仅如此,还有更多"难":

首先,$V = V_0 + U$ 没有了平移周期性,对电子结构和能带的处理就得借用近似,那个纵横天下的第一性原理计算就是这种近似的产物,其中库仑能 U 的选取还有一定的随意性。物理学什么时候能够容忍随意性了?是可忍孰不可忍吧!

其次,固体中电子这个量子还有更复杂的性质,包括电荷、自旋和轨道三个自由度。它们分别与离子实晶格有作用,各自又与近邻的三个自由度有作用。当出现这么多自由度时，物理人基本上就会放弃去具体处理每一个自由度的努力，代之以平均场、准粒子、微扰等手法加以简化，使得物理回到简洁和美的特征上来。

再次，关联的程度也强弱有别，对应的物理也有很大不同。初步划分，当 $U \ll V_0$ 时，系统属于弱关联。当 U 达到 V_0 时，体系属于强关联。如果要给一个大概的能量尺度，强关联量子材料的 U 可达到 10.0 eV，使得 U 成为主导物理的角色和核心之一。当然，关联强弱也看 U 与体系动能 T 或带宽 w 的比较，但大意依然如此。此时，就更不要说解析薛定谔方程了，能带结构的数值计算也变得颇为艰难，缺乏准确性。

既然如此，物理人又为何对研究关联物理和量子材料无怨无悔？其实也简单：因为单电子在周期势中运动的问题已显得太过平庸。严格而言，这种理想化体系也不多见。实际应用所遇到的让我们感兴趣的对象基本都是量子材料，其中关联无非强弱有别而已。更进一步，量子材料中的关联物理蕴含取之不尽、用之不竭的新现象和新效应。

4. 关联之泛

为了佐证笔者并非胡言乱语，这一节列举一些量子材料的类别，以显示其疆域之广博无垠。这里的列举很简略，稍微详细一些的描述可见诸第 1 章的《量子材料研究领域》一文。

(1) 磁性体系：磁性离子的 d/f 轨道被有价电子占据，所有磁性材料自然归属量子材料。这个类别实在是太广博了，囊括所有金属、合金和其他 d/f 电子化合物（氧化物、卤化物、其他化合物等）。

(2) 高温超导：无论是铜基、铁基，还是最近的镍基非常规超导体，都含过渡金属及自旋作用，关联于其中的重要作用耳熟能详。

(3) 二维体系：电子在二维体系中输运比三维体系更受约束，动能项 T 较小，周期势能 V 与维度关系不大。因此，比较三维体系，二维体系等价于关联更强的体系，归属量子材料合理。

(4) 拓扑体系：无论是拓扑绝缘体或体态拓扑体系，考虑到量子霍尔效应和自旋电子学应用，能带特征也具有关联特征。

(5) 铁电体系：铁电态对应晶格横声学模波长趋于无穷大，有效晶格质量很大，等效于声子模关联，因此铁电材料归属量子材料并非牵强附会，多铁性归属更无异议。

(6) 先进能源材料：热电、催化、光伏、电池、发光材料等，许多先进的功能特性都与电子关联密不可分。

具有关联特征的量子材料到处都是。如上列举的几类，每一类都可另行作文多篇，以阐述“关联”在其中的角色、行为和导致的后果。显然，“关联物理”或“量子材料”

家族已太过庞大，它们汹涌而来的一个负面作用就是让我们有些不知所措。原本我们还能从能带理论和库仑相互作用的概念中明白些许什么是关联，但这里所涉及的体系一广博，我们就迷失在“关联”到底在哪里的疑问之中。如此起落反复，皆是因为体系太多、效应太丰，让物理人眼花缭乱，反而丢失了对原本“简洁”的物理特征有所把握！

好吧，那“关联”最简明直观的图像是什么呢？对学过能带理论的我们来说，其实关联就是能带结构中的带宽（bandwidth，w）小，即“平带”特征，具体而言就是费米面附近的能带是“平带”！

5. 平带之简

学习固体物理时，总是会反复在波矢空间看能带结构，如图 6(d)所示。看多了，最简单、初步的认识就是：布里渊区中，那些能带所占据的能量范围大约就是势能函数 V 的幅值。而布里渊区中，一条能带的起伏幅度，也就是带宽 w，大致表示这一条带对应的电子动能 T 之幅值。一条能带带宽窄、形状平，则电子巡游能力差。因此，能带带宽衡量电子巡游运动能力越平带，电子就越局域。

从能带结构上，平带就是关联的体现，能带越平，关联越强，体系就越“量子材料”。当然，平带并不一定等价于库仑作用能 U 很大。考虑一量子材料，其能量简单写为 $H = T + V = T + (V_0 + U)$，如图 6(c)所示。对这一材料，有两条技术上可控的途径去实现平带：

(1) 在材料结构上进行设计，使得 T 显著减弱，例如 $T \to 0$。如此，与 T 比较，V 就显得很大。这样一来，体系的能带可以看起来很平。

(2) 通过某种方案，调控库仑作用 U，使得 $U \gg T$。如此，也能获得很平的能带。

凝聚态物理人，在过去数十年甚至更长时间里，一直都在围绕这两条途径开展工作，寻找各种关联度不同的量子材料，从而将关联物理从弱到强过筛一遍，以求发现更多新的现象。例如，3d 过渡金属氧化物的 U 很强，而 5d 体系 U 则较弱，4d 体系居于中间。即便是这样的认识，已经给凝聚态物理带来了一波又一波的热潮，丰富其内涵、拓展其外延。

遗憾的是，这些研究工作显得有些费力、费时、费钱，更费脑细胞。这每一个体系，一旦组成和结构落定，其 T、V_0 和 U 就确定了。而要在(T, V_0, U)这三维坐标空间中实现各点历经，类似于统计物理中的遍历性(ergodicity)，那估计要花费无数金钱和才智，并等到猴年马月才能获取一个较为完整的(T, V_0, U)三维空间图像！而且，目前得失相半的经验教训告诉我们，要在自然存在的各种三维量子材料中找到关联 U 很大而 T 很小的体系，难！其中道理显而易见。

从这个意义上，如能固定一个体系，只需要通过人工调控、加工手段，调控(T，V_0，U)空间之位置，哪怕这个调控只能局限于一个很小的区域，那也是革命性的技术进步。

天公作美，这样的体系还真的横空出世了，那就是双层石墨烯！由此，引出了一个可人工调控关联强弱的研究新领域。

6. 莫尔超晶格

自 2004 年开始的石墨烯研究，可能是迄今为止人类针对一种材料付出最多的研究，产生了无数结果。其中一项了不起的成就，应该就是对单层石墨烯一层一层精确堆砌操控的技术。考虑到石墨烯及其他二维材料层与层之间是很弱的范德瓦耳斯力成键，这种操控技术的确很值得称赞，虽然未必到了神奇而不可思议的地步。

问题是，就是有那么一些人，能够将石墨烯玩出新的花样：据说是麻省理工学院(MIT)的一群人，包括一个来自中国的帅小伙曹原，尝试将两层石墨烯堆砌起来。不过，这种堆砌不是一般的复制型堆砌，而是上下两层相对旋转一个角度。对双层六角平面点阵进行平面相对转动，会形成所谓的莫尔条纹(也有称摩尔条纹，或 moire pattern)。这个转角叫莫尔角(moire-angle or twist-angle，θ)，对应的材料不妨称为莫尔超晶格。从几何学角度，这不算什么新鲜事，数学对此有一些研究。但材料制备上能够手工做出莫尔超晶格，很了不起！如图 8 所示即为一双层石墨烯在很小的莫尔角情况下形成的莫尔超晶格(moire pattern)。

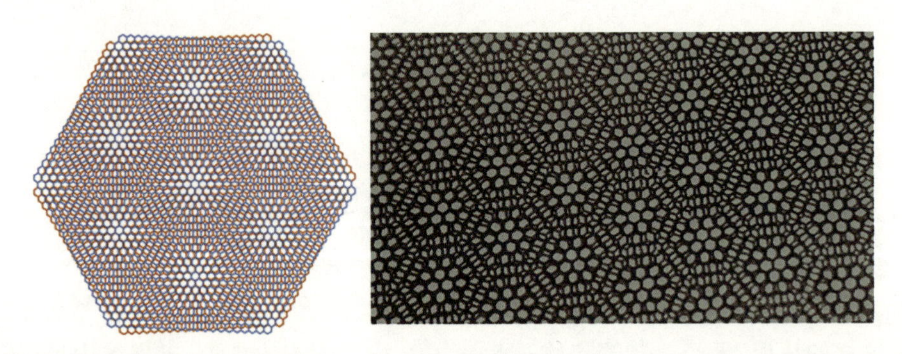

图 8　双层石墨烯莫尔超晶格(moire pattern)

图片来源：https://everettyou.github.io/2018/05/21/Moire.html；https://zhuanlan.zhihu.com/p/361463871。

物理上，石墨烯本身就是碳原子组成的平面六角排列点阵，碳本身也没有磁性，因此石墨烯看起来跟关联物理好像扯不上关系。石墨烯具有 Dirac 半金属的能带结构，Dirac 点附近的电子动能 T 可以很大、迁移率很高。由此，看起来出现了 $T \gg V$ 的情形，的确没关联物理什么事。

不过，Dirac 态本来就有丰富的物理，引起物理人广泛兴趣。双层石墨烯两个单层相对转动后，原本的六角晶格对称性被破坏，形成超周期的莫尔超晶格。在莫尔角 θ 很小的情况下，莫尔超晶格的周期可以数十倍乃至数百倍于原本的六角晶格周期，从而对电子运动形成巨大压制：动能 T 会随着莫尔晶格周期增大而不断减弱，及至几近消失。图 9 所示乃石墨烯莫尔超晶格物理之简洁表示，详见图题和图注。

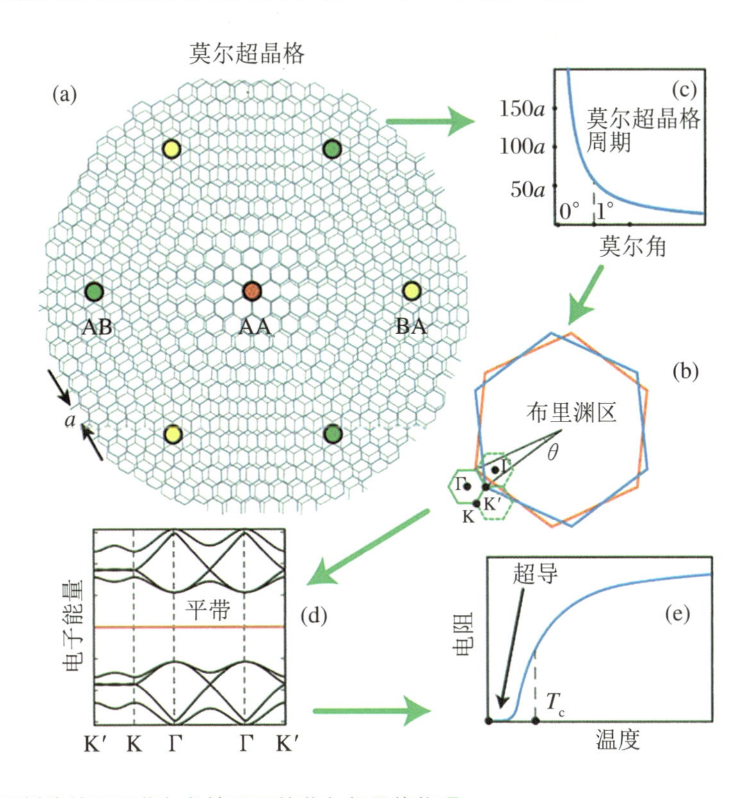

图 9　双层石墨烯旋转不同莫尔角情况下的莫尔超晶格物理

(a) 双层石墨烯旋转形成的莫尔超晶格(moire pattern)；(b) 莫尔角(twist angle)为 θ 时对应的布里渊空间结构；(c) 莫尔超晶格周期(moire periodicity)与莫尔角的倒易依赖关系；(d) 费米面附近形成的平带(红色，其带宽很小，使得能带看起来像一条水平线)；(e) 双层石墨烯莫尔超晶格可以展现迷人的超导电性。

图片来源：https://www.alexkruchkov.com/single-post/2020/06/15/researchers-solve-magic-angle-mystery。

这种情况对应什么呢？很直观，一旦形成莫尔超晶格，或许在 Dirac 点处就有可能断开、形成能隙(或许不会断开)，靠近费米面处的能带带宽缩小、能带变平，即平带！也就是说，莫尔超晶格实际上使得本来没有关联物理的石墨烯变成很关联，且关联强度随莫尔角变化而变化。因此，莫尔超晶格就是量子材料，而这个莫尔角又可以先被 MIT 那群人、后被无数后来者随意人工调整！

我们看到了，终于有了一个固定的量子材料体系，其中的关联强弱可以人工调控！正因为如此，莫尔超晶格就成为物理人疯狂追逐的领域，从石墨烯到其他二维材料，从自然二维材料到人工二维材料，不一而足！

不过，兴奋之余，物理人也慢慢冷静下来，开始审视这莫尔超晶格存在的问题：

(1) 莫尔角 θ 太小。目前所研究二维体系，为得到足够平的平带，例如带宽减小到 10 meV 以下，所需要的莫尔超晶格周期必须足够大，也就是莫尔角 θ 足够小。多小呢？θ 达到 1°甚至更小。技术上，要堆砌出来这么小莫尔角的材料，是个难活。

(2) 准确度控制技术难。在莫尔角很小时，莫尔超晶格周期 λ 约为 $1/\theta$，技术上如果引起莫尔角误差 $\Delta\theta$，则莫尔超晶格的周期误差 $\Delta\lambda$ 约为 $\Delta\theta/\theta$。因为 θ 很小，制备出来的超晶格结构误差自然很大。降低误差是技术上的巨大挑战。

(3) 尺寸效应。实际应用的电子集成器件终究是要趋于纳米尺寸，如此大的莫尔超晶格也不是一个好的应用目标。如果周期 λ 能够减小到 10 nm 及更小，则计算和实验又揭示这些二维体系的关联已经很弱，不足以实现平带。

那有何办法，在很大莫尔角情况下，也能实现很强关联和很平能带？

7. 呼唤电极化

问题已经提出，踌躇之下，似乎铁电物理人的机会来了！

这几年，在二维材料勃发的大潮中，也有一点点铁电的浪花。关注这一问题背后的动机原本与铁电尺寸效应这一铁电物理的重要科学问题有关。按照传统认识，二维材料不大可能有铁电性，因为铁电长程序难以稳定存在，特别是垂直方向的铁电极化不应该存在。但事实胜于雄辩，过去几年陆续在一些单层和双层二维材料中看到了铁电性。好几种很有应用潜力的二维铁电体被观测到，其中之一便是单层 α-In_2Se_3，被证明存在面外方向的铁电极化，如图 10(a)所示。

后来，细致的一些计算与实验工作表明，双层 α-In_2Se_3 就是个层间反铁电，即上下两层存在相对而居的面外电极化，极化或头对头，或尾对尾。注意到，电极化总是携带局域化的束缚电荷，这种层间反铁电，实际上就是在两层之间引入正的束缚电荷聚集(头对头极化)或者负的束缚电荷聚集(尾对尾极化)，如图 10(b)和图 10(d)所示。

注意了，这尾对尾电极化排列，在层间引入束缚负电荷，即局域化的电子。层间有了极化电荷，自然就等价于引入了额外的库仑势能 U，即引入了强关联 U，自然使得体系能带平带化。若此，是不是在制造莫尔超晶格时，就不需要那么小的莫尔角了？是不是所面临的莫尔角太小的技术和工艺问题就迎刃而解了？

行文至此，本文标题兜售的“平带呼唤电极化”的噱头已经很清晰明了。从物理的简洁性而言，这算是得来全不费工夫，整个物理内涵极其简单和通俗易懂。从学科拓展角度，原来铁电物理这个羞涩地流连于关联物理边缘的东西，似乎偶尔也在这个关联物理的主题上展示出独特而简洁的物理图像？

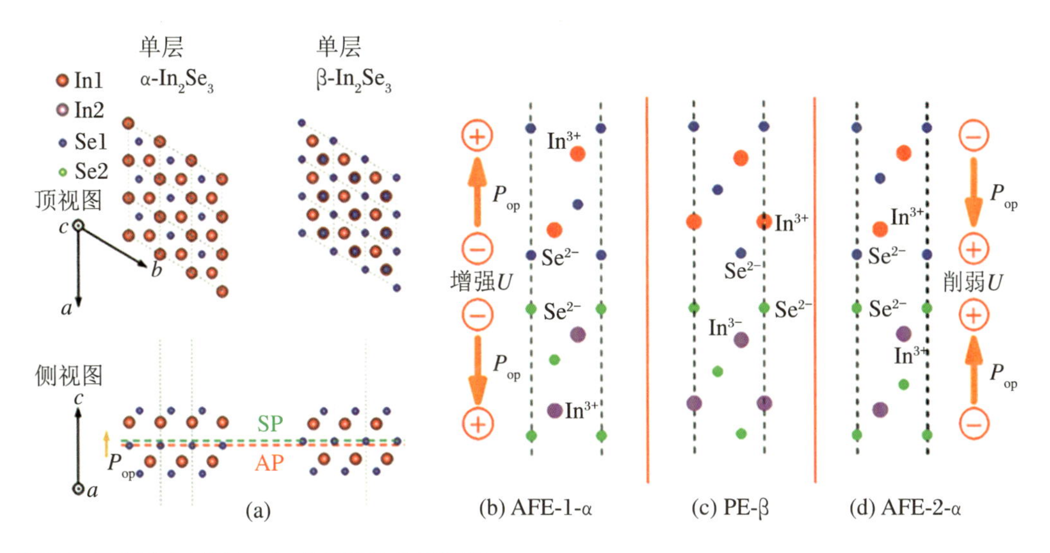

图 10　二维铁电材料 In_2Se_3 的晶体结构及物理

(a) 单层铁电 α-In_2Se_3 和对应的单层顺电 β-In_2Se_3 的晶体结构，其中 SP(symmetry position)表示对称线，AP(asymmetry position)表示非对称线。(b)、(d) 两层 α-In_2Se_3 组成两种反铁电双层结构 AFE-1-α 和 AFE-2-α，它们的稳定结构是电极化 P_{op} 尾对尾排列和头对头排列。很显然，它们在层间引入负的束缚电荷和正的束缚电荷，相当于增强在位(on-site)库仑作用能和削弱在位库仑作用能。(c) 两层顺电 β-In_2Se_3 堆砌成双层顺电相 PE-β。这些双层体系的原子结构显示出清晰的局域电极化，其中 In^{3+} 和 Se^{2-} 为稳定离子价态。

接下来，是一些具体的计算工作，展示层间反铁电的双层 α-In_2Se_3 的确可以显著调控体系关联，特定情况下，在莫尔角 $\theta = 13.17°$ 时，依然能够得到很好的平带，费米面之下第一级低能能带的带宽只有 $w = 2.66$ meV！

我们将主要结果凸显如下：

(1) 单层 In_2Se_3 有两种典型的结构：低对称的铁电结构 α 相和高对称的顺电结构 β 相，如图 10(a)所示。

(2) 两层 α 相单层堆砌成 α 相双层体系后，就形成双层反铁电 α-1 相和 α-2 相，这两种反铁电相的差别在于双层堆砌时所选择的对称中心不同。双层反铁电 α-1 相倾向于层间尾对尾的电极化排列，而双层反铁电 α-2 相倾向于层间头对头的电极化排列，如图 10(b)和 10(d)所示。两层单层顺电结构 β 相堆砌形成的双层结构依然只有一个对称中心，形成双层顺电 β 相，如图 10(c)所示。

(3) 对双层反铁电 α-1 相和 α-2 相，两层相对旋转的转轴也有两种：一种对应的莫尔超晶格归属极性点群，一种对应的莫尔超晶格则是具有非极性点群。对应的莫尔超晶格如图 11 所示。

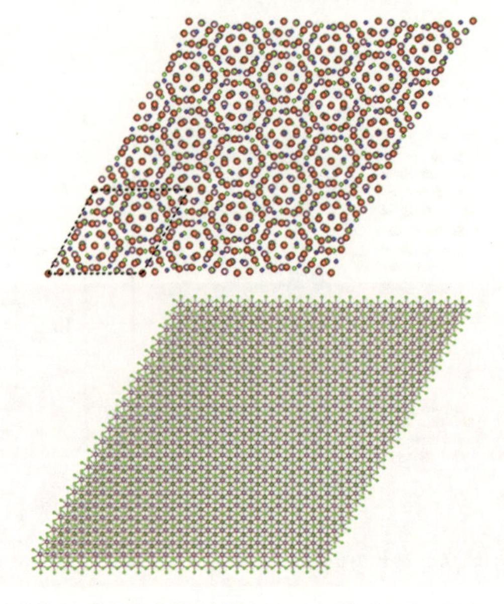

图 11 双层 α-In_2Se_3的相对旋转形成的莫尔超晶格(上图)及其动画(下图)

(4) 点群的极性非极性差别对关联物理的影响并不是很突出，两者都可以展示很强的关联特征：平带化！图 12 所示为带宽平带化的主要结果，图注有详细说明。可以看到，即便是莫尔角大到 $\theta>10^\circ$，平带化效应依然十分显著。

8. 待续的话

在终结本文之前，最后将铁电极化引入关联、导致平带的结果总结展示在图 13 中，其效果一目了然，其物理简洁清晰。图 13(A)展示了电极化增强的局域电荷密度分布，而图 13(B)则比较了几种典型二维材料的莫尔超晶格平带化效果：铁电极化引入的平带化效果显著！

这一工作的物理思路和图像简单、直接，无须复杂的推理和分析。虽然这样的结果不代表本身有多大科学意义，但对于关联和量子材料这样复杂的凝聚态系统，其中的简洁与直观还是令人惊奇的。当然，具体的研究本身依然比较繁琐，牵涉到一些具体的结构和对称性问题。感兴趣的读者可移步论文原文："Extremely flat band in antiferroelectric bilayer α-In_2Se_3 with large twist-angle"(https://iopscience.iop.org/article/10.1088/1367-2630/ac17b9)。

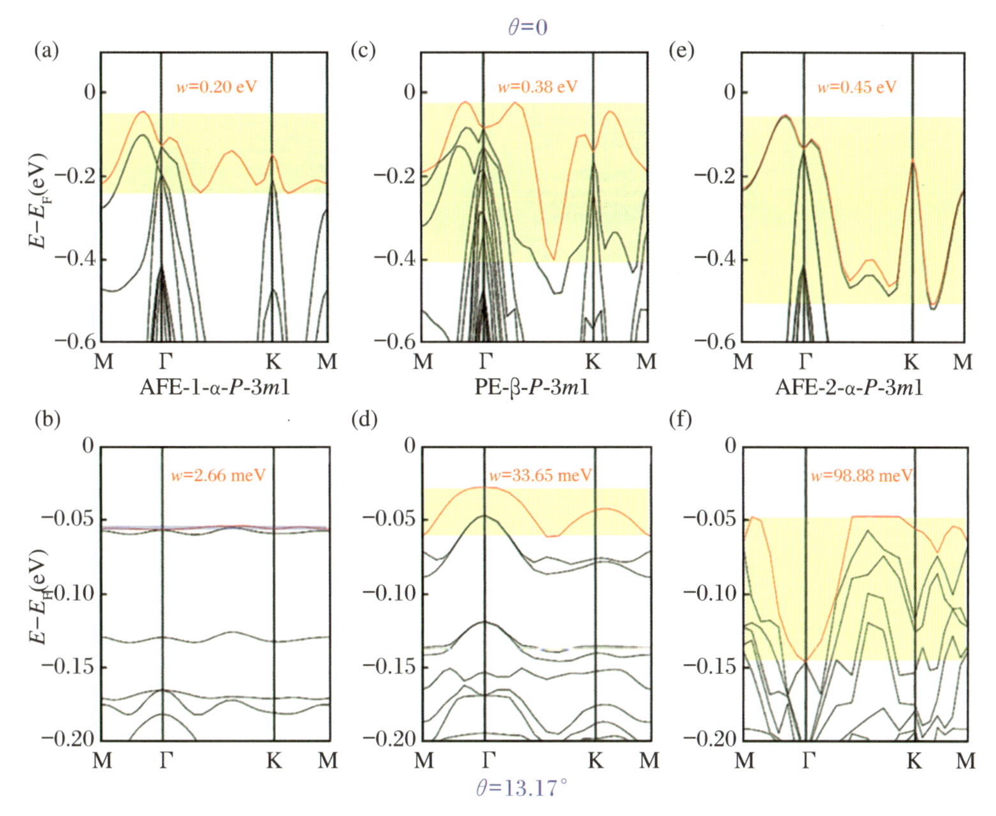

图 12　几类双层 In_2Se_3 莫尔超晶格对应的能带结构

(a)～(b)：电极化尾对尾排列反铁电 α-In_2Se_3 莫尔超晶格的能带结构，(a) $\theta=0$，(b) $\theta=13.17°$。旋转 13.17°使得带宽 w 由 200 meV 被平带化为 2.66 meV，带宽压缩近原来的百分之一，压缩效果显著。这是"莫尔超晶格本身平带化"与"尾对尾电极化引入局域关联"的叠加效果。(c)～(d)：无极化顺电 β-In_2Se_3 莫尔超晶格的能带结构，(c) $\theta=0$，(d) $\theta=13.17°$。旋转 13.17° 使得带宽 w 由 380 meV 被平带化为 33.65 meV，带宽压缩近原来的十分之一，压缩效果一般。这是莫尔超晶格本身平带化的结果，没有电极化引入的关联效应。(e)～(f)：电极化头对头排列反铁电 α-In_2Se_3 莫尔超晶格的能带结构，(e) $\theta=0$，(f) $\theta=13.17°$。旋转 13.17°使得带宽 w 由 450 meV 被平带化为 98.88 meV，带宽压缩近原来的五分之一，压缩效果已经很小了。这是"莫尔超晶格本身平带化"与"头对头电极化削弱局域关联"的相消效果。

在此基础上，还可以对这一物理的可能后果作一些展望：

(1) 这样的简单物理，实验上能不能实现还是一个问号，需要那些心灵手巧的二维材料研究者出手。我们相信，这样的实验工作是值得的。由于莫尔角可以达到十几度，人工调控关联的实验在这里的难度显著降低了。

(2) 关联不同所蕴含的物理，在这一铁电体系中付诸实验，是创新的课题。凝聚态物理中，铁电物理是小众的，或者有点像个体户。如果能够将铁电与超导、铁电与拓扑、铁电与半导体和强关联输运等联系起来，将是令人期待的。

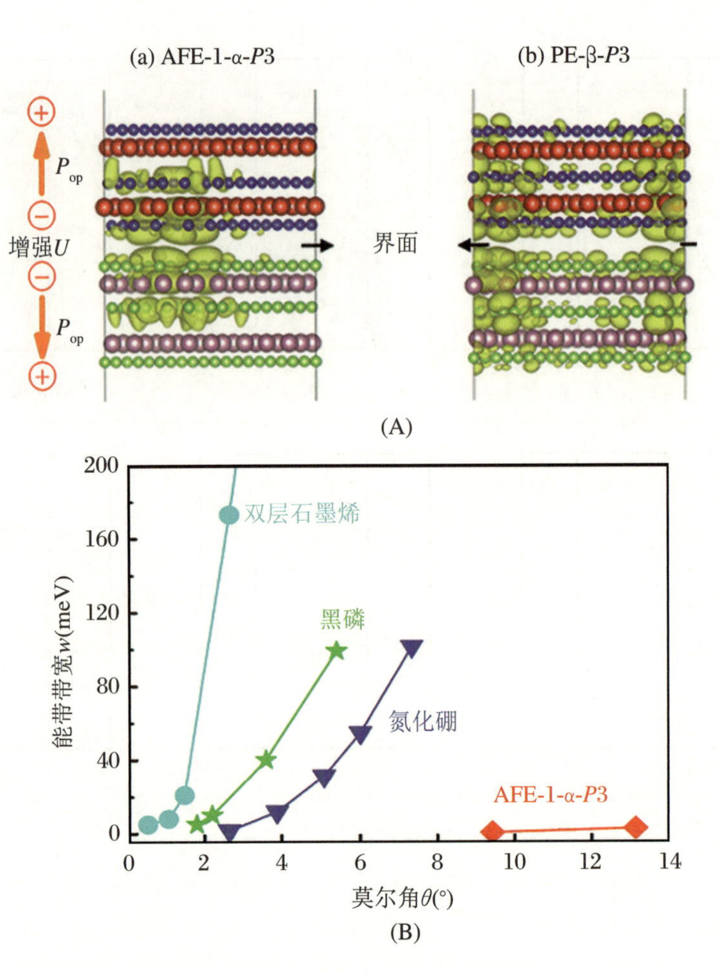

图 13 电极化引入局域束缚电荷,增强关联,显著强化平带化效果的展示

(A) 双层 α-In_2Se_3的层间电荷分布。与顺电相比较,局域电荷显著集中在双层界面附近,显示出电极化尾对尾排列的效果。(B) 选择几种典型的双层二维莫尔超晶格材料,展示其能带带宽 w 与莫尔角 θ 之间的依赖关系。可以看到,要使得带宽 w 小于 10 meV,双层石墨烯(graphene)、黑磷(black phosphorus)、氮化硼(boron nitride)的莫尔角 $\theta<2°$是必要条件,而双层 α-In_2Se_3的莫尔角 $\theta>13°$,带宽依然很小。

(3) 这样的模式,将促使物理人去探索如何铁电化更多二维材料,从而拓宽铁电极化调控关联的可能性。

(4) 铁电翻转的影响:本文关注的是反铁电的双层 α-In_2Se_3,施加电场可将反铁电翻转为铁电态。若此,电极化的效应就将消失,因此电场翻转极化是一种“带宽”的“开关”效应。实际上,反铁电的电场翻转存在三个状态:零场下的反铁电、电极化翻转 90°的状态、全铁电态。这也意味着多态电场调控能带的带宽就成为可能。与此关联,所有与能带平带化相联系的物理效应,都可以借助电极化翻转而开关!

放飞极性，约束极性

1. 引子

笔者无知，所以狂妄，此处斗胆认为从事研究工作的物理人大致可分两类：一类人，上杆子追求人类现在和未来需要什么或被需要什么，以推动文明生活的进步为己任。另一类人，打着兴趣的旗号，上杆子追求自己内心的呼唤与梦想，也以推动文明生活的进步为己任。这两类人的划分并非绝对，很多人可以享有双重身份，根据需要而随意互换。

后一类人，随心意思考、凭兴趣科研，无思不敢想、无事不敢行。譬如，1959 年费曼在加州理工学院的演讲“There is plenty of room at the bottom”被认为是纳米科技的开端。虽然费曼本人应该没有深入开展过纳米尺度的物理研究，但他凭借物理素养，预言纳米科学将会成为现实。当然，他在 1959 年演讲时，纳米科学还很遥远，他也还是等了很多年之后才看到纳米科学出现。再譬如，安德森说“多者异也(more is different)”，也很了不起，但这是安德森先生在相关领域笔耕不止、深刻思考后的结果，高度和深度应该与费曼有所不同。他们都是后一类物理人的典范，其价值观和开拓的方向成为后来者凭兴趣做事的依据。

诚然，笔者相信，费曼和安德森等人一生做了很多次演讲，也预言了很多未来潜在的新方向。只不过，大多数预言都死水微澜，或无声无息，但纳米科学(nano science)与涌现现象(emergent phenomena)的确成为了经典。

这些凭兴趣和洞察力行事的物理人，启示并推动科学玩出了很多新的领域与知识，值得我们仰望与追随。比如费曼，他的那次演讲并非带动纳米科学的形核剂，因为纳米科学的出现是科学技术发展的必然结果，跟他那次演讲之间的关系至少缺乏历史学的明确证据。但是，费曼那“深处有洞天”的诗意，却实实在在成为后来催动一波一波年轻学者前赴后继扑入纳米领域的“催化剂”和难以拒绝的理由。

这种催化的后果如此明显，以至于形成了今天让传统学科错愕不已的壮观场面。纳米科技，浩浩汤汤，顺之者昌，逆之者殇。举个最普通的例子：笔者从来就不是纳米人，但之所以能“生存”下来，诸多要素之一是碰巧发表了几篇纳米文章。它们赚足了引用，让我苟以存活于学术界。而那些我自以为很好的文章，却冷清如斯，绝大多数无人问津。由此，笔者感谢费曼赐予我生活，虽然发表那些文章时笔者并不知费曼的那次演讲。

2. 纳米如花

如果一定要说纳米横行于世有多大看得见的成就，笔者狂妄地认为也可划为两大块：

(1) 纳米科技付诸实际应用，为社会创造“制造业”财富。这方面的进展与成就每天都有，上新闻、挂头条、登展览、下厂房，无须各种公众号去科普推广，甚至有很多声音以为纳米被夸大和滥用。当然，这种成效到底有多大，其实很难用平常传统的方法去评估与测算。

(2) 纳米科技被用来检验那些传统学科很难去实施的理论与猜想，并揭示与发现新的现象、效应与物理！这方面学术界自身当可如数家珍，虽然学术之外的社会大众对此所知不多。笔者以为，这方面的进展却是实实在在的，很多成果令人称道！图 1 组合了几幅笔者随意从网上采择来的图片，显示出纳米科技发展导致的视觉风尚。

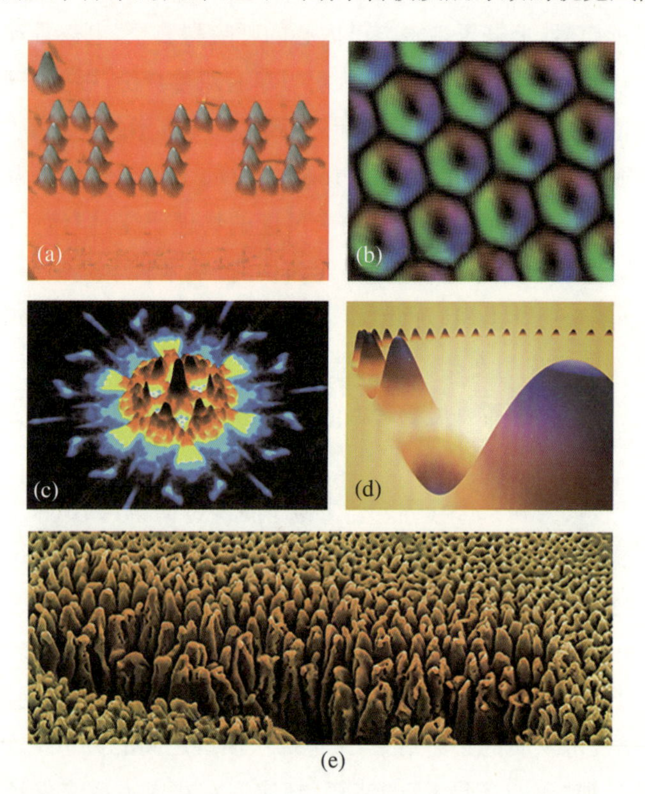

图 1　纳米演示物理的实例

(a) 铜(111)上的钴原子；(b) 磁性斯格明子；(c) 铊中的量子波；(d) 沿畴壁的自旋波；(e) 纳米石林。

图片来源：(a) https://www.asc.ohio-state.edu/physics/cme/CMEfaculty.htm；(b) https://phys.org/news/2019-01-magnetism-exploring-mysteries-skyrmions.html；(c) https://www.sciencephoto.com/media/150468/view/quantum-waves-in-topological-insulators；(d) https://phys.org/news/2019-02-extremely-short-wavelength.html；(e) https://physics.ust.hk/eng/detail.php? catid=3&sid=8&tid=18。

行文到此，不能再让读者觉得笔者在故弄玄虚，须尽快进入正题。

且来关注第二大块中的一个平常实例。纳米科学的发展使得传统科学的很多领域发生了很大变化，以界面科学(surface sciences)为例。界面或表面科学并不是纳米科学的后代，反而是纳米科学很早的祖先。传统的界面科学关注的主要是借助各种波谱技术来探测物质表面和界面处的结构细节，从而推测其功能并设计优化其功能。诸如高能电子衍射(RHEED)和低能电子衍射(LEED)，还有场发射(FEM)和场离子(FIM)显微术等，都是其中的佼佼者。纳米科学特别是纳米技术的进步，不仅大幅度推进表面界面的观测，更重要的是推动了诸如“界面即物理”这样的感性乐观名词应运而生。现在我们可以对界面、表面实施“观你貌、任你画、掺你沙、工你效”的策略，并对其“大打出手”，从而在界面处营造新的物理世界。

图 2 即收集了一些以现代自旋电子学为主题的物理效应。从中可以看到，现在的凝聚态物理，越来越将关注点集中到界面与表面，从一个侧面展示了“界面即物理”的维度。

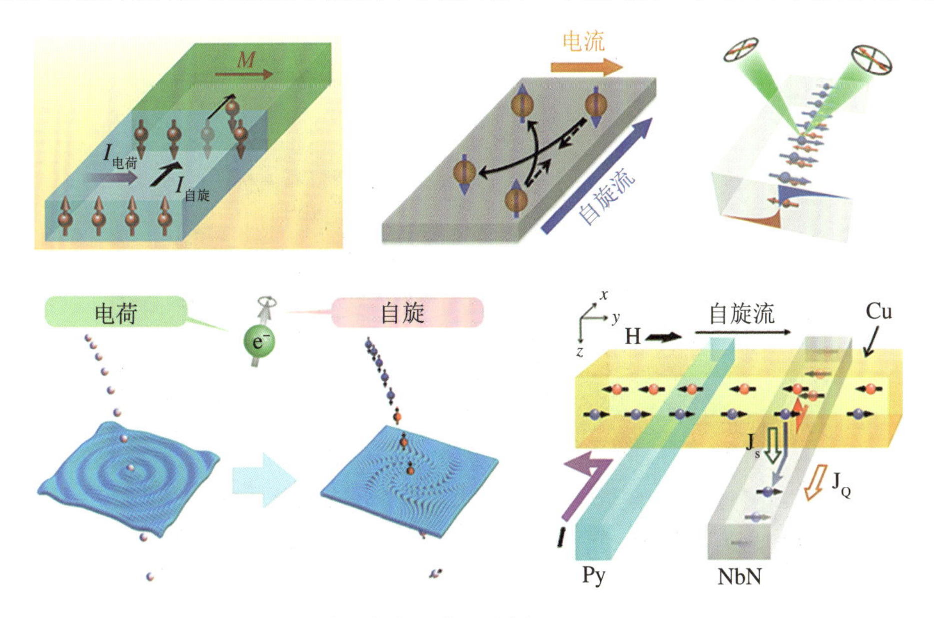

图 2　自旋电子学中利用界面或表面实现新物理的几个例子

图片来源(从左到右、从上到下顺序)：https://physics. aps. org/articles/v6/56；https://physics. aps. org/story/v27/st8；https://physicsworld. com/a/spin-hall-effect-is-measured-directly-using-light/；http://dx. doi. org/10. 3389/fphy. 2015. 00054；https://phys. org/news/2015-06-efficient-conversion-currents-superconductor. html。

必须指出，具有丰富物理的此类界面，当然不是随便能够捣鼓出来的。原因很简单：此处的风景由界面引起！界面，即某种物理发散或剧烈变化之处。也就是说，在此低维空间处引入一般三维体系所不具备的剧烈变化，来自界面表面。好的界面区域狭窄、楚河汉界必须清楚，所以需要秋高气爽、秋毫无犯，才能将界面的作用凸显出来，不能任由其他因素坏了界面的风景。做到这一点，高水平的 MBE 材料制备技术不可或缺。图 3 乃先进 MBE 制备技术的一种展示，上图是多源 MBE 生长示意图，下图是俄亥俄州立大学一套氧化物 MBE 系统的外观。此类技术，还可以将各种高端的纳米制备与表征技术集成起来，形成一套界面结构与功能可精确控制的完整系统。

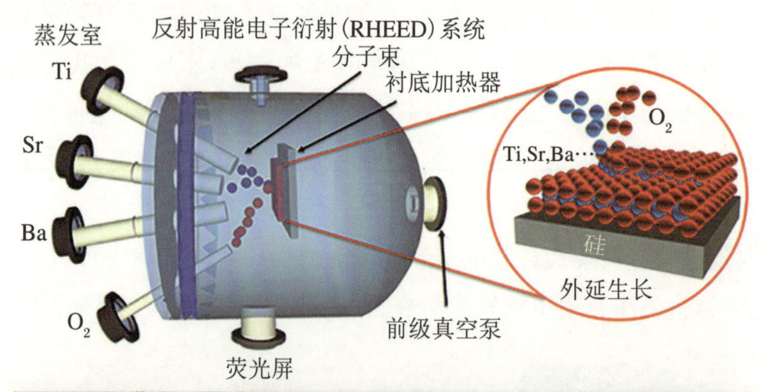

图 3　氧化物 MBE 的装备(长枪短炮，一应俱全)

图片来源：https://www.frontiersin.org/articles/10.3389/fphy.2015.00038/full；http://www2.ece.ohio-state.edu/~brillson/images/lab/oxide_molecular_beam_epitaxy1.jpg。

有了这一高大上技术，现在已可将材料做到极致：既可以在衬底上生长一层甚至半层晶胞，也可对已有表面界面掺入一个或几个原子，抑或做出一方结构完美无瑕、组成泾渭分明的异质结或超晶格。这一技术现在已成为那些凝聚态与材料制备领域的大佬之标准配置，促进了"界面即物理"的新风尚。

有了这一风尚，物理人就有可能从各种资源那里得到支持，开始对所有三维材料进行剪裁和加工，以实现诸如已有物理规律的重现与重构，外加对许多令人向往的海市蜃楼或江山社稷之追求。

3. 放飞极性：导电性

“界面即物理”，有哪些物理呢？对凝聚态物理人而言，载流子与能带（半导体异质结与超晶格）、铁性与波（信息与能源功能）当然是核心。花开几朵，先表一枝，最直接的目标当然是界面导电性。

姑且从一具体问题开始，展示物理人对界面究竟干了什么事！我们关注的问题，源于 2004 年一项著名的实验工作：将两种据知是最好的绝缘体材料——$SrTiO_3$（STO）和 $LaAlO_3$（LAO），借助 MBE 放在一起，组成一高质量的外延界面，如图 4(a)所示。如此这般，会得到什么？

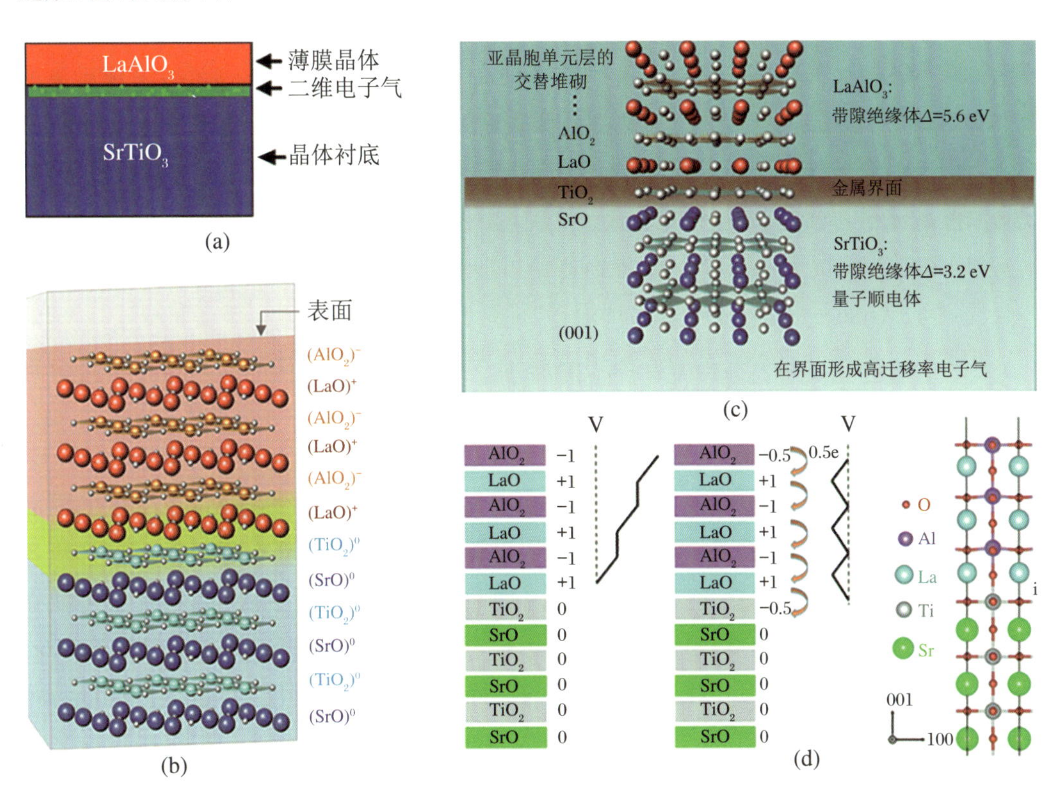

图 4　$SrTiO_3$(STO)/$LaAlO_3$(LAO)界面二维电子气及其唯象机制

图片来源：(a) https://upload.wikimedia.org/wikipedia/en/5/5b/LAOSTO_Interface.png；(b) https://science.sciencemag.org/content/313/5795/1942/tab-figures-data；(c) https://www.slideshare.net/nirupam12/charge-spin-and-orbitals-in-oxides；(d) https://pubs.rsc.org/en/content/articlehtml/2016/cp/c6cp04769f。

现在知道，得到的是界面电极性，得到的是著名的界面二维电子气(2DEG)的现代版本：

(1) 如果STO/LAO沿[001]方向堆砌，形成外延界面。实验观测到界面处形成一层纳米级厚度的导电层，现在称为二维电子气（载流子浓度和迁移率可以很高），如图4(a)和图4(c)所示。

(2) STO/LAO界面处形成电荷台阶分布，如图4(b)所示，即形成一所谓极性界面(polar interface)，产生了这一领域最重要的一个物理概念：界面极性。所谓极性，是说STO一侧每一层单元(TiO_2 和 SrO)都满足电中性；但 LAO 一侧则由 $(LaO)^+$ 和 $(AlO_2)^-$ 带电层交替排列。因此，STO/LAO界面一定会出现电极性。

(3) 如果界面处电荷构型保持不变，则LAO一侧必将出现电势能堆积，如图4(d)左侧台阶状所示。此一台阶延续，将引起静电能发散。因此，体系必定要通过 $(LaO)^+$ 和 $(AlO_2)^-$ 堆砌层梯次向STO/LAO界面传递半个电荷，从而降低静电能，如图4(d)中间所示，即电荷转移。这一电荷转移，最终并不会在LAO内部形成什么后果，出现后果的地方有两处：STO/LAO界面处和LAO外侧表面处，那里都将出现载流子！考虑到LAO外侧表面电荷会被外来游离电荷屏蔽，真正留下后果的也就是STO/LAO界面处，会出现高浓度载流子，且载流子迁移率很高。

(4) 在适当情况下，STO/LAO界面甚至可形成超导电性。借助光、磁场、应变、缺陷甚至气氛等介入此一界面，还可以出现很多“稀奇古怪”的现象。

此类电极性诱发原本绝缘的界面出现超强导电行为。虽然其核心物理一直都有很多争论，但图4(d)所示的电荷转移机制简明扼要、深得人心，姑且称之为放飞极性。

放飞极性，得以观沧海桑田，是为物理！

如上所述，这一图像也触发后来者去尝试各种类似体系组成异质结，企图借助界面来诱发各种物理效应，形成了一方小气候。如用其他体系取代LAO或STO，可能形成各种其他物理效应（磁性、激发、能带重构、拓扑，如此等等），以至于各种固体物性都可能在此界面处集大成。2012年STO/LAO界面电子气的发现者哈罗德・黄(Harold Hwang)曾经在《Nature Materials》上对此进行总结与提炼（参见：Hwang H Y, et al. Emergent phenomena at oxide interfaces[J]. Nature Materials, 2012, 11: 103-113)。

这些效应有些可以预料，有些则出乎预料、不亦乐乎。但有个基本要素，成为所有相关研究工作的必备考虑，即所有材料的相关功能，都立足于界面极性。一旦遇到极性界面(polar interface)，这些功能是否会发生变化就成为物理人的目标。其实，看君如果还记得电磁学中电荷静电能的计算，可以随手拿来一用。你马上就能明白，此一界面极性，使得每个晶胞贡献0.5 e巡游电荷。这不是一个小数字，足够以美人赚江山，足够将原有三维体系中的那些基态性质打得七零八落。

这些天地，您要说一定有多大的可预期应用、能产生多大实际价值，那有些强人所难。但是，在纳米科学触发的好奇和兴趣驱动下，对这一薄薄的界面捯饬其物理，应该是一些人的事业。这大概也为下一节再论“界面即物理”做了极佳的引注！

4. 界面即物理：维度

“界面即物理”所关注的问题很多，一个重要方向即铁性系统的维度效应。对磁性或铁电等铁性体系，如果将体系维度由传统的三维向二维、一维甚至零维过渡，就会出现我们熟知的尺寸效应。铁性材料的尺寸效应是纳米科学的重要分支，而铁性系统更是凝聚态和材料科学的共用子嗣，其重要性无须强调。而且，这一效应因为二维材料的出现，又变得时髦起来。

众所周知，三维(3D)铁磁体系(不考虑 Ising 自旋类)，如果将其压制成二维(2D)，著名的 Mermin-Wagner 定理大概说：二维以下海森伯自旋体系不可能磁有序。这里关键在于海森伯自旋，因为实际体系多少总有磁空间各向异性。现在有一些证据证明，二维体系的确可以出现有序磁性，但这一定理大多数场合还是适用的。事实上，很多精细的实验结果表明：当体系趋向 2D 时，铁磁序的确不再稳定，纷纷转变为顺磁态。

这里，趋向 2D 的实验方案有多种，典型的两种是：

(1) 制造一个 2D 体系，其上下两个表面均为自由表面，或者至少一个表面为自由表面。

(2) 制造一个 2D 体系，上下表面与另外一非同类体系形成外延，被其所覆盖。

看起来，第(2)类 2D 体系应比第(1)类更严苛，因此具有更本征特性。要做到第(2)类，MBE 当然是不二选择：借助 MBE 的一层一层原子生长技术，可制备出 B/A/B 之类的异质结或超晶格，其中 A 乃磁性化合物，B 可为无磁性体系。当 A 的厚度薄到只有一层晶胞时，我们说 A 就是一个良好的 2D 磁性体系了。这里，再次选择 B 为万金油材料的 STO，它没有磁性！而 A 可选择 $La_{1-x}Sr_xMnO_3$(LSMO)作为模型体系，在 $x=0.3$ 时，3D 的 LSMO 体系铁磁居里温度可达 360 K。

好吧，界面即物理的问题在此处变为：这样一个 B/A/B 体系，有没有铁磁性？

现在来看 MBE 制造的 $STO_m/LSMO_n/STO_m$ 超晶格。图 5 所示即沿[001]方向制备的超晶格示意图。这里 m/n 为晶胞层数，当趋向于 $n=1$ 时，LSMO 就成为规范的 2D 磁性体系了。

可以看到，LSMO 沿[001]方向看去，形成 $(La_{0.7}Sr_{0.3}O)^{+0.7}$ 和 $(MnO_2)^{-0.7}$ 交替排列的结构，即与 LAO 很类似的电荷调制。因此，LSMO/STO 界面即极性界面，电势能重构必然导致 0.35 e 的电荷转移，在界面形成二维电子气和良好导电性。这一效应与 LAO/STO 界面类似，此处不再啰嗦。

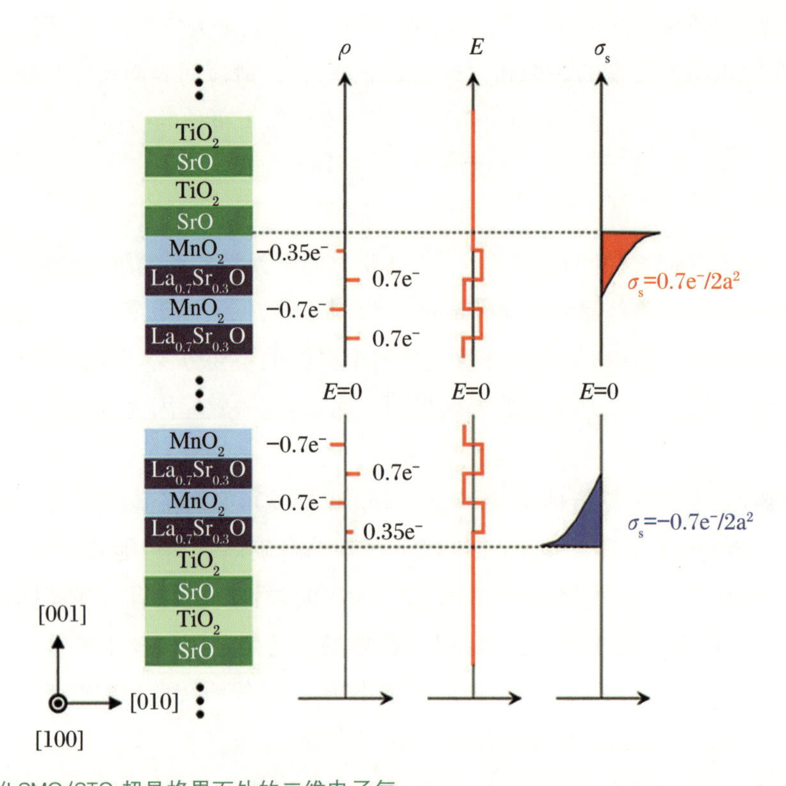

图 5　STO/LSMO/STO 超晶格界面处的二维电子气

其中，ρ 和 σ 为电荷体密度与界面面密度，E 为电场分布。

图片来源：https://onlinelibrary.wiley.com/doi/full/10.1002/adfm.201800922。

已经有实验证明，$n = 2\sim4$ 时，LSMO 已变为顺磁基态，看起来显示了 Mermin-Wagner 定理的巨大威力。也就是说，3D 的 LSMO 在维度降到 2D 时，铁磁性笃定消失，是尺寸效应的典型体现。作为一个不是那么漂亮的证据，图 6 显示了 LSMO/STO/LSMO 异质结的磁性(左)和(STO/LSMO/…)超晶格的磁性(右)数据。磁性由 XMCD 的信号强弱来表达。虽然 XMCD 信号强弱与样品细节有所关联，但大概的物理还是很清晰的：

(1) 对异质结，LSMO 铁磁性与晶胞数成正比，当 LSMO 厚度只有 4 个晶胞时，其铁磁性比 6 个晶胞时弱了很多。这里，请注意 LSMO 层既有一个自由表面，也有一个与 STO 的极性界面。

(2) 对超晶格，也观测到类似现象。在 LSMO 只有 3 个晶胞厚度时，其铁磁性已经很弱了，磁滞回线基本消失。注意到，这里 LSMO 层不存在自由表面，但有与 STO 组成的极性界面。

(3) 两组结果比对，给我们一个启示：LSMO 厚度趋向准二维甚至 2D 时，铁磁性的确趋于消失，但这种消失真的是源于维度或者说自由表面本身吗？

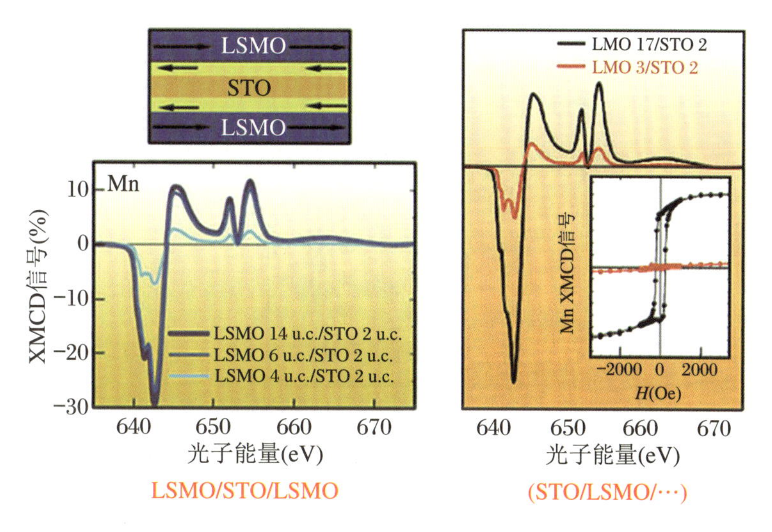

图6　LSMO/STO/LSMO 异质结(左)和(STO/LSMO/…)超晶格(右)的磁性 XMCD 测量结果

图中诸如 LMO3/STO2 的 3 和 2，表示各层厚度为 3 个和 2 个晶胞。

图片来源：http://www.esrf.eu/UsersAndScience/Publications/Highlights/2011/esm/esm8；http://www.esrf.eu/UsersAndScience/Publications/Highlights/2010/esm/esm04。

对上述问题，Mermin-Wagner 定理的确是这么说的，但这里的结果带来了不确定性。图 6 的实验表明，LSMO 的铁磁性在厚度下降到 4 个晶胞时已基本消失，取而代之的是顺磁态。这意味着，2D 体系铁磁性消失并非因自由表面所致。至少，我们可以争论：导致 LSMO 铁磁性消失的原因不一定非得是自由表面不可。对 LSMO、STO 而言，界面极性同样可以导致铁磁性消失！

这一争论，促使物理人去尝试某种方案：既将自由表面给抹掉，也将界面极性给抹掉，然后看看 LSMO 的铁磁性是不是还在那里！此为下一节“约束极性”的动机！

5. 约束极性：铁磁性

事实上，物理人通常有不依不饶、穷追猛打的嗜好，从而为物理学赚得清高的名声，特别是当结果看起来毋庸置疑时，更是如此。毫无疑问，这一问题绝非可有可无的无病呻吟，而是展示维度效应背后潜在机制的重要问题。现在，问题可重新表述为：LSMO/STO 界面处的二维电子气会是铁磁性消失的原因吗？

美国北卡州立大学物理系的 Divine P. Kumah 博士，针对这一问题开展了一些有意思的实验。他们的基本思路就是约束极性，看看原本消失的铁磁性可否回来。这一思路的玄妙之处在于：他们选取了($La_{0.7}Sr_{0.3}$)CrO_3(LSCO)替代前人的 STO，与 LSMO 组合以 MBE 成(LSCO m/LSMO n/…)超晶格，如图 7 所示。

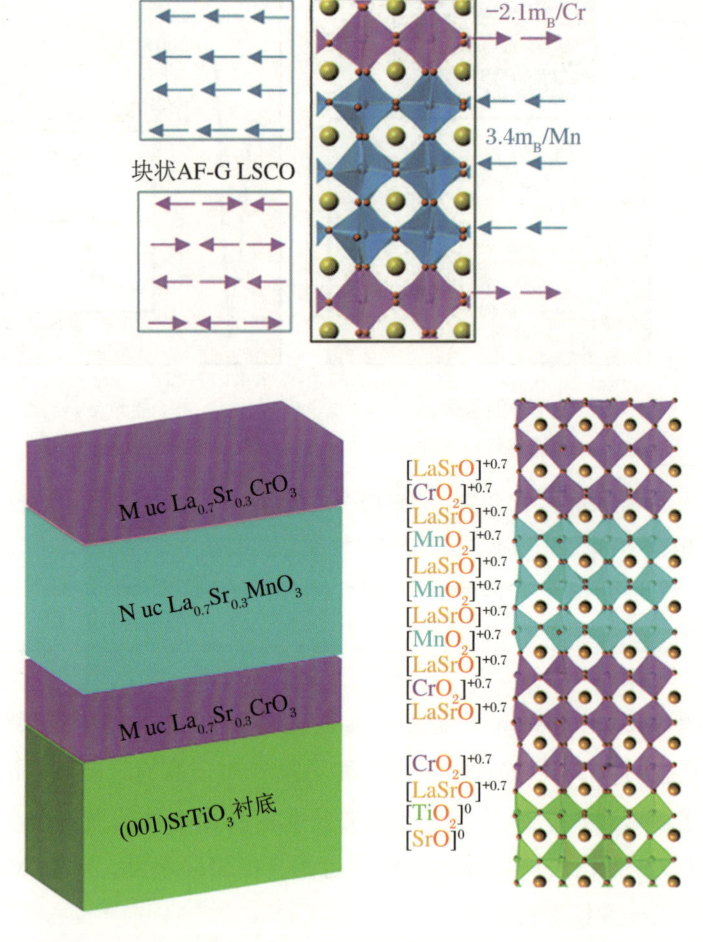

图 7　Kumah 等人的思路：用反铁磁 LSCO 与铁磁 LSMO 组合成超晶格来破除界面极性效应

这一玄妙的优点在于：

(1) LSCO 呈现非常稳定的反铁磁序，如果超晶格有铁磁信号，应该是来自 LSMO。也就是说 LSCO 对磁性测量不会造成很大干扰。这是本实验成果的必要前提。

(2) LSCO 的 $La_{0.7}Sr_{0.3}O$ 组分与 LSMO 的 $La_{0.7}Sr_{0.3}O$ 完全一样。对应地，CrO_2 层的价态与 MnO_2 的价态也完全一样。由此，LSCO/LSMO 界面不再会出现电极性。

(3) LSCO 与 LSMO 晶格匹配几近完美，从而不会给基于界面极性的物理讨论带来额外复杂性。

(4) 超晶格生长于 STO 衬底上，且与 STO 的接触层是 LSCO 而不是 LSMO。虽然 LSCO/STO 界面极性依然存在，但对 LSMO 的磁性没有影响。

以上几点很清晰地展示于图 7,在此不再啰嗦。

Divine P. Kumah 博士与其合作团队花费了大量工夫致力于制备出高质量的超晶格样品,并细致测量样品的铁磁性数据,从而为给出一个确定的结论提供了较充分的证据。主要的制备表征手段包括:① 高配置的 MBE 制备技术;② 高性能扫描透射电子显微术;③ 同步辐射;④ 软 X 射线吸收谱(XAS)和 X 射线磁圆二色谱仪(XMCD);⑤ 第一性原理计算。看君有意,应该已注意到:能够在一项研究工作中将所有这些长枪短炮都用上,以获得多方位的实验证据,这是我国物理和材料学人需要借鉴与学习的。对于低维和复杂材料,这一点显得尤为重要。

Kumah 博士等人将他们丰富的实验数据和分析讨论整理成文,以“Confinement of magnetism in atomically thin $La_{0.7}Sr_{0.3}CrO_3/La_{0.7}Sr_{0.3}MnO_3$ heterostructures”为题发表在《npj Quantum Materials》(2019 年第 4 卷第 25 篇)上。读者有兴趣一览春山,可前往阅读。不过,文章的主要结果可以总结成如下几条:

(1) 在 STO(001)衬底上 MBE 的 LSMO 薄膜、异质结合(LSCO/LSMO/…)超晶格,其微结构质量高、界面质量高。

(2) 直接外延于 STO 衬底上的 LSMO 薄膜,其晶格畸变程度在其与 STO 界面附近有很大的涨落,包括很强的界面极性变化。这对澄清物理问题没有帮助。与此不同,LSCO/LSMO 超晶格看起来配合得接近天衣无缝,LSCO/LSMO 界面处晶格畸变与层内基本一致,界面极性没有出现很大变化和涨落。

(3) 外延于 STO 的 LSMO 薄膜,在厚度低到 3 个晶胞时,铁磁性几近消失。

(4) 外延于 STO 上的(LSCO m/LSMO n/…)超晶格,均展示出很强的铁磁性,即便当 $n=2$ 时,LSMO 层只有 2 个晶胞厚,依然有很强的 XMCD 铁磁信号和磁滞回线,表明 LSMO 铁磁性依然故我。

(5) 第一次原理计算,定性支持实验结果。

诚然,Kumah 等人的工作还有很多细节值得仔细揣摩与咀嚼,文章展示的结果也未必就如笔者此处罗列那般直接和黑白分明,还是有很多需要推敲和讨论之处。即便如此,如上所列 5 个结果,应该大致表明:这一类钙钛矿氧化物体系中,界面电极性是抑制低维 LSMO 体系铁磁性的重要原因。约束住这一界面极性,即便是薄到 2 个晶胞的准二维 LSMO,依然有很强的铁磁序存在。这一实验结论,在过往关于铁性物理的尺寸效应研究中很少被认识到。

到了此处,读者可能会问:既然界面电极性会产生界面二维电子气输运,压制低维铁磁性的推手是界面电极性?还是界面二维电子气输运?

这是一个好问题,目前无法肯定回答。但这里有一个启示:多铁性物理中,电极化与铁磁性是相互排斥的。目前的实验表明,铁磁性一定会抑制电极化,也就是抑制电极性。

但尚无实验证据表明电极性一定会抑制铁磁性。看起来，本文为这一未结之问题提供了一个注脚：LSMO体系中，界面极性是可以抑制铁磁性的！

这些未结之问题，包括Kumah博士等人，应该早就意识到了或者有读者也早就意识到了。笔者在此等待着，期望很快会看到下一个结果，以延续这一故事。

栅控二维量子态

凝聚态物理研究，调控之风越来越兴盛，成为其中主流和丰腴之地。这么说，原因之一是新的物态和材料的发现变得越来越困难，越来越充满挑战，整个学科正处在一个平台期（所谓“铁幕时期”）。这期间，我们很乐意运用各种外场，寻求各种精到技术，去改变物态和材料状态，美其名为“调控”。对量子材料进行调控，早先叫“量子调控”，现在叫“物态调控”。关于“量子调控”，在中国有一些名人轶事，不知道有没有人记述。

凝聚态物理中用于调控的最经典结构，就是两端或者三端器件的沟道+栅极结构。构建一个沟道，覆盖一个栅极，通过栅极施加电场，从而移动沟道材料费米面的位置，实现对其电磁输运状态的控制。这样一个方案，物理清晰、结构简单，今天来看易于制造，也便于进行凝聚态物理描述，堪称凝聚态使用最广泛的调控结构。半个多世纪以来，基于这一结构的调控物理如高山流水、络绎不绝。

最近，有两个调控方式的拓展值得提及：一是电化学调控，一是维度调控。前者，原本基于离子液体栅极调控的发明，后者则源于二维电子气栅极调控的发明。这两者的兴起，可不是简单的栅极调控物理拓展，而是伴随有很多新物理涌现出来（emergent phenomena）。

对电化学调控，好几年前，笔者曾经到中国科学技术大学参加一个小型会议，会上第一次听陈仙辉老师讲他们利用快离子液体作为栅极进行沟道调控。因为带电离子的快速迁移，一个很小的外加电压，即可将液体栅极中的带电离子聚集到沟道表面，形成极强的栅极静态电场。这种调控有双重功效：① 产生传统的静电栅极效应，而且栅极电场要强很多；② 产生电化学效应，即外电场可以直接将带电离子注入沟道中，电化学改性沟道的物理化学性质。后来，笔者也听过清华大学于浦老师讲他们的电化学调控工作，似乎是新效应不断。其中一个效应，便是将擅长氧化物异质结物理的于浦教授，给拽到电化学调控关联材料新物态这个新领域中去了。总之，这一方向当前正如火如荼，引得很多物理人摩拳擦掌。

与此不同，维度调控似乎更为“物理”一些，因为它没有电化学问题。这里的维度，是说传统 FET 的沟道层总是有一定厚度的。实际能够被栅极调控而显著移动费米面的，只是其中很薄很薄的表面层。由此，沟道层实际上就是被显著调控的表层，加上未被显著影响的深层。因为是两者叠加，所以物理并不纯，或者说沟道调控并不显著。

感谢二维材料诞生，物理人可以制造出单胞层的新材料，从而可以获得自然界最薄的沟道层：单胞、单原子、单分子厚度！这样一来，具有 2D 沟道的 FET 调控达到了另外一个电场效应无出其右的极端：横跨整个沟道，从而达到极端天涯。

如此贯穿的栅极电场效应，当然就能让我们看到很多原来的 FET 沟道不能及至的新物理。毋庸置疑，很多物理人马上就能明白这些物理是什么、从各自专业角度能够做什么，只要你能搞定 2D 材料的制备和 2D-FET 器件的制造，一切尽在梦想中。例如，从事量子材料研究的同行们，马上就会想到对 2D 超导、2D 拓扑、2D 磁性、2D 魔角等进行栅极调控，如此等等，当可甩开膀子大干一场。

来自美国伊利诺伊大学厄巴纳-香槟分校（UIUC）的女物理名家 Vidya Madhavan 教授团队，似乎很早就开始了这方面的探索。当年她还在美国波士顿学院物理系工作时，就将极端条件下的 STM 及其隧道谱探测提升到很高水准，特别是在非常规超导和拓扑量子物理方面成绩丰硕。现在，他们将研究兴趣拓展到 2D 材料的栅极调控，看起来顺理成章：利用背栅结构，2D 材料的正面就完全敞开在她的 STM 针尖下方，任由 STM 探测了。

Madhavan 团队主要利用 STM 辅助第一性原理计算，对 MBE 生长的高质量单层 $1T'$-WTe_2 体系开展研究（Maximenko Y，et al. Nanoscale studies of electric field effects on monolayer $1T'$-WTe_2[J]. npj Quantum Materials，2022，7：29. https://www.nature.com/articles/s41535-022-00433-x）。注意，这个材料本身已经被很多物理人关注过：这是一个量子自旋霍尔绝缘体，具有无能隙的螺旋边缘态（gapless helical edge state），如图 1 所示。它的优点之一便是这个边缘态可以存活到 100 K 的高温，这可是很多拓扑材料很难企及之处。那些拓扑边缘态、强关联物理，包括拓扑超导物理和分数激发，都是量子材料人的喜爱之物。不过，要解构这些前沿课题，前人工作遭遇到的困难很多，至少对 WTe_2。其中一大挑战，是不同实验给出的体带隙和电子结构特征变化很大，且不清楚其根源。现在，利用这个单层（monolayer）特性，进行栅极调控，大概不难揭示其中带隙变化的起源，并容易预期到新物理出来。而这个物理，在原来的三维沟道层中大概很难被凸显出来。

Madhavan 团队大张旗鼓摸索了一番，得到了一些不错的结果，如图 2 所示。

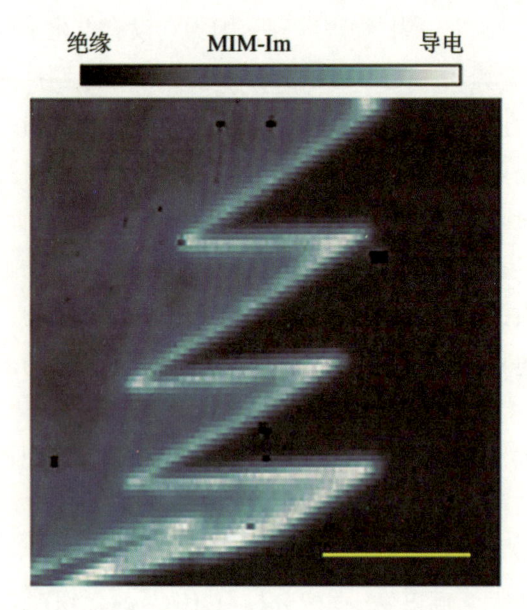

图 1 WTe_2的无能隙边缘态

图片来源：Shi Y，Kahn J，Niu B，et al. Imaging quantum spin Hall edges in monolayer WTe2［J］. Science Advances，2019，5：aat8799. DOI：10.1126/sciadv.aat8799.

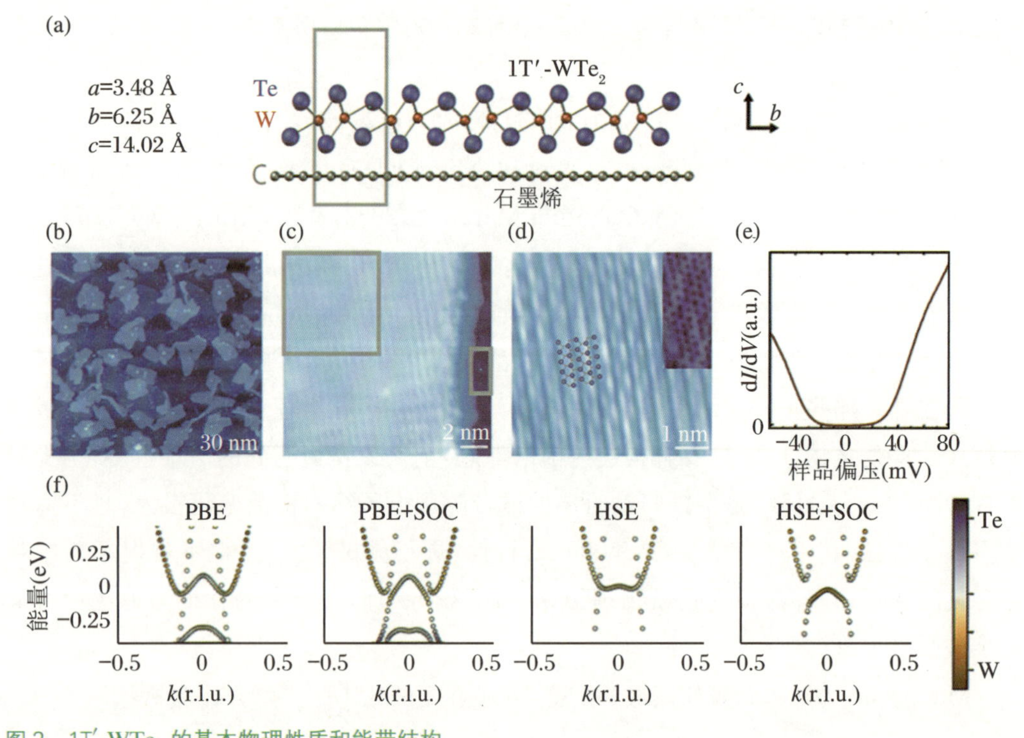

图 2 $1T'$-WTe_2 的基本物理性质和能带结构

(1) 对此 3 个亚原子层组成的结构,第一性原理计算得到的导带主要由顶层和底层贡献,它们的自旋被锁定为反向排列。价带,当然主要来自于中间的 W 原子层的贡献。

(2) 栅极电场,因为可以贯穿,因此调控电子结构的显著性就出来了,从而让我们观测到自旋对能带的劈裂效应,带隙变化其实很大。

当然,这一工作一个最主要的结果便是:栅极电场原来可以显著调节体系的能隙大小,最大可以达到数十 meV,令人惊奇。而且,这种巨大变化根植于电场导致的空间反转对称破缺,导致的自旋相关之能带劈裂。这就是上述第(2)点的结果,而价带或导带的局域化特征和 2D 表面的 Rashba 效应有不可或缺的影响。

我们久经考验的物理,都是基态和基态下的低能激发态。现在,我们终于可以有一些体系,可以借助传统的栅极结构,实施更为干净彻底的激发。这是物理人期待的,也给新物理带来启发困惑:怎么实现更高能量的激发? Madhavan 教授团队用这个初步的结果揭示了这些原本栅极调控难以展示的结果。看起来,那些原来的认知可能都需要稍微更新一二。

踏破汉河无马炮,斯格明子作棋兵

1. 引子

现代文明社会,人对信息处理与存储的依赖好像远远超越了人对人的依赖。人与人可以相向而过却视而不见;兄弟姐妹可以端坐一室而相对无言;亲戚朋友见面无须点头示意、莞尔一笑,却眼不离手机、心不离信息;甚至夫妻爱人也可以君坐床这头、卿坐床那头,倾心于信息而相对沉默寡言。这种人与人之间的关联因为每个人中间夹塞了信息而变得比范德瓦耳斯力还要微弱。

在人与人关系的这种演变中,大多数信息的产生与存储起到了胜却一切的作用,也因此人对信息处理和存储的需求变得贪得无厌。当 20 世纪 70 年代一台打字机就能将思想变为知识时,21 世纪 10 年代将思想变为知识就需要 100～10000 Gb 的二进制存储空间来嫁接了。一部高清晰电影需要 1 Gb 的存储容量,而费德勒和纳达尔 2017 年度澳网决赛的低品质录像就需要 8 Gb。信息存储正在成为人类追求欲望的重要一环。图 1 显示了一个现代人可拥有的各种信息产品,其琳琅满目之程度可谓匪夷所思。也因为如此,对新型信息存储与处理技术的追求成为为人民服务的疯狂目标。

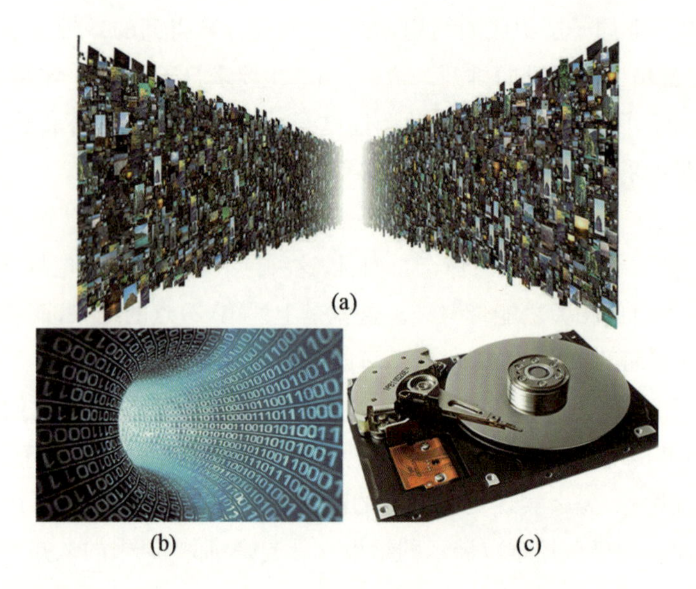

图1 (a) 人对信息的需求之墙,中间那道闪亮的狭缝也许是也许不是通向天堂或地狱之门;(b) 二进制信息存储构建的时空隧道想象,让人的生活变得狭窄而充满诱惑;(c) 存储信息的最经典作品:磁盘

图片来源:(a) https://cloudtweaks.com/wp-content/uploads/2014/12/stored-photos.jpg;(b) http://www.rudebaguette.com/assets/scality-3-e1427289088680.jpg;(c) http://images.wisegeek.com/hard-drive-with-case-removed.jpg。

2. 自旋电子学

在所有信息存储技术中,磁存储应算最广泛和常用的,无论你喜不喜欢或欣不欣赏。最初的磁存储设计乃基于磁畴,即多晶磁性薄膜中若干个磁畴(晶粒)被加工成一个具有特定磁矩取向的区域,构成一个数据字节(byte)。图2(a)和图2(b)很清晰地显示出这一技术如何实现byte读写,非常简单。这里的核心元素是通过电流线圈激发磁场来实现对磁畴的信息读写。这一思路一直都是磁存储的基础,近百年来并无很大改变。随后发展起来的磁硬盘存储经历了性能上的跨越式进步,包括立体多层磁读写技术(图2(c))和后来的GMR/TMR(giant magnetoresistance/tunneling magnetoresistance)读写技术(图2(d)),大概都是沿着此一方向演化的步骤,但最干净的物理依然如此。也许是为了引人仰目,我们给磁存储取了一个新的名称——自旋电子学(spintronics),显得比磁学要高大上很多。事实上,spintronics应该算是一系列"-tronics"新颖词缀的始祖,比如现在物理人提出的orbitronics、walltronics、valleytronics等,令人眼花缭乱,当属名词的原始性创新!

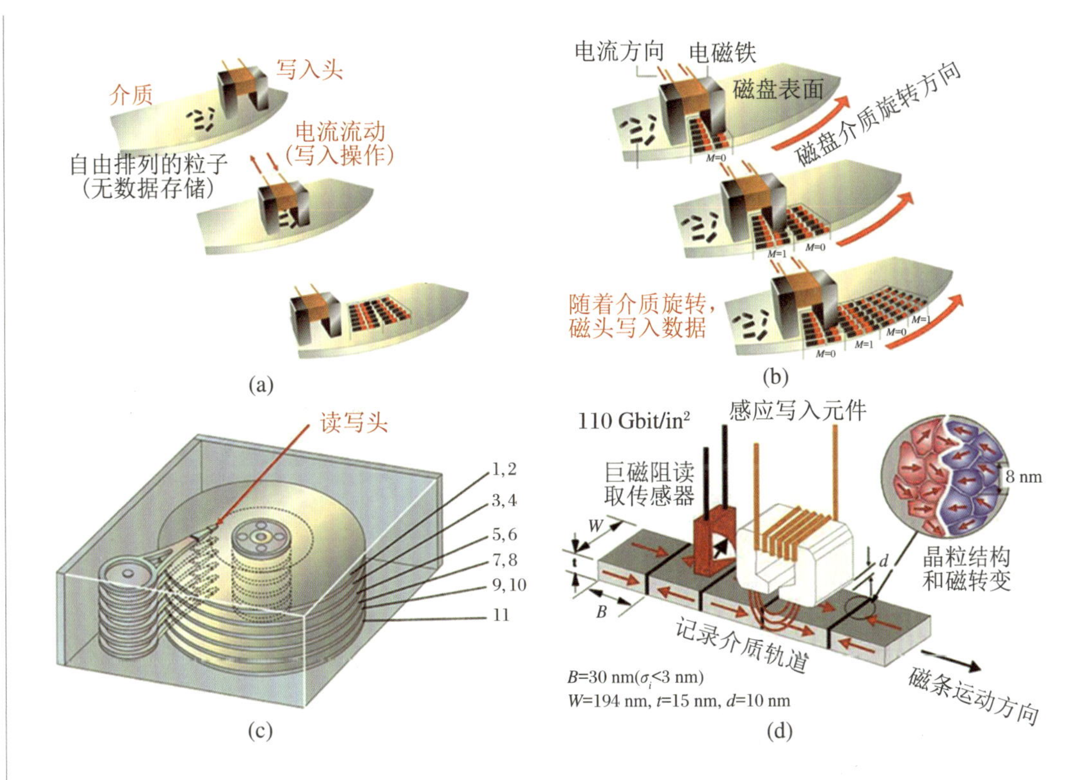

图 2 (a) 多晶铁磁薄膜中实现磁存储的基本物理过程示意图；(b) 磁性阵列 bytes 的读写过程示意；(c) 多层立体磁盘技术，这是磁存储最伟大的历史时代；(d) 嵌入了 GMR 效应实现快速读取过程的原理图，其中的写入过程依然是传统电流驱动磁头写入技术（速度慢、损耗大），给这一代磁存储设置了进步的瓶颈

图片来源：(a)、(b)、(c) http://cse11.blogspot.com/；(d) http://www.cnm.tue.nl/news/weller_files/image002.jpg。

自旋电子学基于 GMR 和 TMR 等概念来发展新一代磁存储技术，同时推动对磁畴动力学和各种有限尺度下磁结构的研究兴趣。虽然物理人提出了很多新奇的自旋电子学方案来实现磁存储，但广为接受的方案大致提炼于图 3。所谓 GMR 效应，如笔者等庸俗之辈理解，就是固体中电子自旋存在交互作用：当近邻磁矩平行排列时，电子交换积分比近邻磁矩反平行排列时大，因此前者电导（电阻）比后者电导（电阻）大（小）。这一效应后来被推广到如图 3(a)所示的自旋阀 TMR 结构中，实现了依赖近邻磁矩取向的两个电阻态，构成通过电阻（电压）来实现两态信息读取的器件物理。此类器件的构造示意于图 3(b)。

除信息读取外，还需要实现信息写入。怎么写入呢？不同于图 2(d)那般用磁场写入（磁场写入对高密度存储已难以为继），图 3(a)所示自旋阀结构需要新的写入方法，即借助某种外力实现自由层(free layer)中两种磁矩取向左右转换。怎么做到这一点呢？先人绞尽脑汁，提出了所谓的电流驱动自旋转移矩之类的理论，说白了就是向自由层注入极化电流。极化电流所携带的自旋转矩(torque)作用于自由层上，推动其中的畴壁运动，来实现磁矩平行于这一自旋的磁畴扩张和磁矩反平行于这一自旋的磁畴萎缩。自旋转移矩翻转示意于图 3(c)和图 3(d)。这一方案一经提出，风生水起，引无数先来后到者争先恐后，各种花样层出不穷。不过，这一方案的命门也一样显露于外，注定其屡战屡败的命运：驱动畴壁运动的临界电流太大，一般不小于 10^6 A/cm^2。

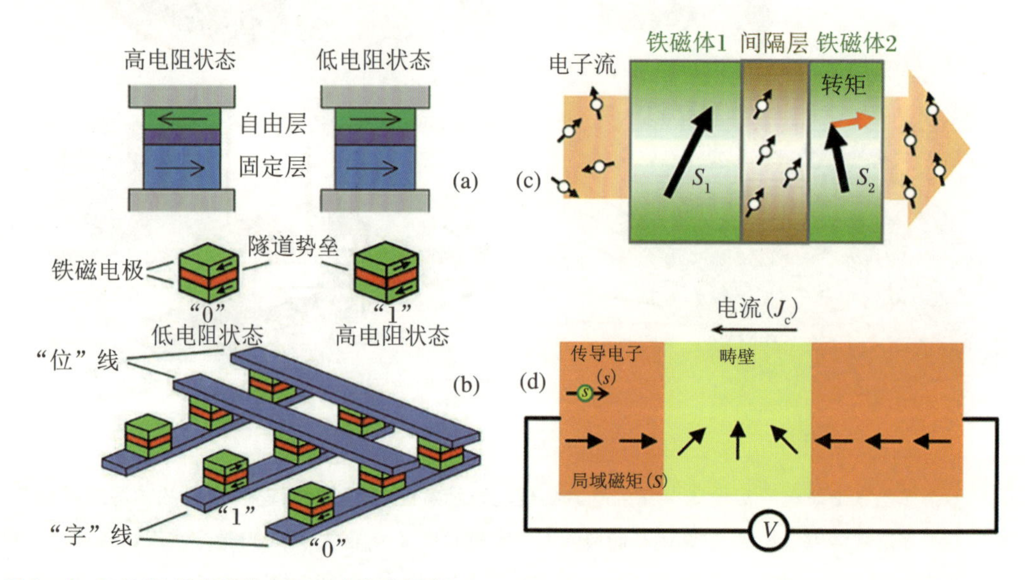

图 3 与 GMR/TMR 有关的 MRAM 自旋电子学

(a) 典型的自旋阀结构，由一个铁磁固定层和一个铁磁自由层中间夹塞一个非磁性金属或者绝缘层组成。在自由层中注入(极化)电流就可以驱动自由层中的畴壁运动，实现自由层磁矩翻转，形成自旋阀的高低两个组态。自由层和固定层磁矩也可以垂直指向，即所谓垂直磁记录。(b) 当前 MRAM 存储阵列的架构和读写模式。(c) 电流驱动自旋转移矩的工作原理。(d) 铁磁畴壁在极化电流驱动下运动的微观驱动机制。

图片来源：(a) http://chipdesignmag.com/lpd/files/2013/11/354px-Spin_valve_schematic.png；(b) http://www.ece.nus.edu.sg/isml/MRAM.jpg；(c) http://docs.quantumwise.com/_images/torque.gif；(d) https://www.ece.nus.edu.sg/stfpage/eleyang/image/dw1.jpg。

这一临界电流实在是太高了，类似于朝鲜战争时的上甘岭高地。让学者们绝望的是，虽然理论对这一超高临界电流起源的论述著作等身，但显著压制之应属不易。事实上，学者们纵使使出浑身解数，包括从设计方案及微磁学模拟，到材料选择、制备技术、微结构优化与缺陷控制、微观机制解耦，如此等等，虽然进步也很大，但任凭用各种方法狂轰滥炸，"上甘岭高地"并没有被削掉多少，高度只从 10^6 A/cm^2 降低到 10^5 A/cm^2。这个高度依然耸立那里，阻挡了这一技术迈过实用门槛。自旋电子学前赴后继者偶尔也会用

“出师未捷身先死”的感叹来描述彼时的景象，其实并无太多不妥。这种状况一直到斯格明子(skyrmion)出现方有改观，或方有喘息之机。

3. 斯格明子

斯格明子本跟磁性不沾边，只是粒子物理中一个拓扑概念而已，乃 Tony Skyrme 于 1962 年借助于场论来描述核子时得到的一个拓扑孤子解。凝聚态拿来说事，更多是在唯象和拓扑几何层面，很有噱头。磁斯格明子除了拓扑上与核子的拓扑孤子解有相似之处外，其实是一种自旋结构上的物理意义。我们注意到如下几点：

(1) 磁斯格明子是空间有限区域一堆自旋所构成的离散准粒子结构。这种结构被喜欢创新的达人们分别用“拓扑指数”“卷绕数”“拓扑电荷”“拓扑量子数”来描述。

(2) 这种磁结构最为人称道却未必明了的特征是“拓扑保护性”。这种保护性表达的是数学上某种不变属性(如上所述的几种拓扑数)，与物理意义上的能量保护性(稳定性)没有必然对应关系，虽然“拓扑保护性”的确萌翻了许多人。拓扑结构可以是能量稳定或介稳定甚至不稳定的，显然只有那些能量上稳定或亚稳定的拓扑结构才具有物理意义上的拓扑保护性。

(3) 这种磁结构是动力学的，在时空坐标系中可以运动。因为这种拓扑保护性，运动会变得非常容易，受到的阻尼或者散射一般就会很小。

(4) 同样，可以借助于极化电流转移矩之类的概念来驱动其运动。据说驱动斯格明子运动的临界电流只有 10^3 A/cm^2 或者更小！

(5) 从更广泛的意义上看，通常说的磁畴壁也是一种拓扑类缺陷，只是这类缺陷具有更好的拓扑保护性，或者说其能量保护性更棒！事实上，我们都知道，磁畴壁特别是强磁弹体系的磁畴壁是非常稳定的，要驱动其运动需要克服很大的势垒，也就是难以逾越的上甘岭高地。这是跟斯格明子最大的一点区别。

说了半天，什么是磁斯格明子呢？如图 4(a)和图 4(b)所示的实空间图像是两类最常见的 2D 斯格明子结构。它是 2D 自旋点阵中自旋的某种旋转对称排列方式，中心自旋指向面外，周边自旋也指向面外，但与中心自旋反向。由中心自旋沿径向外延，自旋构型呈现两种模式。图 4(a)的模式以自旋沿垂直于径向的面内轴旋转 p 角为特征，图 4(b)的模式以自旋沿径向的面内轴旋转 p 角为特征。前者称为 Neel 型斯格明子，后者称为 Bloch 型斯格明子。如果经过拓扑几何变换，这两种斯格明子都可转换为球面构型：Neel 型的自旋均垂直于球面形成刺猬之态；Bloch 型的位于赤道上的自旋均环绕于球面，整体自旋构型形成螺旋(helical)之态。这些形态既具有视觉上的冲击，亦具有精神上的美感，而凝聚态这样的视觉享受并不多。

利用洛伦兹电镜看到的斯格明子点阵图案示于图 4(c)，虽然这是经过人工着色而形成的衬度。图 4(d)示意了 Ir(111)衬底上单层 Fe 的自旋构型,具有明显的 Neel 型斯格明子特征,注意到 Ir 具有很强的 SOC。这些斯格明子及其点阵通常需要外加磁场或者激励电流辅助形成。

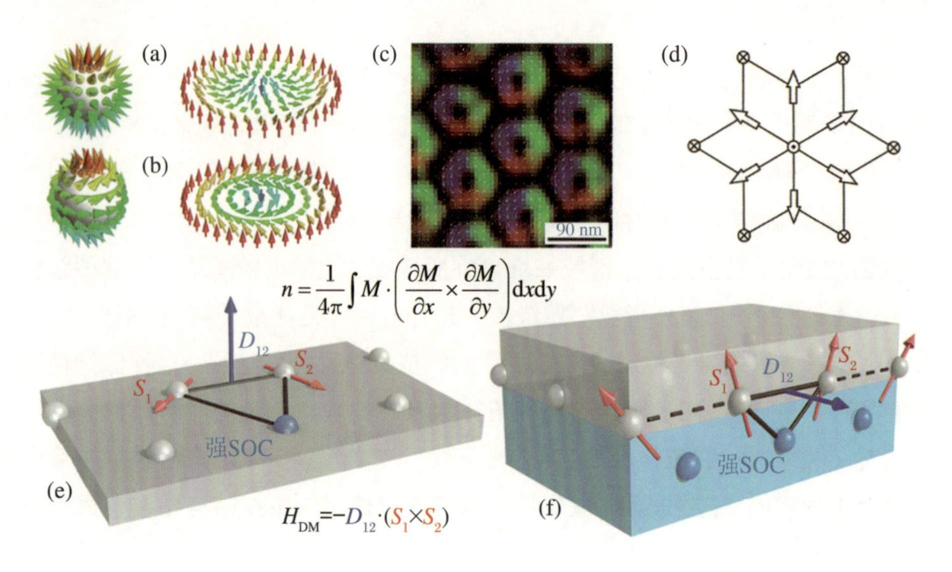

图 4　磁斯格明子的拓扑图像与物理

(a) 平面点阵中的 Neel 型磁斯格明子结构,变换到球面上的结构示于其左侧。其形成机制之一示于(f),显示在铁磁层与 SOC 很强的衬底之界面处容易形成此种斯格明子。(b) 平面点阵中的 Bloch 型磁斯格明子结构,变换到球面上的结构示于其左侧。其形成机制之一示于(e),显示在铁磁层中如果存在 SOC 很强的原子,则容易形成此种斯格明子。(c) 利用洛伦兹 TEM 看到的磁斯格明子阵列衬度,其中的自旋箭头和颜色是人工赋予的。(d) Ir(111)表面生长一层 Fe 原子层,会形成此类 Neel 型磁斯格明子。(e)、(f)中 SOC 很大的重原子与磁性原子 S_1 和 S_2 组成三角形平面,DMI 效应的 D_{12} 因子一定垂直于三角形面。图中标出了拓扑卷绕数 n 的计算表达式和 DMI 作用能 H_{DM} 的表达式。

图片来源:http://www.nature.com/nnano/journal/v8/n3/fig_tab/nnano.2013.29_F1.html。

这两类斯格明子可以有同样的微观机制,其中一类机制源于自旋-轨道耦合(SOC)对自旋交互作用的相对论修正项,即称之为 Dzyaloshinskii-Moriya 交换作用(DMI)的作用项。我们考虑由一个 SOC 很强的重原子(图 4(e)和图 4(f)中的浅蓝色原子,旁边标注了强 SOC)和两个非共线自旋 S_1 和 S_2 组成的三角形,这一 DMI 作用数学上表达为图 4(e)下方的形式:$H_{DM}=-D_{12}\cdot(S_1\times S_2)$。这里 D_{12} 是 DMI 作用系数,其方向垂直于上述三角形。图 4(e)示意了一磁性薄膜,其中 SOC 由重原子引入,D_{12} 指向面外。图 4(f)示意了一磁性薄膜异质结,衬底含有 SOC 很大的重原子,此时 D_{12} 沿异质结界面指向外面。如果 H_{DM} 对形成斯格明子起到很重要的作用,则图 4(e)必然导致 Bloch 型斯格明子，而图 4(f)则肯定导致 Neel 型斯格明子。

当然，现在有很多证据证明，磁斯格明子的形成未必一定要依靠大的 DMI。合适的磁单轴各向异性和合适的磁性异质结组合也可以产生垂直于自旋面的等效 DMI，诱发磁斯格明子。也有高学们利用异质结界面、边缘效应和其他一些美妙的物理效应来组合，实现斯格明子。当前局面可以说是众说纷纭、百家争鸣，最近几年热得不亦乐乎。从更一般化的角度看，如果存在某种交互作用，可以表示为自旋的叉乘项或者轴矢量项，或者能够借助某种结构设计实现 SOC 增强，都有可能诱发斯格明子及其点阵。因此，磁斯格明子依然是一个未知远多于已知的领域，尚有很多未垦之地供看君挑战与征服。

好吧，行文到此，要问两个问题：

第一个问题：为什么形成和驱动磁斯格明子所需的电流很低？名家观点认为，这是因为斯格明子具有拓扑保护性，并有能量稳定性从旁保障。在运动过程中，遇到晶体缺陷或自旋缺陷时，它能够视而不见，从容穿越。与此相对，畴壁运动就可能遇到这些缺陷的钉扎。这一图像看起来很合理，而笔者更倾向于从唯象角度去理解：事实上，磁斯格明子是多重相互作用竞争形成的，应该处在一个较高能态或几个相互势垒不高的势阱中。外力推动使其运动变得容易，自然驱动起来阻力小很多。畴壁实际上是稳定性更高的结构，驱动其运动需要的驱动力更大。从这个意义上，磁斯格明子是拓扑稳定的，但也未必绝对稳定。它在低品质材料中的寿命，值得研究一番！

第二个问题：如何利用其实现磁存储？对这一关键而致命问题的回答目前还很不明朗，随手在文库中可以找到如图 5 所示利用自旋霍尔效应(SHE)来实现电控存储的设想器件。笔者不才，看懂了且自觉比较有感染力的有两种可能性：

(1) 由于磁斯格明子的拓扑特性，可以定义对应的拓扑电荷(charge)，由此实现所谓的自旋霍尔效应(SHE)。这一效应与其他很多导致 SHE 的方案类似，可以用于磁存储读写过程中的电探测和电驱动之源。

(2) 由于磁斯格明子的高可动性和准粒子性，可以借助现代电子信息技术的一系列开关和逻辑器件原理，将磁斯格明子当成带有拓扑电荷的载流子，从而配合 SHE 来实现各种存储、感应、激发和传递的多重功能。这些探索目前的进展也并不顺利和理想。

除此之外，围绕磁斯格明子的潜在应用探索并不那么容易。早期以电流激励畴壁运动的方案本身就依托于 GMR/TMR 的物理机制，无论是从制备还是从微电子器件集成角度，都可以说是万事俱备，只是驱动电流太大、功耗问题突出、存储速度稍有欠缺而已。而磁斯格明子作为磁存储的载体却还在婴儿哺乳阶段，如何成长应该还需要一步步摸索和尝试。虽然 SHE 是个好东西，但它比 GMR 等更为敏感、复杂和羸弱，是否便利于下一步也有诸多不明朗。磁斯格明子的产生、探测和控制依然存在太多问题或者说可能性，我国强磁场中心、中国科学院金属所、中国科学院物理研究所、南京大学和复旦大学等校所都在强力推进，给了我们拭目以待的理由。

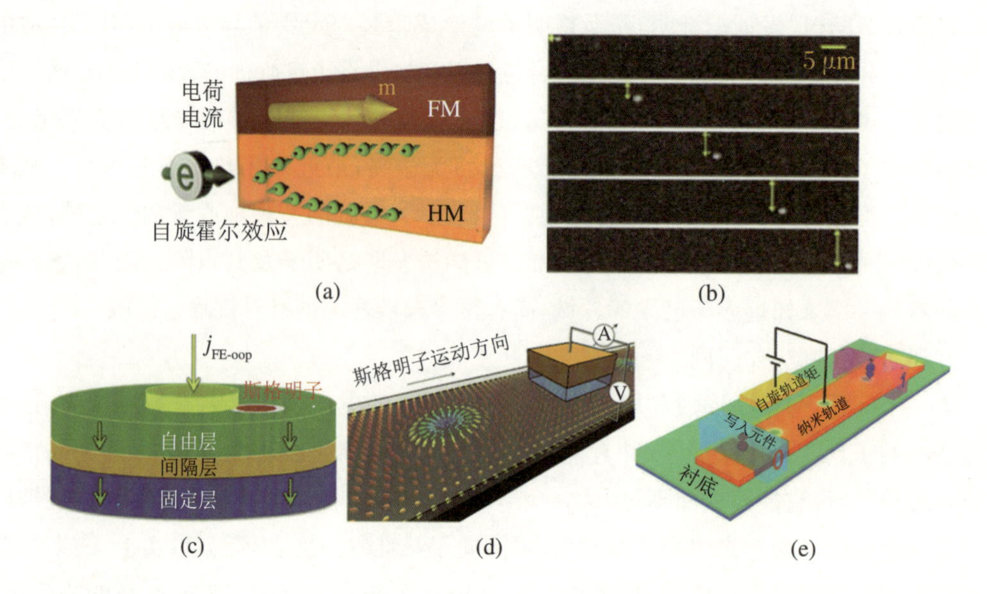

图5　磁斯格明子的应用

(a) 一个铁磁层(FM)与一个重金属磁性层(HM)组成的异质结，其中沿 HM 注入的电荷携带的上下自旋因为 SOC 效应而分离，形成自旋霍尔效应(SHE)；(b) 实验观测到的磁斯格明子在横向运动过程中因为 SHE 效应而偏离原先轨迹，出现向下偏移的特征；(c) 在固定层与自由层组成的三明治结构中，在自由层顶部注入极化电流可以诱发自由层中的磁斯格明子围绕顶电极转动；(d) 利用 SHE 效应探测磁斯格明子原型器件工作原理图；(e) 纳米通道中斯格明子的产生与驱动装置。

图片来源：(a)、(b)、(c) Finocchio G, Büttner F, Tomasello R, et al. Magnetic skyrmions: From fundamental to applications[J]. Journal of Physics D Applied Physics, 2016, 49(42): 423001. DOI: 10.1088/0022-3727/49/42/423001; (d) http://www.nature.com/nnano/journal/v10/n12/images/nnano.2015.226-f2.jpg; (e) http://www.nature.com/article-assets/npg/srep/2015/150106/srep07643/。

从这个意义上，我们说“踏破汉河无马炮，斯格明子作棋兵”，稍有夸张却并不为过。斯格明子棋子能否跨越汉界、直捣龙潭，尚是未知。也因此，此处江山多娇，各路英雄均可邀！

4. 双斯格明子

与此同时，寻找更多磁斯格明子的工作也在继续，并得到极大的重视。因为这是“发现”，被赋予学术最高等级！除单体斯格明子外，一些中心对称的层状晶体，如果配合外场激励，还可以形成所谓的双斯格明子(biskyrmion)。图 6 所示即两个例子。此类双斯格明子最早是日本 RIKEN 的 X. Z. Yu(于秀珍，也是观测到磁斯格明子的第一人)她们

在 $La_{2-2x}Sr_{1+2x}Mn_2O_7$（$x=0.315$）单晶中观测到的（图 6（A））。随后中国科学院物理研究所吴光恒课题组也在 MnNiGa 合金中报道了类似效应（图 6（B））。

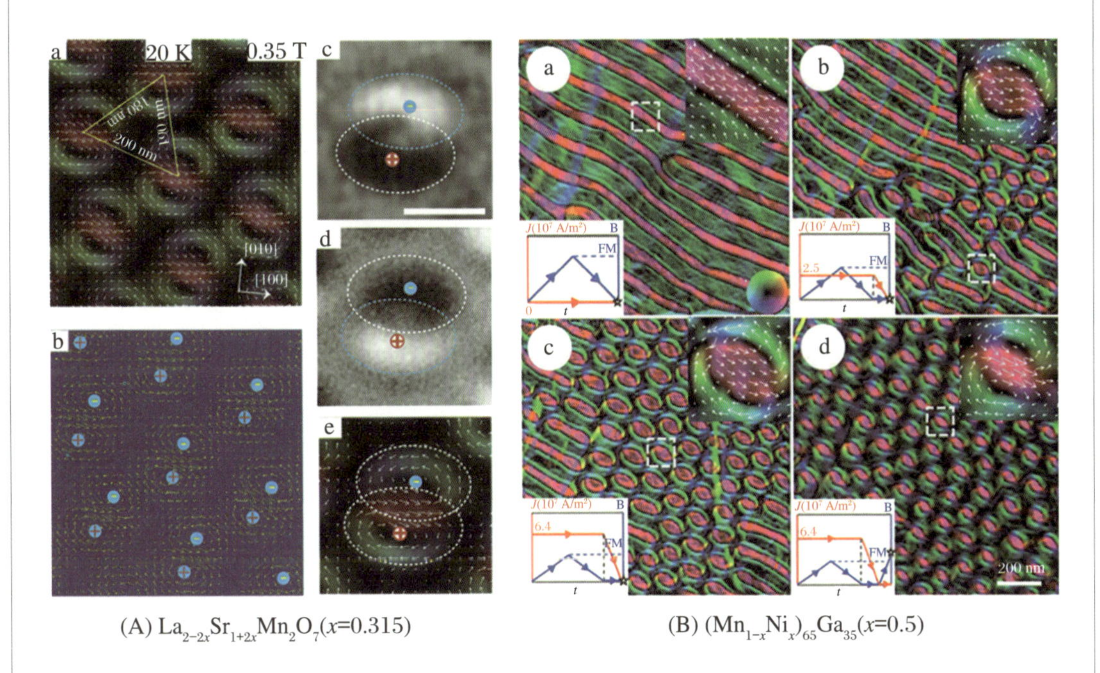

图 6 (A) 日本 RIKEN 机构 X. Z. Yu 博士观测到双斯格明子。其中(a)为洛伦兹 TEM 图片，(b)为成对拓扑电荷，(c)和(d)为 TEM 衬度，(e)为自旋构型。(B) 中国科学院物理研究所 Y. Zhang、王文洪博士观测到的双斯格明子图像。其中(a)为无电流情况下的条纹畴结构，(b)为先施加电流、后施加磁场诱发的条纹畴向双斯格明子点阵转变，(c)和(d)为电流更大时的图像

图片来源：(A) Yu X Z, Tokunaga Y, Kaneko Y, et al. Biskyrmion states and their current-driven motion in a layered manganite[J]. Nature Communications, 2014, 5:3198. DOI:10.1038/ncomms4198; (B) Peng L, Zhang Y, He M, et al. Generation of high-density biskyrmions by electric current[J]. Npj Quantum Materials, 2017, 2: 30. DOI:10.1038/s41535-017-0034-7.

此类双斯格明子与单体斯格明子有很大不同，其形成机制尚未完全阐明清晰。目前来看：第一，双斯格明子是纠结交叠在一起的孪生对。它携带一对符号相反的拓扑电荷，因此从 SHE 角度判断应无霍尔信号。第二，其产生需要电流和磁场双重调控，比单体斯格明子多一个调控要求，也多一个自由度，是优是劣尚未可知。第三，既然双斯格明子的 SHE 效应可能缺失，驱动和调控其运动与激发可能会变得更加敏感抑或困难。

这些问题每走一步都是芬芳，也都是挑战。中国科学院物理研究所 Y. Zhang 博士和原供职于中国科学院物理研究所的王文洪博士合作，在前期发现的基础上，详细研究了MnNiGa 合金中双斯格明子如何在电流、磁场和温度的三维空间中演绎“春江潮水连

海平，海上明月共潮生”。其中可圈可点、可疑可议、纠结迷茫、欢欣鼓舞之情跃然纸上。读者可参阅他们以“Generation of high-density biskyrmions by electric current”为题发表在《npj Quantum Materials》上的研究论文（https://www.nature.com/articles/s41535-017-0034-7）。

多一维磁斯格明子

1. 引子

作为物理人，如果要挑选几个最能够搅动我们心灵的革新性概念，大概“波粒二象性”能够入选其中。量子力学将我们习以为常的“波动”和“粒子”这两个决然不同或无关的属性叠加到一起，不但在当初新颖别致、惊物雷人，更是改变了我们认识世界的基本视角和观念。这种巨大的影响，腾挪到凝聚态物理后，就更是如此：能带理论、晶格动力学、准粒子等，如此这般将波与粒子“混”在一起，随意切换、交替使用，成为凝聚态和量子材料人的宝典和标准语言。这大概也是时至今日非物理人听到那些神叨叨的“粒子就是波”的话题时，依然会张大嘴巴“一愣一愣”的缘故。

当然，这里的粒子一定是“绝对意义”上运动的物质，虽然绝对静止的粒子大概也不存在。正因为如此，运动的粒子与波之间的形式联系也算有蛛丝马迹。在凝聚态物理中，用波动手法处理大量运动粒子的性质和用准粒子手法处理局域波动行为，是家常便饭，亦是看家本领。也因此，凝聚态物理人左右逢源、宏微兼顾，给黎民百姓创造了诸多领悟幸福生活的元素和应对八面玲珑的本事。图 1 所示即黎民百姓学习到的“波粒二象性”和艺术家手中的“波粒二象性”。其实慢慢品味下来，挺有味道的。

就笔者这个外行而言，稍微熟悉一点的，也就是能带理论和晶格动力学两个领域中的一些“波与粒子”图像。它们虽然交相辉映数十年，但于笔者来说只有一些粗浅感受而已：

(1) 一般人眼里的电子，更多是基本粒子，对其波动属性的了解是物理人的事情。对能带理论的认识是凝聚态物理人的事情，对电子关联的一点点认识那就是量子材料人的事情了。随着领域层层收缩、理解步步深入，电子的粒子性慢慢淡化，波动性渐渐凸显，其中深刻的物理意义昭然若揭(不是贬义)！越是如此，倘若偶有凝聚态物理人将电子集体的波动运动重新“准粒子”一回，那倒是创新和别致！

(2) 只要不是绝对零度，热振动或涨落总是存在的，于是便有了晶格振动的理论。所谓晶格振动，自然就是格波及其传播规律，经典力学就是如此说道的。不过，有了电子作为波在晶格中传播的量子力学，便有人反其道而行之，说格波也可以是粒子(准粒子)。这大概就是歧义“声子”概念的一种诉求。果不其然，现在我们反而不去介意什么格波、律波了(格律)，开口闭口必是“声子”“声子模”，搞得晶格振动成了粒子，热量的传递都是那些粒子们从一端出发、一个一个传开到另一端去似的。

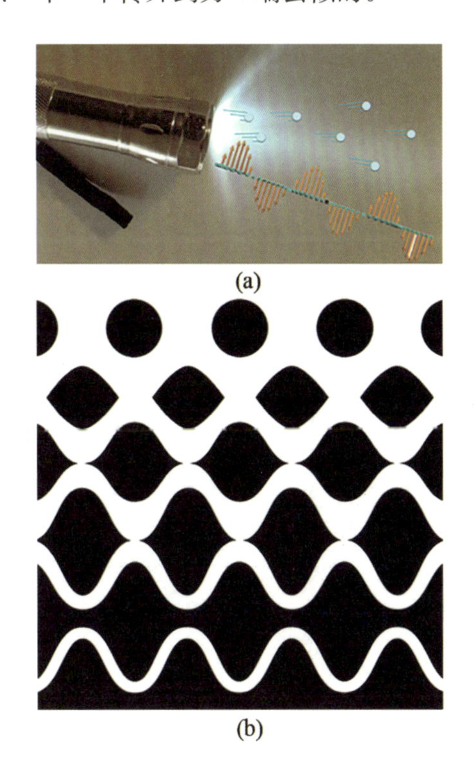

图 1 (a) 普通人视觉中的波粒二象性(wave-particle duality)：手电筒发出的光，既是光子(粒子)，也是波(电磁波)。但它们在我们眼中是一回事。(b) 艺术家笔下的波粒二象性。决定于观察者的视觉和心理学感受，可能看到的是上方的粒子(黑色)和白色的环境真空，也可能是看到了下方的波动(白色)和黑色的环境真空。毫无疑问，艺术家比我们物理人更擅长表达这种二元性的意象

图片来源：(a) https://www.wired.com/2013/07/is-light-a-wave-or-a-particle/；(b) https://www.livescience.com/24509-light-wave-particle-duality-experiment.html。

这种“集体波动”与“准粒子”的双重属性，给理解凝聚态物理和发现功能提供了很大的便利。在凝聚态研究实践中，哪个属性好用就用哪个，宏微尺度通吃、高低维度均可、导通截断随意、巡游局域一统，真是给了物理人太多的便利和手段，堪称是凝聚态物理和量子材料“乾坤大挪移”之不二法门。这种高度统一的双重属性，时至今日，依然是屡试不爽、往来不竭。

笔者的学习心得中，包含了一些物理人怎么把玩“波粒二象性”的粗浅认识。这里，

不妨展示一个例子，看看凝聚态物理和量子材料人是怎么左右逢源的。这个例子就是量子材料研究多有关注的"磁斯格明子(magnetic skyrmion)"这一主题，简称斯格明子。

2. 斯格明子的"波粒"形象

前文已经讨论过"斯格明子"，这里稍微回顾一下。英国物理学家 Tony Skyrme 于1962 年尝试求解高能物理中有关介子(meson)的非线性 Sigma(波动)模型，他得出了一个非平庸的经典物理解。这个解是一类拓扑非平庸的孤波解：是波!

Skyrme 先生解出的孤子态，到目前为止在高能物理中尚未实现。笔者在谷歌中闲逛，倒是看到一幅所谓重核碰撞角动量示意图，如图 2 所示。2020 年，欧洲核子研究中心的大型强子对撞机针对 ALICE 重离子探测实验，报道的结果中展示了这幅图像。我们不妨望文生义，似乎看到了其中的自旋分布与我们印象中的斯格明子有某些对应性。

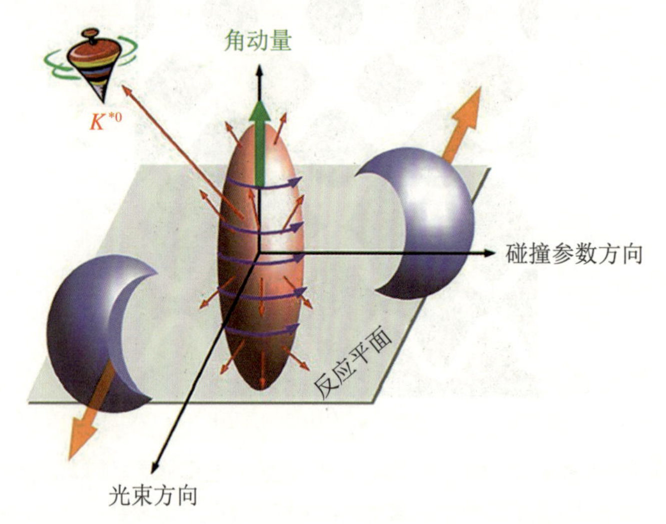

图 2　2020 年欧洲核子研究中心的大型强子对撞机针对 ALICE 重离子探测实验所关注的重核碰撞角动量示意图

其中，红色箭头展示的分布很像是"刺猬"(hedgehog)般的形貌。

图片来源：https://phys.org/news/2020-08-evidence-vector-meson-alignment-heavy-ion.html。

那么，为什么要跟"波与粒子"扯上关系呢？无非是因为 Skyrme 得出孤波概念。事实上，描述波动时，数学上的孤波解，对应于所谓的"孤立子"或"孤子"。顾名思义，这是说波动中存在一些像粒子一般的状态，形态基本稳定，可以像一个局域粒子那般运动并与其他粒子相互"力学"作用，可以用类似于描述经典粒子运动的规律去理解和描述它。这一 Sigma 模型的"孤子"解，很好地体现了"波粒二象性"的字面意义。需要特别指出，本文涉及的都是字面意义上的"波与粒子"，读者不必与量子力学中的"波粒二象性"进行严格的物理对照。

图 3(a)展示了数学上一维孤子运动的基本图像：两个波动孤子就像两个实物粒子那般各自运动、各行其是，虽然它们实际上是波动。图 3(b)的动画展示了一个实际水槽中产生的孤波传播图像：它能稳定地从右端“优雅”地传播到左端而没有衰减，与数学的孤波解相吻合。

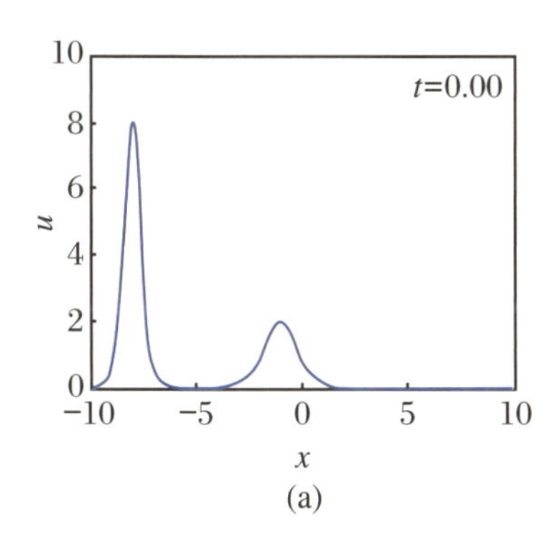

(a)

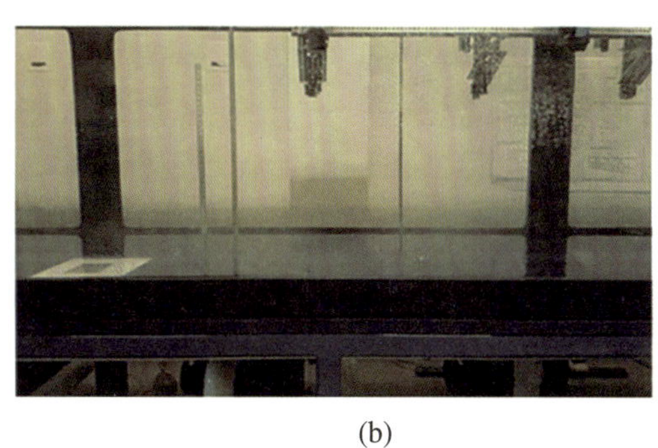
(b)

图 3 (a) 数学上的两个孤波沿一维方向传播，就像两个没有相互作用的粒子一般；(b) 一个特制水槽中孤立水波的稳态传播，与数学上的孤子一一对应

图片来源：(a) https://commons.wikimedia.org/wiki/File:Two_soliton.gif；(b) https://thumbs.gfycat.com/SandyPerfumedAllosaurus-size_restricted.gif。

现在挪移回到磁斯格明子上来。在凝聚态物理中，形式上的对应就是读者所熟知的磁斯格明子。图 4(a)和图 4(b)展示了磁斯格明子的两种基本表现形态：Bloch 型和 Neel 型，读者可先简略看看图题注解的一些内容。本质上，磁斯格明子是一个高度阻挫的磁性体系从无序顺磁态进入有序态时的一种中间状态。这里的所谓“中间态”，并非指亚稳态，而是在相图所标识的区间中一类稳态的基态。

至少在我国，已经有若干优秀的物理团队对斯格明子开展了深入探索。他们付出努力和汗水，使得我们对这个奇特之物有了一些了解。较少关注此类问题的读者，可上网阅读几篇科普文章，如《用铁电把玩磁性斯格明子》《舞起磁性 Skyrmion》《磁斯格明子的封地》等。它们从不同视角科普了这个让人着迷的新结构(包括是不是准粒子、波孤子)。

依笔者未必正确的感受，这种特定磁结构，有些张牙舞爪，有些玄妙色彩。而依笔者粗陋的理解，基于 Skyrme 先生的孤子对应性，有如下几个层面的展现：

(1) 通过映射后，磁斯格明子的几何形态可对应孤子解，在空间中可定义非平庸的拓扑性质。读者可参见相关科普文献，端详其有趣的实空间拓扑特征。笔者不再就此班门弄斧，只是提及一点：目前观测到的斯格明子似乎并不都是 Skyrme 原本预言的那个孤子(soliton)结构，如图 4 图题所注。

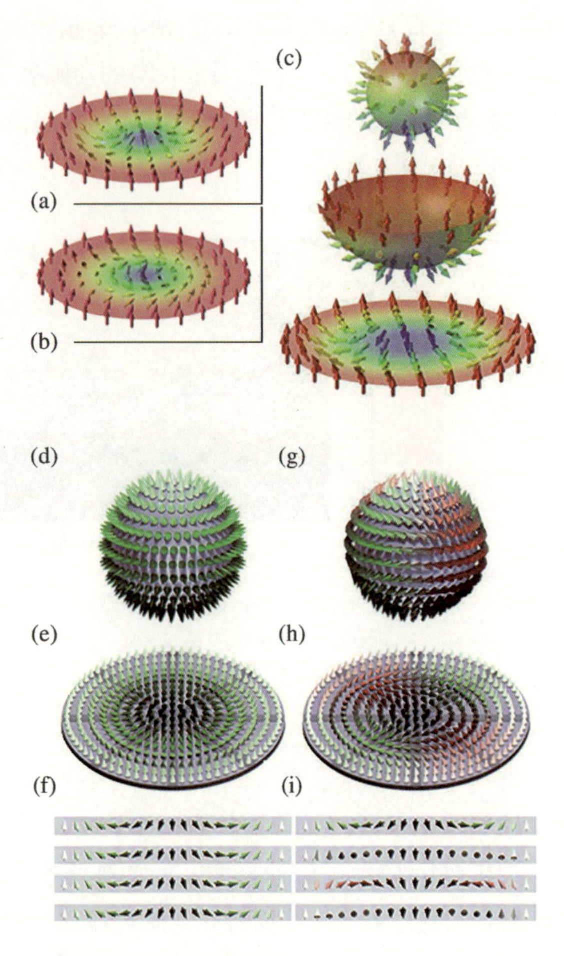

图 4　磁斯格明子的基本形态和结构(小箭头表示自旋)

(a) 平面 Neel 型 skyrmion 的自旋分布。(b) 平面 Bloch 型 skyrmion 的自旋分布。(c) 一个平面 Neel 型 skyrmion 如何被映射到一个 3D 球面上，构成所谓的“刺猬”状结构，展示出一个拓扑荷或所谓的磁单极子(magnetic monopole)。这应该就是 Skyrme 最开始想象的那个介子孤波解的结构。(e) Neel 型斯格明子平面的更大尺度展现，而(d) 是这个平面结构卷起来而映射成的磁单极。(f) 此磁结构的侧视图，显示出每一层自旋层的结构都是一样的，即在平面法线方向构成一个圆柱形斯格明子柱或管(skyrmion tube)。再次提醒，实际的磁斯格明子不是(d)这样的三维立体结构，这个“刺猬”只是映射出来的。实际结构是(e)所示的平面结构，这些平面沿着平面法线方向一层一层堆积起来，形成垂直方向的一个“管 tube”或“柱 cylinder”。(g)至(i)则展示了所谓的反斯格明子(antiskyrmion)的磁结构，与(d)至(f)一一对应，表达磁斯格明子有各种不同的亚型。

图片来源：https://en.wikipedia.org/wiki/Magnetic_skyrmion。

(2) 从运动角度看,这一斯格明子结构,又很像一个“粒子”,可以运动,从而像畴壁那般进行操控。如图 5 所示即展示平面内斯格明子运动的动画截图,清晰明了、不容置疑。目前的实验结果是,磁斯格明子运动起来比磁畴壁更容易和轻松。这种容易和轻松,是孤子运动的优势,似乎从另外一个角度昭示了波与粒子混合体的优势(不是经典粒子的那种真实空间位移)。请特别注意,畴壁也可以看成波的孤子解,它与磁斯格明子的差别体现在空间扩展的尺度和维度上。

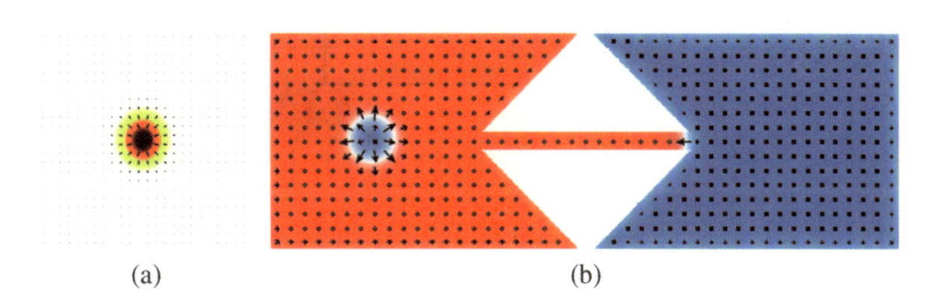

图 5 (a) 磁斯格明子如孤波粒子运动的平面展示。(b) 实际上给出了一个器件的结构,但更清晰地展示了斯格明子的运动波动特征:是通过自旋的连续翻转实现准粒子的运动,而不是真的有自旋的平移

图片来源:(a) https://imgflip.com/gif/3zus64;(b) https://europepmc.org/articles/PMC4371840/bin/srep09400-s4.gif。

(3) 审视磁斯格明子在温度和磁场空间中的相图(T-H 相图),如图 6 所示,可以看到,降温路线的相变进程很有特点。这些所谓的斯格明子相区,大部分都出现在磁无序-有序相变点的下侧近邻处。这不是一种巧合,而具有某种内在逻辑。注意到,磁相变的一件外衣便是热激发所致的自旋(波)涨落,最终形成长程磁序。如果这个进程能够形成某种孤子解,大概就对应一些诸如斯格明子的“准粒子”;否则,得到的就是一般性的平庸解,即铁磁长程序或反铁磁长程序。这种涨落是波的叠加,可以是遍历的,也可以是非遍历的,但终归是波。特定波长的波脱颖而出,形成长程磁有序。例如自旋波的软化和长波冻结,就对应于铁磁序。而波数 1/2 的波冻结,就是反铁磁序,诸如此类。

总之,如上所展示的磁斯格明子,其方方面面之形貌是磁学和自旋电子学领域的一个很好实例,展示了物理人是如何游刃有余地用“波与粒子”的手法涂鸦物理世界的。这种涂鸦,既让我们笃信数学上“孤立子”的几何和运动意义,更展示了“波与粒子”物理相通和惺惺相惜之态。

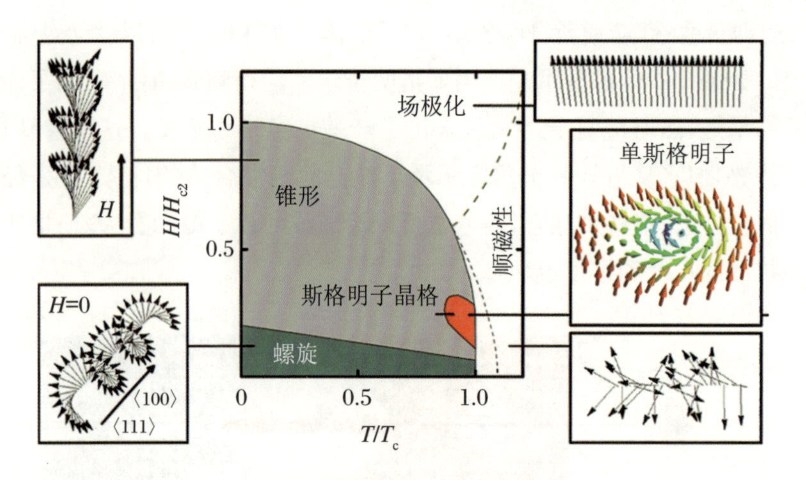

图 6　典型的磁斯格明子在温度 T 和磁场 H 组成之平面中的相图(T-H 相图)

图中红色区域为磁斯格明子稳定存在的区域,它刚刚好在磁相变点的下侧。图中也展示了相图区中各种其他磁结构的空间特征。

图片来源:http://arxiv.org/pdf/1603.08730。

3. 磁斯格明子的尾巴

磁斯格明子兼具波和粒子特性,加上其携带的内在自旋自由度,引起凝聚态物理人的高度兴趣是可以理解的。一方面,其局域"粒子"特性赋予了高密度存储信息的可能性。另一方面,其"波动"特性又赋予了其运动操控功能,可实现信息存取和处理。因为这些特点,凝聚态物理人,包括我国好几支优秀的团队在内,在过去多年再一次展示了"为伊消得人憔悴"的物理特征,对磁斯格明子进行了全面刻画与操控,至少包括如下几个方面:

(1) 形态:Bloch 型和 Neel 型,然后是映射到封闭曲面上的"刺猬"形态,再然后是半子和反铁磁斯格明子,如此等等。所谓"代有奇才出",各种变形和拓展型斯格明子形态被揭示出来。铁电物理研究也见样学样,在特定结构中实现了好几种电极化构成的斯格明子形态(只是形态类比,物理上其实有本质不同),十分惹火,虽然目前还没有做到轻易驱动铁电斯格明子运动!

(2) 大小:作为设想中的信息载体,为了追求高密度、高速度,就需要减小其尺寸。这方面的进展也还算快,现在 5 nm 大小的斯格明子及其高密度阵列制备应该不是天方夜谭了。

(3) 动力学:因为是波,通过波携带的动量来驱动斯格明子运动通常并不费力,而这也正是物理人垂涎它的原因。例如,通过载流子携带的自旋动量矩来驱动、通过自旋波来驱动、通过更高级的诸如自旋-轨道耦合矩来驱动，都是岁月，都是精华。另外，对斯格明子在运动道路上遭遇的各种艰难险阻，包括散射、钉扎、几何缺陷和自发横向霍尔漂移等，都被关注和深入探讨过。

(4) 产生与湮灭：动力学驱动，一个副作用就是不能做到没有损耗。当人类将器件做到没有球差电镜就看不见时，稍高一点的能量损耗都是不可接受的。这时候，可实现高密度电场或其他局域场调控的斯格明子产生、湮灭就粉墨登场。如果有某种可测量、可控制的读写信号能够对斯格明子的存在与否感知响应，那也是一种方案，而且是一种能量损耗超低的方案。

当然，我们还可以继续对磁斯格明子的里里外外翻个底朝天，然后一五一十地反复啰嗦。不过，针对磁斯格明子最重要的存储应用，不妨来看一个简单三明治结构或者赛道结构单元，其中包含斯格明子"粒子"，如图 7 所示。

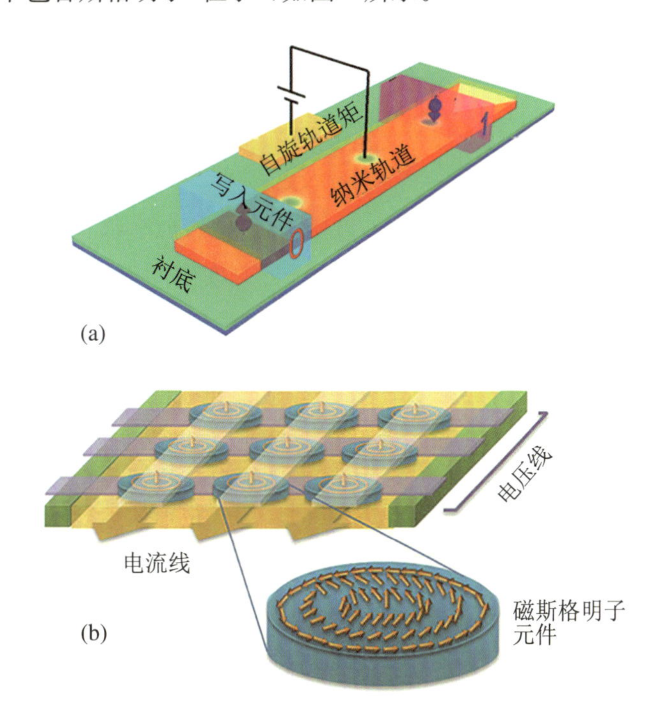

图 7　两个物理人设计和构造的众多器件应用

(a) 磁斯格明子赛道存储器。(b) 磁斯格明子作为存取单元的读写存储器。这些结构都可以用最简单的三明治结构来阐述其中的原理。

图片来源：(a) https://fangohr. github. io/blog/2015-skyrmion-skyrmion-and-skyrmion-edge-repulsion-in-skyrmion-based-racetrack-memory. html；(b) https://www. researchgate. net/profile/Seng-Ghee-Tan：Proposed-memory-device-based-on-magnetic-elements-with-skyrmion-vortex-configurations。

对这一器件，可以提出的重要问题有以下几个：

(1) 磁斯格明子的功能是什么？这功能如何集成到器件中？

(2) 怎么控制三明治结构中斯格明子的产生和湮灭？电场？应变？磁场？电流？还是其他子丑寅卯？

(3) 能在三明治两端测量到什么信号？伴随斯格明子的出没，能测量到电压还是电流还是霍尔信号？这些信号是易失性的(volatile)还是非易失性的(non-volatile)的？

(4) 器件服役性能评估，包括开关、保持、环境稳定性、寿命，也包括损耗、集成和布线等制造问题，等等。

(5) 器件的扩展制造，包括一个单元中容纳数个斯格明子的可能性？

这些问题的解决，俨然给了磁斯格明子以未来高性能高密度存储应用的前景。例如，减小尺寸以提高面密度、提高外场响应敏感性以降低驱动场和损耗，诸如此类。沿着这条路线，物理人可以放飞思绪，可以展示其过人的想象、理解和实现能力。当然，也包括本文特别关注的一个问题！

4. 从 2D 空间到 3D 空间

诚然，很多关注磁斯格明子的物理人，包括笔者在内，似乎都有意无意地在“忽略”或不愿触碰一个重要的“小”问题：那就是斯格明子的真实空间形貌！到目前为止，笔者所展现的描述和展示的各种来自文献的美图，都在有意无意地给读者一个印象：这个“粒子”就是一个粒子(particle)，特别是当物理人很自豪地将其卷成三维空间的“一只刺猬”时，更是在暗示磁斯格明子就是一个粒子！

遗憾的是，实验看到的、理论着力关注的磁斯格明子，其空间形态并不是一个圆圆的粒子，而是一个一个的(圆)柱子(或者管子 tube)！图 8 很形象地展示了它们的三维立体形貌。这样的形态在很多读者脑海里印象并不深刻，最多也就是似有若无。这样的印象很大可能是基于如下的原因：

(1) 从表征成像技术上看，当前最直观的衬度成像，如洛伦兹电子显微术等技术，很大程度只能展示二维(2D)像衬度。或者说，基于透射电子显微术(TEM)的成像技术目前还只能实现 2D 衬度。最近若干年开发的诸如磁力扫描探针(MFM)技术同样是基于表面信号的探测技术。

(2) 分析描述磁斯格明子的哈密顿对称形式，可看出这一哈密顿并未显性包含 3D 空间的结构特征。事实上，在垂直于斯格明子卷绕面的方向没有非共线的自旋相互作用项，因此在这个方向上会形成一个柱面或者管子。

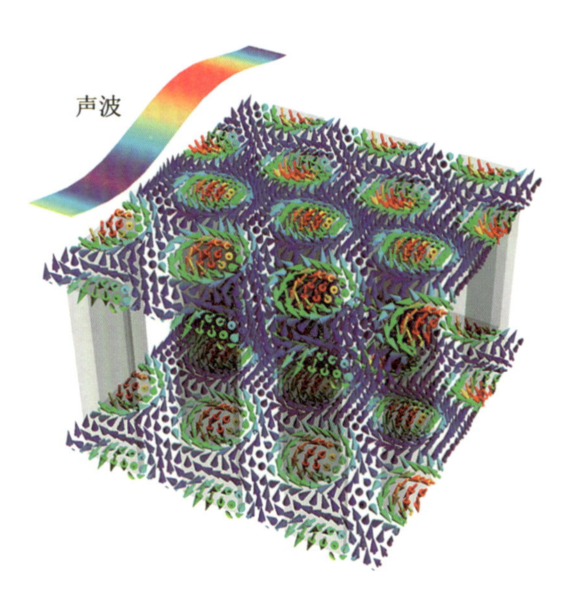

图 8　磁斯格明子的典型空间形态

它们是一些柱子和管子，不是我们印象中的那种粒子，也不总是 Skyrme 先生的那个孤子。

图片来源：https://www.riken.jp/en/news_pubs/research_news/rr/7960/。

(3) 到目前为止，也还没有好的逐层"切割""剥离"技术或者尝试，以便去复原磁斯格明子柱的全域形状。似乎这个领域的物理人都认为 2D 结构是被广泛接受的结果。

一个被当成"粒子"的信息载体，其"真实的"形态竟然是柱状的，也就是说，从局域角度，这不过是一个只是 2D 空间受限的"粒子"，其第三维实际上是不可利用的。正如前面提及的畴壁和磁斯格明子，它们都是孤波，都是准粒子，但其运动和操控品质完全不在一个量级上。磁畴壁是扩展的面拓扑缺陷，而斯格明子管则是扩展的准柱状拓扑缺陷。从这个意义上，至少有几个缺点是令人郁闷的：

(1) 从经典力学角度看，这样的柱状粒子，显然具有较大的"质量"或者"惯性"，显然是不利于高速运动的。

(2) 从物理特征角度看，"拓扑非平庸的""低损耗易驱动"等磁斯格明子的优点，似乎就像是注了水的优点，有点让人因噎废食。例如，所谓的运动只能在 2D 平面意义上实现，不可能进行 3D 空间任意方向的运动了。

(3) 从应用制造角度，这样的柱状形态，给 3D"可集成高密度"设置了障碍，使得高密度集成应用打了折扣。

当然，在凝聚态和量子材料领域搏杀惯了的物理人，不会对这些问题或者瑕疵视而不见。接下来面临的挑战很粗暴：既然目前的"斯格明子"这个宠儿只是 2D 平面上的美轮美奂，那有没有 3D 空间真正的斯格明子"粒子"，即准 3D 拓扑缺陷？笔者相信，有很多物理人一定都考虑过这个问题并去寻找过答案，只是我们还很少看到这个答案！

5. 那个面朝大海、春暖花开的人

来自荷兰格罗宁根大学泽尼克先进材料研究所（Zernike Institute for Advanced Materials，University of Groningen）的 E. Barts 和 Maxim Mostovoy 一起，曾经在《npj Quantum Materials》上发表一篇文章，标题是“Magnetic particles and strings in iron langasite”（https://www.nature.com/articles/s41535-021-00408-4）。若读者有意，可去阅读全文。这一工作的主题就一个：对一种特别的铁镧石化合物（iron langasite，$Ba_3TaFe_3Si_2O_4$），通过深入分析其晶体结构、磁结构和对称性，构建起一个有效哈密顿模型，漂亮地展示出这一真正的 3D 空间的“刺猬”，或者说一个 3D 磁斯格明子“粒子”。

这项工作的作者之一——马克西姆·莫斯托沃伊（Maxim Mostovoy），对很多凝聚态物理人来说并不陌生。他就是那位在 2005 年提出第Ⅱ类多铁性磁电耦合唯象理论的学者。马克西姆外貌普通，性情温和，但那种典型欧洲物理人的“随意”“不修边幅”和“少言寡语”的特征十分突出。他极富创意地提出的那个磁电耦合自由能项，如图 9 所示，让我们这些拘泥于朗道磁电耦合理论框框中的人们茅塞顿开、豁然开朗。笔者曾经多次用图 9 的卡通图来表达对马克西姆的敬意：他是一个能让我们偶尔“面朝大海、春暖花开”的物理人。

图 9　来自荷兰的马克西姆，他被笔者想象成住在海边，正面朝大海、春暖花开地微笑

那么，马克西姆们的创意体现在哪里呢？拜读其大作，如图 10 所示，至少有如下几点是能体会到的：

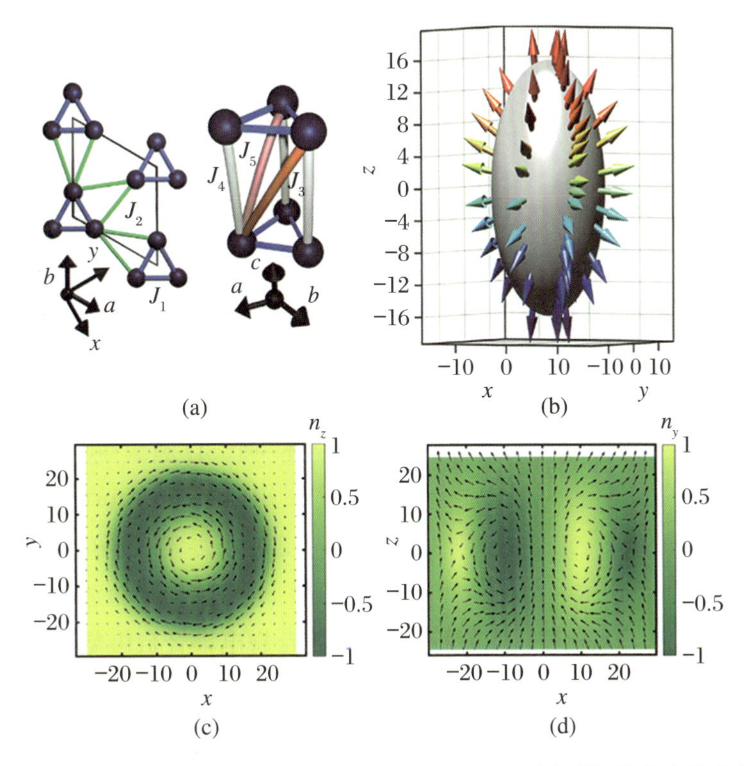

图 10　马克西姆等人从铁镧石化合物(iron langasite, $Ba_3TaFe_3Si_2O_4$)中理论造出来的真实准 3D 斯格明子,而不是映射出来的

(a) 晶体中的 Fe^{3+} 离子结构示意图和磁交换作用标记;(b) 形成的准 3D 磁斯格明子结构;(c)、(d) 这个准粒子在 xy 和 xz 平面的投影。

(1) 首先,他们对 ^{3}He 超流体中展现的各种拓扑缺陷态有深入的理解,意识到存在于轨道、自旋和位相自由度的凝聚态中,描述各类有序态必然需要很多序参量。他们深刻地意识到,这样的多序参量,必然也预示着更多、更复杂的拓扑缺陷态存在之可能。

(2) 任何一类拓扑缺陷,很显然都是多重相互作用竞争的结果。但一个拓扑缺陷能否稳定存在,要求相互作用应该满足同一类标度不变性。例如,磁斯格明子柱,是依靠 Dzyaloshinskii-Moriya(DM)相互作用来稳定的。因此,自旋非共线的斯格明子形态有机会存活下来,并得以保持其拓扑稳定性。

(3) 有意思的是,如果回到 1962 年 Skyrme 的那篇大作,那个非线性介子模型的孤子态实际上有 3D 解,对应的介子场也是三维甚至高维的。这意味着通常关注的 2D 平面展示下的磁斯格明子并不是唯一的。实际上,3D 斯格明子粒子可能更为普适和具有一般性。

(4) 这种斯格明子粒子,与 Shankar 磁单极子有实际意义上的对应性。虽然这种磁单极在玻色-爱因斯坦凝聚体系中已经实现,但在磁性体系中其对应性并不那么直接。一个磁斯格明子柱与磁单极,在真实空间中的对应性并不那么漂亮。由此,3D 空间的磁斯格明粒子可能更为重要。

不知道是不是基于上面四点体会,马克西姆等开始了对铁镧石化合物(iron langasite, $Ba_3TaFe_3Si_2O_4$)磁结构和相互作用进行细致的讨论分析。他们在理论上证明,该体系存在的 DM 相互作用足够稳定更为复杂的拓扑磁结构,即一类磁性准粒子(magnetic particle),其中携带准 3D 斯格明子拓扑荷,并具有确定的 Hopf 数。

这是一个在笔者看来不错的进展,表明在"波与粒子"二象性框架中,的确可以构建三维实空间都局域的粒子,从而为三维高密度斯格明子存储提供一种可能的材料和方案。

6. 未完的话

马克西姆等人花了巨大努力,总算在铁镧石化合物这类复杂氧化物中预言了一个小玉石的存在,但还没有真正挖掘出这块小玉石。之前,物理人如艺术家一般发挥想象力,将磁斯格明子的柱、管截断一个平面,构造出一个准 2D 的 Skyrmion,再将这个平面弯曲对接成一个刺猬球,从而实现了梦里与 3D 的 Skyrmion particle 对应。马克西姆等人的贡献是,预言出某个确定的化合物里面可能有这个真实的 3D Skyrmion,如此而已。对此,我们不能高兴什么,更不可宣扬是什么大进展。

即便将来真的实验发现了这个真实的准 3D 粒子,下面的问题很显然也不是胡搅蛮缠:

(1) 这种准 3D 斯格明子,能否如波一般被控自由运动?如果是,那才是这一新 particle 的任务。

(2) 这种粒子的产生、湮灭机制和操控机制是什么样的?为什么?其探测、读写信号是什么?

(3) 能不能在第三维度实现多个这种 particles 的链式排列?能不能构建高密度三维单元阵列?

…………

物理人最擅长的就是提出很多问题并理解之,并美其名曰"创造、发现"。怎么能够将创造和发现付诸应用,为百姓造福,我们考虑得相对较少。

畴壁深深是我家

1. 引子

本文乃第3章最后一节《游走于边缘：铁电金属》一文的续篇，但主题归类有所不同。当初写那篇"铁电金属"的文章时，一方面心里并不踏实，有如坐针毡之感，因为"铁电金属"原本是一个"取短补短"的课题。另一方面，物理人也有边写边自我陶醉于"使不可能为可能"和"1+1>2"的快感。在自然科学各门学科中，笔者相信只有物理人是如此这般寓"严谨推演"于"疯狂谬语"中、追"海市蜃楼"于"逻辑悖论"里。因此，每个文明国度，都应该且乐意花费一些银子，聘用一批物理人在那里"宇宙矣夸克兮"般追天逐地。

但正如图1之意象那样，诸如"铁电金属"这般大胆的想法有些过于奇特，因为从电磁学角度而言，"铁电"和"金属"是相反的属性。即便是充满了令人欲罢不能的创新元素，

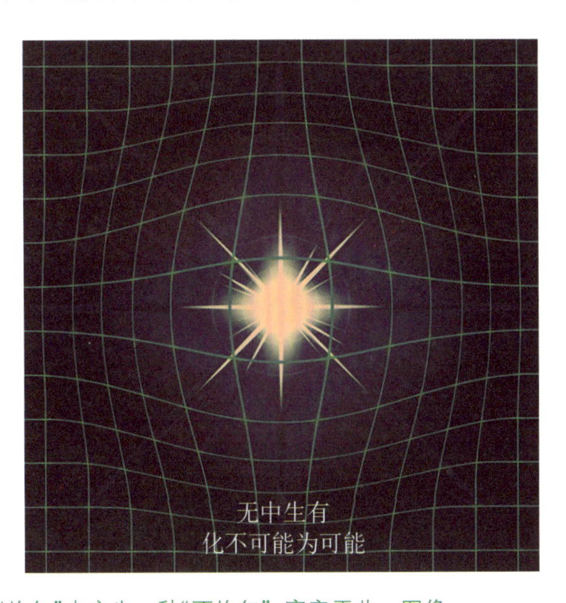

图1　物理人擅长于从"均匀"中产生一种"不均匀"，寓意于此一图像

图像实际上取自晶格中一"个"小极化子(small polaron)的模样，是很典型的演生量子特性：无中生有。当然，用在这里跟极化子物理无关。

图片来源：https://www.groundai.com/project/small-polarons-in-transition-metal-oxides/2。

"铁电金属"总归还是呈"脚不沾地"之势。虽然物理上可以实现,但在未来可期的一段时间内,要将铁电金属付诸某种用度,估计多半是一潭秋月、涟漪难遇。要知道,大千世界,物理总说一种粒子必定有其反粒子,例如电子和正电子(其电荷属性相反),但电子和正电子不能共存于一体。真要找到一种粒子,其属性与其反属性共存,那定是稀有之物。目前已知的凝聚态体系中,只有传说的马约拉纳费米子(Majorana fermions)其反粒子即自身。这一传说正引得群贤毕至、老少咸聚。追求"铁电金属",看起来似乎也是在追求类似的物理,虽然确有少量报道说观测到了铁电金属态!

正因如此,在那篇《游走于边缘:铁电金属》之文尾,笔者曾无可奈何作结如下:

"笔者瞎子摸象,从铁电学科和金属学科各自的典型特征出发,通过梳理学科交叉和边缘行走的痕迹,将铁电金属的发展脉络整理出来,呈现于此。这种梳理,存在诸多牵强附会或勉为其难之处,很多观点和言辞不可细究,细究则将漏洞百出甚至极不严谨。之所以出现此番窘境,一则乃笔者学识浅薄且出言狂妄,更多则是此类学科交叉和边缘行走所面临的困境所致。"

作为取百姓所纳之税而支持的材料类科研,至少得对某种可应用的效应或性能"坐而论道"。若非,研究者不免会愧对那一袋半桶沾满辛劳的税金。笔者当时的想法就是如此:"量子材料"有诸多神奇,那也不能只有神奇,最终也总要有一些看得见、摸得着的具体物件,总要能从中找到一些不一样且未来可期应用的效应。这是宿命,也是责任。

事实上,的确有一些意想不到的效应。其中之一即"金属性铁电畴壁(metallic ferroelectric domain wall)"。

2. 赝铁电金属?

看君若了解一点固体物理,便容易明白:一般绝缘体存在很大带隙,费米面 E_F 通常位于带隙内。对其施加电场,典型特征便是能带上升或下降,决定于电场引入的电势能 ε 正负,如图 2(A)所示。

众所周知,铁电体一般就是大带隙绝缘体。虽然对铁电体任意微观单元都可定义铁电极化 P,但实际上这一单元内并无剩余电荷(net charge)。与铁电极化 P 相关的束缚电荷只会出现在极化中止或突变处,如表面、界面、畴界。在那里,极化 P 之头部束缚正电荷,P 之尾部束缚负电荷。这些束缚电荷对周围施加电场,影响附近晶格之能带结构。此乃教科书教给我们的知识。一般认为,这种影响很弱,大可不必在意。

表面、界面因为花样百出、难以捉摸,而铁电畴壁却是铁电畴不离不弃的伙伴。物理人马上意识到,如果铁电体中存在"头对头"的畴壁(head-to-head wall,HH wall)或"尾对尾"的畴壁(tail-to-tail wall,TT wall),则这两类畴壁必定存在正的束缚电荷或负的束缚电荷。兰州理工大学的巩纪军博士曾经绘制如图 2(B)所示的示意图,将 HH 和 TT 畴壁之束缚电荷情况画得一清二楚。很容易推想，这两类畴壁附近的能带结构与铁电畴内部的能带结构必定不同，其输运行为也将偏离绝缘体行为，就看偏离有多大了。

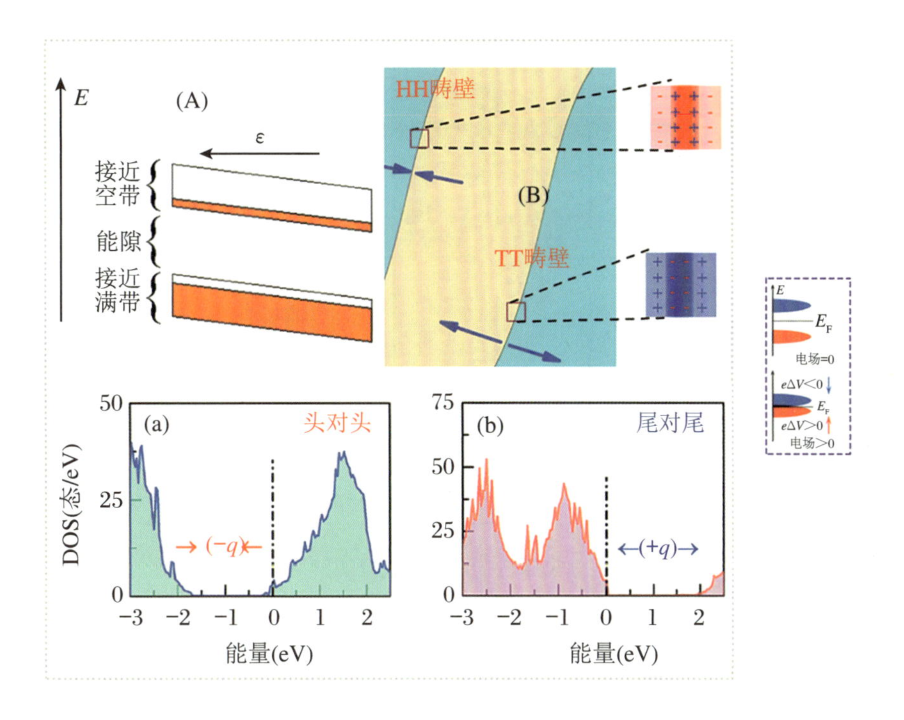

图 2　(A) 外电场调控绝缘体能带结构的简单示意图。外加电场引入的电势能 ε 调控能带，如增加电势能将抬高能带，包括抬高导带、价带和带隙（E 为体系能量）。(B) 铁电体中一个头对头畴壁（HH 畴壁，一对头对头蓝色箭头指示）和一个尾对尾畴壁（TT 畴壁，一对尾对尾蓝色箭头指示）示意图，其中畴壁内的束缚电荷用右侧的放大图来表达。对应地，HH 畴壁和 TT 畴壁附近区域的态密度分布图绘制在(a)和(b)中。畴壁处正的束缚电荷施加电场，引起电子电势能下降，相当于抬高费米面 E_F 进入导带、引起电子导电；负的束缚电荷则压低费米面进入价带，引起空穴导电

图片来源：(A) https://ecee.colorado.edu/~bart/book/book/chapter2/ch2_3.htm；(B)、(a)、(b) https://doi.org/10.1016/j.mtphys.2018.06.002。

巩纪军以经典铁电体 $BaTiO_3$ 为例做过一些计算，如图 2(a) 和图 2(b) 所示：其中物理并不复杂。头对头(HH)畴壁附近的费米面移到导带中，而尾对尾(TT)畴壁附近的费米面会进入价带。注意，这里没有外加电场，纯粹是束缚电荷施加的电场将局域能带调控成导体。计算结果说这些畴壁很好导电，验证了早些年的一些实验。

基于能带计算还太过“固体物理”，不妨从更简单的电磁学来看问题。如图 3 所示，假定铁电畴壁处载流子为 n 型或 p 型，针对 HH 畴壁和 TT 畴壁，畴壁处载流子浓度会相差很大，对应的电导差异可以很容易地用图 3 所示模型表达出来。

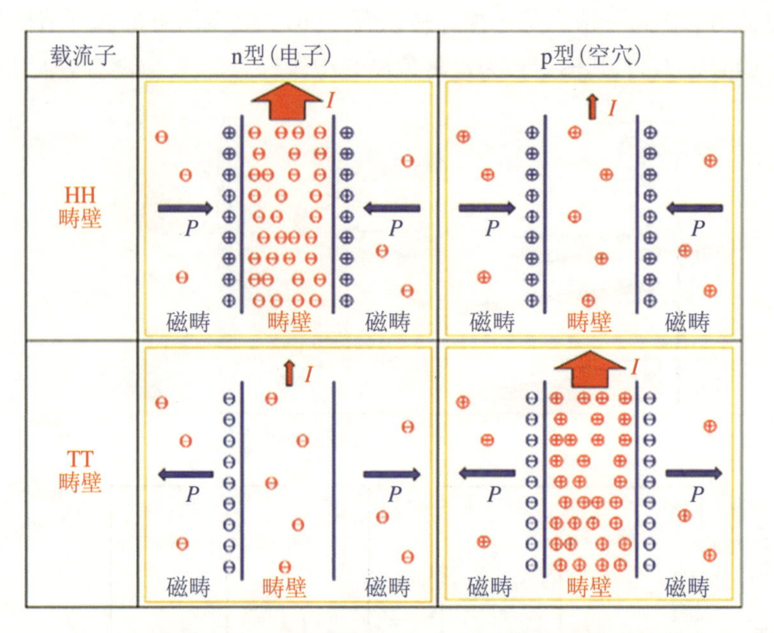

图 3　对铁电体，从铁电极化于畴壁处之束缚电荷角度来刻画畴壁导电的简单物理

针对铁电体载流子多子的电荷类型(n 型或 p 型)，按照头对头(HH)型畴壁和尾对尾(TT)型畴壁来划分畴壁电导的大小。图中红色符合代表畴壁处载流子，而蓝色符合代表畴壁处的极化束缚电荷，铁电极化用 P 表示，畴壁电导电流用 I 表示，红色箭头粗细表示畴壁电导大小。这一模型的物理是如此简单，无须更多解释说明。不过，引用这个模型时需要注意：对少子的情况，因为电荷屏蔽不够，会带来荷电畴壁不稳定而变成 zigzag 畴壁；或者需要其他带电缺陷补充；只有带电畴壁大部分被屏蔽的前提下畴壁才能稳定。

可以看到，一定情况下，铁电畴壁可以良好导电！因为畴壁是铁电畴的伙伴，只要能够包办“畴壁”，那就可能给铁电畴配一个金属(至少是高电导)的伙伴：“铁电 + 金属”共存就变得可能！这也印证了前文所言：既然铁电金属很难，那退而求其次，将铁电和金属这近乎相反的属性捆绑在一起也很不错！不妨将这一对伙伴连体称为“赝铁电金属态(ferroelectric metal pseudo-state)”。它们必定是如影随形、不离不弃的。

3. 畴壁导电

畴壁处既然有剩余束缚电荷，就能影响那里的电子结构和输运性质。类似效应在半导体物理和铁电-半导体异质结中比比皆是，只是很少有人想到铁电畴壁处也会有此奇异并尝试去观测之。

事实上，这种不离不弃导致的畴壁电导已被实验观测到。最近一段时间，相关实验还不少，因此这里的讨论并非新鲜预言。读者当可参阅相关文献。在展示一个实验结果前，先对可能的畴壁组态及对应的束缚电荷作简略分析。图 4 取自最近一本铁电拓扑畴

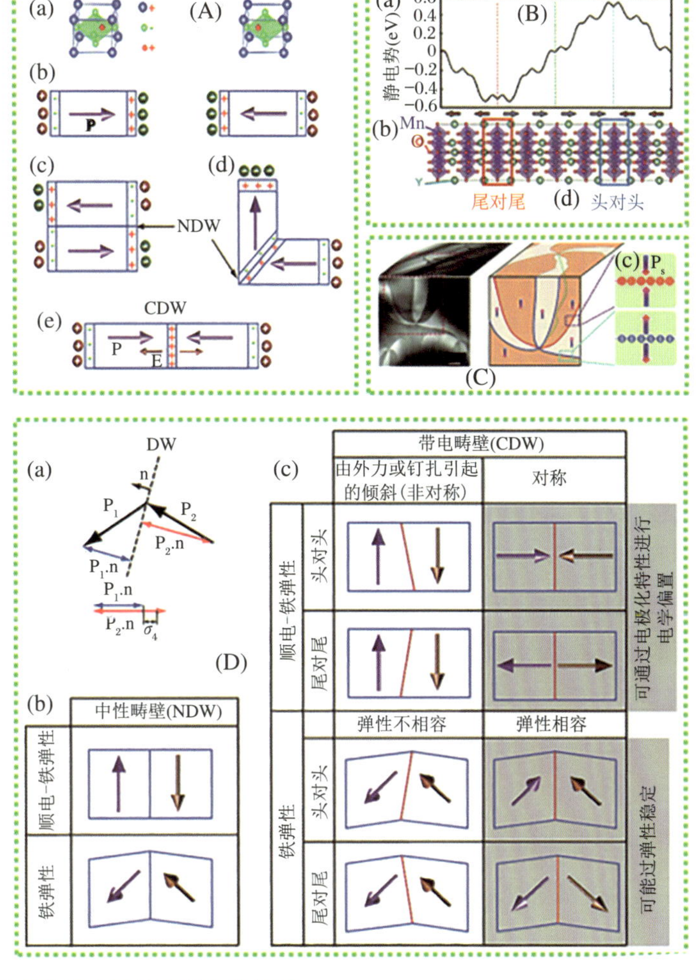

图 4　铁电畴壁的各种组态及其束缚电荷性质

(A) 以钙钛矿 ABO_3 结构为例来构建铁电畴。铁电态的简并结构(a)及其表面束缚电荷(b)；(c) 180°畴壁，如果畴壁面法向与两侧极化垂直，则那里没有任何剩余束缚电荷；(d) 90°畴壁，理想情况下也没有剩余束缚电荷。但如果考虑局域结构畸变或缺陷，则可能产生额外剩余束缚电荷；(e) HH 或者 TT 畴壁，存在高密度束缚电荷，而电磁学告诉我们畴壁一侧的电荷面密度等于极化大小。(B) 一头对头(HH)畴壁和一尾对尾(TT)畴壁处的电势能(electrostatic potential)分布(a)及其对应的晶体结构畸变(b)。HH 畴壁抬高电势能，费米面进入导带；TT 畴壁则反之。(C) 诸如六角结构 $YMnO_3$ 中铁电 $Z_2 \times Z_3$ 拓扑畴壁处的剩余束缚电荷示意图，那里就可能展示高电导甚至金属电导。(D) 各种可能的铁电畴壁及其可能存在的束缚电荷示意图，可以看到，极化分布不是严格 180°畴时(指畴壁有倾斜畸变)，畴壁处都可能产生剩余束缚电荷。即便是 180°畴，如果畴壁取向偏离极化方向，畴壁处依然有束缚电荷积累。

图片来源：Sluk T, Bednyakov P, Yudin P, et al. Charged Domain Walls in Ferroelectrics[J]. Topological Structures in Ferroic Materials, 2016, 228. https://link.springer.com/chapter/10.1007/978-3-319-25301-5_5。

专著:作者对各种畴壁形态及可能的束缚电荷有清晰的分析和归类,图题对此也有详细描述。各种可能的铁电畴壁及束缚电荷分布均显示:只要不是严格的180°畴(极化反平行,局域畴壁法线垂直于极化),畴壁处都可能出现剩余束缚电荷。因此,这些畴壁都可能出现导电性显著增强,并非一定要是如图2(B)所示那般严格的HH或TT畴壁才会出现高电导。即便是180°畴,虽然畴壁两端极化P方向相反,但畴壁是否存在束缚电荷还决定于畴壁取向,180°畴壁依然可以有束缚电荷。类似的讨论更可应用到其他非180°畴壁。

很显然,只有理想的HH或TT畴壁才能最大限度调控电导。那些靠畴壁畸变、缺陷或其他作用诱发的效应可能也有类似于剩余束缚电荷的功效,但不明显。遗憾的是,已有结果显示,理想的HH和TT畴壁因为静电学上高度不稳定,在块体和薄膜中不多见,常见的倒是那些畸变的畴壁,或者源于缺陷和其他因素的变种。这里给一个实例,以展示畴壁电导实验的不确定性。

所描述的实验很经典,对象是高质量$BiFeO_3$(BFO)外延薄膜的畴壁电导。选择BFO薄膜作为研究对象,有如下合理动机:

(1) BFO可能是迄今为止被研究得最为透彻、疑惑最不透彻的铁电体,未来也可能无出其右。对其畴结构及相关物理的研究说堆积如山毫不为过。那些畴之漂亮和别致,大概也是物理人孜孜不倦的动力之一:没有最好,只有更好!

(2) BFO是多铁性铁电体,能带带隙2.5 eV。借助不同调控手段,带隙还可更小,因此是铁电金属或铁电半导体研究的天然之所。作为多铁体,BFO以其一己之力对垒所有其他多铁性材料,丝毫不落下风。BFO是榕树、樟树、菩提树,遮挡了多铁研究的半壁江山,使之寸草不生。这一功过有待后人追究,但也让很多人心无旁骛。

(3) BFO拥有太多好的材料品质:铁电、介电、热释电、磁性、催化、光伏、半导体等,谁知道是不是也可以铁电金属呢?

(4) BFO薄膜可能是BFO最美的呈现形态,比之单晶、陶瓷、纳米颗粒等别有洞天。幸运的是,很多优秀的物理人都投身这一领域,破解了很多问题。能做好BFO外延薄膜,那是一门颇具艺术性的手艺,殊为难得。

说BFO神奇,也就是说说,测量BFO薄膜中畴壁电导却存在很多挑战。例如,常规薄膜电容器结构制作,是在衬底上先沉积下电极,后沉积BFO薄膜,然后用导电原子力探针C-AFM作为上电极,组成电容器(上电极可移动)。探针针尖在薄膜上表面扫描,划过畴壁处,就能测量到电导异常。此时,畴壁面法线方向应有面内分量(in-plane projection),否则难以形成畴壁导电回路;或者通俗地说:畴壁两端分别接触(或非常靠近)上下表面。

由于BFO畴壁形态复杂,还可采用图5(a)展示的面内电极来测量畴壁电导。这种测量的优点在于既可利用PFM压电模式来确定畴壁组态,又可利用C-AFM模式测量畴

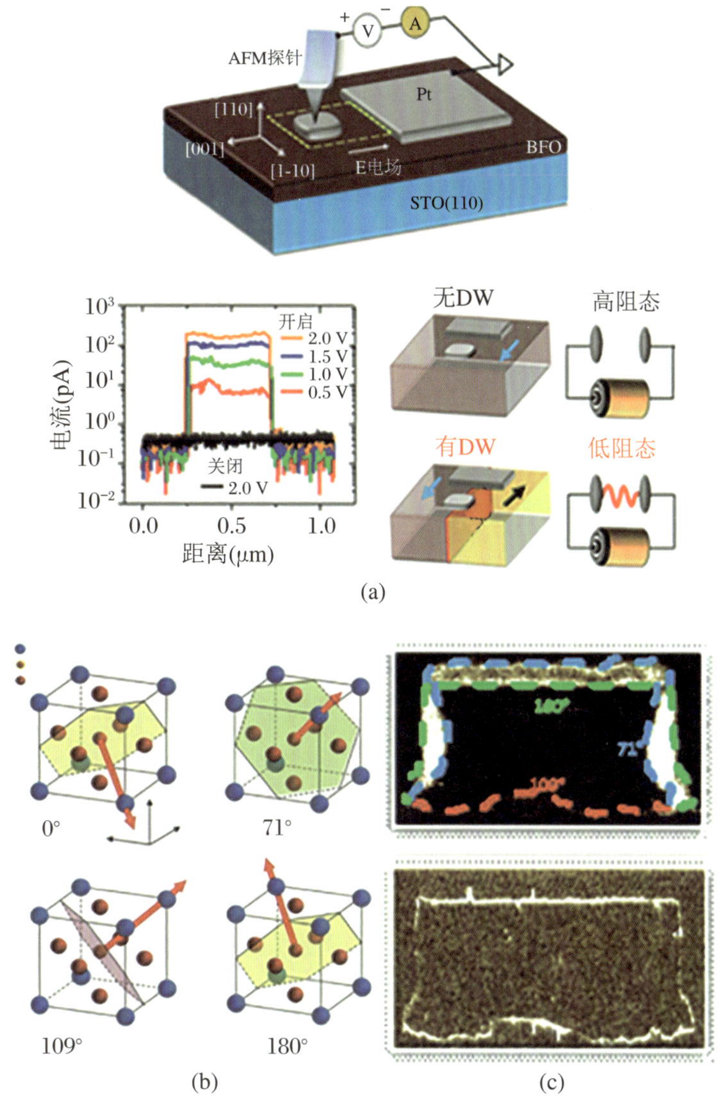

图 5　畴壁导电的实验观测

(a) 利用 C-AFM 的导电针尖来测量铁电薄膜畴壁导电性。上部为测量装置示意图，左下部为不同针尖电压情况下针尖跨越畴壁处的电导信号，方波信号为电流值，考虑到针尖存在一定尺寸。右下为等效电路图。(b) $BiFeO_3$ 晶体结构和三种畴壁(71°、109°、180°)处铁电极化的相对取向关系。这里必须注意畴壁的空间取向，180° 畴壁也可能存在束缚电荷。而 71° 和 109° 畴壁则与局域应力和晶格畸变有关。(c) $BiFeO_3$(110)面超薄膜的铁电畴导电性结果。109° 畴壁和 180° 畴壁展示了清晰的畴壁电导，而 71° 畴壁则显示很弱的电导。这些畴壁不存在极化不连续，因此从一阶近似角度看畴壁应该没有剩余束缚电荷。

图片来源：(b) https://www.sciencedirect.com/science/article/pii/S1567173917300469；(c) https://www.nature.com/articles/nmat2373。

壁电导。图中显示了两种情况：一种不存在畴壁，此时圆形小电极和方形大电极之间是高阻态（High R）；一种存在垂直畴壁，连接圆形电极和方形电极，得到低组态（Low R）。对应的电导曲线示于图 5(a)左下方，右下方是两个阻态下的等效电路。

BFO 外延薄膜主要存在三种畴，如图 5(b)所示：71°、109°和 180° 畴。乍一看，这三种畴壁都没有剩余束缚电荷。实际上，因为铁弹效应，71°和 109° 畴壁会引入局域晶格畸变，产生剩余电荷。对 180° 畴壁，理想情况下不存在剩余束缚电荷；但如果畴壁偏离两侧极化方向，也会出现剩余电荷。如果还存在其他荷电缺陷，情况就更为复杂。

实际测量的确展示出复杂性，难以得出定论，如图 5(c)所示。

(1) 71°畴壁（浅蓝色虚线标示）电导很弱，看起来与没有剩余电荷、能带没有变化的物理相符。

(2) 109°畴壁（红色虚线标示）也展示电导（比带电畴壁的电导要小），与没有剩余电荷的图像不一致。

(3) 应该没有剩余束缚电荷的 180° 畴壁也展示了高电导（绿色虚线标示），与没有剩余束缚电荷的图像不一致。

这些不大平常的结果预示出：首先，畴壁处存在剩余束缚电荷，是出现畴壁电导的一个条件，但未必是充分必要条件。其次，不同类型畴壁如果伴随各种次生效应，都会使畴壁导电机理变得复杂，包括畴壁空间取向、缺陷钉扎、晶格畸变等因素，也可能影响畴壁能带和输运行为。再次，BFO 是典型的量子材料，包含磁性、铁电、铁弹等多种性质耦合，也导致畴壁电导依赖更多附加因素。而我们对这些因素的理解尚浅。

行文到此，笔者的理解是：无论是铁电块体陶瓷还是单晶或薄膜，畴壁形态跑不出静电平衡条件决定的那几种。而这些组态又很难赋予畴壁非同寻常的性能。是的，在图 5(c)所示畴壁处的确测量出比畴内部高的电导，但它还是很弱，也没有展示出金属特性。

鉴于这些缘由，物理人一直未能得到制备可控的 HH 或 TT 畴壁，虽然在各种薄膜中去寻找一个两个 HH 或 TT 畴壁并不难。也可能是因为这个原因，畴壁电导的研究并没有展现出勃勃生机而成为期待的热点和潮流。如此，实现“铁电 + 金属”组合的努力下一步该向何处去就成为一个问题，也许那“赝铁电金属（ferroelectric metal pseudo-state）”配偶该“未定临头各自飞”了？

物理人当然不会放弃，必定要殚精竭虑，以图有所作为。

4. 铁电纳米岛

在这不抛弃、不放弃的过程中，对 BFO 薄膜中畴及畴壁的研究，也还是有实验发现和新物理在慢慢露头并被深入挖掘。这些挖掘，证实诸如 BFO 之类的多铁材料具有量子材料的诸多特性，非传统电介质所能覆盖。作为例子（并非穷举，相关高水平研究还有

不少),如下几项实验展示了这一不断挖掘的进程:

(1) Lu X M, Li Y, et al. Rewritable ferroelectric vortex pairs in $BiFeO_3$[J]. npj Quantum Materials,2017,2:43. https://www.nature.com/articles/s41535-017-0047-2.

(2) Gao X S, Li Z, et al. High-density array of ferroelectric nanodots with robust and reversibly switchable topological domain states[J]. Science Advances, 2017,3: e1700919. https://advances.sciencemag.org/content/3/8/e1700919.

(3) Nan C W, Ma J, et al. Controllable conductive readout in self-assembled, topologically confined ferroelectric domain walls[J]. Nature Nanotech, 2018,13:947. https://www.nature.com/articles/s41565-018-0204-1.

(4) Yang C H, Kim J Y, et al. Artificial creation and separation of a single vortex-antivortex pair in a ferroelectric flatland[J]. npj Quantum Materials, 2019,4: 29. https://www.nature.com/articles/s41535-019-0167-y.

这些进展给物理人寻求新的研究路线以信心。

华南师范大学高兴森及其合作者,多年来一直尝试另外一个切入点:引入更强的边界约束,使得那些 HH 或 TT 畴壁能稳定可控地在 BFO 中形成并展示不一样的功能。

这一约束是:引入边界和适当的带电缺陷配置,实现纳米岛畴壁的可控畴壁金属态。这种约束并非新概念,而是物理人经常使用的方法,最近在磁性、铁电和多铁性物理与材料研究中经常出现。比如,清华大学的南策文老师他们看到了自发有序 BFO 纳米方块, Ramesh 他们实现了铁电斯格明子(ferroelectric skyrmion)和超晶格涡旋(ferroelectric superlattice vortices),等等。不过,主动地设计与调控畴壁导电,并实现金属导电,也绝非能一蹴而就的目标。

高兴森等从广为应用的掩膜刻蚀技术(图 6)开始。首先,在沉积有高质量外延 $SrRuO_3$(SRO)薄层(作为下电极)的 $SrTiO_3$(STO)衬底上 PLD 制备外延 BFO 薄膜;其次,在 BFO 薄膜上覆盖一层有序 PS 硅胶球阵列;再次,借助离子束刻蚀,将 PS 球空隙投影区域的 BFO 刻蚀掉。由于刻蚀阴影效应,最后能得到接近球状的 BFO 纳米岛有序阵列(图 7)。经过多年摸索,这一技术制备的 BFO 纳米岛微结构质量已可媲美高质量 BFO 外延薄膜。重现 BFO 薄膜中各种畴结构自然不在话下。

有意思的是,控制 BFO 薄膜沉积的氧分压、控制刻蚀 BFO 纳米岛尺寸(直径),高兴森等能得到的铁电畴种类繁复、形态丰富、结构稳定、能抵抗 150 ℃ 及更高温度的热冲击、重复性亦很好。

图 6(a)~(c)是这一纳米岛阵列的形态和结构表征结果,而图 6(d)显示了 PFM 和 C-AFM 对纳米岛的表征结果。其中一例 C-AFM 图像示于图 6(e):红色区域是高电流区域;依次按照黄色、绿色、蓝色和白色区域,其电流不断下降。白色区域则是绝缘态。

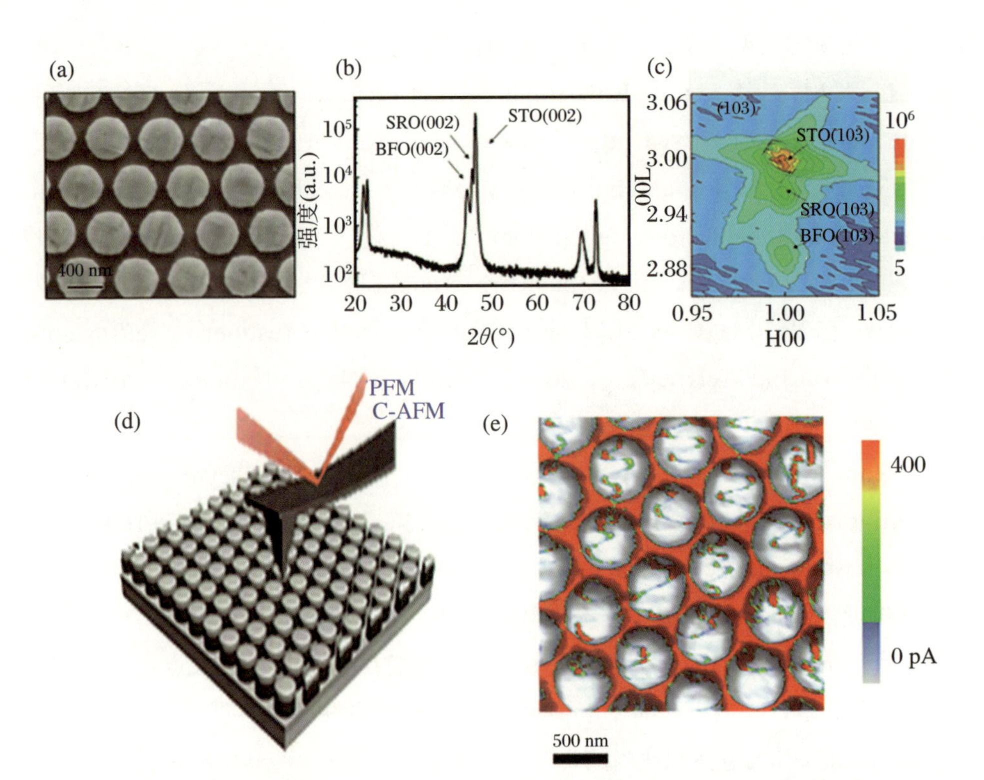

图 6 (a)～(c) 掩膜法外加刻蚀技术制备的 BFO/SRO/STO 外延纳米岛阵列。BFO 纳米岛高约 30 nm，直径可控；(d) Pt-tip/BFO/SRO 纳米岛电容器，Pt-tip 指 PFM 针尖，在 PFM 和 C-AFM 模式下，可实现畴结构表征和面外导电性测量；(e) 其中一幅 C-AFM 成像结果：电流幅度用不同颜色表示。这一 PFM 技术可实现面内和面外铁电极化的成像，从而可以确定纳米岛的铁电极化空间取向，为确定岛内铁电畴和畴壁形态奠定基础

5. 金属导电畴壁

讨论了很多，该是到关注畴壁金属导电的时刻了。

较低氧压下 PLD 制备 BFO 薄膜，使得结构中含有一定浓度氧空位。只要合适控制纳米岛尺寸，便可得到两类畴壁，如图 8(a)所示。这里图 8(a1)和图 8(a2)分别给出样品面内旋转 0°和 90°后的面内极化 PFM 衬度，由此决定了铁电畴组态。图 8(a3)则给出了对应于 0°时的 C-AFM 图像。

可以判定，这一组纳米岛主要由两类畴构成。一类包含 HH 畴壁，即携带剩余束缚电荷的畴壁(charged domain wall，CDW)，如图 8(b)上一行所示，对应的电流形态显示于图 8(f)。一类包含由几段 71° 畴壁 zigzag 组成的扭折畴壁，如图 8(b)下一行所示，对

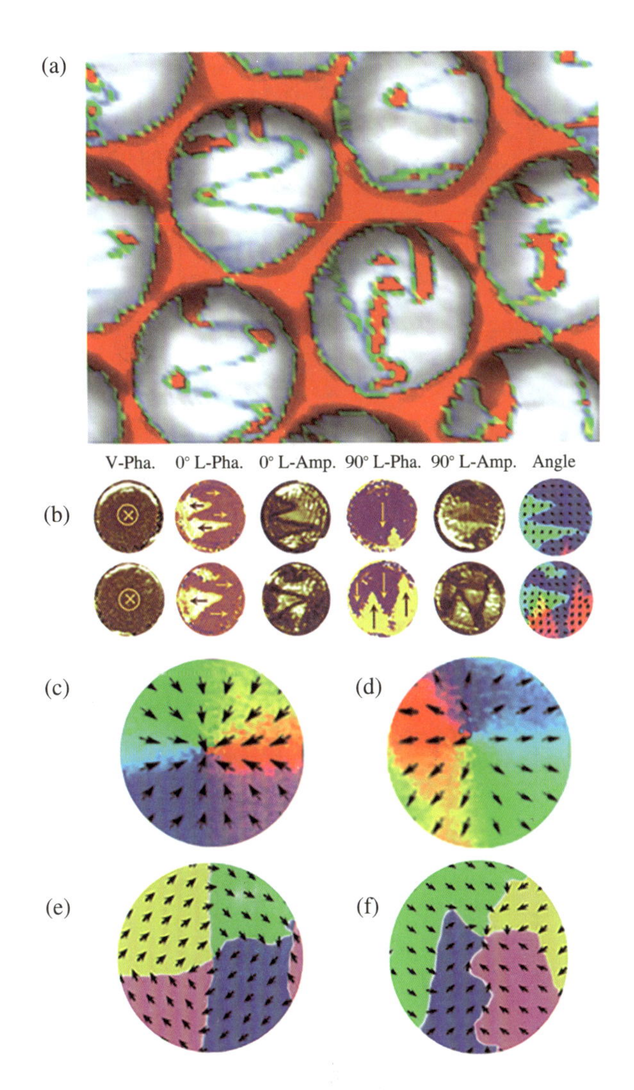

图 7　BFO 纳米到阵列及主要表征结果

(a) 阵列中几个纳米岛的 C-AFM 电流平面分布图像，展示了令人赞叹的色彩和花样。每一白色圆盘对应一个纳米岛，岛内明显的红色脉络对应 HH 型带电畴壁区域，而绿色脉络对应不带电畴壁区域。这些脉络如细胞内的血管或神经，赋予了生命的意象，令人动容。图中那些红色(大电流)背底乃因为 SRO 下电极与 PFM 的 Pt-tip 直接接触，因此电流大。(b) 利用 PFM 模式对每一个纳米岛的铁电畴进行成像，其中 V-Pha 表示面外压电相位、L-Pha/Lat-Pha 和 L-Amp 分别表示面内相位和幅值。可以看到，面外相位是均匀的，意味着整个纳米岛面外极化是均匀的，而畴结构主要由面内极化幅值和方向决定。(c)～(f) 分别展示不同直径纳米岛的面内铁电极化常见分布(大小和方向由箭头表达)，其面外分量是均匀的。直径很小时容易形成中心会聚畴(c)和中心发散畴(d)，电荷缺陷密度很低时容易出现涡旋畴(e)，而直径大约 200 nm 以上时容易形成(f)所展示的 HH 畴壁。

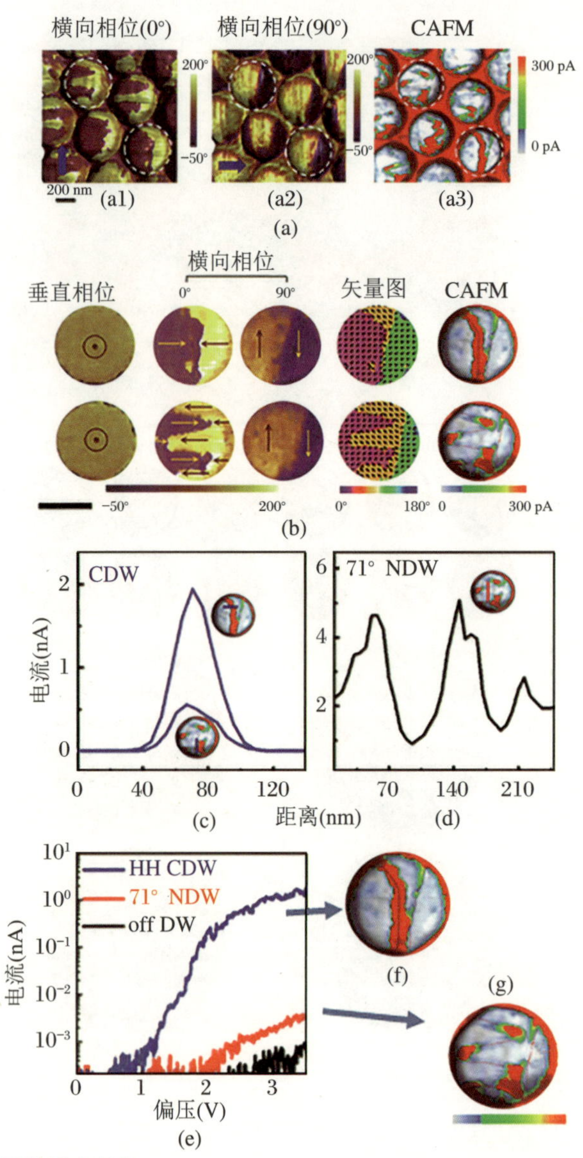

图 8　BFO 纳米岛畴壁及其导电行为

(a1)～(a2)展示了几个纳米岛的面内 PFM 衬度，(a1)显示的样品处于参考原始位置，(a2)显示样品面内旋转了 90°测量；(a3)是这几个纳米岛的 C-AFM 衬度，显示出两类畴壁：CDW 畴壁与 71°畴壁。(b) 具有 CDW 畴和 71°畴的两个纳米岛畴结构 PFM 表征：V-Pha 为面外相位，Lat-Pha 为面内相位。图中给出了 CDW 畴结构和 zigzag 形状的 71°畴结构的极化矢量图，畴壁的 C-AFM 衬度同时给出。CDW 畴壁和 71°畴壁拐角处火红色畴壁电流衬度格外夺目。(c) 扫描跨过 CDW 畴壁和 71°畴壁的 C-AFM 线扫描曲线，此时针尖电压较小。(d) 扫描跨过 zigzag 形状的 71°畴壁 C-AFM 线扫描曲线，此时针尖电压较大。(e) CDW 畴壁和 71°畴壁的 C-AFM 电流与针尖电压 Bias 的依赖关系。黑色曲线来自畴内部的漏电流数据。(f)～(g) 展示的是两个纳米岛的 C-AFM 电流分布图。

应的电流形态显示于图 8(f)、(g)。CDW 畴壁具有很大电流;71°畴壁电流很小,只有 zigzag 拐角处才展示较大电流(因为拐角处实际为 HH 型带电畴壁)。如果让 C-AFM 针尖扫过这两类畴壁,则电流强度的空间分布如图 8(c)所示:① 峰值表示畴壁处,其导电性总是比畴内部大很多! ② CDW 畴壁电流比 71° 畴壁电流大很多。

更进一步,如果将 CDW 畴壁电流与 71° 畴壁电流对针尖电压(Bias)的依赖关系分别绘制出来,则结果更为惊人,显示于图 8(e):HH 型 CDW 畴壁的电流可以比 71°畴壁电流高几个数量级,而此时畴内部的漏电流几近为零。

这一组结果表明,通过 BFO 纳米岛可控制备,可以得到具有良好导电性的带电畴壁,其导电性甚至 $10^2 \sim 10^3$ 倍于其他不带电荷畴壁之导电性。这是崭新的结果,不存在于其他类型之畴壁中。即便将那些 71°畴壁折叠成 zigzag 形状,也只是在折叠拐角那里有大的电流,而这些拐角处实际上携带有额外的束缚电荷。

且行且追溯,到这一步,终于可以揭开万水千山的最后一幕:这个 CDW 畴壁是不是金属态?

虽然高兴森等目前还没有足够的资助获得低温输运测量的条件,但在室温附近变温测量轻而易举。将样品测量台加热而将 C-AFM 针尖分别固定于 CDW 畴壁和 71° 畴壁上,探测畴壁电流,即可得到电流与温度的依赖关系,结果显示于图 9。除此之外,还可从很多不同的角度对相关效应进行反复验证落实,以求夯实结论,详细数据与论述可见相关文章(Tian G, et al. Manipulation of conductive domain walls in confined ferroelectric nanoislands[J]. Adv. Funct. Mater., 2019,29:1807276. https://doi.org/10.1002/adfm.201807276)。

所有这些结果,似乎都指向了如下几点重要的事实:

(1) HH 型 CDW 畴壁,即具有头对头剩余束缚电荷的畴壁,具有清晰的金属导电特征,其电流随温度升高而下降;反之,71° 畴壁的电流则上升,显示半导体或绝缘体导电特征。

(2) 这种携带剩余束缚电荷的铁电畴壁可以呈现金属导电性,至少初步实现了"铁电+金属"共存于一体的目标,虽然这种共存是一种妥协的表现。即便如此,这也是一显著的进步。

(3) 这种纳米岛中的畴壁形态具有很高的稳定性,在缓慢加热到 120 ℃再恢复到室温,畴形态未受到任何影响,畴壁输运行为也没有发生变化,显示出很好的热稳定性。

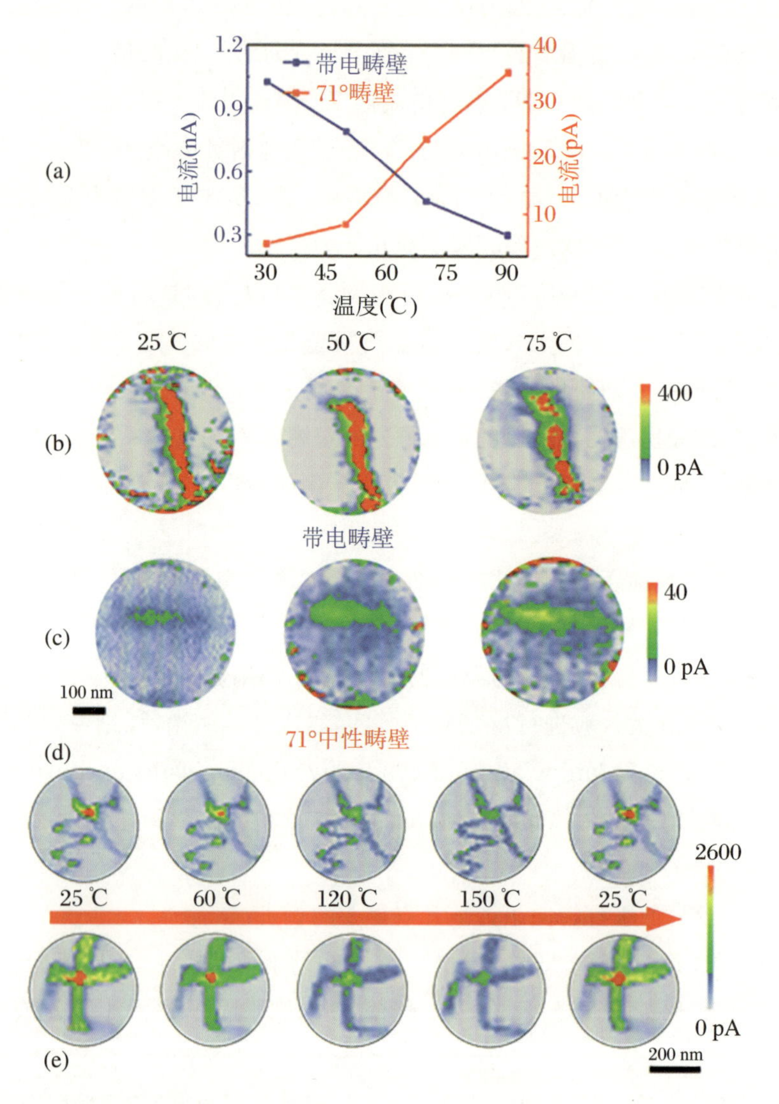

图 9　BFO 纳米岛中两类畴壁的导电行为测量

(a) 头对头畴壁会携带剩余的束缚电荷，称为带电畴壁(charged domain wall，CDW)，这些畴壁电导与温度大致成反比关系。而不携带剩余束缚电荷的 71°畴壁(71° wall，neutral wall，NDW)之电导则与温度大致成正比，呈现半导体或绝缘体特征。(b) 含 CDW 的纳米岛不同温度下的 C-AFM 图像。(c) 含 NDW 的纳米岛不同温度下的 C-AFM 图像。(d) 包含 zigzag 畴壁(NDW)和十字架畴壁(CDW)的纳米岛经历缓慢升温到 120 ℃然后降温过程中的 C-AFM 图像演化，展示了较高的热稳定性。

6. 结语

本文是向那些不熟悉本领域的读者呈现一个科普故事：如何在一个典型铁电和多铁性材料中实现铁电与金属共存！即便这种共存是以“铁电畴+金属畴壁”的模式来实现的，也是一个不错的进展。为了简单起见，这个故事背后的物理主要只涉及大学电磁学的知识，因此谈不上严谨和规范。然而，这一空间约束的“铁电+磁性”结构却包含了量子材料的诸多自由度及相互耦合，量子关联占有重要地位。尽管这里没有详加宣示，也不是必须要宣示这种关联，但类似物理曾经在西湖大学林效博士的《无稀不觅、无所不能》(https://mp.weixin.qq.com/s/Von8kcaCmi-0ZvEMTkJeXw)一文中有所涉及。

读者如果耐心读完故事内容，那就已经明白：这里的纳米岛实际上就是一个信息存储单元器件。物理上，我们在一个绝缘体系中实现了金属导电；实用上，我们在铁电畴壁处实现了极化控制的金属态（图 10）。

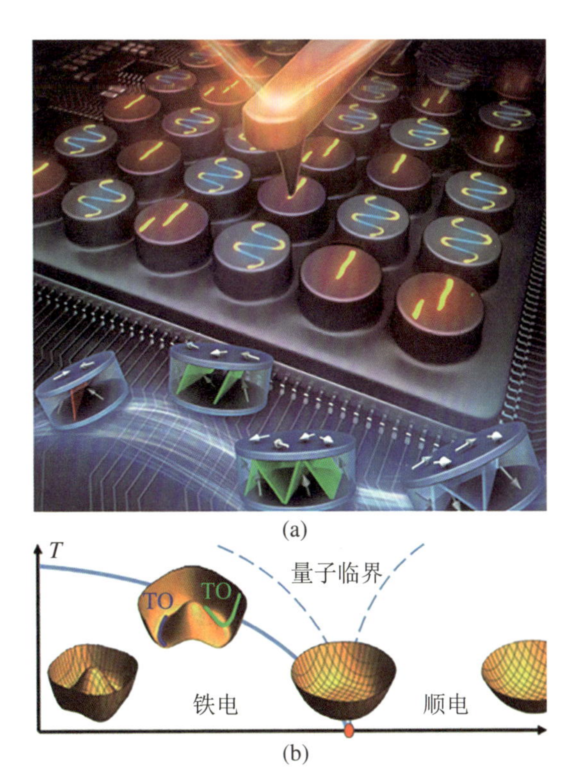

图 10　(a) BFO 纳米岛中的导电畴壁；(b) 如若结合量子各自由度，也许是方寸之地却可九派横流

图片来源：(a) https://onlinelibrary.wiley.com/toc/16163028/2019/29/32；(b) Yaron Kedem，arXiv：2004.00029v1。

正因为这是一个有潜力的量子材料体系，笔者可以恣意妄为、横加展望。例如，基于这些实验，至少可以预期有若干新的效应和功能：

(1) 维度物理：畴壁是一个二维拓扑缺陷，这一缺陷还可降到一维，即畴壁芯（对应于复杂拓扑缺陷中心）。

(2) 通过畴壁两侧极化控制，可以实现畴壁的金属-绝缘体（MIT）开关。

(3) 阻变效应、忆阻效应将不在话下，是必然结果，值得仔细揣摩斟酌。

(4) BFO 亦是磁性量子体系，预料畴壁有磁电阻行为、反常霍尔效应等。

(5) 实空间拓扑畴结构的拓展及新效应。

(6) 在畴壁 MIT 临界状态，波矢空间的能带几何特征，加上铁电晶格的软模物理，使得这纳米岛的微小天地亦有可能出现更多的物理。

…………

这每一项工作都是值得去实现的，亦将是精彩和困难的。当然，还可放飞心思去列举更多。但如果本文描述的实验是 $0\rightarrow1$ 的过程，则这里列举的更多是 $1\rightarrow n$ 的过程，是千里之行始于足下的新起点。

笔者虽然也参与了这一工作，但所有的工作都是高兴森教授带领的团队合作完成的。笔者主要的贡献，就是写了这篇科普文章。希望这里的结语不是终点，而是继续前行的一杯红茶，尚能有半口余香弥漫！

第 6 章

能源材料中的量子现象

台阶的传说：放眼量子的热电身影之外

笔者在华中工学院懵懂上学时，时任学院党委副书记刚从美国进修归来，给我们开设了“科学哲学”课程。书记的音容笑貌我已然忘却，但他口若悬河，在万千话语中夹杂的“科学革命结构中范式”的概念，我却依然隐约可记。这一概念是科学哲学大师库恩(Thomas Sammual Kuhn，1922—1996)提出的。虽然范式理论的细节非我所能领悟，但我记得其中一个解释是：科学发展是台阶式的，即科学变革是基于前一个体系之科学知识慢慢积累，到一定程度后发生质变，从而踏上一个更高台阶。这种台阶跨越毫无疑问是相变的麾下，其中描绘了科学或者科学技术知识对时间的一个个台阶函数！这一观念在那个知识匮乏的年代颇有创意，令人印象深刻。于是，我记住了这个台阶函数(图 1)，并经常以调侃的方式“解释”很多其他现象，因而时常颇为自得，给自己不断受到打击的学生生涯注入一剂剂“强心针”。

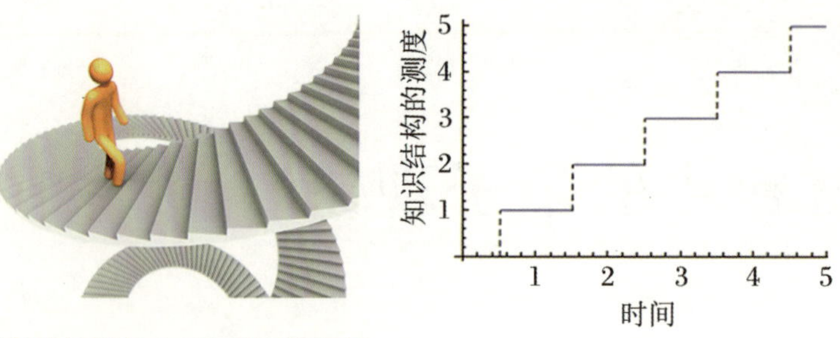

图 1　科学知识结构的测度：知识量的时间函数

右图中的台阶未必就是水平的，应该会呈现某种倾斜上升的样子。

事实上，库恩先生的这个观点可不仅仅是某种猜想或泛泛之论，每个学科或者每个领域都可以给出很多这种台阶结构的实例。笔者愚钝，只能在其熟悉的方寸之地信手摘来几朵小花，以缅怀故去的库恩先生。凝聚态物理中最著名的例子，大概要算超导体的超导转变温度 T_c 了，您可以看到 T_c 随时间的变化呈现非常特别的台阶形态，如图 2(a)、(b)所示。

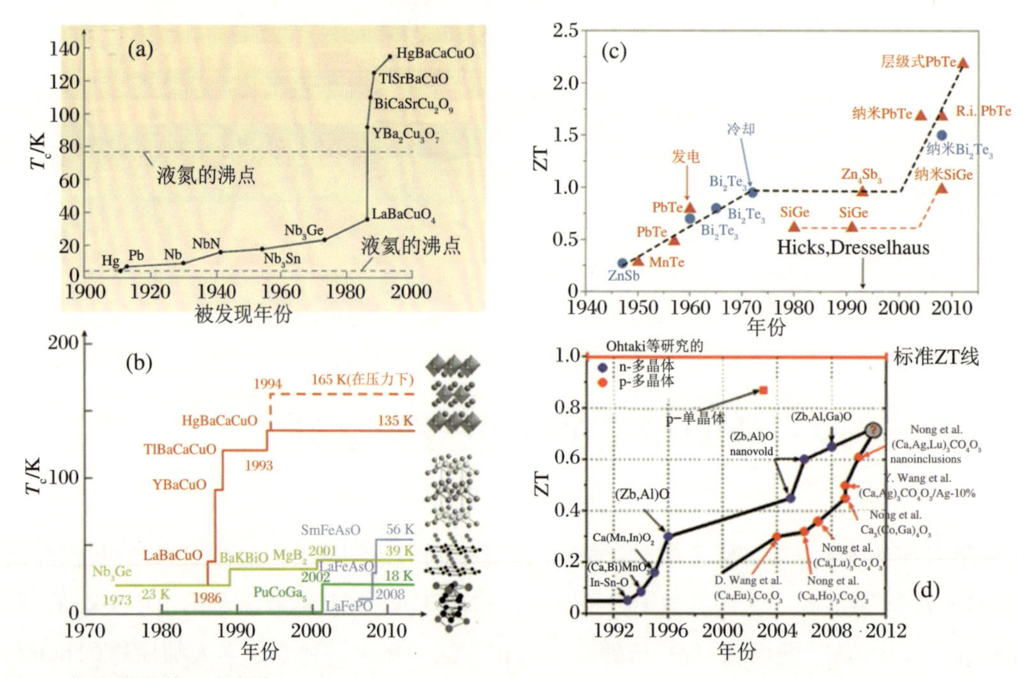

图 2　怀念库恩的两个台阶

(a)、(b)为超导转变温度 T_c 对时间的台阶函数；(c)、(d)为热电品质因子 ZT 对时间的台阶函数。

图片来源：(a) http://www.doitpoms.ac.uk/tlplib/superconductivity/images/timeline.jpg；(b) http://www.nature.com/nature/journal/v518/n7538/images_article/nature14165-f1.jpg；(c) http://www.nature.com/nnano/journal/v8/n7/images/nnano.2013.129-f1.jpg；(d) http://www.otepower.dk/-/media/Sites/OTE-POWER/zt-line.ashx? la=da。

这一台阶形态反映了超导领域对库恩致敬的足迹。与此类似，热电材料的品质因子 ZT 对时间的"依赖"关系也呈现台阶形态，与超导领域如出一辙，如图 2(c)、(d)所示。

推而广之，其实，凝聚态物理和材料科学中某个物理现象呈现台阶行为的实例比比皆是，虽然这些台阶并非时间的函数。图 3(a)、(b)所示即典型的自旋阻挫(失措)体系磁性对外加磁场的台阶依赖关系，而图 3(c)、(d)所示是整数和分数量子霍尔效应中霍尔电阻对外加磁场的台阶依赖关系。这些台阶不过是系统能量或电子结构中的能级过程从量变到质变的体现。武断地将知识与能量等价起来，唯象地展示台阶的表观性质，对我们切脉物理的内在有些价值和意义，也使得我们对物理的美和内在有了许多莫名的欣赏。

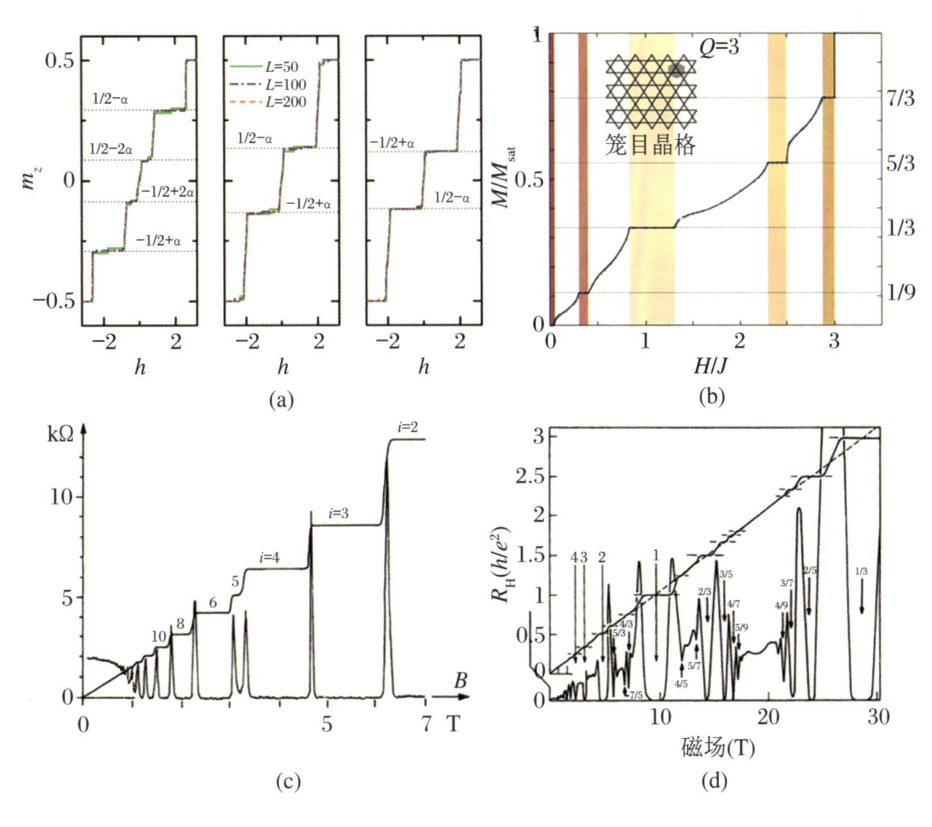

图 3　台阶函数另外的例子

(a)、(b)为自旋失措体系中的磁台阶；(c)、(d)为数量子霍尔效应和分数量子霍尔效应的霍尔电阻台阶。

图片来源：(a) http://www.nature.com/article-assets/npg/srep/2015/150213/srep08433/images_hires/m685/srep08433-f1.jpg；(b) http://www.nature.com/article-assets/npg/ncomms/2013/130805/ncomms3287/images/m685/ncomms3287-f1.jpg；(c) https://www.nobelprize.org/nobel_prizes/physics/laureates/1998/phyfig298.gif；(d) https://www.nobelprize.org/nobel_prizes/physics/laureates/1998/phyfig398.gif。

现在回过神来，再接一点地气，去看科学领域的各个分支。台阶的结构是常态、是主线、是规律，偶尔有摩尔定律这样的异数才是非凡和非平庸的。如果你以聚焦、放大的尺度去审视摩尔定律，必然也是一系列较窄的台阶构成大尺度范围的摩尔定律。所以说，物理世界的台阶演化其实概莫能外。大尺度的连续，必然是小尺度离散台阶的叠加，就像数学中的傅里叶级数。这种内在规律转化为社会学语言，就变成：生不逢时、机会是给有准备之辈的、万事俱备只欠东风等含有自嘲味道的哲学。如果回到台阶问题本身，梳理一下所有台阶背后的子丑寅卯，就会看到一种材料、一种性能、一种追求，都是因为背后有着与我们的愿望对抗的“基因”，所以我们才有奥巴马的“基因”工程。您可以认为这些“基因”是能量、能级、势垒、畸变……遗憾的是，很多科学家的人生，都是在对抗这些“基因”，直到有些人自身的基因变异，并为此付出时光和生命。这里，我们从热电角度来阐释这种“毫不动人、充满郁闷”的故事。

热电效应作为一个物理现象被发现，是很久以前的事。那些故事，现在看来平淡无奇，看君可以随意通过学术搜索引擎搜索出很多相关资料。与热电相关的实验现象、器件结构、物理原理等简单示意勾画于图 4(a)～(d)之中，其中细节不再在此啰嗦。稍微详细一点深看，对影响热电效应的物理因素，笔者权且用拿来主义总结在图 5 之中。读者可以慢慢揣摩，其实味同嚼蜡，各人感受不同。

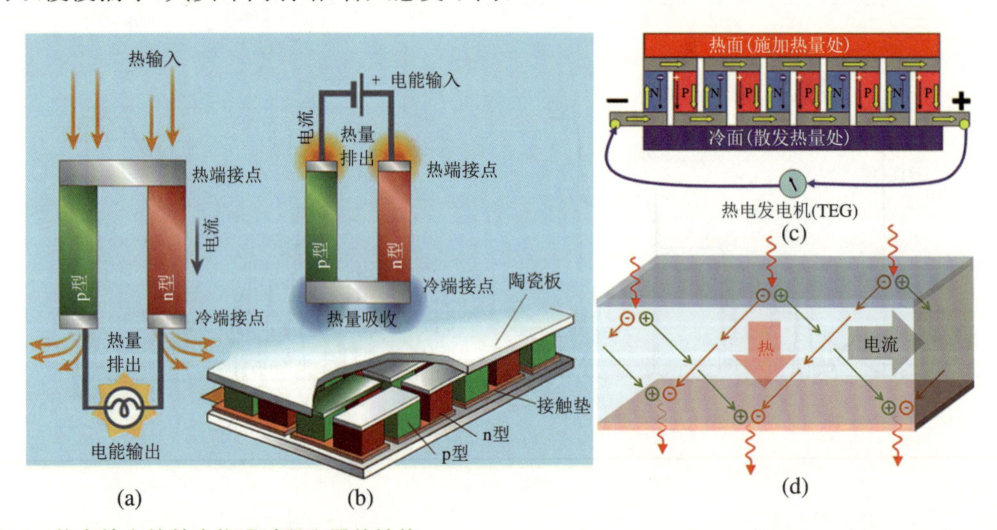

图 4　热电效应的基本物理过程和器件结构

(a)～(c)为热电单元与热电器件组装结构；(d)为热电效应牵涉到的载流子输运过程，也就是电荷与声子的输运过程。

图片来源：(a)、(b) http://www.nature.com/nature/journal/v413/n6856/images/413577aa.2.jpg；(c) http://www.mpoweruk.com/images/teg.gif；(d) https://physics.aps.org/assets/a331e894-e5ae-4016-b0f3-5c31a1563528/e63_1.png。

现在,我国热电材料的研究也是国际上的一支重要力量,包括中国科学院上海硅酸盐研究所、武汉理工大学、浙江大学、清华大学等几家名牌老店,也涵盖北京航空航天大学、南方科技大学、同济大学等若干科技新锐。既有南策文、陈立东、张清杰、赵新兵、李敬锋、张文清等为代表的一批成名学者,也有林元华、史讯、赵立东、朱铁军、何佳清、裴艳中、赵怀周、刘玮书、肖翀、隋解和、张勤勇、周小元、张倩等一批年轻杰出学者(排名不分先后)。他们洋洋洒洒,执掌热电江湖,在热电 ZT 值的时间台阶上试图留下脚印。这一盛况,可借用笔者给 2017 年 1 月 14 日知社学术圈举办的 2016 年中国科技新锐颁奖会贺词《苏幕遮》(新韵)。有道是:

苏幕遮·中国科技新锐

蓟州蓝,知社楚。燕脉嘉华,寒育春潮露。

华夏曾经书几度?新锐今朝,犹唱千年酷!

蜡梅疏,高雪负。点点雏香,且待花一路。

五岳峰颠名友树,满目嫣红,只为攀登怒。

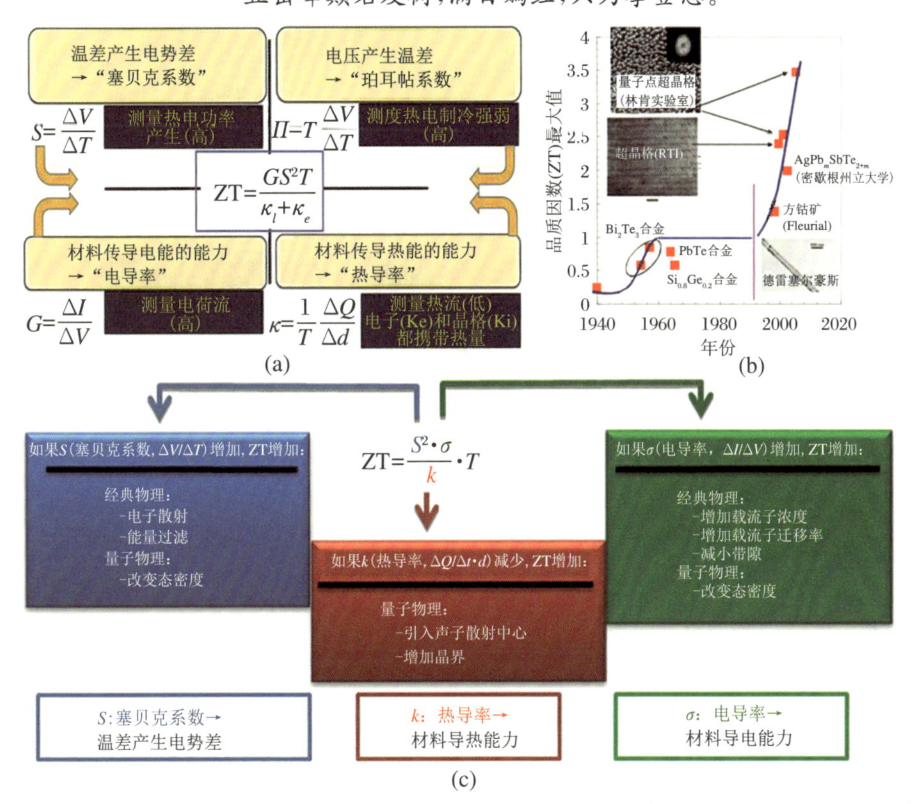

图 5 (a) 热电效应品质因子 ZT 的定义及每个物性的基本意义;(b) 过去 80 年来热电的典型材料及其品质因子演化(也是台阶现象的一个示例);(c) 提高 ZT 因子的几种物理途径

图片来源:(a) http://edge.rit.edu/edge/P07440/public/TEprogress.png;(b) https://engineering.purdue.edu/gekcogrp/science-applications/thermo/thermo_img/thermo_fig2.JPG;(c) Martin-Gonzalez M, et al. Renewable and Sustainable Energy Reviews, 2013, (24): 288-305.

半导体热电性能的关键物理在于品质因子 ZT，其定义如图 5(c)所示。除温度外，众所周知，要提高 ZT 因子就那么几个过程：① 提高载流子浓度和迁移率以提高电导；② 调控费米面附近态密度对能量的变化率以提高 Seebeck 系数（载流子浓度恒定条件下）；③ 降低声子输运以压制声子热导率（晶格热导）。这里材料的热导包含电子热导率和声子热导率两项。其中，Seebeck 系数的定义可能稍微复杂一些，笔者找来一个原理图显示于图 6，以资参考。当然，也可以不理睬这些数学，只管明白费米面附近的态密度随能量的变化越陡峭越好。注意，这里温度也是能量。

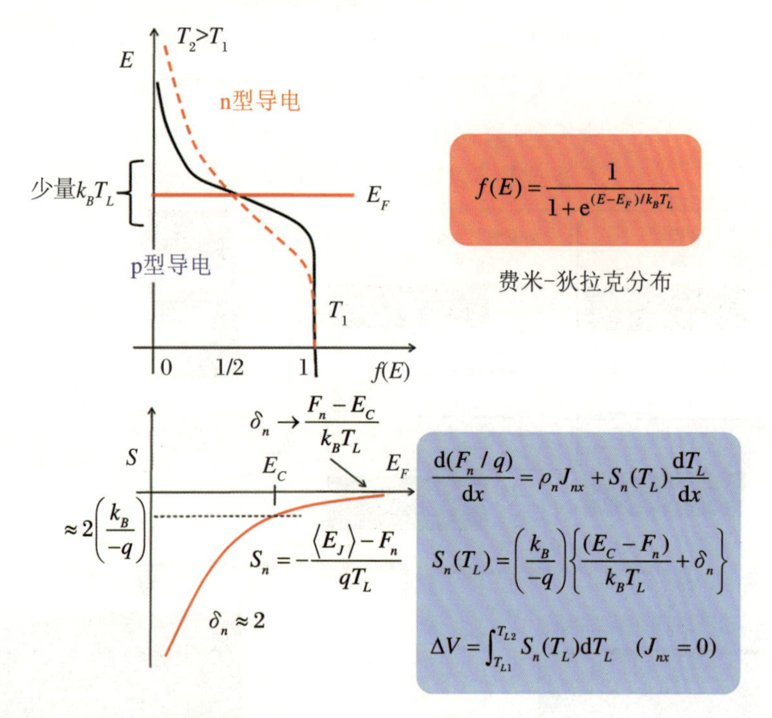

图 6 半导体中 Seebeck 系数的基本定义

上图显示态密度的分布（费米-狄拉克分布），下图显示 Seebeck 系数 S 的定义（Thermoelectric Effects: Physical Approach by Mark Lundstrom）。

大家都知道，这三个过程哪一个都不能轻视！原因很简单：用物理的语言，就是多种相互对立的因素唱和在一起，体系失措（frustration：精神失常、手足无措、敏感极端、见“光”死）的概率就会很高。这里，稍作梳理：

(1) 提高电导，要求费米面附近态密度尽可能高，且对能量的依赖尽可能弱。后者与提高 S 的思路对着干！态密度太高，导致电子热输运显著增强，又与降低热导率对着干！

(2) 提高 S，需要费米面附近的态密度分布跌宕起伏。这一方面阻碍了载流子迁移率，另一方面也不允许费米面处载流子浓度很高。这一思路，与提高电导的思路一一相克!

(3) 电子热导率与电导琴瑟和鸣。尝试拆散它们的效果一直微乎其微。虽然有人也事倍功半,但效果不好。

(4) 压制晶格热导率,看起来相对独立,但目前绝大多数压制晶格热导率的方案都不同程度损害电导率。

(5) 一味压制材料热导率的方案,最近受到质疑,因为一味提高 ZT 因子可能导致热电输出功率的下降。这一问题引起争论,相关认识正在调整阶段。

几十年来,上述几个方面的原因将热电学者折腾得华发早生、没有脾气。当然,这种折腾,也形成了一大批《Nature》《Science》和其他顶级刊物文章(其实很多领域的足迹,都是如此。读者如果去对文献做统计学处理,出来的结果一定还是统计学上的台阶结构)。到了后来,热电学者将万千劳碌化作八个字——电子晶体、声子玻璃,一抒胸中的那几口恶气。事实上,大凡一个领域出现如此复杂的对立面,要做到对立统一是很难的。

梳理过去并不是很难的事情。如果暂不顾及微结构工程的细节,在笔者看来,早期热电材料的研究在乎寻找与发现新体系。那时候可能对固体物理和量子过程鲜有认识。这种发现之路常常有效,这是第一个台阶的形成之路,如图 5(b)所示。像 Bi_2Te_3 这种经典体系,并非完全靠经常会令人失措的材料设计来实现,更多是运气和机会。对 Bi_2Te_3 等一批材料的详尽研究,让科学家得以阐释热电为什么容易失措,也为热电物理的半量子化理解与设计打下基础,从而构成了第二个台阶。这个台阶宽而和缓,反映了 ZT 值在 1.0 位置处顽强的鲁棒性,让至少两代热电人委屈不甘、晒泪亭台。这些努力,包括热电材料在冶金学和材料学意义上的微结构科学技术进步,工程化应用也日新月异。

热电品质因子走向第三个台阶之路是在 2000 年前后。那时候异质结物理和纳米技术已经盛行多时。MIT 那位著名的物理学者 M. Dresselhaus 提出超晶格概念,并随后在很少几个体系中得到验证。由此才引发了第三个台阶的登攀过程,也如图 5(b)所示。这一攀登过程,是量子介入热电材料工程最活跃和有效的历程,其踪迹和倩影处处可见,包括超晶格、纳米晶粒、境界调控、界面工程等如潮水一般涌入热电领域,形成了走向第三个台阶的攀登之路。这里需要特别提及热电超晶格,它的图像应属电子输运和声子阻隔的极致了,令人佩服 M. Dresselhaus 的卓越之处。过去 10 年,热电 ZT 和功率因子的进步有些缓和下来,特别是可以工程化的成果并不是很多。热电超晶格对于实际应用不过是镜中花水中月,其作用不过是让人知道了阳春白雪和海市蜃楼的美丽,从而下定决心建造能够落地的高楼。这自然也是好的,毕竟有了第三个台阶的到来。

第三个台阶已经延伸差不多 10 年。热电江湖的高手,显然对第二个台阶如此漫长很不满意,作为前车之鉴,早早就在开始酝酿攀登第四个台阶。目前的探索也有一些“所谓伊人，在水一方”的歌唱。笔者孤陋寡闻，在此茶余饭后闲言，不当之处八九，无用之言一二而已：

（1）从人工超晶格回归天然材料，特别是那些能够“电子晶体、声子玻璃”的材料。其中追求低热导率是核心。中国科学院上海硅酸盐研究所的笼子、波士顿学院的超细晶粒、北京航空航天大学的层状结构、武汉理工大学的磁电效应等，都是其中的话题。这方面，显然是北京航空航天大学的赵立东事如其人，有些亮眼。

（2）注重微结构工程学是顺应民意。这方面，浙江大学的显微织构和清华大学的微结构精细工程都是翘楚；中国科学院上海硅酸盐研究所的中试生产令人印象深刻；武汉理工大学在西域的工厂正在开工；清华大学与丰田的合作很好地避开了特朗普的威胁；浙江大学则干脆抡起大锤锻出热火，也蔚为壮观。

（3）能谷工程是春风又度。得益于最近对电子结构和声子谱的精细设计，对能带结构的调控已经从二维动量空间转到了三维，从而可以合适地调节材料的能量和态密度形貌，使得电子输运在能谷之间凌波微步，而声子输运在能谷之间闭关锁渊。恕笔者无知，能谷电子学的物理在热电领域大概还是新风，不知能修到几重！

写了这么多，看君大概已疲惫，但应能体会到量子过程在热电材料中的作用已非可有可无，而是从背影走向前台。笔者在此不过是附庸风雅，将本来很严谨的物理妆扮得花枝招展，也许甚是难看（就是很难看）。不过，最近有高人出场，返璞归真，将热电中量子的功效梳理提炼出来，从另外一个层面演绎了台阶在热电中的量子传说。

热电领域知名操盘手之一、美国休斯敦大学超导中心的任志锋课题组以“Size effect in thermoelectric materials”为题在《npj Quantum Materials》上撰文，简述了量子如何助力热电攀登第三个台阶。读者如果愿意，可移步 Jun Mao 等人发表在《npj Quantum Materials》上的论文（http://www.nature.com/articles/npjquantmats201628）。

追逐三更之热电

1. 引子

神舟十三号翟志刚、王亚平、叶光富三位航天员“生动介绍、展示了空间站工作生活场景，演示了微重力环境下细胞学实验、人体运动、液体表面张力等现象，并讲解了实验背后的科学原理”（新浪新闻中心网页 2021 年 12 月 9 日相关报道）。其中有若干环节，顶着“鸡窝头”的美女王亚平细致刻画了一些跟物质科学相关的物理现象，如图1所示。这些科普授课，给社会大众以很好的科学展示，殊为难得。

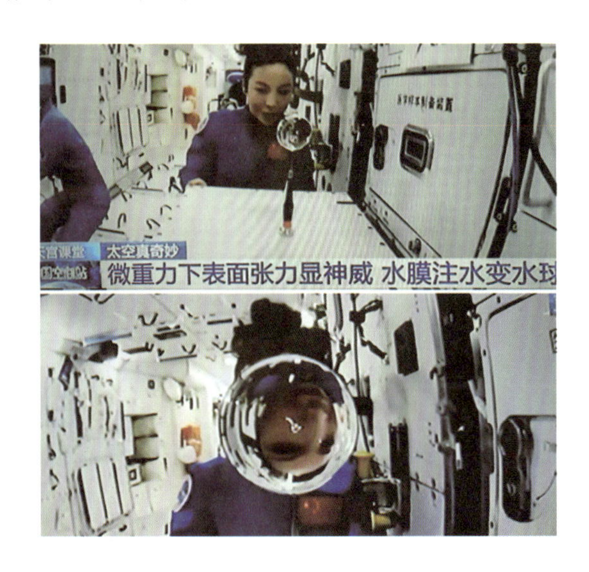

图1 2021年12月9日王亚平在“天宫课堂”所展示的极端条件下水球实验

图片来源：https://j.eastday.com/p/1639040250042847。

这样的事件，之所以引得万千关注，自然是因为太空那失重或者说那微重力的实验环境，辅助产生了与我们熟知的完全不同的现象。这样的环境，对大多数观众而言闻所未闻。因此，区区一堂课，就让我们的物理认知多了不少通常条件下所不具备的可能。这就是所谓的“极端环境”或“超常环境”，收获的便是“极端物理”，乃物理人一直以来所致力追求，屡有收获。在地面上，作为国家建设的极端物理平台工程，比如合肥强磁场和武汉强磁场，比如吉林大学、北京和上海的极高压装置，比如北京怀柔的极端物理实验平台，诸如此类。

这里，仅限于凝聚态和材料科学，举几个实际和具体的例子，来表明极端环境下得到的极端结果：

（1）我们都知道电磁悬浮已经成熟，但基于其他原理的悬浮技术其实很难。西北工业大学魏炳波老师团队就致力于重力环境下超越传统电磁悬浮的悬浮技术研发。数十年来，他们不断用静电悬浮、超声悬浮等以前认为不大堪用的方法，悬浮起各种物体，大大小小、亦轻亦重，金属绝缘均可，晶体玻璃都行。他们经常获得一些纪录和极限，当可美其名为“超常悬浮”。笔者去看过几次，每每啧啧称赞！

（2）据称自然界中硬度最高的物质是金刚石。也因此，测量硬度的各种方法大多用金刚石作为基准，以丈量其他物质硬度。诸如“真的就没有比金刚石更硬的物质了吗”这种“幼稚的问题”被怼了很多年之后，有人就较真去尝试了一番，得到了意想不到的结果：有东西比金刚石更硬，而且还是用金刚石去量出来这东西更硬。燕山大学田永君老师他们即其中的蹚水者：他们屡败屡试、鏖战各种质疑，及至当下的屡战屡胜，似乎达成定见，因此“超硬极限”亦被突破。

(3) 反常量子霍尔效应的实验观测。听薛其坤老师介绍，那也是得益于他们合作大团队的高端稀释制冷测量平台。他曾绘声绘色地说起那个晚上：进行测量的学生拿到那个霍尔电阻平台数据时，激动、自豪之情溢于言表！如图 2 所示，乃来自 C. Z. Chang 博士(应该就是薛其坤老师那篇巨作的第一作者)在美国工作期间得到一个更高精度的结果。

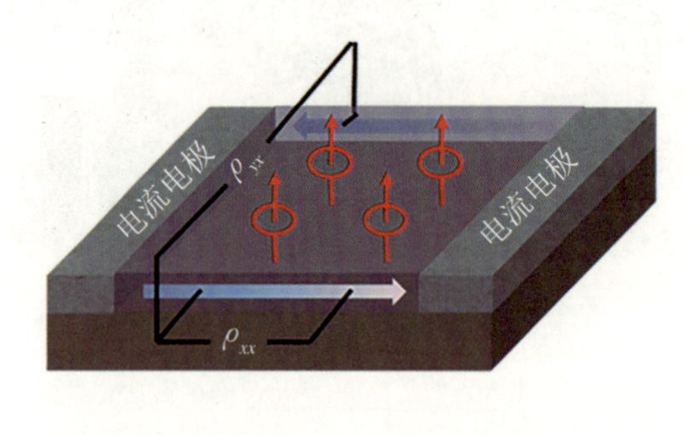

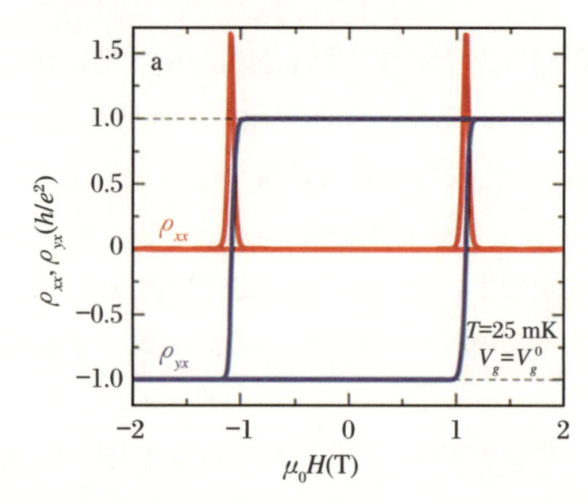

图 2 反常量子霍尔效应的一个高精度观测结果

其中，样品质量、测量条件都是“追逐三更”的结果。对 V 掺杂$(Bi,Sb)_2Te_3$薄膜中 QAH 态的实验观测结果如下：零场纵向电阻低至 $0.00013 \pm 0.00007\ h/e^2$(约 3.35 ± 1.76 W)，霍尔电导率达到 $0.9998 \pm 0.0006\ e^2/h$，在 $T = 25$ mK 时霍尔角高达 $89.993 \pm 0.004°$。来自 C. Z. Chang 等人于 2015 年在《自然·材料》上发表的成果。

图片来源：https://www.mrsec.psu.edu/highlights/2017-highlights/high-precision-quantum-anomalous-hall-state。

当然，翻开物理学历史，那些超越前人和极限的探索不少，成功和失败均有，理性与痴迷均在，成为物理学这门老而弥新学科偶尔的风景。之所以说偶尔，乃因为太多失败的案例没有得到报道，真正成功的不多。比如：

(1) 狭义相对论说真空中光速最快、无出其右，而且光速不变。此说百年来无以撼动，但百年来也有诸多人去试图撼动这一认知。到目前为止，尚未有成功之例。实际上，在当前的认知和测量技术框架中，这样的突破应该不会成功，因为最好的测量技术都是基于电磁波原理的，光速不变是重要的物理内涵。

(2) 量子力学"海森伯测不准原理"则属于反例：如果量子力学不错的话，物理人再怎么折腾，也难以同时将一个事件的位置与速度测量准确。但还是有人"痴心妄想"，尝试去测得准。

(3) 除了这些"古老"而经典的反面例子，也有一些成功的事件受到瞩目，比如那个引力波测量实验，就是大手笔！还有，最近在微信公众号《原理》上刊登了一篇推广文字《最受瞩目的基本粒子，寿命仅 2.1×10^{-22} 秒》，描述物理人测量质量起源之"希格斯子"的寿命，也是巨作。这一寿命之短，对测量提出了巨大挑战，也成为物理测量人的竞逐之所。

虽然意犹未尽，却也无须再继续举这些高大上的实例了。我们大概可以确信，物理人这个职业群体，特别醉心于追逐对世界认识和操控得更高、更快和更强，与体育职业对自身的追求相若，即所谓"追逐三更"。这种特质，使得先行者或成功者成为行业中的翘楚和崇拜对象。作为这种翘楚的代价，便是付出身心巨多、承受压力巨大、受到关注和质疑的可能性巨高，即所谓"三巨"。而追逐三更、不畏三巨，也确实乃科学兴趣自发所致，乃科技发展的必然需求，说来伟大和壮阔得很。

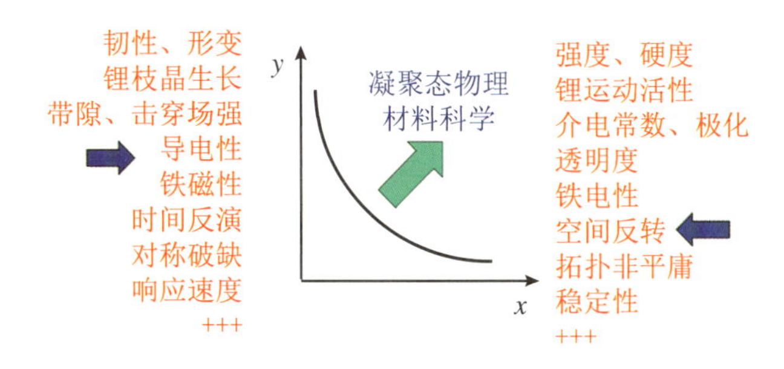

图3　凝聚态物理、材料科学中"平凡的倒置问题"

如何破解这些 trade-off 问题，是物理人的宿命与价值。

图片来源：取自《平凡的倒置Ⅰ》一文。

物理人追逐这种"三更"，似乎有两个基本路数：① 做出前人没想到或没做到的新高度；② 解决前人未解的"卡脖子"问题。那些高度或问题有宽有窄、有大有小，都值得尊敬和学习，都值得梦想与追逐。归结到笔者所在的凝聚态物理和功能材料群体，看起来，上游的凝聚态物理人似乎更擅长对路数①长袖善舞，而中下游的材料人似乎更痴迷对路数②殚精竭虑。这些展示物理人“追逐三更”的努力，如前所提，绝大多以失败而告终，但正表明其弥足珍贵，值得君子好逑。

2. 材料的“卡脖子”

本文不去渲染物理人更浪漫的那些“前所未有”，而将主题放在追求解决“卡脖子”问题上。“卡脖子”问题，因为更加接近我们的生活和现实，因此留给我们“虽付出努力，却事倍功半，或徒劳无功”的印象更多、更普遍。

这种“卡脖子”难题背后，并非什么人为因素，而是有其学科内涵支撑。科学本身，从来不横行霸道、只讲道理。多数“卡脖子”问题，都是以所谓的“倒置关系 trade-off”方式展现给我们的，就如笔者多处宣示过的图 3 这般：物理的道理，全都是不大可能两全其美的那种。我们要“撬动”它们，就要有独到的、基于新原理新方法的创新思路。至于最近一段时间，这个世界上的有些人不愿意消停，非要人为插上一杠不可，非要卡住另外一部人的脖子不可，如表 1 所示，那是其他是非，在此不再啰嗦。

表 1　网络上流传的所谓“35 项中国被卡脖子的关键技术”清单

序号	技术名称	序号	技术名称
1	光刻机	19	高压柱塞泵
2	芯片	20	航空设计软件
3	操作系统	21	光刻胶
4	触觉传感器	22	高压共轨系统
5	真空蒸镀机	23	透射式电镜
6	手机射频器件	24	掘进机主轴承
7	航空发动机短舱	25	微球
8	ICLIP 技术	26	水下连接器
9	重型燃气轮机	27	高端焊接电源
10	激光雷达	28	锂电池隔膜
11	适航标准	29	燃料电池关键材料
12	高端电容电阻	30	医学影像设备元器件
13	核心工业软件	31	数据库管理系统
14	ITO 靶材	32	环氧树脂
15	核心算法	33	超精密抛光工艺
16	航空钢材	34	高强度不锈钢
17	铣刀	35	扫描电镜
18	高端轴承钢		

表格来源：https://new.qq.com/omn/20200901/20200901A0EG5I00.html。

对图3所示的这类“倒置关系”，我们的先辈多已殚精竭虑、前赴后继，能够想到的路数都试过了，能够绕开的峰壑都绕开了，能够砍去的荆棘都砍掉了。学术界的文山会海，到处都是消除某个倒置关系的计策和道行，不可谓成本不高昂、不可谓道路不险恶，似乎李太白游仙蜀国时的“遭遇”也要比这容易一些。总之，剩下的道行，都是要千锤百炼才能成就一二的。我们要“惹”它们，就要做好千万次追逐却伤痕累累的精神准备。

当然，解决这类“倒置关系”的方法即便有，那也是苛刻无度、百里挑一，大多数都是亚稳态方案。这些方法或者工艺所产生的材料或者功能，在后续使用和服役期间可能承受更大的考验，必定存在很多不确定和干扰，可能因为脆弱而很快失效。我们要“惹”它们，就要对它们倍加关照和呵护，方能使其堪当大任。

笔者曾经多次行文科普“磁电耦合”与“多铁性”这个“卡脖子”问题，道理即如此。读者若感兴趣，可上网寻找《平凡的倒置Ⅰ》《平凡的倒置Ⅱ》等文章，阅览一二。

对这些老大难的“倒置关系”，果若有人破解其中之一，便是造化！类似的，对那些“前人没想到或没做到的”物理新纪录、新极限、新高度，果若有人拔得一二头筹，也便是功业！回顾过往，每天都有无数人在琢磨如何破解“卡脖子”问题，几乎到了癫狂的程度。很多情况下，我们正在将很多人力和财力重复投入进去，让很多团队和课题小组主攻类似课题。以能源材料为例：光催化材料，几乎每个学校或研究所都有课题组涉足于此；锂离子电池，几乎每个材料学院或能源学院都有课题组铆足精神；石墨烯材料，几乎每个材料团队都想跃跃欲试以新的应用与功能。

这样的现状，反映出的现实是：要诞生超越当前技术和克服当前制约的法门，就不得不投入大兵团开展游击式作战。试图打歼灭战，难！那是大炮打蚊子，打不着。现实是，脚踏实地的物理人、材料人会时常感到辛苦与挫败。这也正常，因为要松开这些“紧箍咒”，连悟空这般神人都只能穷抓脑袋干呼号，何况平凡如我们呢！

嗯，我们不平凡，物理人何时甘于平凡?！赋以时日和青春，终归是可以找到法门的。法门之一，就是去“追逐三更”，为从中得到答案而乐，或者为从中获得解脱而殇。

这里，姑且从笔者略知皮毛的热电材料出发，来梳理一番问题的来龙去脉，看看有些量子材料人是如何理解和操控“卡脖子”问题的。

3. 热电效应的“脖子”

众所周知，热电效应将热能转换为电能，或者反其道而行，其应用价值和意义不菲。衡量热电效应的高低，学术界似乎早就形成一种便利共识，即由那个著名的ZT因子来掌控局面。从热电应用需求出发，两大追求是：高功率因子PF和高效率因子ZT。前者着重热电转换的功率大小，而后者则关注转换效率高低。指望热电输出很大功率，估计现实性不大，所以大多数人更关注ZT。

应用需求上，要与当下的电力经济相竞争，中等温区（如 500～700 K）的热电应用使唤的材料 ZT 值要超越 3.0。为此目标，热电材料界，其实主要是我国热电材料界，一大批才华横溢的学者浸淫其中、只争朝夕。他们是将十几年前的 ZT<1.0 推升到 ZT>2.0 的主力军。他们既找新材料，也不弃老材料，以万管齐下、平推扫网之势，收获成绩，欢喜神伤。

看看他们的足迹，再向他们学习，真的是很困难。粗略看去，文献如山，告诉我们热电性能的影响因素实在是太多了：内禀的、外在的，动态的、矛盾的。笔者费尽周折也没有厘清其中一二。因此，如下行文乃是最粗略的科普文字，请热电的专业物理材料人不必介意笔者的简单粗暴和语焉不详。

回到物理问题本身。对三维单相材料，热电的几个性能参数总是纠缠在一起的。这种纠缠，让那些绝顶聪明的热电人经常不知所措，成为热电材料研究的长期生态。这里，将这几个性能指标的表达式组合于图 4，以便读者揽胜。

$$\mathrm{ZT}=\frac{S^2\sigma}{\kappa_l+\kappa_c+\kappa_b}T=\frac{PF}{\kappa}T$$

$$S=\frac{\pi^2}{3}\left\{\frac{k_{\mathrm{B}}^2T}{e}\right\}\left[\frac{\partial\ln\sigma(E)}{\partial E}\right]_{E=E_{\mathrm{F}}}=\frac{\pi^2}{3}\left\{\frac{k_{\mathrm{B}}^2T}{e}\right\}\left[\frac{1}{n}\frac{\partial n(E)}{\partial E}+\frac{1}{\mu}\frac{\partial\mu(E)}{\partial E}\right]_{E=E_{\mathrm{F}}}$$

$$=\frac{8\pi^2k_{\mathrm{B}}^2T}{3eh^2}\left(\frac{\pi}{3n}\right)^{2/3}m_D$$

$$\sigma=\frac{ne^2\tau}{m^*},\quad \kappa_l=A\frac{\Theta_{\mathrm{D}}^3V_{\mathrm{per}}^{1/3}m_a}{\gamma_a^2n_{\mathrm{tot}}^2T},\quad \kappa_e=L\sigma T,\quad \kappa_b\propto\exp(-E_g/2k_{\mathrm{B}}T)$$

图 4　热电性能的基本关系式集成

κ_l：晶格热导率；

κ_e：载流子（多子≫少子）热导率，可通过魏德曼-弗兰兹定律（Wiedemann-Franz law）获得；

κ_p：双极化热导率，在带隙小、n 型和 p 型载流子浓度相当时共同参与导热；

e：单位电荷；

m：载流子迁移率；

n：载流子浓度；

E_{F}：费米能；

E_g：带隙；

m_D：载流子态密度有效质量；

m^*：载流子有效质量；

m_a：平均原子质量；

τ：载流子弛豫时间；

A：具有单位的物理常数集合（collection of physical constant）；

L：洛伦兹数；

V_{per}：等效原子体积（volume per atom）；

n_{tot}：原胞中原子总数；

γ_a：弹性格林艾森系数，表征非谐性振动强弱；

Θ_{D}：德拜温度。

从这几个简单的数学表达，可以很容易梳理出如下三道“脖子”：

(1) 要求高电导率 σ。高电导率会导致高的电子(electron)热导率 κ_e。这是因为，作为不很准确的表达，κ_e 与 σ 大致成正比：$\kappa_e \sim \sigma$ (Wiedemann-Franz law)。当然，比例系数可以小幅度调控，但我们要求 σ 高而 κ_e 低，怎么做到？难！

(2) 要求高 Seebeck 系数 S(温差电动势)。虽然没有简洁的直观表达，但对同一体系，存在 S 与 σ 的倒置关系：提高 S 就很可能降低 σ (Pisarenko plot)。我们要求 σ 和 S 都高，怎么做到？难！

(3) 要求低的热导率 κ。κ 一般由晶格(声子 phonon/lattice)热导率 κ_l 和电子热导率 κ_e 组成，即 $\kappa = \kappa_l + \kappa_e$。因为第(1)条的限制，对 κ_e 我们几乎无计可施(实际上当然有些办法，但效果不好)，剩下的即压制那相对独立的、由晶格决定的晶格热导 κ_l。如果一个材料的 κ_e 很大($\kappa_e > \kappa_l$)，热电人就几无机会能够让材料有很低的 κ。怎么做到 σ 和 S 都高而 κ 很低？难！

这三个要求或者三道“脖子”，被卡住很多年，愁煞了热电人。很显然，没有一个很好的方案能够同时实现三个目标、解套这三道脖子。于是，他们煎熬与憔悴了许久，终于成就了凝聚态物理、材料科学超越图 3 所示那诸多“倒置关系”之外的、著名的“多重倒置关系”(三道脖子被卡住)。

不过，这些煎熬与憔悴，更是成就了一批学者，也让热电材料科学内涵和外延得到了深化与拓展。通过图 5 列举几位发展之路上的风流人物，大致展示了热电物理与材料发展的历史路线图。

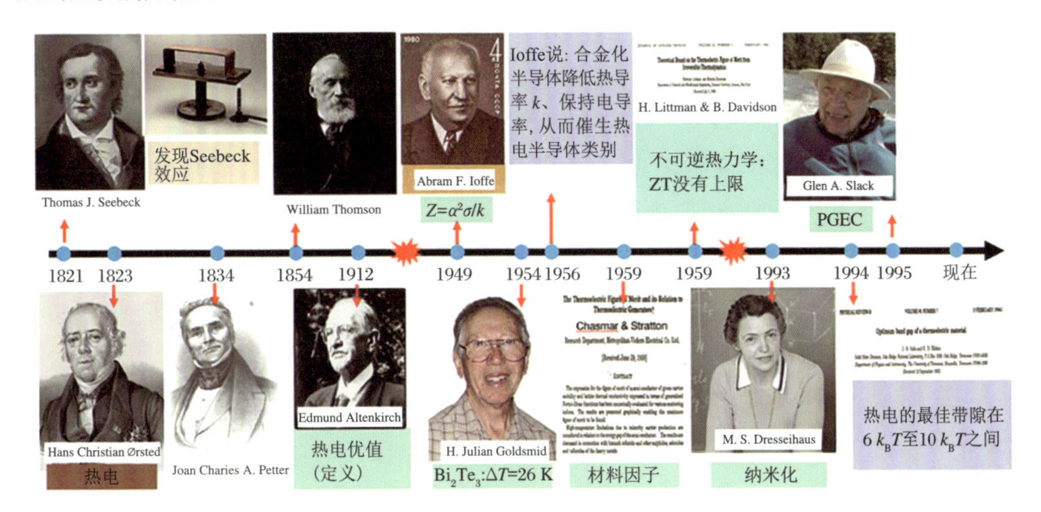

图 5　热电效应及热电材料发展的若干里程碑及代表人物

版权归余愿博士所有，感谢余博士友情支持。这一梳理只是到 2000 年左右，之后的风流人物也有若干，在此不论。

再声明一次：笔者乃门外汉一枚，只能班门弄斧、花架子舞弄。诸位严谨的热电物理人，请不必对此太过介怀。

4. 超晶格：阳春白雪

解决一个问题，物理人通常有“阳春白雪”和“下里巴人”两种思路。对于前者，就是提出崭新的方案解决问题，不管这个方案有没有实际应用价值。既然单相化合物的热电性能参数都被“多重倒置关系”缠结在一起、无法轻易解构，那就人工制作能够解构的新体系。这种经验，物理人很早就有了，即最简洁也最直观的“阳春白雪”式方案：量子阱超晶格。

早在 1993 年前后，美国 MIT 著名的物理教授 M. S. Dresselhaus 就提出了热电的量子阱超晶格概念：借鉴半导体超晶格对电子结构分离化调控思路，构建由两种不同化合物组元组成的多层超晶格结构，实现了较大自由度下对 σ、S 和 κ 各自调控。在这种结构中，一个组元化合物带隙窄，作为势阱层，本身就是良好的热电材料；一个组元化合物带隙宽，作为势垒层，且具有低的热导率。这里，在势垒层足够厚的同时，要保证其与势阱层之间有大的能带偏移，有良好的晶格匹配，有相近的热膨胀系数和低的界面互扩散。这些要求物理上论述简单，实验做起来难度不小，付诸实际应用大概就是实验室难度的平方了。总之，通过控制两个组元的电子结构及能带配置，控制超晶格周期与各层厚度，就可以实现对各个热电参数（σ、S 和 κ）分别独立调控，使 ZT 显著提升：① 电子被限制在二维结构中，不会产生层间散射，能够保持较高迁移率；② 低维结构能增加费米面附近的态密度，从而提高塞贝克系数 S；③ 调控势阱层厚度，使其小于声子平均自由程，能产生强烈的势垒-势阱层间散射，使晶格热导率急剧降低。理论预测，以碲化铋为例，超晶格薄膜的 ZT 值可高达块体材料的 13 倍。

2000 年前后的一些实验结果，似乎也证实了这一概念的有效性，测量得到的 ZT 超越 2.0 甚至 2.5 以上，对应的器件也展示了不错的制冷效果。不过，对热电量子阱超晶格方案，有一些纠结之态。这种低维超晶格样品的热电测量本身，也存在一定的不确定性。如何准确可靠地测量薄膜和低维热电材料的基本性能，其实也还是物理人“追逐三更”的目标。于此，对相关结论可靠性的信任似乎得有所保留。

更进一步，说热电超晶格是“阳春白雪”，乃是因为这样的材料制备与器件架构，其成本昂贵、付诸实际应用的宽度与广度不大。热电效应是体积效应，乃靠载流子输运体量来形成效果。器件需具有足够体积，能量储存与转换功率才能有必要保证。在这个意义上，那些超晶格、低维结构、薄膜和纳米线之类，用于热电信号探测传感（如热电偶）可能不错，但在能源转换领域，难以回避“阳春白雪愁煞人”的境遇：宣示一下可以，真的动刀动枪就还需高招和努力。

热电材料的大规模主体应用，可能还得回到块体上来，回到贴近生活的轨道（也就是“下里巴人”）上来。致力于破解单相材料的 trade-off，不可避免！

5. 电子晶体-声子玻璃

对单相块体材料，既然 σ、S 和 κ 各自控制很难，或者说一次性解开三道“脖子卡”不大可能，那就退而求其次：将既提升 σ 又压低 κ_e 的奢望放在一边，只要能够降低 κ_l，再奢侈一点，只要能保持 σ 和 S 同步即可。trade-off 之下，这样的期待当然也有些渺茫。

20 世纪 90 年代，还真是热电材料的黄金岁月，除了热电超晶格外，大约 1995 年前后，总算诞生了这著名的“电子晶体-声子玻璃”观念。提出者乃知名学者 G. A. Slack（例如，可参见：Slack G A, et al. Some properties of semiconducting $IrSb_3$[J]. J. Appl. Phys.，1994，76：1665）。

这一观念影响久远，很多重要的工作都得益于这一观念的启迪。笔者了解到这一观念，得益于在热电材料领域闯荡多年的任志锋和赵新兵两位教授的指点。所谓电子晶体，乃既要让载流子尽可能无散射地传输，又要拥有合适的电子结构使得 Seebeck 系数 S 尽可能大。所谓声子玻璃，即让传递热量的声子尽可能被散射，尽可能靠近完全无序体系的热导下限。由此，σ 和 S 都较高，κ 又很低，从而显著提升 ZT 值。

当然，这样的理念远非直截了当，或者说只是一番理想主义信念而已，就如实现声子散射绝非那么容易一般。要大的声子散射，非晶玻璃结构应该最佳。譬如金属玻璃，既有好的电导，又有无序结构，应该足以承担高的热电品质。诚然，果真如此，那金属玻璃就不应该导电，无机玻璃就不应该导热。实际上，金属玻璃导电很好，无机玻璃导热很佳。而跟这些热电效应显著的窄带隙半导体打交道，我们的物理认知越来越不够，因此不得不无奈地部分迁就于实验结果。

但的确还是有一些尝试取得了进展。笔者无意也无能穷举这一观念启迪下的诸多工作。这里，姑且散发式地列举若干，错漏之过在笔者。

（1）电子结构选择

这是基于初始材料选择的考量。在筛选初始化合物时，多从温差电动势（热电系数）S 的定义出发，尽可能选择那些具有高 S 的电子结构作为基础。一般基于两个前提条件：S 尽可能大、热导不那么高。然后，进行载流子掺杂，使得在电子结构整体形态（pattern）不受很大影响，即 S 不承受很大牺牲的情况下，尽可能提高电导率 σ。参考图 5 所示的定义，在调控载流子浓度 n 和迁移率 μ 时，都会影响 S，虽然 S 整体形态基本不变的假定理论上也许可以实现。

对如何选择高热电系数化合物，长期积累之下有了一些基本模式，但似乎也没有很明确的基于结构和对称性的指引。这些指引，大约与“追逐三更”的主战场有些距离，主要是后方粮草准备的环节。虽然兵马未动粮草先行是兵家铁律，但热电人多数拥有丰厚储备，因此本文就此打住，不再"东施效颦"般地弄巧成拙。

(2) 载流子调控

如前所述，在选定了热电初始化合物后，进行载流子掺杂是标准化操作，以求显著提升带隙，优选在 0.8 eV 左右的半导体电导率。但这种调控，首先不能过度压制 S，也不能使 κ_e 攀升过快，否则就失去了价值。载流子调控策略，被运用最为广泛，或者说被拿来对测得的性能好坏说事最多。

载流子浓度是一方面，决定电导率的另一方面是载流子迁移率。对迁移率，研究工作的说道繁多，令人疑惑。很多情况下，都是用测量数据说事，用物理理论来嘀咕通常都不敢大声。

无论是载流子浓度或迁移率提升，对控制热导都不是好事，因为电子热导部分的贡献会增大。这个问题一直没有好的解决办法，试图减小 κ_e-σ 正比关系的比例系数似乎成效不大，或者语焉不详。

总之，那个著名的热电性能 ZT 与载流子浓度 n 关系的大拱桥曲线(图 6)，令人敬畏和无奈：拱顶就在那里，对应的最佳载流子浓度 n 就在那里，到达之不难，难的是拱顶的高度能有多高！当拱顶对应的载流子浓度确定下来，迁移率的提高将抬高拱顶高度，实现热电基建狂魔的兴致。而电导的提升又反过来压制拱顶高度，约束热电基建狂魔的兴致。

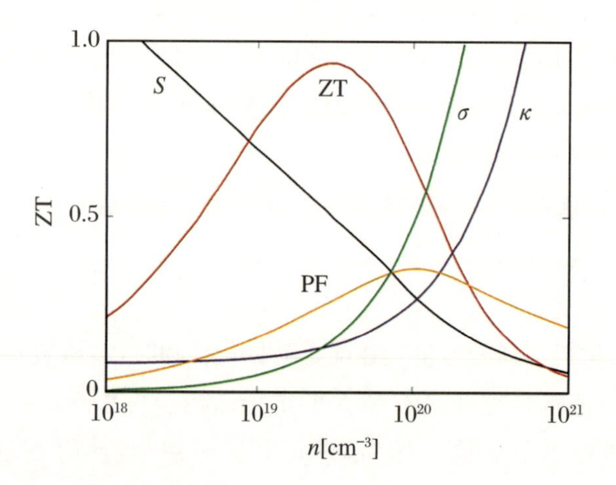

图 6　热电性能与载流子浓度 n 的关系拱顶

此图乃出自 $Zr_{0.4}Hf_{0.6}Ni_{1.15}Sn$ 体系的结果，但对其他体系，各个参数的定性变化规律是类似的。

图片来源：https://www. researchgate. net/figure/Maximizing-ZT-through-carrier-concentration-tuning-32 _ fig3 _320740702。

(3) 晶格热导的江湖

过去十多年,试图将 κ_e-σ 正比、S 与 σ 倒置的"铁律"扳倒的付出进入一个平台区域,相关人力、物力、投资保持稳定(利润似乎不高),而重点关注转到了如何将 $\kappa=\kappa_l+\kappa_e$ 中的 κ_l 压下来。这种压制相对孤立,不会沾惹太多那些"铁律"。

首先被广泛采用的便是材料学中那些经典的微结构调控手段:纳米化、织构化、位错化、缺陷控制,无所不用其极。其实,这些手段哪一个都无法做到只是动 κ_l 的奶酪而不侵害 S 和 σ 的财产,只是看相对取舍和轻重了。已经总结出很多对声子输运效果显著而对电子巡游影响不大的微结构调控手段,如位错、共格晶界等就是如此,在此不再费笔墨。

物理人当然更欣赏通过化合物组成和键合结构设计的本源思路。例如,通过化学键设计,寻找复杂晶胞、非谐振、液态声子等,实现低晶格热导结构。这里,引入快离子导体和玻璃化来实现对声子谱的压制,是两个近来引起关注的进展。一些快离子导体,晶格占位相对松散、非谐振自由度高,晶格局域动力学有些形似离子液体,可实现超低晶格热导。在对载流子输运影响尽可能小的情况下,晶体结构的无序和玻璃化设计,压制声子全域振动,也是为了得到超低晶格热导。这一努力,使得有些材料的晶格热导都接近玻璃化极限,甚至实验测量值都偶尔突破这一极限。个别情况下,我们甚至不知道是测量有问题,还是预言这一极限的理论有瑕疵。虽然通常很可能是前者。

压制晶格热导的各种尝试,是推动当前 ZT 值超过 2.0 的主要原因。这些新材料,也许可以统称为"热电 2.0 版",虽然还有很多问题需要雕琢和斟酌。其中一个问题便是服役稳定性:热电能源转换大多数是要在中高温度区间中于温度梯度下服役,材料微结构抵抗高温环境的稳定性是大多数新材料必须面对的难题。这种抵抗,不仅仅是恒温近平衡动力学过程,更多是在电场或温度梯度双管齐下的失稳过程。纳米结构,会出现晶粒长大吧?快离子导体,会出现结构弛豫吧?高位错密度和织构化,也有高温软化和形变问题吧?这些材料走向应用,还有若干服役性能评估与改善之路需要行走。该走多远暂且不论,但也够让热电物理人心烦意乱一阵子。

(4) 磁性杂质

传统上,磁性化合物不是热电材料的首选,因为磁性的变化虽然对温差电动势 S 有调控作用,但自旋极化场下的载流子输运总在那里,对电子电导没有好处。不过,最近几年,有一些热电材料设计的新苗头,不知道能不能放在"电子晶体-声子玻璃"的框架之下?例如,向热电化合物掺入磁性杂质的尝试和效果就出人意外。从简单电磁学去看,局域磁场或磁矩的存在对载流子施加洛伦兹力,应该是阻碍载流子传导的因素。但局域磁场的存在,也可能引发一些演生物理,尚在发展进程之中。武汉理工大学赵文俞老师他们别出心裁,开出了这个新天地,正在有序地耕耘和播种,发芽和收成值得期待。中国科学技术大学陈仙辉老师他们最近也有低温热电调控的新结果。笔者于这方新田地外打圈圈，对其中是否蕴含了独特的“追逐三更”颇感兴趣，让我们拭目以待。

如上所阐述的若干“里程碑”，在解套热电材料“卡脖子”进程中展示了各自的努力，令人印象深刻。看起来，每一次努力，似乎也都有一些不是那么皆大欢喜的嘈杂，没有达到那种“甩开膀子大干”的程度。我们可能还需要继续期待，期待“向天再借五百年”。哦，不是，是“向天再借三五年”！

这每一年，都印证着热电材料研究的各种“追逐三更”。诚然，有很多条飞舞的年华，而近些年对 SnSe 化合物的热电探索，算得上是那五百年中的一年，也许是多年！

6. 来自 SnSe 的冲击

时至今日，对 SnSe 化合物的理解已然深化，也确信这一化合物的确展示了若干好的热电品质。这一体系既不是离子导体，亦不是晶格无序的玻璃态，却具有如此低的晶格热导，这很罕见。加上合适的载流子掺杂和能带调控后，这一化合物的电输运性质也颇为优秀。两两相加，收获 ZT 达到 3.0 甚至更高，也不是不可能。

2014 年前后，赵立东和他的合作者发表了 SnSe 化合物热电性能的实验结果(《Nature》，2014 年第 508 卷第 373 期，如图 7 所示)，对热电材料界颇有震动和推动作用。震动，既包含了若干学术上客观的质疑之声，也包括了基于热电物理认知而从不同角度对 SnSe 热电性能的检验和复核。这些工作毫无疑问是有价值的。笔者作为外行，对其中深刻的物理和理解所知甚少，无力做出合理的评点，特别是对电子结构和电输运的精细调控策略了解浅薄。推动，这显示这几年国内外同行从不同角度对 SnSe 优异热电性能的深度表征和梳理，进展不可谓不大，诞生了一批高水平的成果，使得同行对相关物理和材料科学问题有了更为清晰和深刻的认知。

这里，有两个关于低热导的着力点是笔者最近学习到的，主要是听赵立东提及的。具体物理模型如图 8 所示，主要结论兹罗列于此：

(1) 晶格热导的二维限域效应，源于很强的层间界面散射和晶格非谐振动行为。这一点从诸多第一性原理计算工作中展示的声子谱非谐性就可定性窥得一二。不过，这样的限域效应在多晶陶瓷样品中也存在，维度效应依然会导致晶格热导很低，甚至因为晶界效应的缘故，多晶的热导率会更低。

(2) 载流子输运，则展示出典型的三维效应。无论是 p 型还是 n 型掺杂，导带简并和退简并对提升迁移率和提升载流子有效质量起到了很好的作用。在合适的载流子浓度前提下，材料既可保持较高的热电系数，亦可得到良好的电导率。赵立东和何佳清等人数年的努力，似乎将载流子浓度、迁移率与掺杂和缺陷的依赖关系阐明清楚了。

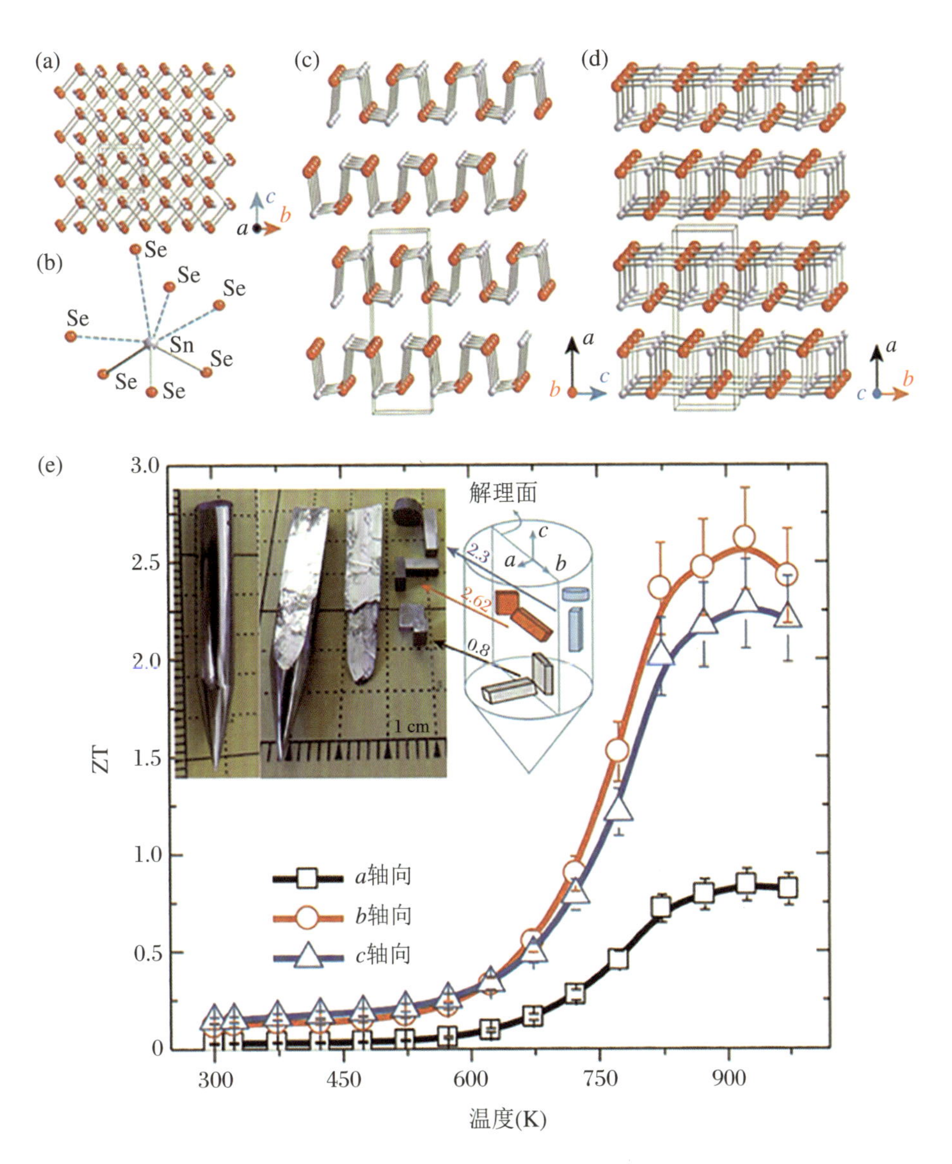

图 7　赵立东等找到热电性能优异的 SnSe 单晶

这里显示的是 2014 年报道的实验数据。结构上，SnSe 单晶形成 *bc* 面堆垛的层状结构，层面法向为 *a* 轴，从而奠定了物理性质的强烈各向异性特征。例如，这种层状结构，显著增强了声子层间散射，晶格热导显著降低。反过来，这种层状结构使得面外电导较低、面内电导很强。两两相加，面内方向的 PF 比面外方向大很多，面内方向的 ZT 突破 2.0，直达 2.5。通过载流子工程，可以显著增强面间载流子输运能力，可使体系的热电品质获得进一步提升。

图片来源：https://www.nature.com/articles/nature13184。

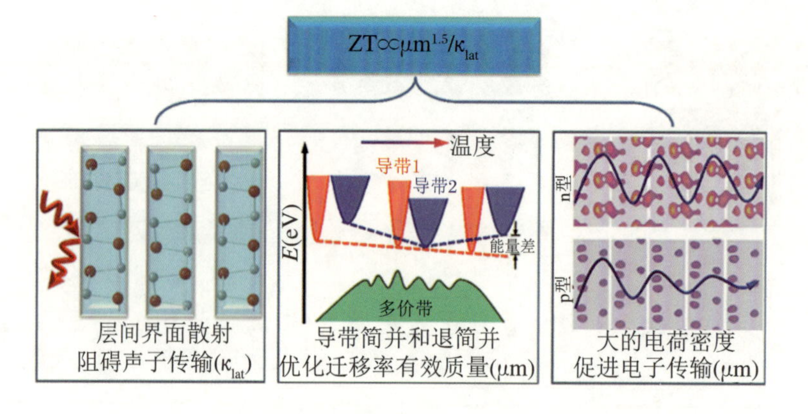

图 8　赵立东、何佳清等针对 SnSe 单晶中高温优异热电性能的数年探索结晶

他们的非凡物理图像是：(左图) *bc* 面堆垛层状结构实现了对声子强的界面散射，降低晶格热导；(中图) 多带电子结构特征使得导带简并和退简并均沾，实现载流子迁移率和有效质量均有所上升，从而兼顾电导和热电系数；(右图) 无论是 p 型还是 n 型掺杂，大的电荷密度提升电子传输。整体而言，这一结构实现了对声子的显著阻挡效果(2D 限域)，而电子输运则未被明显干扰，甚至获得增强(3D 提升)。虽然这一物理图像未必广谱，但的确赋予了 SnSe 以良好的热电性能。相关的系统性总结工作，可见 2018 年陈志刚他们的一篇综述文章(Chen Z G, Shi X, Zhao L D, et al. High-performance snse thermoelectric materials: progress and future challenge[J]. Progress in Materials Science, 2018, 97:283-346. DOI: 10.1016/j.pmatsci.2018.04.005)。

图片来源：https://phy.sustech.edu.cn/en/index.php?s=/Show/index/cid/32/id/596.html。

SnSe 单晶体系良好的热电品质，可能是热电材料界难得的几个亮点之一。从 2014 年开始，对这一材料开展的相关质疑、验证和拓展工作很多。其中，最早报道的、多晶陶瓷样品热电性质与单晶的差别，让赵立东他们很是忙碌了一阵。

事实上，单晶和陶瓷样品展示的电输运行为并无那么大的差别，但晶格热导差别较大，似乎显示热导也存在各向异性？有很长时间，多晶测量结果显示晶格热导较高，与物理认知有差距，因为多晶陶瓷样品大量晶界的存在必然导致更低的晶格热导。这一矛盾直到最近的一个实验工作发表出来才有所缓和(Zhou, et al. Polycrystalline SnSe with a thermoelectric figure of merit greater than the single crystal[J]. Nature Mater., 2021, 20:1378)。这一工作大概的意义是：多晶 SnSe 体系中存在 SnO_2 杂相，它们涂敷于晶粒表面。这一杂相热导率很高，导致报道的多晶样品晶格热导普遍偏高。作者们通过化学清洗方法，去除 SnO_2 杂相，立马就将热导压制到约 0.3 W/(m·K) @750 K 的低水平，从而将多晶的 ZT 值冲上了约 3.1@750 K。当全球新冠疫情依然疯狂的这两年，热电人依然只争朝夕，达到前所未有的高度。

无论如何，这一结果，将多晶与单晶热导率数据相左的沟沟抹平了，挺好！

行文至此，图 8 所示的 SnSe 热电物理大约可以功德圆满了。不过，即便如此，读者依然有理由问：这一体系的晶格热导与晶格声子谱之间就一定有一一对应关系吗？或者说，热电人能否“看到”晶格热导的非谐输运特征？

更进一步，翻阅文献，类似晶体结构的化合物并非鲜有，但似乎并不是每一个化合物都有如此优异的超低热导性能。这一疑惑，让我们去类比那些有其他性能“追逐三更”历程的材料，例如超硬材料：金刚石硬度最高，乃是针对理想晶格而言；但晶格中存在额外的特定介观缺陷结构，如超细孪晶，对硬度提升也有效果！

由此，可以在这里提出问题：对 SnSe 单晶，能不能有非谐声子的直接证据？除了通常的晶格声子谱之外，是否存在额外的介观结构散射声子传播？

7. 追逐三更

事实上，的确有学者对此疑惑有兴趣，并且开展了独特的探索工作。首先，这一定是一个“追逐三更”的课题，因为那些常规实验条件能够探测到的物理过程早就被挖掘三尺、不剩一毫。像赵立东这样的一批优秀年轻学者，长枪短炮全都用上了，将 SnSe 之五脏六腑都翻了个底朝天！其次，这一定是一个当前传热微观理论较少触及的效应，因为要看到声子输运过程，必然是超短和超快技术方可胜任。物理总归是：激发一个声子模，看看其有没有非谐特征，看看其动力学（衰减）过程。这样的激发和探测，必然是超快、超短过程，所以“追逐三更”便整装待发了。

更进一步，SnSe 单晶中是否存在自发形成的一些介观结构？它们能够对声子传输产生影响？而这些结构尚未被当前理论顾及？这样的介观结构，如果有的话，能否被“追逐三更”的努力逮住？当前报道的观测结果并没有这样的、基态稳定的介观结构。的确，最近有一些关乎所谓“hidden phase”的物理讨论，感兴趣的读者可以阅览本书第 3 章中的科普文章《隐形的翅膀》，以作简单了解。这样的结构或相，在外来激发驱动下形成，对体系物理产生影响。而外来激发褪去，体系恢复到基态时，这“天外来客”也就烟消云散。这样的过程通常也都是超快、超短区间内的过渡态，非“追逐三更”不能一观其容貌。

来自美国布鲁克海文国家实验室的材料名家朱溢眉老师团队，一直致力于多功能高分辨电子显微术的发展与应用研究。这些年，他们发展了一种超快激光诱导晶格动力学的探测技术，即将超快激光脉冲激发声子与实时高分辨 TEM/电子衍射结合在一起，算得上是一类重炮武装，以用于研究低能激发的晶格动力学过程。

他们将这一技术也运用到 SnSe 单晶化合物中的超快晶格动力学研究，试图揭示其中的声子-声子散射机制和电子-声子耦合机制，取得了有趣的进展。探测原理和衍射斑点强度与延迟时间的关系示于图 9。这一工作最近以“Photoinduced anisotropic lattice dynamic response and domain formation in thermoelectric SnSe”为题，发表在《npj Quantum Materials》上(https://www.nature.com/articles/s41535-021-00400-y)。

笔者学习下来，只能在班门弄斧层面上看朱溢眉老师他们这一工作的主要结果。部分数据大致拷贝于图9和图10中。主要结果，即“直接”展示了晶格振动的非谐行为，并揭示出一些介观激发态结构，增强声子散射。这种介观结构很可能是一种畴，乃被认为源于SnSe层状结构的面内剪切应变诱发沿 c 轴方向的微小离子位移。这种晶格畸变畴的形成，也能显著散射声子传输，强化SnSe单晶沿 a 轴方向的声子传输抑制，热导率下降。结果与讨论之细节，不再在此重复，读者可阅览原文，以作评估。

8. 心得之得

本文呈现了一个物理人“追逐三更”的实例，行文拖沓、篇幅臃肿，更多篇幅给了笔者梳理的读书笔记。凝聚态和材料人钟情于此类“追逐三更”，皆是因为不深入无以解惑，不入穴焉得洞幽。热电材料本身的研究大可以围绕制备—结构—性能关系的主轴去运行，但追逐其中的微观根源和宏观大样，那是物理人的衷肠所致。

热电材料研究，可能是我国材料科学领域较为活跃的领域之一，也是很靠近物理研究风格的领域之一。但是，围绕热电材料性能提升的诸多研究工作量巨大、物理纷繁复杂，物理学那种简洁思路、清晰逻辑和因果对应的模式似乎在此遭遇一些困难。“追逐三更”这般极端条件和极端研究，代价大、品质高。也因为如此，往往能为平常之不能。在很多情况下，也许是对热电材料研究的很高补充和深化。

在这方面，其实也有新的生长点。例如，热电物理的研究，在压制声子传热之外，能谷电子物理对 S 和 σ 的调控似乎正在涌动。浙江大学朱铁军教授曾经就此有所总结(Xin J Z, et al. Valleytronicsin thermoelectric materials[J]. npj Quantum Materials, 2018,3:9. https://www.nature.com/articles/s41535-018-0083-6)。

本文是笔者第一次对本属外行的热电领域写这么长的读书笔记。笔者在我国热电材料界有众多新朋故旧，一直都相处融洽。这种友谊之好，好到经常被朋友认定也是热电材料人。有鉴于此，本文各处不合适甚至错误的表述，完全是个人胡思乱想所致，请予以谅解。无论如何，写完本文，希望还是有很多朋友继续误以为笔者就是热电材料人。

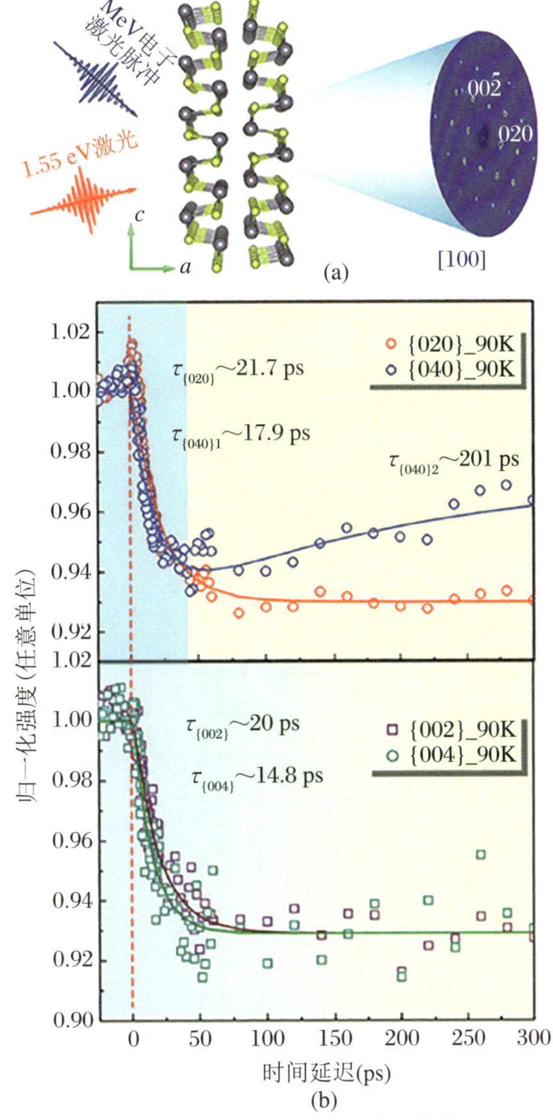

图9　朱溢眉老师他们开发的脉冲激光泵浦激发的电子衍射分析技术(quantitative MeV ultrafast electron diffraction, UED)

(a) UED的工作原理;(b) 运用到SnSe单晶样品上,在 $T=90$ K下测量得到的晶格衍射斑点强度随时间衰减谱。用于泵浦的脉冲激光乃800 nm、180 fs、1.0 mJ/cm^2 的光束。这一能量足够低,能够引发晶格振动但不会损坏样品。也就是说这一波长的激光不会产生激子。入射到样品的脉冲电子束能量为3 MeV,脉宽为180 fs。大致工作过程是:① 脉冲激光入射晶体,激发通过电荷-声子耦合施加额外晶格振动。② 在激光入射后不同时间(延迟时间),脉冲电子束入射晶体,形成透射衍射斑点,探测器记录晶格衍射斑图案。③ 记录不同延迟时间的衍射图案,包括形貌和强度,获得不同斑点形态和强度与时间的关系。④ 数据分析借助动力学蒙特卡罗模拟和第一性原理计算相互印证支撑。

图片来源:https://www.nature.com/articles/s41535-021-00400-y。

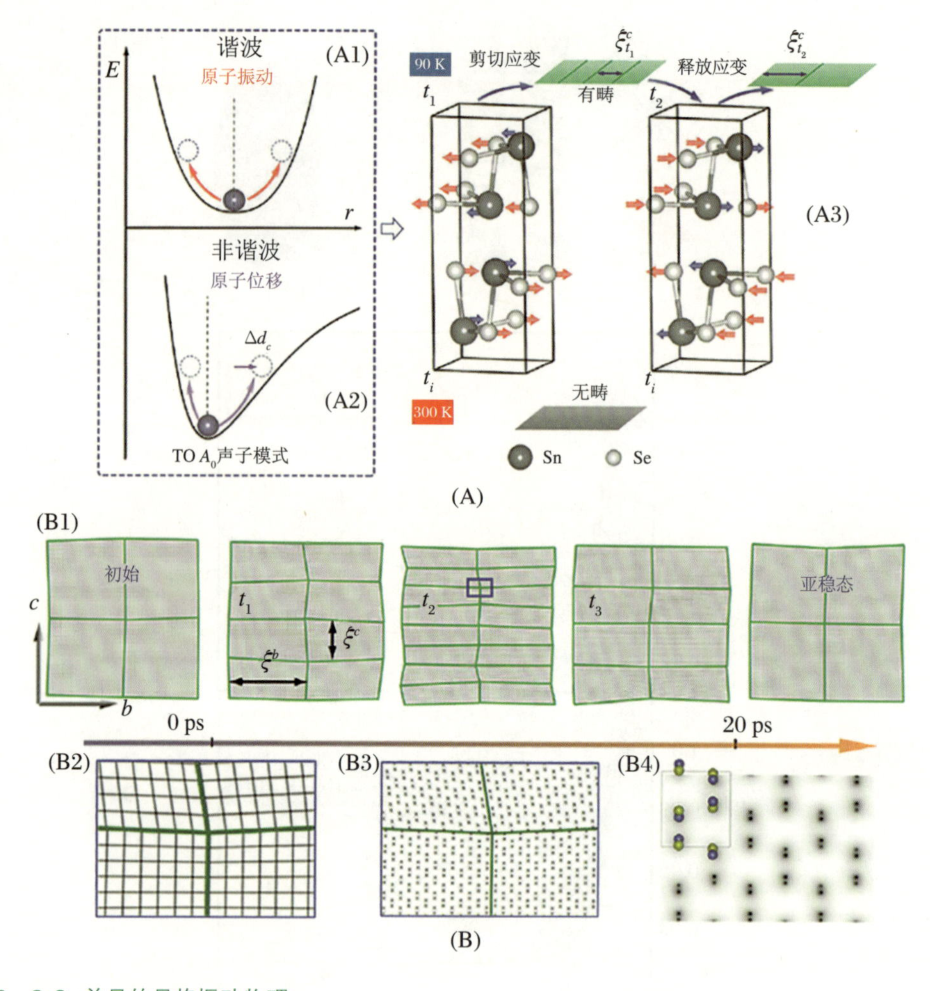

图 10　SnSe 单晶的晶格振动物理

(A1) 谐振模式。(A2) 非谐振动模式，特别是 TO-A_3 模式。(A3) 激光激发引起的非谐振动应变剪切模式(左侧)，形成畸变畴结构。弛豫一段时间后，晶格恢复正常振动模式。这一结果初步表明 SnSe 中晶格振动有很强的非谐模式，是低热导性能的基本物理元素。

(B1)～(B4)是实验测量所推演出的非谐振动模(TO-A_3)诱发 *bc* 面内沿 *c* 轴方向形成的介观畸变微畴，从而对 *bc* 面内传播的声子模产生强烈散射。这种畸变模式作为一种低能模式，可能是 SnSe 很低的晶格热导性能之物理根源之一。此模式在弛豫 20 ps 后消退。

图片来源：https://www.nature.com/articles/s41535-021-00400-y。